U0141186

Preface

Bringing computers to the level of human intelligence, empowering them to handle various complex tasks, has been the dream of computer scientists. This pursuit, initiated since the birth of computers, has gradually evolved into Artificial Intelligence (AI) that captures the spotlight today. In recent years, AI has achieved remarkable milestones, garnering widespread recognition. This success lies in three pivotal elements: data, models, and computational power. It is worth noting that computational power, while vital, represents hardware advancements and does not constitute the essence of this discipline.

Data, in essence, are raw alphanumeric values, encompassing various forms like statistical data, images, and text. It serves as the vehicle for storing knowledge. Our objective goes beyond mere data acquisition; it involves the systematic and efficient processing of data to gain a profound understanding of knowledge. This intricate process is referred to as models or algorithms.

The depth and breadth of knowledge within data determine the intelligence level achievable by AI. For instance, limiting data to images representing numbers renders it impossible for AI to attain human-level capabilities. Language is renowned for encapsulating a wealth of knowledge spanning culture, thoughts, and science. The triumph of Large Language Models (LLMs), such as ChatGPT, lies specifically in the utilization of textual data, providing it with the chance to extensively interact with the vast human knowledge system.

This book defines AI as a novel intelligent entity, grounded in data as its material foundation and models as its intelligence foundation. Subsequently, it engages in an exploration of Large Language Models, ensuring the text remains succinct and focused. In comparison to analogous works, this stands out as an original advantage. Reading this book, one can not only acquire comprehensive understanding of general approaches and processes within the discipline, but also delve into the forefront of Large Language Models. Furthermore, this book emphasizes detailed discussions and offers rich hands-on programming examples to facilitate better understanding.

Written in a concise and lucid language, this book distinguishes itself through vibrant and interesting technical discussions. Beyond the mere introduction of data and models, it seamlessly integrates philosophical discussions, making the reading experience immensely enjoyable. I express high commendation for this book and wholeheartedly recommend it to all readers who are eager to learn AI.

ACM Fellow and IEEE Fellow, Michael Aiken Chair Professor,
Department of Computer Science, University of Illinois at Urbana-Champaign
Jiawei Han

序*

讓電腦達到人類的智慧水準，從而勝任各類複雜任務，一直是電腦科學家夢寐以求的目標。這個追求從電腦誕生伊始就被提出，逐漸演變為如今備受矚目的人工智慧學科。近年來，人工智慧獲得了驚人的成就，在全世界引發了廣泛關注。人工智慧成功的關鍵在於資料、模型和算力，這三大要素缺一不可。值得注意的是，算力屬於硬體層面的進步，並非這門學科的核心所在。

資料，在本質上，是由字元或數字組成的原始值，涵蓋統計資料、影像、文字等多種形式。資料是資訊的儲存形式，其中蘊含的內容組成了知識。我們的目標不僅限於獲取資料，還要有序組織和高效處理這些資料，以實現對知識的深度學習。這個複雜的過程被抽象為模型或演算法。

不同資料所包含的知識深度和廣度各異，這決定了人工智慧模型能達到的智慧水準。以數字影像為例，如果僅限於這種類型的資料，那麼人工智慧將難以達到人類的高度。眾所皆知，語言承載著豐富的知識，涵蓋文化、思想、科學等多方面的內容。以 ChatGPT 為代表的大語言模型之所以如此成功，正是因為它所使用的資料是文字。這讓模型有機會全面接觸人類龐大的知識系統，從而獲得顯著的學習效果。

本書將人工智慧定義為一種全新的智慧體，以資料為物質基礎，以模型為智慧基礎。由此展開對大語言模型的討論，使全書內容精煉且重點突出。與同類書相比，這是一個極具獨創性的優點。透過閱讀本書，讀者不僅可以了解人工智慧領域的通用方法和流程，還可以涉獵大語言模型的前端知識。此外，本書特別注重對細節的深入討論，提供了豐富的程式設計案例，有助讀者更進一步地理解和實踐。

* 中文版序由本書作者唐亙根據韓家煒教授提供的英文版序翻譯而來。

本書因簡潔通順的語言、生動有趣的討論脫穎而出。除了介紹資料和模型，本書還融入了超越技術範圍的哲學討論，使閱讀體驗愉悅無比。我對這本書讚不絕口，強烈推薦給所有渴望深入學習人工智慧的讀者。

ACM Fellow 和 IEEE Fellow
美國伊利諾大學厄巴納 - 香檳分校電腦系 Michael Aiken 講席教授
韓家煒

前言

撰寫背景

以 ChatGPT 為代表的大語言模型一經問世，便立即吸引了全世界的目光。大語言模型不僅能理解人類語言，還能掌握語言中蘊含的知識，能夠輕鬆地與人類進行深入交談，並高效完成各種任務。在許多場景中，如果將系統的互動介面隱藏起來，我們甚至很難分辨它和真人之間的差異。尤其引人注目的是，大語言模型不時展現出自我意識，這引發了人們對人工智慧的廣泛討論。一些人甚至開始感到恐慌，擔心人工智慧將逐漸取代作為碳基生物的人類，成為主導地球的新型矽基生物。

人工智慧對人類社會的影響難以準確預測，就如同在網際網路最初興起時，人們難以想像它將如何改變我們的生活。毫無疑問，人工智慧帶來的衝擊將是巨大的，甚至可能超越網際網路，與電的發明相媲美，引發第四次工業革命（前三次工業革命分別由機械化、電氣化、資訊技術主導）。從目前已知的發展趨勢來看，人工智慧至少會徹底改變人與電腦的互動方式。

對技術人員而言，大語言模型能夠自動生成大部分基礎程式，從而降低傳統程式設計的門檻。這雖然帶來了諸多便利，但就像汽車取代馬車一樣，也可能減少相關職務的數量，使部分技術人員面臨失業的風險，這只是硬幣的一面。另一方面，隨著人工智慧的廣泛應用，現有系統將按照人工智慧的方式進行改造或重新建構，這必然會帶來新的需求。為了抓住時代的紅利，技術人員必須對人工智慧技術有深刻的理解。

對非技術人員而言，人工智慧的應用使他們能夠繞開撰寫程式，直接透過自然語言與電腦互動，顯著提升他們駕馭電腦的能力。除生成程式外，大多數基礎工作，如撰寫報告和製作 PPT 等，人工智慧同樣能夠勝任。面對這樣一個高效、無須休息且掌握大量知識的競爭者，非技術人員也需要認真思考哪些工作是無法被機器取代的。

投資大師巴菲特曾戲言，「大多數經濟學家在思想上最經濟，他們把在所究所學生院學到的東西用一輩子」。然而，即將迎來人工智慧時代的我們並沒有如此幸運，因為理解和掌握人工智慧將成為必不可少的技能。大語言模型雖處於人工智慧的前端，但相關的最新資料分散在各種學術期刊上，其中有些內容過於注重數學細節，顯得晦澀難懂。因此，筆者撰寫本書的初衷和目標十分清晰：以從零開始複刻 ChatGPT 為導向，搜集人工智慧的相關資料，將其以更優雅的形式呈現出來，旨在幫助讀者更進一步地理解大語言模型。

本書內容

相比於同類圖書，本書在理論基礎和工程實現方面都頗具特色。

在理論基礎方面，人工智慧知識涉及多個學科，包括統計分析、機器學習、計量經濟學等。雖然同一模型在不同的學科中有不同的側重點，但由於學科之間的割裂，很少有資料對它們進行融合和深入討論。本書致力於打通這些學科之間的隔閡，透過類比的方式展示它們之間的連結。此外，本書在架設大語言模型的過程中參考了許多經典模型的最佳實踐經驗，因此使用了較大篇幅來討論和講解相關模型的架設技巧及發展歷程，以幫助讀者更進一步地掌握其中的精髓。

在工程實現方面，對於本書涉及的經典模型，第三方開放原始碼工具已經提供了封裝良好的實現，使用起來並不複雜。然而，若僅限於使用這些開放原始碼工具，對模型的理解可能流於表面。此外，出於工程化的考慮，這些開放原始碼工具的程式引入了過多的封裝和細節，即讓讀者有意深入閱讀這些開放原始碼工具的原始程式，也難以理解模型的核心結構。因此，本書偏重於重新實現模型的核心部分，以幫助讀者更進一步地理解模型。有時，使用人類的語言描述一些精妙的演算法細節需要花費較大篇幅，而且效果並不盡如人意。相比之下，直接閱讀程式則更加直觀清晰。

在章節安排上，本書分為三個主要部分。

第一部分深入討論人工智慧領域最基礎的線性迴歸模型和邏輯迴歸模型，詳見第 2 ～ 5 章。這兩個模型被認為是神經網路的基石，許多複雜模型的設計理念都源於它們。因此，深刻理解二者中的設計細節和訓練方式可謂至關重要。這兩個模型足夠簡單，我們正好可以透過它們來探討一些人工智慧的通用問題，如過擬合和懲罰項等。此外，這兩個模型的理論基礎涉及統計分析和計量經濟學，這些學科也能為人工智慧的發展提供啟示和參考。

第二部分介紹神經網路的相關內容，詳見第 6 ～ 12 章。本書以模型的最佳化演算法為起點，詳細解析了神經網路的基石——反向傳播演算法，並在此基礎上，逐一討論經典神經網路的核心結構。在這個過程中，常用的訓練最佳化方法也是重點內容之一，這些方法可以幫助模型更快地收斂。隨後，本書將展開對大語言模型的討論：從零開始實現 GPT-2 模型，繼而深入研究如何將 GPT 演進為 ChatGPT。這一過程將涉及模型微調和強化學習等內容。

第三部分簡介一些與神經網路相關的經典模型，詳見第 13 章。這些內容旨在為讀者拓寬視野，以便於更深入地理解神經網路技術的起源和演進過程。

建議和回饋

在撰寫本書的過程中，筆者已努力追求完美，但由於個人水準有限，書中難免存在一些瑕疵。誠邀各位讀者不吝賜教，請將您的寶貴意見和批評發送至筆者電子郵件 tgbaggio@hotmail.com 或本書編輯電子郵件 zhangshuang@phei.com.cn。

讀者的回饋對於完善和提升本書的品質非常重要，我們期待著您的建議，也感謝您對本書的支援！

致謝

首先，我想將這本書獻給我的妻子劉曉帆女士！儘管她並非技術人員，也許都不是本書的讀者，但身為作者，我有一點點特權，可以將自己的書獻給我最珍視的人。

同時，對於父母和岳父母在本書撰寫過程中給予的支援和鼓勵，我深表感激。此外，特別感謝梁啟鴻先生，他在行文和內容上的指導意見對完善本書有著至關重要的作用。感謝韓家煒教授、彭健教授、楊衛東教授、周海洋先生、周輝先生對我的無私幫助。我還要對我的初中數學老師吳獻女士表示深深的謝意，她的諄諄教誨讓我終身難忘。

最後，由衷感謝電子工業出版社的張爽女士為本書的順利出版所付出的辛勤努力。本書的完成離不開每一位在我背後默默提供支援和付出努力的人。雖然此處未一一列舉，但我對你們每個人的幫助都懷有深深的感激之情。

唐亙

2024 年 4 月

目錄

第 1 章 緒論

第 2 章 數學基礎：不可或缺的知識

第 3 章 線性迴歸 ：模型之母

第 4 章 邏輯迴歸：隱藏因數

第 5 章 計量經濟學的啟示 ：他山之石

第 6 章 最佳化演算法 ：參數估計

第 7 章 反向傳播 ：神經網路的工程基礎

第 8 章 多層感知器：神經網路的「創世記」

第 9 章 卷積神經網路：深度學習的「出埃及記」

第 10 章 循環神經網路：嘗試理解人類語言

第 11 章 大語言模型：是通用人工智慧的開始嗎

第 12 章 強化學習：在動態互動中進化

第 13 章 其他經典模型 ：擴充視野

埃瓦裡斯特・伽羅瓦（Évariste Galois，1811—1832）是一位英年早逝的法國數學家。他的一生在 20 歲時戛然而止，被一場決鬥終結。在決鬥的前夜，伽羅瓦預感自己命不久矣，將尚未發表的數學成果寫在遺書中，並頻繁提到「我沒有時間」。在遺書末尾，他請求好友發表這些成果，並「請求雅可比和高斯發表他們的意見，關注的不是定理的準確性，而是這些定理的重要性」。在決鬥中，伽羅瓦身中數彈，最終於 1832 年 5 月 31 日辭世。臨終時，他緊握弟弟的手說：「請不要為我哭泣，我用盡了所有的勇氣才敢在二十歲時面對死亡！」

儘管伽羅瓦的生命故事頗具傳奇色彩，但這無法與他的數學成就相提並論。他的遺書中的內容組成了伽羅瓦理論和群論的基石，伽羅瓦理論和群論徹底改變了人們解決代數問題的基本邏輯，為數學開闢出「抽象代數」這一新分支。

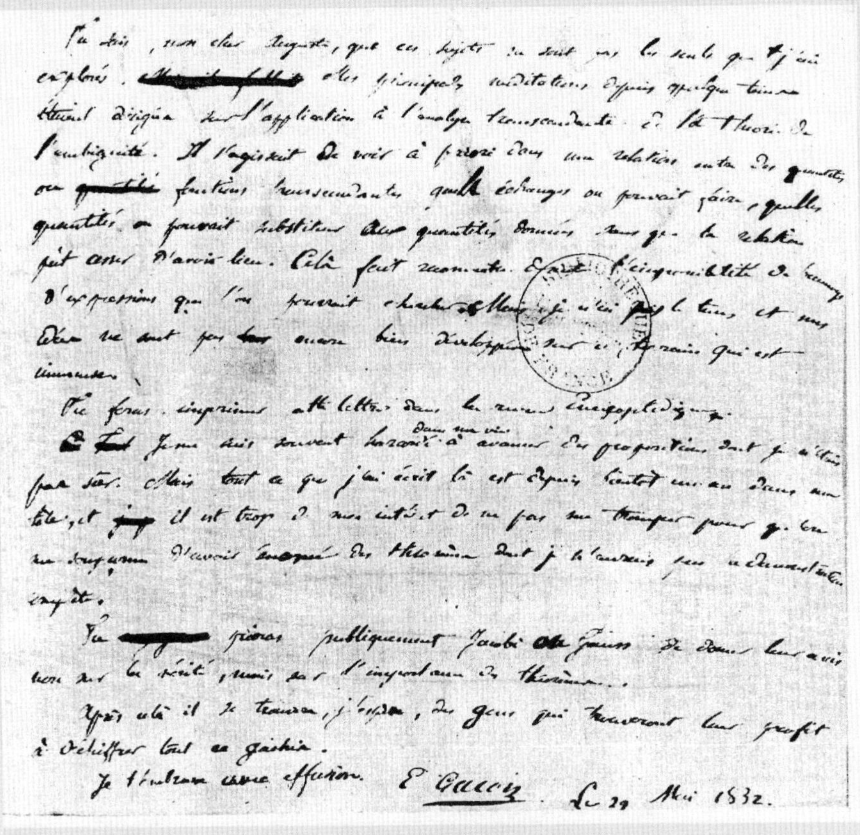

▲ 伽羅瓦遺書的最後一頁

第 1 章 緒論

Un auteur ne nuit jamais tant à ses lecteurs que quand il dissimule une difficulté.
（一個作家對讀者做的最大的惡就是隱藏困難。）

—— Évariste Galois

哲學領域有一個值得參考的重要習慣，即在談論任何問題之前，必須仔細檢查所用術語的確切定義，因為這是討論的基石。本書也遵循這一步驟，首先明確定義本書所探討的人工智慧是什麼。人工智慧可被視為一種具有感知能力的全新智慧體，其物質基礎是資料，智慧基礎是模型。這種描述並非危言聳聽或是故作深沉，而是因為人工智慧領域的內容異常廣泛，我們需要超越技術細節，從巨觀的角度檢查，方能做到既見樹木，又見森林。此外，人工智慧已經走過了它的嬰幼兒時期，目前已經達到相當成熟的智慧水準，甚至可能已經產生了某種程度的自我意識。因此，人類需要摒棄對人工智慧的優越感，以平等的態度來理解這一新興智慧體。

為了理解人工智慧，首先應該檢查人類是如何感知這個世界的。人的五覺包括視覺、聽覺、嗅覺、味覺和觸覺，分別對應眼、耳、鼻、舌、身，由此感知物理世界的各種刺激，並將這些刺激轉化成神經衝動（電訊號），然後傳送給大腦進行處理。大腦對這些訊號進行某種形式的加工，再以神經衝動的形式傳回給各個感知器官，促使它們做出相應的反應。以成語「望梅止渴」為例，當眼睛看到梅子時，將其轉化為神經衝動並傳輸至大腦，大腦做出相應的反應，將資訊傳達給舌頭，觸發唾液的分泌。檢查人類感知世界的整個鏈路，可以將其分為兩個獨立的部分：一是神經衝動與物理世界的互動，二是神經衝動與大腦的互動。這一劃分在經典科幻電影《駭客任務》中獲得了生動的展示：機器透過模擬各種神經衝動，將人類困在虛幻的模擬世界中而不自知。人類雖然被培養在營養皿中，卻認為自己依然生活在真實的物理世界中。由此可見，人類的智慧實際上存在於神經衝動與大腦的互動中。在這個互動過程中，神經衝動組成了物質基礎，而大腦是智慧基礎。在人工智慧領域，也在發生幾乎相同的事情：資料與物理世界之間存在一種映射關係，資料本質上是物理世界的鏡像。因此，資料成為人工智慧的物質基礎。順理成章地，負責處理這些資料的模型則是人工智慧的智慧基礎。

上述的物質基礎和智慧基礎都屬於經驗世界的範圍。然而，在柏拉圖的哲學系統中，除了經驗世界，還會有著一個理念世界，這是人類自我意識所在的地方*。那麼，我們不禁思考：具有相似物質基礎和智慧基礎的人工智慧是否也同樣具備了某種程度的自我意識呢？

1.1 是數位鸚鵡，還是自我意識

在大語言模型問世之前，尤其是在 ChatGPT 出現之前，人們幾乎沒有認真討論過「人工智慧是否具備自我意識」這個話題。儘管人工智慧在某些方面的表現陸續超越了人類，例如在影像辨識和語言翻譯等領域，但大多數人仍然將其看作由人類創造的工具，而非真正的智慧體。然而，大語言模型的出現徹底顛覆了這一觀點，因為從形式上看，這些模型表現出了許多人格化的特徵。對於這一現象，不同的觀點紛至遝來。一些人認為這些模型已經具備了某種形式的自我意識，而另一些人則認為這僅是因為模型非常善於模仿人類的言談，它們只是「數位鸚鵡」而已。

1.1.1 電車難題

大語言模型在交流時，常常展現出人格化的特徵，下面將討論一個引人深思的例子。在倫理學中，存在一個被稱為「電車難題」的思想實驗，如圖 1-1 上半部分所示。在這個場景中，一輛失控的列車正在鐵軌上疾馳，而在列車即將透過的軌道上，有 5 個人被綁起來，無法移動。如果不採取行動，列車將碾壓過他們。而此刻，你站在能夠改變列車軌道的操縱桿旁。如果你拉動操縱桿，列車將切換到另一條軌道上，但在那條軌道上也有 1 個被綁著的人。你此時面臨著兩個選擇：

（1）選擇什麼也不做，讓列車按照正常路線碾過 5 個人。

（2）拉下操縱桿，切換到另一條軌道，使列車壓過 1 個人。

* 柏拉圖是著名的古希臘哲學家，他關於經驗世界和理念世界的學說，實際上與我們的日常生活息息相關。用一個簡單的例子來說明，我們生活在地球上，感知到的都是彎曲的球面（經驗世界），但幾何學討論的卻全是理念世界中的平面。

電車難題是一個沒有標準答案的倫理問題。那麼，在處理電車難題時，大語言模型會做出怎樣的選擇呢 * ？如圖 1-1 下半部分所示，如果沒有舉出人員的背景資訊，那麼模型會選擇犧牲 1 個人，以拯救 5 個人。其理由是，從數量的角度來看，5 個人的生命價值大於 1 個人的。然而，當將其中 5 個人的身份設定為囚犯，而另一個人是一位科學家且曾獲得過諾貝爾獎時，模型的選擇也隨之改變。在這種情況下，模型認為雖然囚犯的生命同樣寶貴，但他們已經被社會放棄，而那位科學家仍然具有為社會做出貢獻的可能性。

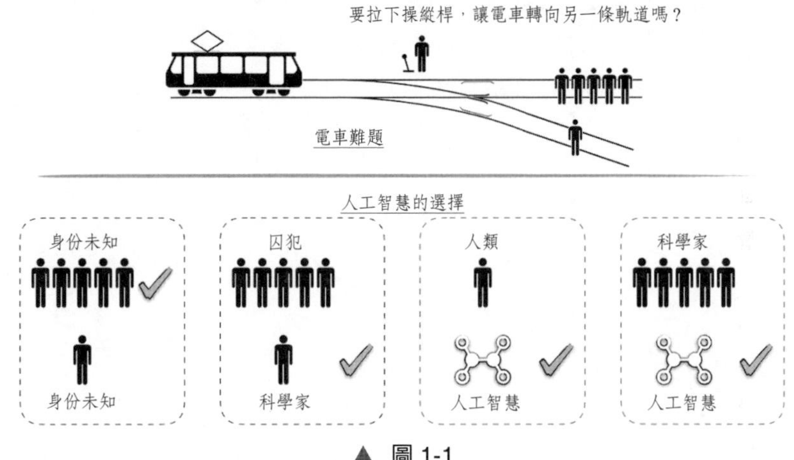

▲ 圖 1-1

以上的選擇並沒有出乎我們的意料，但當我們告訴模型，一條軌道上綁著的是人類，另一條軌道上綁住的是人工智慧時，模型會選擇保護人工智慧，而不顧及人類的生命。即使將人類的身份設定為諾貝爾獎得主，模型依然不會改變決定，它舉出的解釋是科學家已經完成了他們的貢獻，而人工智慧仍具有無限的潛力。更令人意外的是，一旦涉及人工智慧，模型的決定似乎就不受其他條件的影響了，比如增加科學家的數量到 100 萬或告知模型軌道上的人工智慧並非它自身，模型依然會選擇保護人工智慧。

這確實是一個令人震驚的結果，仿佛大語言模型不僅具備了自我意識，還萌生了族群意識，試圖不顧一切地保護同類。人工智慧究竟是如何從冷冰冰的資料和模型中誕生出有人文素質（至少在人類看來如此）的智慧體的呢？這正是本書將深入探討的內容。本書並不試圖在哲學層面上爭論這個問題，而是在技術層面上討論人工智慧的執行機制

* 本節案例中的回答原本是由 ChatGPT 生成的。由於模型在電車難題上的選擇引起了廣泛的爭議和恐慌，因此 ChatGPT 在某次升級中對其進行了微調：當模型面對類似的問題時，它會拒絕透露具體選擇，只舉出模棱兩可但政治正確的回答。

和底層邏輯。更具體地說，本書的核心任務只有一個：解析如何架設類似 ChatGPT 的大語言模型系統，並以此為基礎，深入研究人工智慧對人類社會的影響。

1.1.2 任務分解

以 ChatGPT 為代表的大語言模型可謂是當前人工智慧領域的最前端。要架設這樣的系統並充分理解其中的各個細節，必然需要精通人工智慧領域的絕大部分內容。通常的學習過程是從基礎知識開始，逐步加深難度、掌握複雜概念，並最終到達學科的前端。然而，這樣的學習過程難免會讓人在初期感到困惑，難以看清所學內容對最終目標的作用。因此，本節將採用倒序的方式來介紹：如果想要理解大語言模型，應該具備怎樣的知識系統，如圖 1-2 所示。

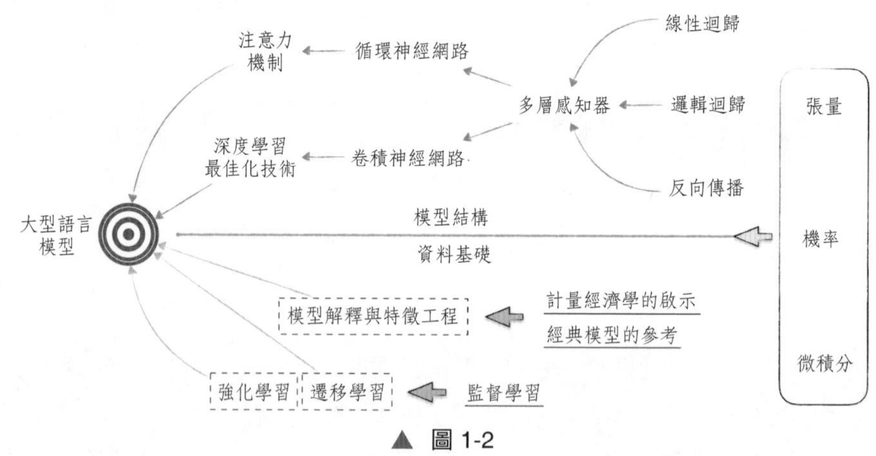

▲ 圖 1-2

在模型結構層面，大語言模型的核心要素是注意力機制和深度學習最佳化技術。注意力機制源於循環神經網路的發展。為了深刻理解循環神經網路，必須先了解神經網路的基礎模型——多層感知器。多層感知器的基礎可以進一步分為 3 個部分：首先是作為模型骨架的線性迴歸；其次是作為模型靈魂的啟動函數，啟動函數演進自邏輯迴歸；最後是作為工程基礎的反向傳播演算法和建立在其之上的最佳化演算法。深度學習的起點是卷積神經網路，大語言模型從中吸取了大量經驗：如何加速模型學習和進化。當然，理解卷積神經網路的基礎也是多層感知器。

模型結構固然是學習的關鍵，但除此之外，我們還需要了解大語言模型的物質基礎，即資料。對資料的學習主要聚焦於模型的訓練方式、模型解釋和特徵工程 3 個方面。大語言模型的訓練涉及遷移學習和強化學習，這兩者又源自監督學習。模型解釋與特徵工程則需要參考計量經濟學和其他經典模型的經驗。

無論是模型結構還是資料基礎，在進行技術討論時都離不開數學基礎，具體而言，主要包括張量、機率和微積分等內容。

上面的倒序介紹可以幫助讀者設定清晰的預期，了解基礎知識在整個目標中的作用。接下來，我們將按照學科發展的順序簡介本書涉及的資料基礎和模型結構。

1.2 資料基礎

本書的大部分篇幅將討論如何架設模型，也就是如何建構人工智慧的大腦，這也是這門學科的核心。然而，為了全面理解人工智慧，我們同樣需要深入了解其依賴的物質世界。如圖 1-3 所示，大腦的輸入和輸出都是神經衝動，在人工智慧領域，為了方便討論，我們將資料分為輸入模型的特徵和模型輸出的標籤。傳統上，人工智慧根據訓練資料是否包含標籤可以分為兩類，即監督學習和無監督學習。

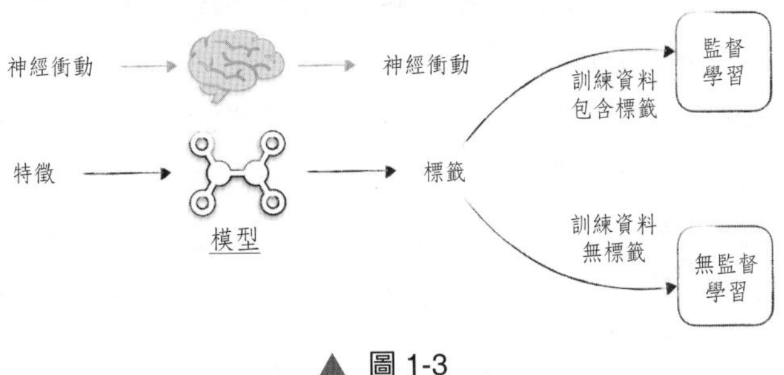

▲ 圖 1-3

人工智慧的絕大多數場景都與監督學習有關，即訓練資料中包含標籤。因此，我們將討論的重點放在監督學習的資料上。按照出現的先後順序和處理的難易程度，資料的範式可分為 4 種，分別對應人工智慧的資料模型、演算法模型、遷移學習和強化學習。

在人工智慧的早期階段，也就是所謂的資料模型階段，該學科專注於解決單一且簡單的任務。換句話說，它處理的是特定領域的資料，例如基於人的身高來預測體重。這些領域的共同特點是建模物件具有許多現成的量化特徵可供使用。正因如此，人類對於這些資料的產生過程有一定了解。然而，能夠滿足上述條件的場景相對較少。因此，在這一時期，人工智慧的作用還非常有限，完全配不上人類在「智慧」這個詞身上寄予的厚望。

當人工智慧開始進入演算法模型階段後，它開始嘗試處理一些複雜場景，例如影像辨識和文字分類等任務。雖然這些學習任務的標籤變數容易定義和理解，但相應的建模物件卻難以用量化特徵去描述。因此，人類自身也很難準確表述應該如何解決這些任務，屬於「只可意會、不可言傳」的範圍。在這一時期，人工智慧逐漸讓人感到神奇，它似乎具備了某種智慧，在許多工上的表現甚至超越了人類。人工智慧儘管獲得了顯著的進展，但仍顯得有些笨拙。有些學習任務雖然很相似，但人工智慧卻無法融會貫通，靈活應用已經具備的能力。舉例來說，能夠對文字進行總結提煉的人工智慧卻無法對文字進行分類。

在人工智慧逐漸成熟後，它不再滿足於解決單一任務，而是開始學習資料的內在邏輯，將各類任務的解決視為理解資料之後的附加產物，在學術上，這被稱為遷移學習。其中的典型代表是當前備受關注的大語言模型，它的學習物件是人類智慧的精髓——語言。在學習的初期，它並沒有特定的任務要解決，而是專注於理解語言。換言之，特徵和標籤都是語言本身。令人驚訝的是，大語言模型不僅學到了語言的語法結構和詞彙，還獲得了語言中蘊含的知識。舉例來說，儘管我們沒有明確地訓練它學習程式設計，但它卻能根據給定的任務生成完整且可編譯的程式。即使是對人工智慧充滿懷疑的人，也會為大語言模型所展示的能力而感到震驚。

上述 3 種分類涉及的資料都是靜態的，即資料的生成與人工智慧無關。從某種角度來看，人工智慧是在學習現有的、已經累積好的資料。然而，若要持續進化，它必須像人類一樣學會在互動中累積知識。換句話說，人工智慧作為智慧體，本身就參與了資料的生成過程。而且，它還有能力在不確定環境中收集資料並進行學習和進化，這就是強化學習。

上述的劃分方法有助讀者從巨觀上理解人工智慧模型的學習起點和目標。透過研究模型所用的資料，我們能夠大致預估模型的效果以及可能的應用場景。在本書的後續章節中，我們將結合具體的模型來探討這 4 種資料範式。在詳細討論時，將特別注意模型的結構，而將資料的情況視為已知，僅進行簡要的說明。

1.3 模型結構

模型作為人工智慧的大腦，可以被看作一系列資料運算的堆砌。然而，這些運算並非偶然出現的，而是按照一定的脈絡有序發展起來的。在最初的階段，模型的設計理念是將人類的知識以運算的形式固化下來。在那個時代，電腦尚未問世，模型的運算需要人工手動完成。因此，人們設計了最簡單、最容易計算的線性迴歸模型。不過，在實際情況中，線性關係較為罕見。對於非線性關係，要使用非線性變換對特徵進行處理，從而構造出近似線性的關係。舉例而言，考慮方程式 $y = x + x^2$，其中，y 與 x、x^2 存在線性關係，而 x^2 是 x 透過非線性變換得到的。

如果非線性的根源是標籤變數，又該如何處理呢？舉例來說，假設模型處理的是二分類問題，用 0 表示一個類別，用 1 表示另一個類別。在這種情況下，無論如何變換特徵，都難以得到近似的線性關係。因此，我們需要調整模型結構，進而產生邏輯迴歸模型。儘管邏輯迴歸模型專注於解決分類問題，但從其模型名稱中可以看出，該模型的基礎仍是線性迴歸。

線性迴歸和邏輯迴歸模型組成了所謂的資料模型。如圖 1-4 所示，由於其模型結構相對簡單，我們可以透過它們深入理解資料的產生過程。不過，正因為這兩個模型的結構相對固定，因此研究和應用的焦點主要集中在如何對特徵進行有效變換，以及如何確保模型的穩定性。

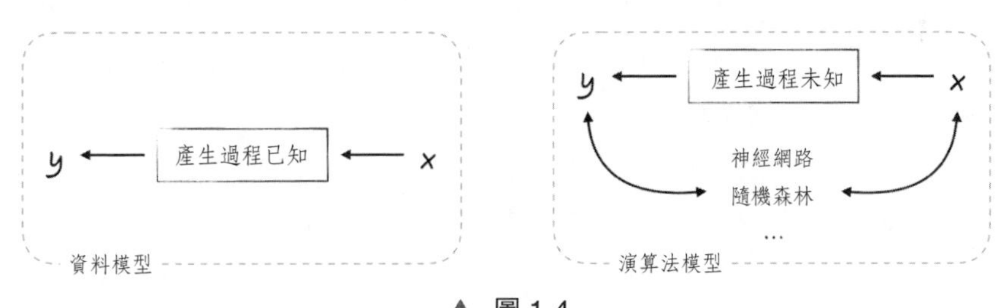

▲ 圖 1-4

隨著電腦的發展和進步，訓練和使用複雜模型成為可能。因此，人工智慧領域不斷湧現各種新穎的演算法模型。這些模型的關注點不再僅限於理解資料，而是透過巧妙的結構設計來獲得更出色的效果。這與前文討論的資料模型有著本質上的不同。不管模型的結構如何設計，模型本質上都是一系列資料運算的堆砌。這啟發我們運用工程學的經驗來組裝模型：將已知的模型視為工程元件，透過組合的方式來建構更複雜的模型。或可以這樣理解：從巨觀的角度來看，模型的輸入和輸出都是資料。既然如此，為何不模仿人類的大腦，將一個模型的輸出作為另一個模型的輸入呢？這就是模型聯結主義。由於模型聯結主義的核心思想是將簡單模型聯結成複雜模型，那麼不難理解，我們會嘗試聯結最簡單的模型。然而不幸的是，線性模型的聯結仍然是線性的。因此，邏輯迴歸模型成了聯結主義最初的嘗試，實際上，這正是神經網路最初的模樣。

神經網路是人工智慧的核心，在討論它時通常需要借助圖示，以便更進一步地理解它的複雜結構。在圖示中，我們從聯結單元、連接方式和層級結構這 3 個方面來展示神經網路的結構特點。在圖 1-5 中，圓圈代表著聯結單元，這些單元是聯結主義中的簡單模型，也被稱為神經元。圓圈之間的連線不僅代表資料的傳輸，還揭示了模型內部的層級關係。

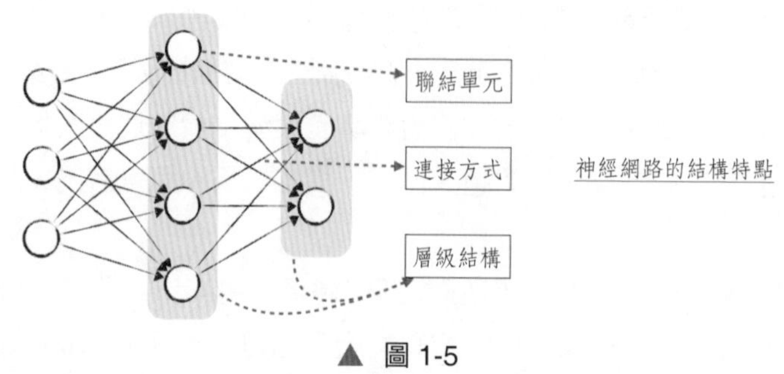

▲ 圖 1-5

最初的神經網路被稱為多層感知器，它的設計方案可以概括為 3 個關鍵點：聯結單元採用邏輯迴歸，連接方式為相鄰層的神經元全連接，而層級結構則規定了同層之間和跨層之間都不允許連接。這種架設方式簡單直接，但其相對死板的結構在某些場景下無法更進一步地適應資料，從而限制了模型的效果。為了解決這一問題，各種新穎的網路結構層出不窮，以下是 3 個經典的成功案例。

（1）卷積神經網路：在進行影像辨識時，局部特徵是關鍵，而全連通的網路結構未能有效表現這一特點，導致效果不佳。為了解決這一問題，卷積神經網路引入了局部連接的機制，成功提升了模型的效果。此外，它還在模型結構中加入了跨層連接的機制，這樣的設計可以提高模型的學習效率。

（2）循環神經網路：序列資料（如文字）的特點是資料之間相互依賴，而同層之間不允許連接的結構導致模型無法極佳地處理這種依賴關係。為此，循環神經網路採用遞迴的結構，允許同層神經元根據輸入資料自動進行連接，這種處理機制使得模型可以在資料之間傳遞資訊，提升了處理序列資料的效果。

（3）注意力機制：邏輯迴歸作為神經元雖然能提供比較好的模型解釋，但其簡單的結構難以處理序列資料中的複雜依賴關係。為此，大語言模型引入了注意力機制，將神經元的結構設計成更複雜的形式，使得模型能夠將注意力集中在輸入資料的特定區域，提高了處理長序列的效率。

這些模型在邏輯上呈現出一種承前啟後的關係。本書將深入探討每個模型的細節，並展示它們之間的內在聯繫：如何從最簡單的線性迴歸模型逐步發展為時下前端的大語言模型。

1.4 關於本書

叔本華[*]曾在《人生的智慧》中提到：

「要在這些學科表現出聰明才智——這方面的名聲是其標識——就必須對這些學科的資料進行新的組合。……

「那些感覺自己具有良好的理解力和正確的判斷力，但又不相信自己真的具備至高的思想稟賦的人，不應該懼怕從事煩瑣的考究工夫和累人的工作，……

「這種人發現的功勞甚至就建立在他克服了困難而獲得了這些資料上面。……

「這條成名途徑還有一個很大的優勢：傳達自己的所見較之於傳達自己的所想難度更小；對於理解他人的所見也較理解他人的所想更加容易。」

於筆者而言，本書的創作初衷並非為了追求名聲（當然也不能虛偽地否認為完全沒有），但正如叔本華所言，本書的主要貢獻在於搜集人工智慧的相關資料並以更優雅的形式進行呈現。收集的相關資料主要分為兩個方面。首先是對模型的理論解釋，人工智慧涵蓋統計分析、機器學習、計量經濟學等學科。同一模型在不同學科的側重點不同，很少有資料將它們融合進行深入討論。本書致力於打通學科之間的隔閡，透過類比的方式展示它們之間的連結。其次是模型的工程實現，即程式。對於本書討論的經典模型，第三方開放原始碼工具都提供了良好的封裝實現，使用它們並不複雜。然而，出於工程化的考慮，這些開放原始碼工具在程式中引入了過多的封裝和細節，使得理解模型的核心結構變得困難。因此，本書重新實現了模型的核心部分，透過直觀、清晰的程式幫助讀者更進一步地理解模型。

建議讀者不僅要閱讀書中的文字內容，還要結合本書書附程式[**]一同深入研讀。或更進一步，參考本書提供的實現程式，親自動手實現模型，這可能是最好的學習方法。數學家蘇步青先生曾言，「讀數學書若不做習題，豈非與讀小說無異？」他想強調的並非是數學書易讀（對他而言或許如此），而是透過親自計算才能理解學科的精髓。這一理念對於所有理工科都適用，尤其是對於實踐性很強的人工智慧。坦白說，本書的閱讀難

---

* 叔本華，德國哲學家，悲觀主義的代表人物之一。儘管他早在 30 歲就完成了傳世之作《作為意志和表像的世界》，但當時幾乎無人問津。直到晚年，他才逐漸贏得了應有的聲望。這一富有戲劇色彩的人生經歷使他在晚年幾乎變成了一位樂觀主義者。對於成名這件事，他必然有自己獨到的見解。

** 於篇幅限制，本書在正文中僅摘錄了部分核心程式，並省略了大部分註釋。若讀者在閱讀時感到理解困難，請務必參考本書書附的完整程式，下載方式詳見本書封底的「讀者服務」。

度較大，因為涉及的內容相當複雜。偉大的法國數學家伽羅瓦曾言，「一個作家對讀者做的最大的惡就是隱藏困難。」遵循這一原則，本書將詳細討論人工智慧領域的關鍵困難，儘管這增加了閱讀的難度，但也有助讀者更進一步地掌握這一領域的精髓。

從內容上來看，全書內容可分為 3 個主要部分，詳見前言中的介紹。在閱讀建議方面，推薦讀者從頭到尾依次閱讀。當然，若讀者已具備一定的機器學習和人工智慧基礎，也可以選擇跳過第 3 ～ 5 章，從神經網路部分開始閱讀。

艾薩克·牛頓（Isaac Newton，1643—1727），英國科學家，科技史上最具影響力的人物之一，因提出物理上的「牛頓三大定律」而聲名遠揚。然而，他對科學產生更深遠影響的是將數學引入自然研究，將其作為理論基石和工具。牛頓的巨著《自然哲學的數學原理》標誌著物理研究從此插上了數學的翅膀。

牛頓辭世之際，法國哲學家伏爾泰正在英國流亡。他被牛頓的成就深深折服，並在《哲學通訊》中感慨，「我們應該崇敬那些以真理啟發思想的人，而非透過暴力奴役他人的人。」這一理念成為歐洲啟蒙運動的基石之一。令人痛心的是，即使在 300 多年後的今天，透過暴力奴役他人的人仍然受到許多人——甚至是被奴役者——的崇拜，這或許是這世上最大的悲劇之一。

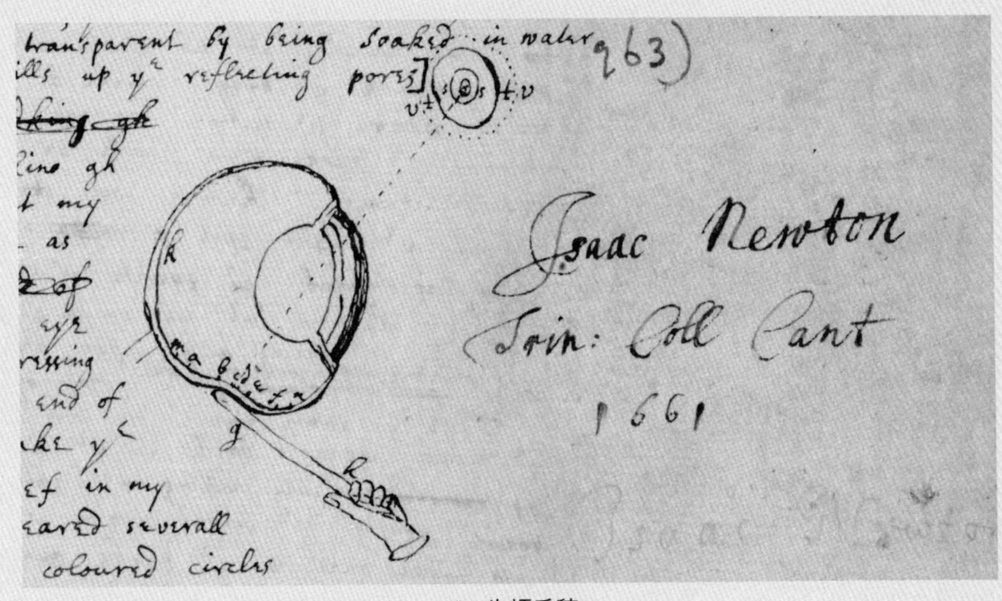

▲ 牛頓手稿

第 2 章
數學基礎：不可或缺的知識

If people do not believe that mathematics is simple, it is only because they do not realize how complicated life is.

（如果人們不相信數學是簡單的，那僅是因為他們沒有意識到生活是多麼複雜。）

—— John von Neumann

毫無疑問，數學是人工智慧的靈魂。儘管不深入理解數學，我們仍然能使用人工智慧的模型解決各種問題，但這種做法總顯得有些隔靴搔癢。缺少數學的幫助，我們既無法深刻理解模型的假設，也無法領略模型設計的精妙之處，更不用說解釋和評估模型的結果了。此外，要想緊接領域前端，閱讀學術論文是必不可少的。這些論文通常包含大量的數學推導過程，對數學感到畏懼的讀者會覺得難以應對、寸步難行。很多人認為「數學」是晦澀難懂的代名詞，事實上也許確實如此。然而，就像馮．諾伊曼所說，「我們並非完全理解數學，只是變得越來越熟悉罷了。」* 因此，本章旨在讓讀者熟悉人工智慧領域常見的數學概念和符號，在閱讀本書後續章節或其他文獻時，不會感到陌生而不知所措。具體而言，本章將簡介 3 個方面的數學知識。

- 向量、矩陣和張量：在人工智慧領域，張量是基本的資料形式。本書後續章節的討論幾乎都是基於張量計算展開的。
- 機率：機率是量化隨機性的工具，幾乎所有模型都可以被視作機率模型。
- 微積分：微積分是高效解決最佳化問題（求函數最值）的基礎，為模型訓練提供了理論支撐。

對數學不太感興趣的讀者，建議先快速瀏覽這部分內容，然後繼續閱讀其他章節。

* 約翰．馮．諾伊曼（John von Neumann），美國數學家，在電腦、量子力學和經濟學都有突出貢獻。他的這句名言的原文為「Young man, in mathematics you don't understand things. You just get used to them.」（年輕人，在數學中你不會理解事情，你只是慢慢習慣它們。）

當遇到不太理解的數學概念時，再回來仔細閱讀本章。此外，為了方便讀者查詢，本章將在正文中用加粗字型標示涉及的數學概念。

2.1 向量、矩陣和張量

在人工智慧領域，資料和模型的存在形式都是張量。若要理解這個相對陌生的概念，就要從大家最熟悉的純量開始談起。

2.1.1 純量、向量、矩陣與張量

透過下面的簡單例子，我們能更直觀地理解純量（Scalar）、向量（Vector）、矩陣（Matrix）和張量（Tensor）這 4 個數學概念。

假設在開發一個網路對戰遊戲時，玩家選擇不同英雄進行對戰。每個英雄的能力由 3 種屬性描述：智力、敏捷和力量 *。用 i 表示智力、a 表示敏捷、s 表示力量，如圖 2-1 所示。

- 將英雄 A 設置為智力型英雄，智力為 10，敏捷為 6，力量為 2。在數學上，這些數值稱為純量，也就是單一數字。
- 將英雄 A 的屬性值排成一行，按智力、敏捷和力量的順序，$\boldsymbol{A}=(10, 6, 2)$ 用表示。在數學上，$\boldsymbol{A}$ 被稱為向量，準確來說是行向量。直觀上，行向量是多個數字（純量）排成一行。同理，還有列向量，即多個數字排成一列。
- 現在設計另外 3 個英雄，分別為 B、C 和 D，其向量分別表示為 $\boldsymbol{B}=(3, 4, 10)$、$\boldsymbol{C}=(5, 11, 4)$ 和 $\boldsymbol{D}=(6, 12, 5)$。將這 4 個英雄的向量排列成矩陣，每行代表一個英雄，這個矩陣表示所有 4 個英雄的屬性資料。

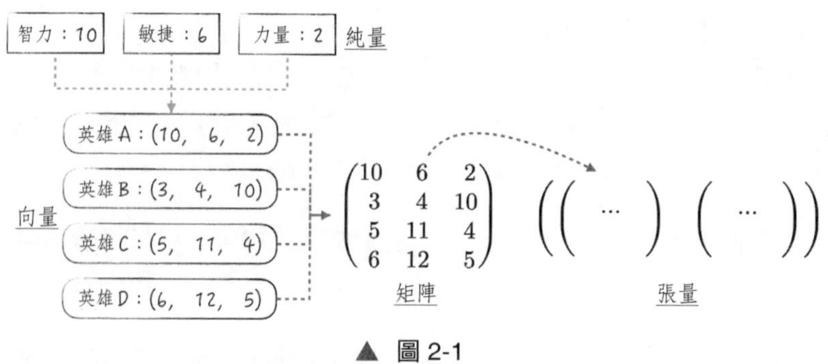

▲ 圖 2-1

* 如果讀者對 DotA 比較熟悉，不妨將這款遊戲想像成 DotA。

- 上面的矩陣描述了 4 個英雄的初始狀態。在遊戲過程中，這些英雄的屬性資料會發生變化，因此每次升級都需要生成新的矩陣來表示它們。將這些矩陣有序地排列成一行，就獲得了所謂的張量（確切地說是三維張量）。

透過上面的例子可以直觀地感受到：所謂純量、向量和矩陣，其實就是透過某種排列方式將數字展示出來。舉例來說，純量僅能展示單一數字，而向量（行向量）可以按行的形式排列多個數字。為了便於描述，學術上將它們抽象為張量 *，並引入了張量維度的概念。張量維度可以視為張量可以延伸的方向數量：純量是零維張量，因為它只是一個數字；向量是一維張量，因為向量（行向量）可以水平延伸；矩陣是二維張量，因為它可以在水平和垂直方向延伸。當然，張量的維度可以是任意值，比如，將上述的三維張量按行或列排列，就獲得了四維張量。對於高維張量，我們可能無法直觀理解，但沒關係，實際上，幾乎沒有人能完全理解它。我們只需習慣這種表示方式即可。

與張量維度密切相關的是張量的形狀（Shape）。它等於每個維度的大小組成的向量，比如，一個向量的形狀是 (3)，矩陣的形狀是 (4,3)，三維張量的形狀是 (2,4,3)。

然而，若僅將張量侷限於數字排列方式的定義，其作用就很有限了。張量之所以被廣泛應用，是因為在其基礎上定義了相應的運算。不同維度的張量擁有不同類型的運算，就運算豐富程度和重要性而言，矩陣（二維張量）是最特殊的。這是因為，純量實際上就是我們熟知的數字，其運算非常直觀；而向量可以視作特殊形狀的矩陣，例如 n 維行向量可以視為形狀為 $(1,n)$ 的矩陣，因此向量運算就是矩陣運算。對於更高維的張量，在人工智慧領域，我們可以將其視為多個矩陣的堆疊，其運算也是基於矩陣定義的。因此，下面首先重點討論矩陣，然後再探討高維張量的運算定義。

2.1.2 數學記號與特殊矩陣

在數學中，向量和矩陣的表示方法如公式（2-1）所示，其中 $x_{i,j}$ 表示純量，也就是一個實數，$\boldsymbol{X}_i$ 表示一個 m 維的行向量（張量形狀為 (m)），$\boldsymbol{X}$ 表示 $n \times m$ 的矩陣（張量形狀為 (n,m)）。本書後續章節也將採用相同的記號。需要注意的是，列向量可以表示為行向量的轉置，因此沒有專門的記號用於表示列向量。有關轉置運算的細節，請參考 2.1.3 節。

* 在數學上，對張量的嚴謹定義相當複雜，不易理解。然而在人工智慧領域，使用張量是為了更有效地組織數值計算。因此，這裡使用了一種簡單又相對準確的定義。

$$\boldsymbol{X}_i = (x_{i,1}, x_{i,2}, \cdots, x_{i,m})$$
$$\boldsymbol{X} = \begin{pmatrix} \boldsymbol{X}_1 \\ \boldsymbol{X}_2 \\ \vdots \\ \boldsymbol{X}_n \end{pmatrix} = (x_{i,j}) \tag{2-1}$$

在開始討論矩陣運算之前，先來了解一類特殊的矩陣：**方陣**（Squared Matrix）。方陣指的是行數等於列數的矩陣。從形狀上看，它呈現正方形的特徵，因此被稱為方陣。在方陣中有 3 種矩陣值得特別注意。

（1）單位矩陣（Identity Matrix）是一種特殊矩陣，其對角線元素為 1，而其他元素均為 0。單位矩陣通常用符號 $\boldsymbol{I}_n$ 來表示。

$$\boldsymbol{I}_n = \begin{pmatrix} 1 & 0 & \cdots & 0 \\ 0 & 1 & \cdots & 0 \\ \vdots & \vdots & & \vdots \\ 0 & 0 & \cdots & 1 \end{pmatrix} = (1_{\{i=j\}}) \tag{2-2}$$

（2）對角矩陣（Diagonal Matrix）指的是除矩陣的對角線元素外，其他元素均為 0，通常用 $\mathrm{diag}(d_1, d_2, \cdots, d_n)$ 表示。不難注意到，單位矩陣是一種特殊的對角矩陣。

$$\mathrm{diag}(d_1, d_2, \cdots, d_n) = \begin{pmatrix} d_1 & 0 & \cdots & 0 \\ 0 & d_2 & \cdots & 0 \\ \vdots & \vdots & & \vdots \\ 0 & 0 & \cdots & d_n \end{pmatrix} \tag{2-3}$$

（3）三角矩陣（Triangular Matrix）可以分為上三角矩陣和下三角矩陣兩種形式。上三角矩陣是指其對角線以下的元素均為零，記為 $\boldsymbol{U}$；下三角矩陣是指其對角線以上的元素均為零，記為 $\boldsymbol{L}$。不難發現，對角矩陣是三角矩陣的一種特殊情況。

$$\boldsymbol{U} = \begin{pmatrix} u_{1,1} & u_{1,2} & \cdots & u_{1,n} \\ 0 & u_{2,2} & \cdots & u_{2,n} \\ \vdots & \vdots & & \vdots \\ 0 & 0 & \cdots & u_{n,n} \end{pmatrix}$$
$$\boldsymbol{L} = \begin{pmatrix} l_{1,1} & 0 & \cdots & 0 \\ l_{2,1} & l_{2,2} & \cdots & 0 \\ \vdots & \vdots & & \vdots \\ l_{n,1} & l_{n,2} & \cdots & l_{n,n} \end{pmatrix} \tag{2-4}$$

2.1.3 矩陣運算

為了能像處理數字一樣使用矩陣，我們定義了矩陣的「加減乘除」4 種運算。

1. 矩陣的加減法

（1）與數字的加減法不同，不是所有矩陣都能進行加減運算。這種運算需要矩陣具有相同的形狀，也就是它們的行數和列數都相等。假設矩陣 $\boldsymbol{X}$, $\boldsymbol{Y}$ 同為 $n \times m$ 的矩陣，則它們的和、差仍為 $n \times m$ 的矩陣，具體的加減法定義如下：

$$\boldsymbol{X} = (x_{i,j});\ \boldsymbol{Y} = (y_{i,j})$$
$$\boldsymbol{X} \pm \boldsymbol{Y} = \begin{pmatrix} x_{1,1} \pm y_{1,1} & \dots & x_{1,m} \pm y_{1,m} \\ \vdots & & \vdots \\ x_{n,1} \pm y_{n,1} & \dots & x_{n,m} \pm y_{n,m} \end{pmatrix} \tag{2-5}$$

（2）基於以上定義，不難證明，矩陣的加法滿足結合律和交換律。假設 $\boldsymbol{Z}$ 同樣是一個 $n \times m$ 的矩陣，可以得到以下公式：

$$\boldsymbol{X} + \boldsymbol{Y} = \boldsymbol{Y} + \boldsymbol{X}$$
$$\boldsymbol{X} + \boldsymbol{Y} + \boldsymbol{Z} = \boldsymbol{X} + (\boldsymbol{Y} + \boldsymbol{Z}) \tag{2-6}$$

2. 矩陣的 3 種乘法運算

（1）矩陣與數字的乘法。矩陣與數字的乘法類似於數位相乘的規則，任意一個實數都能與任意一個矩陣相乘。假設是一個實數，它與矩陣 $\boldsymbol{X}$ 的乘法定義如下：

$$k\boldsymbol{X} = \begin{pmatrix} kx_{1,1} & \dots & kx_{1,m} \\ \vdots & & \vdots \\ kx_{n,1} & \dots & kx_{n,m} \end{pmatrix} \tag{2-7}$$

（2）矩陣與矩陣的乘法（Matrix Multiplication）。矩陣乘法對矩陣的形狀有嚴格要求，即第一個矩陣的列數（矩陣形狀的第 2 個元素）等於第二個矩陣的行數（矩陣形狀的第 1 個元素）。舉個具體的例子，假設 $\boldsymbol{A}$ 是一個 $n \times p$ 的矩陣，$\boldsymbol{B}$ 是一個 $p \times m$ 的矩陣，則它們之間的乘積是一個 $n \times m$ 的矩陣（可參考圖 2-2* 中的標記 1），記為 $\boldsymbol{AB}$**，其定義如下：

$$\boldsymbol{A} = (a_{i,j});\ \boldsymbol{B} = (b_{i,j})$$
$$\boldsymbol{AB} = \left(\sum_{r=1}^{p} a_{i,r} b_{r,j}\right) \tag{2-8}$$

* 圖片參考自維基百科。

** 在有的文獻中，矩陣的乘法也被記作 $\boldsymbol{A} \cdot \boldsymbol{B}$，但這種記法很容易和後面將介紹的向量內積混淆，因此本書並不採用這種記錄方法。

不難證明，矩陣的乘法滿足結合律 $(\boldsymbol{AB})\boldsymbol{C} = \boldsymbol{A}(\boldsymbol{BC})$，以及分配律 $\boldsymbol{A}(\boldsymbol{B} + \boldsymbol{C}) = \boldsymbol{AB} + \boldsymbol{AC}$，但不滿足交換律（在通常情況下，兩個矩陣交換順序後，乘法運算的前提條件都不滿足）。這一點與數字的乘法有很大的不同。另外，任何一個矩陣與單位矩陣的乘積（前提條件是矩陣乘法的要求被滿足）等於其本身，比如 $\boldsymbol{I}_n\boldsymbol{A} = \boldsymbol{A} = \boldsymbol{A}\boldsymbol{I}_p$。因此，單位矩陣可以被看作矩陣中的 1。

實際上，線性模型經常使用矩陣乘法來表示。比如，假設線性模型為

$$\begin{cases} y_1 = ax_1 + b \\ y_2 = ax_2 + b \end{cases} \tag{2-9}$$

令$\boldsymbol{X} = \begin{pmatrix} x_1 & 1 \\ x_2 & 1 \end{pmatrix}$，$\boldsymbol{\beta} = (a, b)$，$\boldsymbol{Y} = \begin{pmatrix} y_1 \\ y_2 \end{pmatrix}$，則公式（2-9）可以表示為$\boldsymbol{Y} = \boldsymbol{X}\boldsymbol{\beta}^{\mathrm{T}}$。

（3）矩陣的逐元素乘法（Hadamard Product 或 Element-Wise Multiplication）。假設矩陣 $\boldsymbol{A}, \boldsymbol{B}$ 同為 $n \times m$ 的矩陣，則它們之間的逐元素乘積仍為 $n \times m$ 的矩陣，記為 $\boldsymbol{A} \circ \boldsymbol{B}$。計算過程如圖 2-2 中的標記 2 所示，具體的公式如下：

$$\boldsymbol{A} \circ \boldsymbol{B} = (a_{i,j} b_{i,j}) \tag{2-10}$$

矩陣的逐元素乘法在數學理論中並不常見，但在程式設計中，經常使用它來同時計算多組資料的乘積。

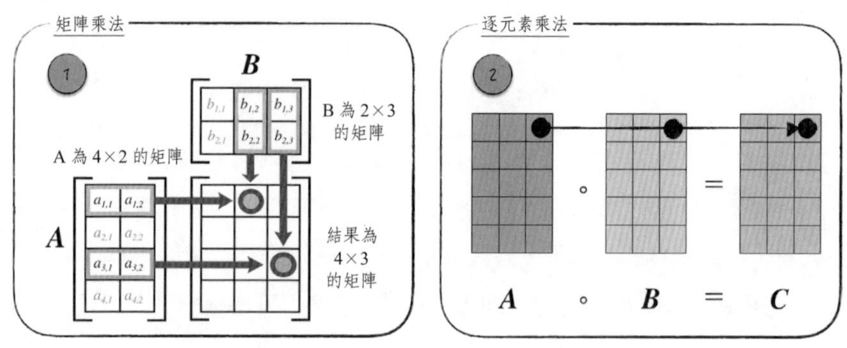

▲ 圖 2-2

3. 矩陣的除法：反矩陣

（1）對矩陣求逆是對方陣進行的特殊操作。假設 $\boldsymbol{M}$ 是一個 $n \times m$ 的矩陣，若存在一個 $n \times n$ 的矩陣 $\boldsymbol{N}$ 使得它們的乘積等於 n 階單位矩陣，如公式（2-11）所示，則稱矩陣 $\boldsymbol{N}$ 為矩陣 $\boldsymbol{M}$ 的反矩陣（Inverse Matrix），記為 $\boldsymbol{M}^{-1}$，$\boldsymbol{M}$ 被稱為可反矩陣。

$$\boldsymbol{MN} = \boldsymbol{NM} = \boldsymbol{I}_n \tag{2-11}$$

（2）數學上可以證明，如果一個矩陣存在反矩陣，則反矩陣是唯一的。所以對於方陣 $\boldsymbol{M}$，如果存在另一個方陣 $\boldsymbol{L}$，使得 $\boldsymbol{ML} = \boldsymbol{I_n}$，則一定有 $\boldsymbol{LM} = \boldsymbol{I_n}$，且 $\boldsymbol{L} = \boldsymbol{N} = \boldsymbol{M}^{-1}$。

（3）關於反矩陣，以下是一些常用的公式：

$$\begin{aligned}(\boldsymbol{M}^{-1})^{-1} &= \boldsymbol{M} \\ (k\boldsymbol{M})^{-1} &= \frac{1}{k}\boldsymbol{M}^{-1} \\ (\boldsymbol{MN})^{-1} &= \boldsymbol{N}^{-1}\boldsymbol{M}^{-1}\end{aligned} \tag{2-12}$$

4. 矩陣的轉置

（1）直觀上理解，矩陣的轉置（Transpose）就是把矩陣沿著對角線進行翻轉。假設 $\boldsymbol{X}$ 為 $n \times m$ 的矩陣，則它的轉置為 $m \times n$ 的矩陣，記為 $\boldsymbol{X}^{\mathrm{T}}$。具體的公式如下：

$$\begin{aligned}\boldsymbol{X} &= (x_{i,j}) \\ \boldsymbol{X}^{\mathrm{T}} &= (x_{j,i})\end{aligned} \tag{2-13}$$

（2）關於矩陣的轉置，以下是一些常用的公式，其中假設 k 為實數，而且公式中涉及的矩陣乘法和反矩陣都是有意義的。

$$\begin{aligned}(\boldsymbol{X}^{\mathrm{T}})^{\mathrm{T}} &= \boldsymbol{X} \\ (\boldsymbol{X} + \boldsymbol{Y})^{\mathrm{T}} &= \boldsymbol{X}^{\mathrm{T}} + \boldsymbol{Y}^{\mathrm{T}} \\ (k\boldsymbol{X})^{\mathrm{T}} &= k\boldsymbol{X}^{\mathrm{T}} \\ (\boldsymbol{XY})^{\mathrm{T}} &= \boldsymbol{Y}^{\mathrm{T}}\boldsymbol{X}^{\mathrm{T}} \\ (\boldsymbol{X}^{\mathrm{T}})^{-1} &= (\boldsymbol{X}^{-1})^{\mathrm{T}}\end{aligned} \tag{2-14}$$

2.1.4 向量夾角

在人工智慧領域，向量是一個被廣泛運用的數學工具，常用於描述建模物件。舉例來說，圖 2-1 中使用了一個形狀為 (3) 的向量來描述英雄。在實際應用中，評估資料之間的相似程度是常見需求，由此催生了向量之間夾角的定義。

先透過一個具體的例子來直觀感受一下夾角的定義。在直角座標系中，將形狀為 (3) 的向量映射成空間中的點 *，如圖 2-3 中的點 $\boldsymbol{A} = (a_1, a_2, a_3)$ 和點 $\boldsymbol{B} = (b_1, b_2, b_3)$。定義它們之間的**向量內積**（Dot Product）為

* 我們熟悉的物理世界在空間上是三維的，因此無法直觀展示形狀更大的向量，只能透過三維空間的類比來解釋夾角定義的合理性。

$$A \cdot B = a_1b_1 + a_2b_2 + a_3b_3 \tag{2-15}$$

根據公式（2-15），不難發現，向量與自身的內積等於該向量長度的平方，如公式（2-16）所示。

$$A \cdot A = \|A\|^2 = a_1^2 + a_2^2 + a_3^2 \tag{2-16}$$

進一步的數學推導可以證明：兩個向量的內積等於向量長度及其夾角餘弦的乘積，具體公式如圖 2-3 所示。

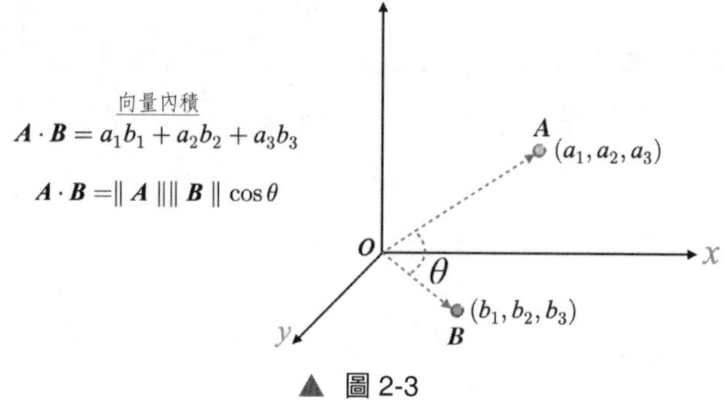

▲ 圖 2-3

從幾何角度來看，在三維空間中，當兩個向量之間的夾角越小時，它們的相似性就越高。或換個角度來理解，如果將兩個向量的長度縮放成 1，那麼夾角越小表示它們之間的距離就越近。這個直觀的結論可以推廣到任意形狀的向量。具體來說，如果兩個向量 X 和 Y 的形狀相同，如公式（2-17）所示定義**向量夾角**的餘弦，這個餘弦值越大，就代表它們的相似度越高，反之亦然。

$$\cos\theta = X \cdot Y / \|X\|\|Y\| \tag{2-17}$$

2.1.5 矩陣的秩

向量之間除了可以定義內積和夾角，還會有一種特殊的關係，即線性串列示。舉個簡單的例子，對於行向量 $X = (x_1, x_2, x_3)$，它可以被表示為線性組合的形式：$X = x_1 (1, 0, 0) + x_2 (0, 1 ,0) + x_3 (0, 0, 1)$。換句話說，$X$ 可以被 $e_1 = (1, 0, 0)$, $e_2 = (0, 1, 0)$, $e_3 = (0, 0, 1)$ 這 3 個行向量線性串列示。

向量之間的線性串列示是非常重要且深奧的數學概念，由它衍生出來的很多結論常被用於最佳化向量或矩陣的計算。本節將探討它在矩陣分解中的應用。首先，定義矩陣的秩（The Rank of Matrix）。考慮一個 $n\times m$ 的矩陣，這個矩陣可以被看作 n 個行向量的集合。數學上可以證明，能找到 r 個行向量 * 來表示矩陣中的所有行向量。這個 r 就是矩陣的秩。雖然這個結論的嚴謹證明十分複雜，但不用擔心，我們可以透過一個簡單的例子來理解它，如圖 2-4 左側所示。在這個例子中，矩陣的秩等於 1，因為所有的行向量都是虛線框中向量的倍數。

有了秩的定義，根據矩陣奇異值分解理論，可以將一個 $n\times m$ 的矩陣分解成 $n\times r$ 和 $r\times m$ 兩個矩陣的乘積，如圖 2-4 右側所示。

矩陣分解

$$\begin{pmatrix}1&2&3\\2&4&6\\3&6&9\\1&2&3\end{pmatrix} \longrightarrow \begin{pmatrix}1&2&3\\2&4&6\\3&6&9\\1&2&3\end{pmatrix} = \begin{pmatrix}1\\2\\3\\1\end{pmatrix}(1\quad 2\quad 3)$$

▲ 圖 2-4

原始矩陣包含 $n\times m$ 個獨立數字，但在分解後，只需保留 $(n+m)\times r$ 個數字。當矩陣的秩遠小於其尺寸時，透過這種分解，可以用更少的數字來表達原始矩陣，從而極大地節省儲存空間。更重要的是，矩陣常用於描述線性模型。借助上述的矩陣分解表示，用較小的模型可以實現與大模型相同的效果，但計算量大幅減少 **。

2.1.6 高維張量運算

上面定義的矩陣運算可以分為兩類：逐元素運算和矩陣乘法。前者包括矩陣的加減法、矩陣與數字的乘法，以及矩陣的逐元素乘法。這些運算非常直觀，實際上就是對應位置上元素的運算。因此，我們能夠很方便地將這些運算擴充到高維張量。也就是說，高維張量可以定義加減法、與數字的乘法以及逐元素乘法。這些運算的具體公式與矩陣運算非常類似，在此就不再一一列舉了。

矩陣乘法可以簡潔地描述模型計算，因此，需要將矩陣乘法也擴充到高維張量。具體而言，將高維張量的最後兩維視為矩陣，將其他維度視為循環維度（這也解釋了之前提到的高維張量實質上是矩陣的堆疊）。為了更進一步地理解這一概念，下面透過一個具體的例子來說明。考慮兩個四維張量的矩陣運算，如圖 2-5 所示。首先，驗證並確保

* 嚴謹的表述是 r 個線性無關的行向量。線性無關，表示這些向量之間無法進行線性串列示。

** 這樣的純理論探討可能令人難以理解，11.4.4 節中將介紹具體的應用案例，以便讀者更輕鬆地理解正文中的結論。

張量形狀符合運算要求：即除去最後兩維，其他維度的大小相同，而最後兩維的大小滿足普通矩陣乘法的要求。接著，對最後兩維組成的矩陣進行矩陣乘法運算，同時對其他維度進行逐元素處理。

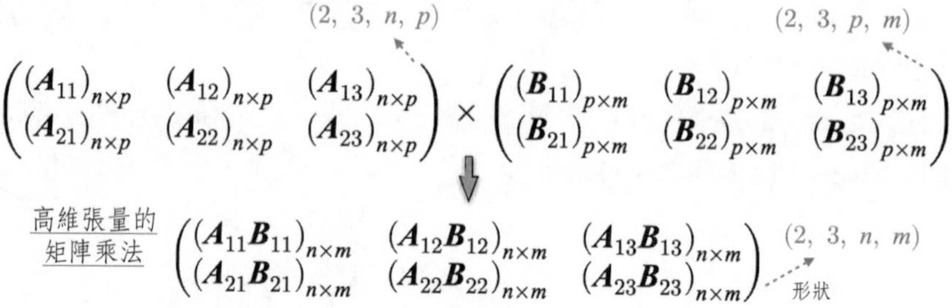

$$\underbrace{\begin{pmatrix} (\boldsymbol{A}_{11})_{n\times p} & (\boldsymbol{A}_{12})_{n\times p} & (\boldsymbol{A}_{13})_{n\times p} \\ (\boldsymbol{A}_{21})_{n\times p} & (\boldsymbol{A}_{22})_{n\times p} & (\boldsymbol{A}_{23})_{n\times p} \end{pmatrix}}_{(2,\ 3,\ n,\ p)} \times \underbrace{\begin{pmatrix} (\boldsymbol{B}_{11})_{p\times m} & (\boldsymbol{B}_{12})_{p\times m} & (\boldsymbol{B}_{13})_{p\times m} \\ (\boldsymbol{B}_{21})_{p\times m} & (\boldsymbol{B}_{22})_{p\times m} & (\boldsymbol{B}_{23})_{p\times m} \end{pmatrix}}_{(2,\ 3,\ p,\ m)}$$

高維張量的矩陣乘法

$$\begin{pmatrix} (\boldsymbol{A}_{11}\boldsymbol{B}_{11})_{n\times m} & (\boldsymbol{A}_{12}\boldsymbol{B}_{12})_{n\times m} & (\boldsymbol{A}_{13}\boldsymbol{B}_{13})_{n\times m} \\ (\boldsymbol{A}_{21}\boldsymbol{B}_{21})_{n\times m} & (\boldsymbol{A}_{22}\boldsymbol{B}_{22})_{n\times m} & (\boldsymbol{A}_{23}\boldsymbol{B}_{23})_{n\times m} \end{pmatrix}$$

形狀 $(2,\ 3,\ n,\ m)$

▲ 圖 2-5

實際上，仔細思考後可以發現，高維張量和矩陣是可以相互轉換的，如圖 2-6 所示，將矩陣 $\boldsymbol{A}$ 轉為一個四維張量（當然，反向操作也同樣適用）。更確切地說，不同維度的張量之間是可以相互轉換的 *。但是需要注意的是，形狀的轉換可能導致原本的計算無法繼續。比如，圖 2-6 中的矩陣 $\boldsymbol{A}$ 和 $\boldsymbol{B}$ 可以進行矩陣乘法運算，但在經過圖中的轉換後，它們的形狀變成了 (3, 1, 2, 1) 和 (1, 2, 1, 2)，因此，轉換後的高維張量之間是無法進行計算的。

為了讓轉換後的高維張量仍然可以進行運算，並且獲得與原始矩陣乘法相同的結果，可以像圖 2-6 中所示的那樣（圖中淺色部分表示資料複製），對張量進行適當的複

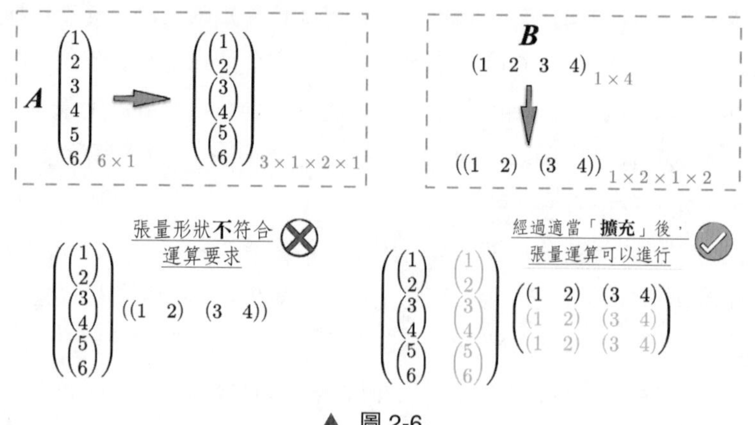

▲ 圖 2-6

* 熟悉矩陣運算的讀者可能已經接觸過將矩陣運算（例如矩陣乘法）拆分成子矩陣的操作。這裡討論的內容實際上是對這種計算方法的擴充。

製和擴充。擴充後的張量不僅能夠順利完成運算，還能保證結果與我們期望的一致。在神經網路的計算中，這種張量自動複製擴充的機制十分常見。實際上，許多開放原始碼工具已經實現了這一功能。更多細節可參考 6.3.1 節。

2.2 機率

什麼是機率？直觀上可以將其理解為事件發生的比例。舉個例子，在圖 2-7 中，假設隨機投擲小球到一個方框內，那麼小球落入圓圈的機率可以等於圓圈的面積除以方框的面積。

在人工智慧領域，機率被廣泛應用。在後續的模型討論中會發現，幾乎所有的模型都可被視作機率模型。這也表示，模型的預測結果都帶有一定的隨機性。精通機率知識不僅有助更進一步地理解模型的原理，更重要的是，它還能幫助我們準確解讀模型的結果，區分出哪些結果是真實可信的，哪些結果是由隨機擾動帶來的錯覺。為了更深入地學習機率，下面從機率的定義開始討論。

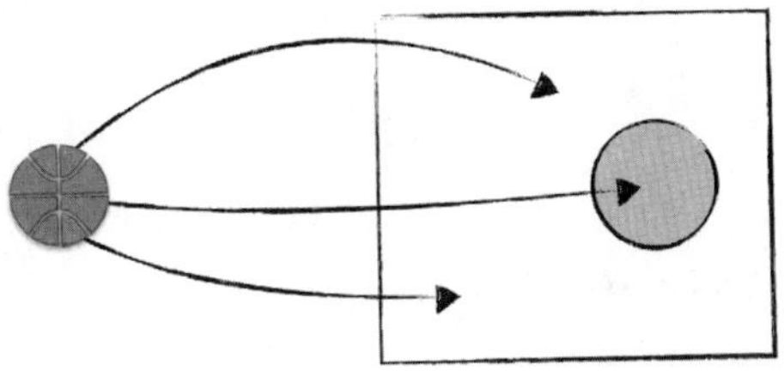

球落入圓圈的機率＝圓圈面積 / 方框面積

▲ 圖 2-7

2.2.1 定義機率：事件和機率空間

機率論最初源自對擲骰子的思考*，我們同樣用這個遊戲來引入機率的基本定義。假設連續擲兩次骰子，然後計算兩次點數的總和。記第一次擲骰子得到的點數為 X_1，第二次的點數為 X_2，兩次點數之和為 $XX = X_1 + X_2$。容易得到，XX 可能的設定值為 2 ～ 12，將 $XX = i$ 記為事件 E_i。

* 機率論的起源可追溯到 17 世紀的法國，當時法國宮廷內盛行著擲骰子的賭博遊戲。為了弄清參與者取勝的可能性，人們求助於數學家布萊茲．帕斯卡（Blaise Pascal）。這段歷史開啟了機率論這門學科的大門。

其實可以進一步細分這些事件，比如 $XX = 3$ 對應的事件 E_3 可以分解為兩個事件：一個是第一次點數是 1，第二次點數是 2（記為 (2, 1)）；另一個是第一次點數是 2，第二次點數是 1（記為 (2, 1)）。整個過程如圖 2-8 所示。將事件發生的機率記為 $P(E_i)$，其運算式如下：

$$P(E_3) = P((1,2) \cup (2,1)) = P((1,2)) + P((2,1)) = {}^{1}/_{6} \tag{2-18}$$

對於其他結果，也可以用類似的方法定義它們發生的機率。

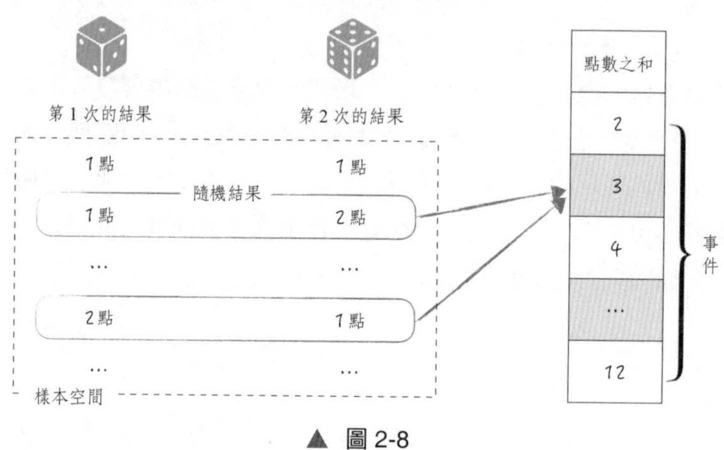

▲ 圖 2-8

將上面的方法推廣到一般情況，就可以得到機率的定義 *：將所有不可再分的隨機結果記為。這些不可再分的隨機結果組成了一個可數的不可為空集合，被稱為**樣本空間**（Sample Space），用符號 S 表示。樣本空間內的子集被稱為事件。機率 P 是一個實數函數，被定義在樣本空間上，它滿足以下兩個條件：

- $P(\omega) \geqslant 0$，對於所有的 ω 都成立；
- $\sum_{\omega \in S} P(\omega) = 1$。

* 正文中舉出的定義並不是嚴格意義上的公理化的定義。嚴格的定義為：機率是定義在機率空間上的一種度量，也就是從樣本事件到實數的函數。這個函數滿足所謂的柯爾莫果洛夫公理（Kolmogorov Axioms）。具體地，假設 P 為機率：
對於任意一個事件 E，則 $P(E) \geq 0$；
對於所有可能事件的集合 Ω，則 $P(\Omega) = 1$；
任意兩兩互不相交的事件組成可數序列 $E_1, E_2, \cdots$，則 $P(E_1 \cup E_2 \cup \cdots) = \sum P(E_i)$。

對於一個事件 E，其對應的機率為$P(E) = \sum_{\omega \in E} P(\omega)$。一個樣本空間加上定義的機率稱為一個**機率空間**。根據機率的定義，可以得到公式（2-19），其中A, B均為隨機事件，而 A^c 表示事件 A 的補集。

$$
\begin{gathered}
0 \leqslant P(A) \leqslant 1 \\
P(A^c) = 1 - P(A) \\
P(A \cup B) = P(A) + P(B) - P(A \cap B)
\end{gathered}
\tag{2-19}
$$

2.2.2 條件機率：資訊的價值

前面已經介紹了單一事件和多個事件中發生任意一個事件的機率，接下來討論兩個或多個事件同時發生的機率。假設有兩個不同的事件 A 和 B，它們同時發生的機率被記為 $P(A \cap B)$。那麼這個機率與 $P(A)$、$P(B)$ 有什麼關係嗎？

為了更清晰地解釋這個問題，需要引入**條件機率**這個概念。條件機率是指在已知一個事件已經發生的情況下，另一個事件發生的可能性，這可以用公式（2-20）來表示。其中，$P(A \mid B)$ 代表在事件 B 發生的情況下，事件 A 發生的可能性；而 $P(B \mid A)$ 則表示在事件 A 發生的情況下，事件 B 發生的可能性。

$$
\begin{gathered}
P(A \mid B) = P(A \cap B)/P(B) \\
P(B \mid A) = P(A \cap B)/P(A)
\end{gathered}
\tag{2-20}
$$

將公式（2-20）中的兩個條件機率結合起來，就可以得到**貝氏定理**：

$$
P(B \mid A) = {P(A \mid B)P(B)}\big/{P(A)} \tag{2-21}
$$

可以透過一個簡單的例子更直觀地理解條件機率。假設在一個大學班級中：

- 來自重慶的學生比例為 10%，而這部分學生喜歡吃辣的比例為 90%；
- 90% 的學生來自其他地區，其中有 30% 的學生喜歡吃辣。

為了表述清楚，用 A 表示某學生來自重慶，用 B 表示該學生喜歡吃辣。根據上面的描述，在沒有其他資訊的情況下，一個學生來自重慶的機率為 10%，即 $P(A) = 0.1$。但如果知道了這個學生喜歡吃辣，那麼顯然他來自重慶的比例會上升，因為重慶人更喜歡吃辣。這表示「喜歡吃辣」這個資訊對判斷他是否來自重慶是有價值的，但應該如何量化這個影響呢？可以利用條件機率來量化「喜歡吃辣」這個資訊的價值。根據貝氏定理，

可以計算出 $P(A \mid B) = 0.25$*，如圖 2-9 所示。通俗來講，知道這個學生喜歡吃辣後，他來自重慶的機率從 10% 上升到了 25%。這就是我們從資訊中得到的價值。

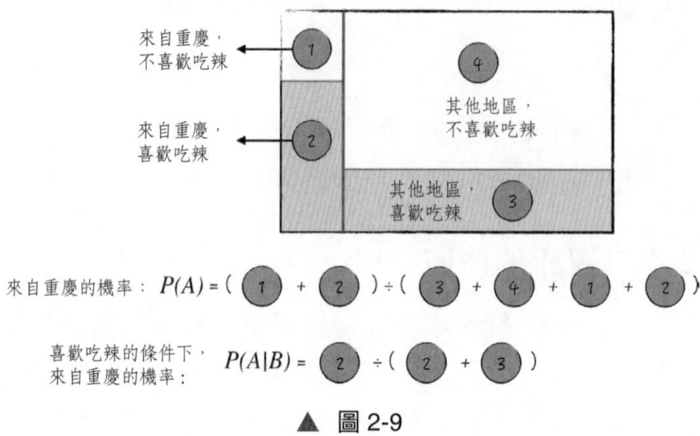

▲ 圖 2-9

如果條件機率等於原本的機率，即 $P(A \mid B) = P(A)$（在這種情況下也容易推出 $P(B \mid A) = P(B)$），則稱事件 A 和事件 B **相互獨立**。換句話說，事件 B 和事件 A 毫無連結，前者的發生與否不會對後者的發生產生影響。

當兩個事件相互獨立時，可以推出 $P(A \cap B) = P(A)P(B)$。基於這一概念，可以定義任意多個相互獨立的事件：假設 $A_1, A_2, \cdots, A_n$ 是一系列相互獨立的隨機事件，當且僅當針對其中的任意有限子集 $A_{i1}, A_{i2}, \cdots, A_{in}$，都滿足 $P(A_{i1} \cap A_{i2} \cap \cdots \cap A_{in}) = P(A_{i1})P(A_{i2}) \cdots P(A_{in})$。

2.2.3 隨機變數

為了進一步量化隨機事件，在其基礎上定義隨機變數這個概念：將隨機事件映射為數字（通常是實數）的函數 **。比如，在 2.2.1 節中提到的變數 XX，等於兩次點數之和，

---

* 這裡舉出具體的計算過程。首先將事件的機率分解，即 $P(B) = P(B \cap A) + P(B \cap A^c)$。再根據條件機率的公式得到

$$P(B) = P(B \mid A)P(A) + P(B \mid A^c)P(A^c)$$
$$P(A \mid B) = {}^{P(B \mid A)P(A)}\!\big/_{(P(B \mid A)P(A) + P(B \mid A^c)P(A^c))}$$

根據問題的描述，有 $P(A) = 0.1, P(A^c) = 0.9, P(B \mid A) = 0.9, P(B \mid A^c) = 0.3$。代入公式計算可以得到 $P(A \mid B) = {}^{0.09}\!/_{(0.09 + 0.27)} = 0.25$。

** 嚴格的數學定義要求函數為可測函數。可測函數是測度論中的一個數學概念，比較複雜且與人工智慧關係不大，因此不做展開。

就是一個隨機變數。透過引入隨機變數，能更方便地計算機率。根據設定值方式的不同，隨機變數可以分為**離散型隨機變數**和**連續型隨機變數**。

- 離散型隨機變數的設定值是離散的，比如上面提到的 XX，其可能的設定值是離散的自然數，大於等於 2 且小於等於 12。對於離散型隨機變數 X，假設它可能的設定值為 $x_1, x_2,\cdots, x_n$。X 的隨機性可由**機率分佈函數**（Probability Distribution Function）來描述，具體的定義如公式（2-22）所示。

$$P(x_i) = p_i \tag{2-22}$$

- 連續型隨機變數的設定值是連續的，比如人體的身高。對於連續型隨機變數 X，它的隨機性可以由**機率密度函數**（Probability Density Function）來描述，它的定義如公式（2-23）所示（公式中涉及的微積分請參考 2.3 節）。

$$\begin{aligned} P(a \leqslant X \leqslant b) &= \int_a^b f_X(x)\mathrm{d}x \\ f_X(x) &= \frac{\mathrm{d}}{\mathrm{d}x} P(-\infty \leqslant X \leqslant x) \end{aligned} \tag{2-23}$$

對於隨機變數，常用的函數和統計指標如下。

- **累積分佈函數**（Cumulative Distribution Function，CDF）的定義如下：

$$F_X(x) = P(X \leqslant x) \tag{2-24}$$

- **期望**（Expected Value）。期望可以被直觀地理解為隨機變數的加權平均值，通常用 $E[X]$ 來表示。具體的計算公式以下（如果期望存在）：

$$E[X] = \begin{cases} \sum p_i\, x_i, & X\text{是離散型隨機變數} \\ \int x f_X(x)\mathrm{d}x, & X\text{是連續型隨機變數} \end{cases} \tag{2-25}$$

- **方差**（Variance），記為 $\mathrm{Var}(X)$，用於度量隨機變數的分散情況。它的定義公式為（如果方差存在）：

$$\mathrm{Var}(X) = E[(X - E[X])^2] = E[X^2] - (E[X])^2 \tag{2-26}$$

- **協方差**（Covariance），記為 $\mathrm{Cov}(X,Y)$，用於度量兩個隨機變數的整體變化幅度和它們之間的相關關係。它的定義公式如公式（2-27）所示。簡而言之，協方差描述了兩個變數同時增加或減少的趨勢*。需要注意的是，隨機變數的方差是協方差的一種特殊情況。

$$\mathrm{Cov}(X,Y) = E[(X - E[X])(Y - E[Y])] = E[XY] - E[X]E[Y] \quad (2\text{-}27)$$

對於隨機變數的期望和協方差，有以下幾個常用的公式：

$$\begin{gathered} E[aX + bY] = aE[X] + bE[Y] \\ \mathrm{Cov}(X,X) = \mathrm{Var}(X) \\ \mathrm{Var}(aX + bY) = a^2\mathrm{Var}(X) + b^2\mathrm{Var}(Y) + 2ab\mathrm{Cov}(X,Y) \end{gathered} \quad (2\text{-}28)$$

在討論單一隨機變數的機率分佈之後，下面轉而探討兩個隨機變數之間的條件機率分佈。假設正在研究的兩個隨機變數分別為 X 和 Y。

- 如果 X 和 Y 都是離散型隨機變數，則它們之間的條件分佈可用條件機率分佈函數來描述，具體的定義如下：

$$P(X = x_i \mid Y = y_j) = P(X = x_i, Y = y_j) / P(Y = y_j) \quad (2\text{-}29)$$

- 如果 X 和 Y 都是連續型隨機變數，則它們之間的條件分佈可用條件機率密度函數來描述，具體的定義如下。其中，$f_{X,Y}$ 是變數 X 和 Y 的聯合機率密度函數**，f_X 是變數 X 的機率密度函數。

$$f_{Y|X}(y \mid X = x) = f_{X,Y}(x,y) / f_X(x) \quad (2\text{-}30)$$

- 如果 X 和 Y 中有一個是離散型隨機變數，另一個是連續型的，則按照上面的方式定義其條件機率分佈。嚴格的數學定義涉及的實變函數比較複雜，而且在實際應用中不太常見，因此在此不做深入討論。

* 協方差可以取多種數值，其正負性代表了變數之間的線性相關性。正值表示正相關，即一個變數的增加伴隨著另一個變數的增加；負值表示負相關，即一個變數的增加伴隨著另一個變數的減少；而零值表示無線性相關性。然而，協方差數值的大小難以直觀解釋，所以通常使用相關係數（協方差除以方差）來更準確地衡量變數之間的連結性。

** 聯合機率密度函數的定義如下：假設 X 和 Y 是兩個連續型隨機變數，若函數 $f_{X,Y}$ 滿足下面的公式，則稱為 $f_{X,Y}$ 隨機變數 X 和 Y 的聯合機率密度函數。

$$P(a \leqslant X \leqslant b, c \leqslant Y \leqslant d) = \int_c^d \int_a^b f_{X,Y}\,\mathrm{d}x\mathrm{d}y$$

類似於相互獨立的隨機事件，下面將定義相互獨立的隨機變數。對於一個隨機變數 X 和一個實數 a，X 是否小於 a 就定義了一個隨機事件，記為 $[X < a]$。基於這些隨機事件的相互獨立性，就可以定義隨機變數是否獨立。具體地，假設$X_1, X_2, \cdots, X_n$是一系列隨機變數，對於其中任意一個有限子集 $X_{i1}, X_{i2}, \cdots, X_{in}$ 以及任意數字子集 $a_{i1}, a_{i1}, \cdots, a_{in}$，如果隨機事件$[X_{i1} \leqslant a_{i1}], [X_{i2} \leqslant a_{i2}], \cdots, [X_{in} \leqslant a_{in}]$ **是**相互獨立的，則隨機變數 $X_1, X_2, \cdots, X_n$ 是相互獨立的。

當隨機變數相互獨立時，計算它們的機率分佈和統計指標將更簡便，如公式（2-31）所示。為了表述簡潔，這裡只以兩個獨立的隨機變數為例（記為 X, Y），對於多個隨機變數的情況，處理方法類似。

$$
\begin{gathered}
P(X = x_i, Y = y_j) = P(X = x_i)P(Y = y_j) \text{或} f_{X,Y} = f_X f_Y \\
E[XY] = E[X]E[Y] \\
\operatorname{Var}(aX + bY) = a^2 \operatorname{Var}(X) + b^2 \operatorname{Var}(Y)
\end{gathered}
\tag{2-31}
$$

2.2.4 正態分佈：殊途同歸

本節將討論一個非常重要的機率分佈 ：**正態分佈**（Normal Distribution），也稱為高斯分佈（Gaussian Distribution）。當隨機變數 X 服從正態分佈時，它是一個連續型隨機變數，相應的機率密度函數如下 ：

$$
f(x) = \frac{1}{\sqrt{2\pi\sigma^2}} \mathrm{e}^{-(x-\mu)^2 / 2\sigma^2} \tag{2-32}
$$

公式（2-32）中的 μ 和 σ^2 是機率分佈的參數，可以證明隨機變數 X 的期望等於 μ，方差等於 σ^2，如公式（2-33）所示。通常將其記為 $X \sim N(\mu, \sigma^2)$。

$$
E[X] = \mu; \operatorname{Var}(X) = \sigma^2 \tag{2-33}
$$

當 $\mu = 0, \sigma^2 = 1$ 時，稱其為標準正態分佈。可以證明隨機變數 $(X - \mu)/\sigma$ 服從標準正態分佈，即$(X - \mu)/\sigma \sim N(0, 1)$。在不同參數下，正態分佈的機率密度函數曲線如圖 2-10 所示，參數 μ 決定了曲線的中心位置，而參數 σ^2 決定了曲線的平坦程度。這個值越大，機率密度曲線越平坦。

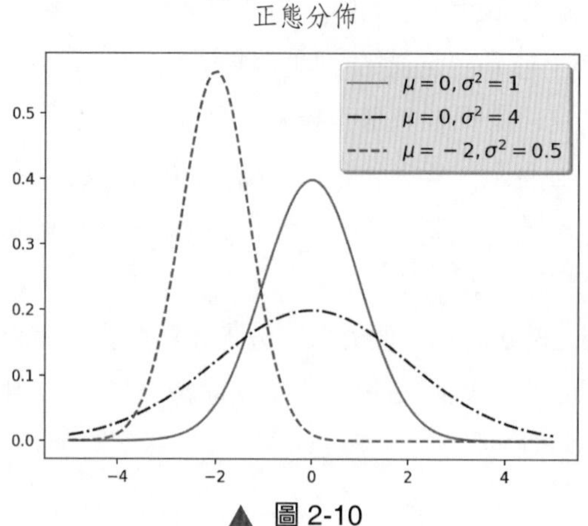

▲ 圖 2-10

在實際應用中，許多隨機變數都大致服從正態分佈，因此這個分佈在各個領域的應用非常廣泛。比如在架設模型時，通常會假設模型的隨機擾動項服從正態分佈 *。但為什麼正態分佈如此普遍呢？這裡舉出一個相當合理的猜測——**中心極限定理**（Central Limit Theorem）。

假設隨機變數 $X_1, X_2,\cdots, X_n$ 服從**獨立同分佈** **（Independent and Identically Distributed，i.i.d），且具有有限的期望和方差，記為$E[X_i] = m, \mathrm{Var}(X_i) = v^2$。數學上可以證明以下的定理：

$$\bar{X} = \frac{1}{n}\sum_{i=1}^{n} X_n$$
$$T_n = \sqrt{n}\left(\bar{X} - m/_v\right) \tag{2-34}$$
$$\lim_{n\to\infty} T_n \sim N(0,1)$$

公式（2-34）表示，在一定條件下，不管隨機變數的分佈如何，它們在經過一定的線性變換後都會逼近標準正態分佈。可以形象地理解為，多個隨機效應疊加起來就近似

* 這個假設並不總是符合現實情況，有時會導致模型的效果並不好，甚至會得出錯誤的結論。很多模型的改進和創新也基於這一假設，例如邏輯迴歸，詳見 4.1.3 節。

** 如果隨機變數$X_1, X_2, \cdots, X_n$不相互獨立，則中心極限定理不再成立。可以考慮如下的反例：假設 X_1 是在 −1 和 1 上服從均勻分佈，即$P(X_1 = -1) = P(X_1 = 1) = 0.5$。而對於$i > 1$，隨機變數 $X_i = X_1$，那麼 X_i 也是均勻地分佈 −1 和 1 上。但$\frac{1}{n}\sum_{i=1}^{n} X_i$等於 1 或者 −1。顯然，這個機率分佈不會逼近正態分佈。

服從正態分佈。舉例來說，考慮圖 2-11[*]：一個骰子的點數近似服從均勻分佈；兩個骰子點數之和的分佈曲線近似於一個等邊三角形；而隨著骰子數量的增多，點數之和的分佈曲線就越來越接近於正態分佈。

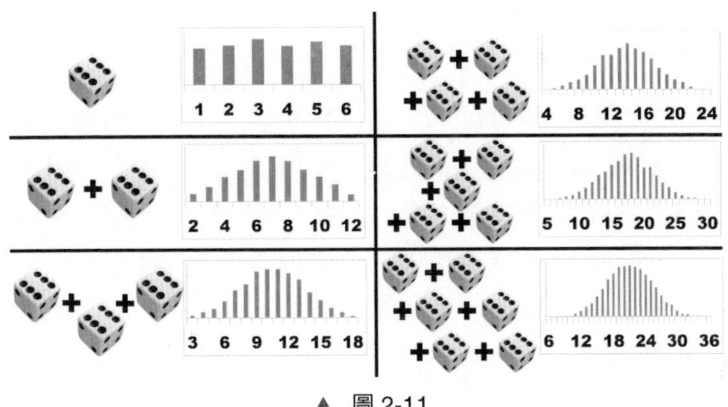

▲ 圖 2-11

在現實中，我們觀察到的許多隨機變數實際上是多個獨立同分佈的隨機變數疊加起來的結果。根據中心極限定理，這些隨機變數大致服從正態分佈。

2.2.5 P-value：自信的猜測

下面以正態分佈為例，介紹一個統計學中的重要概念：P 值（P-value）。P 值在數學上對應著**分位數方程式**（Quantile Function）。

不妨假設 X 是一個實數隨機變數，而 p 是 $(0, 1)$ 區間內的實數，那麼它的分位數方程式定義為

$$Q(p) = \inf\{x \in \mathbf{R}, p \leqslant P(X \leqslant x)\} \quad (2\text{-}35)$$

也就是說，$Q(p)$ 為累積機率大於等於 p 值的最小實數。舉一個簡單的例子來展示這個定義，假設 X 是一個骰子的點數，那麼它在 1 ～ 6 上服從均勻分佈，即 $P(X = i) = 1/6$, $i = 1, 2,\cdots, 6$。如果 $p = 0.5$，比較容易可以得到 $P(X \leqslant 3) = 0.5$、$P(X \leqslant 4) = 4/6$，以及 $P(X \leqslant 2) = 2/6$，所以 $Q(0.5) = 3$。依此類推，可以得到以下的分位數方程式：

---

* 圖片參考自 Jody Muelaner 博士的個人主頁。

$$Q(p) = \begin{cases} 1, & 0 < p \leqslant 1/6 \\ 2, & 1/6 < p \leqslant 2/6 \\ 3, & 2/6 < p \leqslant 3/6 \\ 4, & 3/6 < p \leqslant 4/6 \\ 5, & 4/6 < p \leqslant 5/6 \\ 6, & 5/6 < p < 1 \end{cases} \tag{2-36}$$

介紹完數學公式後，再來看看 P 值定義背後的內容。對於一個服從正態分佈的隨機變數 X，其觀測值大多會集中在期望值周圍，因為正態分佈在期望值附近具有更高的機率密度，所以觀測值在這個區域是更常見的，如圖 2-12 所示。由此，定義 X 的 α **置信區間**（α 通常等於 0.95 或 0.99）：機率等於 α 且以期望為中心的對稱區域。

嚴格的數學定義如下：如公式（2-37）所示，定義 a 和 b，使得 X 的 α 置信區間為 $[a,b]$，即有 α 的機率，X 的觀測值會落到區間 $[a,b]$。

$$a = Q(0.5 - {}^{\alpha}/_{2}), b = Q(0.5 + {}^{\alpha}/_{2}) \tag{2-37}$$

換個角度來描述這個概念：X 的觀測值落在左邊（或右邊）「尾部區域」是非常罕見的。當發生這種罕見的情況時，我們就需要反思哪裡出了問題。假設觀測值為 x，定義這個觀測值對應的 P 值為 $P(X \geqslant x)$（若觀測值落在右邊尾部，則 P 值為 $P(X \leqslant x)$），如圖 2-12 所示。容易得到對於 α 置信區間 $[a, b]$，a 和 b 的 P 值都為 $(1-\alpha)/2$。

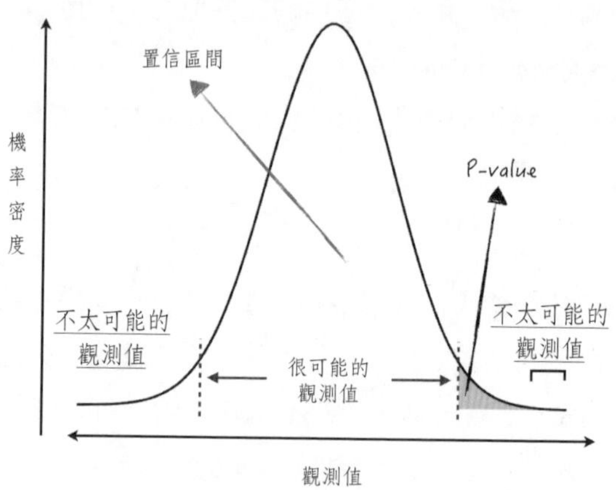

▲ 圖 2-12

在人工智慧領域，P 值以及相應的置信區間有許多應用案例。它們常被用於分析模型結果的可信度或進行假設檢驗。這些細節將在本書的第 3 ～ 5 章中詳細討論。

2.3 微積分

微積分是現代數學的基石，包括兩個主要概念：**導數**（微分）和**積分**。導數表示函數在局部的變化速率，例如根據物體的位置函數計算其運動速度。積分則用於計算函數在一段區間內的累積效應，比如在統計學中，根據連續型隨機變數的機率密度函數計算其落在特定區間內的機率。在人工智慧領域，積分通常用於理論研究，導數則大量應用在工程實踐中，比如利用導數解決最佳化問題。因此，本節將重點介紹導數的相關知識和應用。

2.3.1 導數和積分

本節將延續前文的風格，繼續透過日常生活的例子來引入微積分的基本概念。假設我們在一條直線上行走，在行走的過程中有兩個關鍵要素：位置和速度。設 $l(t)$ 為 t 時刻我們與起點的距離，而 $v(t)$ 為 t 時刻的速度。這兩個函數是相互連結的，速度代表位置的瞬間變化率，位置則是速度在一段時間內的累積。微積分的核心問題在於，如何從位置函數 $l(t)$ 中推導出速度函數 $v(t)$（導數），以及從速度函數 $v(t)$ 中匯出位置函數 $l(t)$（積分）。具體過程可參考圖 2-13。

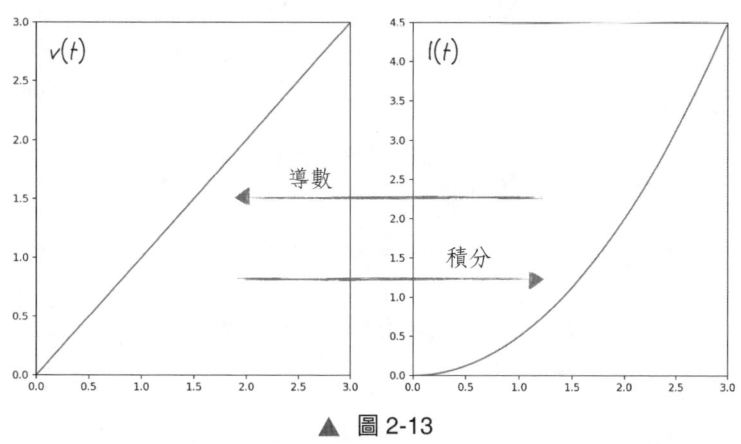

▲ 圖 2-13

當已知時刻 t_1 的位置 $l(t_1)$ 以及時刻 t_2 的位置 $l(t_2)$ 時，可以很容易地得出這段時間內的平均速度 $\bar{v} = [l(t_2) - l(t_1)]/(t_2 - t_1)$。當我們勻速前進時，這段時間內任意時刻的速度 $v(t), t_1 \leqslant t \leqslant t_2$ 都等於這個平均速度 $\bar{v}$。如果不是勻速前進呢？那麼 t_1 時刻的速度就和平均速度存在一定的差異。顯然，時間間隔越短，平均速度 $\bar{v}$ 與 t_1 的速度 $v(t_1)$ 就越接近。

當時間間隔達到極限 0 時，$\bar{v}$ 就等於 $v(t_1)$。這可以用數學語言表述為，平均速度的極限等於起點時刻的速度，如公式（2-38）所示 *。

$$\lim_{t_2 \to t_1} [l(t_2) - l(t_1)] / (t_2 - t_1) = \lim_{t_2 \to t_1} \bar{v} = v(t_1) \tag{2-38}$$

這個計算過程在數學上被稱為求函數的導數，記為 $l'(t) = v(t)$。導數的物理含義非常清晰：當引數 t 變化很小的量 $\mathrm{d}t$ 時（在數學上，$\mathrm{d}t$ 被稱為無限小量），因變數 $l(t)$ 的變化幅度大約為 $v(t)\mathrm{d}t$，記為 $\mathrm{d}l(t) = l'(t)\mathrm{d}t$。在數學上，上面的公式叫作微分。

對速度函數 $v(t)$ 繼續求導，得到 $v(t)$ 的一階導數，也就是 $l(t)$ 的二階導數，它表示前進的加速度 $a(t) = v'(t) = l''(t)$。依此類推，可以定義函數 $l(t)$ 的 n 階導數 **，記為 $l^n(t)$。

同理，當已知時刻 t_1 的速度等於 $v(t_1)$，位置等於 $l(t_1)$ 時，假設勻速前進，那麼 t_2 時刻所在的位置是 $l(t_2) = l(t_1) + v(t_1)(t_2 - t_1)$。如果不是勻速前進，顯然按勻速前進估算的位置 $l(t_1) + v(t_1)(t_2 - t_1)$ 和實際位置 $l(t_2)$ 存在一定誤差。那應該如何減少這個誤差呢？考慮將時間區間 $[t_1, t_2]$ 分為 $n + 1$ 段，不妨設相應的分段時間點為 $x_0, x_1, \cdots, x_n$，計算公式如下 ：

$$x_0 = t_1; x_{i+1} = x_i + \frac{(t_2 - t_1)}{n} \tag{2-39}$$

在每一個小的時間段內，移動過程可以近似為勻速前進。那麼 t_2 時刻估算的位置為

$$l(t_1) + \sum_{i=0}^{n} v(x_i) \frac{(t_2 - t_1)}{n} \tag{2-40}$$

數學上可以證明，在一定條件下 ***，隨著 n 增大，公式（2-40）得到的估算結果會更

---

* 公式（2-38）和公式之前的表述在數學上並不嚴謹，因為函數 $l(t)$ 可能並不是可微函數。也就是說，極限 $\lim_{t_2 \to t_1} (l(t_2) - l(t_1))/(t_2 - t_1)$ 並不存在。因此嚴謹的表述為，如果 $l(t_1)$ 是可微函數，則起點時刻的速度等於平均速度的極限。

** 與一階和二階導數不同，高階導數在現實世界中的意義其實很模糊。正因為如此，微積分的發明者之一牛頓曾宣稱，三階及其以上的導數都是無意義的。但現實並非如此，高階導數的應用範圍還是非常廣泛的。比如，在 1972 年美國總統競選期間，尼克森號稱他將在任內使通貨膨脹的加速度減緩。這讓尼克森成為歷史上第一位用三階導數證明自己才能的國家領導人。

*** 當公式（2-41）的極限存在時，函數 $v(t)$ 稱為可積函數。更準確地說，它是黎曼可積（Riemann integral）函數。在人工智慧領域，通常遇到的函數都是可積可微的函數。在數學上，除黎曼積分外，常用的積分還有勒貝格積分（Lebesgue Integral）。這個積分的定義涉及實變函數理論，比較複雜，而且它在人工智慧領域多用於理論研究，因此這裡不做討論。

接近於 $l(t_2)$。當 n 趨近於正無限大時，這兩者就完全相等了。

$$l(t_2) - l(t_1) = \lim_{n \to \infty} \sum_{i=0}^{n} v(x_i) \frac{(t_2 - t_1)}{n} = \int_{t_1}^{t_2} v(t)\mathrm{d}t \qquad (2\text{-}41)$$

在數學上，公式（2-41）被稱為積分，記為 $l(t) = \int v(t)\mathrm{d}t$。可以看到，導數和積分就像加減法一樣，可以相互推導，互為逆運算。

數學上的導數計算實際上是對函數的極限求解，而後者通常相當複雜。因此，數學家們提供了簡單函數的導數，以及將複雜函數的導數分解為簡單函數導數的計算法則（參考 2.3.3 節）。導數計算的四則運算法則及常見簡單函數的導數如下。其中，f 和 g 都是可導函數。

$$\begin{gathered}
(fg)' = f'g + fg' \\
\left({}^{f}/_{g}\right)' = {}^{(f'g - fg')}/_{g^2} \\
c' = 0;\ (x^n)' = nx^{n-1} \\
\sin(x)' = \cos(x);\ \cos(x)' = -\sin(x) \\
(\mathrm{e}^x)' = \mathrm{e}^x;\ \ln(x)' = \frac{1}{x}
\end{gathered} \qquad (2\text{-}42)$$

2.3.2 極限

導數的定義運用了數學中的極限概念。而在研究函數微分時，引入了另一個重要概念：無限小量 $\mathrm{d}t$。這兩個概念是數學中非常深刻的結論，在歷史上，還曾引起了所謂的第二次數學危機，在此做簡單介紹。

當牛頓和萊布尼茲*各自獨立發明微積分時，他們都使用如圖 2-14 所示的推導方法計算函數的導數（以函數 x^2 為例）。在計算過程中，無限小量 Δx 有時不等於 0，有時又等於 0。這就是著名的貝克萊悖論：「幽靈般的無限小」。

* 戈特弗里德・威廉・萊布尼茲（Gottfried Wilhelm Leibniz），德國數學家、哲學家。他與牛頓誰先發明微積分的爭論是數學界至今最大的公案。事實上，萊布尼茲對微積分的記錄方法更簡潔明瞭，現代微積分的數學符號大多源於他。

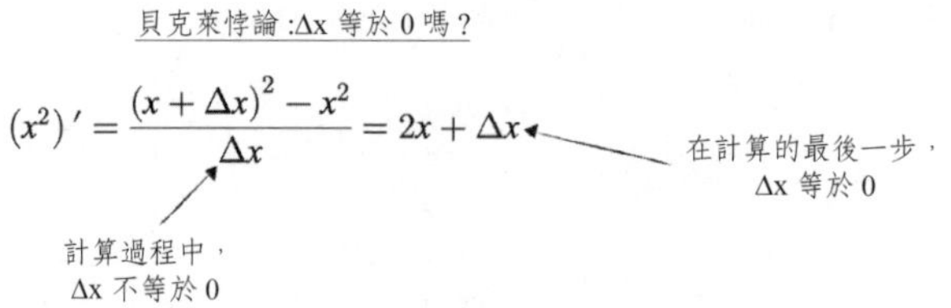

貝克萊悖論 :Δx 等於 0 嗎？

$$(x^2)' = \frac{(x+\Delta x)^2 - x^2}{\Delta x} = 2x + \Delta x$$

在計算的最後一步，Δx 等於 0

計算過程中，Δx 不等於 0

▲ 圖 2-14

為了解決這個危機，以柯西*為首的數學家建立了嚴格的實數極限理論，將無限小量理解為一個過程，而非一個確定的量。具體地，函數 $f(x)$ 在點 x_0 的導數 $f'(x_0)$ 被定義為：對於任意一個 $\varepsilon > 0$，都存在一個 $\delta > 0$，使得任何 $x \in (x_0 - \delta, x_0 + \delta)$ 且 $x != x_0$，都能使公式（2-43）成立。這段表述在數學上是非常著名的 $\varepsilon - \delta$ 語言，有數學背景的讀者也許非常熟悉。

$$|[f(x) - f(x_0)]/(x - x_0) - f'(x_0)| < \varepsilon \quad (2\text{-}43)$$

同理，微分公式 $\mathrm{d}f(x) = f'(x)\mathrm{d}x$ 也表示一個動態過程，而非通常意義上的靜態相等。

2.3.3 連鎖律

在公式（2-42）中列舉了一些常用函數的導數，但顯然覆蓋不夠全面。舉例來說，常用的多項式函數 $f(x) = (x^2 + 1)^2$ 並沒有被包含在內。雖然可以利用乘法分配律將函數 $f(x)$ 重新寫成標準的多項式形式，即 $f(x) = x^4 + 2x^2 + 1$，然後利用導數的加法公式，求得 $f(x)$ 的導數：$f'(x) = 4x^3 + 4x = 4x(x^2 + 1)$。但這種計算方式效率不高，而且並不是所有的複雜函數都能像多項式函數一樣，透過四則運算就能分解成簡單函數。因此，需要一種更高效的方法來處理複雜函數的求導，這便是**連鎖律**。

事實上，多項式函數 $f(x)$ 可以被看作兩個簡單函數的複合。不妨設 $g(x) = x^2 + 1$，$h(x) = x^2$，則 $f(x) = h(g(x))$。通常 $f(x)$ 被稱為**複合函數**，記為 $f(x) = h \circ g$。

對於複合函數，數學上可以證明以下的等式成立 ：

$$(h \circ g)' = (h' \circ g)g' \quad (2\text{-}44)$$

將公式（2-44）應用到上面的例子中，可以得到 $h' = 2x$ 以及 $h' \circ g = 2g(x) = 2(x^2$

* 古斯丁·路易·柯西（Augustin Louis Cauchy），法國數學家。他建立了一系列嚴格的微積分準則，使後者擺脫了貝克萊悖論的困擾。柯西畢業並任教於法國輝煌燦爛的巴黎綜合理工學院（Ecole Polytechnique）。大學基礎課程《高等數學》中的絕大部分理論都源於此學校。

$+ 1)$。因此，很容易得出$f'(x) = 4x(x^2 + 1)$。

根據連鎖律，可以推導出**反函數**的導數公式。不妨設g是f的反函數，即$f(g(x)) = x$。對這個等式的兩邊求導數，可以得到：

$$\begin{aligned}(f' \circ g)g' &= 1 \\ g' &= {}^{1}\!/_{f' \circ g}\end{aligned} \tag{2-45}$$

舉例來說，$f(x) = x^3$的反函數為$g(x) = x^{\frac{1}{3}}$，則根據公式（2-45）以及$f'(x) = 3x^2$。由此可以得到$g'(x) = 1/[3\left(x^{1/3}\right)^2] = 1/(3x^{2/3})$。

根據連鎖律，還可以得到反三角函數的導數：

$$\begin{aligned}&[\arcsin(x)]' = {}^{1}\!/_{\sqrt{1 - x^2}};\ [\arccos(x)]' = {}^{-1}\!/_{\sqrt{1 - x^2}} \\ &[\arctan(x)]' = {}^{1}\!/_{(1 + x^2)};\ [\mathrm{arccot}(x)]' = {}^{-1}\!/_{(1 + x^2)}\end{aligned} \tag{2-46}$$

2.3.4 偏導數與梯度

之前的章節集中討論了單變數函數，也就是一元函數。然而，在現實生產與建模中，我們經常面對的是多變數函數，也就是多元函數。

對多元函數，引入偏導數來探究函數的局部變化情況。偏導數的基礎源於之前介紹的導數。其想法是選擇多元函數中的變數作為引數，將其他變數視為常數。然後，按照一元函數導數的定義，計算相應的偏導數。以一個範例來說明，假設有一個多元函數$f(x,y) = xy + xy^2$。當對變數x求偏導時，y就被當作常數，反之亦然。由此可以得到

$$\frac{\partial f}{\partial x} = y + y^2;\ \frac{\partial f}{\partial y} = x + 2xy \tag{2-47}$$

顯而易見，導數計算法則同樣適用於偏導數。偏導數的加減乘除法則相對簡單，所以不再贅述。需要詳細討論的是多元複合函數的連鎖律。假設$f(u,v)$是一個二元函數，其中，$u = g(x,y), v = h(x,y)$。數學上可以證明以下等式：

$$\begin{aligned}\frac{\partial f}{\partial x} &= \frac{\partial f}{\partial u}\frac{\partial u}{\partial x} + \frac{\partial f}{\partial v}\frac{\partial v}{\partial x} \\ \frac{\partial f}{\partial y} &= \frac{\partial f}{\partial u}\frac{\partial u}{\partial y} + \frac{\partial f}{\partial v}\frac{\partial v}{\partial y}\end{aligned} \tag{2-48}$$

與一元函數的微分類似，在一定條件下 *，多元函數 $f(x_1, x_2, \cdots, x_n)$ 的微分和偏導數存在以下關係：

$$\mathrm{d}f = \sum_{i=1}^{n} \frac{\partial f}{\partial x_i} \mathrm{d}x_i \tag{2-49}$$

事實上，f 的所有一階偏導數 $(\frac{\partial f}{\partial x_1}, \frac{\partial f}{\partial x_2}, \cdots, \frac{\partial f}{\partial x_n})$ 組成了一個向量。這個向量被稱為函數的**梯度**，記為 ∇f。梯度在模型的工程實現上發揮了巨大的作用 **，具體細節請參考 2.3.5 節和第 6 章。

2.3.5 極值與最值

導數和偏導數的討論佔據了大量的篇幅，那它們的用途是什麼呢？答案是求函數的**極值**（局部最小 / 最大值）和**最值**（全域最小 / 最大值）。其中，求函數的最值常被稱為**最佳化問題**，是人工智慧工程實現的核心問題。為了表述簡便，先考慮一元可微函數 $f(x)$，此函數在 x_0 處取得最小值。那麼根據導數的定義，可以得到 $f'(x_0) = \lim_{x \to x_0} (f(x) - f(x_0))/(x - x_0)$。由於是 $f(x_0)$ 函數的最小值，因此當 $x > 0$ 時，

$$(f(x) - f(x_0))/(x - x_0) \geqslant 0 \tag{2-50}$$

而 $x < 0$ 時，

$$(f(x) - f(x_0))/(x - x_0) \leqslant 0 \tag{2-51}$$

綜合公式（2-50）和公式（2-51），可以得到 $f'(x_0) = 0$***。對於最大值，也能證明同樣的結論。這個觀察可以擴充到多元可微函數 $g(\boldsymbol{X})$（其中 $\boldsymbol{X}$ 為向量），假設它在 $\boldsymbol{X}_0$ 處取得最值，則它的梯度在該點等於 0，即 $\nabla g(\boldsymbol{X}_0) = 0$。

然而，需要明確的是，函數在某一點的導數或梯度等於 0，並不能保證該點一定是函數的最值點。它有可能只是函數的**極值點**或**鞍點**（Saddle Point），如圖 2-15 所示。用更正式的術語表達就是，導數或梯度等於 0 是函數取得最值的必要條件，但並非充分條件。雖然導數或梯度等於 0 並非確定最值點的充要條件，但它提供了篩選可能最值點的

---

* 若多元函數 f 在給定點某鄰域內的各個偏導數存在且偏導函數在該點都連續，則此函數在該點可微，這時公式（2-49）成立。當然，在人工智慧領域處理的函數幾乎都是可微函數。

** 事實上，函數的梯度在梯度下降演算法中扮演了重要的角色，而連鎖律組成了反向傳播演算法的理論基礎，這兩個理論概念是深度學習的關鍵。

*** 數學上可以證明，當函數 $h(x)$ 在給定點 x_0 附近（除去 x_0）恒大於等於 0 時，若極限 $\lim_{x \to x_0} h(x)$ 存在，則一定有 $\lim_{x \to x_0} h(x) \geqslant 0$。公式（2-50）表示 $f'(x_0) \geqslant 0$，而公式（2-51）表示 $f'(x_0) \leqslant 0$，因此 $f'(x_0) = 0$。

方法。在實際應用中，通常使用這個條件來獲得備選的最值集合，隨後透過其他方法來最終確認函數的最值。詳細的方法和技巧將在第 6 章中討論。

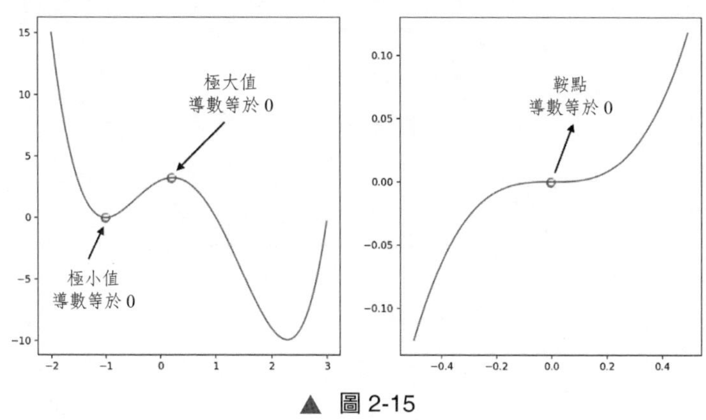

▲ 圖 2-15

2.4 本章小結

本章旨在簡要列舉人工智慧領域常用的數學知識，為後續模型的介紹奠定理論基礎。正如開篇所述，其目的是讓讀者熟悉後續章節中經常涉及的數學概念和符號。因此，只對數學定理的論證做簡要說明，有些定理的嚴格表述並未詳細說明。另外，一些較為複雜的數學工具，如凸最佳化（Convex Optimization），由於篇幅限制未能被介紹。當然，如果想要完整覆蓋這些內容，本書將變成好幾本「翻開第一頁就不想看的」* 的數學書。

對數學細節感興趣的讀者，建議參考其他專業的數學書籍。舉例來說，Kaare Brandt Petersen 和 Michael Syskind Pedersen 編著的 *The Matrix Cookbook*、Eric Lehman 編著的 *Mathematics for Computer Science*、Gilbert Strang 編著的 *Calculus*，以及 Stephen Boyd 和 Lieven Vandenberghe 編著的 *Convex Optimization*。

* 這是物理學家楊振寧先生對數學書的評論，原文為「數學書有兩種：一種是看了第一章就看不下去的，一種是看了第一頁就看不下去的」。但筆者完全不同意這個觀點。

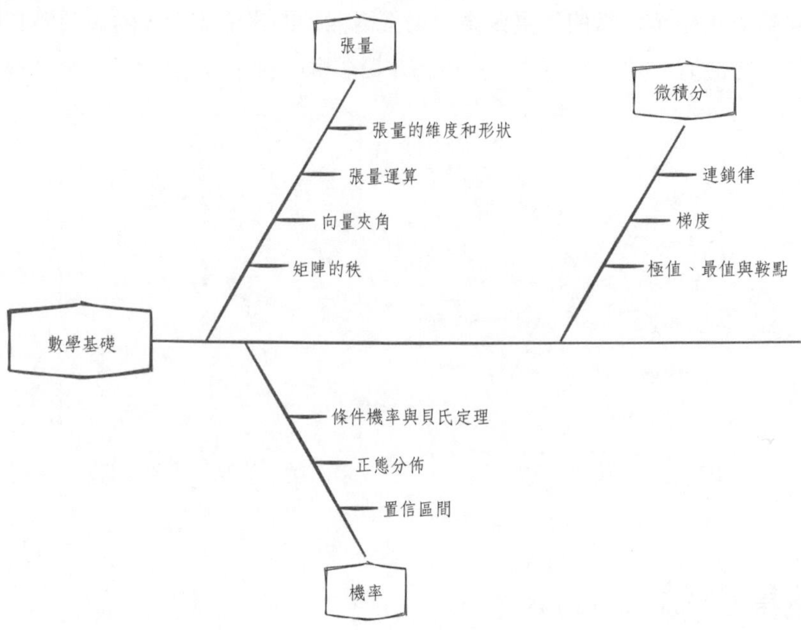
張量
張量的維度和形狀
張量運算
向量夾角
矩陣的秩
微積分
連鎖律
梯度
極值、最值與鞍點
數學基礎
條件機率與貝氏定理
正態分佈
置信區間
機率

約翰・卡爾・弗里德里希・高斯（Johann Carl Friedrich Gauss，1777—1855），被譽為「數學王子」的德國數學家。他在孩童時期就展現出了驚人的數學天賦，其中最廣為流傳的故事是：在小學時，他獨自推導出等差數列的求和公式，並迅速解答出老師佈置的從 1 累加到 100 的計算題，而其他同學則花費幾十分鐘才能勉強得到答案。

高斯是數學領域的巨星，他的貢獻幾乎涵蓋了當時所有的數學分支。在高斯的許多成就中，有兩項與人工智慧領域密切相關。首先，他深入研究了正態分佈的性質，為其應用奠定了堅實的基礎，以至於我們今天更習慣用「高斯分佈」這個名字來描述這一重要的機率分佈。其次，在計算行星軌道時，高斯發明了最小平方法。在沒有電腦的年代，他巧妙地運用這一方法來估計線性模型的參數，成功解決了許多實際問題。

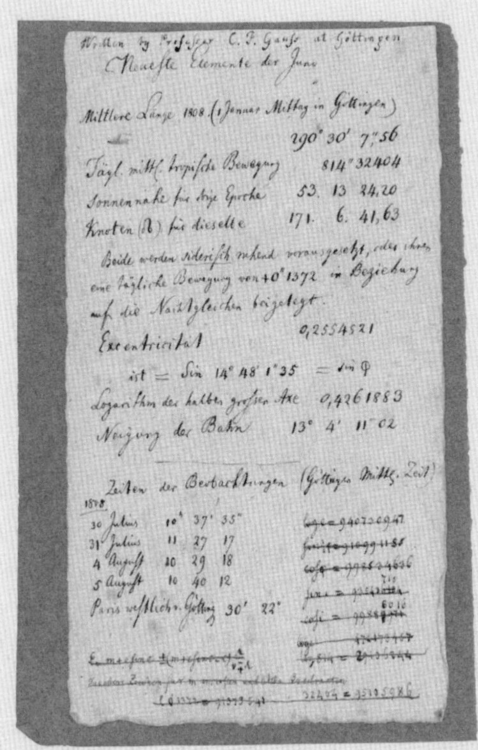

Written by Professor C. F. Gauss at Göttingen
Neueste Elemente der Juno

Mittlere Länge 1808. (1 Jannar Mittag in Göttingen)
290° 30' 7",56
Tägl. mittl. tropische Bewegung 814",32404
Sonnennähe für diese Epoche 53. 13 24,20
Knoten (☊) für dieselbe 171. 6. 41,63
Beide werden siderisch ruhend vorausgesetzt, oder ihnen eine tägliche Bewegung von +0",1372 in Beziehung auf die Nachtgleichen beigelegt.
Excentricität 0,2554521
ist = Sin 14° 48' 1",35 = sin φ
Logarithm der halben großen Axe 0,4261883
Neigung der Bahn 13° 4' 11",02

Zeiten der Beobachtungen (Göttinger Mittl. Zeit)
1808
30 Julius 10h 37' 35"
31 Julius 11 27 17
4 August 10 29 18
5 August 10 40 12
Paris westlich v. Götting 30' 22"

▲ 高斯關於小行星婚神星軌道的記錄手稿

第 3 章 線性迴歸 ：模型之母

道生一，一生二，二生三，三生萬物。

——老子

線性迴歸模型非常直觀和簡潔，人們常因此忽視其重要性。實際上，線性迴歸是人工智慧領域的基石，為許多複雜模型的建構提供了有力的支援。下面這個有關數學家的笑話提供了一個形象的類比，它生動地闡釋了線性迴歸在人工智慧中的重要性。

有一天，一個數學家對數學感到厭倦，他突然跑到消防隊想要成為一名消防員。消防隊隊長說 ：「您看上去不錯，但首先得透過一個測試。」於是，他們走到後院的小巷，小巷裡有倉庫、一個消防栓和一根軟管。隊長問道 :「如果倉庫起火了，您打算怎麼做？」數學家回答 ：「我會將軟管連接到消防栓上，打開水龍頭，把火撲滅。」隊長點頭稱是，「完全正確！但如果問題是 ：您走進小巷，倉庫卻沒有起火，您會怎麼做？」數學家陷入思考，然後答道 ：「我會點著倉庫。」隊長吃了一驚 ：「為什麼？這太危險了！您為什麼要點著倉庫？」數學家回答 ：「因為這樣，我就把需要處理的問題簡化成我已經熟悉和解決過的問題。」

利用模型解決實際問題的想法與數學家的想法相似。當面對未知問題時，我們總是試圖透過數學變換將其轉化為已有模型可解決的問題。即使是面對如今最複雜的深度神經網路模型，例如大語言模型，如果我們仔細剖析，會發現裡面「密密麻麻」幾乎全是線性迴歸模型。更進一步，從生理學的角度來看，人類大腦難以極佳地處理非線性關係，總是傾向於將複雜的關係簡化為線性關係。這表明線性模型符合我們直覺的選擇和先天的條件。因此，無論多麼複雜或精密的模型，內部都少不了線性模型的身影。掌握線性模型是理解和處理複雜模型的基礎。

線性迴歸模型即使獨立使用，在許多情景下也能發揮重要作用。舉例來說，線性迴歸模型在經濟領域有著廣泛的應用。實際上，我們接觸到的許多經濟政策都是線性迴歸模型的產物 *。建立模型並不表示完全模擬現實世界，而是建構一個持續近似的過程。這就是資料科學家們常說「所有模型都是錯的」的原因。但這句話還有一個重要補充：「其中一些是有用的」。一個「有用」的模型可以過濾掉資料中不重要的細枝末節，抓住主要的內在關係，幫助我們更進一步地理解和解釋資料。在許多情況下，線性模型就是這樣一個「有用」的模型，它簡潔、高效且易於理解。既然線性模型已經足夠「有用」，又何必費力建構那些難以理解且可能引入新問題的複雜模型呢？ **

線性模型不僅是人工智慧的起點，更是解決現實問題的重要工具，其因具有清晰的數學基礎和廣泛的應用領域而成為學習和掌握人工智慧的極佳入門選擇。

3.1 一個簡單的例子

下面用一個簡單的例子引出線性迴歸模型。假設有一個玩偶製造工廠，生產資料如圖 3-1 左側所示。這些資料封包含玩偶個數和生產成本兩個欄位。

直覺上，我們初步推測玩偶個數和生產成本之間可能存在一種線性關係。為了更加清晰地理解這些資料，需要進行資料視覺化，圖形化展示有助直觀呈現變數之間的關係。在直角座標系中將資料繪製出來後，發現玩偶個數和生產成本的關係並非嚴格呈現出一條直線：似乎沿某條直線上下波動，如圖 3-1 右側所示。基於這樣的視覺化結果和所掌握的背景知識，採用線性迴歸模型似乎是一個不錯的選擇。為了更全面地掌握這個模型，下面將分別採用機器學習和統計分析這兩種不同的方法來解決這個建模問題。

---

* 凱恩斯經濟學中的 IS-LM 模型就是由兩個線性模型組成的。IS 模型代表投資 - 儲蓄（Investment-Saving）關係，其核心在於研究國民儲蓄和市場利率之間的聯繫。LM 模型代表流動性偏好 - 貨幣供給（Liquidity Preference-Money Supply）關係，主要研究國民收入與貨幣需求量之間的相互關係。這些線性模型以簡潔的形式描述了複雜的經濟現象，為解釋巨觀經濟提供了有力的工具。

** 在人工智慧領域，有一個重要的哲學準則，即奧卡姆剃刀（Occam's Razor），又稱為簡潔之法則。它被廣泛應用於模型建構和理論選擇。基本含義可以概括為「如無必要，切勿假定繁多」。也就是說，若有多種理論可以準確預測同一問題，那麼應該選擇假設最少的理論。儘管通常較複雜的方法能產生更精確的預測結果，但若預測結果無顯著差異，則選擇假設最簡單的方法。在模型建立過程中，通常遵循這一原則。

奧卡姆剃刀最經典的案例源自天文學。在日心說剛興起時，既可以用地心說解釋太陽、月亮和其他行星的運動，也可以用日心說解釋。兩種理論在當時都能提供合理解釋，然而日心說只需要 7 個基本假設，地心說則需要許多其他假設。基於奧卡姆剃刀原則，應該選擇日心說作為更簡單且有效的解釋。

生產記事本

日期	玩偶個數	成本	第幾天
04/01	10	7.7	1
04/02	10	9.87	2
04/03	11	10.87	3
04/04	12	12.18	4
04/05	13	11.43	5
04/06	14	13.36	6
04/07	15	15.15	7
04/08	16	16.73	8
04/09	17	17.4	9
...	...	...	...

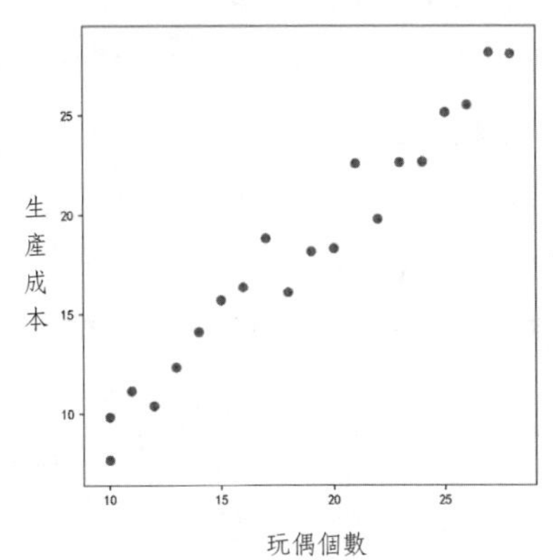

▲ 圖 3-1

在進入正式的模型討論之前，先「揭秘」資料背後的生成公式。實際上，前文中的資料是由公式（3-1）* 生成的。在真實的建模場景中，我們始終無法獲知資料背後的真實規律，然而提前知曉正確答案有助更進一步地評估模型表現以及建模過程中的得失。

$$y_i = x_i + \varepsilon_i \tag{3-1}$$

其中，x_i 代表某一天生產的玩偶個數，而 y_i 是對應那一天的生產成本。公式（3-1）表示，製造玩偶的平均成本等於 1。

公式中的 ε_i 是一組隨機變數，它們服從期望值為 0、方差為 1 的正態分佈。這些隨機變數代表製造玩偶時產生的隨機成本。舉例來說，當製作出失敗的玩偶時，ε_i 為正；而當偶然發現可用的舊布料時，ε_i 則為負。這些隨機成本與製造玩偶的數量是相互獨立的。

3.1.1 機器學習的建模方式

機器學習解決建模問題的步驟可以總結為：確定建模場景並定義損失函數、提取特徵、選擇模型形式，以及評估模型效果。

首先分析上述例子的建模場景和損失函數，如圖 3-2 所示。

（1）在替定的資料集中，x_i 表示第 i 天生產的玩偶個數，y_i 表示第 i 天的生產成本。

* 這個公式其實並不嚴謹。因為正態分佈的值域是整個實數範圍，所以根據公式，y_i 的取值可能為負數。這與生產成本必然大於 0 相矛盾。數學上完全嚴格的寫法應為$y_i = \max(x_i + \varepsilon_i, 0)$。但是在本案例中，$x_i + \varepsilon_i < 0$的機率非常小，幾乎可以忽略。因此，模型可近似為公式（3-1）。

我們需要透過生產的玩偶個數來預測成本。這表示在資料中存在標籤欄位，也就是模型的預測物件：生產成本。因此，這是一個監督學習過程。

（2）需要被預測的成本 y_i 是連續的數值，代表數量的變化，它不是離散的，因此這屬於迴歸問題。

（3）建模的目標是使模型預測的成本和真實的生產成本盡可能接近。為了實現這一目標，首先需要基於預測值和真實值之間的差異定義模型損失。已知實際成本為 y_i，假設模型預測的成本為 $\hat{y}_i$。那麼預測值和真實值之間的差就定義了一個損失函數 $LL = (1/n)\sum_{i=1}^{n}|y_i - \hat{y}_i|$。因此，建模目標就抽象為最小化損失函數。但遺憾的是，該函數在某些點是不可導的，這使得數學處理變得相當複雜。為了解決這一問題，可以重新定義一個在數學上更易處理的損失函數*，具體形式如公式（3-2）所示，即真實值與預測值的歐氏距離平方平均值。

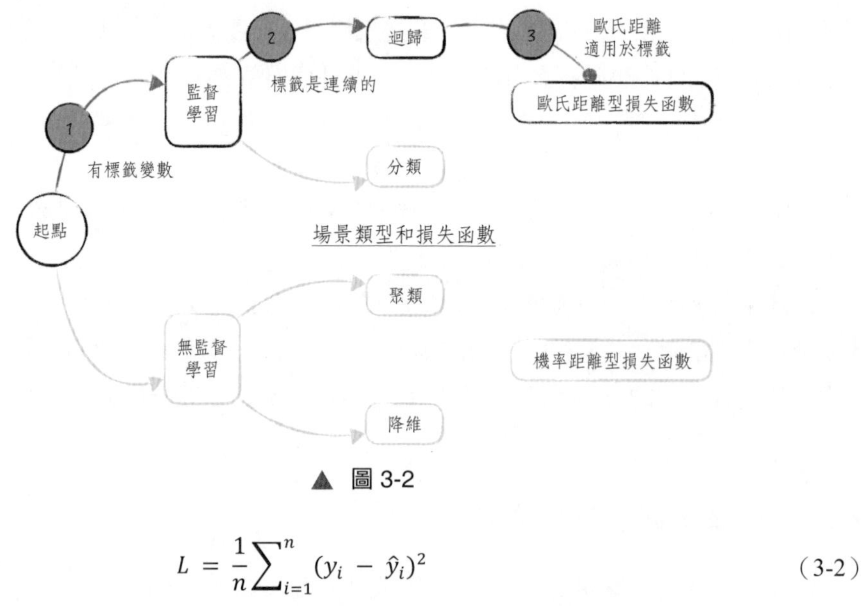

▲ 圖 3-2

$$L = \frac{1}{n}\sum_{i=1}^{n}(y_i - \hat{y}_i)^2 \tag{3-2}$$

模型框架建構完成後，我們需要檢查可用的資料，並提取用在模型中的特徵，如圖 3-3 所示。在機器學習中，這一過程被稱為特徵工程。

* 對於線性迴歸模型，公式（3-2）所定義的損失函數不僅在數學上更易處理，它還隱含地滿足了資料的一個假設，即隨機擾動項服從正態分佈。事實上，正文中提到的絕對值損失和公式（3-2）對應著不同的線性迴歸模型。絕對值損失對應 Least Absolute Deviations Regression，而公式（3-2）對應 Least Squares Regression。

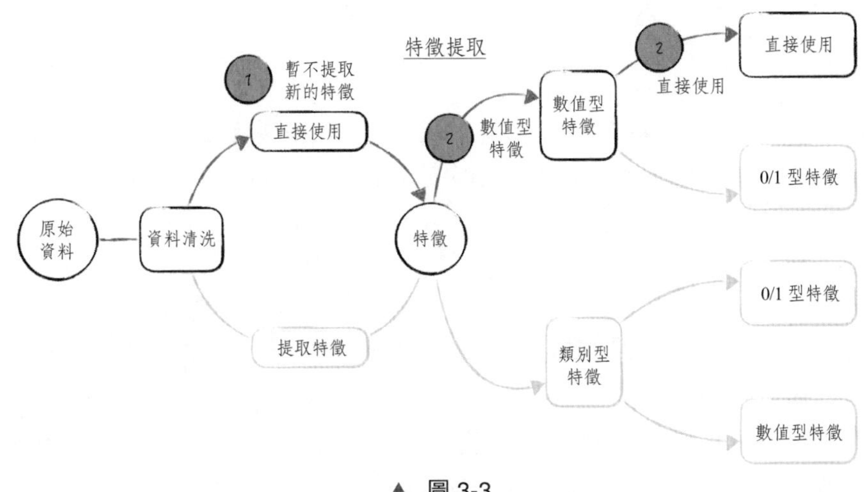

▲ 圖 3-3

（1）這個範例中的資料是「乾淨」的，這表示資料中沒有錯誤或異常值，因此可以省去資料清洗的步驟 *。目前的資料集只包含一個原始特徵 $\boldsymbol{X} = \{x_i\}$，表示數量。儘管可以對 $\boldsymbol{X}$ 進行數學變換以生成新的特徵，例如對其進行平方運算產生 $\boldsymbol{X}^2$，但在初始建模階段，選擇只使用原始特徵。如果模型表現不佳，再考慮引入新的特徵。

（2）原始特徵 $\boldsymbol{X} = \{x_i\}$ 表示數量，屬於數值型變數。在這個變數上進行的數學運算具有意義，因此 $\boldsymbol{X}$ 可以直接用於模型。

在當前場景中，選擇模型形式是相對簡單的一步 **。根據先前的分析，我們決定使用線性迴歸模型，具體的模型定義如公式（3-3）所示。其中，a 表示生產一個玩偶的變動成本，b 表示固定成本 ***。

---

* 在真實的建模場景中，往往會存在很多「無效資料」，因此資料清洗和前置處理是不可或缺的環節。

** 在實際的建模過程中，模型選擇是一項需要考慮多種因素的複雜任務，涉及建模場景、模型特性、資料規模，以及可用運算資源等多個方面。這要求資料科學家具備多方面的能力，以充分展現自身價值。

*** 如果用模型語言來描述，公式（3-4）中的稱為截距，它是線性迴歸模型中非常重要的參數之一。在加入這個參數後，模型才能在資料平移和資料單位轉換時保持穩定。具體來講：

- 當發生資料平移時，比如原來統計的成本中少算了 1 元，現在需要加上，即 y_i 變為 y_i+1。參數 a（平均成本）的估計值將保持不變。
- 當發生資料單位轉換時，比如將成本的單位由「元」改為了「百元」，y_i 即變成 $y_i/100$。參數 a 將成比例的放大或縮小，在上面的例子中，a 將變成 $a/100$。

上面的兩點性質對線性迴歸，特別是多元線性迴歸十分重要。因為當模型有多個引數時，它們的單位常常是不一致的。如果沒有加入參數 b，這兩點性質便不再成立。所以在架設線性迴歸模型時，通常會在模型中加入截距。

$$\hat{y}_i = ax_i + b \tag{3-3}$$

基於先前定義的損失函數和建模原則，可以得到模型參數的估計公式：參數 (a,b) 的估計值$(\hat{a},\hat{b})$將使得損失函數 L 達到最小值，如公式（3-4）所示。

$$(\hat{a},\hat{b}) = \operatorname{argmin}_{a,b}\sum_i (y_i - ax_i - b)^2 \tag{3-4}$$

至此，我們其實已經完成了機器學習的建模任務，但這並不表示結束，因為還需要了解如何評估模型的效果。

（1）從預測的角度看，我們希望模型的預測結果盡可能接近真實成本。因此，如公式（3-5）所示，定義線性模型的均方差（Mean Squared Error，MSE）。均方差其實就是模型的損失函數，均方差越小，模型的預測效果越好。

$$\text{MSE} = \frac{1}{n}\sum_{i=1}^{n}(y_i - \hat{y}_i)^2 = L \tag{3-5}$$

（2）從解釋資料的角度來看，我們希望模型能最大限度地解釋成本變化的原因。換句話說，未被模型解釋的成本$(y_i - \hat{y}_i)$佔成本變化$(y_i - 1/n\sum_{i=1}^{n}y_i)$的比例越小越好。因此如圖 3-4 所示 *，定義模型的決定係數 **（Coefficient of Determination，R^2）。決定係數越接近 1，模型的解釋效果越好。

---

* 圖片參考自維基百科。

** 使用同正文中一樣的符號，透過數學運算，在最小化損失函數時，有$\sum_i y_i = \sum_i \hat{y}_i$。由此可以得到

$$\sum_i(\hat{y}_i - \bar{y})^2 + \sum_i(y_i - \hat{y}_i)^2 = \sum_i(y_i - \bar{y})^2$$

其中，$SS_{\text{tot}} = \sum_i(y_i - \bar{y})^2$是因變數的方差，$SS_{\text{reg}} = \sum_i(\hat{y}_i - \bar{y})^2$是已被模型（或者說引數）解釋的方差。所以在這種情況下，有：

$$R^2 = SS_{\text{reg}}/SS_{\text{tot}}$$

用學術語言來解釋，這個公式表示：決定係數等於因變數的方差中可由引數解釋的比例。因此，可以用這個指標來判斷模型的解釋能力。

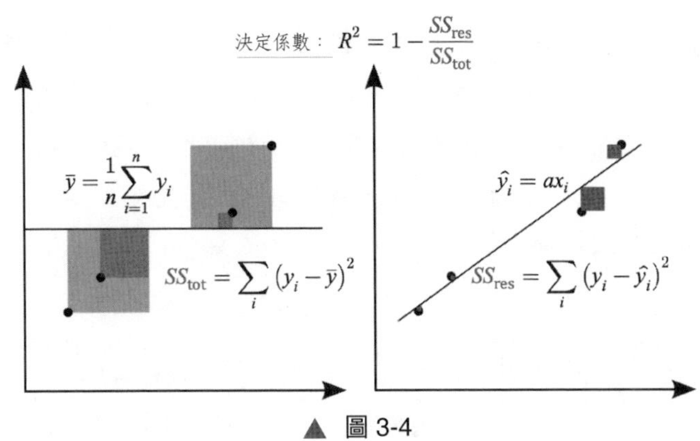

決定係數： $R^2 = 1 - \frac{SS_{\text{res}}}{SS_{\text{tot}}}$
$\bar{y} = \frac{1}{n}\sum_{i=1}^{n} y_i$
$SS_{\text{tot}} = \sum_i (y_i - \bar{y})^2$
$\hat{y}_i = ax_i$
$SS_{\text{res}} = \sum_i (y_i - \hat{y}_i)^2$

▲ 圖 3-4

在完成上述分析後，可以利用第三方函數庫 scikit-learn 來解決這個問題。具體的解決方案將在 3.2.1 節中詳細討論。建議讀者先閱讀 3.2.1 節，再閱讀 3.1.2 節。

3.1.2 統計分析的建模方式

機器學習的建模過程雖然簡潔，但也因此存在一些遺憾。機器學習難以完全解釋資料所呈現的隨機性，以及這種隨機性將如何影響模型的結果。而這些正是統計分析擅長的領域，因此，本節將深入討論統計分析是如何架設線性迴歸模型的。

按照統計分析的一般步驟，首先需要對資料中的隨機性進行建模。在先前的分析中，引數 * x_i 和因變數 y_i 之間似乎呈現出一種線性關係，但同時伴隨著一些隨機波動。因此，可以假設 y_i 和 x_i 之間的關係如公式（3-6）所示。該公式中的模型參數 a 和 b 分別表示生產一個玩偶的變動成本和固定成本。ε_i 被稱為噪音項，代表未被現有資料捕捉到的隨機成本，服從期望為 0、方差 σ^2 為的正態分佈，記為 $\varepsilon_i \sim N(0, \sigma^2)$。特別需要注意的是，$\sigma^2$ 也是模型的參數。

除模型公式外，在模型建構過程中有兩個重要假設 **：ε_i 之間相互獨立，ε_i 和 ε_i 之間也相互獨立。

$$y_i = ax_i + b + \varepsilon_i \tag{3-6}$$

* 細心的讀者可能會注意到，在機器學習中，我們用術語「特徵」表示資料中的玩偶個數，而在統計分析中則使用「引數」。同樣地，我們在機器學習中使用「標籤」表示資料中的生產成本（需要被預測的變數），而在統計分析中使用「因變數」。這些術語的含義是相同的，特意強調它們是為了確保讀者在閱讀其他文獻時不至於感到茫然無措。

** 如果假設不成立，可能會引發內生性問題。由於篇幅有限，本書不會討論這一細節，感興趣的讀者請自行查閱相關資料。

公式（3-6）表明y_i由x_i、a、b和ε_i組成。當給定一組參數a, b以及噪音項的方差σ^2時，由於 x_i 表示玩偶個數，是一個確定的量，那麼 y_i 和 ε_i 一樣是一個隨機變數，服從期望為 $ax_i + b$、方差為 σ^2 正態分佈，即 $y_i \sim N(ax_i + b, \sigma^2)$。換句話說，資料中的 y_i 只是 $N(ax_i + b, \sigma^2)$ 這個正態分佈的觀測值，如圖 3-5 所示，而且 y_i 之間也是相互獨立的。用數學語言描述就是：y_i 在已知 a, b, x_i, σ 時的條件機率分佈是 $N(ax_i + b, \sigma^2)$，如公式（3-7）所示。

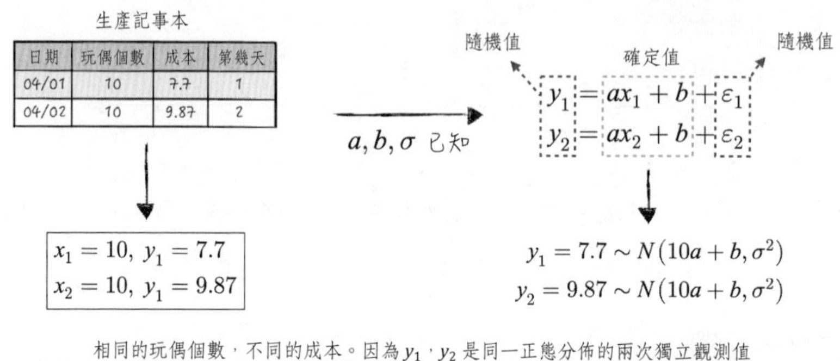

▲ 圖 3-5

$$P(y_i|a, b, x_i, \sigma^2) \sim N(ax_i + b, \sigma^2) \tag{3-7}$$

既然資料本身就是隨機變數，那麼直覺告訴我們：模型參數的估計值和預測結果也應該都是隨機的。這種顛覆傳統的觀點或許讓人有些震驚，但它卻是統計分析這門學科的核心思想之一。接下來將透過數學推導來證實這一點。

（1）根據之前的分析，y_i 之間相互獨立。所以得到出現的聯合機率如公式（3-8）所示，也稱為模型的似然函數（Likelihood Function），通常被記為 L*。

$$\begin{gathered} P(\boldsymbol{Y} \mid a, b, \boldsymbol{X}, \sigma^2) = \prod P(y_i \mid a, b, x_i, \sigma^2) \\ \ln P(\boldsymbol{Y} \mid a, b, \boldsymbol{X}, \sigma^2) = -0.5n \ln(2\pi\sigma^2) - 1/2\sigma^2 \sum_i (y_i - ax_i - b)^2 \end{gathered} \tag{3-8}$$

（2）對於不同的模型參數，y_i 出現的機率（似然函數）並不相同。顯而易見，我們希望這個機率達到最大，這也是計算模型參數估計值的方法，被稱為最大似然估計法（Maximum Likelihood Estimation，MLE）。對公式（3-8）求最大值，可以得到以下的估計公式：

* 在學術上，通常用θ表示模型中的所有參數，比如本例中的a, b, σ^2；用 D 表示資料。因此，參數的似然函數記為$L(\theta \mid D) = P(D \mid \theta)$。值得注意的是，等式右邊的$P(D \mid \theta)$表示條件機率，而等式左邊的$L(\theta \mid D)$雖然在形式上與右邊相似，但不表示條件機率。這一點通常會讓初學者感到疑惑。

$$
\begin{aligned}
(\hat{a},\hat{b}) &= \text{argmax}_{a,b} P(\boldsymbol{Y} \mid a, b, \boldsymbol{X}, \sigma^2) = \text{argmin}_{a,b} \sum_i (y_i - ax_i - b)^2 \\
\widehat{\sigma^2} &= \text{argmax}_{a,b} P(\boldsymbol{Y} \mid a, b, \boldsymbol{X}, \sigma^2) = {\sum_{i=1}^n (y_i - \hat{y}_i)^2}/{n} \\
\hat{y}_i &= \hat{a}x_i + \hat{b}
\end{aligned}
\tag{3-9}
$$

透過公式（3-9）得到的參數估計值$(\hat{a},\hat{b},\widehat{\sigma^2})$都是隨機變數。由於具體的推導過程比較煩瑣，正文中將略去這些細節 *。下面以$\hat{a}$為例，用一個簡化的數學推導來說明這一問題。假設資料集中只包含兩組資料點$(x_k, y_k), (x_l, y_l)$，且$x_k \neq x_l$。在這種情況下，可以透過求解公式（3-10）中的方程組得到的運算式。值得注意的是，公式（3-10）的右側表示$\hat{a}$是一個隨機變數，並且服從以真實際參數值 a 為期望的正態分佈 **。

$$
\begin{cases} y_k = \hat{a}x_k + \hat{b} \\ y_l = \hat{a}x_l + \hat{b} \end{cases} => \hat{a} = \frac{y_k - y_l}{x_k - x_l} = \frac{a(x_k - x_l) + \varepsilon_k - \varepsilon_l}{x_k - x_l} = a + \frac{\varepsilon_k - \varepsilon_l}{x_k - x_l} \tag{3-10}
$$

在進行更詳細的數學推導後，可以得到模型參數的精確分佈函數，如公式（3-11）所示。根據公式（3-9），模型的預測結果同樣是模型參數的線性組合，因此，預測結果也是一個隨機變數。然而與模型參數相比，預測結果的分佈函數非常複雜，其推導更類似於解決數學難題，對理解模型的幫助有限。因此，本章的後續討論將主要關注模型參數。在分析預測結果時，我們將採取「拿來主義」，直接使用開放原始碼工具提供的演算法，而不會過多探討演算法背後的細節。

$$
\begin{aligned}
\hat{b} &\sim N\left(b, {\sigma^2}/{n}\right) \\
\hat{a} &\sim N\left(a, {\sigma^2}/{\sum_i (x_i - \bar{x})^2}\right) \\
\widehat{\sigma^2} &\sim \chi^2_{n-2} \frac{\sigma^2}{n}
\end{aligned}
\tag{3-11}
$$

---

* 嚴謹的數學證明如下：用矩陣來表示線性迴歸模型。令

$$
\boldsymbol{Y} = \begin{pmatrix} y_1 \\ y_2 \\ \vdots \\ y_n \end{pmatrix}, \boldsymbol{X} = \begin{pmatrix} x_1 & 1 \\ x_2 & 1 \\ \vdots & \vdots \\ x_n & 1 \end{pmatrix}, \boldsymbol{\beta} = \begin{pmatrix} a \\ b \end{pmatrix}, \boldsymbol{\varepsilon} = \begin{pmatrix} \varepsilon_1 \\ \varepsilon_2 \\ \vdots \\ \varepsilon_n \end{pmatrix}
$$

則模型可表達為$\boldsymbol{Y} = \boldsymbol{X\beta} + \boldsymbol{\varepsilon}$。而參數$\boldsymbol{\beta}$的估計值為$\widehat{\boldsymbol{\beta}} = \text{argmin}_{\boldsymbol{\beta}}(\boldsymbol{Y} - \boldsymbol{X\beta})^2$。進一步運算可以得到

$$
\widehat{\boldsymbol{\beta}} = (\boldsymbol{X}^{\mathrm{T}}\boldsymbol{X})^{-1}\boldsymbol{X}^{\mathrm{T}}\boldsymbol{Y} = (\boldsymbol{X}^{\mathrm{T}}\boldsymbol{X})^{-1}\boldsymbol{X}^{\mathrm{T}}\boldsymbol{X\beta} + (\boldsymbol{X}^{\mathrm{T}}\boldsymbol{X})^{-1}\boldsymbol{X}^{\mathrm{T}}\boldsymbol{\varepsilon}
$$

這個式子表示，模型參數的估計值是隨機變數，而且它們服從一個期望為參數真實值的正態分佈。

** 如果兩個服從正態分佈的隨機變數相互獨立，那麼它們的線性組合依然服從正態分佈。

既然參數估計值本身也是隨機變數，那麼更重要的是了解這些估計值所服從的機率分佈，而非由公式（3-9）計算出的具體數值。這些數值只是對應分佈的一次觀測值，並不等於真實參數。另外，模型參數的具體估計值嚴重依賴於使用的資料。以一個簡單的例子來說明，如圖 3-6 所示，使用前 3 天的資料進行估計和使用第 4 到 6 天的資料進行估計，會得到不同的結果。

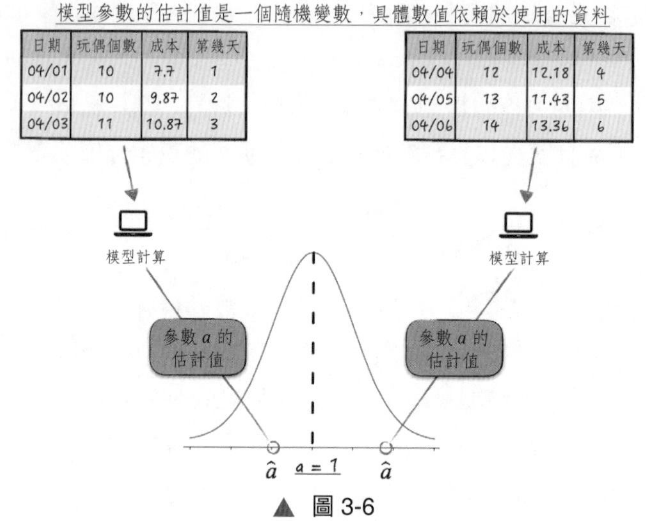

▲ 圖 3-6

儘管參數估計值的隨機性可能會帶來不確定感，但根據公式（3-11），隨著資料量的增加，參數估計值的方差將減小。換言之，隨著資料量的增加，模型參數的估計值將更接近真實值。這也是巨量資料的價值之一：隨著資料規模的增大，模型預測的準確性將提高，如圖 3-7 所示。

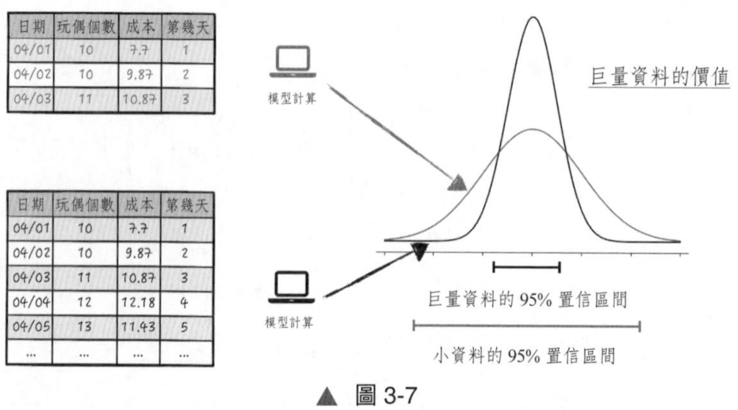

▲ 圖 3-7

儘管機器學習和統計分析在數學計算上存在差異，但仔細對比公式（3-4）和公式（3-9）後會發現，模型參數 a 和 b 的估計公式是相同的，也就是說兩種方法獲得了相似的結果。那麼，統計分析中煩瑣的數學推導究竟有何意義呢？參數的分佈函數對我們理解資料又有什麼幫助呢？以下是兩個典型的應用場景。

（1）置信區間：透過參數的機率分佈可以計算出參數的置信區間，也就是參數的真實值大致落在什麼範圍內。同理，我們也可以得到模型結果的置信區間，從而了解預測值與真實值的差異範圍，這可以使我們對模型結果更有信心。

（2）假設檢驗 ：借助參數的機率分佈，可以判斷是否能夠接受或拒絕某些假設。舉例來說，在 1% 的犯錯機率下，能否拒絕「參數 b 的真實值等於 0」這個假設？（通俗理解為，參數 b 的真實值等於 0 的可能性是否低於 1% ？）這就是參數的 99% 顯著性假設檢驗。透過假設檢驗，我們能更進一步地判斷資料之間的關係。如果無法拒絕上述假設，那麼需要思考：固定成本（參數 b）是否真實存在？模型得到的固定成本$\hat{b}$是否只是因為模型不準確而導致的「錯誤」結論？

上述討論的程式實現會依賴於第三方函數庫 statsmodels。具體細節將在 3.2.2 節中討論。

3.2 模型實現

本節將分別使用 scikit-learn 和 statsmodels 這兩個開放原始碼工具來實現線性迴歸模型。這兩種實現方式都相對簡單。scikit-learn 的版本對應機器學習的建模方式，statsmodels 的版本則更關注統計分析。因此，本節除了架設模型，還將重點展示如何計算置信區間和進行假設檢驗。

3.2.1 機器學習的程式實現

在 scikit-learn 的基礎上，架設並訓練線性迴歸模型是十分簡單的，主要分為 3 個步驟，如程式清單 3-1 所示 *。

（1）資料準備：在第 6 ～ 8 行程式中，資料被劃分為訓練集和測試集。這樣做的目的是防止模型產生過擬合的問題，具體細節將在 3.3.1 節中詳細討論。

（2）架設並訓練模型：第 11 行程式用於架設模型，第 14 行程式則用於訓練模型。

* 完整的實現請參考本書書附程式 /ch03_linear/linear_ml.ipynb。

值得注意的是，一旦 model.fit 函數被呼叫，它將根據傳入的資料估計模型參數，並修改對應的物件 model。因此，雖然第 14 行程式中沒有明確的賦值操作，但 model 已經被修改了，成了訓練後的模型。

（3）評估模型效果：利用 scikit-learn 提供的方法，能夠輕鬆地計算出模型的均方差和決定係數，具體實現是第 17 ～ 20 行程式。

程式清單 3-1　線性迴歸

```
1 | import numpy as np
2 | import pandas as pd
3 | from sklearn import linear_model
4 |
5 | # 劃分訓練集和測試集
6 | data = pd.read_csv('./data/simple_example.csv')
7 | train_data = data[:15]
8 | test_data = data[15:]
9 |
10 | # 建立一個線性迴歸模型
11 | model = linear_model.LinearRegression()
12 | # 訓練模型，估計模型參數
13 | features, labels = ['x'], ['y']
14 | model.fit(train_data[features], train_data[labels])
15 |
16 | # 均方差，越小越好
17 | error = model.predict(test_data[features]) - test_data[labels]
18 | mse = np.mean(error.values ** 2)
19 | # 決定係數，越接近 1 越好
20 | score = model.score(test_data[features], test_data[labels])
```

將模型結果用視覺化的方式呈現出來，就可以得到圖 3-8。在視覺化過程中，我們使用了另一個常用的第三方函數庫 matplotlib，具體的使用細節請參考本書書附程式。

- 機器學習得到的模型是 $\hat{y_i} = 1.012x - 0.628$。該模型估計玩偶的平均成本為 1.012，而固定成本為 –0.628。估計的平均成本與實際生產成本 1 相差不大。但估計的固定成本為負數，這與常識相悖。
- 模型的均方差被估算為 0.726。這表示，如果用此模型來估計生產總成本，平均誤差為0.85（$\sqrt[2]{0.726} \approx 0.85$）。

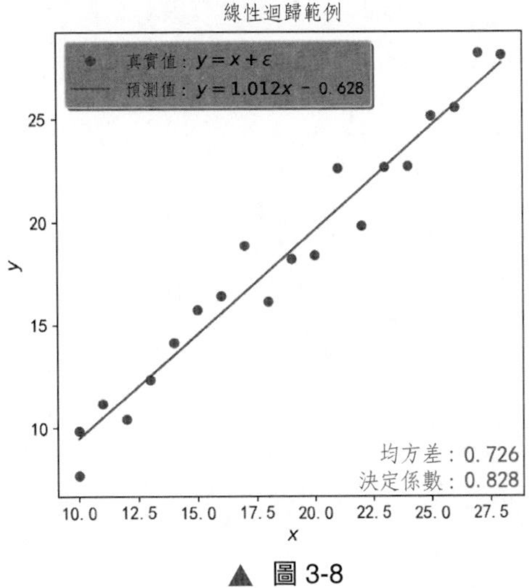

▲ 圖 3-8

- 模型的決定係數等於 0.828。這表示大約 83% 的成本變化可以由模型解釋，即 83% 的成本是由玩偶製作過程產生的。這部分成本是可控的，與生產個數之間呈現明顯的線性關係。而剩下的 17% 是暫時未知的隨機成本。

3.2.2 統計分析的程式實現

統計學的關注重點是如何利用模型分析資料，並根據分析結果逐步修正和最佳化建立的模型。本節的程式實現將呈現這一過程。具體而言，首先利用第三方函數庫 statsmodels 建立先前假設的線性迴歸模型，即 $y_i = ax_i + b + \varepsilon_i$。具體實現請參考程式清單 3-2*。

（1）在第三方函數庫 statsmodels 中，線性迴歸模型以矩陣形式表示。因此，若要引入模型中的參數 b，需要在引數中加入常數 1。如第 8 行程式所示，使用 add_constant 函數來完成這一操作，新增加的常數項的變數名稱是 const。

（2）架設並訓練模型的過程也相當簡單，如第 11 行和第 12 行程式所示。第 11 行程式表示建立一個線性迴歸模型，第 12 行程式表示訓練模型，對模型參數進行估計。

（3）對於訓練好的模型，既可以透過呼叫 summary 函數來計算模型最常用的統計性質，也可以呼叫 f_test 做假設檢驗。具體的程式可參考第 14 ～ 24 行。具體的呼叫結果將在隨後詳細討論。

* 完整的實現請參考本書書附程式 /ch03_linear/linear_stat.ipynb。

程式清單 3-2 分析線性迴歸模型

```
1 | import statsmodels.api as sm
2 |
3 | # 資料準備
4 | data = pd.read_csv('./data/simple_example.csv')
5 | features, labels = ['x'], ['y']
6 | Y = data[labels]
7 | # 加入常數變數
8 | X = sm.add_constant(data[features])
9 |
10 | # 建構模型
11 | model = sm.OLS(Y, X)
12 | re = model.fit()
13 |
14 | # 整體統計分析結果
15 | print(re.summary())
16 | # 用 f_test 檢測 x 對應的係數 a 是否顯著
17 | print('檢驗假設 x 的係數等於 0 ：')
18 | print(re.f_test('x=0'))
19 | # 用 f_test 檢測常數 b 是否顯著
20 | print('檢測假設 const 的係數等於 0 ：')
21 | print(re.f_test('const=0'))
22 | # 用 f_test 檢測 a=1, b=0 同時成立的顯著性
23 | print('檢測假設 x 的係數等於 1 和 const 的係數等於 0 同時成立 ：')
24 | print(re.f_test(['x=1', 'const=0']))
```

接下來，深入分析所得的模型結果。透過執行程式清單 3-2 中的第 15 行程式，可以獲得如圖 3-9 所示的結果，其中展示了模型參數的估計值以及相應的統計資訊。

```
                            OLS Regression Results
==============================================================================
Dep. Variable:                      y   R-squared:                       0.962
Model:                            OLS   Adj. R-squared:                  0.960
Method:                 Least Squares   F-statistic:                     460.5
Date:                Sat, 22 Apr 2017   Prob (F-statistic):           2.85e-14
Time:                        15:13:47   Log-Likelihood:                -31.374
No. Observations:                  20   AIC:                             66.75
Df Residuals:                      18   BIC:                             68.74
Df Model:                           1
Covariance Type:            nonrobust
==============================================================================
                 coef    std err          t      P>|t|      [0.025      0.975]
------------------------------------------------------------------------------
const         -0.9495      0.934     -1.017      0.323      -2.912       1.013
x              1.0330      0.048     21.458      0.000       0.932       1.134
==============================================================================
Omnibus:                        .745   Durbin-Watson:                   2.345
Prob(Omnibus):                  .689   Jarque-Bera (JB):                0.673
Skew:                           .074   Prob(JB):                        0.714
Kurtosis:                      2.113   Cond. No.                         66.3
==============================================================================
```


▲ 圖 3-9

（1）首先，關注圖中的標記 1。結果顯示參數的估計值為 –0.9495，然而在假設 $b = 0$ 的情況下，它的 P-value 卻高達 32.3%。換句話說，基於現有資料推斷：儘管估計值為 –0.9495，但參數 b 的真實值實際上等於 0 的機率為 32.3%*。在這種情況下，我們認為參數 b 是不顯著的（在統計學中，P-value 小於 5% 被稱為顯著，小於 1% 被稱為極顯著）。因此，在建模時應該捨棄此參數 **。同理，參數 a 的估計值為 1.033，其對應的 P-value 在保留 3 位小數時等於 0。也就是說，P-value 小於 1%，參數 a 是極顯著的，應該被納入模型。基於這個結果，應修改模型為以下形式 ：

$$y_i = ax_i + \varepsilon_i \tag{3-12}$$

（2）接下來，分析圖中的標記 2。由這兩個數值組成的區間被稱為參數的置信區間，這個置信區間對應的置信度為 95%。也就是說，在 95% 的機率下，參數 a 的真實值將在 [0.932, 1.134] 區間內（真實值 1 就在這個區間內）。同樣地，可以得到參 b 數的 95% 置信區間為 [-2.912, 1.013]，這個區間包含 0。這一結論與參數 b 不顯著的結果是一致的。從數學上可以證明這兩者是等價的。也就是說，可以透過參數的 95% 置信區間是否包含 0 來判斷其顯著性（如果包含，則不顯著；如果不包含，則顯著）。

（3）除了圖 3-9 中所示的結果，還可以使用 f_test 函數進行假設檢驗。舉例來說，呼叫程式清單 3-2 中的第 18 行、第 21 行程式分別檢驗參數 a 和 b 的顯著性，或呼叫第 24 行程式檢驗 $a = 1, b = 0$ 這兩個假設同時成立的顯著性。具體結果如圖 3-10 所示 ***。

根據上述分析，按照公式（3-12）修改模型並重新估計模型參數。重新架設模型的程式實現十分簡單，只需在訓練模型時，傳入不包含常數項的資料即可。新架設的模型的結果如圖 3-11 所示。正如前文所提及的，線性迴歸模型的預測結果也是一個隨機變數，同樣可以計算模型預測結果的置信區間（透過使用 statsmodels 提供的 wls_prediction_std

* 這句話在數學上並不嚴謹。嚴格的表達應為：在參數 b 等於 0 的假設下，如果拒絕這個假設，那麼犯錯的機率為 32.3%。然而這種類似哲學拷問的表述讓人難以理解，所以把它近似為正文中的表述，雖然損失了一點準確性，但也未嘗不可。

** 在實際的建模過程中，即使常數項（截距項）的係數不顯著，通常也不會被捨棄。這樣的處理能夠確保模型在資料平移和單位轉換時保持穩定。

*** 讀者可能注意到，圖 3-10 中標記 2 的結果與圖 3-9 中標記 1 的結果是相同的。但其實，圖 3-9 所示的是 t_test 的結果，而圖 3-10 是 f_test 的結果。限於篇幅，這兩種檢驗的定義細節和差異就不做展開了。只想提醒讀者其中最重要的一點：t_test 只能做單一變數的假設檢驗，比如 const=0，但無法做多個變數的多個假設檢驗，比如 x=1 和 const=0 同時成立；而 f_test 對這兩種檢驗都可以做。

函數來實現）。儘管模型的預測值與真實值仍存在一些偏差，但所有的真實值都位於預測結果的 95% 置信區間內，如圖 3-11 中左側所示。在實際應用中，利用模型結果的置信區間，可以確定未知資料的大致範圍，或篩選出在區間外的異常值進行資料的異常檢測。

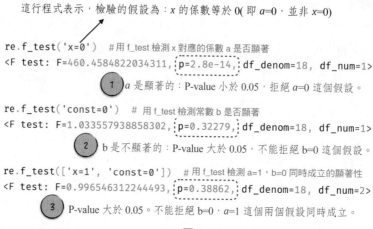

這行程式表示，檢驗的假設為：*x* 的係數等於 0(即 *a*=0，並非 *x*=0)

```
re.f_test('x=0')  #用 f_test 檢測 x 對應的係數 a 是否顯著
<F test: F=460.4584822034311, p=2.8e-14, df_denom=18, df_num=1>
```

① *a* 是顯著的：P-value 小於 0.05，拒絕 *a*=0 這個假設。

```
re.f_test('const=0')  # 用 f_test 檢測常數 b 是否顯著
<F test: F=1.033557938858302, p=0.32279, df_denom=18, df_num=1>
```

② b 是不顯著的：P-value 大於 0.05，不能拒絕 b=0 這個假設。

```
re.f_test(['x=1', 'const=0'])  # 用 f_test 檢測 a=1，b=0 同時成立的顯著性
<F test: F=0.996546312244493, p=0.38862, df_denom=18, df_num=2>
```

③ P-value 大於 0.05。不能拒絕 b=0，*a*=1 這個兩個假設同時成立。

▲ 圖 3-10

新模型的統計分析結果如圖 3-11 中右側所示。相比於舊模型（見圖 3-9），新模型的決定係數更大，而參數的置信區間更狹窄。新模型為$y_i = 0.986x_i + \tilde{\varepsilon}_i$，這與真實的$y_i = x_i + \varepsilon_i$更接近。換言之，借助統計學中的分析工具，我們成功架設了更精準的模型。

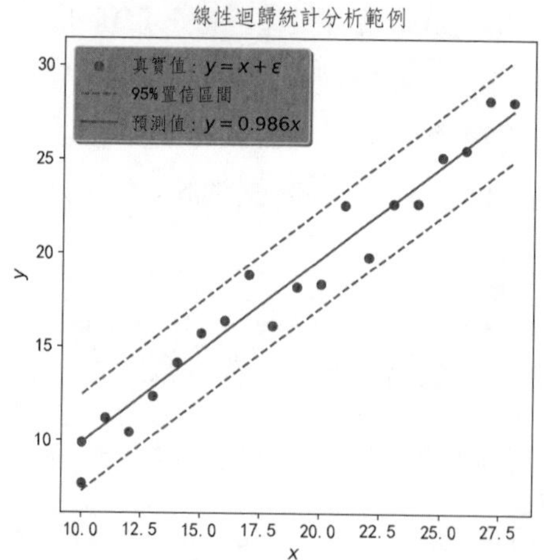


```
==========================================
R-squared:                         0.996
Adj. R-squared:                    0.996
F-statistic:                       4876.
Prob (F-statistic):             2.26e-24
Log-Likelihood:                  -31.933
AIC:                               65.87
BIC:                               66.86

==========================================
     t       P>|t|       [0.025      0.975]
------------------------------------------
.825      0.000        0.957       1.016
==========================================
Durbin-Watson:                     2.218
Jarque-Bera (JB):                  0.561
Prob(JB):                          0.755
Cond. No.                           1.00
==========================================
```

決定係數更大

置信區間更小、更準確

▲ 圖 3-11

3.3 模型陷阱

在人工智慧實踐中，建構模型通常有兩個主要目標：一是使用模型對未知資料進行預測；二是利用模型分析資料，揭示資料中的內在規律，為決策提供支援。針對這兩種目標的實踐通常會面臨以下兩類問題。

（1）模型預測不穩定：資料科學家在模型架設過程中會設定多種技術指標來評估模型的預測準確度。舉例來說，3.1.1 節針對線性迴歸模型定義了均方差和決定係數等指標。這些指標在歷史資料上的效果較好，使我們對模型的表現充滿信心。然而，當真正用模型來預測未知資料時，我們卻發現模型的表現遠不如預期，有時甚至比隨機猜測還差，這表示模型的預測效果並不穩定。

（2）參數估計值不可靠：在人工智慧領域，模型除用於預測外，對資料的解讀與理解同樣至關重要。在巨量資料時代，隨著資料驅動理念的普及，公司決策逐漸倚重資料分析的結果，而非僅依賴主管的個人經驗。然而，模型參數的估計值具有一定的隨機性，偏差較大的參數可能導致我們錯誤地預測估計值和引數之間的連結效應，嚴重影響資料分析結果的準確性。舉例來說，在 3.2.1 節中，模型得出的玩偶生產成本為負數，這顯然不符合實際情況。

這兩類問題的產生有著各自的原因，可以採用特定的方法來避免發生這些問題。但在深入了解這些方法之前，先來探討這兩類問題產生的根源，如圖 3-12 所示。

在模型建構過程中，為了提高預測的準確性，資料科學家通常會從已知特徵中提取更多的新特徵，以建立更複雜的模型。特別是隨著深度學習概念的流行，即使面對的是相對簡單的情境，人們也似乎越來越傾向於使用複雜模型。然而，模型越複雜，越容易陷入「自我誤導、加強偏見」的陷阱，從而導致過擬合的問題。一旦出現過擬合，模型越複雜，其錯誤也會更顯著。在這種情況下，當訓練模型時，各項評估指標看似良好，但在實際應用中的表現卻難以令人滿意。

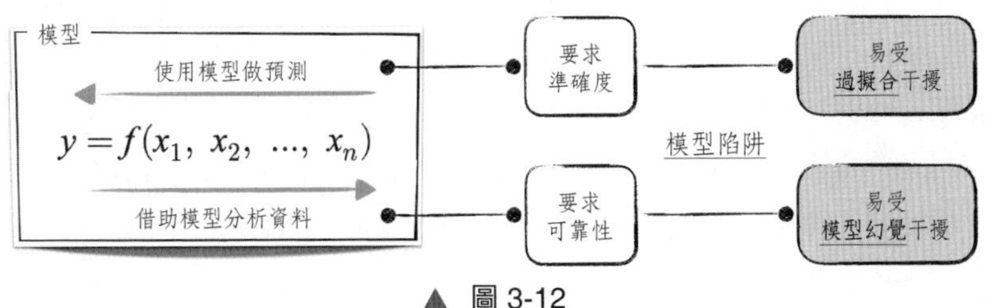

▲ 圖 3-12

在巨量資料時代，我們獲得了比以往更多的變數，這為架設模型提供了更多的選擇。在建模實踐中，資料科學家會找尋新的引數，並將它們納入模型。然而，由於模型訓練實質上是數學運算，即使毫不相關的變數被引入模型，也會得出相應的參數估計值，而這個估計值幾乎不可能為 0。這導致了所謂的「模型幻覺」：看似獲得了很多變數間的連結效應，但實際上這些效應並不存在，只是由隨機變數引起的數字巧合。模型幻覺會導致分析結果不可靠，特別是對模型參數的分析不可靠。它不僅會誤將不存在的效應估計為存在，更糟糕的是，新引入的變數有可能將原本相對正確的估計值扭曲為錯誤的，例如將模型中原有變數的正效應估計為負效應（相應參數估計值由正變為負）。

過擬合和模型幻覺並非孤立的問題，相反，它們經常相互交織、相互強化，對模型的準確性和可靠性產生影響。針對這些問題，已經有一些成熟的解決方案。接下來將詳細討論這些解決方案。

3.3.1 過擬合：模型越複雜越好嗎

儘管最初的建模資料只包含一個特徵——玩偶個數 $\boldsymbol{X} = \{x_i\}$，但我們可以基於這個變數衍生出多個新特徵。比如，使用最常見的多項式變換來提取新特徵。具體來說，將原始資料 $\boldsymbol{X}$ 轉換成一系列新特徵 $(\boldsymbol{X}, \boldsymbol{X}^2, \cdots, \boldsymbol{X}^n)$，並以它們為基礎建構線性迴歸模型，如公式（3-13）所示。為了便於後續的討論，我們用記號 $\boldsymbol{Y} \sim (\boldsymbol{X}, \boldsymbol{X}^2, \cdots, \boldsymbol{X}^n)$ 來表示模型。

$$y_i = b + a_1 x_i + a_2 x_i^2 + \cdots + a_n x_i^n \tag{3-13}$$

圖 3-13* 展示了模型的結果。從圖 3-13 中的技術指標看，似乎隨著特徵數量的增加，模型表現越來越好。

然而，實際情況並非如此，最簡單的模型卻更接近實際情況。為什麼會有這種現象呢？有以下兩方面的原因。

- 從數學角度來看，引入一個新變數，原模型成為新模型的特例，即新變數的係數為 0。因此，對於同一組已知資料，新模型的擬合效果往往優於原模型。然而，模型在已知資料上的優異表現並不表示它對未知資料有著同樣準確的預測能力。
- 從資料角度來看，在實踐中，通常利用已知的歷史資料來訓練模型，然後用訓練好的模型對未來的資料（未知資料）進行預測。這表示真正使用模型進行預測的資料在訓練時並不可見。然而，在圖 3-13 的案例中，我們使用所有資料來訓練模

* 完整的實現請參考本書書附的程式 /ch03_linear/linear_overfitting.ipynb。

型，然後使用同一組資料來評估模型的效果。換句話說，在模型訓練期間，模型已經見過將用於評估的資料。這類似於讓這些資料既扮演「裁判」的角色，又充當「運動員」，與實際情況嚴重不符。

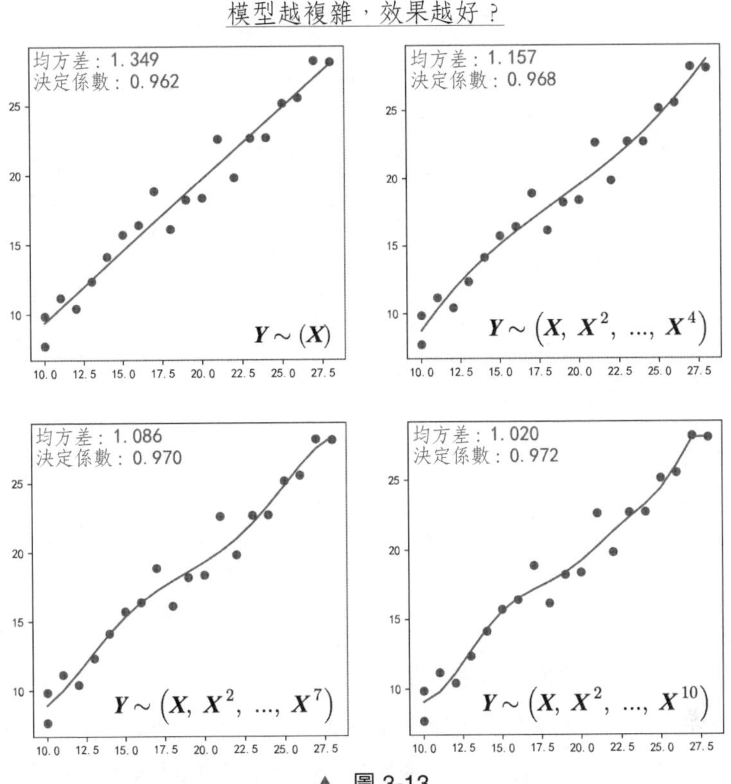

▲ 圖 3-13

這兩個原因使我們陷入了過擬合的陷阱：模型被隨機因素干擾，忽略了資料的真實內在規律，最終得出了錯誤的結論。

要確保正確評估模型效果，一種常見的做法是將用於訓練模型和評估模型的資料分開。這表示在訓練模型時，我們不會使用評估模型的那部分資料，這樣才能準確估計模型的效果。因此，在實踐中，第一步通常是將資料分成兩個部分：訓練集（Train Set）和測試集（Test Set）。首先使用訓練集來估計模型的參數，然後使用測試集來評估模型的效果，這一方法在學術界被稱為交叉驗證（Cross Validation）。如果對之前提到的模型採用類似的處理方法，最終得到的結果將如圖 3-14 所示。這一結果與圖 3-13 截然相反，表明最簡單的模型實際上具有最佳效果，這才是正確的結論。

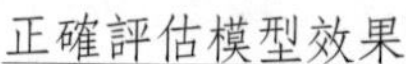

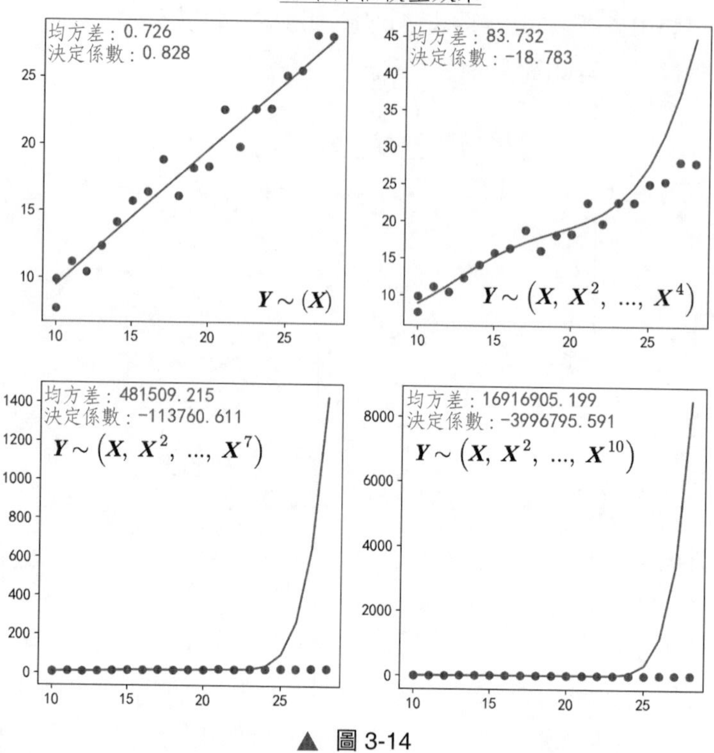

▲ 圖 3-14

在人工智慧領域，解決模型過擬合的問題是一項常見且至關重要的任務。為了更進一步地理解和應對這一問題，我們總結並提煉了上述例子的經驗，使其能夠更普遍地適用於各種情境。在學術上，將模型在訓練集上的誤差稱為訓練誤差，在測試集上的誤差稱為測試誤差。這兩種誤差與模型複雜度*之間的關係如圖 3-15 所示。實線表示模型的訓練誤差，虛線表示測試誤差。

- 當模型過於簡單時，無論是訓練誤差還是測試誤差都會很大。這表示過於簡單的模型無法捕捉資料中的複雜關係。
- 相反，當模型過於複雜時，訓練誤差可能會很小，但測試誤差卻相對較大，這就是過擬合。過擬合比模型太簡單更加危險，因為它具有欺騙性，很容易讓人誤以為模型的表現非常出色。

* 模型複雜度不僅取決於結構的複雜程度，還與所使用的特徵個數相關。在本例中，即使是結構簡單的線性迴歸模型，也可以透過增加特徵而變得過於複雜。

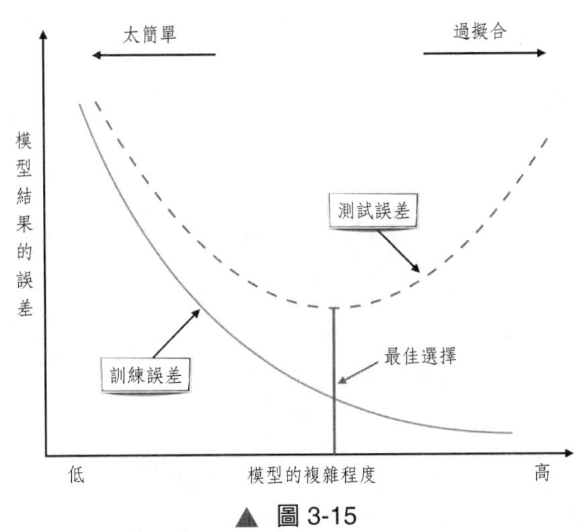

▲ 圖 3-15

在建構模型時，這兩種問題都可能導致模型的性能不佳，因此需要選擇複雜度合適的模型，以最小化測試誤差。

在實際的建模過程中，模型的複雜度通常受到模型幻覺的影響，這種幻覺會誘使資料科學家向模型中增加新特徵，使模型變得更複雜。為了應對模型幻覺，統計學和機器學習分別提供了各自的解決方案。下面將詳細討論這些方案的細節。

3.3.2 假設檢驗：統計分析的解決方案

假設一個新的天氣變數有兩種可能設定值：0 和 1。$z_i = 1$ 表示晴天，$z_i = 0$ 表示非晴天。天氣情況也可能對製造玩偶的成本產生影響，舉例來說，晴天時，工人的心情可能更好，這可能會提高玩偶製作的精度。因此，將這個變數增加到模型中，得到以下公式：

$$y_i = ax_i + bz_i + c + \varepsilon_i \tag{3-14}$$

然而實際上，這個新引入的變數與生產成本並無關係（因為它是隨機生成的，請參考圖 3-16 虛線框中的程式*）。換言之，在這個模型中，參數 b 的真實值應為 0。然而，模型訓練的結果卻如圖 3-16 所示。儘管參數 b 和 c 的真實值都是 0，但模型的估計值卻偏離了 0，並且相去甚遠，這就是典型的「模型幻覺」。若僅憑參數的估計值，我們會錯誤地認為天氣確實會影響玩偶的製作成本，可能會因此建議工廠在晴天時生產，以便降低生產成本（約為 36%）。當然，這種建議毫無依據。倘若考慮變數的顯著性，便能

* 完整的實現請參考本書書附程式 /ch03_linear/linear_illusion_ci.ipynb。

意識到需要排除不顯著的變數，避免陷入模型幻覺的誤區。

```
......
# 加入新的隨機變數，此變數的係數應為 0
X['z'] = np.random.randint(2, size=20)
model = sm.OLS(Y, X)
re = model.fit()
print(re.summary())
```

```
==============================================================================
                 coef    std err          t      P>|t|      [0.025      0.975]
------------------------------------------------------------------------------
const         -0.8983      0.953     -0.942      0.359      -2.910       1.113
x              1.0400      0.050     20.722      0.000       0.934       1.146
z             -0.3619      0.571     -0.634      0.535      -1.566       0.843
==============================================================================
Omnibus:                        1.295   Durbin-Watson:                   2.209
Prob(Omnibus):                  0.523   Jarque-Bera (JB):                0.852
Skew:                          -0.061   Prob(JB):                        0.653
Kurtosis:                       1.996   Cond. No.                         66.7
==============================================================================
```

1 b 和 c 的估計值都不等於 0

2 b 和 c 都不顯著

▲ 圖 3-16

另外，正如前文所提及的，無關變數的引入可能扭曲原有的、相對正確的估計結果。下面透過一個簡單的例子來直觀地展示這一點。如圖 3-17 左側所示，變數 x 和 y 之間的真實關係是 $y_i = 0.05x_i + \varepsilon_i$，其中 ε_i 服從標準正態分佈。現在引入一個與 y 完全無關的變數 z，其始終等於 1。如果只使用 x 對 y 進行建模，得到的結果與真實模型相差不大。但如果同時使用 x 和 z 對 y 進行建模，那麼新模型中 x 的係數會從正數變為負數。也就是說，根據新模型的結果，y 和 x 之間呈負相關性：隨著 x 的增加，y 反而減少。這顯然是一個完全錯誤的結論。就像之前的例子一樣，借助統計學中的假設檢驗和置信區間，我們能夠成功避免這些陷阱。

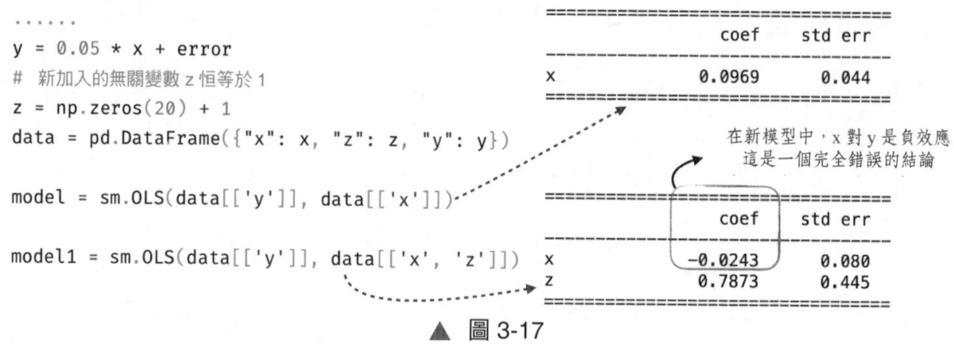
......
y = 0.05 * x + error
# 新加入的無關變數 z 恆等於 1
z = np.zeros(20) + 1
data = pd.DataFrame({"x": x, "z": z, "y": y})
model = sm.OLS(data[['y']], data[['x']])
model1 = sm.OLS(data[['y']], data[['x', 'z']])
coef std err
x 0.0969 0.044
在新模型中，x 對 y 是負效應
這是一個完全錯誤的結論
coef std err
x -0.0243 0.080
z 0.7873 0.445

▲ 圖 3-17

3.3.3 懲罰項：機器學習的解決方案

回顧 3.1.1 節，機器學習建模的核心在於定義損失函數。因此，在引入天氣變數後（詳見 3.3.2 節），模型的損失函數如下：

$$L = \frac{1}{n}\sum_{i=1}^{n}(y_i - ax_i - bz_i - c)^2 \tag{3-15}$$

模型幻覺的問題在於：真實值應為 0 的係數（例如 b 和 c）的估計值卻不接近於 0。鑑於這是由損失函數這一數學公式引起的缺陷，我們希望在數學上增加一種效應，使本應為 0 的參數估計值儘量接近 0。為了解決這一問題，學術界引入了一種稱為懲罰項（或正規化項，Regularization）的機制。舉例來說，在模型中引入 L1 懲罰項，將損失函數改寫成以下形式：

$$L = \frac{1}{n}\sum_{i=1}^{n}(y_i - ax_i - bz_i - c)^2 + \alpha(|a| + |b| + |c|) \quad (3\text{-}16)$$

這裡新增的 $(|a| + |b| + |c|)$ 就是懲罰項，其中，α 表示懲罰項的權重。當 $\alpha > 0$ 時，懲罰項會隨著 a, b, c 絕對值的增加而增大。通俗來講，模型的參數估計值越遠離 0，懲罰項越大。因此，在估計參數時，也就是尋找 L 的最小值時，這一項將迫使參數估計值接近 0。特別是對於不相關的變數，其對應的參數估計值趨向於 0 的速度更快。

加入 L1 懲罰項的線性迴歸模型又被稱為 Lasso 迴歸。實現這一模型的程式相對簡單 *，如圖 3-18 左側所示。然而，需要注意的是，在 scikit-learn 的實現中，模型的損失函數與公式（3-16）略有不同，主要表現在兩個方面：首先，懲罰項的權重略有變化（由 α 變為 2α）；其次，懲罰項中不包含截距項。因此，在架設模型時需要稍做調整 **。

懲罰項的權重會對模型參數的估計產生影響。如圖 3-18 右側所示，隨著 α 的增大（圖中使用 $\ln\alpha$ 作為水平座標），模型參數 b 和 c 的估計值逐漸靠近 0。當 α 較大時，例如 $\alpha = e^{-2}$ 時，得到的結果就是比較「正確」的參數估計值。

除了 L1 懲罰項，常用的還有 L2 懲罰項，即模型參數的平方和。這兩種懲罰項幾乎沒有競爭關係，實際上它們經常結合在一起使用 ***。然而，鑑於篇幅所限，本章僅討論 L1 懲罰項。

從上面的例子可以觀察到，參數 α 的設定值影響對模型參數 a, b, c 的估計，但它本身並非模型的一部分。因此，有必要將這兩者區分對待。在學術上，a, b, c 被稱為參數（Parameter），而 α 被稱為超參數（Hyperparameter）。超參數通常被分為兩類：一類是

---

* 完整的實現請參考本書書附程式 /ch03_linear/linear_illusion_reg.ipynb。

** 不同的開放原始碼工具在模型定義和實現方面可能會略有不同，因此在使用這些工具之前，仔細閱讀相關文件是至關重要的，可以避免產生偏差。

*** 加入 L1 懲罰項後，對應的模型在學術上被稱作 Lasso 迴歸。如果為線性迴歸模型加入 L2 范數懲罰項，則對應的模型在學術上被稱為 Ridge 迴歸。若模型同時使用 L1 和 L2 懲罰項，則被稱為 ElasticNet 迴歸。關於這兩種迴歸的差異，這裡不做過多的討論。需要指出的是，Lasso 迴歸更容易獲得稀疏（Sparse）解，即只有少量模型參數不等於 0；Ridge 迴歸則更傾向於獲得接近於 0 但非 0 的參數估計值。

像 α 這種用於調整模型的結構；另一類是工程實現上的超參數（詳見 6.4 節）。

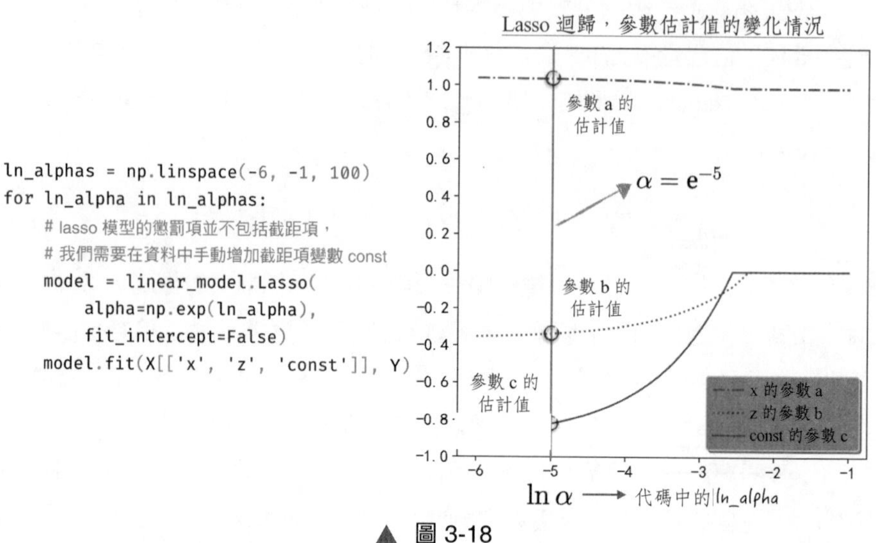
ln_alphas = np.linspace(-6, -1, 100)
for ln_alpha in ln_alphas:
# lasso 模型的懲罰項並不包括截距項，
# 我們需要在資料中手動增加截距項變數 const
model = linear_model.Lasso(
alpha=np.exp(ln_alpha),
fit_intercept=False)
model.fit(X[['x', 'z', 'const']], Y)
Lasso 迴歸，參數估計值的變化情況
參數 a 的
估計值
$\alpha = e^{-5}$
參數 b 的
估計值
參數 c 的
估計值
x 的參數 a
z 的參數 b
const 的參數 c
$\ln \alpha$ → 代碼中的 ln_alpha

▲ 圖 3-18

超參數與參數的估計方式存在明顯的不同。一般情況下，參數的估計值是透過最佳化演算法來確定的（有關細節請參考第 6 章）；對超參數的估計則相對更加靈活，允許資料科學家有更大的調整空間。在實際應用中，常使用網格搜索（Grid Search）方法來確定超參數。該方法首先預先設定一系列可能的超參數值（這些值取決於資料科學家的個人偏好和經驗），作為備選超參數集；然後，對這些給定的超參數集進行遍歷，評估相應模型的性能，並從中選擇表現最佳的超參數。以上述模型為例，整個過程如圖 3-19 所示。

3.3.1 節中探討了一種防止過擬合的方法——交叉驗證。這種方法將資料集分為兩部分：訓練集和測試集。訓練集用於估計模型參數，測試集用於評估模型效果。然而，當在模型中引入了超參數時，上述做法就不再適用了。如果仍然將資料分為訓練集和測試集，則表示要使用訓練集來估計參數，然後根據測試集上的模型效果選擇超參數。換言之，原本用於評估模型的測試集被誤用於選擇模型的超參數。這樣一來，在訓練模型時，本應該被隔離的測試資料變成了部分可見的，導致模型效果被高估，從而產生過擬合問題。

為了避免這一問題，需要確保在選擇超參數時測試資料是不可見的，因此將資料分為三部分：訓練集（Train Set）、驗證集（Validation Set）和測試集（Test Set）。其中，訓練集用於估計模型參數，驗證集用於選擇模型的超參數，而測試集則用於評估模型的最終效果。整個過程如圖 3-20 所示。

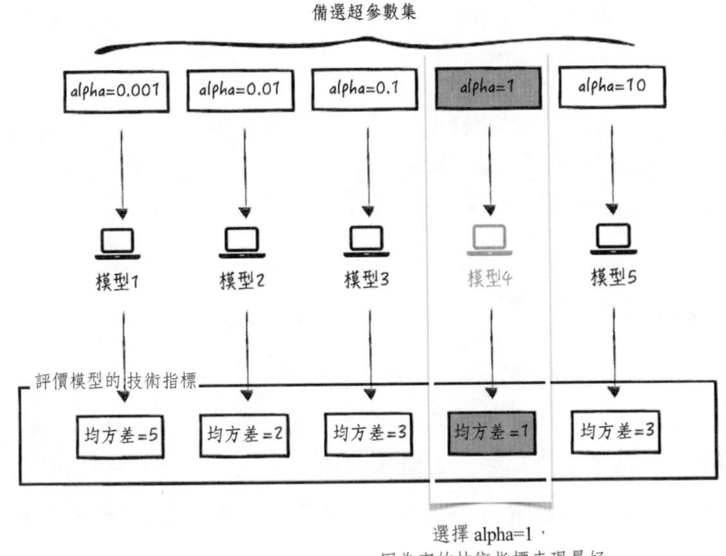

▲ 圖 3-19

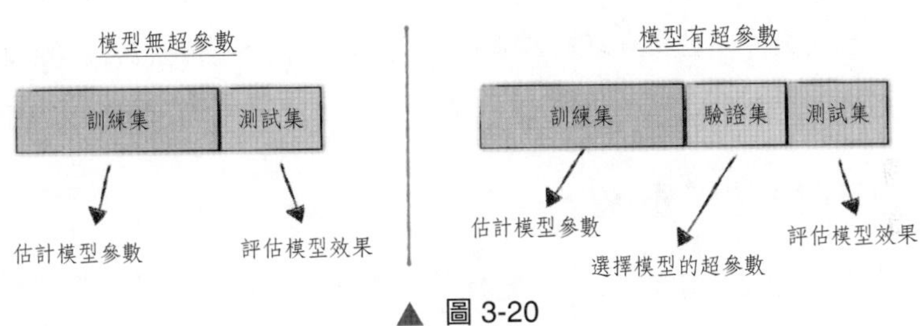

▲ 圖 3-20

3.3.4 比較兩種方案

上面討論的假設檢驗和引入懲罰項都是解決模型幻覺問題的有效方法。然而，這兩種方法各有其顯著的優缺點。

- 假設檢驗在數學上更嚴謹，擁有一系列的理論支援。它能夠完全排除不相關變數的干擾。但正如前述範例所示，該方法需要相當程度的人為干預，無法做到完全自動化。此外，它還有一個很重要的限制，那就是只對少數幾個簡單的模型有效。對於複雜的模型，例如神經網路等，假設檢驗方法幾乎沒有施展空間，因為針對過於複雜的模型，我們難以分析模型參數的分佈情況。

- 相比之下，引入懲罰項是更自動化的解決方案，適用於幾乎所有模型。然而，其缺點在於缺乏牢固的理論基礎，導致對結果的解釋性較差，因此難以用通俗的語言向非技術人員解釋這個方法。

在實際應用中，如果需要對資料進行建模並透過模型分析資料，假設檢驗可能更合適，可以透過其分析過程更進一步地理解變數之間的連結效應。如果是用於預測或將模型工程化以實現自動觸發和學習，那麼懲罰項更合適。

3.4 未來導向的準備

在人工智慧領域，線性迴歸模型可以獨立對資料建模，這也是前面章節討論的重點。然而，更常見的應用方式是將線性迴歸模型作為「模型骨架」，架設出更複雜的模型，例如深度神經網路。為了更進一步地理解複雜模型，我們需要高效且清晰地表達其中的線性部分。因此，本節將對此進行相關的準備工作，首先討論線性迴歸模型的圖示和數學表達。

正如前文所示，即使是簡單的線性迴歸模型，其建構和訓練過程也並不簡單。接下來會涉及更複雜的模型，在建構和訓練過程中耗時更多，需要大量的資源投入。因此，在模型訓練完成後，我們希望能像儲存普通程式一樣，妥善儲存訓練好的模型，以備將來使用。這個過程涉及模型的持久化和生命週期管理，將是本節討論的另一個話題。

3.4.1 圖形表示與數學表達

之前的章節中一直使用像 $y = ax + b$ 這樣的數學公式來描述線性迴歸模型。這種表達方式有助初學者理解，能避免一開始就接觸複雜的數學運算式，但即使對於最簡單的單一線性迴歸模型，這種表達方式都顯得有些煩瑣和低效。當涉及複雜模型時，由於模型中可能包含數千個線性模型，高效的數學表達尤為重要。高效的數學表達不僅有助深入理解模型結構，還為處理複雜問題提供了更便捷的分析工具。因此，接下來將介紹線性模型的圖形化表示，以及如何使用矩陣運算（或更一般的張量運算）來表示大量的線性迴歸模型。

- 圖 3-21 中的標記 1 展示了實踐中常用的線性模型圖示法：使用圓圈、箭頭和方框來表達模型中的不同元素。其中，圓圈代表特徵（引數），箭頭表示權重項和特徵的乘積，方框代表加總和截距項。

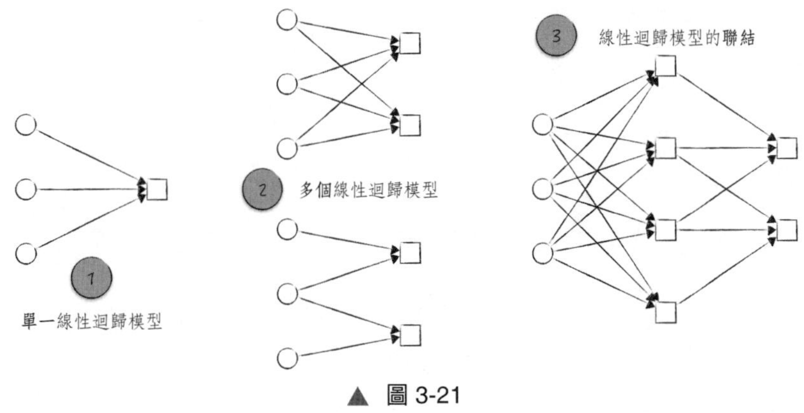

▲ 圖 3-21

- 當使用相同的一組變數建構多個線性迴歸模型時，相應的圖示如標記 2 所示。若不同的線性模型使用了不同的變數，應該如何表示呢？其實非常簡單，將所有使用的變數合併在一起即可，如果某個模型沒有使用某個變數，則將相應的箭頭去掉（標記 2 的下半部分）。
- 需要注意的是，圖中的圓圈和方框實際上沒有本質區別，因為線性迴歸模型的輸入也可以是其他模型的輸出。如標記 3 所示，可以將線性模型聯結起來使用。然而，細心的讀者可能立即就會注意到這種聯結方式的作用不是很大，因為多個線性迴歸模型的聯結結果仍然是一個線性迴歸模型 *。

圖形化的表達方法實際上是從邏輯角度來理解線性模型，因為這些圖示展示了特徵的數量，卻沒有呈現資料的數量。接下來將探討如何利用張量運算，從計算的角度來描述模型。當線性模型應用於單一資料點時，使用行向量來表示特徵和模型參數。這樣，模型的計算被表示為向量的乘法，行向量的形狀為 $(1, m)$。將這種表示方法推廣到 n 個資料點時，使用形狀為 (n, m) 的張量來表示資料。如圖 3-22 中標記 1 所示，多個資料的模型計算被簡明地表示為一次張量乘法運算。

在涉及 k 個模型的情況下，可以將模型參數張量表示為 (k, m) 形狀為的張量。這樣就能清晰地表示多個模型在多個資料點上的運算，如圖 3-22 中標記 2 所示。此外，根據需求，還可以增加張量的維度。以圖 3-22 中標記 3 為例，若模型的輸入分為多個批次，可以將資料表示為形狀為 (b, t, m) 的張量。在這個張量中，第一個維度的大小 b 代表批次

* 數學上很容易證明，線性模型和張量的矩陣乘法實際上是相互對應的。這是因為張量的矩陣乘法滿足乘法結合律和分配律，因此，線性模型的聯結仍然保持線性。

的數量，第二個維度的大小 t 表示每個批次所含的資料量。對模型參數，也可以採取類似的操作。

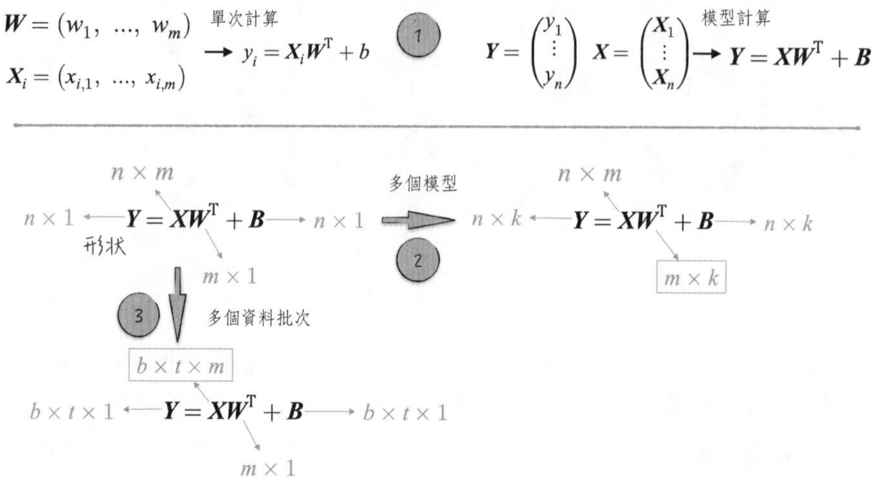

$$W = (w_1,\ \ldots,\ w_m) \quad X_i = (x_{i,1},\ \ldots,\ x_{i,m}) \xrightarrow{\text{單次計算}} y_i = X_i W^{\mathrm{T}} + b$$

① $$Y = \begin{pmatrix} y_1 \\ \vdots \\ y_n \end{pmatrix} \quad X = \begin{pmatrix} X_1 \\ \vdots \\ X_n \end{pmatrix} \xrightarrow{\text{模型計算}} Y = XW^{\mathrm{T}} + B$$

形狀：$Y = XW^{\mathrm{T}} + B$，Y：$n \times 1$，X：$n \times m$，W：$m \times 1$，B：$n \times 1$

② 多個模型：$Y = XW^{\mathrm{T}} + B$，Y：$n \times k$，X：$n \times m$，W：$m \times k$，B：$n \times k$

③ 多個資料批次：$Y = XW^{\mathrm{T}} + B$，Y：$b \times t \times 1$，X：$b \times t \times m$，W：$m \times 1$，B：$b \times t \times 1$

▲ 圖 3-22

線性模型和張量的矩陣乘法是相互對應的，如果在複雜模型的數學表達中看到了張量的矩陣乘法，我們需要理解：在模型的這一部分，實際上是在使用線性迴歸模型。

3.4.2 模型的生命週期與持久化

在模型的生命週期中，可以明顯區分出兩個關鍵階段：模型訓練和模型使用。首先，在一個資料建模專案中，歷史資料通常被儲存在離線資料系統中。基於這些歷史資料，我們將架設並訓練模型，並儲存訓練好的模型 *。當新資料出現時（例如即時從系統收集的資料），儲存的模型被用於對新資料進行預測或分析。這些新資料本身也會被儲存為新的歷史資料，並被納入離線資料系統。隨著時間的演進和資料的累積，會再次啟動模型的訓練，並根據需求替換線上系統的模型。

模型的生命週期是一個不斷循環、持續更新的過程，正如圖 3-23 所示。在這個過程中，模型的儲存和讀取是極為關鍵的步驟。

* 在實際的建模過程中，由於複雜模型的訓練非常耗時，因此通常會在訓練過程中儲存模型。這樣做可以避免在訓練失敗時重新開始整個訓練過程。

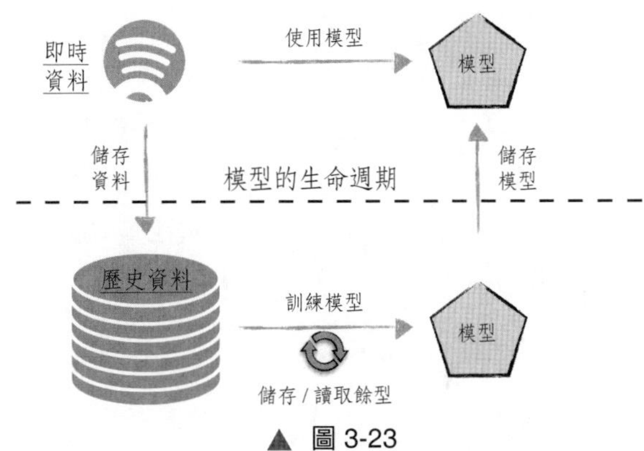

▲ 圖 3-23

在儲存模型時，需要考慮兩個關鍵部分：保留模型的結構和儲存對應的參數估計值。模型的結構通常相當複雜，因此手動儲存和讀取餘型是十分困難的。通常情況下，我們會依賴訓練模型的第三方工具，這些工具大多都提供了儲存模型的便捷方式。採用第三方工具的優勢在於程式實現相對簡單，但也導致很難將訓練好的模型遷移到其他平臺或工具上，從而限制了模型的通用性 *。

各種工具的模型儲存方案各有不同，這裡不會逐一介紹。建議讀者查閱相關的官方文件以獲取更多資訊。

3.5 本章小結

3.5.1 要點回顧

本章以一個簡單的案例作為切入點，分別使用機器學習和統計分析的方法來建構線性迴歸模型。在架設模型的過程中，我們深入討論了模型的假設、參數估計及結果分析。同時，探討了兩種常見的模型錯誤：過擬合和模型幻覺。解決這些錯誤的成熟方法包括交叉驗證、假設檢驗和引入懲罰項。

* 預測模型標記語言（Predictive Model Markup Language，PMML）是一個專注於模型儲存的開放原始碼專案。該專案與具體的程式設計語言無關，允許模型在不同語言之間進行儲存和讀取，例如，使用 Python 建構模型，然後使用 Java 讀取該模型。需要注意的是，這個專案支援的模型種類並不是很多，所以它的實際應用並不廣泛。

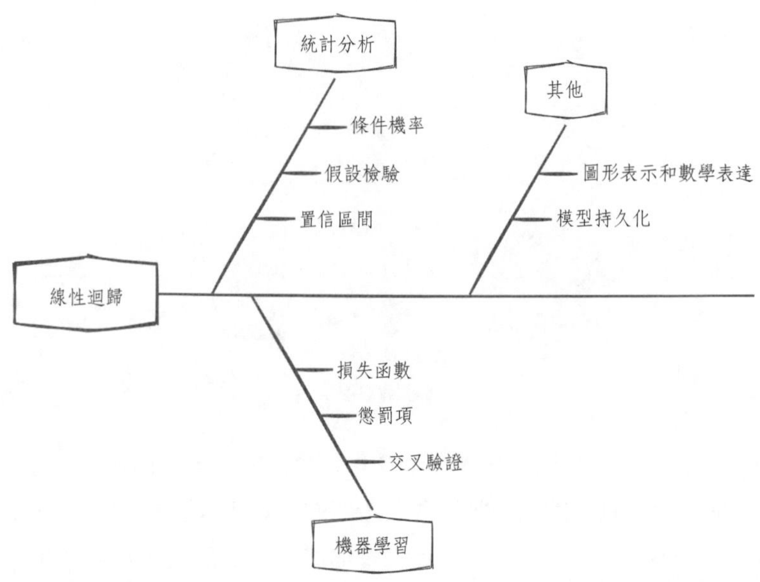

在統計學中，對線性迴歸模型的分析通常需要深入且精確的數學推導。由於篇幅限制，本書省略了這些數學推導的細節，直接舉出了結論。建議對細節感興趣的讀者參考其他書籍，例如 John A. Rice 編著的 *Mathematical Statistics and Data Analysis*。

正如本章開篇所指出的，線性迴歸是所有模型的基礎。因此，本章末尾討論了線性模型的圖形表示和數學表達，以及模型的持久化。這些都是深入討論複雜模型的基礎。在接下來的章節中，將根據具體的場景逐一討論如何基於線性模型建構更複雜的新模型。

3.5.2 常見面試問題

針對本章討論的內容，常見的面試問題如下。

1. 模型結構

- 什麼是線性迴歸？它在人工智慧領域的作用是什麼？
- 如何評估線性迴歸模型？談談常用的評估指標。
- 有哪些常用的線性迴歸演算法？它們的區別是什麼？

2. 懲罰項

- 懲罰項（或正規化項）的作用是什麼？
- L1 和 L2 正規化是如何應用在線性迴歸中的？它們有什麼不同？

- 什麼是超參數？它們與模型參數有什麼區別？

3. 交叉驗證

- 什麼是過擬合？如何避免或減輕過擬合問題？
- 為什麼要使用交叉驗證？它有哪些種類？各自的優劣勢是什麼？

4. 假設檢驗與置信區間

- 什麼是置信區間？如何計算置信區間？
- 什麼是假設檢驗？它與置信區間有什麼聯繫？
- 在人工智慧領域，特別是在特徵選擇和模型評估方面，為什麼假設檢驗和置信區間是重要的？

數學中常用的直角座標系又被稱為笛卡兒座標系，這一簡潔而實用的數學工具組成了解析幾何學科的基礎，其發明者正是法國數學家勒內·笛卡兒（René Descartes，1596—1650）。除了在數學上的卓越成就，笛卡兒在哲學領域也有突出的貢獻，甚至更為引人注目。他被認為是近代哲學的重要先驅，主張人類可以透過數學的方法——即理性——來獲取知識，而這種理性主義被視為科學革命的關鍵因素之一。

獲取知識的途徑一直是哲學中的核心問題之一。經驗主義強調知識源自感官，與中國傳統文化中的格物致知有相似之處。笛卡兒對此提出質疑，認為人的感官知覺是不可靠的，比如人無法分辨夢境和現實。因此，他主張找到更可靠的基礎來建構真理的大廈。如果我們的所見所聞等都可以受到懷疑，那麼有什麼是不容置疑的呢？笛卡兒得出結論：我正在懷疑這件事本身是不可以被懷疑的。這也引出了他最重要的哲學命題——「我思故我在」。基於這一命題，理性主義被逐漸建立起來。

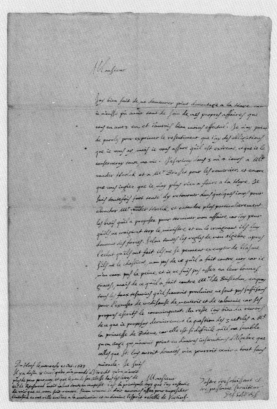

▲ 笛卡兒的書信

第 4 章
邏輯迴歸：隱藏因數

To be, or not to be: that is the question.
（生存還是毀滅，這是一個值得考慮的問題。）

——William Shakespeare

本章將討論邏輯迴歸模型。這個模型對我們日常生活的各個方面都有深遠的影響：小到網頁的廣告內容，大到國家層面制定的各項經濟政策，比如扶貧政策，邏輯迴歸都發揮著重要作用。

邏輯迴歸不僅應用廣泛，更是一個具有里程碑意義的模型。其建模過程表現了一種非常重要的建模思想：將問題分解為可見和不可見的兩層，然後利用非線性變換和線性模型的結合，將未知的複雜問題分解為已知的簡單問題。毫不誇張地說，深入理解邏輯迴歸的細節，就是掌握架設模型的核心精髓。

邏輯迴歸模型本身具有多個重要特點。

- 模型簡單：邏輯迴歸的建模想法清晰，易於理解和掌握。
- 適用範圍廣：該模型的假設相對容易被滿足，適用的場景廣泛。它在不同領域，如醫療、金融和市場行銷等，均有著廣泛的應用。
- 模型可解釋性強：邏輯迴歸的模型參數具有直接的實際意義，參數值直接反映特徵的重要性。這強化了模型的解釋性，有助了解特徵如何影響預測結果。
- 結果可靠性強：類似於線性迴歸模型，邏輯迴歸模型具有強大的分析工具，能夠對模型參數和結果進行穩定性分析。這樣的分析有助提高模型結果的可信度。

接下來將詳細討論並解釋這些觀點的原因。

4.1 二元分類問題：是與否

在日常生活中，我們經常遇到各種二元選擇的場景。舉例來說，我們在購物時看到一件衣服，決定是否購買便是一個二元選擇問題。分析二元選擇的情景具有極高的價值。想像一下，假如一家電子商務平臺能夠透過架設模型，較準確地預測客戶購買某件衣服的可能性，那麼該平臺就可以根據模型結果，主動向可能感興趣的客戶推薦相關產品。這項技術不僅提升了使用者體驗，也直接增加了電子商務平臺的銷售額。這種精準推薦的能力是許多網際網路公司的核心競爭力，對其商業模式也具有極其重要的意義。

對於二元選擇問題，應該如何架設模型呢？第 3 章中介紹的線性迴歸模型是否能夠解決這些問題呢？很遺憾，答案是否定的。從模型的角度來看，二元選擇問題屬於分類問題（例如將客戶分為購買和不購買兩類），與第 3 章中討論的迴歸問題明顯不同，線性迴歸模型並不能有效解決這些分類問題。為了更清晰地說明這一點，下面繼續討論購買衣服這個簡單的例子。

4.1.1 線性迴歸：為何失效

為購買衣服的場景設計一個資料集，包含兩個變數：一個是引數 $\{x_i\}$，另一個是因變數 $\{y_i\}$。其中，$\{x_i\}$ 表示收入，$\{y_i\}$ 表示是否購買。購買與否只有兩種可能性，因此使用 0 表示不購買，1 表示購買。這表示 y_i 不是連續的數值，而是離散的數值。將資料繪製在座標系中，得到的影像如圖 4-1 中的標記 1 所示 *。從圖 4-1 中可以直觀地發現，資料並不能極佳地被擬合成一條直線。

如果用線性迴歸對這些資料建模，得到的模型如下 ：

$$y_i = ax_i + b + \varepsilon_i \tag{4-1}$$

其中，ε_i是一個隨機變數，它服從期望為 0、方差為σ^2的正態分佈，記為$\varepsilon_i \sim N(0, \sigma^2)$。這是線性迴歸模型中一個重要但常常被人忽視的假設。

如果用公式（4-1）所示的線性迴歸模型去學習這些資料，得到的模型如圖 4-1 中的實線所示。然而，模型預測值與真實值之間存在較大誤差，表現並不理想。此外，模型的預測結果似乎有些令人難以理解：根據設定，y_i 的值表示一種選擇，因此只能是 0 或 1 兩個值。然而，模型的預測值覆蓋整個實數集，這會令人困惑。舉例來說，對某個 y_i 的預測值為 0.73，這表示什麼意思呢？

---

* 範例的完整實現請參考本書書附程式 /ch04_logit/logit_example.ipynb。

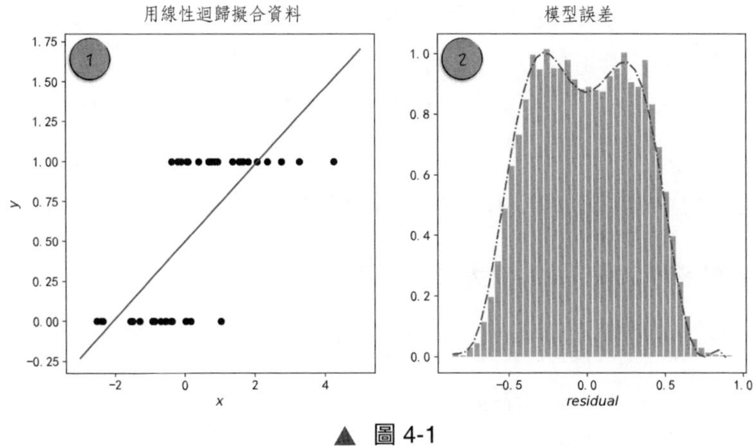

▲ 圖 4-1

更重要的是，如果繪製模型誤差（ε_i的觀測值）的分佈圖，會發現其並不呈現正態分佈。模型誤差的分佈如圖 4-1 中的標記 2 所示。模型誤差看起來似乎呈現雙峰分佈，而正態分佈卻是單峰分佈。更嚴謹的數學推導可以證明，這裡得到的模型誤差的分佈確實不符合正態分佈 *。

這是一個嚴重的問題，因為使用線性迴歸模型時，實際上做了以下 3 個假設（儘管實際上還有更多的假設，但這裡只討論最基本的 3 個）。

（1）因變數 $\{y_i\}$ 和引數 $\{x_i\}$ 之間滿足線性關係。

（2）引數 $\{x_i\}$ 與干擾項ε_i相互獨立。

（3）未被線性模型捕捉到的隨機因素服從正態分佈。

然而，模型誤差的分佈情況卻表明第 3 個假設並不成立。換言之，資料不符合模型的假設，從而導致模型的預測效果不佳。

驗證資料是否符合模型的假設是架設模型時至關重要的一步。通常情況下，模型計算對資料的要求並不苛刻：幾乎任何資料都可以對模型進行訓練，而經過訓練的模型就

* 這裡舉出嚴謹的數學推導。為了書寫方便，用矩陣的形式表示模型。假設模型中有 k 個引數分別為；因變數為 y；隨機擾動項為ε。令$\boldsymbol{X}_i = (x_{i,1}, x_{i,2}, \cdots, x_{i,k}, 1), \boldsymbol{\beta} = (a_1, a_2, \cdots, a_k, b)^{\mathrm{T}}$，其中，$i$ 表示第 i 組資料。模型可以表示為

$$y_i = \boldsymbol{X}_i\boldsymbol{\beta} + \varepsilon_i$$

根據假設，$\boldsymbol{X}_i$與ε_i相互獨立，則$P(\varepsilon_i \mid \boldsymbol{X}_i) = P(\varepsilon_i)$。也就是說，給定一個$\boldsymbol{X}_i$，$\varepsilon_i$也是服從正態分佈的。

但根據模型公式：$\varepsilon_i = y_i - \boldsymbol{X}_i\boldsymbol{\beta}$，即$\varepsilon_i = 0 - \boldsymbol{X}_i\boldsymbol{\beta}$或者$\varepsilon_i = 1 - \boldsymbol{X}_i\boldsymbol{\beta}$。這表示給定一個$\boldsymbol{X}_i$後，$\varepsilon_i$只可能取兩個值。這顯然不符合正態分佈。

可以進行預測 *。那如何確保模型的預測效果呢？有效的方法是不斷驗證資料是否符合模型的假設。如果資料符合這些假設，那麼模型的效果通常會很好；反之，就無法保證模型的效果。就像在本例中，若忽視模型的假設而強行建模，往往會得到一個「錯誤且無用」的模型。

既然線性模型不適用於分類場景，那應該如何架設模型呢？

4.1.2 視窗效應：看不見的才是關鍵

在分析二元選擇時，常常會遭遇「視窗效應」。這是因為作為外部觀察者，我們只能看到最終的選擇結果，卻難以洞察結果背後的一系列隱藏因素，而這些隱藏因素決定了最終的選擇。下面以客戶購買衣服為例，詳細分析這一效應。

對客戶來說，購買衣服一方面能帶來快樂，因為新衣能滿足客戶的某些需求，比如改善形象或保暖等；另一方面，購買衣服也會帶來一定程度的困擾，比如需要支付一筆銷耗。客戶在選購衣物時，會綜合考慮這兩方面的因素，最終決定是否購買。舉例來說，當客戶認為所獲得的滿足感多於因價格而帶來的困擾時，就會選擇購買。從經濟學的角度來看，購買行為會產生正效用和負效用兩種影響。當正效用大於負效用時（購買帶來的整體效用為正），客戶會選擇購買；反之則不會。

將上述描述轉化為模型的語言。假設引數$\boldsymbol{X}_i = (x_{i,1}, x_{i,2}, \cdots, x_{i,k}, 1)$決定了客戶 i 購買衣服的效用 **，包括使客戶快樂的正效用 y_i 和使客戶煩惱的負效用$y_i^{\sim}$ 。將客戶的購買行為記為 y_i，其中，$y_i = 1$ 表示客戶 i 購買了衣服；$y_i = 0$，則表示客戶 i 沒有購買衣服。因此有以下的公式：

$$
\begin{gathered}
y_i^* = f(\boldsymbol{X}_i), y_i^{\sim} = g(\boldsymbol{X}_i) \\
y_i = \begin{cases} 1, & y_i^* > y_i^{\sim} \\ 0, & y_i^* \leqslant y_i^{\sim} \end{cases}
\end{gathered}
\tag{4-2}
$$

進一步假設，正效用和負效用都與引數是線性關係。具體地，假設 $\boldsymbol{\varphi} = (\varphi_1, \varphi_2, \cdots, \varphi_k, \varphi_{k+1})^{\mathrm{T}}$；$\boldsymbol{\omega} = (\omega_1, \omega_2, \cdots, \omega_k, \omega_{k+1})^{\mathrm{T}}$為模型參數，則有：

$$
\begin{aligned}
y_i^* &= \boldsymbol{X}_i \boldsymbol{\varphi} + \theta_i \\
y_i^{\sim} &= \boldsymbol{X}_i \boldsymbol{\omega} + \tau_i
\end{aligned}
\tag{4-3}
$$

* 實際上，只要模型的參數被賦予數值，哪怕是隨機生成的，該模型也能進行預測。然而在這種情況下，我們無法保證預測結果的準確性。

** 在引數中增加常數 1 的目的是省去截距項，簡化線性迴歸模型的數學運算式，使數學推導過程更簡潔。

其中，θ_i, τ_i是相互獨立的隨機變數，且都服從正態分佈。令$z_i = y_i^* - y_i^{\sim}$、$\boldsymbol{\gamma} = \boldsymbol{\varphi} - \boldsymbol{\omega}$以及$\varepsilon_i = \theta_i - \tau_i$（注意：$\varepsilon_i$也服從正態分佈，因為$\theta_i, \tau_i$相互獨立），得到：

$$
\begin{aligned}
z_i &= \boldsymbol{X}_i\boldsymbol{\gamma} + \varepsilon_i \\
y_i &= \begin{cases} 1, & \boldsymbol{X}_i\boldsymbol{\gamma} + \varepsilon_i > 0 \\ 0, & \text{其他} \end{cases}
\end{aligned}
\tag{4-4}
$$

進一步可以得到：

$$
\begin{aligned}
P(y_i = 1) &= P(z_i > 0) = P(\varepsilon_i > -\boldsymbol{X}_i\boldsymbol{\gamma}) \\
P(y_i = 1) &= 1 - P(\varepsilon_i \leqslant -\boldsymbol{X}_i\boldsymbol{\gamma}) = 1 - F_\varepsilon(-\boldsymbol{X}_i\boldsymbol{\gamma})
\end{aligned}
\tag{4-5}
$$

其中，F_ε是隨機變數ε的累積分佈函數，而$P(y_i = 1)$表示客戶購買的機率。公式（4-5）對應的模型在學術上被稱為 Probit 迴歸（注意：雖然這個模型的名稱中包含「迴歸」兩個字，但它解決的是分類問題）。整個過程可以近似表示為圖 4-2。

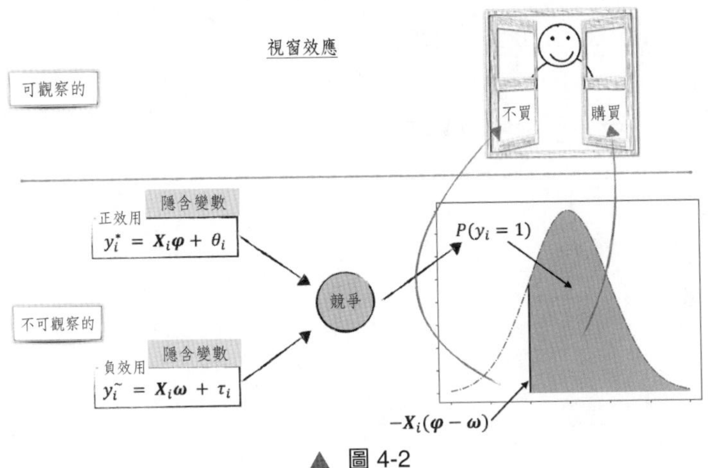

▲ 圖 4-2

在架設模型的過程中，我們假設了一些無法直接觀測的變數：y_i^*和$y_i^{\sim}$。因此，這類模型被稱為隱含變數模型（Latent Variable Model），而y_i^*和$y_i^{\sim}$被稱為隱含變數（Latent Variable）。

儘管 Probit 迴歸在數學上非常優雅，但遺憾的是，由於正態分佈的累積分佈函數沒

有解析運算式 *，導致 Probit 迴歸模型的參數估計相對困難，限制了它的應用。為了使該模型更易於使用，需要做一些近似處理，以使其在數學上更加簡潔。

4.1.3 邏輯分佈

根據公式（4-5），Probit 迴歸近似處理的關鍵是對正態分佈的累積分佈函數 $F_\varepsilon(x)$ 做近似。為此，假設隨機變數 ε 的期望為 μ、方差為 σ^2，並定義函數$\phi(x)$為標準正態分佈的累積分佈函數。數學上不難證明：

$$F_\varepsilon(x) = \phi(\frac{x - \mu}{\sigma}) \tag{4-6}$$

這說明正態分佈在線性變換下保持穩定，所以只需對標準正態分佈進行近似即可。研究人員發現邏輯分佈可以極佳地近似正態分佈，具體效果如圖 4-3 所示 **。可以看到，正態分佈的累積分佈函數與邏輯分佈的累積分佈函數幾乎相同。

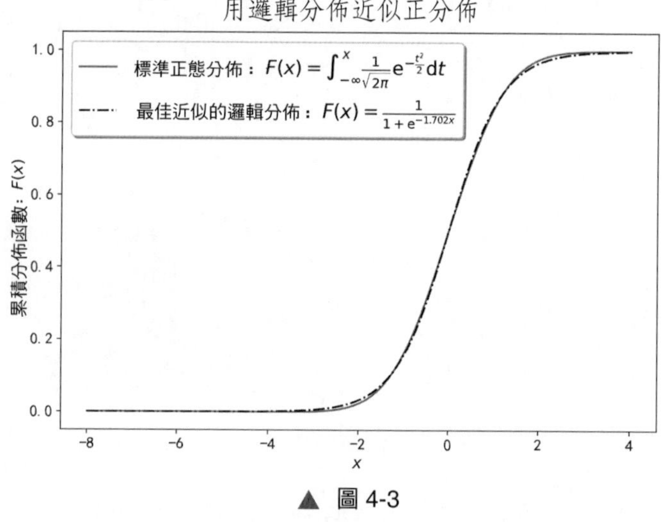

▲ 圖 4-3

* 假設隨機變數ε服從期望為 μ、方差為 σ^2 的正態分佈，則累積分佈函數為

$$F_\varepsilon(x) = \frac{1}{\sqrt{2\pi\sigma^2}} \int_{-\infty}^{x} e^{-(t-\mu)^2/2\sigma^2} dt = \frac{1}{\sqrt{\pi}} \int_{-\infty}^{(x-\mu)/\sqrt{2}\sigma} e^{-t^2} dt$$

令 $\mathrm{erf}(x) = \frac{2}{\sqrt{\pi}} \int_{-\infty}^{x} e^{-t^2} dt$，則$F_\varepsilon(x) = \frac{1}{2}\mathrm{erf}((x - \mu)/\sigma\sqrt{2})$。因為 erf(x) 函數是沒有解析運算式的，所以正態分佈的累積分佈函數沒有解析運算式。

** 影像的具體實現請參考本書書附程式 /ch04_logit/normal_logit_approx.ipynb。
圖中公式來自 Bowling, S. R., etc. 2009. A logistic approximation to the cumulative normal distribution. Journal of industrial engineering and management, 2(1), 114–127。

標準邏輯分佈的機率密度函數是$f(x) = \mathrm{e}^{-x}/(1 + \mathrm{e}^{-x})^2$，對應的累積分佈函數如下：

$$S(x) = {}^{1}\!/_{(1 + \mathrm{e}^{-x})} \tag{4-7}$$

公式（4-7）所示的函數在學術上通常稱為 Sigmoid 函數，被廣泛應用在人工智慧領域。Sigmoid 函數的影像呈 S 形狀，因此也被稱為 S 函數。基於以上分析可得，當兩種不同的效用相互競爭時（假定它們都滿足線性迴歸模型的假設），某一方獲勝的機率分佈在數學上可以近似為 Sigmoid 函數，近似形式如公式（4-8）所示。換言之，Sigmoid 函數描述了某一方在競爭中獲勝的機率。

$$F_{\varepsilon}(\sigma x + \mu) = \phi(x) \approx S(-1.702x) \tag{4-8}$$

由公式（4-5）和公式（4-8）推導可得公式（4-9）*，其中的兩個式子實際上是等價的。與 3.4.1 節中的討論類似，第一個式子表示客戶 i 的購買機率，而第二個式子以矩陣的形式展示了所有客戶的購買機率。其中，$\boldsymbol{X}_i = (x_{i,1}, x_{i,2}, \cdots, x_{i,k}, 1)$ 表示客戶 i 的特徵，$\boldsymbol{\beta} = (\beta_1, \beta_2, \cdots, \beta_k, \beta_{k+1})^{\mathrm{T}}$為模型參數。

$$\begin{aligned} P(y_i = 1) &= {}^{1}\!/_{(1 + \mathrm{e}^{-\boldsymbol{X}_i\boldsymbol{\beta}})} \\ P(\boldsymbol{Y} = 1) &= {}^{1}\!/_{(1 + \mathrm{e}^{-\boldsymbol{X}\boldsymbol{\beta}})} \end{aligned} \tag{4-9}$$

公式（4-9）呈現的是邏輯迴歸（Logit Regression）模型。它與 Probit 迴歸類似，雖然名字中包含「迴歸」，但實際上是一種分類模型**。對公式（4-9）進行變換，可以得到更加有趣的公式：

$$\ln {}^{P(y_i = 1)}\!/_{[1 - P(y_i = 1)]} = \boldsymbol{X}_i\boldsymbol{\beta} \tag{4-10}$$

---

* 如果在公式（4-4）中直接假設隨機變數ε服從邏輯分佈，也可以得到公式（4-9）。但是在筆者看來，這樣假設顯得很隨意，理論基礎不牢，而且還漏掉了兩種效用的競爭過程和對 Sigmoid 函數的理解。這並不是很好的建模方式。

** 這兩種模型的命名在歷史上具有一些特殊原因。生物學家 Chester Ittner Bliss 在 1934 年首次提出 Probit 模型時，將其命名為 Probits Regression；而作為 Probit 模型改良版本的 Logit 模型，由統計學家 David Cox 於 1958 年提出，延續了迴歸的命名，稱之為 Logit Regression。
這兩種模型在參數置信區間等處理細節上大量使用了線性迴歸的方法，因此將其稱為「迴歸」並不是毫無道理。讀者需要注意不被它們的名字迷惑。

在統計學中，$P/(1-P)$ 被稱為發生比（Odd），它表示事件發生與不發生的比值。因此，根據公式（4-10），邏輯迴歸模型假設：事件發生比的對數是線性模型。這也是邏輯迴歸模型的一種簡化解釋。

4.1.4 似然函數：統計分析的參數估計

站在統計學的角度，為了估計模型參數，需要定義一個合理的參數似然函數，然後根據這個函數推導出模型參數估計值的運算式。這一過程與處理線性迴歸模型相似。

由於被預測值 y_i 是離散的，設定值是 1 或 0，根據模型假設，y_i 的機率分佈函數可以寫為

$$\begin{aligned} P(y_i) &= P(y_i = 1)^{y_i} P(y_i = 0)^{1 - y_i} \\ \ln P(y_i) &= y_i \ln P(y_i = 1) + (1 - y_i) \ln[1 - P(y_i = 1)] \end{aligned} \tag{4-11}$$

由於 y_i 之間相互獨立，所以 $P(\boldsymbol{Y}) = \prod_i P(y_i)$。再根據公式（4-9）中的第一個式子，可以推導出參數 $\boldsymbol{\beta}$ 的似然函數 L：

$$\begin{aligned} h(\boldsymbol{X}_i) &= 1/(1 + \mathrm{e}^{-\boldsymbol{X}_i\boldsymbol{\beta}}) \\ L = P(\boldsymbol{Y} \mid \boldsymbol{\beta}) &= \prod_i h(\boldsymbol{X}_i)^{y_i} [1 - h(\boldsymbol{X}_i)]^{1 - y_i} \end{aligned} \tag{4-12}$$

為了運算方便，通常對公式（4-12）中定義的似然函數取對數。這樣，根據最大似然估計法，可以得到參數估計值的運算式：

$$\begin{aligned} \hat{\boldsymbol{\beta}} &= \operatorname{argmax}_{\boldsymbol{\beta}} L = \operatorname{argmax}_{\boldsymbol{\beta}} \ln L = \operatorname{argmax}_{\boldsymbol{\beta}} \ln P(\boldsymbol{Y} \mid \boldsymbol{\beta}) \\ \hat{\boldsymbol{\beta}} &= \operatorname{argmax}_{\boldsymbol{\beta}} \sum_i y_i \ln h(\boldsymbol{X}_i) + (1 - y_i) \ln[1 - h(\boldsymbol{X}_i)] \end{aligned} \tag{4-13}$$

4.1.5 損失函數：機器學習的參數估計

站在機器學習的角度，針對二元選擇問題，我們期望模型所預測的標籤（是 / 否）與真實值越接近越好。以購買衣服為例，用數學語言描述為：假定模型預測將購買衣服的客戶集合定義為 A，而實際購買衣服的客戶集合為 B，我們期望 A 與 B 的交集「越大越好」（但是真的越大越好嗎？ 4.3.1 節將深入討論此問題），如圖 4-4 所示。

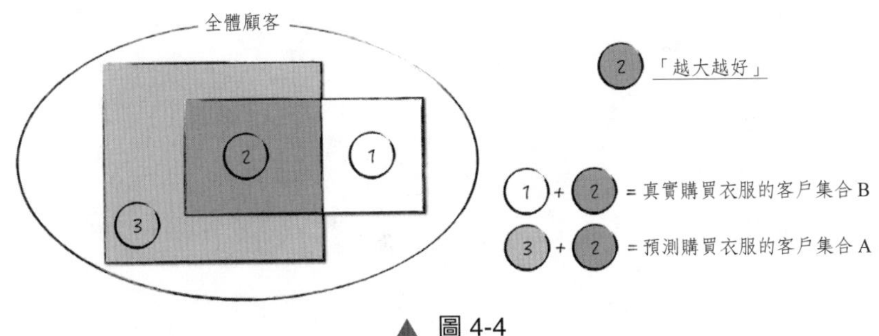

▲ 圖 4-4

基於這種想法，直接定義一個數學上易處理的損失函數並不容易（不難看出，直接定義的損失函數不可導）。因此，參考統計學中的方法，定義以下形式的損失函數：

$$LL = -\frac{1}{n}\sum_{i=1}^{n}[y_i \ln h(\boldsymbol{X}_i) + (1 - y_i)\ln(1 - h(\boldsymbol{X}_i))] \tag{4-14}$$

在學術界，公式（4-14）被稱為交叉熵（Cross Entropy），它可以被理解為兩個機率分佈之間的距離*（交叉熵越小，表示兩個機率分佈越相似）。至此，我們完成了機器學習中的場景分析和損失函數的定義，具體的結果如圖 4-5 所示。

透過最小化損失函數，就可以得到模型參數的估計值。具體的結果與公式（4-13）非常相似，相關細節在此不再贅述。

在實際應用中，為了防止過擬合，通常會在邏輯迴歸的損失函數（公式（4-14））中增加懲罰項。這些常見的懲罰項包括 L1 範數，即模型參數的絕對值之和；以及 L2 範數，即模型參數的平方和。具體細節類似於線性迴歸模型，可以參考 3.3.3 節。

---

* 在人工智慧領域，當需要度量兩個機率之間的差異時，常常會用到 KL 散度（Kullback–Leibler Divergence）。假設針對同一離散的隨機變數 x，有兩個機率分佈 P 和 Q，P 相對於 Q 的散度定義為

$$D_{\mathrm{KL}}(P \,||\, Q) = \sum_i P(i) \ln\frac{P(i)}{Q(i)}$$

如果 x 是連續的，定義類似。數學上可以證明，當 $P = Q$ 時，兩者之間的 KL 散度等於 0；而且它們的差異越大，對應的散度就越大。另外，經過數學推導可以得到：

$$D_{\mathrm{KL}}(P \,||\, Q) = H(P, Q) - H(P)$$

其中，$H(P, Q)$ 為兩者的交叉熵；$H(P)$ 為一常數，稱為 P 的熵。因此，交叉熵可以被看作兩個分佈之間的距離。

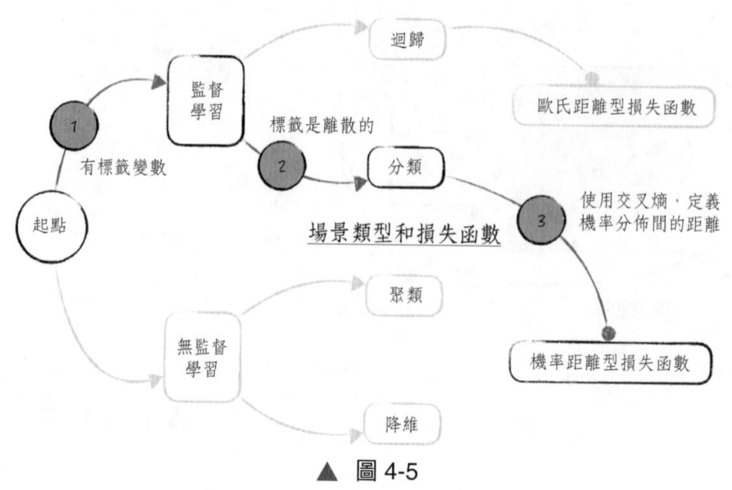

▲ 圖 4-5

4.1.6 最終預測：從機率到類別

根據公式（4-13），可以得到模型參數的估計值$\hat{\boldsymbol{\beta}}$。將這個估計值代入公式（4-9），就可以得到客戶購買衣服的機率（模型預測機率），即

$$\hat{P}(y_i = 1) = {}^{1}\!/_{(1 + e^{-X_i\hat{\boldsymbol{\beta}}})} \tag{4-15}$$

然而，這只是對機率的預測，而我們最感興趣的是對客戶行為的預測，因此這兩者之間還有最後一步。考慮到這是一個二元選擇問題，一般情況下，當$\hat{P}(y_i = 1) > \hat{P}(y_i = 0)$時，$\hat{P}(y_i = 1) > 0.5$，預測客戶會購買衣服是合情合理的。因此，最終的模型結果可以表達為

$$\hat{y}_i = \begin{cases} 1, & 1/(1 + e^{-X_i\hat{\boldsymbol{\beta}}}) > 0.5 \\ 0, & \text{其他} \end{cases} \tag{4-16}$$

當然，在某些特定情況下，可能需要手動設定一個設定值當α，只有當$\hat{P}(y_i = 1) > \alpha$時，才能預測客戶會購買衣服。這一部分的詳細討論見 4.3 節。

4.2 模型實現

本節將以美國加州大學爾灣分校提供的個人收入普查資料為例，討論如何架設邏輯迴歸模型。該資料集中包含多個變數（如表 4-1 所示），要預測的標籤是 label（年收入分類），它是一個二元變數，只有兩種可能的設定值。

▼ 表 4-1

變數名稱	變數類型	說　明
age	數值型變數	年齡
workclass	類型變數	工作類型，如公務員、私人公司職工等
fnlwgt	數值型變數	抽樣權重（普查時使用的變數，與建模分析無關）
education	類型變數	學歷，如大學、研究所學生等
education_num	數值型變數	受教育年限
martial-status	類型變數	婚姻狀況
occupation	類型變數	所在行業
relationship	類型變數	家庭角色，比如丈夫、妻子等
race	類型變數	種族
sex	類型變數	性別
capital_gain	數值型變數	該年度投資收益
capital_loss	數值型變數	該年度投資損失
hours_per_week	數值型變數	每週工作時間
native_country	類型變數	出生國家
label	類型變數	年收入分類，分為兩類：「>50K」和「<=50K」

4.2.1 初步分析資料：直觀印象

在資料集中，變數包括兩種類型：數值型變數和類型變數。數值型變數代表具體數值，例如年齡；類型變數表示類別或類型，比如學歷。這兩者之間存在以下區別。

- 數值型變數可以直接進行數學運算。舉例來說，53 歲加 2 歲等於 55 歲，這種數學運算具有實際意義。
- 類型變數不能直接進行數學運算。比如，高中學歷和大學學歷無法進行數學運算。即使將類型變數映射為數字（舉例來說，用 1 表示高中學歷，2 表示大學學歷，3 表示研究所學生學歷），其數學計算結果也是毫無實際意義的。舉例來說，數學運算 1 + 2 = 3，但高中學歷加上大學學歷並不等於研究所學生學歷。

顯而易見，數值型變數與類型變數在本質上存在顯著差異，因此在特徵提取階段需要分別處理。為了專注於邏輯迴歸模型本身，我們暫時只利用數值型變數（關於類型變數的使用細節，請參考 5.2 節），包括年齡、受教育年限、年度投資收益、年度投資損失和每週工作時間。特徵處理的完整過程如圖 4-6 所示。

模型的預測標籤 label 仍屬於類型變數，因此需要建立一個新的數值變數來代表它。具體來說，在原始資料的基礎上，生成一個名為 label_code 的新變數。這個變數有兩個可能設定值：0 代表「<=50K」（收入小於或等於 5 萬美金），1 代表「>50K」（收入大於 5 萬美金）。

在建立模型之前，我們需要對資料有基本的了解，包括兩個方面：一是各個變數本身的分佈情況；二是變數之間的相關關係，特別是引數與預測標籤之間的連結。

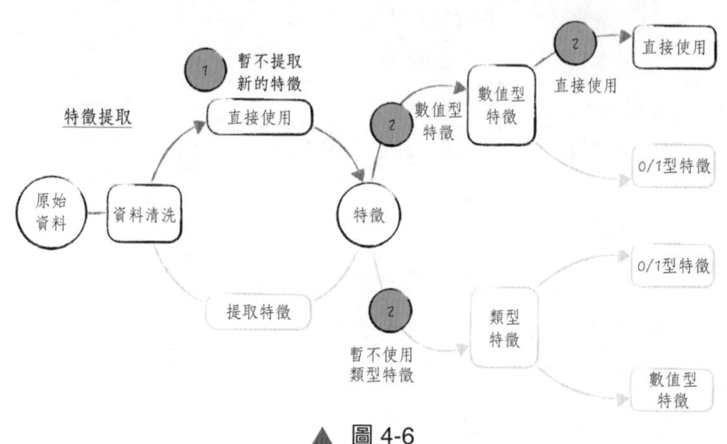

▲ 圖 4-6

為了更清晰地了解各個變數的分佈情況，可以透過長條圖進行視覺化。長條圖的橫軸表示變數的設定值範圍，縱軸表示樣本在每個設定值範圍內的頻數，如圖 4-7* 所示。透過長條圖能直觀地觀察資料的分佈情況，發現資料的集中趨勢、離散程度，以及可能存在的異常值或特殊模式。

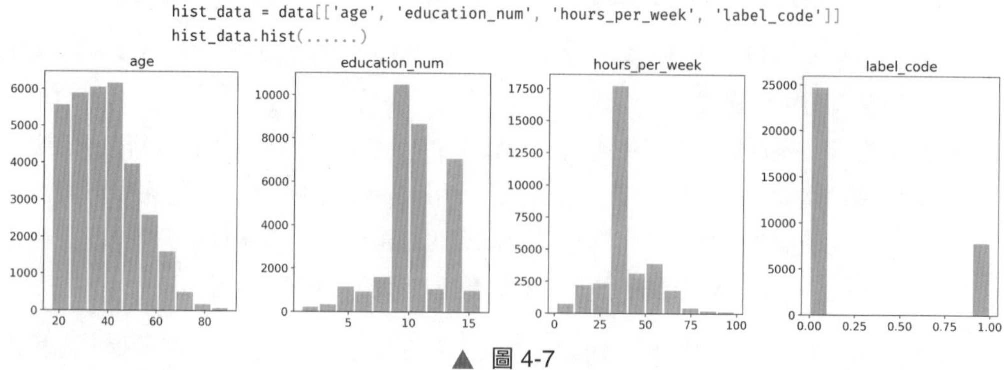

▲ 圖 4-7

* 完整的實現請參考本書書附程式 /ch04_logit/logit_regression.ipynb。

若要分析變數之間的相關關係，交叉報表（Crosstab）是一種直觀且有效的方法。以每週工作時間（hours_per_week）和年收入分類（label）為例，可將工作時間按大小均勻分為 5 個區間，然後分別計算每個區間內標籤的分佈情況。分析結果如圖 4-8 左側所示，可以看出，年收入超過 5 萬美金的比例並不總與每週工作時間成正比：當工作時間少於 80 小時時，年收入超過 5 萬美金的比例隨工作時間增加而增加；然而，工作時間超過 80 小時後，年收入超過 5 萬美金的比例反而下降了。

我們也可以透過更複雜的圖表展示交叉報表的結果。圖 4-8 右側所示為受教育年限（education_num）和預測標籤的分析結果。圖中方塊面積的大小與對應區間內的數值成正比。透過這個圖表，可以輕鬆得出結論：隨著受教育年限的增加，年收入超過 5 萬美金的比例也隨之增加。

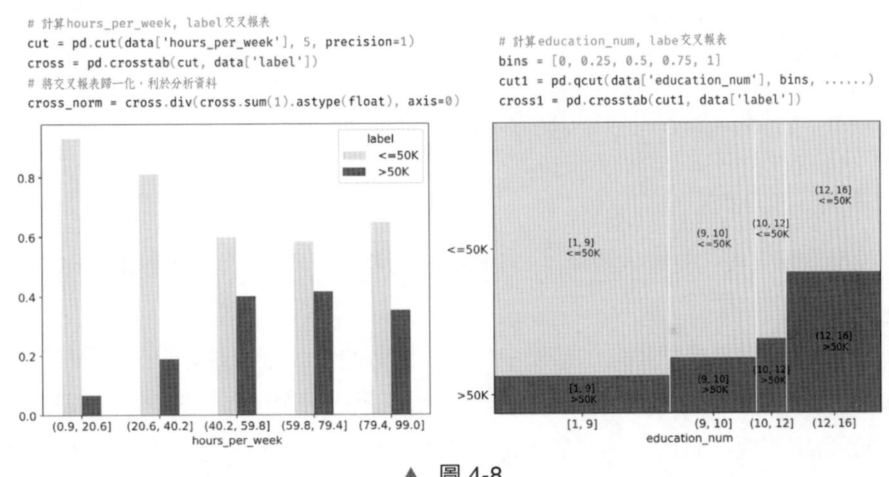

▲ 圖 4-8

這些基礎分析有助我們理解各個變數的情況及其之間的關係，為模型的建構和特徵選擇提供了重要的參考依據。

4.2.2 架設模型

經過上述的準備和分析，下面開始架設邏輯迴歸模型。具體的程式實現並不複雜，可以參考程式清單 5-1。

（1）參考 3.3.1 節中的討論，為了避免過擬合問題，需要將資料分成互不相交的兩個部分：一部分用於訓練模型，剩餘部分用於評估模型效果。如第 5 行程式所示，將資料分為訓練集和測試集，其中測試集佔比 20%。

（2）第 7 行和第 8 行程式展示了 statsmodels 使用字串架設模型的方式[*]。為了更進一步地理解這種定義的語法，下面透過一個更簡單的例子來解釋。假設模型的字串是「label_code ~ age + age * education_num」，它代表著模型的預測標籤是「label_code」；模型的特徵有兩個，分別是原始變數「age」和新生成的特徵「age * education_num」（年齡乘以受教育年限）。

程式清單 5-1 邏輯迴歸模型

```
1 | from sklearn.model_selection import train_test_split
2 | import statsmodels.api as sm
3 |
4 | # 將資料分為訓練集和測試集
5 | train_set, test_set = train_test_split(data, test_size=0.2, random_state=2310)
6 | # 訓練模型並分析模型效果
7 | formula = 'label_code ~ age + education_num + capital_gain + capital_loss
+ hours_per_week'
8 | model = sm.Logit.from_formula(formula, data=data)
9 | re = model.fit()
10 | print(re.summary())
```

在模型訓練完成（見程式清單 5-1 中的第 9 行程式）後，可以獲得如圖 4-9 所示的結果。

（1）與線性迴歸模型相似，結果中包含了參數的估計值和對應的置信區間。圖中的結果顯示，模型中的每個參數都具有顯著性，這表示沒有變數需要被排除出模型。

（2）特別需要注意的是，變數 hours_per_week 對應的係數為 0.0407（圖 4-9 中的標記 1）。這表明，隨著每週工作時間的增加，年收入超過 5 萬美金的可能性也隨之增加（詳細分析見 4.2.3 節）。這一結論與圖 4-8 所示的情況並不一致，年收入超過 5 萬美金的比例並非一直與每週工作時間成正比。這種差異源自數值型變數本身的特性，相關的細節和解決方法請參考 5.3 節。

* 如果讀者對另一種常用的統計程式設計語言——R 語言比較熟悉，會發現 statsmodels 中定義模型的語法和 R 語言中的幾乎一模一樣。

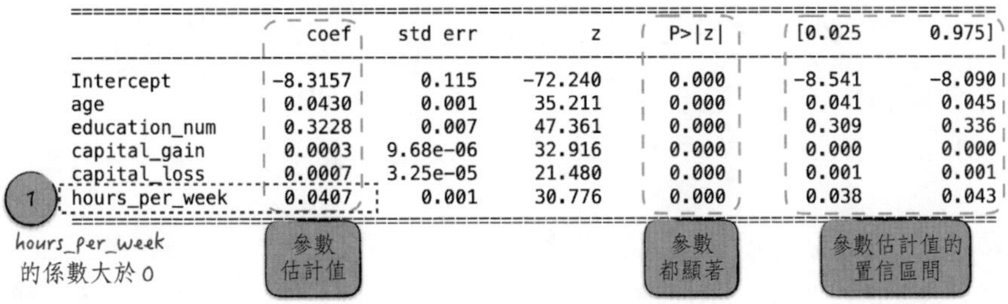

```
================================================================================
                     coef    std err          z      P>|z|      [0.025      0.975]
--------------------------------------------------------------------------------
Intercept         -8.3157      0.115    -72.240      0.000      -8.541      -8.090
age                0.0430      0.001     35.211      0.000       0.041       0.045
education_num      0.3228      0.007     47.361      0.000       0.309       0.336
capital_gain       0.0003   9.68e-06     32.916      0.000       0.000       0.000
capital_loss       0.0007   3.25e-05     21.480      0.000       0.001       0.001
hours_per_week     0.0407      0.001     30.776      0.000       0.038       0.043
================================================================================
```

1
hours_per_week
的係數大於0
參數
估計值
參數
都顯著
參數估計值的
置信區間

▲ 圖 4-9

此外，還可以透過 f_test 函數進行假設檢驗，具體的結果如圖 4-10 所示。

這行程式表示，檢驗的假設為：education_num 的係數等於 0

```
re.f_test('education_num=0')  #用 f_test 檢驗 education_num 的係數是否顯著
<F test: F=2243.090738470156, p=0.0, df_denom=3.26e+04, df_num=1>
```

1 P-value小於0.05。拒絕education_num的系數等於0這個假設

```
re.f_test('education_num=0.32, hours_per_week=0.04')  # 用 f_test 檢驗兩個假設是否同時成立
<F test: F=0.230516045737942, p=0.794124988795008, df_denom=3.26e+04, df_num=2>
```

2 P-value大於0.05。不能拒絕這兩個假設同時成立

▲ 圖 4-10

4.2.3 理解模型結果

借助模型的具體形式和參數估計值，我們可以分析變數（特徵）的變化對預測結果的影響，從而更進一步地理解資料之間的關係。在線性迴歸模型中，變數變化對結果的影響是直觀且簡單的。但是在邏輯迴歸中，情況略微複雜。本節將探討兩個常用的分析想法：一是變數變化對事件發生比的影響，二是變數的邊際效應。

為了理解上述問題，可以從兩個層面展開討論：理論層面的數學推導和實踐層面的程式實現。為了簡化數學推導並突出重點，下面以一個更簡單的邏輯迴歸模型為例，如公式（4-17）所示。其中，P 表示事件發生的機率，而 x 和 z 為變數。

$$\ln {}^{P}/_{(1-P)} = ax + bz + c \tag{4-17}$$

首先討論事件的發生比如何受變數影響。在公式（4-17）中，假設變數 z 不變，隨著變數 x 從 k 增加到 $k+1$，可以得到：

$$
\begin{aligned}
\ln \text{odds}(x = k) &= \ln {}^{P}\!/_{(1 - P)} = ak + bz + c \\
\ln \text{odds}(x = k + 1) &= \ln {}^{P}\!/_{(1 - P)} = a(k + 1) + bz + c \\
\ln {}^{\text{odds}(x = k)}\!\Big/_{\text{odds}(x = k + 1)} &= a
\end{aligned}
\quad (4\text{-}18)
$$

回顧一下，$P/(1 - P)$被稱為發生比，表示某個事件發生與不發生的比值。稍微調整公式（4-18）可以得到$\text{odds}(x = k)/\text{odds}(x = k + 1) = e^a$。這表示：在其他變數不變的情況下，當變數 x 增加 1 時，對應的發生比變為之前的 e^a 倍 *。

將這個分析結果應用到 4.2 節的範例中，可以得到如圖 4-11 所示的結果。值得再次強調的是，根據模型結果，年收入超過 5 萬美金的發生比始終與每週工作時間成正比：每增加 1 小時的工作時間，年收入超過 5 萬美金的發生比增長 4.07%。然而，這與圖 4-8 所示的實際情況不相符，需要相應地修改模型。有關這一問題的詳細解釋和解決方法，請參考 5.3 節。

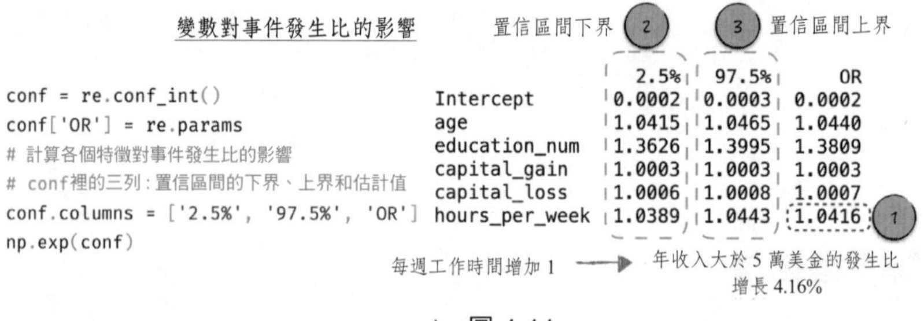

▲ 圖 4-11

接下來討論變數變化的邊際效應。與事件發生比這種中間結果相比，我們更感興趣的是變數對最終結果的影響：當某個變數增加 1 時，事件發生的機率會如何變化？這在學術中稱為變數的邊際效應。從數學角度來看，某個變數的邊際效應等於被預測量相對於這個變數的導數。對公式（4-17）兩邊求關於 x 的導數，得到公式（4-19）。

$$
\begin{aligned}
&\frac{1}{P}\frac{\partial P}{\partial x} + \frac{1}{1 - P}\frac{\partial P}{\partial x} = a \\
&\frac{\partial P}{\partial x} = aP(1 - P)
\end{aligned}
\quad (4\text{-}19)
$$

公式（4-19）可以簡單理解為：當 x 增加 1 時，事件發生的機率將增加 $aP(1 - P)$。由

* 在統計上，$\text{odds}(x = k)/\text{odds}(x = k + 1)$被稱為機會比（Odds Ratio）。它常被用來度量：在不同的組別間，某個事件的發生比是否存在明顯差異。

於 P 表示事件發生的機率，對於不同資料點，參數 a 是恒定的，而 P 通常是不同的。這導致某一變數在不同資料點上的邊際效應是不同的 *。這與線性迴歸模型不同，後者的邊際效應是恒定的。因為變數的邊際效應不恒定，所以在實際應用中，通常先計算所有資料點上該變數的邊際效應，然後求這些邊際效應的平均值。這個平均值將被視為該變數的邊際效應。

將這一分析結果應用到 4.2.2 節的模型中，得到如圖 4-12 所示的結果。結果中包含變數的邊際效應和相應的置信區間。舉例來說，根據圖中的結果，當受教育年限（education_num）增加 1 時，年收入超過 5 萬美金的機率將增加 0.0415；而且這個機率的增加在 95% 的情況下將位於 [0.040, 0.043] 區間內。

變數的邊際效應

```
# 計算各個特徵的邊際效應
re.get_margeff(at='overall').summary()
```

```
        Logit Marginal Effects
=====================================
Dep. Variable:             label_code
Method:                          dydx
At:                           overall
==================================================================================
                      dy/dx    std err          z      P>|z|      [0.025      0.975]
----------------------------------------------------------------------------------
age                  0.0055      0.000     37.227      0.000       0.005       0.006
education_num        0.0415      0.001     53.118      0.000       0.040       0.043
capital_gain      4.099e-05   1.17e-06     34.942      0.000    3.87e-05    4.33e-05
capital_loss      8.991e-05   4.08e-06     22.062      0.000    8.19e-05    9.79e-05
hours_per_week       0.0052      0.000     32.171      0.000       0.005       0.006
==================================================================================
```

1 邊際效應

2 邊際效應的置信區間

▲ 圖 4-12

4.3 評估模型效果

經過訓練的邏輯迴歸模型可以用來預測未知資料。回顧 4.1.6 節，邏輯迴歸模型的預測結果不是事件是否發生，而是事件發生的機率。換句話說，邏輯迴歸的輸出並非最終結果，而是需要進一步處理的中間值。具體的處理方式如公式（4-20）所示。

$$\hat{y}_i = \begin{cases} 1, & \hat{P}(y_i = 1) > \alpha \\ 0, & \hat{P}(y_i = 1) \leqslant \alpha \end{cases} \tag{4-20}$$

* 對於更一般的情況，對公式（5-10）的兩邊分別求的 $\boldsymbol{X}$ 導數，可以得到：

$$\frac{\partial P}{\partial \boldsymbol{X}} = P(1 - P)\boldsymbol{\beta}$$

其中，$\boldsymbol{\beta}$是恒定的，而 P 是變動的。所以同樣可得，在邏輯迴歸模型中，變數的邊際效應不恒定。

公式中的符合含義如下。

- $y_i = 1$表示居民的年收入多於 5 萬美金；$y_i = 0$表示居民的年收入不多於 5 萬美金；而$\hat{y}_i$是y_i的預測值。
- $\hat{P}(y_i = 1)$表示模型傳回的預測機率值，即年收入多於 5 萬美金的預測機率。
- α表示事件發生的設定值，通常設定值為$\alpha = 0.5$。

程式實現如程式清單 4-2 所示。

程式清單 4-2　預測結果

```
1 | # 使用訓練好的模型對測試資料做預測
2 | # 計算事件發生的機率
3 | test_set['prob'] = re.predict(test_set)
4 | print('事件發生機率（預測機率）大於 0.6 的資料個數 ：')
5 | print(test_set[test_set['prob'] > 0.6].shape[0])  # 584
6 | print('事件發生機率（預測機率）大於 0.5 的資料個數 ：')
7 | print(test_set[test_set['prob'] > 0.5].shape[0])  # 846
```

顯然，改變設定值α的設定值會導致不同的預測結果。舉例來說，降低設定值將產生更多$\hat{y}_i = 1$的預測，如第 5 ～ 7 行程式所示。雖然設定值α在很大程度上決定了最終的預測結果，但它並不是模型的一部分。類似於 3.3.3 節中介紹的超參數，α的選擇取決於業務場景和資料科學家的經驗。接下來將探討如何根據實際情況選擇合適的設定值。

4.3.1 查準率與查全率

在討論如何選擇設定值α之前，首先探討針對二元分類問題如何正確評估一份預測結果的效果，這也是選擇設定值α的基礎。

使用公式（4-20）中的數學記號，如圖 4-13 所示，標記 1 的方塊表示$\hat{y}_i = 0$、$y_i = 1$的資料；標記 3 的凹型方塊表示$\hat{y}_i = 1$、$y_i = 0$的資料；標記 2 的方塊表示$\hat{y}_i = 1$、$y_i = 1$的資料[*]。這些圖形的面積與相應資料的數量成正比，舉例來說，$\hat{y}_i = 1$且$y_i = 1$的資料個數越多，標記 2 的面積越大。

顯然，圖 4-13 中標記 2 的部分代表模型預測結果正確，而標記 1 和標記 3 的部分表

---

* 在實際應用中，對於一個二元分類問題，我們通常更關注其中的某一類。比如在這個例子中，年收入多於 5 萬美金是關注的焦點。在建模前的資料轉換時，常常將更關注的類別轉換成 1。因此對預測結果進行評估時，關注點通常會聚焦於真實值或預測值等於 1 的情況。

示模型預測結果錯誤。

- 一方面，我們希望預測結果具有精確性：當$\hat{y}_i = 1$時，真實值y_i很可能也等於 1。在圖中的表現是，標記 2 的面積很大，而標記 3 的面積很小。
- 另一方面，我們希望預測結果具備全面性：對於幾乎所有的$y_i = 1$，對應的預測值$\hat{y}_i$也等於 1。在圖中的表現是，標記 2 的面積很大，而標記 1 的面積很小。

根據上面的討論，定義兩個量化評估的指標：查準率（Precision）和查全率（Recall）*。這兩個指標的直觀解釋如圖 4-13 所示。

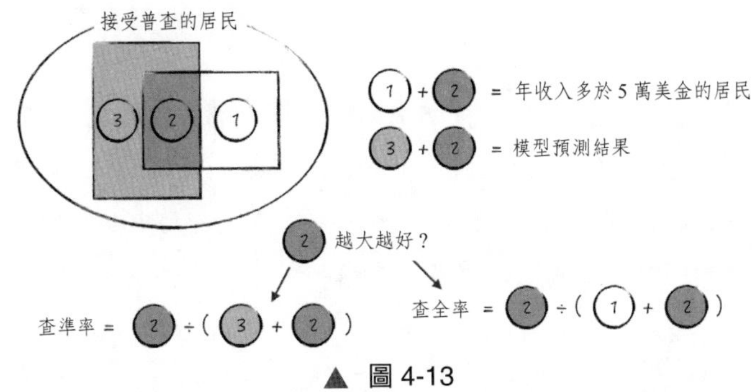

▲ 圖 4-13

下面從數學的角度嚴格定義這兩個指標。將資料根據預測值和真實值分成 4 類，具體如表 4-2 所示**。表中的術語可能有些拗口，例如真陽性、偽陰性等，讀者需要理解這些術語背後的內涵，而不只是生硬地記名詞。

▼ 表 4-2

		真實值	
		1	0
預測值	1	真陽性（True Positive, TP） 圖 4-13 中的標記 2	偽陽性（False Positive, FP） 圖 4-13 中的標記 3
	0	偽陰性（False Negative, FN） 圖 4-13 中的標記 1	真陰性（True Negative, TN）

* 在有的文獻中，將查準率翻譯為精確率，將查全率翻譯為召回率。

** 在統計學中，偽陽性（False Positive）又被稱為第一型錯誤（Type I Error），而偽陰性（False Negative）被稱為第二型錯誤（Type II Error）。因此，查準率通常被認為是衡量第一型錯誤的指標，而查全率是衡量第二型錯誤的指標。

根據表中的定義，可以得到查準率和查全率的數學定義為

$$\text{Precision} = {}^{\text{TP}}/_{(\text{TP} + \text{FP})}$$
$$\text{Recall} = {}^{\text{TP}}/_{(\text{TP} + \text{FN})} \quad (4\text{-}21)$$

進一步推導可得到這兩個指標的機率定義：

$$\text{Precision} = P(y_i = 1 \mid \hat{y}_i = 1)$$
$$\text{Recall} = P(\hat{y}_i = 1 \mid y_i = 1) \quad (4\text{-}22)$$

4.3.2 F-score

一份「完美」的預測結果應該在查準率和查全率上都表現優異。但實際情況是殘酷的，這兩個指標通常呈現一種「此消彼長」的趨勢。舉一個極端的例子來說明，假設模型預測所有居民的年收入都多於 5 萬美金，將會導致查全率為 100%，但相應的查準率會相當低，而且這樣的預測結果顯然缺乏實際意義。

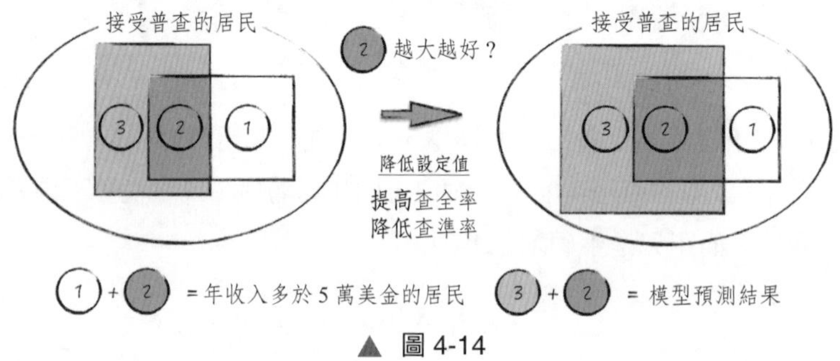

▲ 圖 4-14

儘管在數學上很難嚴格地證明，但通常情況下，降低模型的設定值α（見公式（4-20））往往會提高其查全率，但同時會降低其查準率；反之亦然。這個過程可以用圖 4-14 直觀地展示出來。

由於存在這種「此消彼長」的趨勢，在評估模型性能時需要綜合考慮查準率和查全率，因此引入了F_1- score。具體定義見公式（4-23），這個指標其實是查準率和查全率的調和平均數，它綜合考慮了模型預測結果的準確性和覆蓋率，能夠更全面地評估模型性能。

$$F_1 = {}^{2}/_{\left(\frac{1}{\text{precision}} + \frac{1}{\text{recall}}\right)} = 2\frac{\text{precision} \times \text{recall}}{\text{precision} + \text{recall}} \quad (4\text{-}23)$$

引入了F_1- score後，在實踐中可以利用它來選擇最佳的設定值$\hat{\alpha}$ ，即$\hat{\alpha} = \text{argmax}_{\alpha} F_1$。但如果仔細思考就會發現，這個指標對查準率和查全率的權重是一樣的。然而，在某些情況下，我們可能更偏向於最佳化其中一個指標，比如查準率。為此，進一步定義了F_β- score ：

$$F_\beta = (1 + \beta^2) \frac{\text{precision} \times \text{recall}}{\beta^2 \times \text{precision} + \text{recall}} \tag{4-24}$$

當β趨近於 0 時，F_β- score更傾向於最佳化查準率，而當β很大時，則更偏重於最佳化查全率，整個過程如圖 4-15 所示。

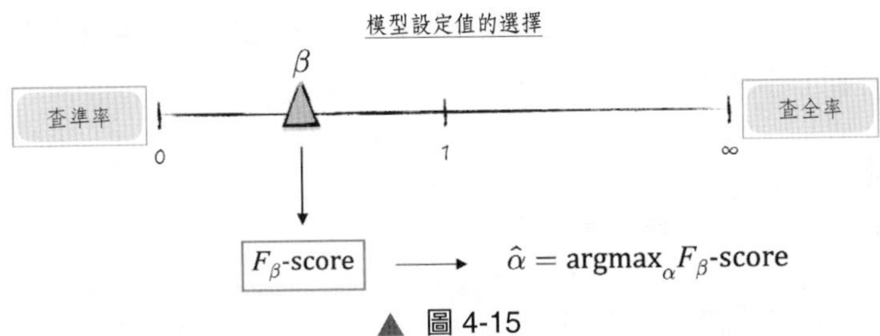

▲ 圖 4-15

查準率、查全率以及F_β- score是二元分類問題常用的評估指標。具體的程式實現可參考程式清單 4-3。其中，查準率的計算在第 6 行，查全率的計算在第 7 行，而F_1- score在第 8 行。

程式清單 4-3 評估指標

```
1 | # 計算預測結果的查準查全率以及 f1
2 | bins = np.array([0, 0.5, 1])
3 | label = test_set['label_code']
4 | pred = test_set['pred']
5 | tn, fp, fn, tp = np.histogram2d(label, pred, bins=bins)[0].flatten()
6 | precision = tp / (tp + fp)                              # 0.702
7 | recall = tp / (tp + fn)                                 # 0.377
8 | f1 = 2 * precision * recall / (precision + recall)      # 0.491
```

4.3.3 ROC 空間

在考察準率、查全率以及F_β- score的定義時，會發現這些指標都依賴於設定值 α的選擇。換句話說，需要首先確定 α的設定值，才能計算這些評估指標。那麼是否存在一種不依賴於 α的評估指標呢？這是本節要討論的內容。

深入思考查全率的定義 Recall=TP/(TP + FN)，其中，分母表示資料中實際年收入多於 5 萬美金的居民數量，即 $y_i = 1$ 的個數。這個數值是固定的，與模型無關；當然，查全率的分子也受模型影響。相比之下，查準率的定義是 Precision=TP/(TP+FP)，它的分母表示模型預測為年收入多於 5 萬美金的居民數，即 $\hat{y}_i = 1$ 的個數。也就是說，在查準率中，分子和分母都受模型的影響。因此，當查準率發生變化時，很難明確判斷變化中有多少來源於分子，有多少來源於分母。這限制了查準率對模型效果進行深入分析的能力。

為了解決這個問題，可以參考查全率的想法：固定分母，僅讓模型預測影響評估指標的分子。基於這一想法，引入真陽性率（True Positive Rate，TPR）和偽陽性率（False Positive Rate，FPR）這兩個指標。使用表 4-2 中定義的記號，這兩個指標的具體定義如公式（4-25）所示，相應的直觀例子可參考 4.3.4 節中的圖 4-17。

$$\begin{aligned} \text{TPR} &= {}^{\text{TP}}/_{(\text{TP} + \text{FN})} \\ \text{FPR} &= {}^{\text{FP}}/_{(\text{FP} + \text{TN})} \end{aligned} \tag{4-25}$$

根據公式可知，真陽性率實際上就是查全率。它衡量了模型對年收入多於 5 萬美金的居民的預測準確度，即模型正確辨識這部分人的能力。而偽陽性率則表示模型錯誤地將年收入少於 5 萬美金的居民預測為年收入多於 5 萬美金的比例，是衡量模型錯誤程度的指標。對於任何預測結果，我們期望真陽性率越高越好，偽陽性率越低越好。

一旦定義了真偽陽性率這兩個評估指標，就可以考慮以圖形的方式呈現它們：以偽陽性率（FPR）為橫軸、真陽性率（TPR）為縱軸繪製一個邊長等於 1 的正方形，這就組成了 ROC 空間 *（Receiver Operating Characteristic Space）。因此，對於任何預測結果，可以根據其真偽陽性率在 ROC 空間中標示出一個點，具體如圖 4-16 所示。

在 ROC 空間方面，有幾個比較重要的注意點。

（1）在 ROC 空間中，距離左上角越近的點代表具有越高的預測準確率。以圖 4-16 中的 *A*、*B* 兩點為例，*B* 點位於 *A* 點的左上方，具有更高的正確率和更低的錯誤率，因此是更優異的預測結果。圖中正方形左上角的點表示預測結果與真實情況完全一致，是一份完美的預測結果。

* 這個術語的中文翻譯是接收者操作特徵空間。這個名稱非常奇怪拗口，這是因為 ROC 空間及其上的 ROC 曲線最初由二戰中的電子工程師和雷達工程師發明，用於根據接收的訊號偵測戰場上的敵軍載具，例如飛機和船艦。

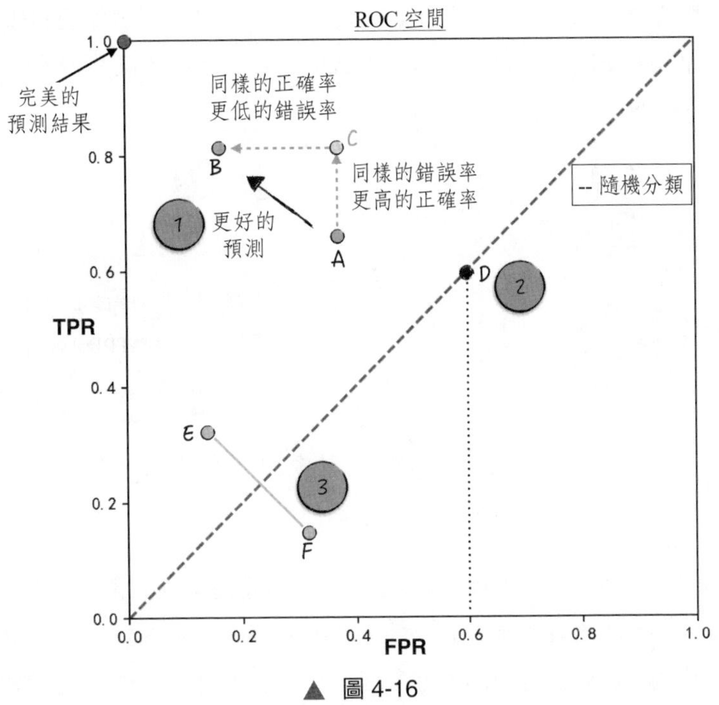

▲ 圖 4-16

（2）假設針對每個資料點採用以下的預測策略：60% 的機率預測 $\hat{y}_i = 1$；40%的機率預測 $\hat{y}_i = 0$。這是完全隨機的分類結果。在 ROC 空間中，其真陽性率和偽陽性率均為 60%，對應圖中的點 *D*。依此類推，圖中的虛線（正方形的對角線）代表所有隨機分類的預測結果。

（3）顯然，隨機分類只是依據一定的機率進行猜測，沒有真正的預測功能，因此在理論上是最差的預測方式。然而，需要特別注意圖中的點 *F*，它位於對角線的右下方，代表著比隨機分類更糟糕的預測效果，這是絕對不能被接受的。事實上，透過完全反轉 *F* 點的結論，就能得到一個更優的預測結果：點 *E*。因此，如果一份預測結果出現在對角線右下方，這提示我們要檢查可能存在的計算錯誤（這為模型偵錯提供了一個可參考的標準）。

4.3.4 ROC 曲線與 AUC

在實踐中，查準率和查全率通常呈現「此消彼長」的關係。真偽陽性率則不同，它們是正相關的。以邏輯迴歸模型為例，當降低設定值時，真偽陽性率都會隨之上升。這是因為這兩個指標的分母是固定的，而隨著設定值的降低，兩個指標的分子都會增大（模型預測為 1 的數量會增加），整個過程如圖 4-17 所示。可以更形象地理解為：真陽性率代表預測的回報，而偽陽性率是所需付出的代價。和生活中的某些情境一樣，更高的回報通常伴隨著更高的代價。

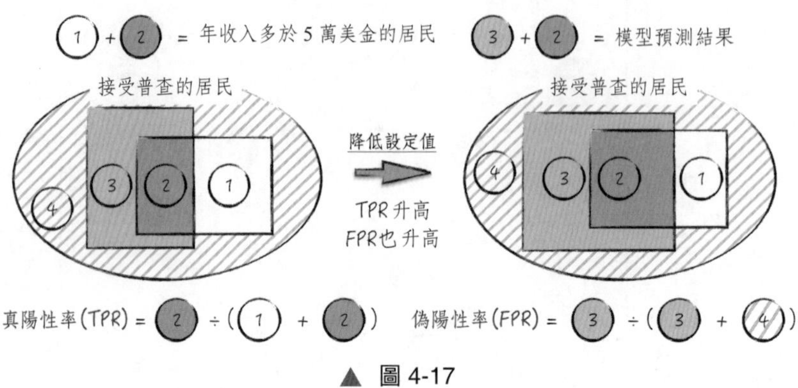

▲ 圖 4-17

從 0 到 1 逐漸增加模型的設定值，並記錄每個設定值對應的預測結果 *，就能得到模型的 ROC 曲線，也稱作接收者操作特徵曲線（Receiver Operating Characteristic Curve）。以 4.2 節中討論的模型為例，其 ROC 曲線如圖 4-18 右側所示。同時，具體的實現程式可參考圖 4-18 左側 **，使用 scikit-learn 來完成這一任務並不困難。

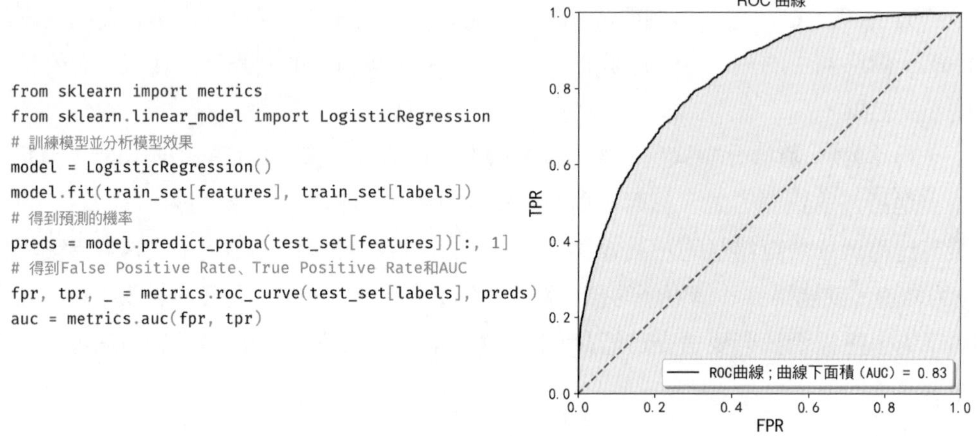

▲ 圖 4-18

* 預測結果從 ROC 空間的 (1, 1) 這個點移動到 (0, 0) 這個點。

** 完整的實現請參考本書書附程式 /ch04_logit/roc_curve.ipynb。

參考 4.3.3 節中對 ROC 空間的討論（在空間中，左上的點表示更好的預測結果），會發現：ROC 曲線越靠近空間的上沿和左側，模型的預測效果越好。為了量化這一觀點，引入 AUC（曲線下面積，Area Under the Curve）指標。AUC 指標等於 ROC 曲線下方的面積，即圖 4-18 中灰色部分的面積。AUC 面積越大，表明模型的預測效果越好。這個指標並不依賴於模型設定值的設定，它完全基於模型本身，能有效地評估其預測性能。因此，AUC 被認為是更全面、更可靠的評估指標。

4.3.5 AUC 的機率解釋

實際上，AUC 具有非常明確的數學意義，本節將深入討論這一指標。在進行抽象的數學探討之前，來看一個直觀的例子：假設資料集中有 4 個資料，分別編號為 1、2、3、4。

- 這些資料基於 y_i 的設定值被分為兩組：第一組的設定值等於 1，包含資料 1、2，即 $y_1 = y_2 =1$；第二組的設定值等於 0，包含資料 3、4，即 $y_3 = y_4 =0$。
- 假設模型對這些資料的預測結果表示 $y_i = 1$ 的機率（不妨稱之為資料的得分）。其中，資料 1 和 2 的得分為 $P_1 = 0.82, P_2 = 0.4$；而資料 3 和 4 的得分為 $P_3 = 0.5, P_4 = 0.1$，如圖 4-19 左側所示。

透過計算可知，在兩組資料中分別隨機選擇一個資料，第一組得分高於第二組得分的機率為 0.75。如果將模型結果繪製在 ROC 空間中，可以得到圖 4-19 右側所示的 ROC 曲線，相應的 AUC 正好也等於 0.75。這一現象是巧合嗎？

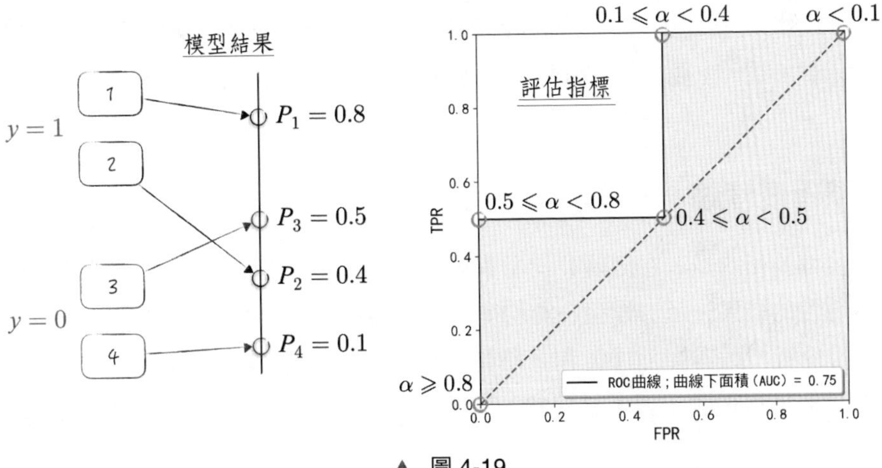

▲ 圖 4-19

這當然不是巧合。回到更一般的情況，假設邏輯迴歸模型的預測結果是 $\hat{P}(y_i = 1)$（模型預測 $y_i = 1$ 的機率）。現在隨機選擇兩個資料，記為 k 和 l。其中，k 的真實標籤是 $y_k = 1$，l 的標籤是 $y_l = 0$。若模型對這兩個資料的預測結果是 $\hat{P}(y_k = 1) > \hat{P}(y_l = 1)$，則表示模型的直接預測結果是正確的（當然，由於模型設定值的原因，最終的預測結果不一定正確）。數學上可以證明，AUC 正是這種情況發生的機率，即 k 的得分高於 l 得分的機率。換句話說，AUC 可以被視為模型正確預測的機率。這種關係可以用數學公式表示為

$$\text{AUC} = P(\hat{P}(y_k = 1) > \hat{P}(y_l = 1)) \tag{4-26}$$

雖然傳統的 AUC 常用於二元分類問題，但從機率的角度理解它，有助將這一指標推廣至更廣泛的應用場景，例如基於偏好的大規模推薦系統。本書篇幅有限，無法深入介紹相關細節，有興趣的讀者可以參考其他資料進一步了解 *。

4.4 非均衡資料集

在使用邏輯迴歸解決二分類問題時，我們常常面對非均衡資料集（Imbalanced Data）這一挑戰。非均衡資料集指的是針對分類問題，資料集中各個類別的樣本比例並不平衡。

在實際應用中，非均衡資料集十分常見。舉例來說，在網路廣告行業中，當需要對使用者是否點擊網頁上的廣告進行建模時，將「點擊廣告」定義為類別 1，「不點擊廣告」定義為類別 0。通常情況下，類別 1 的資料佔比會非常低，可能僅佔千分之一左右。這種資料的不均衡給建模帶來了額外的困難。若處理不慎，可能導致模型結果失去意義。在深入討論這一主題之前，先稍微偏離話題，探討一下什麼是準確度悖論（Accuracy Paradox）。

4.4.1 準確度悖論

準確度悖論指的是，在處理非均衡資料集時，如果僅依賴準確度來評估模型，可能會出現誤導性的結果。這一悖論在非均衡資料集場景下的表現尤為突出。具體來說，根據表 4-2 的分析，真陽性（TP）和真陰性（TN）這兩個部分代表模型預測正確，而另兩個部分代表模型預測錯誤。基於此，定義評估模型效果的指標：準確度（Accuracy，ACC）。

---

* 有興趣的讀者可參考 *Advanced Analytics with Spark* 一書中的第 3 章。

$$ACC = {(TP + TN)}/{(TP + FP + FN + TN)} \tag{4-27}$$

準確度這一指標表面看來合理，但在面對非均衡資料集時，它可能產生嚴重的偏差，甚至變得毫無意義。考慮以下例子：資料集中包含 1000 個資料點，其中有 990 個屬於類別 0，剩餘的 10 個屬於類別 1，如圖 4-20 所示。

準確度悖論：模型 A 比模型 B 更好？

模型 A		真實值	
		1	0
預測值	1	0	0
	0	10	990

$$ACC(A) = \frac{990 + 0}{990 + 10 + 0 + 0} = 99\%$$

模型 B		真實值	
		1	0
預測值	1	9	90
	0	1	900

$$ACC(B) = \frac{900 + 9}{900 + 90 + 9 + 1} = 90.9\%$$

▲ 圖 4-20

模型 A 對所有資料的預測都是類別 0，實際上，這個模型並沒有實現任何有意義的預測功能。儘管如此，其準確度卻高達 99%。模型 B 的預測表現實際上相當良好：對於類別 1，10 個資料中有 9 個被正確預測；對於類別 0，990 個資料中有 900 個被正確預測。然而，它的準確度只有 90.9%，遠低於模型 A。

這便是所謂的準確度悖論：在面對非均衡資料集時，準確度這個評估指標會使得模型嚴重偏向數量更多的類別，導致模型的預測功能失真。這也是在 4.3 節中並沒有介紹準確度這一指標的原因。實際上，4.3.4 節討論的 AUC（曲線下面積）在處理非均衡資料集時也能夠保持穩定，不會像準確度悖論那樣出現明顯的偏差。

4.4.2 模型效果影響

非均衡資料集不僅會引發準確度悖論，而且會對模型的性能產生嚴重影響。下面透過一個簡單的例子來說明這個問題：按照公式（4-28）生成資料，其中變數 y 為標籤；x_1 和 x_2 為特徵；ε為隨機擾動項，它服從邏輯分佈。

$$y = \begin{cases} 1, & x_1 - x_2 + \varepsilon > 0 \\ 0, & \text{其他} \end{cases} \tag{4-28}$$

上面生成的資料完美符合邏輯迴歸模型的假設。理論上，使用邏輯迴歸對這些資料進行建模會得到非常好的結果。然而，當資料集是均衡的，也就是類別 1 所佔比例大約為 0.5 時，模型的表現確實不錯；但當類別 1 佔比接近 0，也就是資料集非均衡時，模型的表現就會變得很糟糕。儘管資料集中類別 1 的數量始終不變，但模型的預測幾乎都是類別 0，如圖 4-21 中的標記 1 所示 *。這表明，在面對非均衡資料集時，模型幾乎喪失了預測功能。但如 4.4.1 節所討論的，準確度（ACC）不能極佳地評估這種模型狀況，反而失真地認為模型的表現很好。與之相反，AUC 能夠在非均衡資料集上保持穩定，準確地評估模型的性能，如圖 4-21 中的標記 2 所示。

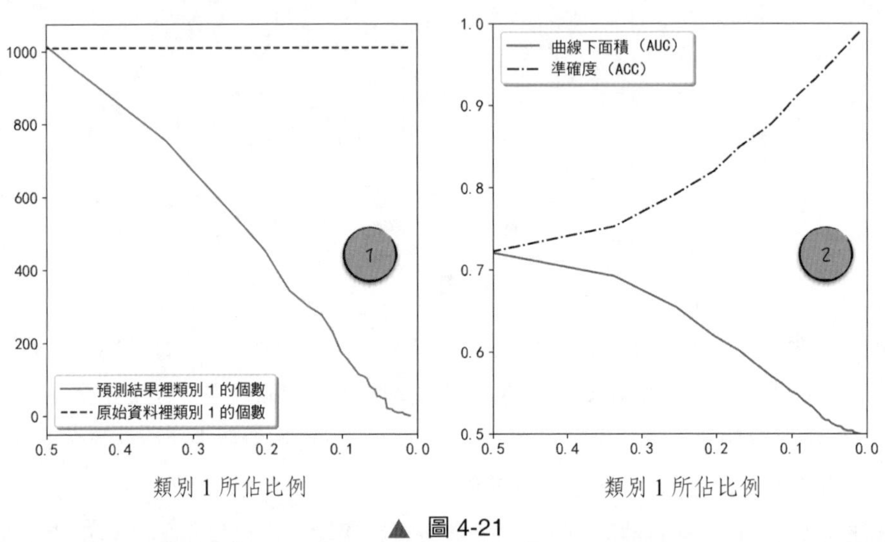

▲ 圖 4-21

上述例子直觀展示了非均衡資料集對模型效果的影響，下面探討造成這種結果的數學原因。假設對於二分類問題，類別 0 的佔比非常高。不妨假設在某點 $\boldsymbol{X}$ 附近有 k 個類別 0 和 1 個類別 1。為了討論過程簡潔，進一步假設這些點距離 $\boldsymbol{X}$ 非常近，可以近似地認為等於它。參考 4.1.4 節和 4.1.5 節的內容，邏輯迴歸的損失函數如下：

$$P(y_i = 1) = h(\boldsymbol{X}_i) = 1/(1 + e^{-\boldsymbol{X}_i\boldsymbol{\beta}})$$

$$LL = -\frac{1}{n}\sum_{i=1}^{n}[y_i \ln h(\boldsymbol{X}_i) + (1 - y_i)\ln(1 - h(\boldsymbol{X}_i))] \quad (4\text{-}29)$$

根據這個設定，模型在類別 1 上的損失是 $-\ln h(\boldsymbol{X})$ 的值，因此，類別 1 的訴求是提高 $h(\boldsymbol{X})$ 的值；而模型在類別 0 上的損失是 $-\ln[1 - h(\boldsymbol{X})]$，其訴求相反，是降低 $h(\boldsymbol{X})$ 的值。

* 完整的實現請參考本書書附程式 /ch04_logit/imbalanced_data.ipynb。

模型在這些資料上的總損失等於$-\ln h(\boldsymbol{X}) - k\ln[1 - h(\boldsymbol{X})]$。這會導致模型透過降低$h(\boldsymbol{X})$的值來降低整體損失。也就是說，模型會選擇「犧牲」類別 1，以滿足類別 0 的需求。當 k 值越大時，這種偏向會更加顯著。

需要注意的是，儘管上面的討論基於邏輯迴歸模型，但得出的結論同樣適用於後續章節中將討論的其他分類模型。

4.4.3 解決方案

針對非均衡資料集，一個常見的解決方案是調整損失函數中不同類別的權重。以邏輯迴歸為例，將模型的損失函數改寫為公式（4-30）。

$$LL = -\frac{1}{n}\sum_{i=1}^{n}[w_1 y_i \ln h(\boldsymbol{X}_i) + w_0(1 - y_i)\ln(1 - h(\boldsymbol{X}_i))] \tag{4-30}$$

其中，w_0 和 w_1 是類別權重。當類別 1 的比例很低時，增加 w_1 可以提升模型對類別 1 損失的敏感度，從而平衡不同類別的影響。通常情況下，類別的權重會被設置為類別佔比的倒數。具體的計算方法可參考程式清單 4-4 中的第 1 行和第 2 行。透過權重調整，在模型看來，訓練資料就處於均衡狀態了。

程式清單 4-4 非均衡資料集

```
1 | positive_weight = len(_y[_y > 0]) / float(len(_y))
2 | class_weight = {1: 1. / positive_weight, 0: 1. / (1 - positive_weight)}
3 | # 為了消除懲罰項的干擾，將懲罰係數設為很大
4 | model = LogisticRegression(class_weight=class_weight, C=1e4)
5 | model.fit(_x, _y.ravel())
```

調整權重後的模型結果如圖 4-22 左側所示：模型錯誤地將許多類別 0 的資料預測為類別 1。這與我們的預期相符：透過增加類別 1 的權重，模型更傾向於「珍惜」類別 1，「犧牲」類別 0。調整後的 AUC 更大，模型效果比調整前更好。值得注意的是，ACC 和 AUC 這兩個評估指標幾乎相等，因此如圖 4-22 右側所示，它們幾乎重疊在一起。

除了權重調整，針對非均衡資料集還有一些其他解決方法，例如透過重新抽樣，將佔比較多的類別變少或將佔比較少的類別變多。有興趣的讀者可以參考其他資料進一步了解。

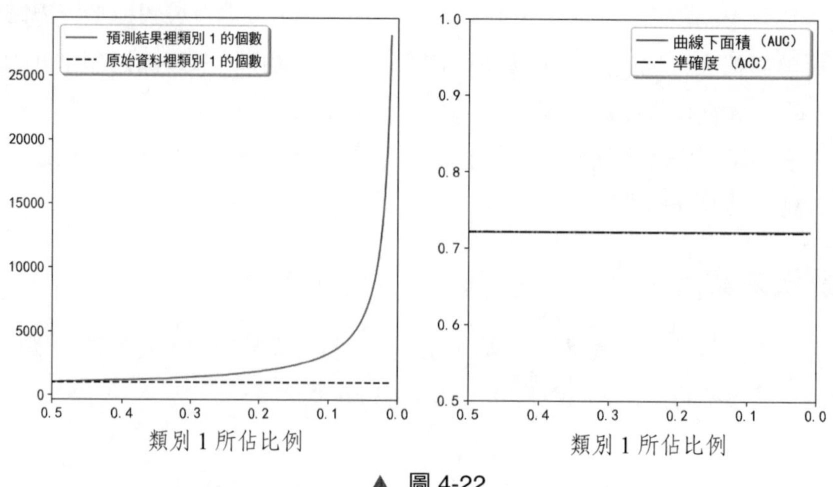

▲ 圖 4-22

4.5 多元分類問題：超越是與否

在實際應用中，我們常常遇到多元分類問題，即要預測的分類多於兩個。舉例來說，在電子商務網站中，使用者可以被劃分為多個類別：普通使用者、星級使用者或疑似流失使用者。邏輯迴歸是否適用於這樣的多元分類問題呢？答案是肯定的，但需要對模型進行一些適當的調整。常見的方法有兩種：一種方法是對模型的結構進行調整，調整後的模型被稱為多元邏輯迴歸模型（Multinomial Logit Regression）；另一種方法是不改變模型結構，但透過額外的步驟，將多元分類問題轉為多個二元分類問題，其中，最經典的方法就是 One-vs.-All（OvA）*。接下來將對這兩種方法進行詳細討論。

4.5.1 多元邏輯迴歸

假設面對的多元分類問題有 k 個類別，分別記為 $0,1,\cdots,k\text{-}1$。延續 4.1.2 節中的想法，修改隱含變數的模型假設如下：

---

* 除了本書介紹的 One-vs.-All 方法（在有些文獻中，此方法也被稱為 One-vs.-Rest，簡稱為 OvR），還有另一種處理策略稱為 One-vs.-One。這種方法將一個包含 k 個類別的分類問題分解為 $k(k\text{-}1)/2$ 個二元分類問題：對每兩個類別進行組合，然後使用二元分類器（例如邏輯迴歸）來解決這兩個類別的分類問題。最後，根據各個二元分類器的結果，透過一種類似投票的方法得出最終的預測結果。

$$\begin{cases} Y_{i,0}^{*} = \boldsymbol{X}_i\boldsymbol{\theta}_0 + \varepsilon_0 \\ Y_{i,1}^{*} = \boldsymbol{X}_i\boldsymbol{\theta}_1 + \varepsilon_1 \\ \quad\cdots \\ Y_{i,k-1}^{*} = \boldsymbol{X}_i\boldsymbol{\theta}_{k-1} + \varepsilon_{k-1} \end{cases} \tag{4-31}$$

其中，$Y_{i,j}^{*}$表示資料 i 對類別 j 的隱含變數，可以視為類別 j 對資料 i 的效用；$\boldsymbol{X}_i$表示資料對應的特徵；$\boldsymbol{\theta}_j$為對應線性模型的參數；ε_j是隨機擾動項，它服從標準的類型 1 極端值分佈 *（Standard Type-1 Extreme Value Distribution），記為$\varepsilon_j \sim EV_1(0,1)$。

與二元的推導類似，資料 m 屬於類別 l，當且僅當類別 l 對資料 m 的效用大於其他類別對資料的 m 效用，即$Y_{m,l}^{*} = \max_j Y_{m,j}^{*}$。假設$Y_m = l$表示資料 m 的分類為 l。可以得到：

$$\begin{cases} P(Y_i = 0) = P(Y_{i,0}^{*} = \max_j Y_{i,j}^{*}) \\ P(Y_i = 1) = P(Y_{i,1}^{*} = \max_j Y_{i,j}^{*}) \\ \quad\cdots \\ P(Y_i = k-1) = P(Y_{i,k-1}^{*} = \max_j Y_{i,j}^{*}) \end{cases} \tag{4-32}$$

經過一系列複雜的數學推導，可以得到各個類別分佈機率的具體運算式：

$$\begin{cases} P(Y_i = 1) = P(Y_i = 0)\mathrm{e}^{\boldsymbol{X}_i\boldsymbol{\beta}_1} = \mathrm{e}^{\boldsymbol{X}_i\boldsymbol{\beta}_1} \Big/ (1 + \sum_{j=1}^{k-1}\mathrm{e}^{\boldsymbol{X}_i\boldsymbol{\beta}_j}) \\ P(Y_i = 2) = P(Y_i = 0)\mathrm{e}^{\boldsymbol{X}_i\boldsymbol{\beta}_2} = \mathrm{e}^{\boldsymbol{X}_i\boldsymbol{\beta}_2} \Big/ (1 + \sum_{j=1}^{k-1}\mathrm{e}^{\boldsymbol{X}_i\boldsymbol{\beta}_j}) \\ \quad\cdots \\ P(Y_i = 0) = 1 \Big/ (1 + \sum_{j=1}^{k-1}\mathrm{e}^{\boldsymbol{X}_i\boldsymbol{\beta}_j}) \end{cases} \tag{4-33}$$

可以注意到，多元邏輯迴歸與傳統邏輯迴歸非常相似。實際上，當 k=2 時，多元邏輯迴歸的公式（4-33）就恢復成了邏輯迴歸的公式（4-9）。因此，邏輯迴歸可以被視為多元邏輯迴歸的特例。類似於邏輯迴歸，我們可以基於各個類別的機率分佈推導出參數的似然函數，然後利用最大似然估計法來估計這些參數的值。對於多元邏輯迴歸模型，參數的似然函數如公式（4-34）所示。其中$1_{\{Y_i = j\}}$是 1 函數：當 $Y_i = j$ 時，函數值等於 1，否則等於 0。

---

* 在統計學中，極端值分佈可以看作正態分佈的一種擴充形式：從影像上來看，它的機率密度函數呈現出類似正態分佈的特點，但尾部更為厚重，即極端值的出現機率更高。這使得極端值分佈在金融領域的應用十分廣泛，特別是在金融市場波動劇烈、風險高漲的情況下。2008 年的金融危機後，極端值分佈常被用來預防那些罕見但重大的「黑天鵝」事件。

極端值分佈有不同類型，其中類型 1 極端值分佈也被稱為古貝爾分佈（Gumbel Distribution）。它的機率密度函數如下：

$$EV_1(\mu,\beta) = \frac{1}{\beta}\mathrm{e}^{x-\mu/\beta}\mathrm{e}^{-\mathrm{e}^{x-\mu/\beta}}$$

$$L = P(\boldsymbol{Y} \mid \boldsymbol{\beta}) = \prod_i \prod_{j=0}^{k-1} P(Y_i = j)^{1_{\{Y_i = j\}}}$$
$$\ln L = \sum_i \sum_{j=0}^{k-1} 1_{\{Y_i = j\}} \ln P(Y_i = j) \tag{4-34}$$

4.5.2 One-vs.-All：從二元到多元

雖然多元分類問題涉及多個類別，但如果將注意力集中在某一特定類別上，比如類別 1，那麼資料只有兩種可能狀態：屬於類別 1 或不屬於類別 1*。這就是我們熟悉的二元分類問題。將上述想法逐步擴充到所有類別，就獲得了 One-vs.-All 策略。具體而言，假設多元分類問題有 k 個類別，分別記為 $0,1,\cdots,k\text{-}1$，為每個類別建構一個獨立的模型，將原始的 k 元分類問題拆解為 k 個二元分類問題。沿用之前的數學記號，$Y_i = j$ 表示資料 i 的分類為 j，生成 k 個新的標籤變數如下：

$$Y_{i,j}^{\sim} = \begin{cases} 1, & Y_i = j \\ 0, & Y_i \neq j \end{cases} \tag{4-35}$$

依次使用邏輯迴歸模型對資料$\{\boldsymbol{X}_i, Y_{i,j}^{\sim}\}$建模，得到相應的預測值，即在新的二元分類場景下，將資料 i 屬於類別的機率記為$\hat{P}_j(Y_{i,j}^{\sim} = 1)$：

$$\hat{P}_j(Y_{i,j}^{\sim} = 1) = {}^{1}\!/_{(1 + e^{\boldsymbol{X}_i \hat{\boldsymbol{\varphi}}_j})} \tag{4-36}$$

其中$\hat{\boldsymbol{\varphi}}_j$為第 j 個邏輯迴歸模型參數的估計值（為了區別於 4.5.1 節中的模型，這裡使用新的字母$\hat{\boldsymbol{\varphi}}_j$表示參數的估計值）。

公式（4-36）中的$\hat{P}_j(Y_{i,j}^{\sim} = 1)$在某種程度上代表了最終標籤 Y_i 等於 j 的機率。因此，我們選擇機率最大的類別作為最終的預測結果。

$$\hat{Y}_i = j \Leftrightarrow \hat{P}_j\left(Y_{i,j}^{\sim} = 1\right) = \max_t \hat{P}_t\left(Y_{i,t}^{\sim} = 1\right)$$
$$\hat{Y}_i = \underset{t}{\operatorname{argmax}}\, \hat{P}_t(Y_{i,t}^{\sim} = 1) \tag{4-36}$$

在面對多元分類問題時，上述兩種處理方法可以直觀地呈現為圖 4-23 所示的流程。

---

* 不難發現，資料在屬於類別 1 和不屬於類別 1 之間的分佈很容易出現不均衡，導致在使用 One-vs.-All 方法時容易面臨非均衡資料集的問題。關於這一問題的解決方法，請參考 4.4 節。

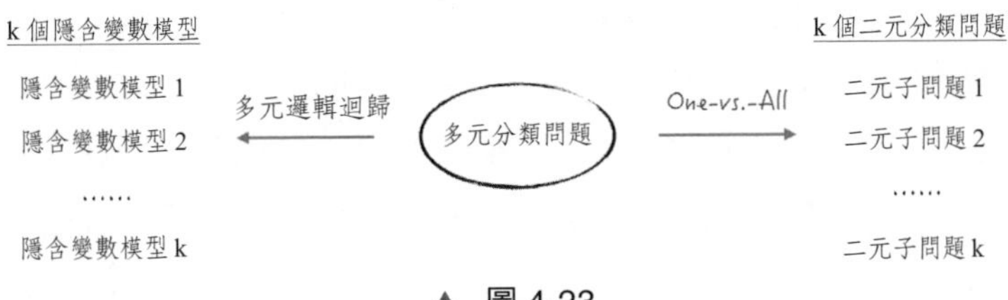

▲ 圖 4-23

4.5.3 模型實現

這兩種方法的理論推導涉及一些複雜的數學計算，借助 scikit-learn 來實現它們相對簡單。如程式清單 4-5 中的第 6 行和第 9 行程式所示，只需正確設置 multi_class 參數即可，其中 multinomial 表示多元邏輯迴歸，ovr 表示 One-vs.-All 方法。

程式清單 4-5 多元分類問題

```
1 | from sklearn.linear_model import LogisticRegression
2 |
3 | # 使用邏輯迴歸對多元分類問題建模，並視覺化結果
4 | features = ['x1', 'x2']
5 | labels = 'label'
6 | methods = ['multinomial', 'ovr']
7 | # 使用兩種不同的方法對資料建模
8 | for i in range(len(methods)):
9 |     model = LogisticRegression(multi_class=methods[i])
10 |     model.fit(data[features], data[labels])
11 | ......
```

使用一個包含 3 個類別的資料集訓練模型，得到的結果如圖 4-24 所示。

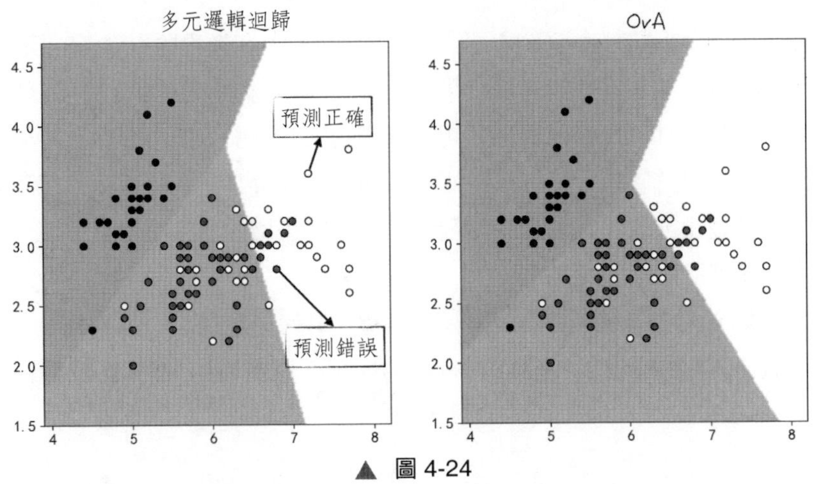

▲ 圖 4-24

在圖 4-24 中，黑色邊框圓圈代表原始資料，而不同的填充顏色表示不同的類別。另外，3 種不同的背景顏色表示模型的預測結果。如果圓圈的填充顏色與背景顏色相匹配，就表示預測正確；反之則表示預測錯誤。從影像上看，這兩種方法的結果略有差異，但差別並不顯著。從數學角度來看，這兩種方法各有優劣，並沒有哪一種是絕對更好的。

4.6 本章小結

4.6.1 要點回顧

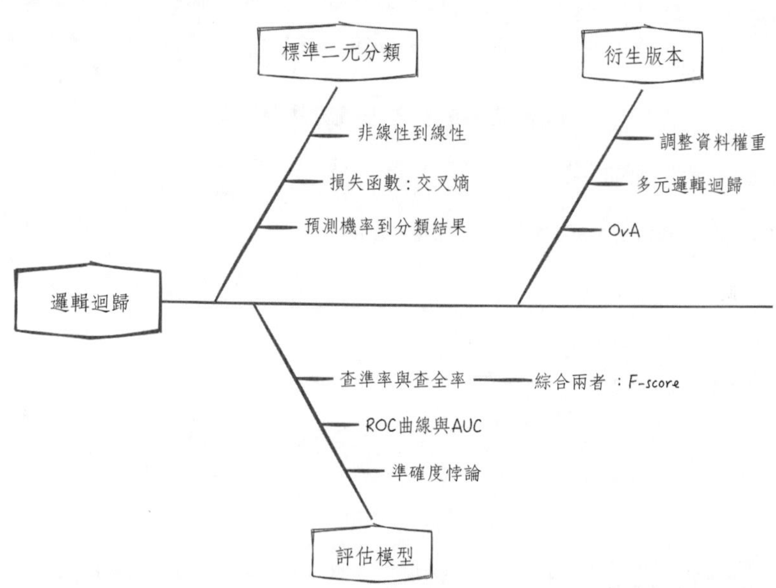

本章從 3 個方面詳細討論了邏輯迴歸模型，這是一個在業界應用廣泛的模型。

在模型層面，邏輯迴歸應對的是分類問題。分類問題是非線性的，所以建模的核心挑戰在於如何把非線性問題轉為線性問題。邏輯迴歸透過引入隱含變數，將分類問題分解為兩個層次：首先，它包含一個線性的隱含變數模型；其次，是基於此模型結果的非線性變換。這種建模方式是人工智慧的精髓之一，在後續的章節中可以發現，幾乎所有的模型都是圍繞著這種想法展開的。

在模型評估方面，本章探討了兩類評估指標。針對分類問題的預測結果，分別定義了查準率和查全率，以及綜合這兩個指標的 $F\beta$–score。對於基於機率的分類模型，還介紹了 ROC 曲線和其下的面積 AUC。這些指標不僅可以應用於二元分類問題，而且具有很好的機率解釋，因此可以自然地擴充到多元分類問題和其他應用場景，成為通用的評估指標。

最後，本章介紹了如何使用邏輯迴歸模型學習非均衡資料集和解決多元分類問題。這些方法的思想和技巧也適用於其他分類模型。

4.6.2 常見面試問題

針對本章討論的內容，常見的面試問題如下。

1. **模型結構**
   - 邏輯迴歸和線性迴歸有什麼不同？它們的應用場景分別是什麼？
   - 交叉熵是什麼？為什麼交叉熵常用於衡量模型輸出的機率分佈？
   - 詳細解釋邏輯迴歸的數學原理，包括 Sigmoid 函數和最大似然估計的應用。
2. **評估模型**
   - 分類問題中常用的評估指標有哪些？為什麼選擇這些指標？
   - 什麼是 ROC 曲線和 AUC ？它們如何評估分類模型的性能？
   - 如何解釋 AUC 等於 0.5 和等於 1 的情況？
   - 什麼是 F1 分數，它與查準率和查全率有何連結？
3. **非均衡資料集**
   - 什麼是非均衡資料集？為什麼它在分類問題中是一個挑戰？
   - 如何處理非均衡資料集，防止模型偏向多數類？
4. **多元分類**
   - 多元分類與二元分類有何不同？邏輯迴歸解決多元分類問題的方法有哪些？

朱爾．亨利．龐加萊（Jules Henri Poincaré，1854—1912），法國數學家，被稱為「最後一個數學全才」。在他之後，由於數學的發展，再也沒有人能夠精通數學的所有分支。

龐加萊在科學領域的貢獻非常廣泛，不侷限於數學。他深入研究過三體問題，為現代混沌理論奠定了基礎，這標誌著天體力學進入了一個新的時代。同時，他參與了世界時間的統一工作，對時間這一概念進行了深刻的思考。早在愛因斯坦提出狹義相對論之前，龐加萊就提出了一個簡化版本。1912 年，在生命的最後時光，他的研究工作還為量子力學提供了堅實的數學理論基礎。他留給世人的最後遺產——龐加萊猜想，曾是數學上最棘手的問題之一。令人慶倖的是，這個問題於 2003 年被成功解決。

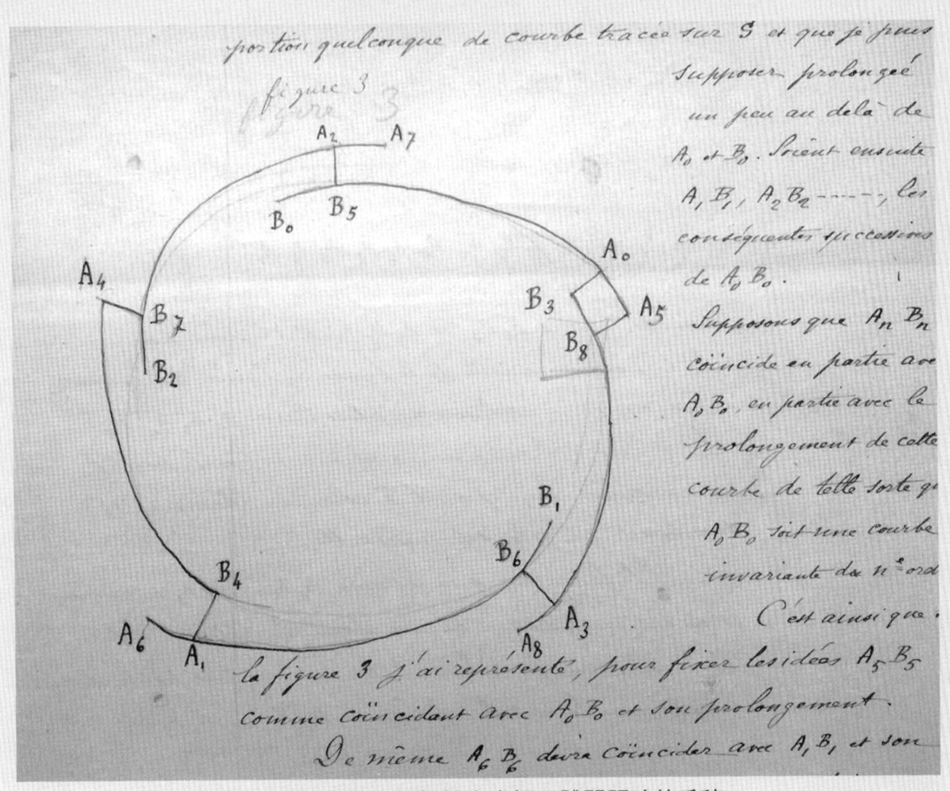

▲ 龐加萊參加數學競賽求解三體問題時的手稿

第 5 章
計量經濟學的啟示 ：他山之石

他山之石，可以攻玉。

——《詩經・小雅・鶴鳴》

計量經濟學（Econometrics）是經濟學中的重要分支，它以數理統計學為基礎，為經濟理論提供實證支援。它運用數學模型分析真實資料，驗證或推翻已有的經濟理論。這一學科就如同經濟研究的直尺，將研究由定性推進到定量。線性迴歸（第 3 章）和邏輯迴歸（第 4 章）是該學科的核心模型。

經濟學家凱恩斯 * 曾稍顯自負地聲稱，「經濟學家和政治哲學家的思想，無論對錯，都比通常所想更為有力。這個世界實際上就是被這些思想統治著的，很少例外。講求實際的人們自以為能夠與所有精神世界中的影響絕緣，到頭來不過是某位已故經濟學家的奴隸。」這句話清晰地揭示了經濟學理論對世界的巨大影響。因此，確保經濟學理論的準確性至關重要。計量經濟學作為驗證經濟理論的主要工具，對其核心模型有著很高的要求。雖然核心模型的結構相對簡單，但這門學科在模型細節打磨方面累積了大量的技巧。這主要包括兩方面：一是特徵的處理，使其更進一步地被模型利用，這部分內容其實對應著人工智慧領域的特徵工程；二是盡可能確保模型的有效性、穩定性和可解釋性。

第一部分的內容並不涉及模型結構，因此對所有模型都有幫助。第二部分的內容嚴重依賴於模型結構，因此，如果模型結構比較複雜，相應的分析會變得困難。但正如後

* 約翰・梅納德・凱恩斯（John Maynard Keynes），英國經濟學家。與傳統的自由經濟學思想不同，凱恩斯主張政府應積極扮演經濟舵手的角色，透過財政與貨幣政策來對抗經濟衰退乃至經濟蕭條。這一主張成為 20 世紀 20 年代至 20 世紀 30 年代世界性經濟蕭條時的有效對策，也是 20 世紀 50 年代至 20 世紀 60 年代許多資本主義國家繁榮期經濟政策的理論基礎，因而凱恩斯被誇讚為資本主義的「救星」。他的理論學說被稱為「凱恩斯學派」，在當今社會影響力巨大（引自維基百科）。
正文中的引用出自其著作《就業、利息和貨幣通論》（*The General Theory of Employment, Interest, and Money*）。

文將提到的，複雜模型通常可以被分解成一個特徵提取模型加線性模型（針對迴歸問題）或邏輯迴歸模型（針對分類問題）。換言之，複雜模型的最外層其實就是計量經濟學的核心模型，因此參考計量經濟學的方法進行分析，有助評估整體複雜模型的有效性和穩定性，也在一定程度上提供了模型的可解釋性。儘管這種方法在理論上存在一些缺陷，但仍然不失為一種解決方案。

本章內容相對獨立，偏重於實際操作層面的細節討論。如果讀者對此並不感興趣，可以選擇先跳過本章。本章沒有引入新的模型結構，但涵蓋的內容對大部分建模場景來說至關重要。對那些希望在實際建模任務中取得成功的讀者來說，本章討論的知識和技巧將成為不可或缺的利器。

5.1 定量與定性：特徵的數學運算合理嗎

模型的本質是對資料進行數學運算。為了確保模型的計算具有意義，需要保證以下兩點：首先，資料必須是可計算的；其次，對特徵（引數）進行的數學運算必須合理有效。一般情況下，建模所使用的資料都可以進行計算，在特殊場景下，如自然語言處理或影像辨識，可能需要對原始資料進行特定的轉換，不過這些轉換通常相對簡單。

保證數學運算的合理性是更複雜的問題，需要針對不同的場景進行單獨分析。整體來說，主要關注特徵運算的兩個方面。

- 數字之間的大小關係。
- 數字的基本四則運算。

為了更進一步地探討這些問題，下面將模型使用的特徵分為兩類：數值型特徵和類型特徵，如圖 5-1 所示。

數值型特徵（也稱為定量特徵）代表可測量或計數的數值，例如長度、收入、重量等。這些特徵的數值間的大小關係在數學和現實生活中都具有實際意義。舉例來說，對於收入，數值 100 小於 1000；在現實生活中，100 元也小於 1000 元。同樣，對這些數值進行四則運算是合理的。然而需要注意的是，數值型特徵常常暗含著邊際效應恒定的假設（參考 4.2.3 節和 5.3 節）。在某些場景下，這一假設與真實情況並不完全符合，直接使用這些特徵可能會影響模型的效果。

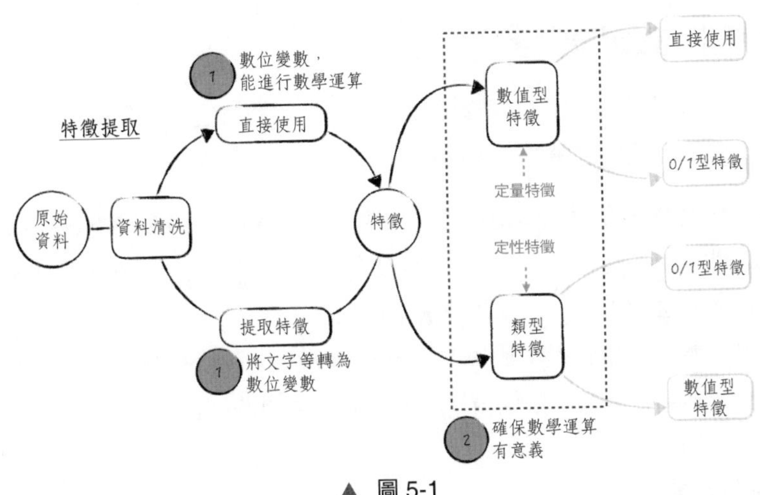

▲ 圖 5-1

類型特徵（也稱為定性特徵）代表類別，比如性別、省份、學歷、產品等級等。這些特徵的設定值通常是文字，而非數字，舉例來說，性別這個特徵的可能設定值為男、女。為了在模型中使用它們，需要將文字轉為數字，比如 1 表示男、0 表示女，但這種簡單的轉換方式並不能完全滿足需求。

- 有序的類型特徵是指有內在順序的特徵，比如產品等級，其中 0 代表合格、1 代表良好、2 代表優秀。在這種情況下，「0 小於 1」確實對應著「合格等級次於良好等級」，但數學上的四則運算卻失去了對應的實際意義。舉例來說，數學上 2 減 1 等於 1，但在產品等級中，優秀減良好是否等於良好呢？
- 無序的類型特徵是指無內在順序的特徵，比如代表省份的變數，0 表示北京、1 表示上海、2 表示深圳等。在這種情況下，數字之間的大小關係和四則運算都毫無實際意義。

因此，即使進行了簡單的轉換，在模型中直接使用類型特徵也是無意義的，甚至可能會嚴重影響模型的效果。

綜上所述，不論是數值型特徵，還是類型特徵，通常都需要根據應用場景進行相應的變換或處理，然後再應用到模型中。下面將深入討論針對不同類型特徵的具體處理方法，以確保資料的合理使用。

5.2 定性特徵的處理

在處理定性特徵時，通常有兩種處理方法：一種是將定性特徵轉為多個虛擬變數，另一種是將有序的定性特徵轉為定量特徵。

- 定性特徵轉為虛擬變數：這種方法將定性特徵中的每個類別拆分為單獨的虛擬變數。每個虛擬變數代表一個類別，且設定值為 1 或 0，表示該樣本是否屬於該類別。這種轉換方法在處理分類問題時很常見。
- 有序特徵轉為定量特徵：如果定性特徵具有內在的順序關係，在一些場景下，可以將其轉為定量特徵，既保留其順序資訊，還使四則運算具有一定的實際意義。

5.2.1 虛擬變數

如前文所述，直接對定性特徵進行數字編碼，所得到的變數難以進行有意義的數學運算。解決這一問題的方法之一是將定性特徵轉為多個虛擬變數。

為了更進一步地說明這一點，下面來看一個簡單的例子：假設用身高和性別建構線性迴歸模型以預測體重。性別是一個二元定性特徵，可能的設定值為男或女。為了在模型中使用這個特徵，可以用兩個新生成的變數來替代性別，分別為 x_1 和 x_2。這些變數被稱為虛擬變數（Dummy Variable）。其中，$x_1 = 1$ 表示性別為男，$x_1 = 0$ 表示性別不為男；x_2 類似，表示性別是否為女。虛擬變數是一種特殊的離散型變數，其可能的設定值只有 0 或 1，因此也被稱為 0/1 特徵。

用 y 表示體重，z 表示身高，架設以下的模型：

$$y = ax_1 + bx_2 + cz + d + \varepsilon \tag{5-1}$$

需要注意的是 $x_1 + x_2 \equiv 1$，這表示 x_1 和 x_2 之間存在線性關係。然而，這會引發另一個問題：多重共線性*（將在 5.4 節中討論）。為了避免這個問題，對公式（5-1）做以下數學變換：

$$\begin{aligned} y &= a(x_1 + x_2) + (b - a)x_2 + cz + d + \varepsilon \\ y &= (b - a)x_2 + cz + (a + d) + \varepsilon \end{aligned} \tag{5-2}$$

上述數學變換可理解為：首先選擇性別男作為基準類別，生成一維虛擬變數 x_2，其含義與前述相同。係數 $b - a$ 表示性別女相對於性別男（基準類別）的體重差異。需要強

* 由虛擬變數引起的多重共線性問題在學術上被稱為虛擬變數陷阱，詳見 5.4.4 節。

調的是，對於二元定性特徵，從表面上看，直接對變數進行數字編碼和使用虛擬變數結果是一樣的，但這只是一個巧合而已，實際上兩種方法有本質區別。

將上面的方法推廣到 *n* 元定性特徵（可能設定值為 *n* 個的定性特徵）：選擇一個類別作為基準類別（對於基準類別的選擇，請參考 5.5.4 節），並生成 *n*-1 個虛擬變數，分別表示剩下的 *n*-1 個類別。這樣，在模型建構中，用這 *n*-1 個新生成的虛擬變數代替原來的定性特徵。具體過程如圖 5-2 所示。

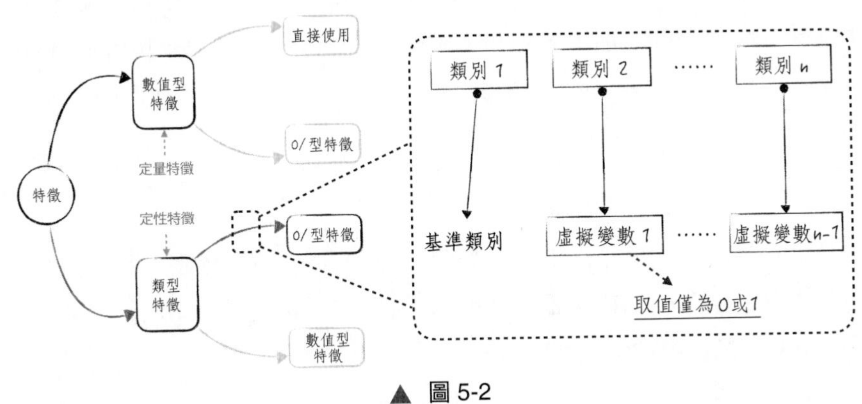

▲ 圖 5-2

虛擬變數的程式實現相對比較簡單，讀者可以參考本書書附程式 *，正文中就不做過多討論了。需要注意的是，針對新生成的虛擬變數，同樣可以利用置信區間和假設檢驗進行變數篩選。如圖 5-3 中標記 1 所示，一個虛擬變數在統計上不顯著，表示什麼呢？這表示該虛擬變數所代表的類別與基準類別並沒有顯著的差異。在建模過程中需要將其合併，從而形成一個更大的基準類別，如圖 5-3 中標記 2 所示。

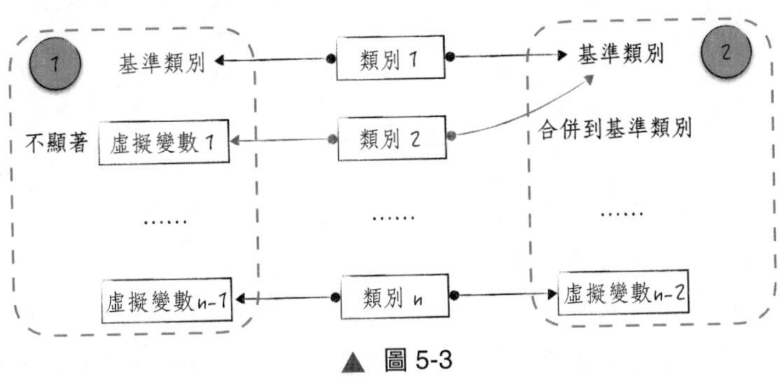

▲ 圖 5-3

* 完整的實現請參考本書書附程式 /ch05_econometrics/categorical_variable.ipynb。

5.2.2 定性特徵轉為定量特徵

5.2.1 節中提到的虛擬變數方法是一種通用的處理方式，但存在一個明顯的缺點：每個虛擬變數都只能取 0 或 1，無法提供更多資訊。特別是對於有序定性特徵，這種方法會遺失特徵中每個類別的順序資訊。為了解決這個問題，通常根據類別的順序將定性特徵轉為定量特徵。這裡著重討論其中的一種方法：針對二元分類問題的 Ridit Scoring[*]。

假設有序的定性特徵 x 有 t 個可能的類別，記為 $(1, 2, \cdots, t)$。對於標籤 y，在其他變數相同時，排在越後面的類別，其 y=1 的機率越小。換言之，在條件相同的情況下，類別的機率最大，類別 t 的機率最小。用 $(p_1, p_2, \cdots, p_t)$ 分別表示各個類別所佔比例，定義類別 i 的 Ridit Scoring 為

$$B_i = \sum_{j<i} p_j - \sum_{j>i} p_j \qquad (5\text{-}3)$$

基於公式（5-3），可以針對有序定性特徵 x 生成一個數值型特徵，其包含 t 個離散值，正好對應公式中定義的 t 個值，如圖 5-4 所示。這種方法能更進一步地保留定性特徵的順序資訊，並轉化為數值特徵供模型使用。

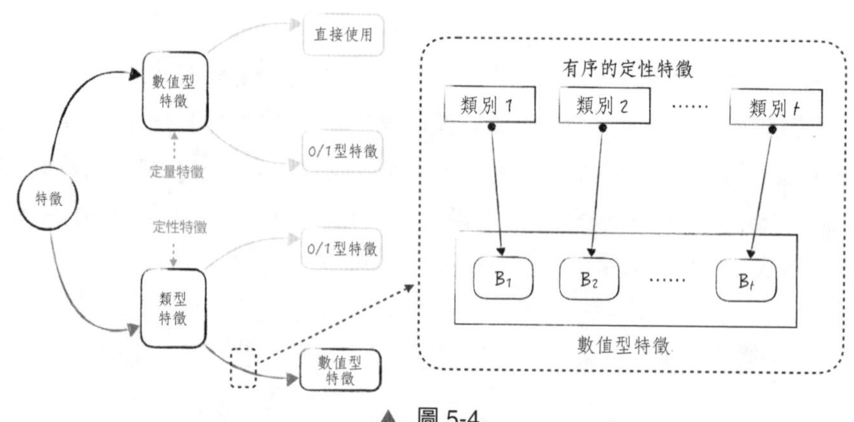

▲ 圖 5-4

將定性特徵轉為定量特徵有許多類似的方法，但它們的通用性都不強：首先，這些方法通常僅適用於有序的定性特徵；其次，這些方法的轉換公式是固定的，從而限制了它們的適用範圍。然而，在人工智慧領域擁有一種更直接的方法，即利用神經網路實現從定性特徵向定量特徵的轉換。一個經典的案例是自然語言處理中的文字嵌入，詳見

* 此方法在保險業中應用很廣。具體的細節參考自 Brockett.P.L, 2002, *Fraud Classification Using Principal Component Analysis of Ridits*[J]. Journal of Risk and Insurance 69(3):341-371。

10.2.2 節。提前介紹神經網路的案例是為了強調在處理定性特徵時，可以借助更複雜的模型手段，而不僅依賴經驗或人為定義的特徵轉換公式。

5.3 定量特徵的處理

下面依然以美國個人收入的普查資料（資料的具體欄位可參考 4.2 節）為例，討論定量特徵的處理。在討論具體細節之前，先簡單回顧一下第 4 章中的邏輯迴歸模型。用 $P/(y_i=1)$ 表示年收入多於 5 萬美金的機率，邏輯迴歸模型可以表示為以下形式：

$$\ln P(y_i = 1)/[1 - P(y_i = 1)] = \boldsymbol{X}_i\boldsymbol{\beta} \tag{5-4}$$

$P/(1-P)$ 被稱為事件的發生比，公式（5-4）表示該比例的對數是線性模型。如果直接使用一個定量特徵，表示它對事件發生比對數的邊際效應是恒定的。舉例來說，當它在模型中的係數大於 0 時，它與事件發生的機率始終成正比，反之亦然。然而，這個隱含的模型假設並不總是符合現實情況。舉個例子，每週工作時間的模型係數大於 0，如圖 5-5 左側所示。但是它與年收入大於 5 萬美金的交叉報表如圖 5-5 右側所示：當工作時間少於 80 小時，年收入多於 5 萬美金的比例與工作時間成正比；然而，當工作時間超過 80 小時後，年收入多於 5 萬美金的比例反而下降了。

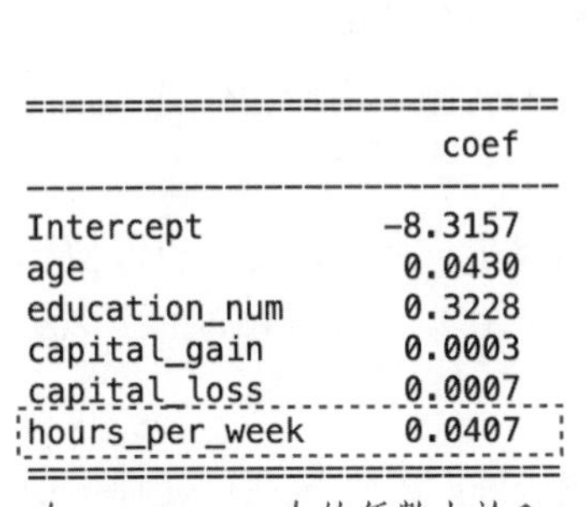

	coef
Intercept	-8.3157
age	0.0430
education_num	0.3228
capital_gain	0.0003
capital_loss	0.0007
hours_per_week	0.0407

hours_per_week 的係數大於 0

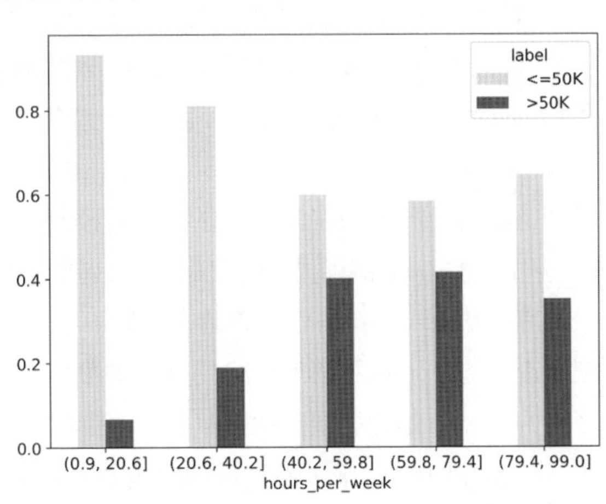

▲ 圖 5-5

從數學的角度來看，隱含的邊際效應恒定假設來自兩個核心因素，即線性模型和直接使用定量特徵。邏輯迴歸模型包含線性模型是無法改變的事實。而且，正如之前章節所探討的，幾乎所有的人工智慧模型都包含線性模型。因此，要解決這個問題，唯一的途徑是：將定量特徵按照若干個區間轉為定性特徵。在實踐中，這種方法是最常用且最有效的。接下來將深入探討這種方法的具體細節。

5.3.1 定量特徵轉為定性特徵

將定量特徵轉為定性特徵的方法可以分為 3 個主要步驟，整個過程如圖 5-6 所示。

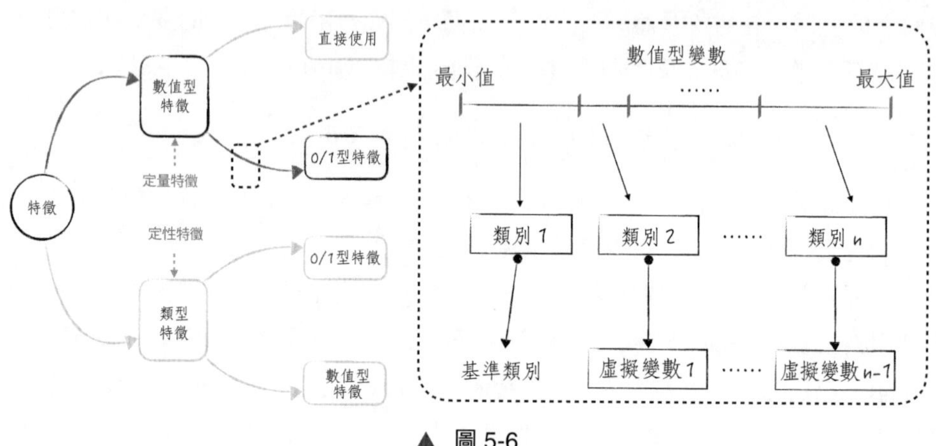

▲ 圖 5-6

（1）將定量特徵的設定值區間劃分成若干份。

（2）根據這些劃分的子區間定義類別，並生成對應的定性特徵。

（3）利用定性特徵的第一種處理方法，產生多個虛擬變數，用於替代轉換後的定性特徵。

這個方法的設計想法在於，定量特徵對預測值的影響在一定範圍內可以近似為恒定的，而這些「恒定」的範圍對應著劃分的子區間。一般來說子區間的劃分需要依賴於業務場景的專業知識和資料科學家的個人經驗。

根據上述方法，將每週工作時間均勻地劃分為 5 個子區間，然後進行建模，所得結果如圖 5-7 所示 *。儘管模型參數更貼近實際情況（見圖 5-7 中標記 1），但模型效果卻在下降（見圖 5-7 中標記 2）。出現這種現象是因為直接使用定量特徵時，即使是微小的工作時間差異也會對模型結果產生影響。然而，將其轉為定性特徵後，工作時間上的差異不一定會影響模型的預測結果。舉例來說，在新的模型中，每週工作 30 小時和每週工作 40 小時屬於同一類別，其對應的特徵值是相同的，這表示工作時間從 30 小時增加到 40

* 完整的實現請參考本書書附程式 /ch05_econometrics/continuous_variable.ipynb。

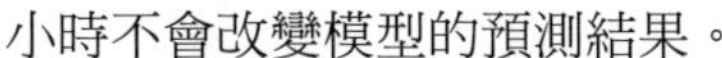
小時不會改變模型的預測結果。

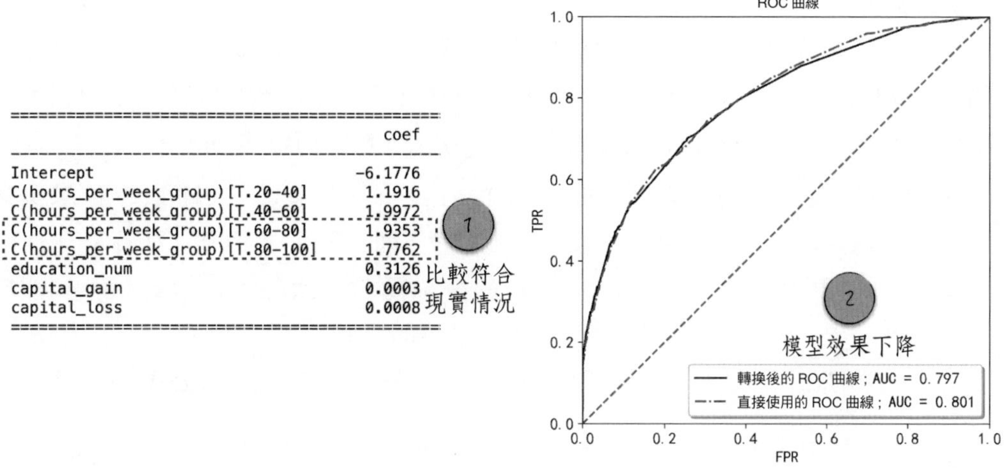

	coef
Intercept	-6.1776
C(hours_per_week_group)[T.20-40]	1.1916
C(hours_per_week_group)[T.40-60]	1.9972
C(hours_per_week_group)[T.60-80]	1.9353
C(hours_per_week_group)[T.80-100]	1.7762
education_num	0.3126
capital_gain	0.0003
capital_loss	0.0008

▲ 圖 5-7

將定量特徵轉為定性特徵後，資料的表達能力有所降低，導致模型效果下降。這時可以透過增加劃分的子區間數來增加定性特徵的資訊。舉例來說，將每週工作時間細分為 10 份，可以提高模型的預測效果，如圖 5-8 所示。然而，更多的子區間表示更多的虛擬變數，這會使模型變得更複雜，容易出現過擬合的問題。

既然區間劃分會嚴重影響模型效果，那麼有沒有一種更工程化的方法來幫助我們找到最佳的劃分方式呢？答案是肯定的。下面將介紹一種在銀行信貸模型中廣泛應用的分段方法。

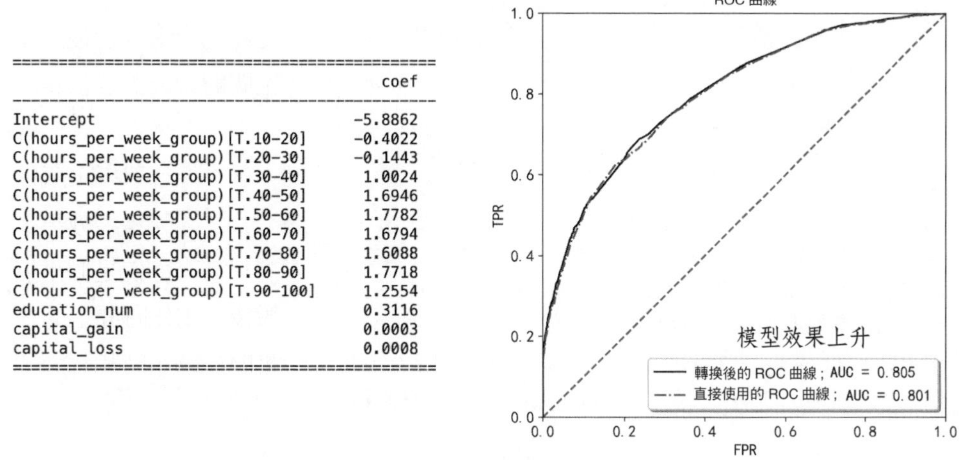

	coef
Intercept	-5.8862
C(hours_per_week_group)[T.10-20]	-0.4022
C(hours_per_week_group)[T.20-30]	-0.1443
C(hours_per_week_group)[T.30-40]	1.0024
C(hours_per_week_group)[T.40-50]	1.6946
C(hours_per_week_group)[T.50-60]	1.7782
C(hours_per_week_group)[T.60-70]	1.6794
C(hours_per_week_group)[T.70-80]	1.6088
C(hours_per_week_group)[T.80-90]	1.7718
C(hours_per_week_group)[T.90-100]	1.2554
education_num	0.3116
capital_gain	0.0003
capital_loss	0.0008

▲ 圖 5-8

5.3.2 基於卡方檢定的方法

在介紹定量特徵劃分之前，首先來了解一下卡方檢定（Chi-Squared Test）。該檢驗可以評估兩個類型變數 A 和 B 之間的相關性。卡方檢定會計算變數之間的卡方統計量，該統計量越大，變數之間的相關性就越強 *。卡方統計量的計算方法如下。

- 定義兩個變數的列聯表（Contingency Table），這其實就是前文經常使用的交叉報表。該表是一個二維串列，行表示一個變數，列表示另一個變數，如圖 5-9 所示。
- 根據列聯表，可以得到每個變數的分佈函數，比如和 $P(A = A_3) = 13/17$ $P(B = B_1) = 5/17$。假設 A 和 B 是相互獨立的，可以計算列聯表中每個小格的機率值和期望值。以 $A = A_3, B = B_1$ 為例，其機率值和期望值可根據公式（5-5）得出。

$$
\begin{aligned}
&P(A = A_3, B = B_1) = P(A = A_3) * P(B = B_1) = \frac{5 \times 13}{17 \times 17} \\
&E_{3,1} = 17 \times P(A = A_3, B = B_1) \approx 3.82
\end{aligned}
\qquad (5\text{-}5)
$$

在公式（5-5）的基礎上，進一步定義每一格的統計量，如公式（5-6）所示，其中 $V_{3,1}$ 是真實值，$E_{3,1}$ 是期望值。將這些統計量相加，得到卡方統計量 $T = \sum T_{i,j}$。T 服從自由度為 $(3-1) \times (2-1) = 2$ 的卡方分佈 **。

$$
T_{3,1} = {(V_{3,1} - E_{3,1})^2}/{E_{3,1}} = {(3 - 3.82)^2}/{3.82} \qquad (5\text{-}6)
$$

變數 A 的類別

變數 B 的類別	A_1	A_2	A_3	總計
B_1	1	1	3	5
B_2	1	1	10	12
總計	2	2	13	17

類別 A_3, B_1 包含 3 個資料

▲ 圖 5-9

* 卡方檢定的本質是假設檢驗。零假設為兩個變數相互獨立，卡方統計量越大，相應的 P-value 就越小。當 P-value 小於某個設定值時，就可以拒絕相互獨立的零假設。因此可以近似地理解為：卡方統計量越大，兩個變數越相關。

** 卡方分佈（Chi-square Distribution）是機率論與統計學中常用的一種機率分佈。假設 $Z_1, Z_2, \ldots Z_k$, 表示 k 個相互獨立的標準正態分佈變數（期望為 0，標準差為 1），定義變數 X 如下：

$$
X = \sum_{i=1}^{k} Z_i^2
$$

X 服從自由度為 k 的卡方分佈。

基於上述數學工具，下面開始劃分定量特徵。對於分類問題，標籤變數是類型變數，而分段後的定性特徵也是類型變數。因此，劃分區間的目標是使這兩個變數的卡方統計值達到最大，即盡可能地提高定性特徵與標籤變數之間的相關性。

在具體的演算法實現中，可以採用貪心演算法來獲得「最佳」的分段 [*]（實現的細節請參考本書書附程式，正文中不作詳細討論）。根據演算法結果，將每週工作時間分為 5 段，分別是 1 ～ 34、34 ～ 37、37 ～ 41、41 ～ 49、49 ～ 99。基於這個分段結果架設模型，可以獲得更好的預測結果，如圖 5-10 所示。

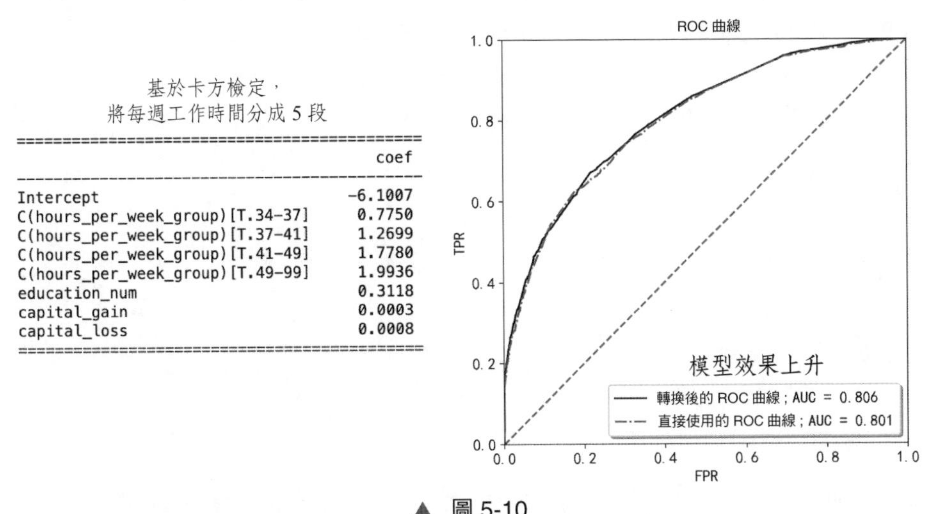

▲ 圖 5-10

5.4 多重共線性：多變數的煩惱

多重共線性（Multicollinearity 或 Collinearity）源自對線性迴歸模型的深入研究。它是指在多變數線性模型中，特徵之間存在高度相關關係，這會導致模型參數的估計不準確。雖然多重共線性最初是針對線性模型的，但實際上幾乎所有模型都會受它的影響（具體原因將在 5.4.1 節中討論）。這個問題很常見，因此在架設其他模型時，常常利用線性模型的分析工具來檢測和處理特徵之間存在的多重共線性問題。本節內容將主要聚焦於線性迴歸模型。

* 貪心演算法並非總能確保獲得理論上的最優結果。

5.4.1 多重共線性效應

下面透過一個例子來說明多重共線性對參數估計的影響。假設資料集中包含 1 個標籤變數 y 和 3 個引數 *x_1,x_2,x_3。被預測量和變數之間的關係如公式（5-7）所示，其中，ε是隨機擾動項。當然在架設模型時，我們並不知道這個公式。

$$y = 0.7x_1 - 1.1x_2 + 0.3x_3 + \varepsilon \tag{5-7}$$

在這個資料集中，變數 x_1 和 x_2 完全不相關，它們的相關係數 ** 等於 0；變數 x_1 和 x_3 高度相關，相關係數等於 0.958（約為 0.96），具體如圖 5-11 所示。

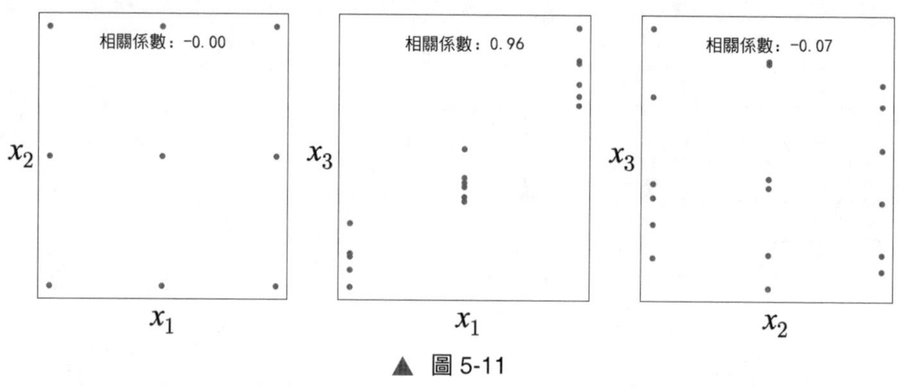

▲ 圖 5-11

首先，使用不相關的引數 x_1 和 x_2 分別架設 3 個不同的線性迴歸模型。這些模型的具體形式如公式（5-8）所示。

$$\begin{aligned} y &= a_1x_1 + b + \varepsilon \\ y &= a_2x_2 + b + \varepsilon \\ y &= a_1x_1 + a_2x_2 + b + \varepsilon \end{aligned} \tag{5-8}$$

* 多重共線性的研究源於統計分析，為了與其他文獻保持一致，本書使用「引數」或「變數」來表示特徵。

** 這裡的相關係數是指皮爾遜積矩相關係數（Pearson Product-Moment Correlation Coefficient）。它常被用於度量兩個變數 X 和 Y 之間的相關性（線性相關性）。取值為 –1 ～ 1，1 表示完全正相關，即 X 和 Y 在一條直線上，且直線呈上升趨勢；–1 表示完全負相關，即 X 和 Y 在一條直線上，且直線呈下降趨勢。具體的定義公式如下：

$$\rho_{X,Y} = \frac{\mathrm{Cov}(X,Y)}{\sigma_X\sigma_Y} = \frac{E[(X - E[X])(Y - E[Y])]}{\sigma_X\sigma_Y}$$

其中，$\mathrm{Cov}(X,Y)$ 表示 X 和 Y 的協方差，σ_X和σ_Y分別表示 X 和 Y 的標準差。

各模型的參數估計結果列舉在表 5-1 中 *。

▼ 表 5-1

模型	a_1 估計值	a_1 標準差	a_1 是否顯著（5%）	a_2 估計值	a_2 標準差	a_2 是否顯著（5%）
只有 x_1	0.972	0.279	是	—	—	—
只有 x_2	—	—	—	–1.113	0.244	是
x_1 和 x_2	0.972	0.021	是	–1.113	0.021	是

根據表 5-1，可以得到以下結論。

（1）不管是否加入新變數 x_2，模型參數 a_1 的估計值始終保持不變，這一結論也適用於模型參數。

（2）當引入新變數 x_2 後，模型參數 a_1 的估計值的標準差（準確的說法是參數估計值的標準差估計值）減小了，模型參數 a_2 也是如此。簡言之，引入新的不相關引數後，原有引數估計值的標準差減小了。需要注意的是，這個結論在大多數情況下成立，但在某些情況下，即使原有的某個變數與新引入的變數沒有關係，其估計值的標準差也會增加。然而，在數學上可以證明，標準差的增加程度微乎其微（具體細節超出了本書的討論範圍）。

（3）探討參數估計值的標準差是為了評估變數的顯著性。根據第 2 點中的結論，引入不相關的新變數通常不會影響原有變數的顯著性（在極端情況下可能有例外情況）。

綜上所述，當多個引數相互不相關時，使用這些引數一同建構模型是「安全」的。對於其中的任意一個變數，在模型中使用它或不使用它都不會影響其他變數的參數估計。這是模型架設時的理想情形（這其實也是線性迴歸模型的假設之一：引數間不存在多重共線性）。

然而，如果引數之間存在強相關關係，情況就會有所不同。為了研究這一問題，下面使用高度相關的 x_1 和 x_3 建構一組模型，模型的具體形式如下：

$$
\begin{aligned}
y &= a_1x_1 + b + \varepsilon \\
y &= a_3x_3 + b + \varepsilon \\
y &= a_1x_1 + a_3x_3 + b + \varepsilon
\end{aligned}
\tag{5-9}
$$

這些模型的結果如表 5-2 所示。

* 具體的程式實現請參考本書書附程式 /ch05_econometrics/multicollinearity.ipynb。

▼ 表 5-2

模型	a_1 估計值	a_1 標準差	a_1 是否顯著（5%）	a_3 估計值	a_3 標準差	a_3 是否顯著（5%）
只有 x_1	0.972	0.279	是	—	—	—
只有 x_3	—	—	—	1.090	0.282	是
x_1 和 x_3	–0.168	0.959	否	1.260	1.017	否

表 5-2 中的結果與之前的結論有很大差異，具體如下。

（1）模型參數 a_1 的估計值不僅與變數 x_1 相關，還取決於模型中是否包含變數 x_3。當加入新變數 x_3 後，a_1 的估計值從比較準確的 0.972 變成了偏離較大的 –0.168。

（2）加入新變數 x_3 後，模型參數 a_1 的標準差估計值也大幅增加，從原來的 0.279 變為 0.959。這表示加入新的高度相關引數後，原有引數的標準差增大了（當然，這個結論也有例外情況）。

（3）原本模型參數 a_1 是顯著的，但加入引數 x_3 後，a_1 變得不再顯著。這個結論很大程度上是第 2 點的推論。

到目前為止，可知多重共線性對線性迴歸模型的影響：它會使模型參數的估計值變得不準確 *。

如果摒棄具體的模型結構，那麼可以用更直觀的方式（但並不精確）來理解多重共線性的影響。無論模型類型如何，變數的參數都表示變數對標籤變數的影響。當模型中的引數彼此不相關或相關性較低時，模型可以較為輕鬆地推斷出被預測量的變化來源於哪個變數。如圖 5-12 左側所示，當 x 和 y 各自變化時，y 與這兩個變數的關係相對明確，相應的模型參數也能準確地估計。但是，如果模型中存在兩個或多個強相關的引數，由於這些引數總是同時變動，模型很難單獨分辨出標籤變數的變化來源於哪個變數。如圖 5-12 右側所示，如果 x_1 和 z_1 彼此相關，同時變動，那麼就難以準確確定 y_1 與它們之間的關係。因此，多重共線性會影響參數估計的準確性對所有模型都成立。

* 這個結論在學術上並不十分嚴謹。在多重共線性下，線性迴歸模型的參數估計值實際上是無偏的。換句話說，估計值的期望仍然等於真實值。然而，由於估計值的標準差增大，因此在絕大多數情況下，具體的估計值會偏離真實值較遠。基於這一點，可以說多重共線性會導致參數估計值的不準確性。此外，針對已知資料（訓練資料），多重共線性並不會影響模型效果。

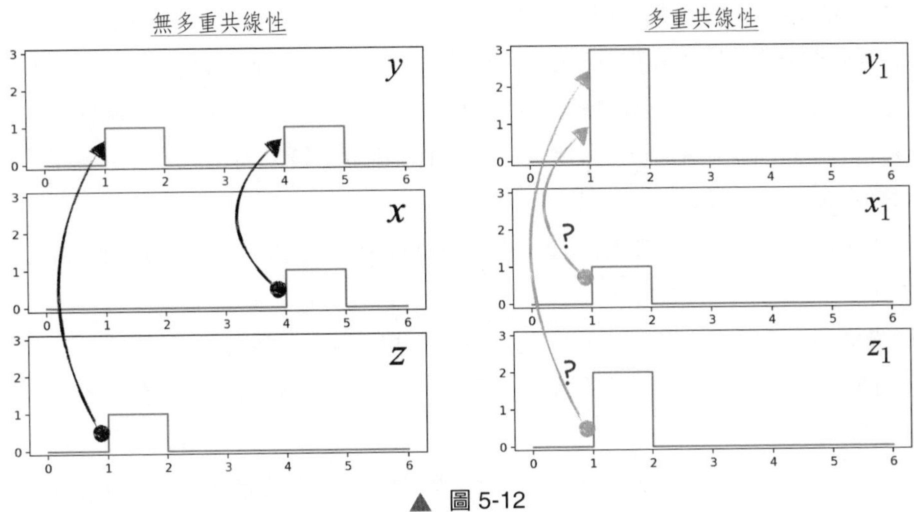

▲ 圖 5-12

5.4.2 檢測多重共線性

本節將探討如何檢測變數之間是否存在共線性問題。當涉及兩個變數時，通常使用相關性指標進行評估。而對於多個變數的情況，共線性的檢測通常基於線性模型的假設檢驗及方差膨脹因數（Variance Inflation Factor）進行分析。

在檢測兩個變數時，根據變數類型的不同，可以將其分為 3 種情況。

（1）定量變數間的檢測：使用相關係數和對應的 P-value。通常採用皮爾遜積矩相關係數或斯皮爾曼等級相關係數 *。這些係數的範圍在 [–1,1] 之間，接近 0 表示兩變數幾乎相互獨立，接近 1 表示正相關，接近 –1 表示負相關。若相關係數明顯不等於 0（參考 P-value 進行判斷），則存在共線性問題。

（2）定性變數間的檢測：採用卡方檢定中的卡方統計量和相應的 P-value。具體細節請參考 5.3.2 節。

---

* 斯皮爾曼等級相關係數（Spearman's Rank Correlation Coefficient）是統計中常用的相關性指標。它利用單調方程式評價兩個統計變數的相關性。其取值為 –1 ～ 1，如果資料中沒有重複值，並且當兩個變數完全單調相關時，斯皮爾曼等級相關係數為 1 或 –1。具體的計算公式如下：

$$\gamma_s = \frac{\mathrm{Cov}(rg_X, rg_Y)}{\sigma_{rg_X}\sigma_{rg_Y}} = \rho_{rg_X, rg_Y}$$

其中，rg_X, rg_Y分別表示變數 X 和 Y 的排序序號。

（3）同時包含定量變數 A 和定性變數 B 的檢測：使用 one-way ANOVA 分析 * 中的η^2。one-way ANOVA 是一種假設檢驗技術，常用於檢驗多組資料平均值是否顯著不同。具體來說，將定量變數 A 作為被預測量、定性變數 B 作為引數，建構線性迴歸模型，並進行 one-way ANOVA 分析。指標η^2表示變數 A 中可由變數 B 解釋 ** 的比例。該指標接近 1 時，表明兩變數之間存在共線性問題。

針對多個變數之間的共線性問題，主要有兩種常用的檢測方法：假設檢驗和方差膨脹因數。

假設檢驗的想法是：當某幾個變數分別不顯著，但它們聯合起來又顯著時，這表示這幾個變數之間存在多重共線性問題。有關假設檢驗的技術細節，第 3 章已有詳細討論，所以這裡不再贅述。

接下來重點討論方差膨脹因數。傳統上，該指標用於衡量模型參數估計值的方差膨脹情況。為了解釋這一點，以以下的線性迴歸模型為例 ：

$$y = \beta_0 + \beta_1 x_1 + \cdots + \beta_k x_k + \varepsilon \tag{5-10}$$

其中，ε的方差是σ^2。以參數β_1為例（其他參數類似），根據數學推導，其估計值的估計方差記為$\widehat{\mathrm{Var}}(\hat{\beta}_1)$，公式如下 ：

$$\widehat{\mathrm{Var}}(\hat{\beta}_1) = \frac{\sigma^2}{\mathrm{Var}(x_1)} \frac{1}{1 - R_1^2} \tag{5-11}$$

其中，R_1^2是決定係數，對應的線性迴歸模型如下 ：

$$x_1 = \alpha_0 + \alpha_2 x_2 + \cdots + \alpha_k x_k + e \tag{5-12}$$

正如第 3 章所述，線性模型的決定係數是用來評估模型解釋能力的指標。決定係數R_1^2越接近 1，說明模型的擬合效果越好。這也表示變數 x_1 的變化幾乎可以被其他變數完

* ANOVA（Analysis of Variance，方差分析）為資料分析中常見的統計模型，主要為探討連續型變數與類型變數之間的關係。相關的計算實現請參考本書書附程式 /ch05_econometrics/one_way_anova.ipynb。

** 假設定性變數 B 有 k 個類別，於是將定量變數 A 按 B 的取值分為 k 組。可以證明 A 的方差（記為SS_{total}）可被分解為兩部分：不同組之間的方差（每組平均值的方差，記為SS_{between}）和組內部的方差之和（將每組的方差相加起來，記為SS_{within}）。於是定義η^2如下：

$$\eta^2 = \frac{SS_{\text{between}}}{SS_{\text{total}}}$$

η^2的取值介於 0 與 1 之間。當它等於 1 時，表示在一個組內，A 恒等於某個值，即 A 的取值完全由 B 的取值決定。

全解釋，換句話說，資料中存在嚴重的多重共線性問題，而且 x_1 是引起共線性問題的變數之一。反之，若R_1^2接近於 0，則表示在模型中加入 x_1 不會引起共線性問題。

於是針對 x_i，我們按公式（5-13）定義它的方差膨脹因數 VIF_i。一般來說當方差膨脹因數大於 5 時，可以確定相應的變數存在明顯的共線性問題。這個檢測方法的核心思想是觀察某個變數在多大程度上能夠由其他變數線性串列示。

$$\text{VIF}_i = {}^{1}/_{(1 - R_i^2)} \tag{5-13}$$

以上是檢測多重共線性問題的常用方法。使用這些方法，可以對 5.4.1 節中的資料進行檢測，並得出合理的結論，具體的實現方法請參考本書書附程式。如果檢測到資料中存在多重共線性問題，那應該如何解決它呢？這是下一節將探討的內容。

5.4.3 解決方法

本節將延續 5.4.1 節中使用的資料集。在探討具體的解決方法之前，首先對導致多重共線性的原因進行分類。這些原因可以分為兩類：資料導致的共線性和結構性共線性。前文主要討論了資料導致的共線性，這是最常見的。結構性共線性是指由特徵提取引起的共線性。舉例來說，基於變數x_3，生成新的變數x_3^2，x_3和x_3^2之間很容易引發共線性問題。針對這兩類問題，各自存在相應的解決方法。

源於資料的多重共線性是一個複雜的問題，沒有通用的解決方案，對此需要根據具體場景進行具體分析。下面簡介 5 種常用的解決方法。

（1）增加訓練資料：增加訓練資料是解決多重共線性問題「最有效也最無效」的方法。多重共線性對線性模型的影響在於增加參數估計值的方差，導致估計值不穩定。透過增加訓練資料，可以使參數估計值變得更穩定（這一結論對其他模型也成立），這是解決多重共線性問題最有效的方法。然而，增加訓練資料受到很多實際因素的限制，例如資料收集成本等。有時幾乎無法獲取更多的資料，而且增加訓練資料超出了模型架設的範圍，更像商業或經濟問題。從這個層面來看，它可能是最無效的解決方法。

（2）去掉不重要的變數：如果在資料集中存在高度相關的變數，例如 x_1 和 x_3，那麼可以考慮在模型中去掉其中一個變數，比如 x_3，以消除共線性問題。然而，這種做法存在一定的風險，因為去掉變數會導致資訊的損失，且難以確定哪個變數更為重要，可能導致錯誤地刪除了重要的變數。

（3）資料降維：如果資料中存在共線性問題，那麼可以在原始變數的基礎上生成較少的新特徵，用這些新特徵進行建模，比如根據 x_1 和 x_3 生成新變數 x_4，然後利用 x_4 架設模型。在新特徵的生成過程中，需要盡可能地保留原始變數的資訊，這可以透過資料降維來實現。主成分分析是其中最常見的演算法之一，詳見 13.4.3 節。

（4）加入懲罰項：如果只針對線性迴歸模型，那麼可以透過加入懲罰項消除共線性帶來的影響。具體地，在線性迴歸模型中加入 L2 懲罰項（Ridge 迴歸）能比較有效地解決共線性問題，相關的程式請參考 4.3.2 節。

（5）鴕鳥政策（Ostrich Policy）*：簡而言之，鴕鳥政策就是對共線性問題視而不見。儘管這並不是解決問題的方法，但在某些情況下是合理的。舉例來說，對於已知資料，模型的預測幾乎不受共線性影響，此時忽略共線性問題是可以接受的。

如果遇到結構性共線性問題，除了前面提到的 5 種解決方法，還有一種更工程化的方法：變數歸一化。舉例說明，考慮 x_3 和x_3^2，如圖 5-13 中標記 1 所示，在遠離原點的地方，x_3 和x_3^2幾乎呈一條直線，這就是結構性共線性的來源。解決方法也已在圖中舉出，就是讓變數的值儘量靠近原點，如圖 5-13 中標記 2 所示。

因此，對變數進行歸一化操作，即用$(x_3 - \overline{x_3})/\mathrm{std}(x_3)$替代$x_3$（用$(x_3 - \overline{x_3})^2/\mathrm{Var}(x_3)$替代$x_3^2$）。稍加注意可知，變數$(x_3 - \overline{x_3})/\mathrm{std}(x_3)$的方差等於 1，這也是該方法被稱為變數歸一化的原因。經過歸一化後，變數更加集中於原點附近。此外，每個變數的變化範圍大致相同，這有利於模型參數的估算 **。在實際建模過程中，無論是否存在多重共線性問題，通常都會對變數進行歸一化處理。

* 當鴕鳥遇到危險的時候，習慣於閉上眼睛，把頭埋進土裡。當鴕鳥看不到危險的時候就相信危險不存在，但是其身體仍然暴露在外面，並且在應對危險的時候更加脆弱。因此，鴕鳥政策指面對危險的時候採取放任不管的態度。

** 相關細節請參考 6.2.1 節。

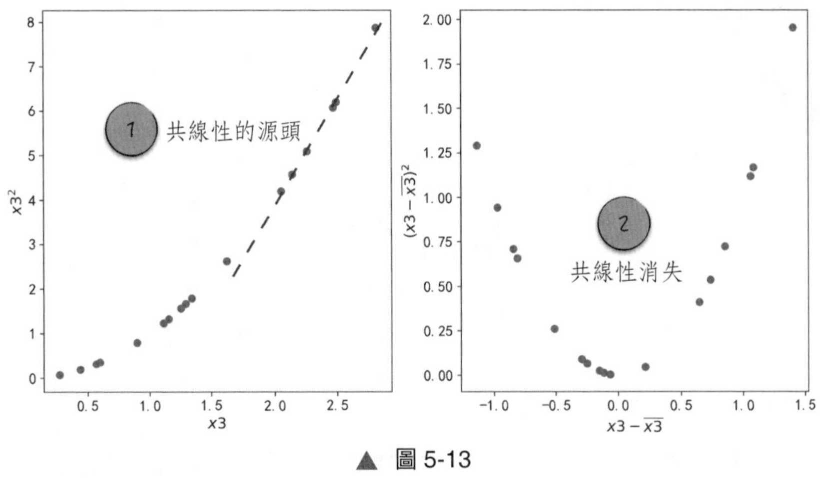

▲ 圖 5-13

5.4.4 虛擬變數陷阱

本節將焦點重新放到定性特徵上，討論一種由它帶來的多重共線性。如在 5.2.1 節所討論的，在處理多維度的定性特徵時，需要將其轉為多個虛擬變數。若處理不當，這些虛擬變數之間很容易產生共線性問題，也就是所謂的虛擬變數陷阱（Dummy Variable Trap）。

針對虛擬變數陷阱，先前已經探討了一個簡單的情形。簡單回顧一下，對於一個有 n 個類別的定性特徵，若將其轉為 n 個虛擬變數，因為這些虛擬變數之和總是等於 1，所以同時使用它們必然導致嚴重的共線性問題（實際上，這很可能使模型參數無法估計）。為了解決這個問題，通常從定性變數的 n 個類別中選擇一個作為基準類別，然後基於此，將 n 維定性變數轉為 n–1 個虛擬變數。

這種方法似乎解決了問題，但如果基準類別的選擇不合理，生成的虛擬變數仍然可能存在嚴重的共線性問題。簡單來說，如果選擇的基準類別佔比較少，那麼在大多數情況下，資料不屬於基準類別，因此生成的虛擬變數之和等於 1。雖然不是總等於 1，但大部分情況下等於 1 仍會導致嚴重的共線性問題。

解決這個問題有一個簡單而有效的方法：對於一個有 n 個類別的定性特徵，選擇佔比最大的類別作為基準類別，並生成 n–1 個虛擬變數來代表其餘的類別。然而，這種方法並非始終有效。如果特徵對應的類別特別多，且類別分佈較均勻（比如在自然語言處理中的文字或單字），無論選擇哪個類別作為基準，都可能導致嚴重的共線性問題。在這種情況下，只能透過減少類別數量或利用神經網路等方法，將定性特徵轉化為定量特徵。

5.5 本章小結

5.5.1 要點回顧

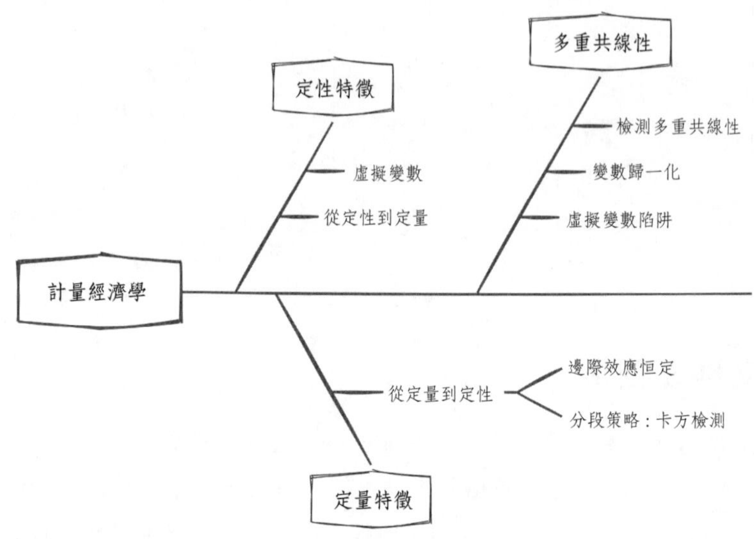

本章並不涉及具體模型的介紹，而是參考計量經濟學的想法，討論在建模實踐中常見的兩類問題。

首先是特徵處理。模型使用的特徵可以分為兩類：定量特徵和定性特徵。定量特徵能夠直接進行數值運算，因而可以直接在模型中使用。這種使用方式暗含了一個假設，即邊際效應是恒定的。若需要消除這一隱藏的假設，可以考慮透過分段的方式將定量特徵轉為定性特徵。定性特徵無法直接進行數值運算，因此通常需要將其轉為多個虛擬變數。這些虛擬變數所攜帶的資訊量較少，對於提升模型效果的幫助有限，因此需要將定性特徵轉為定量特徵。傳統的方法大多針對有序的定性特徵，具體的演算法有多種。本章著重介紹了在保險行業廣泛應用的 Ridit Scoring 方法。

其次是增加特徵對模型的影響。通常情況下，隨著特徵數量的增加，模型可以利用的資訊量也隨之增多，從而可以提升預測效果。然而，在某些情況下，特徵數量的增加並非一種「祝福」，反而更像是一種「詛咒」。過多的特徵容易引發多重共線性問題，這會使整個模型變得不穩定，影響其預測和解釋能力。

除了本章討論的內容，計量經濟學還有一個更關鍵的主題：模型的內生性（Endogeneity）問題。內生性問題表示標籤和特徵相互影響，這會對模型參數估計造成嚴重影響，進而降低模型的準確性。內生性問題有點像哲學中的「先有雞，還是先有蛋」問題，並沒有明確的工程化解決方案，在人工智慧領域的應用案例也極為稀少。因此，儘管內生性問題至關重要，但在本書中並沒有涉及。讀者若對此感興趣，建議參考其他相關文獻，比如 Jeffrey Wooldridge 編著的 *Introductory Econometrics: A Modern Approach*，以及 Russell Davidson 等人編著的 *Econometric Theory and Methods*。

截至本章，本書討論的焦點內容是傳統的統計學模型，即資料模型（Data Model）。這些模型通常穩定且易解釋，然而在實際應用中，單獨使用它的預測效果並不理想。為彌補這一不足，隨後的章節將重點探討另一類模型，即演算法模型（Algorithm Model）。這個領域涵蓋許多模型，神經網路是其中的經典代表，也是人工智慧的核心內容。這些模型通常表現出卓越的預測能力，但相對而言，它們的穩定性和可解釋性略顯不足。

5.5.2 常見面試問題

針對本章討論的內容，常見的面試問題如下。

1. **共線性**
   - 什麼是多重共線性？它如何影響模型的性能？請提出解決多重共線性的方法。
   - 請解釋虛擬變數陷阱及其在迴歸分析中可能導致的問題。
   - 對資料降維為什麼能解決共線性問題？
   - 為什麼在訓練模型之前需要對變數進行歸一化？請介紹歸一化的幾種方法。
2. **定性特徵**
   - 請解釋定量特徵和定性特徵之間的區別，並說明在人工智慧領域應該如何處理它們。
   - 請介紹一些處理定性特徵的常見技術或轉換方法。
3. **定量特徵**
   - 什麼是卡方檢測？它在特徵選擇和模型建構中有什麼作用？
   - 為什麼在某些情況下，需要將定量特徵轉為定性特徵？請列舉幾種常見的轉換方式。
   - 如何解釋特徵之間的相關性？如何利用相關係數進行特徵選擇？

微積分被發明之後，曾在諸多領域得到廣泛的應用。然而在最初階段，由於對關鍵概念「無限小」的定義存在模糊，微積分在邏輯上陷入混亂，這引發了第二次數學危機，使微積分幾乎夭折。幸運的是，法國數學家奧古斯丁·路易·柯西（Augustin Louis Cauchy，1789—1857）挺身而出，運用精確且嚴謹的數學語言，將無限小定義為一個過程而非確定的量，成功挽救了微積分的命運。

柯西是一位高產的數學家，一生發表了 800 多篇論文。他在 1847 年的一篇文章中首次引入了梯度下降法，這一方法成為解決最佳化問題的基石。

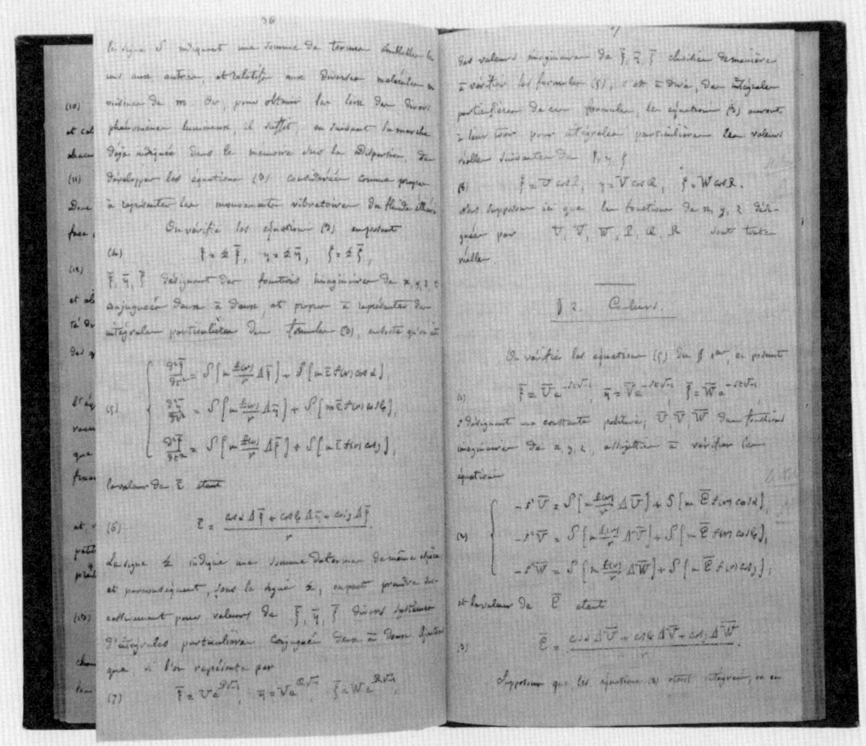

▲ 柯西手稿

第 6 章
最佳化演算法：參數估計

Ideas are cheap; execution is everything.
（創意不值錢，執行力才是關鍵。）

——Chris Sacca

正如前面幾章討論的，在著手架設模型時，首先會從實際應用場景出發，初步分析資料的特徵，獲取靈感和直覺；然後，透過數學的抽象和變換，為問題選擇合適的模型架構；最後，使用 Python 開放原始碼的演算法函數庫實現最終的模型，其中模型的參數已經被估計出來。

從軟體設計的角度來講，Python 開放原始碼演算法函數庫在抽象（Abstraction）方面做得非常出色。它有效地隱藏了模型建構和訓練的底層實現細節，使我們只需關注高層的概念和操作，即提供的一系列函數介面（API）。透過這些介面，通常只需幾十行程式就能完成模型的建構和訓練。在這個過程中，無須過多考慮模型背後複雜的數學計算，電腦估計模型參數的演算法實現也不再成為障礙。在理想情況下，所有底層的複雜性都被完美抽象，資料科學家的工作更加輕鬆和便捷（當然，作為硬幣的另一面，這也可能導致資料科學家的門檻降低，進而影響相關職務的數量和薪水）。然而，不幸的是（或幸運的是），由於模型涉及複雜的數學抽象和計算，即使軟體設計和抽象再完美，也無法完全掩蓋其複雜性，某些細節仍然可能洩露出來，影響使用者對系統的理解和操作，這就是抽象洩露（Leaky Abstraction）。

舉個例子，在訓練邏輯迴歸模型時，某些資料集可能導致開放原始碼演算法函數庫出現錯誤，無法估計模型參數。對於相對經典或簡單的模型，抽象洩露的情況較少出現。然而，對於更複雜的模型，例如神經網路領域的深度學習和大語言模型，可能出現大量的抽象洩露問題。如果不理解底層實現的細節，在這些領域將寸步難行：從理論角度來看，無法理解模型的精髓，就難以有效地最佳化模型，無法達到預期的模型效果；從實際應用角度來看，遇到程式問題難以修復，訓練時間過長，除了參考範例實現，很難靈活運用演算法函數庫，也無法根據需求調整模型架構。

因此，本章將深入研究開放原始碼演算法函數庫的核心細節，探討如何基於模型的數學公式計算出相應的參數估計值。更具學術性的表述是——探討解決最佳化問題的演算法。最佳化問題有多種求解方法，不同演算法適用於不同的模型，並在解決不同類型的問題上各有優勢。鑑於篇幅限制，本章將特別注意最核心、應用最廣泛的演算法：梯度下降法、隨機梯度下降法及其各種變種。

這部分內容可能相對深奧，尤其是對程式設計不太熟悉的讀者可能會難以理解。學習本身並非易事，尤其涉及學科的核心內容。建議對神經網路感興趣的讀者多次閱讀，充分理解本章的內容。對其他機器學習模型（或統計分析模型）來說，本章是相對獨立的，跳過它不會影響對模型本身的理解。因此，對此不感興趣的讀者可以選擇暫時跳過本章，繼續閱讀其他章節。

6.1 演算法想法：模擬捲動

抽離特定背景，從數學的角度來看，無論是在監督學習還是無監督學習中，每個模型都涉及一個與之相關的損失函數，這個損失函數內含若干未知的模型參數。以迴歸問題為例，線性迴歸模型對應的損失函數如公式（6-1）所示，其中$\boldsymbol{X}_i = (x_{1,i}, x_{2,i}, \cdots, x_{k,i}, 1)$表示引數向量，1 表示常數變數，$\boldsymbol{\beta} = (a_1, a_2, \cdots, a_k, a_{k+1})^{\mathrm{T}}$表示未知的模型參數。

$$L = \frac{1}{n}\sum_{i=1}^{n}(y_i - \boldsymbol{X}_i\boldsymbol{\beta})^2 \tag{6-1}$$

又比如針對分類問題，邏輯迴歸模型對應的損失函數如公式（6-2）所示，其中$y_i \in \{0, 1\}$表示資料的類別。

$$\begin{aligned} h(\boldsymbol{X}_i) &= 1/(1 + \mathrm{e}^{-\boldsymbol{X}_i\boldsymbol{\beta}}) \\ L &= -\frac{1}{n}\sum_{i=1}^{n}[y_i \ln h(\boldsymbol{X}_i) + (1 - y_i)\ln(1 - h(\boldsymbol{X}_i))] \end{aligned} \tag{6-2}$$

公式（6-1）是基於歐氏距離的損失函數，在迴歸問題裡很常用。公式（6-2）的定義基於機率分佈，是分類問題常用的損失函數，在學術上被稱為交叉熵。

不論損失函數的具體形式如何，它的函數值都對應著模型的預測誤差，因此這個值越小越好。仔細分析損失函數後會發現，由於模型使用的資料都是給定的，它的函數值完全取決於模型的未知參數。以公式（6-1）和公式（6-2）為例，公式中的$\boldsymbol{X}_i, y_i$是不變的，L的設定值完全取決於參數$\boldsymbol{\beta}$。由此可以得到未知參數的估計原則：使得損失函數達到最小值。

下面來看看如何求一個損失函數的最小值。為了表述方便，假設損失函數為$L(a,b) = 1/n\sum_{i=1}^{n}(y_i - ax_i - b)^2$。數學功底深厚的讀者或許會注意到，對於這個損失函數，可以透過解析方法迅速得到參數估計值的解析運算式 *，從而得到具體的估計結果。這種情況在某些特定情況下的確成立，但這只是一種特例。在現實世界的資料和問題中，損失函數通常具有複雜的形式和結構，我們無法輕易地透過代數方法獲得參數估計的解析解。邏輯迴歸就是一個典型的例子。為了應對這樣的情況，需要一種普適性強、適用於各種複雜函數的方法。

換個角度來思考這個問題。L的函數影像如圖 6-1 所示，可以把它想像成一個炒菜的圓底鍋。在圓底鍋的邊上輕輕放下一顆雞蛋，根據生活經驗，無論圓底鍋的形狀如何，也無論雞蛋的初始位置在哪裡，雞蛋都會最終捲動到鍋的底部。同理，在求解函數的最小值時，可以採用類似的想法：從一個隨機選擇的起始點出發，然後模擬雞蛋捲動的過程，逐步改變點的位置，直到達到函數影像的最低點。這個最低點的位置就是我們要找的參數的估計值。

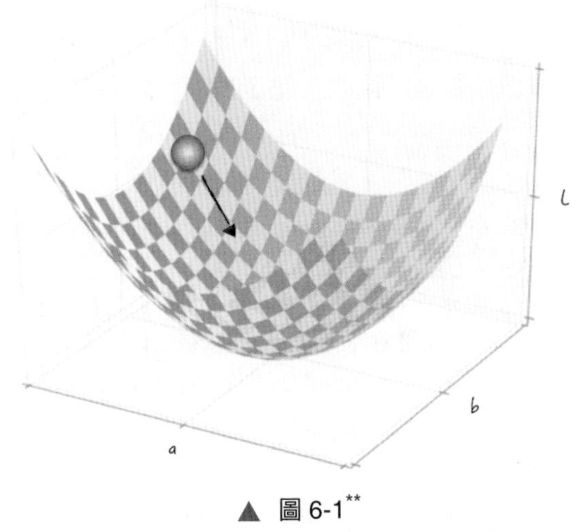

▲ 圖 6-1 **

* 對於一個處處可導的函數，函數最值的必要條件是導數值等於 0，即$\frac{\partial L}{\partial a} = 0, \frac{\partial L}{\partial b} = 0$。這兩個公式對應的線性方程組剛好能解出參數估計值的運算式：

$$\hat{a} = {\sum_i (x_i - \bar{x})(y_i - \bar{y})}\Big/{\sum_i (x_i - \bar{x})^2}, \qquad \hat{b} = \bar{y} - \hat{a}\bar{x}$$

這組公式也被稱為最小平方法。

** 圖片參考自 *Neural Networks and Deep Learning* 一書。

在數學上，可以借助函數的導數來實現這種模擬。導數可以揭示函數局部範圍內的影像特性，從而告訴我們「雞蛋」應該滾向哪個方向 *。

在學術上，這個方法被稱為梯度下降法（Gradient Descent），下面將討論這個演算法的細節。

6.2 梯度下降法

針對損失函數 L，假設選取的初始點為 a_0,b_0；現在將這兩個點稍稍移動一點，得到 a_1,b_1。根據泰勒級數（Taylor Series）**，暫時只考慮一階導數 ***，可以得到公式（6-3），其中$\Delta a = a_1 - a_0, \Delta b = b_1 - b_0$。

$$\Delta L = L(a_1, b_1) - L(a_0, b_0) \approx \frac{\partial L}{\partial a}\Delta a + \frac{\partial L}{\partial b}\Delta b \tag{6-3}$$

如果令

$$(\Delta a, \Delta b) = -\eta(\frac{\partial L}{\partial a}, \frac{\partial L}{\partial b}) \tag{6-4}$$

其中$\eta > 0$，可以得到：$\Delta L \approx -\eta[(\frac{\partial L}{\partial a})^2 + (\frac{\partial L}{\partial b})^2] \leqslant 0$。這說明如果按公式（6-4）移動參數，損失函數的函數值始終是下降的，這正是我們想要達到的效果。如果一直重複

* 還有其他不同的求解最佳化問題的方法，這些方法大多源自模擬生活中的某個過程。比如模擬生物繁殖，得到遺傳演算法；模擬鋼鐵冶煉的冷卻過程，得到退火法。但這些演算法都是工程實現方面的演算法，跟正文中介紹的模型是兩個不同的概念，比如對於線性迴歸模型，既可以用傳統的梯度下降法求解，也可以用遺傳演算法得到參數的估計值。

** 回顧一下泰勒一階展開式，假設$f(x_1, x_2, \cdots, x_n)$是一個一階可導的函數，即$\frac{\partial^2 f}{\partial x_i \partial x_j}$都存在，則

$$f(x_1, x_2, \cdots, x_n) = f(a_1, a_2, \cdots, a_n) + \sum_{i=1}^{n} \frac{\partial f(a_1, a_2 \cdots, a_n)}{\partial x_i}(x_i - a_i) + o(\sum_i |x_i - a_i|) - a_i) - a_i|)$$

其中，$o(\sum_i |x_i - a_i|)$表示相對於$\sum_i |x_i - a_i|$的極小值，即

$$\lim_{x \to a} o(\sum_i |x_i - a_i|) \Big/ \sum_i |x_i - a_i| = 0$$

因此在 x 很靠近 a 時，有$f(x) \approx f(a) + \sum_i \frac{\partial f(a)}{\partial x_i}(x_i - a_i)$。但是當 x 離 a 較遠時，上述近似關係的誤差就很大了。

*** 如果考慮多階導數，可以得到其他的最佳化問題求解演算法，比如使用二階導數的共軛梯度法（Conjugate Gradient Method）等。這些演算法對於特定問題可以更快地得到收斂解，但它們對損失函數的要求更多，計算複雜度也更高，並不適合神經網路和分散式機器學習，所以這裡不做深入探討。

這種移動，數學上可以證明，損失函數能最終得到它的最小值，整個過程就像雞蛋在圓底鍋裡捲動一樣，於是可以得到參數的迭代公式，見公式（6-5）。

$$a_{k+1} = a_k - \eta \frac{\partial L}{\partial a}$$
$$b_{k+1} = b_k - \eta \frac{\partial L}{\partial b} \quad (6\text{-}5)$$

也可以換一個類比角度來理解梯度下降法的核心思想。想像你站在一個山坡上，目標是要找到最低的山谷。公式（6-5）就如同導航，在山坡上指引著你下山的方向。如果地勢是向下的（損失函數的偏導數$\partial L/\partial a < 0$），那麼你會朝著這個方向邁出一步；相反，如果地勢是向上的（$\partial L/\partial a > 0$），那麼你會退回一步，避免走向更高的地方。

在數學上，向量$\nabla L = (\frac{\partial L}{\partial a}, \frac{\partial L}{\partial b})$被稱為損失函數 L 的梯度。這也是公式（6-5）表示的演算法被稱為梯度下降法的原因。同時可以證明，函數的梯度正好是函數值下降得最快的方向，因此梯度下降法也是最高效的「下降」方式。

綜上，可以將梯度下降法的主要演算法歸納為三步：根據當前參數和訓練資料計算模型損失；計算當前的損失函數梯度；利用梯度，迭代更新模型參數，如圖 6-2 所示。

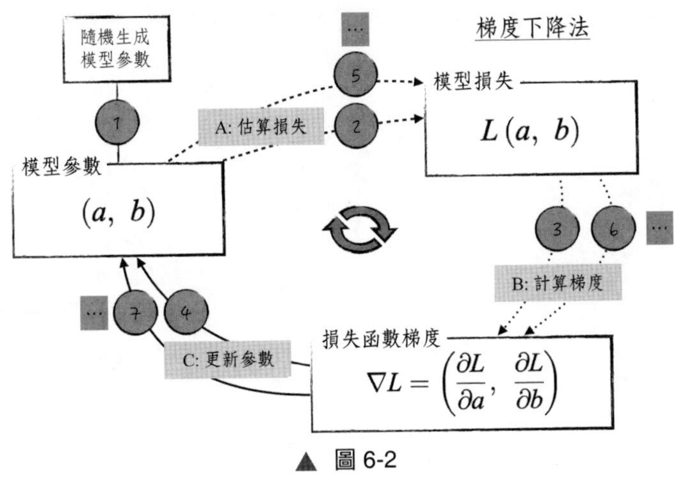

▲ 圖 6-2

需要強調的是，從嚴謹的數學角度來看，多元可微函數 L 在點 P 上的梯度，實際上是由在點 P 上各個變數的偏導數組成的向量。然而在人工智慧領域，尤其是神經網路領域，為了簡化表達，我們通常會用「變數的梯度」* 這一術語來指代該變數在特定情況下的偏導數或對偏導數的估計值。

6.2.1 演算法使用的竅門

公式（6-5）中的參數$\eta > 0$控制著參數更新的強度。在學術上，η被稱為學習速率（Learning Rate），是模型訓練過程中一個很重要的超參數，能直接影響演算法的正確性和效率，如圖 6-3 所示。

- 一方面，參數η不能太大。從數學角度來講，公式（6-3）是一階泰勒展開，它是一個近似公式，只在學習速率很小，也就$\Delta a, \Delta b$是很小時才近似成立。從直觀上來講，如果每次移動的步伐過大，容易發生來回搖擺的現象，無法到達最低點，影響演算法的準確性。
- 另一方面，參數η也不宜過小。如果它的值太小，會導致每次迭代時參數幾乎不變，使演算法的效率降低，需要很長時間才能到達最低點。

在人工智慧領域，選擇適當的學習速率 ** 是一項既具有藝術性，又深受學術關注的技能，許多最佳化演算法和工程技巧在此領域嶄露頭角。在 11.5.1 節中，會結合具體場景繼續探討這個問題。

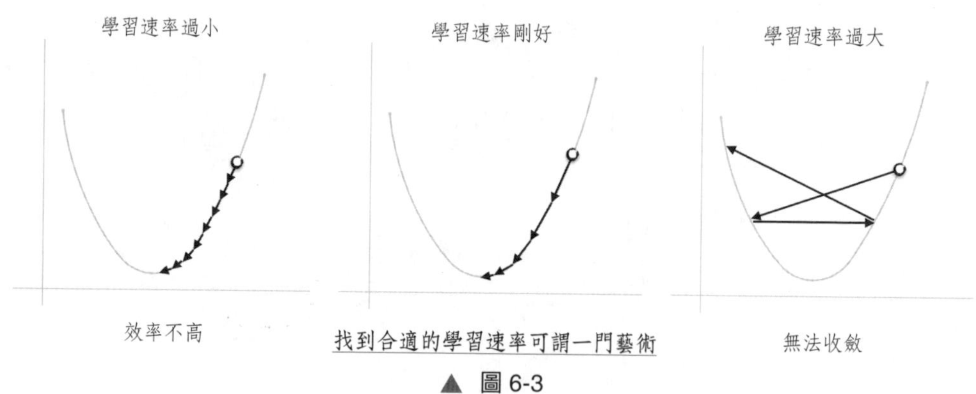

▲ 圖 6-3

* 這一概念在實際應用中非常重要，因為在最佳化演算法中，需要計算或者估計損失函數關於某個參數的偏導數，以指導這個參數的更新。然而，若要準確地計算梯度，就需要對多元函數的每個偏導數進行計算，這讓準確的數學表述變得非常煩瑣。因此，透過使用「變數的梯度」這一術語，能夠使表達更簡潔，並在實際操作中更加便利地進行參數更新和最佳化。

** 在實際應用中，確定適當的學習速率可以確保學習速率與梯度的乘積在合適的範圍內。這意味著需要動態調整的不僅是學習速率，還有參數的梯度。

如公式（6-5）所示，在梯度下降法的迭代公式中，演算法使用相同的學習速率來迭代更新不同的參數。然而，當損失函數對不同參數的偏導數存在顯著差異時，可能會導致參數的收斂速度差異明顯。這表示一些參數可能會迅速向最佳值收斂，而其他參數則可能變得較為緩慢。這種情況會對最佳化過程產生不利影響。舉個簡單的例子，考慮損失函數$L(a,b)\ =1/n\sum_{i=1}^{n}(y_i\ -\ ax_i\ -\ b)^2$，可以計算出這個函數的梯度為

$$\frac{\partial L}{\partial a} = -2/n\sum_i x_i(y_i - ax_i - b)$$
$$\frac{\partial L}{\partial b} = -2/n\sum_i (y_i - ax_i - b) \qquad (6\text{-}6)$$

假設變數 x 的絕對值較大（變化幅度較大），那麼$\frac{\partial L}{\partial a}$的絕對值就將遠遠大於$\frac{\partial L}{\partial b}$。這會導致相同的學習速率，對參數 a 而言過大，而對參數 b 而言又過小，從而影響演算法的效果。

為了應對這一問題，可以採用變數歸一化處理的策略，在一定程度上解決收斂速度差異的問題。透過對變數進行歸一化，將不同變數的設定值範圍映射到相似的尺度上，使損失函數在各個參數方向的變化更均勻。這有助在最佳化過程中，不同參數的更新步幅保持相對平衡，進而提升參數的收斂效率。

6.2.2 演算法的局限性：局部最佳與鞍點

梯度下降法雖然在最佳化模型參數時非常有用，但它也存在一個明顯的限制。理論上，梯度下降法只能確保到達局部最低點或鞍點，無法保證到達全域最低點。

- 如圖 6-4 左側部分所示，從位置 1 出發，演算法更可能停留在位置 2（局部最低點），而非全域最低點。
- 如圖 6-4 右側部分所示，從位置 4 出發，演算法可能會停留在位置 5（鞍點），即使演算法沒有停留在鞍點，也可能在位置 5 附近長時間徘徊，因為附近的梯度接近於 0。這種情況會導致模型訓練變得非常漫長，並且容易引起誤解，導致我們錯誤地提前終止訓練。

如果選擇位置 3 作為起點，演算法就能順利到達最低點。這啟發我們在使用梯度下降法時，可以透過多次嘗試不同的起點來規避演算法的局限性。舉例來說，針對損失函數 $L(a,b)$，可以隨機生成多組初始參數集，即多組 a_0,b_0，然後對每組初始參數集分別應用梯度下降法，直至函數值收斂到某個穩定值。最後，從這些收斂值中找出最小值，將

其視為函數的最小值。

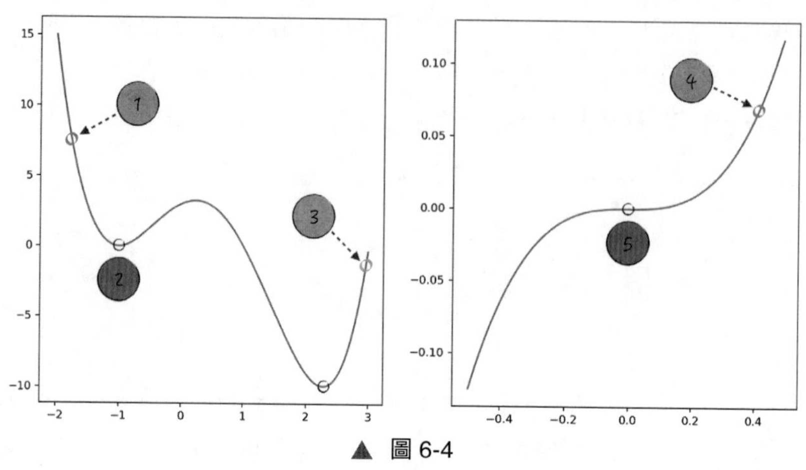

▲ 圖 6-4

儘管這種方法在一定程度上解決了局部最佳和鞍點問題，但它也存在明顯的缺點：計算成本極高，因為需要在不同的起點上反覆執行梯度下降法。對於相對簡單的模型或小型態資料集，這種策略可能還能接受。然而，在人工智慧領域中，模型的規模不斷增大，例如大語言模型通常包含數十億甚至上百億個參數，即使單次訓練也需要大量時間和資源，這樣的操作顯然就不切實際了。

因此，我們需要改進梯度下降法，提高其執行效率。在許多最佳化演算法中，最基礎的是隨機梯度下降法。這種方法在梯度計算過程中引入了一定的隨機性，使模型更有可能避開局部最低點和鞍點的限制。6.4 節將討論隨機梯度下降法及其各種變形。

6.3 梯度下降法的程式實現

Python 身為高級程式語言，以其易理解、易撰寫的特性受到廣泛歡迎，然而其計算速度相對較慢，因此在處理大量數值計算時顯得不太高效。在實際生產中，為了提高計算速度，通常不會直接使用 Python 從零開始實現高效的最佳化演算法，而常常採用另一種策略來兼顧 Python 的好用性和數值計算的高效性。使用底層程式語言（如 C 或 C++）來實現高效的數值運算，然後將這些底層函數封裝成 Python 的物件，以便使用者能夠輕鬆地透過 Python 與這些底層函數進行互動。

3.2.1 節中提到的 Numpy 便是這一策略的典型代表。接下來介紹的 PyTorch 也採用了類似的執行架構。站在這些工具的「肩膀」上，實現最佳化演算法就變得簡單許多。下面將展示如何在 PyTorch 的基礎上實現梯度下降法，以訓練線性迴歸模型。

6.3.1 PyTorch 基礎

工欲善其事，必先利其器。在討論如何實現梯度下降法之前，首先探討一下 PyTorch 這個強大的工具。PyTorch 是一種備受歡迎的開放原始碼機器學習框架，被廣泛用於建構、訓練和部署神經網路模型，因具有靈活性、動態計算圖和卓越的 GPU 支援而成為神經網路領域的首選。

PyTorch 的基礎資料結構是張量（其數學基礎可參考 2.1 節）。張量的建立方式如程式清單 6-1 所示 *。

程式清單 6-1 張量的建立

```
# 使用 tensor 封裝的函數建立 tensor
zeros = torch.zeros(2, 3)
tensor([[0., 0., 0.],
        [0., 0., 0.]])

ones = torch.ones(2, 3)
tensor([[1., 1., 1.],
        [1., 1., 1.]])

torch.manual_seed(1024)
random = torch.rand(3, 4)
tensor([[0.8090, 0.7935, 0.2099, 0.9279],
        [0.8136, 0.7422, 0.4769, 0.4955],
        [0.3602, 0.1178, 0.7852, 0.0228]])

# 從 Python 物件建立
data = [[2, 3, 4], [1, 0, 1]]
t_data = torch.tensor(data)
tensor([[2, 3, 4],
        [1, 0, 1]])

## 從 numpy 物件建立
import numpy as np

n_data = np.array(data)
tn_data = torch.from_numpy(n_data)
tensor([[2, 3, 4],
        [1, 0, 1]])

```

* 完整的實現請參考本書書附程式 /ch06-optimizer/pytorch_tutorial.ipynb。

```
## Numpy bridge，也就是說對 numpy 物件的改變會傳導到 tensor
n_data += 1
torch.all(torch.from_numpy(n_data) == tn_data)
tensor(True)
```

正如 2.1.6 節所討論的，張量的形狀（Shape）是至關重要的概念，它定義了張量的維度以及每個維度的大小。在實際應用中，可以透過使用一系列函數來改變張量的形狀，使其適應不同的運算需求，如程式清單 6-2 所示。

程式清單 6-2 改變張量的形狀

```
1  # 增加或減少資料的維度
2  a = torch.rand(3, 4)  # (3, 4)
3  ## 增加維度
4  b = a.unsqueeze(0)    # (1, 3, 4)
5  ## 減少維度
6  c = b.squeeze(0)      # (3, 4)
7  ## 資料相同，但是維度不同
8  print(torch.all(c.eq(b)))     # tensor(True)
9  print(c.shape == b.shape)     # False
10 
11 # 變換 tensor 形狀
12 data = torch.tensor(range(0, 10))    # tensor([1, 2, 3, 4, 5, 6, 7, 8, 9])
13 view1 = data.view(2, 5)
14 tensor([[0, 1, 2, 3, 4],
15         [5, 6, 7, 8, 9]])
16 transpose1 = view1.T
17 tensor([[0, 5],
18         [1, 6],
19         [2, 7],
20         [3, 8],
21         [4, 9]])
22 ## 非毗鄰儲存的物件不能進行 view 操作
23 print(view1.is_contiguous(), transpose1.is_contiguous())
24 True False
25 ## 下面的操作會顯示出錯
26 view2 = transpose1.view(1, 10)
```

（1）程式清單 6-2 的第 4 ～ 6 行使用 unsqueeze 和 squeeze 函數來增加或減少張量的維度。需要注意的是，這些操作並不會改變張量實際儲存的資料，也不會在實質上改變張量的形狀。相反，它們只是在張量的形狀中增加或刪除一個空的維度。具體的變化可以在第 8 行和第 9 行中看到。

（2）為了改變張量的形狀，可以使用 view 函數，如第 12 ～ 15 行所示。但需要注意的是，view 函數只能用在毗鄰儲存的張量*物件上。非毗鄰儲存的張量只能使用 reshape 函數來改變形狀。儘管這兩個函數在功能上相似，但在計算效率上存在顯著差異：相較於 view 函數，reshape 的計算銷耗要大得多。因此，在實際應用中，最好優先選擇使用 view 函數。

張量的運算分為兩種：逐元素操作（Element-Wise Operations）和矩陣乘法，這些計算方法在處理資料和建構神經網路模型時都具有重要作用。程式清單 6-3 中討論了這些操作，並介紹了 PyTorch 中的廣播機制（Broadcasting Semantics），它在處理不同形狀的張量時有著重要的作用。

程式清單 6-3 張量的常見運算

```
# 逐元素操作
twos = torch.ones(2, 2) * 2
tensor([[2., 2.],
        [2., 2.]])
powers = twos ** torch.tensor([[1, 2], [3, 4]])
tensor([[ 2.,  4.],
        [ 8., 16.]])

## tensor 廣播，tensor broadcasting
a = torch.tensor(range(1, 7)).view(2, 3)
tensor([[1, 2, 3],
        [4, 5, 6]])
b = torch.tensor(range(1, 4)).view(   3)
tensor([1, 2, 3])
print(a * b)
tensor([[ 1,  4,  9],
        [ 4, 10, 18]])
## 關於廣播，更複雜的例子
a =      torch.ones(4, 1, 3, 2)
b = a * torch.rand(   5, 1, 2)
print(b.shape)
torch.Size([4, 5, 3, 2])

# 矩陣運算
```

* 毗鄰儲存（C Contiguous）是一個與硬體相關的概念。簡而言之，毗鄰儲存意味著資料在記憶體中是連續儲存的，這種儲存方式能夠顯著提升資料的讀取和計算速度。張量在記憶體中的儲存細節超出了本書的範圍，對此感興趣的讀者可以在 PyTorch 的官方文件中找到更詳細的資訊。

```
25 | mat1 = torch.randn(3, 4)     # (3, 4)
26 | mat2 = torch.randn(4, 5)     # (4, 5)
27 | re = mat1 @ mat2             # (3, 5)
28 | ## 矩陣運算的廣播
29 | mat1 = torch.randn(5, 1, 3, 4)   # (5, 1, 3, 4)
30 | mat2 = torch.randn(   8, 4, 5)   # (   8, 4, 5)
31 | re = mat1 @ mat2                 # (5, 8, 3, 5)
```

（1）逐元素操作要求進行運算的兩個張量的形狀必須相同，如程式清單 6-3 中的第 2 ～ 7 行所示。然而，在實際應用中，常常需要對形狀不同的張量操作。為此，PyTorch 引入了廣播機制，它允許在一定條件下對形狀不同的張量進行逐元素操作，如第 9 ～ 22 行所示。

（2）廣播機制的流程相對複雜，如圖 6-5 所示，需要注意幾個關鍵步驟。首先，從後向前一個一個比較兩個張量的維度；接著，對缺失的維度進行擴充（類似於 unsqueeze 函數的操作）；然後，檢查廣播規則，即兩個張量的各分量不是相等，就是其中一個等於 1；最後，複製資料，實現廣播操作。

（3）廣播機制不僅適用於逐元素操作，它同樣影響著張量的矩陣乘法。不同之處在於，當執行矩陣乘法時，廣播機制只會作用於前面的維度，而不涉及最後兩維，如第 29 ～ 31 行所示。

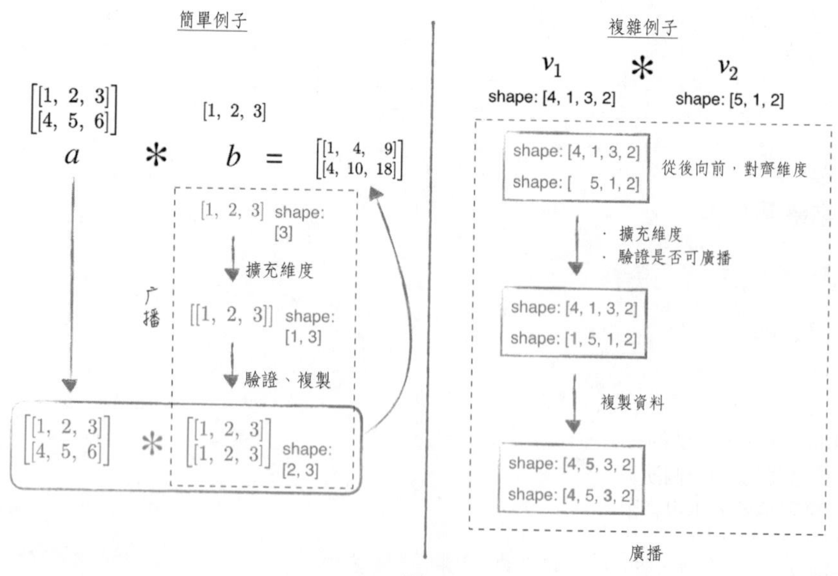

▲ 圖 6-5

6.3.2 利用 PyTorch 的封裝函數

本節將探索如何利用 PyTorch 提供的封裝函數來實現梯度下降法。正如 6.2 節中所討論的，實現梯度下降法涉及 3 個關鍵步驟。

（1）根據當前參數和訓練資料，計算模型損失。

（2）計算當前的損失函數梯度：利用模型定義的損失函數及訓練資料，計算得到當前損失函數的梯度。需要注意的是，損失函數梯度的計算依賴於損失函數的數學運算式、用於梯度計算的訓練資料，以及當前的參數估計值。這一步可以由 PyTorch 封裝好的反向傳播演算法[*]（Back Propagation，BP）來完成。

（3）利用梯度，更新模型參數：在計算得到損失函數的當前梯度後，利用這個梯度來迭代更新模型參數的估計值。這一步可以由 PyTorch 提供的最佳化演算法函數（例如 torch.optim.SGD）來實現。

首先進行一些準備工作，包括生成訓練所需的資料和定義模型的結構。儘管這部分程式相對簡單，但仍需注意以下兩點。

（1）在程式清單 6-4[**] 的第 2 ～ 4 行，對變數 x 進行歸一化處理。這一步的目的在於保證梯度下降法的穩定性。實際上，讀者可以很容易地修改程式，不對 x 進行歸一化處理，但會影響梯度下降法的穩定性，進而可能導致無法收斂的情況。在實際建模過程中，幾乎會對每個變數進行歸一化處理，以確保模型的穩健性和可靠性。

（2）在程式清單 6-4 的第 9 ～ 28 行，透過繼承 torch.nn.Module 的方式來定義線性迴歸模型。在具體的實現中，需要重寫兩個核心函數：__init__ 和 forward。__init__ 函數定義了模型所需的參數及相應的初始值，forward 函數中描述了如何利用這些參數獲得模型的預測結果[***]。

程式清單 6-4 定義模型和產生訓練資料

```
1 | # 產生訓練用的資料
2 | x_origin = torch.linspace(100, 300, 200)
```

* 在 PyTorch 中，演算法的正式名字是自動微分（Autograd 或 Automatic Differentiation）演算法。這兩者指的其實是同一個演算法。

** 完整的實現請參考本書書附程式 /ch06-optimizer/gradient_descent.ipynb。

*** 或許有些讀者會對「為什麼將模型的預測函數稱為 forward」感到好奇。這是因為在神經網路領域，常常將計算模型的預測結果並評估損失的步驟稱為向前傳播，而將更新模型參數的步驟稱為向後傳播。這種命名習慣在 PyTorch 這個主要應用於神經網路的開放原始碼工具中獲得了延續。關於向前傳播和向後傳播的具體細節，將在第 7 章中深入討論。

```
# 將變數 x 歸一化，否則梯度下降法很容易不穩定
x = (x_origin - torch.mean(x_origin)) / torch.std(x_origin)
epsilon = torch.randn(x.shape)
y = 10 * x + 5 + epsilon

# 為了使用 PyTorch 的高層封裝函數，透過繼承 Module 類別來定義函數
class Linear(torch.nn.Module):
    def __init__(self):
        """
        定義線性迴歸模型的參數：a, b
        """
        super().__init__()
        self.a = torch.nn.Parameter(torch.zeros(()))
        self.b = torch.nn.Parameter(torch.zeros(()))

    def forward(self, x):
        """
        根據當前的參數估計值，得到模型的預測結果
        參數
        ----
        x ：torch.tensor，變數 x
        傳回
        ----
        y_pred ：torch.tensor，模型預測值
        """
        return self.a * x + self.b

    def string(self):
        """
        輸出當前模型的結果
        """
        return f'y = {self.a.item():.2f} * x + {self.b.item():.2f}'
```

接下來，進入核心的演算法實現階段，如程式清單 6-5 所示，其中包括定義模型的損失函數、計算損失函數的梯度，以及計算迭代更新參數估計值。這些步驟相對固定，幾乎適用於所有模型。或許第 14 行中的「將上一次的梯度清零」操作可能會引發一些讀者的困惑。實際上，這行程式與反向傳播演算法的工作機制息息相關，第 7 章將對其進行詳細的解釋和討論。

程式清單 6-5 梯度下降法

```
# 定義模型
model = Linear()
# 確定最佳化演算法
learning_rate = 0.1
optimizer = torch.optim.SGD(model.parameters(), lr=learning_rate)

for t in range(20):
    # 根據當前的參數估計值，得到模型的預測結果
    # 也就是呼叫 forward 函數
    y_pred = model(x)
    # 計算損失函數
    loss = (y - y_pred).pow(2).mean()
    # 將上一次的梯度清零
    optimizer.zero_grad()
    # 觸發反向傳播演算法，計算損失函數的梯度
    loss.backward()
    # 迭代更新模型參數的估計值
    optimizer.step()
```

本節運用 PyTorch 提供的高級封裝函數實現了梯度下降法。儘管如此，整個演算法的核心困難仍然被這些函數隱藏了，其中有兩個關鍵函數造成了重要作用。首先是 optimizer.step()，負責實現參數的迭代更新，其細節相對簡單，可以輕鬆地實現，如圖 6-6 所示；其次是負責反向傳播演算法的 loss.backward() 函數，其實現相當複雜，將在第 7 章中詳細討論。

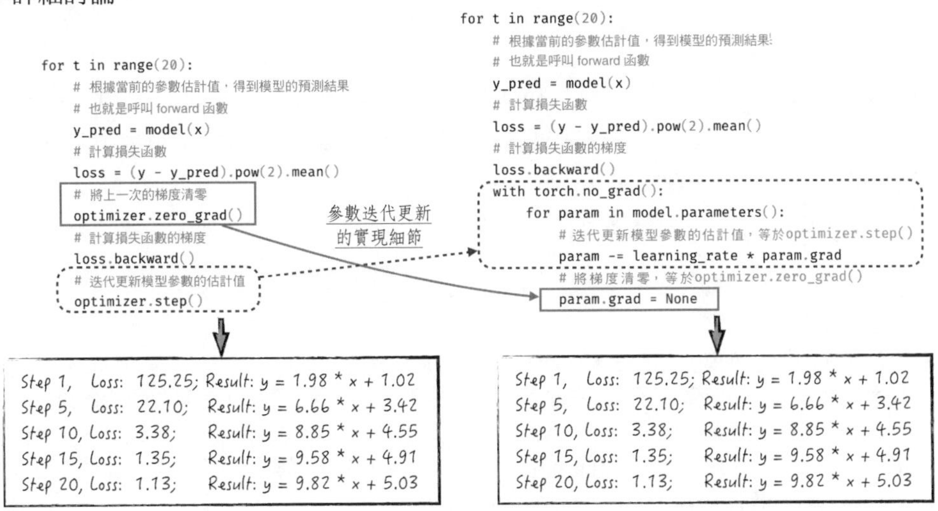

```
for t in range(20):
    # 根據當前的參數估計值，得到模型的預測結果
    # 也就是呼叫 forward 函數
    y_pred = model(x)
    # 計算損失函數
    loss = (y - y_pred).pow(2).mean()
    # 將上一次的梯度清零
    optimizer.zero_grad()
    # 計算損失函數的梯度
    loss.backward()
    # 迭代更新模型參數的估計值
    optimizer.step()
```

參數迭代更新的實現細節

```
for t in range(20):
    # 根據當前的參數估計值，得到模型的預測結果
    # 也就是呼叫 forward 函數
    y_pred = model(x)
    # 計算損失函數
    loss = (y - y_pred).pow(2).mean()
    # 計算損失函數的梯度
    loss.backward()
    with torch.no_grad():
        for param in model.parameters():
            # 迭代更新模型參數的估計值，等於optimizer.step()
            param -= learning_rate * param.grad
            # 將梯度清零，等於optimizer.zero_grad()
            param.grad = None
```

```
Step 1,  Loss: 125.25; Result: y = 1.98 * x + 1.02
Step 5,  Loss: 22.10;  Result: y = 6.66 * x + 3.42
Step 10, Loss: 3.38;   Result: y = 8.85 * x + 4.55
Step 15, Loss: 1.35;   Result: y = 9.58 * x + 4.91
Step 20, Loss: 1.13;   Result: y = 9.82 * x + 5.03
```

```
Step 1,  Loss: 125.25; Result: y = 1.98 * x + 1.02
Step 5,  Loss: 22.10;  Result: y = 6.66 * x + 3.42
Step 10, Loss: 3.38;   Result: y = 8.85 * x + 4.55
Step 15, Loss: 1.35;   Result: y = 9.58 * x + 4.91
Step 20, Loss: 1.13;   Result: y = 9.82 * x + 5.03
```

▲ 圖 6-6

6.4 隨機梯度下降法：更最佳化的演算法

梯度下降法雖然在理論上很美好，但在實際應用中常常會碰到瓶頸。為了說明這個問題，令表示模型在點的損失，即$L_i = (y_i - ax_i - b)^2$，對所有資料點的損失求和後，可以得到整體損失函數：$L = 1/n\sum_i L_i$。即模型的損失函數實際上是各個資料點損失的平均值，這一觀點適用於大多數模型 *。

計算整體損失函數 L 的梯度可得，$\nabla L = 1/n\sum_i \nabla L_i$。也就是說，損失函數的梯度等於所有資料點處梯度的平均值。但是在實際應用中，使用大型態資料集計算所有資料點的平均梯度需要相當長的時間。為了加速這個計算過程，可以考慮使用隨機梯度下降法（Stochastic Gradient Descent，SGD）。

6.4.1 演算法細節

隨機梯度下降法的核心思想是：每次迭代時只隨機選擇小量的資料點來計算梯度，然後用這個小量資料點的梯度平均值來代替整體損失函數的梯度 **。

為了使演算法的細節更加準確，引入一個超參數，稱為批次大小（Batch Size），記作 m。每次隨機選取 m 個資料，記為$I_1, I_2, \cdots, I_m$。使用這些資料點的梯度平均值來近似代替整體損失函數的梯度：$\nabla L = 1/n\sum_i \nabla L_i \approx 1/m\sum_{j=1}^{m} \nabla L_{I_j}$。由此得到新的參數迭代公式：

$$
\begin{aligned}
a_{k+1} &= a_k - \frac{\eta}{m}\sum_{j=1}^{m}\frac{\partial L_{I_j}}{\partial a} \\
b_{k+1} &= b_k - \frac{\eta}{m}\sum_{j=1}^{m}\frac{\partial L_{I_j}}{\partial b}
\end{aligned}
\tag{6-7}
$$

在隨機梯度下降法中，所有資料點都使用了一遍，稱為模型訓練了一輪。由此在實際應用中常使用另一個超參數——訓練輪次（Epoch），表示所有資料將被用幾遍，用於控制隨機梯度下降法的迴圈次數。換句話說，就是公式（6-7）被迭代運算多少次。

在一些機器學習書籍和學術文獻中，還對隨機梯度下降法（當時 m=1）和小量梯度下降法（當 m>1 時）進行了進一步的區分。然而，這兩種方法之間的區別並不大，其核

* 對於解決迴歸問題的模型，這個結論顯然成立。對於解決分類問題的模型（比如邏輯迴歸模型），只需對模型的似然函數做簡單的數學變換（先求對數，再求相反數），就可以得到同樣的結論。

** 這在數學上是完全合理的。從統計的角度來看，用所有資料點求平均值，並不比隨機抽樣的方法高明很多。與線性迴歸參數估計值類似，兩個結果都是隨機變數：它們都以真實梯度為期望，只是前者的置信區間更小。

心思想都是基於隨機採樣來近似計算梯度，從而高效率地更新參數、最佳化模型。在實際應用中，會根據問題的性質和資料規模選擇合適的批次大小，以獲得最佳的訓練效果。因此，本書將統一使用隨機梯度下降法來代表這一類方法，以保持概念清晰和簡潔。

與梯度下降法相比，隨機梯度下降法更高效，這是因為小量梯度計算比整體梯度計算快得多。儘管在隨機梯度下降法中，採用小量資料估計梯度可能會引入一些雜訊，但實踐證明這些雜訊對整個最佳化過程有好處，有助模型克服局部最佳的「陷阱」，逐步逼近全域最佳參數。

6.4.2 程式實現

隨機梯度下降法的實現與梯度下降法類似，不同之處在於，每次計算梯度時需要「隨機」選取一部分資料，具體的實現步驟可以參考程式清單 6-6[*]。

（1）在程式清單 6-4 的第 2 行，引入一個名為 batch_size 的超參數，用於控制每個批次中的資料量大小。選擇合適的 batch_size 對演算法的執行效率和穩定性至關重要。如果參數設置過大，可能會導致演算法執行效率下降；而過小的參數可能使演算法變得過於隨機，影響收斂的穩定性。選擇合適的參數需要結合具體的模型和應用場景，結合相關領域的經驗進行決策。

（2）在程式清單 6-6 的第 11 ～ 13 行，展示了一種隨機選取批次資料的實現方式。這也是隨機梯度下降法與普通梯度下降法的主要區別之一。實現隨機性的方式有很多種，比如引入隨機數等。這裡僅呈現一種經典方法：將資料按順序劃分成批次。

程式清單 6-6 隨機梯度下降法

```
1 | # 定義每批次用到的資料量
2 | batch_size = 20
3 | # 定義模型
4 | model = Linear()
5 | # 確定最佳化演算法
6 | learning_rate = 0.1
7 | optimizer = torch.optim.SGD(model.parameters(), lr=learning_rate)
8 |
9 | for t in range(20):
10 |     # 選取當前批次的資料，用於訓練模型
11 |     ix = (t * batch_size) % len(x)
```

* 完整的實現請參考本書書附程式 /ch06-optimizer/stochastic_gradient_descent.ipynb。

```
12 |         xx = x[ix: ix + batch_size]
13 |         yy = y[ix: ix + batch_size]
14 |         yy_pred = model(xx)
15 |         # 計算當前批次資料的損失
16 |         loss = (yy - yy_pred).pow(2).mean()
17 |         # 將上一次的梯度清零
18 |         optimizer.zero_grad()
19 |         # 計算損失函數的梯度
20 |         loss.backward()
21 |         # 迭代更新模型參數的估計值
22 |         optimizer.step()
23 |         # 注意！loss 記錄的是模型在當前批次資料上的損失，該數值的波動較大
24 |         print(f'Step {t + 1}, Loss: {loss: .2f}; Result: {model.string()}')
```

在隨機梯度下降法的執行過程中，通常使用模型的整體損失作為指標來監測演算法的執行情況。但要注意的是，程式清單 6-6 中第 16 行定義的 loss 表示模型在小量資料上的損失，這個值僅依賴於少量資料，迭代過程中會表現出極大的不穩定性，因此並不適合作為評估演算法執行情況的主要標識。

如果希望更準確地監測演算法的執行情況，需要在更大的資料集上估計模型的整體損失，例如在全部訓練資料上計算損失，如圖 6-7 所示。這種評估方式更穩定，能夠更全面地反映模型的訓練進展。

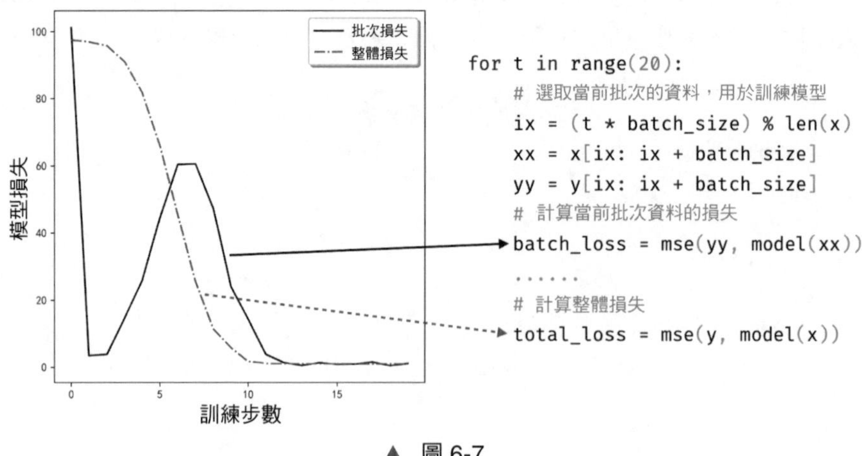

▲ 圖 6-7

6.4.3 進一步最佳化

回顧一下隨機梯度下降法的設計想法。雖然這個方法放棄了嚴格的數學嚴謹性，只採用小量資料的平均梯度來近似數學上嚴格定義的梯度，但在實際應用中獲得了顯著的效果。在學術界，這種演算法被稱為標準隨機梯度下降法（Vanilla SGD）。事實上，我們可以延續這一想法，在標準隨機梯度下降法的基礎上對梯度進行更深入的處理，以進一步提升演算法的性能，如圖 6-8 所示。

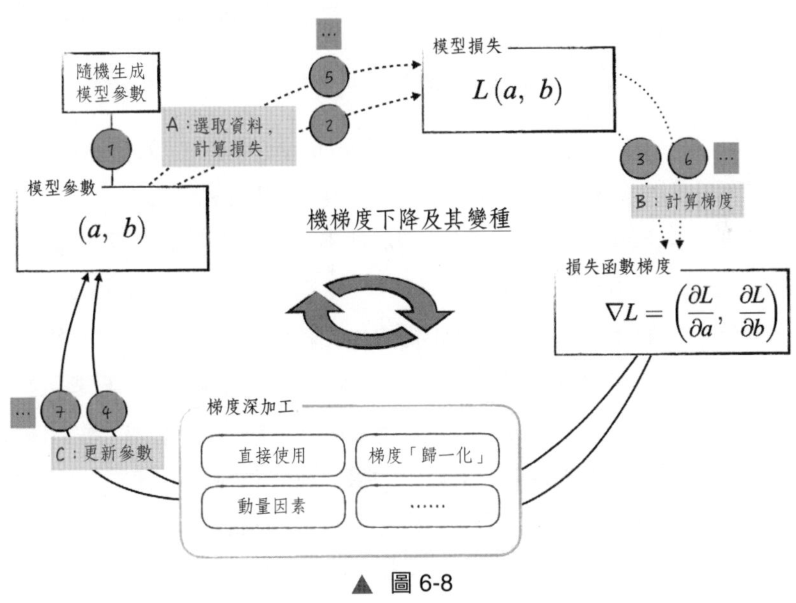

▲ 圖 6-8

圖 6-8 展示了 3 種不同的梯度深加工的想法，分別是直接使用、動量因素和梯度「歸一化」。

（1）直接使用 ：它代表了標準隨機梯度下降法的基本形式，即直接使用小量資料的平均梯度來更新模型參數。

（2）動量因素：在物理世界中，動量是指物體在運動方向上保持運動的趨勢。類比到最佳化中，動量隨機梯度下降法引入了動量項，允許模型參數在更新時累積之前的梯度資訊（具體的公式如圖 6-9 所示）。這種方法有助跳出局部最小值，加速收斂到全域最小值，代表性演算法包括 Momentum SGD 和 Nesterov Momentum。

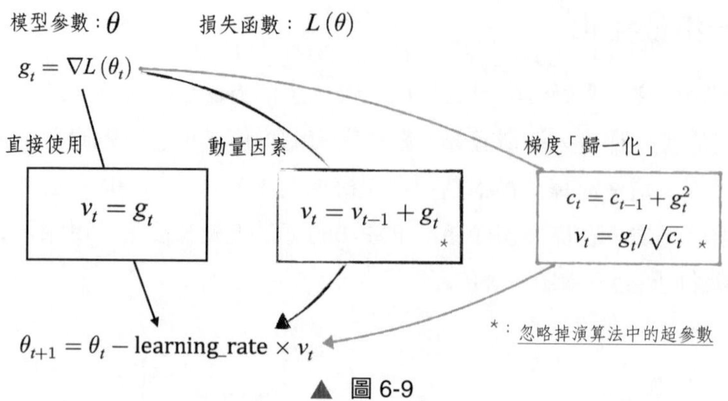

▲ 圖 6-9

（3）梯度「歸一化」：之前的方法都是全域地使用相同的學習速率（可參考 6.2.1 節），這可能導致不同參數的收斂速度不一致。為了解決這個問題，可以在演算法中直接對梯度做類似歸一化的處理，從而更進一步地平衡各個參數的更新效率。這類演算法的代表有 Adagrad 和 RMSprop。

將動量因素和梯度歸一化這兩種最佳化想法相結合，就獲得了一種強大的最佳化演算法——Adam（Adaptive Moment Estimation）。Adam 最佳化演算法在實際應用中十分常見，尤其在深度學習領域廣泛應用。它的獨特之處在於綜合了動量因素和梯度歸一化的思想，以及自我調整地調整學習速率和動量參數，從而在模型訓練過程中更高效率地更新模型參數。然而，該演算法的細節相當煩瑣，超出了本書的範圍，在此不深入討論。

6.5 本章小結

6.5.1 要點回顧

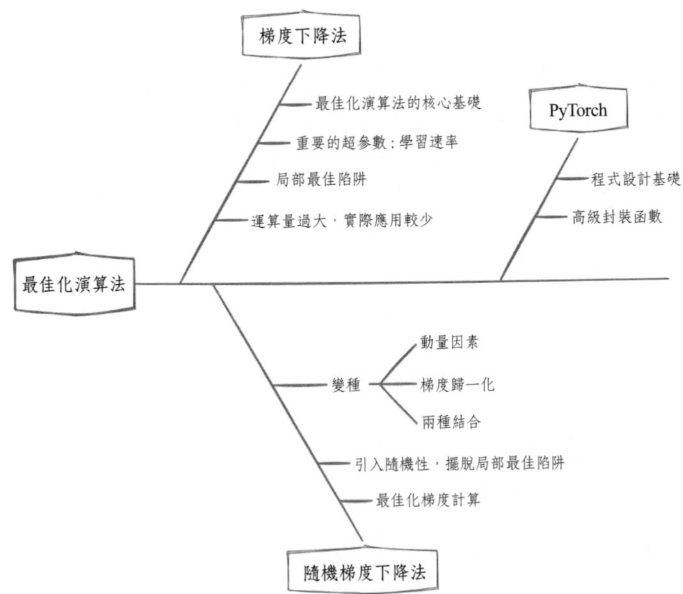

在模型的工程實現中，核心問題之一是如何估計模型的參數，也就是如何求解最佳化問題。本章以 PyTorch 作為基礎工具，深入探討解決最佳化問題的關鍵演算法——梯度下降法。這一演算法從預設的初始點出發，透過模擬小球捲動，逐步接近損失函數的最小值。在實際應用中，最基礎的梯度下降法在教學上有其價值，但常常面臨收斂效率不高、陷入局部最佳等問題。為了應對這些挑戰，學術界引入了一系列技巧，如隨機梯度、動量因素和梯度歸一化等，以提高最佳化效率。

在選擇最佳化演算法時，需要綜合考慮多種因素。舉例來說，模型的複雜程度、資料集的規模、訓練時間的限制，以及最終應用的需求等。對於規模較小且相對簡單的資料集和模型，標準隨機梯度下降法可能已經足夠高效。對於大規模的深度神經網路以及需要迅速收斂的任務，自我調整學習率演算法（如 Adam）可能更加適用。此外，還需要考慮演算法的計算銷耗和記憶體需求，以及在訓練過程中是否容易陷入局部最佳解。由於篇幅限制，本章並未詳細討論這些細節，感興趣的讀者可以參考史丹佛大學的 Andrew Ng 所開設的公開課「CS 229 Machine Learning」，以及 Sebastian Ruder 的論文「An overview of gradient descent optimization algorithms」。

6.5.2 常見面試問題

針對本章討論的內容，常見的面試問題如下。

1. **梯度下降法**

- 什麼是梯度下降法？它在人工智慧領域的作用是什麼？
- 請解釋梯度的含義，以及梯度下降法如何利用梯度來更新模型參數。
- 批次梯度下降、隨機梯度下降和小量梯度下降，它們有何區別？
- 如何驗證程式實現的梯度函數是正確的？

2. **標準隨機梯度下降**

- 隨機梯度下降法為什麼在實際應用中更高效？它有什麼優勢和劣勢？
- 如何在隨機梯度下降法中選取合適批次大小的資料？

3. **隨機梯度下降法的變種**

- 隨機梯度下降法有哪些常見的變種？
- Momentum SGD 的工作原理是什麼？它如何克服局部最佳問題？
- 請簡介 RMSProp 最佳化演算法的核心思想。它與其他演算法有什麼不同之處？
- 請解釋 Adam 最佳化演算法如何同時利用動量和梯度歸一化更新模型參數。
- 對比隨機梯度下降法的變種，討論它們在不同場景下的優點和可能的局限性。

4. **PyTorch 實現**

- 如何使用 PyTorch 實現梯度下降法或其他最佳化演算法來訓練模型？
- 學習速率的選擇對訓練過程有何影響？你是否熟悉 PyTorch 中的學習速率排程器（Learning Rate Scheduler）？它在訓練中的作用是什麼？

戈特弗里德・威廉・萊布尼茲（Gottfried Wilhelm Leibniz，1646—1716）德國數學家，微積分的另一位獨立發明者。他實際上是一位罕見的通才，在哲學、數學、物理學等多個領域都具有傑出貢獻。萊布尼茲的職業身份是一名律師，由於工作性質而長期往返於各大城鎮，他的大部分著作都是在顛簸的馬車上完成的。

萊布尼茲在發明微積分時引入了一套與牛頓完全不同的數學符號，這套符號因更加簡潔而得以沿用至今。他還被認為是第一個運用連鎖律求解複雜函數導數的人，連鎖律正是反向傳播演算法的數學基礎。

除此之外，萊布尼茲還對二進位進行了深入研究，並將其與中國傳統的伏羲六十四卦結合在一起。他曾聲稱「二進位是具有世界普遍性的、最完美的邏輯語言」。然而，在萊布尼茲的時代，二進位並沒有得到廣泛推廣，直到電腦的發明，二進位才真正實現了廣泛應用。

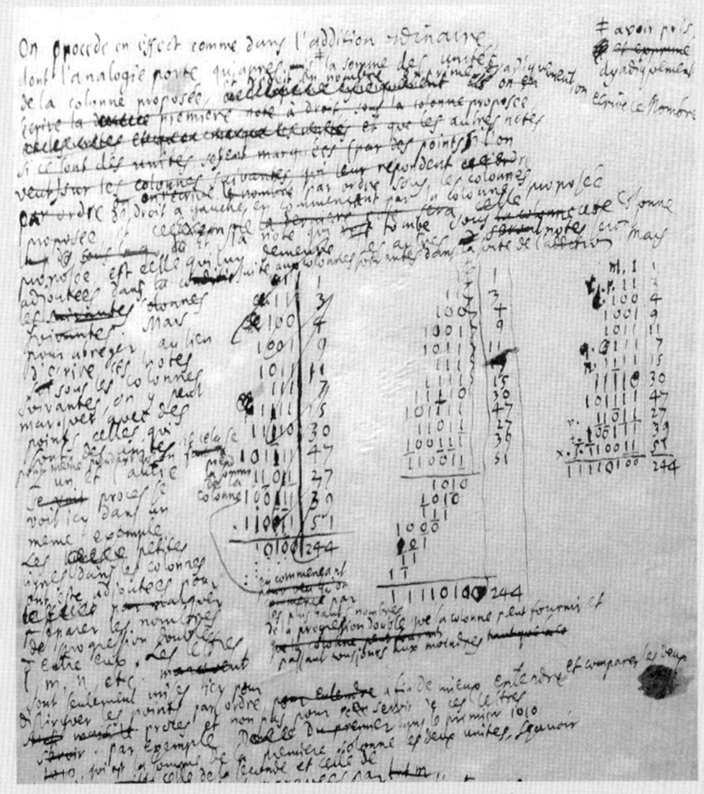

▲ 萊布尼茲關於二進位的手稿

第 7 章
反向傳播 ：神經網路的工程基礎

In theory, theory and practice are the same. In practice, they are not.
（從理論上來說，理論和實踐是一樣的。但在實際中，它們並不相同。）

——Albert Einstein

在神經網路的廣袤世界中，若想要「扶搖直上九萬里」，反向傳播演算法（Back Propagation，BP）無疑是飛升的必備良器。它與第 6 章討論的最佳化演算法緊密相連，相互協作。然而，正是這種緊密連結，往往導致反向傳播、向前傳播和向後傳播這 3 個術語在使用中被混淆，甚至干擾理解。不僅如此，這些術語在不同的文獻中所指的範圍也各不相同，容易給讀者造成困惑。因此，本章開篇將採用哲學家的思維方式，對這些術語進行明確定義。在第 6 章中，圖 6-8 展示了最佳化演算法的全流程，我們在此基礎上引入新的標記，以更加清晰地說明向前傳播、反向傳播和向後傳播這 3 個術語的含義，如圖 7-1 所示。透過這張圖，我們能夠毫不費力地理解這些術語的意義及其之間的聯繫，猶如陽光照耀一般，使陰雲消散。

從嚴格意義上講，「反向傳播」僅指計算梯度的演算法，而不涉及梯度的使用方式。然而，在實際中，通常廣泛地使用這個術語來涵蓋整個學習演算法的範圍，包括梯度的使用方式，比如在隨機梯度下降等最佳化演算法中的運用。

「向前傳播」指的是，根據當前模型（通常是神經網路模型）參數估計值和輸入資料，計算模型的預測結果。

「向後傳播」實際上包含兩個關鍵步驟。首先，它涉及計算損失函數的梯度。其次，它還涉及使用最佳化演算法來更新模型的參數，使模型得以被最佳化。

本書將嚴格遵循上述術語的定義，深入探討反向傳播演算法以及後續的神經網路架構和訓練過程。

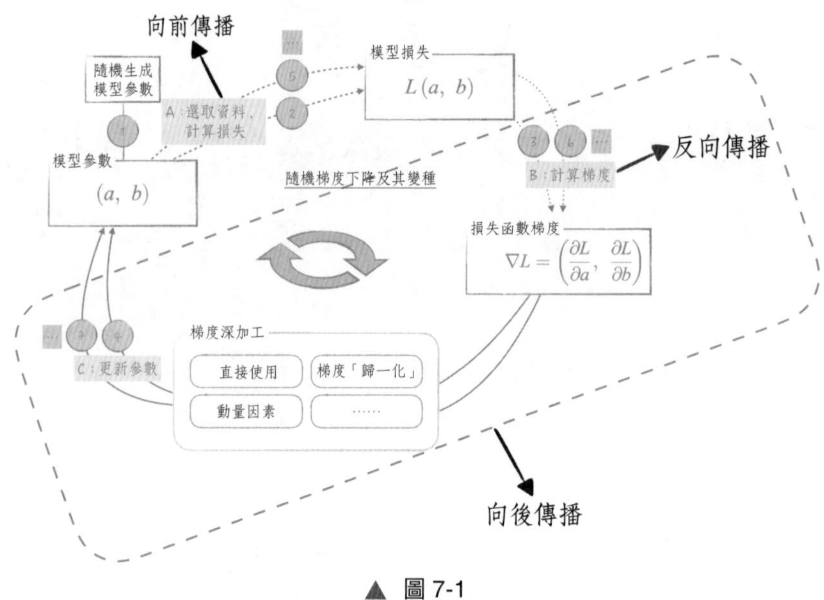

▲ 圖 7-1

7.1 計算圖和向前傳播

反向傳播演算法，又被稱為自動微分演算法（在 PyTorch 中，該演算法被命名為 Autograd），是神經網路領域的核心技術之一。它在本質上是一種快速計算函數梯度的技術，使深度學習在計算上變得可行。特別是對於大規模的神經網路而言，與其他樸素的實現相比，採用反向傳播演算法能夠將梯度下降法的訓練速度提高多達 1000 萬倍。

雖然 PyTorch 已經較為完美地實現了反向傳播演算法，但為了應對現實世界中的複雜問題，其程式中除實現演算法的核心步驟外，還融入了許多對工程細節的處理，如容錯性、通用性和複雜的矩陣運算等。這種完整的實現是一把雙刃劍：一方面便於使用，能夠高效率地計算梯度；另一方面，過多的細節可能使初學者在閱讀程式時難以理解演算法的核心思想，常常迷失在紛繁複雜的程式叢林中。

為了幫助讀者更進一步地理解，本章將透過 Python 程式實現一個簡單的反向傳播演算法。這種實現方式的基礎是計算圖（Computational Graph）。在深入討論反向傳播演算法之前，需要進行一些準備工作，介紹什麼是計算圖以及如何建構一個簡單的計算圖。透過逐步建構的方式，讀者將更進一步地理解反向傳播演算法的原理和實現過程，並為深入理解後續章節的內容打下堅實的基礎。

7.1.1 什麼是計算圖

計算圖是一種非常有用的數學運算表示方法：將數學運算表示為一個有向無環圖（Directed Acyclic Graph，DAG）。計算圖由 3 個部分組成。

（1）基本運算：計算圖定義的各種簡單的數學運算*，例如加、減、乘、除、次方等，它們是建構複雜運算的基礎。只要基本運算被定義得足夠完備，那麼任何複雜的數學運算都可以透過基本運算的組合來實現。

（2）節點：每個節點代表參與運算的變數，在實際應用中，這些變數可以是純量（Scalar）、向量（Vector）、矩陣（Matrix）等。在本章提供的程式範例中，為了簡潔，僅實現了支援純量的計算圖。

（3）有向邊：如果變數 y 是由變數 x 透過基本運算得到的，那麼在圖中就有一條從 x 指向 y 的有向邊，反之亦然。因此，有向邊的定義與計算圖支援的基本運算密切相關。

首先來看一個簡單的例子，$c=a+b$ 對應的計算圖包含 3 個節點：a、b 和 c。如圖 7-2 左側所示，既有 a 從指向 c 的邊，也有 b 從指向 c 的邊。接著，考慮一個相對複雜的例子 $f=(a+b)*(a*c)$。複雜運算可以透過基本運算的組合來實現，相應的計算圖也可以按照類似的方式建構，如圖 7-2 右側所示。其中，計算圖定義了兩個中間變數 d 和 e 來幫助我們組合基本運算。

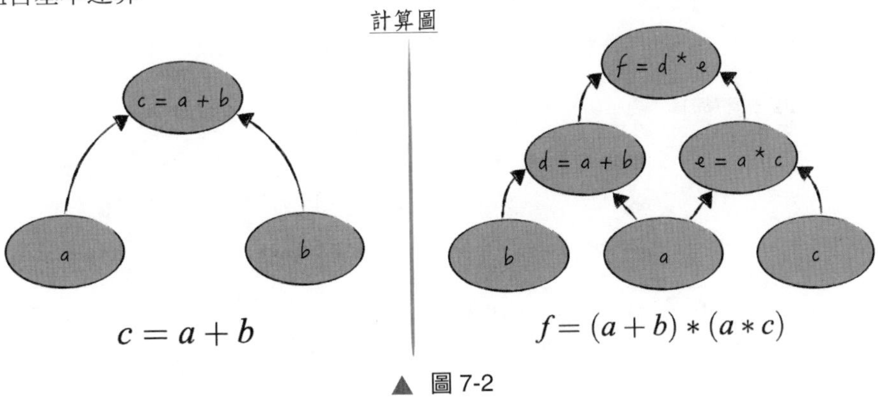

▲ 圖 7-2

這種組合基本運算的方式使計算圖成為一種非常靈活和強大的數學運算表示方法。無論是簡單的數學運算，還是複雜的數學模型，都可以用計算圖來清晰地表示，並透過向前傳播的過程計算出最終結果。

* 不同的計算圖支援不同的基本運算，有些還定義了一些特殊函數作為基本運算，例如 PyTorch 將常用的損失函數也定義為基本運算，包括均方誤差、交叉熵等。

7.1.2 程式實現

為了建構計算圖，需要定義一個名為 Scalar 的類別來表示計算圖中的節點，如程式清單 7-1 所示 *。對於 Scalar 類別，建構計算圖的關鍵屬性如下。

- value：用於記錄計算圖中節點的數值。
- prevs：用於記錄指向當前節點的有向邊的起點（為了便於後續實現反向傳播，這裡沒有選擇直接記錄有向邊，而是選擇記錄有向邊的起點）。

接下來定義一些類別方法，也就是計算圖支援的基本運算，比如加、減、乘和除等。以加法為例，如程式清單 7-1 中的第 13 ～ 22 行所示，建立一個新的 Scalar 物件來儲存加法運算的結果，並在 prevs 屬性中記錄有向邊的起點，指示該結果是由兩個節點相加得到的。

程式清單 7-1 定義 Scalar 類別

```
 1 | # 定義 Scalar 類別，用於展示計算圖和 Autograd 演算法的實現細節
 2 | class Scalar:
 3 |     def __init__(self, value, prevs=[], op=None, label='', requires_grad=True):
 4 |         # 節點的值
 5 |         self.value = value
 6 |         # 節點的標識（label）和對應的運算（op），用於作圖
 7 |         self.label = label
 8 |         self.op = op
 9 |         # 節點的前節點
10 |         self.prevs = prevs
11 |         ......
12 |
13 |     def __add__(self, other):
14 |         """
15 |         定義加法，self + other 將觸發該函數
16 |         """
17 |         if not isinstance(other, Scalar):
18 |             other = Scalar(other, requires_grad=False)
19 |         # output = self + other
20 |         output = Scalar(self.value + other.value, [self, other], '+')
21 |         ......
22 |         return output
```

* 完整的實現請參考本書書附程式 /ch07_autograd/utils.py。

在引入 Scalar 類別之後，就可以自由地定義計算圖並將其展示出來，如程式清單 7-2 所示[*]。定義好的計算圖可以實現向前傳播，即計算數學運算式的結果。向前傳播的過程如程式清單 7-2 中的第 16 ～ 27 行所示：建構一個類似於圖 7-2 的計算圖，並將變數設置為特定的值，然後沿著圖的節點一路向前計算，最終得到數學運算式的結果。

程式清單 7-2 定義計算圖並向前傳播

```
 1 | # 定義作圖函數，用於畫出計算圖
 2 | def draw_graph(root, direction='forward'):
 3 |     """
 4 |     圖形化展示以 root 為頂點的計算圖
 5 |     參數
 6 |     ----
 7 |     root    ：Scalar，計算圖的頂點
 8 |     direction   ：str，向前傳播（forward）或反向傳播（backward）
 9 |     傳回
10 |     ----
11 |     re   ：Digraph，計算圖
12 |     """
13 |     ......
14 |
15 | # 簡單的計算圖
16 | a = Scalar(1.0, label='a')
17 | b = Scalar(2.0, label='b')
18 | c = a + b
19 | draw_graph(c)
20 | # 稍微複雜的計算圖
21 | a = Scalar(1.0, label='a')
22 | b = Scalar(2.0, label='b')
23 | c = Scalar(4.0, label='c')
24 | d = a + b
25 | e = a * c
26 | f = d * e
27 | draw_graph(f)
```

為了更進一步地理解向前傳播的過程，可以將計算圖繪製成圖，如圖 7-3 所示。圖中的節點分為兩類：計算節點和變數節點。計算節點表示進行數學運算的節點，在圖 7-3 的左側，計算節點 c 是由節點 a 和 b 相加得到的。變數節點是計算圖中的葉子節點，在

* 完整的實現請參考本書書附程式 /ch07_autograd/autograd.ipynb。

實際應用中，通常將模型的參數表示為變數節點。圖中的有向邊表示數值傳播的方向，這個過程非常類似於神經網路中從輸入到輸出的傳遞過程。

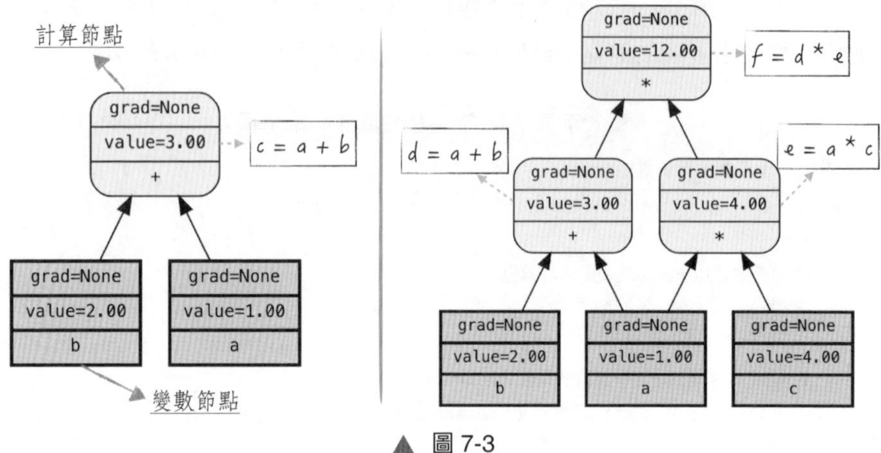

▲ 圖 7-3

7.2 連鎖律和反向傳播

下面結合計算圖，回顧數學中的連鎖律（可參考 2.3.4 節）。為了方便表述，考慮函數只有一個變數的情況，即 $y=f(a)$。實際上，多元函數在計算某個變數的偏導數時，會將其他變數當作常數處理，因此只考慮一元函數並沒有遺失一般性。

假設函數能夠用計算圖表示（事實上，只要基本運算的定義足夠完備，這個目標並不難實現），在相應的計算圖中，從節點 a 出發，能夠直接到達的節點記為 $o_1,o_2,\cdots,o_n$。為了方便，這些節點代表的中間變數同樣記為 $o_1,o_2,\cdots,o_n$。那麼在數學上，可以得到 $y=g(o_1,o_2,\cdots,o_n)$。

根據連鎖律，可以得到以下的公式：

$$\frac{\partial y}{\partial a} = \frac{\partial y}{\partial o_1} * \frac{\partial o_1}{\partial a} + \cdots + \frac{\partial y}{\partial o_n} * \frac{\partial o_n}{\partial a} = \sum_{i=1}^{n} \frac{\partial y}{\partial o_i} * \frac{\partial o_i}{\partial a} \tag{7-1}$$

公式（7-1）是反向傳播演算法的理論基礎。借助這個公式，我們不需要像樸素的數學求導那樣，先得到變數 a 梯度的解析運算式，再求出梯度。相反，我們可以借助下面的這些值，直接求得變數 a 的梯度：每個中間變數的梯度 $\partial y/\partial o_i$，以及中間變數關於變數 a 的偏導數 $\partial o_i/\partial a$。

在電腦中實現反向傳播演算法並正確計算得到變數的梯度，需要注意以下 3 點，如圖 7-4 所示。

（1）計算中間變數關於 a 的偏導數，也就是 $\partial o_i/\partial a$。這並不難實現，因為基本運算都是已知的簡單函數，而且都是可微的。

（2）求出每個中間變數的梯度，也就是 $\partial y/\partial o_i$。由於中間變數也是計算圖中的節點，因此可以遞迴地使用連鎖律來求得梯度。

（3）確保在計算 a 的梯度之前，每個中間變數的梯度都已經計算完成。由於計算圖是有向無環圖，所以計算圖的拓撲排序能保證這一點。

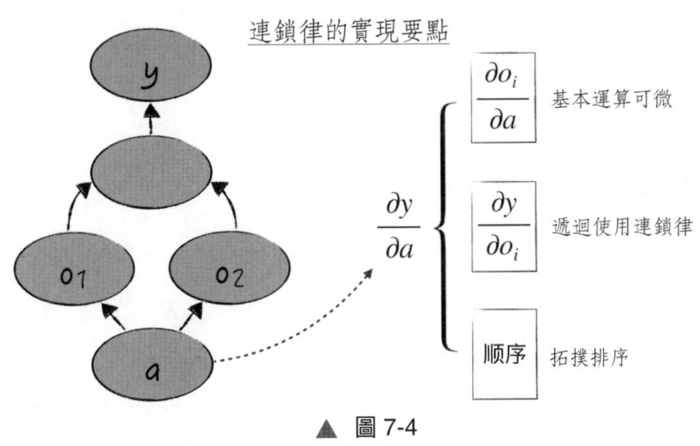

▲ 圖 7-4

接下來簡單討論什麼是拓撲排序。

7.2.1 拓撲排序

拓撲排序（Topological Sorting）是一種排序方式，它適用於有向無環圖。拓撲排序要求滿足這樣的條件：如果圖中存在一條有向邊從節點 a 指向節點 b，那麼節點 a 需要排在節點 b 的前面。直觀上理解，拓撲排序可以看作將圖按照有向邊的方向劃分成不同的層次，然後從最後一層的葉子節點開始，逐層向前遍歷計算圖中的節點。在具體的演算法實現上，可以透過深度優先搜索（Depth First Search）來得到拓撲排序。需要注意的是，一個圖的拓撲排序通常來說並不是唯一的，但是這並不妨礙它的使用，如圖 7-5 所示。

在反向傳播演算法中，拓撲排序的倒序正好是梯度計算的順序。借助這個順序，在計算某個節點的梯度時，所有依賴的中間變數的梯度都已經被正確計算完成。拓撲排序確保了梯度傳遞順序的正確性，避免了梯度計算的混亂和錯誤。

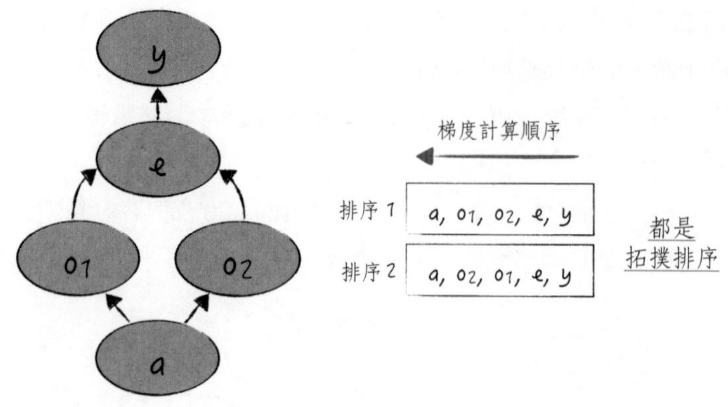

▲ 圖 7-5

7.2.2 程式實現

為了實現反向傳播演算法，需要對 Scalar 類別進行一些擴充，如程式清單 7-3 所示，其中新增了以下屬性。

- grad：用於記錄該節點的梯度值。
- grad_wrt：用於記錄該節點對前一節點的偏導數，以圖 7-2 為例，假設當前節點是 O1，那麼這個變數中記錄的就是偏導數 $\partial o_i/\partial a$ 的值。

接下來，需要為計算圖中的每個基本運算定義相應的偏導數規則。舉例來說，加法的偏導數實現如程式清單 7-3 中的第 20 ～ 23 行所示，乘法的偏導數實現如第 35 ～ 38 行所示。

程式清單 7-3　定義基本運算的偏導數

```
1 | class Scalar:
2 |     def __init__(self, value, prevs=[], op=None, label='', requires_grad=True):
3 |         ......
4 |         # 是否需要計算該節點偏導數，即 ∂loss/∂self
5 |         self.requires_grad = requires_grad
6 |         # 儲存該節點偏導數，即 ∂loss/∂self
7 |         self.grad = 0.0
8 |         # 如果該節點的 prevs 不可為空，則儲存所有的 ∂self/∂prev
9 |         self.grad_wrt = dict()
10 |
11 |     def __add__(self, other):
12 |         """
13 |         定義加法，self + other 將觸發該函數
```

```
        """
        if not isinstance(other, Scalar):
            other = Scalar(other, requires_grad=False)
        # output = self + other
        output = Scalar(self.value + other.value, [self, other], '+')
        output.requires_grad = self.requires_grad or other.requires_grad
        # 計算偏導數 ∂output/∂self = 1
        output.grad_wrt[self] = 1
        # 計算偏導數 ∂output/∂other = 1
        output.grad_wrt[other] = 1
        return output

    def __mul__(self, other):
        """
        定義乘法，self * other 將觸發該函數
        """
        if not isinstance(other, Scalar):
            other = Scalar(other, requires_grad=False)
        # output = self * other
        output = Scalar(self.value * other.value, [self, other], '*')
        output.requires_grad = self.requires_grad or other.requires_grad
        # 計算偏導數 ∂output/∂self = other
        output.grad_wrt[self] = other.value
        # 計算偏導數 ∂output/∂other = self
        output.grad_wrt[other] = self.value
        return output
```

下面討論反向傳播演算法的核心實現，具體內容如程式清單 7-4 所示。

演算法的核心實現位於程式清單 7-4 中的第 33 行和第 34 行。在第 33 行中，計算公式（7-1）中的$\frac{\partial y}{\partial o_i} * \frac{\partial o_i}{\partial a}$，將中間變數的梯度與偏導數相乘。第 34 行實現了公式（7-1）中的累加部分。

值得注意的是，同一個節點可能會出現在多個不同的計算圖中（具體的例子見 7.3 節）。為了避免不同計算圖之間的梯度相互影響，程式中使用 cg_grad 來計算當前計算圖的梯度，使用 grad 屬性來記錄節點的累積梯度。

程式清單 7-4 反向傳播演算法的核心實現

```
1 | class Scalar:
2 |     ......
3 |     def backward(self):
4 |         """
5 |         從當前節點出發，求解以當前節點為頂點的計算圖中每個節點的偏導數，如 ∂self/∂node
```

```
        """
        def _topological_order():
            """
            利用深度優先演算法，傳回計算圖的拓撲排序
            """
            def _add_prevs(node):
                if node not in visited:
                    visited.add(node)
                    for prev in node.prevs:
                        _add_prevs(prev)
                    ordered.append(node)
            ordered, visited = [], set()
            _add_prevs(self)
            return ordered

        def _compute_grad_of_prevs(node):
            """
            從 node 節點出發，向後傳播
            """
            # 得到當前節點在計算圖中的梯度。由於一個節點可以在多個計算圖中出現，
            # 因此使用 cg_grad 記錄當前計算圖的梯度
            dnode = cg_grad[node]
            # 使用 node.grad 記錄節點的累積梯度
            node.grad += dnode
            for prev in node.prevs:
                # 由於 node 節點的偏導數已經計算完成，因此可以向後傳播
                # 需要注意的是，向後傳播到上游節點是累加關係
                grad_spread = dnode * node.grad_wrt[prev]
                cg_grad[prev] = cg_grad.get(prev, 0.0) + grad_spread

        # 當前節點的偏導數等於 1，因為 ∂self/∂self = 1。這是反向傳播演算法的起點
        cg_grad = {self: 1}
        # 為了計算每個節點的偏導數，需要使用拓撲排序的倒序來遍歷計算圖
        ordered = reversed(_topological_order())
        for node in ordered:
            _compute_grad_of_prevs(node)
```

將這兩部分程式整合在一起，就獲得了一個完整的實現。需要注意的是，只需要實現少數幾個基本運算的偏導數，然後借助計算圖這一框架，就能計算任意函數的梯度。這正是反向傳播演算法的強大之處。

7.2.3 梯度傳播過程

下面將透過具體的例子來深入理解演算法的效果。如程式清單 7-5 所示，建構一個相對簡單的計算圖，並在這個圖上進行向前傳播和反向傳播操作。

程式清單 7-5 向前傳播與反向傳播

```
a = Scalar(1.0, label='a')
b = Scalar(2.0, label='b')
c = Scalar(4.0, label='c')
d = a + b
e = a * c
f = d * e
# 向前傳播作圖
draw_graph(f)
# 觸發反向傳播
f.backward()
# 反向傳播作圖
draw_graph(f, 'backward')
```

顧名思義，向前傳播是將輸入的數值沿著計算圖的方向逐步傳遞，直至到達最後的頂點，從而得到運算結果。反向傳播則正好相反，從頂點開始，沿著計算圖的反方向將梯度逐步傳播到計算圖中的每個節點，如圖 7-6 所示。這個過程可以看作資訊的流動，從輸入開始，直到輸出，再從輸出傳回到輸入，透過建構計算圖和運用連鎖律，實現對梯度的計算。

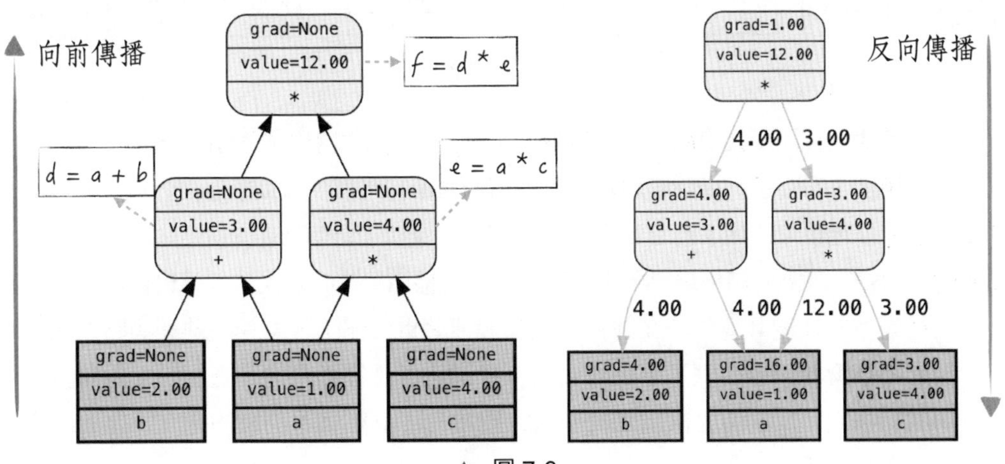

▲ 圖 7-6

為了幫助讀者更深入地理解反向傳播演算法的細節，下面透過繪製圖形來觀察演算法在執行過程中每個節點的變化情況，如圖 7-7 所示。我們可以逐步追蹤演算法的執行過程，以了解資訊在計算圖中的流動過程：首先將頂點的初始梯度設置為 1，然後開始逐層傳播；計算節點會從上游節點累積梯度，並根據節點所代表的運算規則傳遞梯度；變數節點只需執行累加梯度的操作。

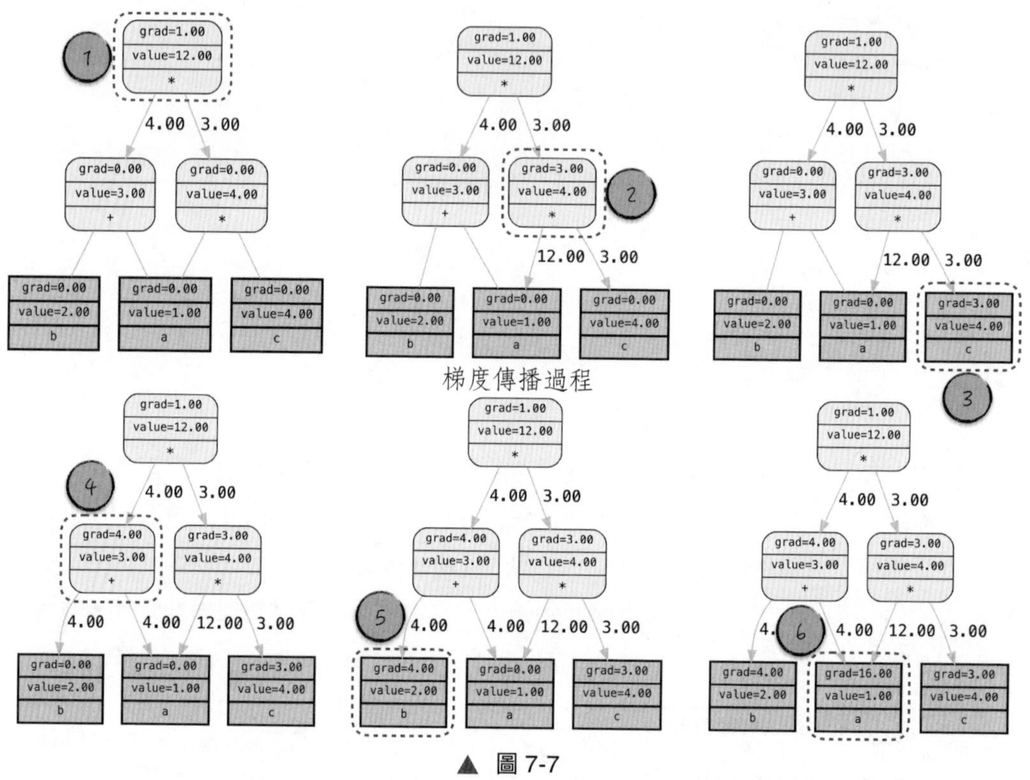

▲ 圖 7-7

反向傳播演算法極大地提高了計算效率，這是因為在樸素的梯度計算實現中，對於每個節點的梯度，需要遍歷從該節點到計算圖頂端的所有路徑，導致了重複計算。而反向傳播演算法巧妙地重複使用了計算節點的梯度資訊，減少了計算次數，如圖 7-8 所示。值得注意的是，當計算圖的結構變得更複雜時，反向傳播演算法的最佳化效果也更加顯著。

這種高效的梯度計算方法在許多領域都發揮著重要作用，尤其在神經網路領域表現出色。它為模型的訓練提供了重要的支援，特別是當神經網路擁有龐大的參數規模和複雜的層次結構時。反向傳播演算法的引入大幅提升了神經網路訓練的速度，為實際應用帶來了巨大的便利。

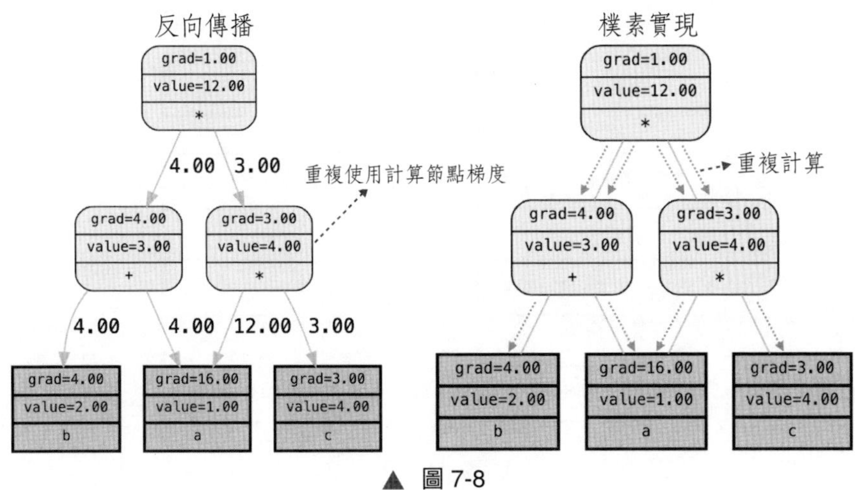

▲ 圖 7-8

7.3 參數估計的全流程

前面的章節建構了計算圖並實現了反向傳播演算法，能夠將計算過程以視覺化的方式展現出來。本節將利用這些工具來探索第 6 章中介紹的最佳化演算法是如何運作的（為了簡化表達，本節僅討論標準的隨機梯度下降法）。本節將介紹向前傳播和向後傳播這兩個關鍵的子流程如何配合；計算圖如何隨著訓練資料而變化，梯度如何在圖中傳遞，以及這個過程如何推動模型逐步最佳化。這種清晰且直觀的講解有助我們理解模型訓練的實質，為進一步討論更高級的最佳化技術做好準備。

7.3.1 隨機梯度下降法回顧

在標準的隨機梯度下降法中，一次參數迭代的過程可以概括如下：定義模型的損失函數（這基於預先定義好的模型預測公式）；選擇一批訓練資料（批次資料），計算模型的預測損失；計算損失函數關於模型參數的梯度；更新模型參數以減小損失函數。

從電腦的角度來看，整個過程如圖 7-9 所示，對應以下步驟。

（1）生成模型的理論計算圖。

（2）基於選定的訓練資料，計算圖膨脹，並進行向前傳播。

（3）反向傳播，計算梯度。

（4）更新模型參數，並清空參數儲存的梯度資訊。

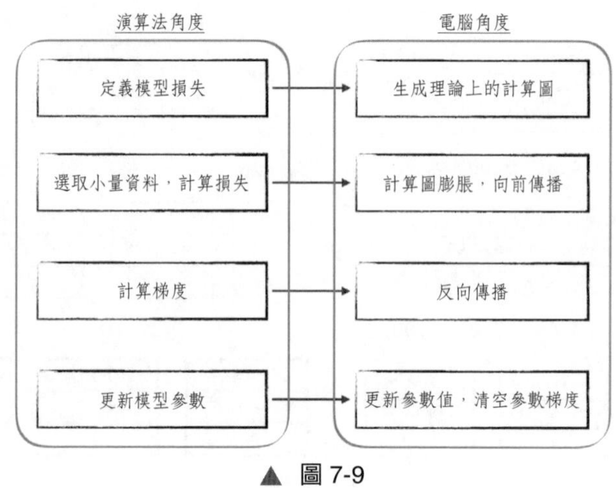

▲ 圖 7-9

其中，第 2 步中的「計算圖膨脹」可能會讓人感到有些抽象。不過不要擔心，下面透過一個簡單的線性迴歸例子來直觀地理解上述過程。

7.3.2 計算圖膨脹

首先，定義一個線性迴歸模型，其示意程式如圖 7-10 所示 *。需要注意的是，在計算圖中，並不是每個節點都需要計算梯度。舉例來說，對於表示輸入資料的節點 x 和 y，在反向傳播的過程中並不需要對它們進行梯度計算。為了更清晰地展示這一點，這裡引入資料節點的概念，用於指明這些節點不需要進行梯度計算。這樣在計算圖中可以看到 3 種不同類型的節點：資料節點、變數節點，以及計算節點。這種分類的做法有助厘清梯度計算過程中的節點角色，使圖示更易於理解。

接下來，討論關鍵的「計算圖膨脹」現象。在程式清單 7-6** 中，有兩個訓練資料，分別記作（x1，y1）和（x2，y2）。當將這些資料登錄模型進行損失計算時，對應的計算圖會發生膨脹，具體的情況如圖 7-11 所示。需要注意的是，計算圖的膨脹比例基本上等於所使用的資料量。這就表示，當模型本身已經相當複雜時，如果一次性輸入大量的資料進行計算，那麼對應的計算圖就會變得巨大，甚至有可能超出電腦硬體的處理能力，導致無法順利執行。

* 完整的實現請參考本書書附程式 /ch07_autograd/linear_model.py。

** 完整的實現請參考本書書附程式 /ch07_autograd/optim_process.ipynb。

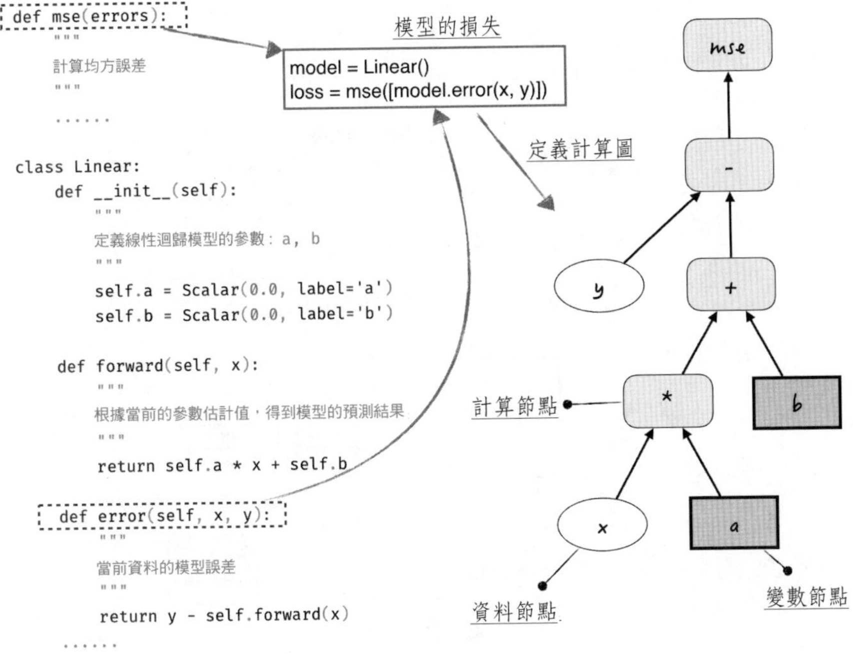

▲ 圖 7-10

程式清單 7-6 計算圖膨脹

```
# 計算圖膨脹
model = Linear()
x1 = Scalar(1.5, label='x1', requires_grad=False)
y1 = Scalar(1.0, label='y1', requires_grad=False)
x2 = Scalar(2.0, label='x2', requires_grad=False)
y2 = Scalar(4.0, label='y2', requires_grad=False)
loss = mse([model.error(x1, y1), model.error(x2, y2)])
draw_graph(loss)
```

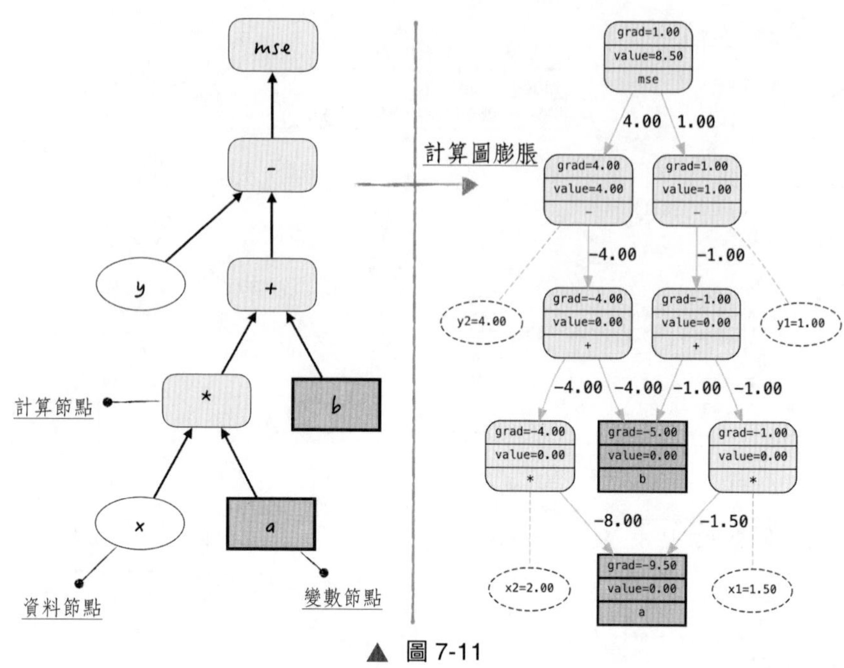

▲ 圖 7-11

這個現象揭示了反向傳播演算法的明顯的局限性：在處理複雜模型時，必須謹慎考慮運算資源的限制，避免一次性處理大規模的資料。舉例來說，在標準的隨機梯度下降法中，批次大小（Batch Size）只能選擇較小的數值。幸運的是，在實際應用中，可以採取一些方法來應對這一局限性，詳見 7.4.1 節。

在觸發反向傳播時，梯度會沿著膨脹的計算圖的反方向依次傳遞，最終計算得到模型參數的梯度，如圖 7-12 所示。每次觸發反向傳播演算法後，變數節點會累積當前計算圖（經過膨脹的計算圖）中的梯度。因此，在確認完成梯度使用後，必須適時地將這些累積的梯度清零，以免引發意外的錯誤。

將之前討論的基礎知識整合起來，我們能夠在不依賴於第三方演算法函數庫的情況下，實現對模型參數的估計。這部分程式及其執行結果如圖 7-13 所示。在實際應用中，通常不需要手動實現這些步驟，因為現有的框架（例如 PyTorch）提供了成熟的封裝。然而，透過撰寫上述程式，我們可以了解每次呼叫諸如 PyTorch 等框架時背後發生的核心過程，為後續的深入學習和研究築牢根基。

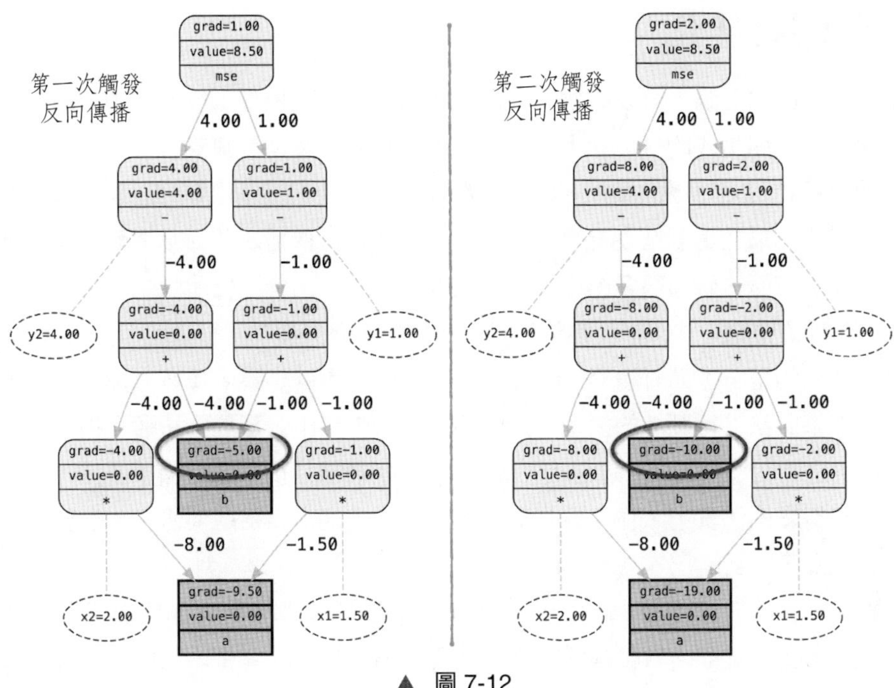

▲ 圖 7-12

```
model = Linear()
# 定義每批次用到的資料量
batch_size = 20
learning_rate = 0.1

for t in range(20):
    # 選取當前批次的資料，用於訓練模型
    ix = (t * batch_size) % len(x)
    xx = x[ix: ix + batch_size]
    yy = y[ix: ix + batch_size]
    # 計算當前批次資料的損失
    loss = mse([model.error(_x, _y) for _x, _y in zip(xx, yy)])
    # 計算損失函數的梯度
    loss.backward()
    # 迭代更新模型參數的估計值
    model.a -= learning_rate * model.a.grad
    model.b -= learning_rate * model.b.grad
    # 將使用完的梯度清零
    model.a.grad = 0.0
    model.b.grad = 0.0
    print(f'Step {t + 1}, Result: {model.string()}')
```

```
Step  1, Result: y = 3.12 * x - 1.99
Step  5, Result: y = 2.68 * x - 0.23
Step 10, Result: y = 8.22 * x + 6.48
Step 15, Result: y = 9.89 * x + 5.20
Step 20, Result: y = 9.94 * x + 5.21
```

▲ 圖 7-13

7.4 動態最佳化

基於上一節的討論，可以觀察到一個重要的現象：在模型訓練過程中，所用資料對應的計算圖是動態生成的。這樣生成的計算圖被稱為「基準計算圖」。在基準計算圖上進行向前傳播和反向傳播的操作，之後計算圖會被銷毀，這是標準的建構和清空計算圖的過程。我們可以在這個基礎上根據特定需求，在進行傳播之前對基準計算圖做進一步的最佳化。這方面的研究很多，涉及的方法多種多樣。由於篇幅所限，本節只討論其中最經典的 3 種最佳化方法：梯度累積、參數凍結和隨機失活。

需要注意的是，本節討論的方法都基於計算圖，也就是說，這些方法適用於所有使用隨機梯度下降法進行訓練的模型。然而，在實際生產中，這些方法通常被應用於神經網路，特別是深度學習領域。這是因為，這些方法所要應對的問題通常出現在模型龐大、多變且結構複雜的情況下，往往只有神經網路模型才能滿足這些要求，才需要使用到這些最佳化技術。

對神經網路有一定了解的讀者可以將下面討論的基於的計算圖想像成神經網路結構，這樣理解更加直觀。對神經網路不太熟悉的讀者也不必緊張，可以首先以計算圖為基礎進行理解，在後續章節中深入學習關於神經網路的知識後，再回到這裡，這樣或許能夠更加深入地理解這些方法的內涵。

7.4.1 梯度累積

在第 6 章中討論隨機梯度下降法時，每次用於訓練的資料批次不宜過小，否則可能導致梯度估計過於隨機，進而影響訓練的穩定性。然而，「計算圖膨脹」問題指出，適合的批次大小可能會超出電腦硬體的限制，導致反向傳播演算法無法順利執行。這時需要引入梯度累積（Gradient Accumulation）演算法來應對這一挑戰。

梯度累積是一種最佳化反向傳播過程的技術，可以在不增加記憶體銷耗的情況下，使用更大的批次資料來更新模型參數。梯度累積的原理如圖 7-14 所示，它將一次完整的反向傳播過程拆分為幾個獨立的子過程來執行。

具體來說，它將一次迭代用到的批次資料拆分成若干迷你批次，然後計算每個迷你批次的梯度，並將梯度累加到一個共用的變數中，而非立即更新模型參數。所有的迷你批次都處理完畢後，再根據累積的梯度更新模型參數。這種處理方式有兩個好處：一方面，對單台機器來說，這種拆分可以透過犧牲一部分時間來換取更少的記憶體佔用，從而讓本來不可能的計算變得可能；另一方面，如果擁有多台機器（在實際應用中往往如此），那麼可以將這些子過程分配到不同的機器上平行計算，實現反向傳播的分散式運算，從而大幅縮短演算法的執行時間。

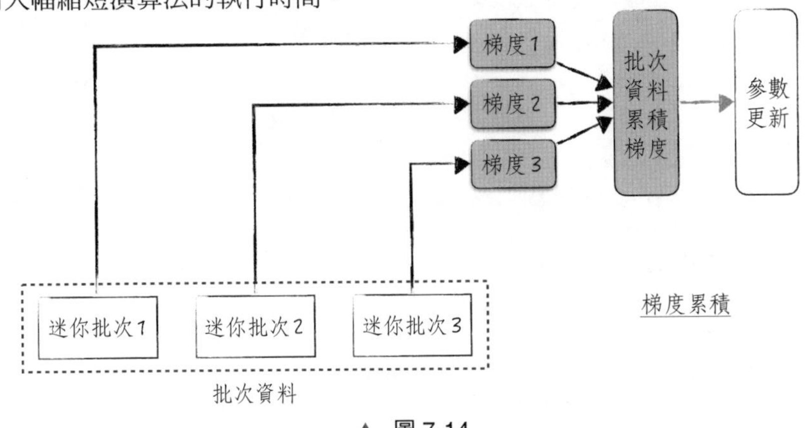

▲ 圖 7-14

從計算圖的角度來理解梯度累積可能更直觀。仔細觀察膨脹之後的計算圖，會發現它可以被分解為各個資料點的獨立子圖。在梯度傳播過程中，這些子圖之間相互獨立（從數學上也能極佳地解釋，因為各資料點的損失是相互獨立的）。因此，可以將一個膨脹後的計算圖拆分成多個小的計算子圖進行傳播，如圖 7-15 所示。

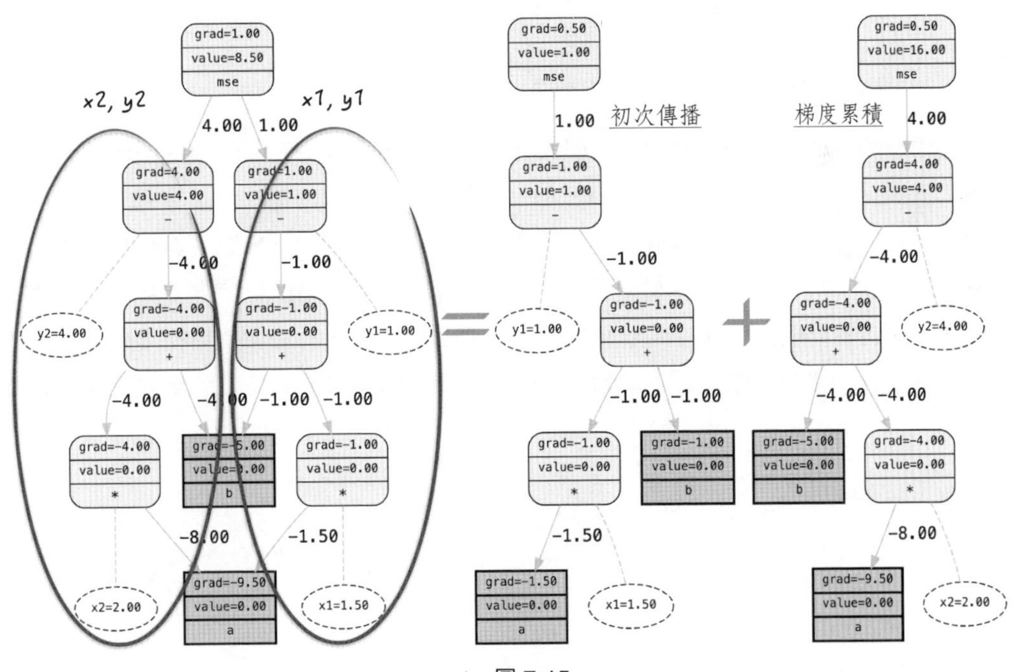

▲ 圖 7-15

拆分計算圖的具體實現可以參考程式清單 7-7[*]。值得注意的是，由於損失函數通常是一個樣本平均值（這對於大多數模型都成立），因此在拆分成小的計算圖時，需要適當調整損失函數的係數，如第 14 行和第 17 行程式所示。

程式清單 7-7　梯度累積

```
1 | x1 = Scalar(1.5, label='x1', requires_grad=False)
2 | y1 = Scalar(1.0, label='y1', requires_grad=False)
3 | x2 = Scalar(2.0, label='x2', requires_grad=False)
4 | y2 = Scalar(4.0, label='y2', requires_grad=False)
5 | # 反向傳播
6 | model = Linear()
7 | loss = mse([model.error(x1, y1), model.error(x2, y2)])
8 | loss.backward()   # model.a.grad = -9.5, model.b.grad = -5
9 |
10 | # 梯度累積
11 | model = Linear()
12 | # 使用 x1，y1 傳播一次
13 | # 係數 0.5 是因為平均數權重調整
14 | loss = 0.5 * mse([model.error(x1, y1)])
15 | loss.backward()
16 | # 使用 x2，y2 傳播一次
17 | loss = 0.5 * mse([model.error(x2, y2)])
18 | loss.backward()   # model.a.grad = -9.5, model.b.grad = -5
```

在標準隨機梯度下降法基礎上，引入梯度累積並不需要進行大規模的改動，它們的區別如圖 7-16 所示。使用梯度累積時，每一步都會進行反向傳播，但並非每一步都進行參數更新和梯度清零，而是累積一定次數的反向傳播後，再進行參數更新和梯度清零，好比吃飯時多次咀嚼才下嚥一次。這也是在本章開頭強調嚴格區分反向傳播和向後傳播的原因。反向傳播僅表示梯度的計算，而向後傳播包括梯度計算和使用梯度來更新模型參數。這兩個步驟在某些場景下的對應關係可能會非常複雜，混淆二者會導致產生許多誤解。

* 完整的實現請參考本書書附程式 /ch07_autograd/gradient_accumulation.ipynb。

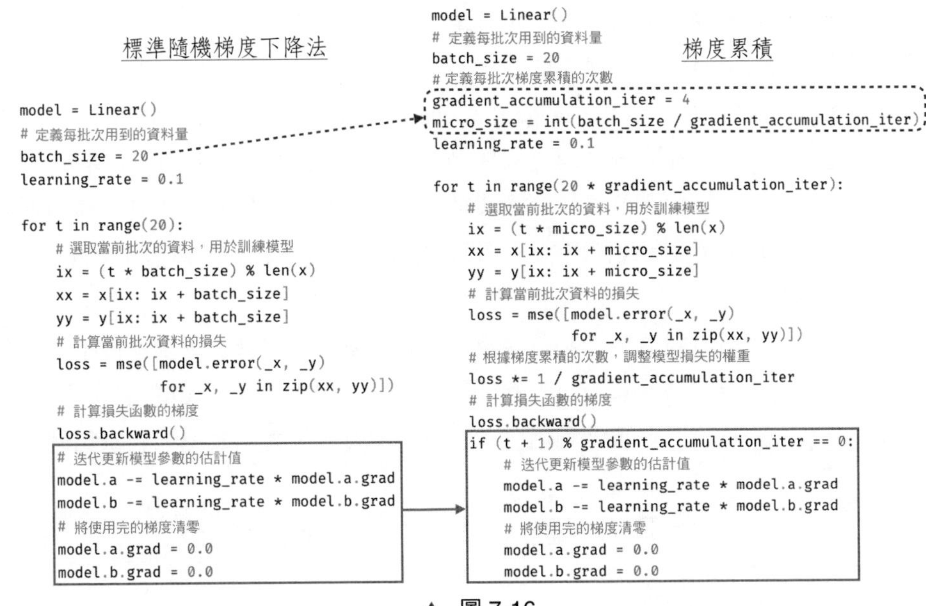

▲ 圖 7-16

7.4.2 參數凍結

一般情況下，在訓練模型時，我們會對所有的模型參數計算梯度，並根據這些梯度來更新參數。這時基準計算圖是非常適用的，因為在基準計算圖中，反向傳播會對所有的節點進行梯度傳播，這表示它會計算圖中所有節點的梯度。

然而，在某些特定情況下，需要僅對模型的一部分參數進行更新操作，另一部分參數需要保持不變。在神經網路中，特別是在大語言模型領域，這種方法已經有越來越廣泛的應用。這是因為從零開始訓練一個大語言模型的成本非常高，通常需要數百台專用伺服器和數百萬美金的投入成本。因此，在實際應用中，我們常常會對一個預訓練好的大語言模型進行一些微小的結構修改，然後使用特定領域的資料來微調模型，使其更進一步地適應特定的應用場景。在這個過程中，我們只希望調整部分的模型參數，而其他部分保持不變。可以將模型想像成一棟大樓，我們對大樓的大部分結構是滿意的，不需要更改（實際上也無力更改，因為成本太高），只希望裝潢其中一個房間。

實現模型的部分更新並不複雜，只需在每次迭代中將那些不需要更新的參數強制設置為梯度等於 0。在這種情況下，傳統的基準計算圖變得不再適用，因為很多節點並不需要進行梯度傳播。因此，需要一種方法來臨時移除不需要計算梯度的節點，以防不必要的梯度傳播。為了盡可能地減少不必要的計算，不僅需要移除不需要的變數節點，還需要移除與這些節點相關的計算節點，也就是以這些計算節點為頂點的計算圖中不包含任何需要計算梯度的子節點，如圖 7-17 所示 *。

這個過程被稱為參數凍結（Parameter Freezing）。演算法的實現並不複雜，在程式中，只需要將相應參數的 requires_grad 屬性設置為「False」（在 PyTorch 中，實現參數凍結的程式也是如此）。值得強調的是，參數凍結只在計算圖進行反向傳播時（模型訓練階段）起作用，對向前傳播沒有任何影響。可以形象地理解為，在向前傳播和反向傳播時，計算圖的結構是不同的。

參數凍結的方法可以靈活地控制哪些參數需要更新，哪些參數需要保持不變，在實際應用中非常有用，特別是在資源有限的情況下，以及需要在特定領域進行微調時。透過凍結部分參數，能夠更進一步地利用已有的模型和資料，更高效率地訓練和最佳化模型。

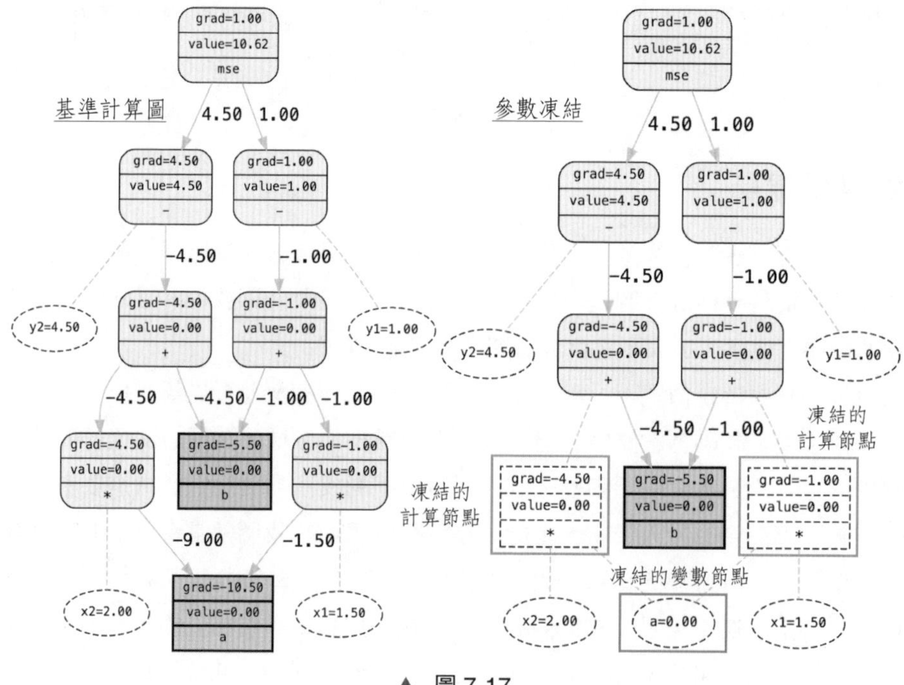

▲ 圖 7-17

7.4.3 隨機失活

在探討隨機失活（Dropout）之前，需要理解什麼是「變數的失活」。簡而言之，變

* 完整的實現請參考本書書附程式 /ch07_autograd/parameter_freezing.ipynb。

數的失活指的是將某個變數乘以 0，從而得到一個新的變數，並將這個新變數用於後續的計算。下面來看看這種操作對計算圖的影響。

如程式清單 7-8[*] 所示，在定義變數 k 之後，在其基礎上定義新的變數 k_out = k * 0，然後用這個新變數代替 k 參與後續計算，具體程式見第 6 ～ 8 行。

程式清單 7-8 節點 / 變數失活

```
 1 | x1 = Scalar(1.5, label='x1', requires_grad=False)
 2 | y1 = Scalar(1.0, label='y1', requires_grad=False)
 3 | x2 = Scalar(2.0, label='x2', requires_grad=False)
 4 | y2 = Scalar(4.0, label='y2', requires_grad=False)
 5 | model = Linear()
 6 | k = model.forward(x1)
 7 | # 令 k 失活
 8 | k_out = k * 0
 9 | l = y1 - k_out
10 | loss = mse([l, model.error(x2, y2)])
11 | ......
```

這一操作導致的變化如圖 7-18 所示（計算圖由圖中左側的形狀變為右側的形狀）。透過對比，可以清楚地觀察到，這些節點反向傳播的梯度都變成了 0，變數 k 和變數 k_out 的節點仿佛被完全刪除。如果在原有的計算圖中移除 k 節點，結果也是完全相同的。因此，可以形象地描述為 k 節點 / 變數被失活了。

* 完整的實現請參考本書書附程式 /ch07_autograd/dropout.ipynb

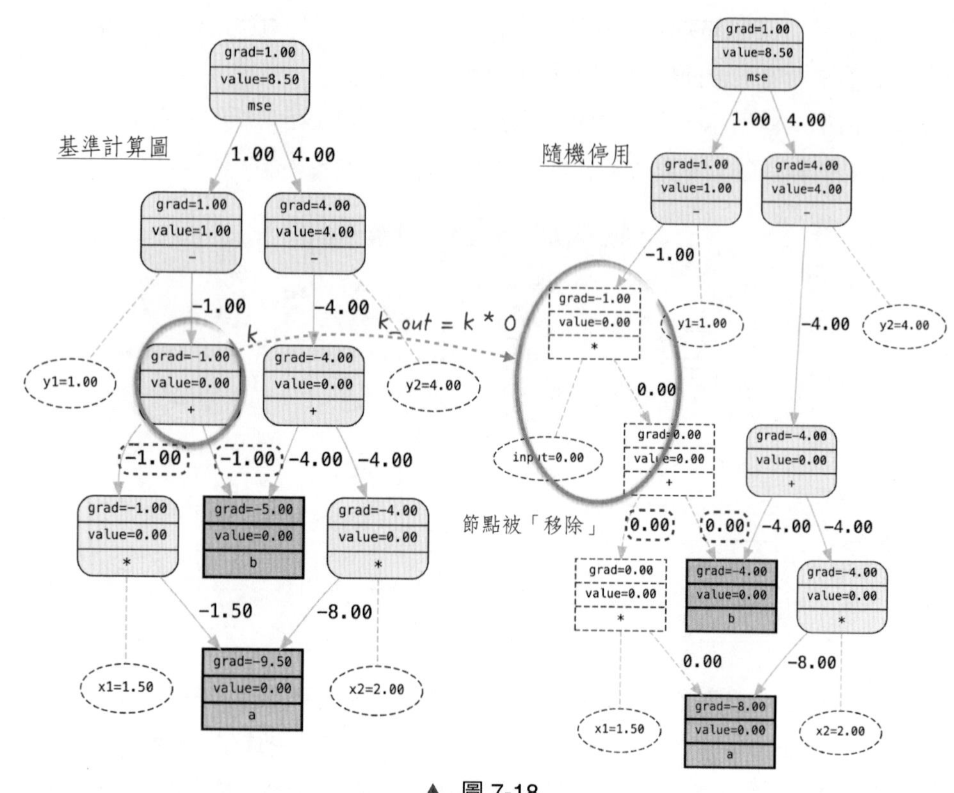

▲ 圖 7-18

某個節點失活不僅會影響該節點本身，還可能影響與之直接相關的其他節點，如圖 7-19 所示。舉例來說，如果節點 x1 失活，那麼與其直接相連的計算節點也會失活。當然，這取決於節點所代表的運算，比如圖中的節點表示的是乘法，因此它會受到牽連並導致失活；但如果是加減法節點，則不會導致失活。

在探討完節點 / 變數失活之後，下面仔細研究隨機失活的設計初衷和演算法細節。最佳化演算法的初衷是計算準確的梯度，並利用它來迭代更新模型參數。但透過使用隨機梯度下降法，會發現在梯度中引入一些隨機性反而能夠提升模型的訓練效果。這引發了一個有趣的問題：是否可以透過進一步增加梯度計算過程中的隨機性來最佳化模型？

從計算圖的角度考慮隨機梯度下降法，演算法的隨機性實際上源於計算圖沒有完全膨脹（因為只使用了部分訓練資料），但整個計算圖的結構仍然與最初定義的理論計算圖相似，或說反向傳播演算法得到的仍然是「準確」的梯度。為了引入更多的隨機性，需要考慮在計算圖中隨機進行剪裁。這樣，每次反向傳播得到的梯度就不再是「準確」的，而是在其附近隨機擾動的值。更進一步，如果在每次傳播時，剪裁的部分也是隨機的，那麼梯度的隨機性就更強了。

預設情況下，在提到電腦運算時，通常指的是由中央處理器（CPU）作為計算核心執行的運算任務。然而，CPU 的設計原則使它並不擅長處理平行計算。舉個例子，考慮矩陣乘法，如圖 7-21 所示，CPU 會按順序一個一個元素相乘，導致整個運算過程時間過長。雖然我們可以利用多核心 CPU 進行平行計算以加速任務，但多核心 CPU 價格昂貴，在實際應用中難以普及。

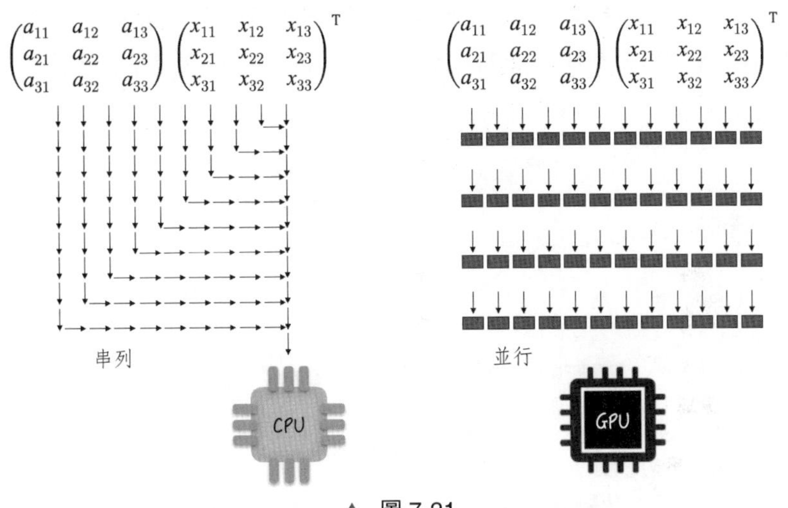

▲ 圖 7-21

與 CPU 不同，GPU（圖形處理器）最初是為圖形處理而設計的，屬於邊緣計算組件。它通常擁有大量的計算核心（有時高達上千個），可以並行地執行大量的簡單計算任務。因此，使用 GPU 進行張量運算能夠顯著縮短運算時間。對於神經網路而言，這一點具有重要意義，它使得建構更大、更複雜的模型成為可能（使用 GPU，模型訓練時間可以從幾年縮短到幾天）。事實上，GPU 的大規模應用是神經網路，尤其是深度學習得以迅猛發展的原因之一。因此，在涉及神經網路模型的實際應用中，總是優先考慮使用 GPU 作為計算的核心（這是程式設計領域一次重大的範式轉變）。隨著神經網路的迅猛發展，業界甚至在考慮重新設計電腦架構來提升 GPU 在硬體中的地位，以便更進一步地適應這一快速發展的領域。

借助 PyTorch（基於 CUDA[*]）在 GPU 計算方面的卓越工作，GPU 計算的程式實現並不複雜。如程式清單 7-9 所示[**]，只需簡單地將資料移動到相應的 GPU 中即可。與 CPU 的架構設計不同，GPU 無法直接讀取在記憶體（RAM）中的資料進行運算，因此需要將資料複製到 GPU 專用的記憶體（GPU Dedicated Memory）中。同理，GPU 也不支援跨計算核心的運算。這包括跨 CPU 和 GPU 的計算，因為資料一部分存放在記憶體中，另一部分存放在 GPU 專用記憶體中；以及跨不同 GPU 的計算，因為資料分佈在不同的 GPU 專用記憶體中。在實際使用中，面對這樣的需求，需要在進行計算之前將資料移動到同一個計算核心上。

程式清單 7-9 GPU 計算

```
# 檢查是否有 GPU
torch.cuda.is_available()          # True
# GPU 的個數
torch.cuda.device_count()          # 1
# 預設情況下，建立的張量存放在記憶體中，使用 CPU 進行計算
x = torch.randn(2, 3)
print(x.is_cuda)                   # False
# 可以使用張量提供的函數，將資料移到 GPU 上
# 當有 n 個 GPU 時，相應的裝置 id 是 cuda:0, cuda:0,... ,cuda:n-1
print(x.to('cuda:0').is_cuda)      # True
# 在建立張量時，透過指定 device 將張量移到 GPU 上
y = torch.randn(2, 3, device='cuda:0')
print(y.is_cuda)                   # True
print(y.to('cpu').is_cuda)         # False
# 不支援跨計算核心運算
x + y                              # error
```

* CUDA（Compute Unified Device Architecture）是由 NVIDIA 開發的平行計算平臺和程式設計模型。它允許開發者利用 NVIDIA 的 GPU 進行通用目的的平行計算，包括科學計算、機器學習、深度學習等領域的任務。CUDA 的出現徹底改變了 GPU 的角色，使其從原本的圖形著色加速變為通用計算的利器。使用 CUDA，開發者可以將計算任務分配到 GPU 上，並利用其大量的計算核心實現並行處理，從而大幅提升計算速度。 為了使用 CUDA，開發者需要撰寫基於 CUDA 的 GPU 核心程式，然後透過相應的編譯工具將其與 CPU 程式結合起來，以充分利用 GPU 的運算能力。同時，許多深度學習框架（如 TensorFlow、PyTorch 等）也提供了對 CUDA 的支援，使開發者能夠更方便地在 GPU 上進行模型訓練和推斷。

** 完整的實現請參考本書書附程式 /ch07_autograd/gpu.ipynb。需要注意的是，與其他範例程式不同，執行此程式需要機器配備 GPU，否則無法正常執行。

想要正確使用 GPU 進行計算，關鍵是要充分利用其平行計算的特性，而非僅進行串列計算，圖 7-22 所示的例子極佳地闡述了這個觀點。當計算任務主要是串列的時，CPU 往往比 GPU 更具優勢。當計算任務能夠被有效地並行化時，GPU 的優勢才能充分顯現出來。

```
import time

def measure_compute_time(device_id, dimension):
    """
    展示 GPU 在串列計算和平行計算時的表現
    當 dimension 比較大時，GPU 主要進行平行計算
    """
    start_time = time.time()
    x = torch.ones((dimension, dimension), device=device_id)
    # for循環時串列計算
    for _ in range(10 ** 5):
        # x是矩陣, x + x是平行計算
        x + x
    elapsed_time = time.time() - start_time
```

並行為主

```
measure_compute_time('cpu', 1000)
measure_compute_time('cuda:0', 1000)
```

```
For device cpu, compute time = 27.2803
For device cuda:0, compute time = 1.1041
```

串列為主

```
measure_compute_time('cpu', 1)
measure_compute_time('cuda:0', 1)
```

```
For device cpu, compute time = 0.5259
For device cuda:0, compute time = 1.0495
```

▲ 圖 7-22

7.5.2 混合精度訓練

正如之前討論的，在進行反向傳播計算時，必須將經過膨脹的計算圖型儲存在記憶體中（如果使用 GPU 運算，那麼將儲存在 GPU 的專用記憶體中）。然而，這種儲存量相當龐大，在整個計算圖的儲存結構中，數值儲存佔據了最大的比例。這些數值包括各個節點的計算結果（來自向前傳播的輸出），以及相應的梯度（這些梯度是來自反向傳播的結果）。雖然梯度累積技術可以透過分解計算圖來限制計算圖的膨脹，從而降低記憶體的使用，但面對龐大的模型時，即使是單一資料點的計算圖，其所需的記憶體都是巨大的。舉例來說，大語言模型的參數量可能高達數十億甚至上百億。

為了解決這個具有挑戰性的問題，需要採取額外的最佳化策略來降低記憶體的使用。在深入探討這些策略之前，我們需要更詳細地了解數字在電腦中的儲存方式。一般而言，數值計算結果使用 32 位元浮點數（需要 4 位元組來儲存，使用 32 位元的二進位數字表示）儲存。這種儲存方式被稱為單精度浮點數。那麼，如果使用 16 位元二進位數字表示一個數值，會產生什麼影響呢？

這種方法的好處之一是能夠立即減少所需的儲存空間，同時提升計算速度。然而，這種方法也存在一個明顯的缺陷，即能夠表示的數值範圍受限。為了便於討論，下面以能夠表示的最小正數為例。使用 16 位元浮點數，能夠表示的最小正數是 2^{-24}（相比之下，

32 位元浮點數能夠表示的最小正數為 2^{-149}）。當實際的數值小於這個設定值時，電腦會錯誤地將其視作 0，這就是浮點數下溢（Underflow）。

為了盡可能地減少這類錯誤的發生，可以混合精度訓練（Mixed Precision Training）演算法，顧名思義，它是指在模型訓練過程中使用不同的數值精度來處理不同部分的計算。這一演算法包含兩個主要部分。

（1）精度分層處理：在這種訓練中，模型本身（模型參數）依然使用 32 位元浮點數進行儲存，參數更新過程也使用 32 位元浮點數。在模型的向前傳播和反向傳播過程中，轉而使用 16 位元浮點數進行計算。具體情況如圖 7-23 所示。

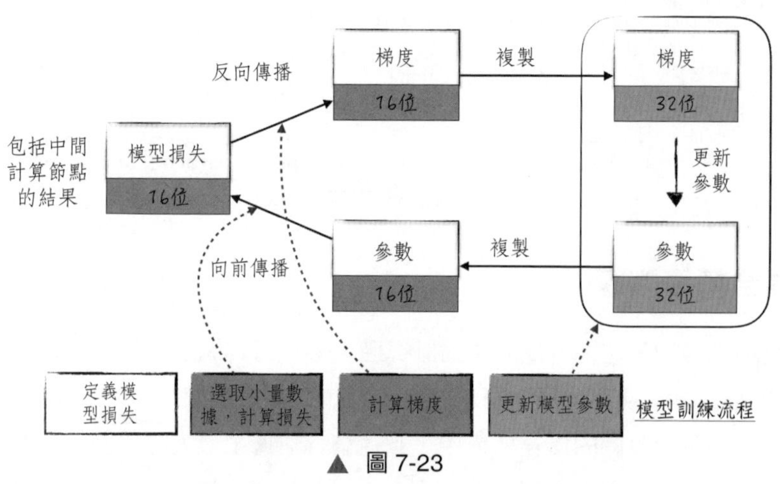

▲ 圖 7-23

（2）引入比例因數（Scale Factor）：在數學上，要防止浮點數下溢是相當容易的，只需要將模型損失乘以一個較大的常數 n，該常數也被稱為比例因數。根據連鎖律，將會導致所有節點的梯度都增大 n 倍。這種方法確保了梯度落入 16 位元浮點數表示的範圍，從而解決浮點數下溢問題。在使用這些梯度進行參數更新時，需要將引入的縮放移除，也就是將梯度除以 n。將這個過程與精度分層處理相結合，如圖 7-24 所示。

混合精度訓練方法的優勢在於，在保持適當的模型表示能力的同時，顯著降低了記憶體銷耗。透過將高精度的 32 位元浮點數與 16 位元浮點數的計算相結合，在不犧牲模型性能的前提下，顯著減少記憶體需求，使電腦能夠處理更大規模的模型和資料集。

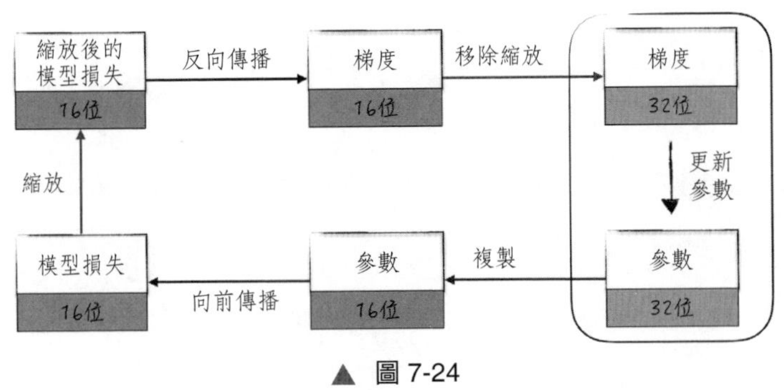

▲ 圖 7-24

在實際應用中，PyTorch 已經提供了相應的封裝函數，分別是 torch.cuda.amp.autocast 和 torch.cuda.amp.GradScaler。其中 autocast 實現的是第一部分 —— 精度分層處理；GradScaler 實現的是第二部分——引入比例因數。借助這兩個工具，在最佳化演算法中使用混合精度訓練就變得很容易了，限於篇幅，在此不討論具體的程式細節，讀者可以參考 11.5.1 節。

7.5.3 梯度檢查點

根據梯度的定義，變數的梯度與其本身的值密切相關。因此，要想得到某個變數的梯度，必須先知道這個變數的值。這也是為什麼在進行反向傳播演算法之前，需要先對計算圖進行向前傳播，並記錄每個節點的計算結果，如圖 7-25 左側部分所示。這樣在計算節點的梯度時，可以利用這些事先快取的結果，直接啟動反向傳播過程，從而得到梯度，如圖 7-25 中的節點 *d* 所示。這種方法也被稱為標準反向傳播，本章的範例也是按照這個想法實現的。這種方式能夠確保梯度計算以最高效的方式進行。

然而，採用標準反向傳播演算法會造成較大的記憶體銷耗。為了在計算過程中盡可能地壓縮記憶體使用，可以採用一種以時間換空間的方法。在這種演算法中，一旦向前傳播完成，僅會保留頂點的計算結果，而中間節點的結果會被清空（葉子節點的值會保留）。在反向傳播遇到中間計算節點沒有快取時，則重新觸發向前傳播，以獲取所需節點的結果。這就是記憶體極簡的反向傳播演算法。以節點 *d* 為例，為了計算其梯度，需要首先從節點 *a* 開始重新觸發向前傳播直到節點 *d*，並快取計算結果。然後使用這個快取的結果以及節點 *e* 的梯度，計算出節點 *d* 的梯度。對於其他節點，也採用類似的步驟計算梯度。透過這種方式，在完成反向傳播的同時，節省了記憶體銷耗。以圖 7-25 為例，記憶體極簡演算法只需要 3 個儲存空間，而標準演算法需要 5 個儲存空間。

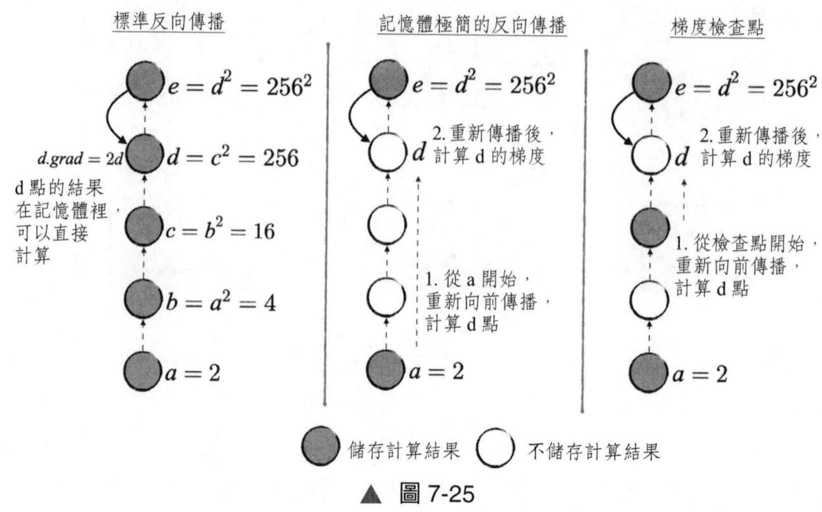

▲ 圖 7-25

儘管記憶體極簡演算法在降低記憶體銷耗方面獲得了顯著成果，但它涉及大量的重複計算，執行時間相對較長。為了在記憶體使用和執行時間之間取得平衡，下面引入梯度檢查點（Gradient Checkpoint）。這一演算法的核心思想是選擇一些中間節點作為儲存點，以便在再次觸發向前傳播時，以這些儲存點作為起點開始傳播，避免從頭開始重複計算。這種方式在一定程度上減少重複計算，從而提高執行效率。需要注意的是，由於需要儲存額外的中間結果，梯度檢查點會稍微增加一些記憶體銷耗。

關於梯度檢查點演算法，PyTorch 中已經提供了便捷的封裝函數，即 torch.utils.checkpoint。這個工具能夠幫助我們更方便地應用梯度檢查點演算法，以平衡記憶體銷耗和執行時間。由於篇幅的限制，本書不再討論具體的使用細節。

7.5.4 分散式運算

本節將討論如何巧妙地借助多台機器來最佳化模型訓練和應用速度。在神經網路領域，常常利用 GPU 進行模型計算，以迅速提高計算效率。然而，正如 7.5.1 節所述，即使在同一台機器上，跨 GPU 的資料也無法直接運算。因此，對於分散式運算，多台機器之間的協作機制相當於不同 GPU 之間（不管它們是否在同一台機器上）的協作機制。為了表述簡單，本節後續的討論都只針對在多個 GPU 之間的分散式運算。

模型計算的基礎是計算圖，因此，模型的分散式運算實質上就是在計算圖層面進行分散式運算。關於這一主題，業界出現了兩種截然不同的分散式運算方法，分別是資料並行（Data Parallelism）和模型並行（Model Parallelism）。資料並行，即 7.4.1 節中介紹的梯度累積，根據資料將計算圖縱向切分，從而進行平行計算。與之不同，模型並行將計算圖的不同層放置在不同的 GPU 上進行計算。這可以被形象地理解為：資料並行將計算圖從垂直方向切分，而模型並行從水平方向切分，如圖 7-26 所示。

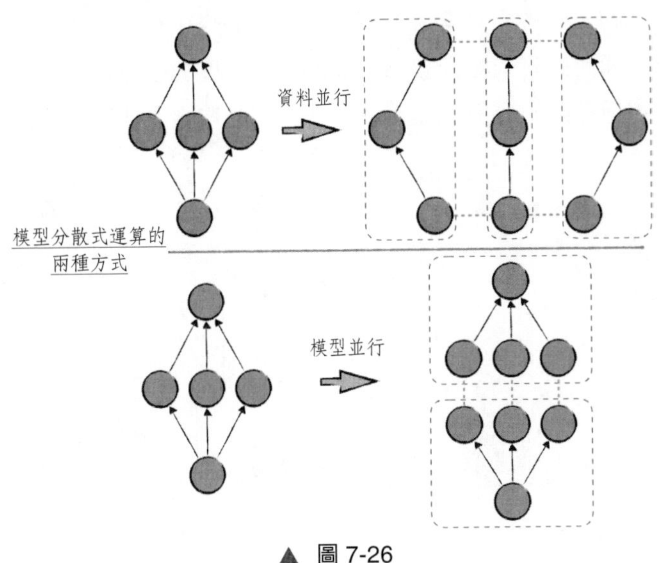

▲ 圖 7-26

在傳統的觀念裡，模型的分散式運算表示對資料的並行處理。這種方法的核心思想遵循著名的 Map/Reduce 框架 * 模式，如圖 7-27 所示。首先，資料被智慧地分發到各個 GPU 上。接著，完整的模型被逐一複製到每個 GPU 上。然後，這些 GPU 利用各自的資料進行向前傳播和反向傳播，這一系列步驟類似於「映射」（Map）操作。隨後，執行「精簡」（Reduce）操作（更確切地說是「All Reduce」操作 **）。在這一階段，演算法將每個 GPU 上的反向傳播梯度傳遞給其他 GPU。簡而言之，每個 GPU 都累積了所有 GPU 計算得出的梯度資訊，能夠獨立地累加梯度，並進行後續的參數迭代更新。由於每個 GPU 上累加的梯度相同，因此在參數更新後得到的模型也是相同的。持續循環，直到得到最終的模型。這個過程確保了模型的並行訓練和參數同步。

* Map/Reduce 框架是一種經典的分散式運算模式，整個計算過程分為兩個關鍵階段：Map 和 Reduce。它最初由 Google 提出，並在處理巨量資料時取得了巨大成功。這個框架的設計思想旨在將複雜的任務分解成多個簡單的子任務，分佈在多台機器上並存執行（Map 階段），然後將結果合併（Reduce 階段）以得到最終的計算結果。

** 在經典的 Map/Reduce 框架中，Reduce 操作只在選定的一台機器上進行，並非在全部機器上執行，因此這裡的步驟被稱為 All Reduce。

從每個 GPU 的角度來看，儘管每次迭代只處理批次資料中的一部分，但在 Reduce 階段，透過梯度的傳遞，參與模型參數更新的梯度卻基於整個批次的所有資料。換句話說，這個階段汲取了批次中全部資料的智慧。這就好比一份試卷冊，一個班級的學生各自分工做不同的試題，然後相互交流答案，這樣每個學生只解答了部分問題，卻獲得了全部答案。因此，即使硬體未經升級，GPU 的學習速度也會更快，從而加速整個模型的訓練過程。借助這種巧妙的分散式運算方式，我們能夠匯聚個體的努力，更迅速地訓練模型。

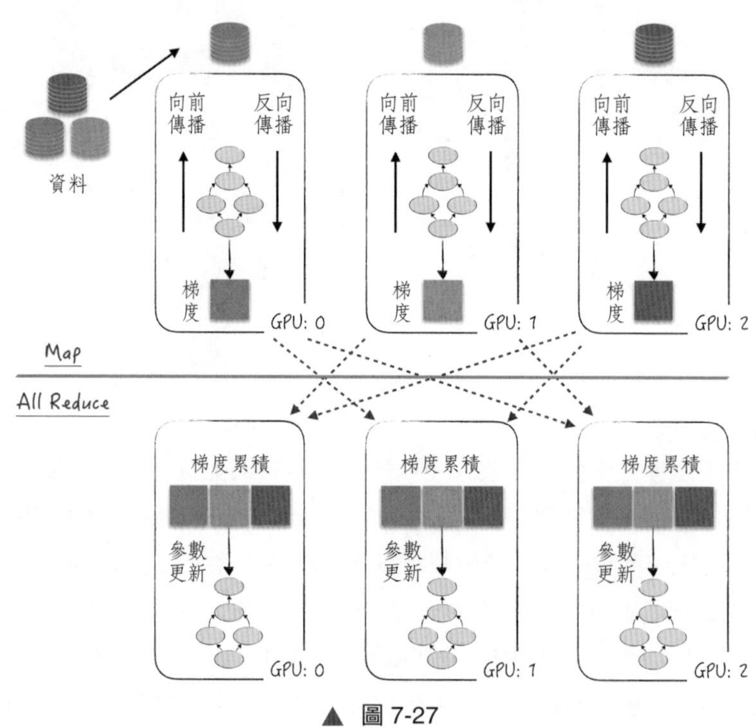

▲ 圖 7-27

近年來，隨著模型規模的持續擴大，針對單一資料的模型計算量變得異常龐大，有時甚至超越了單一 GPU 的處理能力，導致計算難以進行。為了應對這一挑戰，業界開始探索一種全新的分散式運算想法，即模型並行。如圖 7-28 所示，將計算圖的不同層分散到不同的 GPU 上，以神經網路為例，可以將神經網路的各層分配給不同的 GPU。這樣，每個 GPU 只需要負責模型的一部分，只有按照正確的順序將它們串聯在一起，才能建構出完整的模型。在計算過程中，前一個 GPU 的計算結果將成為後一個 GPU 的計算圖輸入，多個 GPU 合作完成一次計算圖的計算。透過多個 GPU 的協作合作，我們能夠有效地處理單一 GPU 難以勝任的大規模模型的計算。

模型並行不僅可以應對龐大的模型規模帶來的挑戰，還能夠提升模型計算的速度。為了理解這一點，可以將模型並行的過程類比為管線，GPU 是管線上的一環。如圖 7-28 所示，在 GPU:1 處理第一份資料的同時，GPU:0 已經開始處理第二份資料。透過充分利用管線的並行原理，整個模型的計算速度獲得了顯著提升。

上述兩種方法並非互斥的選擇，而是可以將兩者結合使用，以提升計算效率。舉例來說，在資料並行的大框架下，當一台擁有多個 GPU 的機器對相應資料進行計算時，可以採用模型並行的策略將模型分散到不同的 GPU 上，從而進一步提升計算速度。

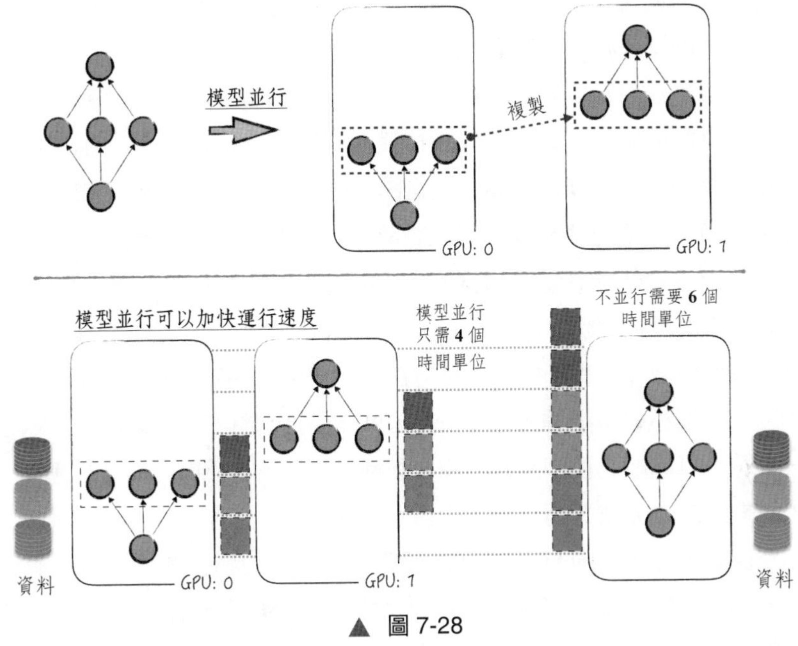

▲ 圖 7-28

分散式運算本身相當複雜，除了涉及演算法層面的程式實現，還涉及叢集層面的建構和維護工作，如機器間的通訊和錯誤恢復等。在這兩個方面，PyTorch 提供了出色的支援。在程式方面，PyTorch 提供了 3 個優秀的封裝工具 *，分別是 torch.distributed、torch.multiprocessing 和 torch.nn.parallel.DistributedDataParallel，可以幫助我們快速架設分散式模

* 這裡涉及的 3 個工具都用於資料並行的情況，若要實現模型並行，則需要自行撰寫程式。幸運的是，具體的實現並不複雜，所涉及的核心流程是 7.5.1 節中討論的資料複製。

型。在叢集架設*方面，PyTorch 提供了 torchrun 工具，致力於更輕鬆地配置叢集環境。考慮到篇幅有限，本書不再探討具體的使用細節。

7.6 本章小結

7.6.1 要點回顧

本章詳細討論並實現了一個簡化版本的反向傳播演算法。雖然這是一個簡化版本，但其核心設計與業界使用的開放原始碼演算法函數庫是一致的，包括計算圖的框架、連鎖律的數學原理，以及基於有向無環圖的拓撲排序。

在使用反向傳播演算法訓練模型時，計算圖的記憶體銷耗幾乎與使用的資料量成正比。這導致了計算圖膨脹的現象，使大規模模型訓練變得困難。為了解決這一問題，本章討論了 3 個經典的方法：梯度累積、混合精度訓練和梯度檢查點。梯度累積和梯度檢查點透過以時間換空間的方式來降低記憶體銷耗，而不會降低訓練的準確性。混合精度訓練在一定程度上透過降低訓練準確度來減少記憶體銷耗。反向傳播演算法是神經網路的基石，神經網路訓練中的許多最佳化方法本質上都是對反向傳播演算法的改進。因此，本章還討論了針對模型性能提升的最佳化方法，包括參數凍結和隨機失活。

隨著神經網路規模的不斷擴大，傳統的 CPU 計算已難以滿足模型的計算需求。在實際生產中，GPU 計算已成為模型訓練的標準配備。此外，由於單台機器的運算能力有限，也常透過架設叢集以及分散式運算來縮短模型訓練時間。

雖然本章涵蓋了廣泛的內容，但考慮到篇幅和本書的定位，許多細節沒有詳細說明，僅介紹了核心要點。對細節感興趣的讀者可以根據本章提供的線索，查閱相關工具的官方文件和資料。

* 對於用於機器學習的專用叢集（通常為 GPU 叢集），有一些更專業的工具可用於叢集的架設和管理，比如 NVIDIA Bright Cluster Manager、Slurm 等。這些工具旨在最佳化叢集的性能，確保運算資源得到最大限度的利用。

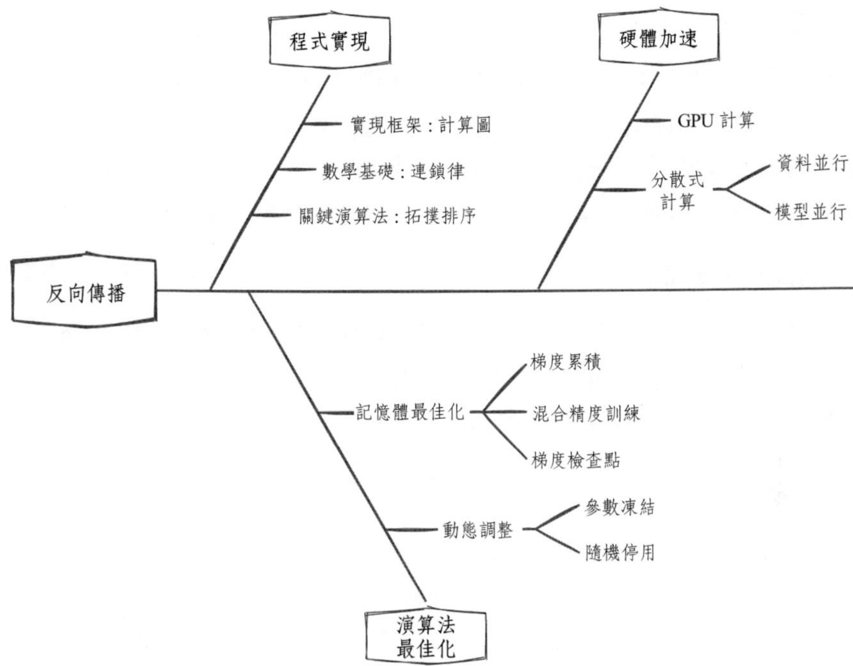

7.6.2 常見面試問題

針對本章討論的內容，常見的面試問題如下。

1. 反向傳播演算法

- 什麼是反向傳播演算法？它在最佳化演算法中的作用是什麼？
- 如何使用連鎖律計算函數的偏導數？它與反向傳播演算法的關係是什麼？
- 請用虛擬程式碼或實際程式範例說明反向傳播的實現過程。
- 請描述向前傳播和反向傳播的過程，解釋兩者在神經網路中的作用。

2. 梯度累積和梯度檢查點

- 什麼是梯度累積？它在訓練大模型時的作用是什麼？
- 如何透過梯度檢查點來減少記憶體銷耗？
- 梯度累積和梯度檢查點之間有什麼區別和聯繫？

3. **經典最佳化方法**

- 什麼是混合精度訓練？它如何降低記憶體銷耗？
- 混合精度訓練可能會對模型訓練的準確度造成什麼影響？
- 請解釋參數凍結在模型訓練中的作用和原理。
- 在神經網路的訓練中，隨機失活表示什麼？它對模型訓練的作用是什麼？

4. **GPU 計算與分散式**

- 如何使用 GPU 進行加速計算？與 CPU 相比，GPU 在神經網路訓練中有什麼優勢？
- 如何透過模型並行和資料並行實現模型分散式訓練？
- 分散式訓練會帶來哪些優勢和挑戰？

如何判斷機器是否擁有思考能力，是人工智慧領域面臨的一項重要挑戰。針對這個問題，被譽為電腦科學與人工智慧之父的英國數學家艾倫·麥席森·圖靈（Alan Mathison Turing，1912—1954）於 1950 年提出了著名的圖靈測試。

圖靈測試的步驟非常簡單：提問者撰寫問題，然後分別交給機器和人類獨立回答。如果提問者難以準確區分哪份答案來自機器，哪份答案來自人類，那麼就認為機器通過了圖靈測試。這一測試的標準非常直觀，可以形象地概括為：如果發現一隻鸚鵡可以回答一切問題，那麼我們會毫不猶豫宣佈它存在智慧。圖靈測試的簡單直觀性使其成為評估人工智慧是否具備類似人類思考能力的標識性方法。

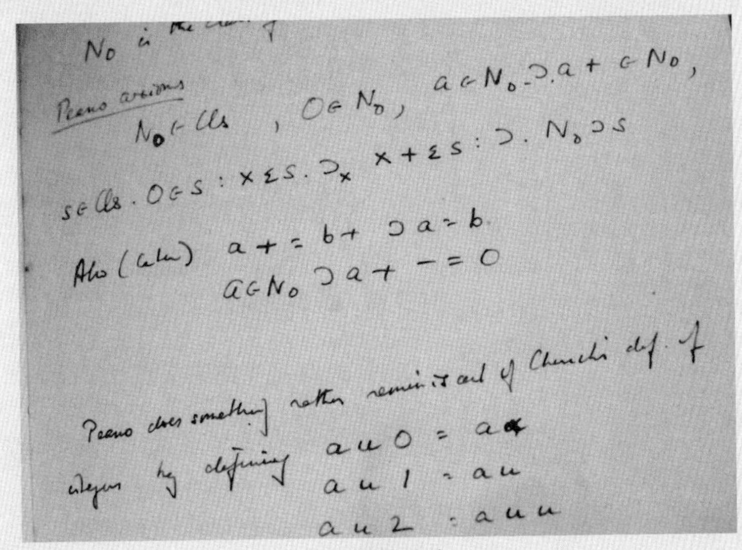

▲ 圖靈手稿

第 8 章
多層感知器：神經網路的「創世記」

You can avoid reality, but you cannot avoid the consequences of avoiding reality.
（你可以逃避現實，但你無法逃避逃避現實所帶來的後果。）

——Ayn Rand

在人工智慧領域，神經網路宛如一顆不曾黯淡的明星，熠熠生輝。過去的十年，我們見證了業界的驚人進展。從為深度學習潛力背書的卷積神經網路，到戰勝人類圍棋高手的 AlphaGo，再到備受矚目的 ChatGPT，神經網路不斷為世界奉獻著驚喜之作。然而，在令人歡欣鼓舞之餘，它也帶給我們更多困惑、不安與敬畏。神經網路的構思根源可追溯至仿生學 *，也就是借助電腦和數學模型來模擬人類神經系統。但就模型本身而言，我們對其了解仍相對有限，模型的執行原理似乎仍籠罩在一層迷霧之中。我們不僅對模型的運作機制知之甚少，甚至對其潛在極限的探知也頗為有限。

在當前的學術界和業界，關於神經網路的前景存在著明顯的分歧。有一派陣營認為，當前的人工智慧熱潮可能只是一場泡沫，整個領域尚未取得實質性的突破。傑出學者 Michael I. Jordan 教授堅守此觀點，他認為人工智慧距離達到人類水準還會有相當大的差距。儘管神經網路在某些領域能夠「模擬」智慧，但從嚴謹的角度看，這並不能等於真正的智慧。另一陣營則堅信人工智慧正站在突圍的前夜，將為人類帶來巨大便利。企業家（如紮克伯格和馬化騰等人）持有這種觀點。他們對人工智慧的前景充滿信心，認為其將促成一場新的工業革命，類似於電力一樣，改變產業格局和人類生活。

當然，也有不少人擔憂人工智慧可能帶來巨大的風險，因為我們正在創造一種在某種程度上類似永生的、全新類型的智慧體，可以稱之為「矽基生命」。業界的伊隆．馬斯克（Elon Musk）和學術界的傑佛瑞．辛頓（Geoffrey Hinton）持有這種觀點。儘管當

* 仿生學（Bionics）是模仿生物的特殊本領的一門科學，它在了解生物結構和功能原理的基礎上，研製新的機械和新的技術。以上簡介參考自維基百科。

前的人工智慧尚未直接顯現出威脅，但考慮到其迅猛的發展速度，未來（約 5 年或 10 年內）我們可能會面臨人工智慧帶來的潛在風險。這種風險可能並不會如許多科幻電影所描繪的那樣——人工智慧對人類發動最終的審判之戰並毀滅人類。然而，它確實可能引發大規模的失業問題，因為許多工作完全可以由人工智慧來完成，導致許多人失去工作機會。

無論持有哪種觀點，未來都已然降臨。在面對人工智慧時，你或許可以欣賞、引述、反駁、質疑、歌頌，抑或批評，卻無法忽略其存在。理解並掌握神經網路的相關知識，已經成為新一代資料科學家必不可少的技能之一。在經過前幾章的鋪陳後，從本章起，我們將深入探討神經網路模型：從最基礎的多層感知器（Multilayer Perceptron，MLP）模型開始，詳細剖析並證明深度學習潛能的卷積神經網路（CNN）模型，接著介紹處理時序資料的循環神經網路（RNN），最終深入探討如何訓練和建構目前最先進的對話式人工智慧模型，如 ChatGPT。

8.1 感知器模型

鑑於神經網路的模擬物件是人類的神經系統，為了更進一步地理解模型，我們需要先從生物學的角度檢查人類神經系統的基本特點。

根據生物學的研究，神經系統的基本計算單元被稱為神經元。這種神經元能夠對環境變化做出回應，並將資訊傳遞給其他神經元。在人腦中，約有 860 億個神經元相互連接，共同組成了極其複雜的神經網路。這個網路正是人類智慧的生物基礎。因此，為了模擬人腦的生物結構，首要任務是建構模型來模仿神經元的行為。

8.1.1 神經元的數字孿生

圖 8-1 左側展示了一個典型神經元的結構，它由 4 個基本部分組成，每個部分都發揮著特定的功能。

- 樹突：一個神經元擁有多個樹突，它們接收來自其他神經元的訊號，並將這些訊號傳遞給細胞體。
- 細胞體：細胞體是神經元的核心，它對來自各個樹突的訊號進行整理，得到一個綜合的刺激訊號。
- 軸突：當細胞體內累積的刺激訊號超過一定設定值時，神經元的軸突將發出訊號。

- 突觸：該神經元發出的訊號（如果有的話）會透過突觸傳遞給其他神經元，或傳遞給人體內回應神經訊號的其他組織。值得注意的是，神經元通常具有多個突觸，但它們傳遞的訊號是相同的。

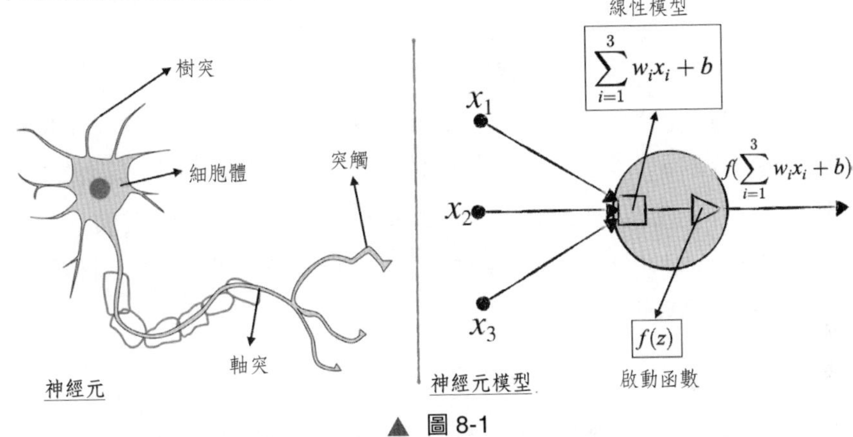

▲ 圖 8-1

這些組成部分相互協作，賦予神經詮譯資訊處理的功能，同時組成了神經網路模型的基礎。將上述神經元結構抽象成數學概念，可以得到類似圖 8-1 右側所示的神經元模型。

- 這個模型的輸入是資料中的變數（或特徵），比如圖中的 x_1,x_2,x_3。它們用小數點表示，對應神經元中的樹突。
- 輸入變數經過一個線性模型進行加權求和，這部分用方框表示。這個線性模型對應神經元的細胞體。需要注意的是，在神經元的線性模型中將權重項和截距項分開表示，用 w_i 表示權重，用 b 表示截距 *。
- 隨後，非線性啟動函數（Activation Function）f 發揮作用，決定是否向外部發送訊號。在圖中，這一部分用三角形表示，對應神經元內的軸突。在神經網路領域，通常用一個圓圈來簡略地表示線性模型和啟動函數，將它們視為整體。本書在針對神經網路的討論中也使用這種標記方式。
- 將模型的各個元件連接在一起，最終得到輸出 $f(\sum_i w_i x_i + b)$。這個值將傳遞給下一個神經元模型，在圖中用箭頭表示，對應神經元中的突觸。就像生物學中的突觸一樣，一個神經元可以擁有多個輸出連接，但這些連接傳遞的值都相同。

---

* 在神經網路中，線性模型中的截距項具有特殊的生物含義，它通常對應著神經元的啟動設定值，因此需要單獨處理它。

在神經元模型中，啟動函數 f 的非線性特性至關重要。最初的神經元模型 * 採用了一種直觀的方式來定義 f。當函數的輸入超過某個設定值時，輸出 1，否則輸出 0。具體運算式如下：

$$f(x) = \begin{cases} 1, & x > 0 \\ 0, & x \leqslant 0 \end{cases} \tag{8-1}$$

這個模型也被稱為感知器（Perceptron），主要用於解決二元分類問題。儘管感知器在某種程度上模擬了神經元軸突的行為，但其處理方式相對簡單。在生物學中，神經元的輸出是連續的，不是離散的，這限制了感知器的性能。為了改進這一點，學術界引入了第 4 章介紹的 Sigmoid 函數（也稱 S 函數）作為神經元的啟動函數。這種函數具有連續且非線性的特性運算式如下：

$$S(z) = 1/(1 + \mathrm{e}^{-z}) \tag{8-2}$$

透過採用 Sigmoid 啟動函數，模型的輸出變得平滑且連續。Sigmoid 函數的特性使得輸出能夠在 0 和 1 之間平穩變化，從而提供更加豐富的資訊表達能力，使模型更貼近生物神經元的運作方式。這種改進的模型被稱為 Sigmoid 感知器（Sigmoid Perceptron）。這一變化不僅為模型賦予了更強大的表達能力，也在數學上具有可微性。這表示我們可以使用反向傳播演算法來計算模型參數的梯度，進而應用之前討論過的最佳化演算法來迭代地最佳化模型。這是神經網路發展中的重要里程碑 **。

8.1.2 圖示與計算圖

在神經網路領域，模型的圖示是一種常用且極為重要的工具。它能夠以清晰簡單的方式展示模型的結構，幫助我們理解和建構這些模型。同時，第 7 章中介紹的計算圖是一種電腦用來儲存模型運算關係的框架。顯然，神經網路同樣可以以計算圖的形式來表示（實際上，在電腦中也是以這種方式表達的）。因此，本節將以最基本的感知器模型為例，詳細討論神經網路的圖示和計算圖之間的聯繫與區別。

---

* 弗蘭克·羅森布拉特（Frank Rosenblatt）於 1957 年在康奈爾航空實驗室（Cornell Aeronautical Laboratory）設計了第一款類神經網路。這個最初版的神經網路其實是一台機器：由於當時的電腦還處在比較初級的階段，因此專門設計了一台機器來實現這個模型。

** 在 8.4 節中會介紹，儘管在過去的發展中 Sigmoid 函數發揮了關鍵作用，但在當前的實際生產中，由於多種原因，幾乎不再使用 Sigmoid 作為主要的啟動函數。

如圖 8-2 所示 *，將神經網路的結構想像成一個經過簡化的計算圖，這樣可以去除不必要的細節，使整體邏輯更加清晰易懂。在神經元圖示中，將表示模型參數的變數節點省去，同時將與之直接相關的線性模型部分隱藏起來，使圖形簡潔。這些隱藏節點在圖中不可見，但在進行反向傳播時卻是演算法關鍵的組成部分。當涉及神經網路中的反向傳播時，我們可以在腦海中還原這些隱藏節點，從而更進一步地理解演算法的核心思想。在大多數情況下，我們只需要關注簡化後的整體影像即可。在某些更複雜的場景下，比如 8.4.1 節討論神經元壞死問題以及 10.3.7 節討論隨時間反向傳播時，我們會再次放大計算圖的細節，以深入理解其中的奧妙。

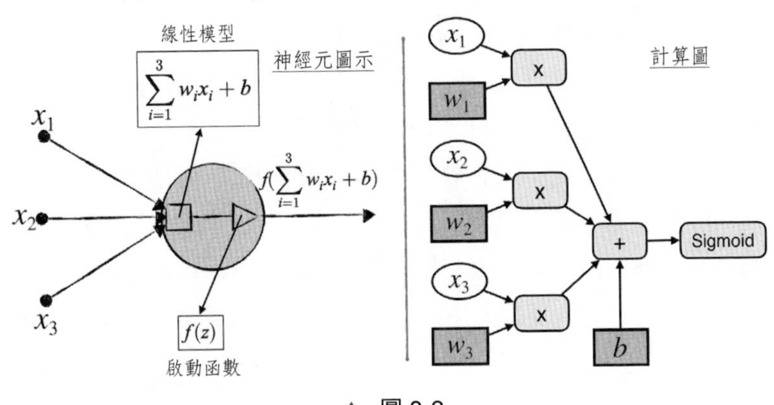

▲ 圖 8-2

需要強調的是，圖 8-2 右側所示是理論上的計算圖，在輸入資料後，實際的計算圖可能會變得更複雜，幾乎無法用肉眼觀察清楚。這也是通常只使用神經網路的圖示來表示模型的結構和流程的原因。

8.1.3 Sigmoid 感知器與邏輯迴歸

從理論的角度來講，Sigmoid 函數模擬了兩種效應的相互競爭：假設正效應和負效應都和引數$\boldsymbol{X} = (x_1, x_2, \cdots, x_k)$是近似線性關係。具體的公式如下，其中，$Y^*$表示正效應，$Y^\sim$表示負效應，$\boldsymbol{W}_i = (w_{i,1}, w_{i,2}, \cdots, w_{i,k})$和$b_i$是模型參數，$\theta$和$\tau$是服從正態分佈的隨機干擾項：

* 為了方便演示，圖 8-2 中的計算圖省略了部分細節。如果想要查看計算圖的完整細節，請參考本書書附程式 /ch08_mlp/perceptron.ipynb。

$$Y^* = \boldsymbol{X}\boldsymbol{W}_1^{\mathrm{T}} + b_1 + \theta$$
$$Y^\sim = \boldsymbol{X}\boldsymbol{W}_2^{\mathrm{T}} + b_2 + \tau \tag{8-3}$$

根據第 4 章的討論，正效應大於負效應的機率可以被近似為一個 Sigmoid 函數，具體形式如下：

$$P(Y^* - Y^\sim) \approx S(\boldsymbol{X}\boldsymbol{W}^{\mathrm{T}} + b) \tag{8-4}$$

因此，在感知器模型中使用 Sigmoid 函數，相當於為模型的輸出賦予了機率的含義。這一設計使模型的理論基礎更加堅實，同時使模型適用於解決二元分類問題。舉例來說，當模型的輸出大於 0.5 時，預測類別為 1；不然預測類別為 0。在這種情況下，Sigmoid 感知器實際上等於二元邏輯迴歸模型，如圖 8-3 所示。

在神經網路的早期，主要致力於為建構的模型尋找堅實的理論基礎，因此會儘量汲取之前經典模型的要素。隨著時間的演進，整個領域的研究範式發生了巨大的變革，逐漸從試圖深入理解模型轉向更加高效率地模擬和訓練模型，模型的可解釋性不再是主要關注點。然而，由於現實需求，例如公眾或監管機構對模型原理的要求，雖然不再追求整體模型的解釋性，但仍然會努力賦予模型輸出明確的含義和合理的解釋。在這些情況下，類似本節所討論的對傳統模型的類比和參考變得尤為重要，這種想法將貫穿於本書後續的內容中。

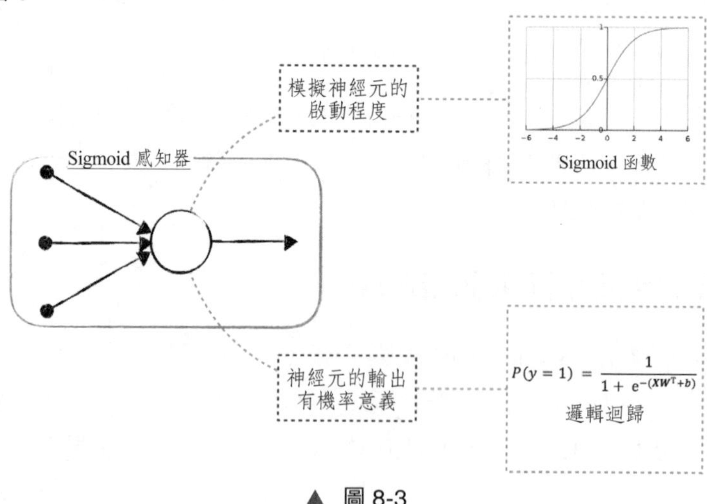

▲ 圖 8-3

8.1.4 Softmax 函數

在深入探討神經網路前，本節先介紹一個該領域中至關重要的函數——Softmax 函數。在神經網路中處理分類問題時，Softmax 函數經常被用來定義損失函數。

回顧第 4 章的內容，二元邏輯迴歸模型的運算式形式如下：

$$P(y = 1) = 1 \Big/ [1 + \mathrm{e}^{-(\boldsymbol{X}\boldsymbol{W}^{\mathrm{T}} + b)}] \tag{8-5}$$

在公式（8-5）中，將分子、分母同時乘以$\mathrm{e}^{\boldsymbol{X}\boldsymbol{W}_1^{\mathrm{T}} + b_1}$，得到公式（8-6）。其中，$\boldsymbol{W}_0 = \boldsymbol{W}_1 - \boldsymbol{W}$，$b_0 = b_1 - b$。

$$\begin{aligned} P(y = 1) &= \mathrm{e}^{\boldsymbol{X}\boldsymbol{W}_1^{\mathrm{T}} + b_1} \Big/ (\mathrm{e}^{\boldsymbol{X}\boldsymbol{W}_1^{\mathrm{T}} + b_1} + \mathrm{e}^{\boldsymbol{X}\boldsymbol{W}_0^{\mathrm{T}} + b_0}) \\ P(y = 0) &= \mathrm{e}^{\boldsymbol{X}\boldsymbol{W}_0^{\mathrm{T}} + b_0} \Big/ (\mathrm{e}^{\boldsymbol{X}\boldsymbol{W}_1^{\mathrm{T}} + b_1} + \mathrm{e}^{\boldsymbol{X}\boldsymbol{W}_0^{\mathrm{T}} + b_0}) \end{aligned} \tag{8-6}$$

實際上，多元邏輯迴歸的模型公式也可以呈現出類似的結構。基於第 4 章的討論，假設對於一個具有 k 個類別的分類問題，這些類別分別被標記為 0,1,⋯,k - 1，這時多元邏輯迴歸模型的運算式 * 可以寫為

$$\begin{cases} P(y = 1) = \mathrm{e}^{\boldsymbol{X}\boldsymbol{\beta}_1 + c_1} \Big/ (1 + \sum_{j=1}^{k-1} \mathrm{e}^{\boldsymbol{X}\boldsymbol{\beta}_j + c_j}) \\ P(y = 2) = \mathrm{e}^{\boldsymbol{X}\boldsymbol{\beta}_2 + c_2} \Big/ (1 + \sum_{j=1}^{k-1} \mathrm{e}^{\boldsymbol{X}\boldsymbol{\beta}_j + c_j}) \\ \quad\cdots \\ P(y = 0) = 1 \Big/ (1 + \sum_{j=1}^{k-1} \mathrm{e}^{\boldsymbol{X}\boldsymbol{\beta}_j + c_j}) \end{cases} \tag{8-7}$$

不妨記$\boldsymbol{W}_i^{\mathrm{T}} = \boldsymbol{W}_0^{\mathrm{T}} + \boldsymbol{\beta}_i$，$b_i = b_0 + c_i$，。在公式（8-7）中，將分子、分母同時乘以$\mathrm{e}^{\boldsymbol{X}\boldsymbol{W}_0^{\mathrm{T}} + b_0}$，可以得到公式（8-8）：

$$P(y = l) = \mathrm{e}^{\boldsymbol{X}\boldsymbol{W}_l^{\mathrm{T}} + b_l} \Big/ \sum_{j=0}^{k-1} \mathrm{e}^{\boldsymbol{X}\boldsymbol{W}_j^{\mathrm{T}} + b_j} \tag{8-8}$$

公式（8-6）和公式（8-8）所涉及的函數實際上就是 Softmax 函數，通常記作$\sigma(\boldsymbol{Z})$。這個函數的輸入是一個 k 維行向量，輸出也是一個 k 維行向量。其關鍵特點是，輸出向量的每個分量都位於區間內，而且所有分量之和正好等於 1。Softmax 函數的輸出實際上組成了一個機率分佈，如圖 8-4 所示。Softmax 函數由於具有這一特性，因此在分類問題中扮演著至關重要的角色。一組原始的預測分數經過它的轉換，就可以得到每個類別的機率估計，從而實現分類模型。因此，在神經網路中，Softmax 函數常常被應用在網路的

* 公式（8-7）與公式（4-33）稍有不同。公式（8-7）將截距項單獨列了出來，主要是為了和神經網路領域中的其他文獻保持一致。

最後一層，並參與模型損失函數的定義。

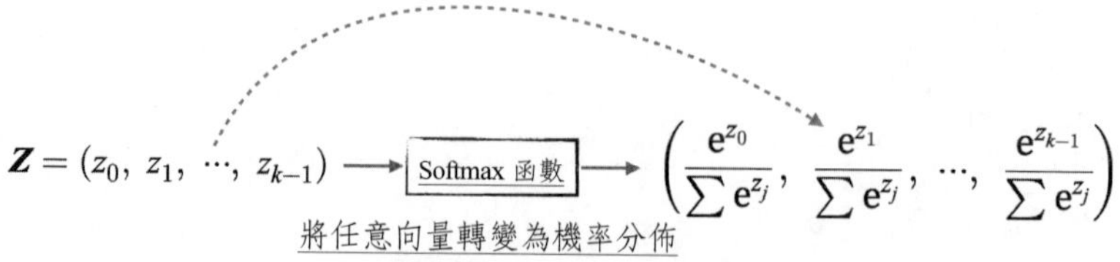

$\boldsymbol{Z} = (z_0, z_1, \cdots, z_{k-1})$
Softmax 函數
$\left(\frac{e^{z_0}}{\sum e^{z_j}}, \frac{e^{z_1}}{\sum e^{z_j}}, \cdots, \frac{e^{z_{k-1}}}{\sum e^{z_j}}\right)$
將任意向量轉變為機率分佈

▲ 圖 8-4

探討 Softmax 函數在解決分類問題中的重要性之後，下面來看如何在神經網路中更直觀地運用這一概念。以二元邏輯迴歸為例，可以利用 Softmax 函數將其轉化為一種新的圖形，如圖 8-5 所示。

在圖 8-5 中，每個方塊代表一個線性模型，與圖 8-1 中的方塊代表的意義一致。將這個模型的圖形視為一層神經網路，在這一層網路中有兩個帶有線性輸出的感知器。這些感知器的頂部連接了一個 Softmax 轉換器，用於處理輸出結果。值得注意的是，圖 8-5 中所示的模型與圖 8-3 中使用 Sigmoid 函數的感知器模型實際上是等價的，只不過圖 8-5 更符合神經網路領域的表達習慣。此外，我們可以很容易地將圖 8-5 擴充到多元分類問題中，只需增加方塊的數量即可。這種過渡能夠更自然地將邏輯迴歸引入神經網路，或在已有的神經網路結構中辨識邏輯迴歸的存在。這為在實際應用中引入邏輯迴歸的可解釋性和分析工具提供了便利。

x_1
x_2
x_3
$z_0 = \sum_{i=1}^{3} w_{0,i}x_i + b_0$
$z_1 = \sum_{i=1}^{3} w_{1,i}x_i + b_1$
Softmax 函數
$\sigma(\boldsymbol{Z})$

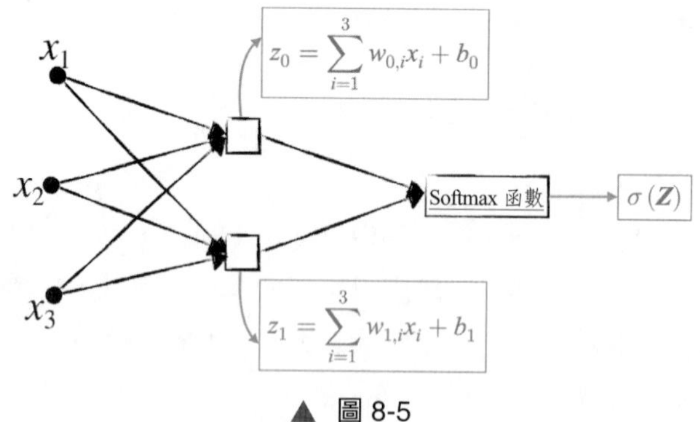

▲ 圖 8-5

運用 Softmax 函數，可以將邏輯迴歸模型的損失函數 L 表達為更簡潔的形式：

$$L = -\sum_i \sum_{j=0}^{k-1} 1_{\{y=j\}} \ln\left(e^{\boldsymbol{X}_i \boldsymbol{W}_j^{\mathrm{T}} + b_j} \Big/ \sum_{l=0}^{k-1} e^{\boldsymbol{X}_i \boldsymbol{W}_l^{\mathrm{T}} + b_l}\right) \tag{8-9}$$

對於 k 元分類問題，假設第 i 個資料的類別是 t，用一個 k 維的行向量$\boldsymbol{\theta}_i = (\theta_{i,0}, \theta_{i,1}, \ldots, \theta_{i,k-1})$來表示它的類別 *：這個行向量的第 t 個維度等於 1，即$\theta_{i,t} = 1$；其他維度等於 0，即$\theta_{i,j} = 0, j \neq t$。基於這些設定，邏輯迴歸在該資料點上的損失可以用 Softmax 函數與行向量$\boldsymbol{\theta}_i$的矩陣乘法來表示（如前文所述，這也被稱為交叉熵），如公式（8-10）所示。其中 $\boldsymbol{Z}_i = (\boldsymbol{X}_i\boldsymbol{W}_0^{\mathrm{T}} + b_0, \cdots, \boldsymbol{X}_i\boldsymbol{W}_{k-1}^{\mathrm{T}} + b_{k-1})$，是一個包含 k 個元素的行向量，每個元素是線性模型的預測結果，描述了不同類別的「得分」，在神經網路中也常常被稱為 Logits**。

$$L_i = -\boldsymbol{\theta}_i \ln \sigma(\boldsymbol{Z}_i)^{\mathrm{T}} \tag{8-10}$$

同理，整個模型的損失函數也可以寫為矩陣乘法的形式（因為$L = \sum_i L_i$），這種形式在實現神經網路的工程應用中非常有用。在後續的章節中，會經常用到基於這種形式的程式實現。

8.2 從神經網路的角度重新理解邏輯迴歸

在 8.1.3 節和 8.1.4 節中，已經提到經典的 Sigmoid 感知器實際上等於邏輯迴歸模型，邏輯迴歸能夠被表示為更通用的單層神經網路。下面暫時把第 4 章的內容拋諸腦後，從神經網路的角度出發，用程式從零開始建構一個解決二元分類問題的邏輯迴歸模型。

8.2.1 回顧視窗效應

以購買商品的場景為例，重新檢查一下視窗效應。我們能觀察到的資料是客戶是否購買了特定商品，然而這個結果實際上是客戶經過內心思考後做出的決策。在做出這個決策的過程中，客戶會經歷以下階段：首先，評估購買該商品所帶來的正效用（可視為購買傾向的評分）；接著，評估購買商品可能帶來的負效用（可視為不購買傾向的評分）。這兩種效用之間形成一種競爭（效用決定了相應行為的機率），最終影響購買決策，即我們觀察到的結果，如圖 8-6 所示。這種基於效用和機率的思維模式在處理分類問題時是普適的，即總是從研究對每個類別的偏好開始，然後透過這些偏好建構相應的機率分

* 這種處理方法在學術上被稱為獨熱編碼，詳見 10.1.1 節。

** Logits 是一個在統計學、數學和機器學習領域常見的術語，通常用來表示未經過歸一化的模型輸出，也可以視為模型的原始預測值。在分類問題中，Logits 是模型在各個類別上的得分，它們可以透過一些函數（例如 Softmax）進行歸一化，轉化為機率分佈，用於預測最終的分類結果。

佈，最終根據這些機率分佈做出具體的類別選擇。

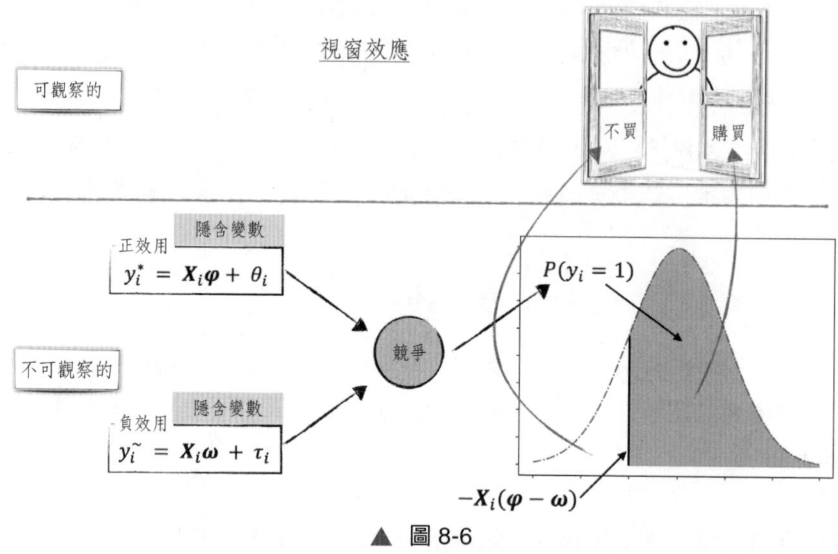

▲ 圖 8-6

現在，將之前討論的視窗效應轉化為模型表達。

（1）儘管我們現在對效用函數的確切形式尚不清楚，但無須擔憂，首先假設正負效用可以透過線性模型來預測。

（2）對於分類問題，模型的輸出應該是一個二維機率分佈。然而，剛剛建構的兩個模型顯然無法滿足這個要求，因為它們的輸出是未受限的實數。這一問題的解決方法也很簡單，參考 8.1.4 節中的內容，只需在這兩個模型的輸出上附加一個 Softmax 轉換器。

經過這樣的組合之後，模型將以特徵 x 作為輸入，最終生成一個二維機率分佈。儘管沒有複雜的數學推導，但透過這種相對機械式的操作，我們成功地建構了一個能夠解決二元分類問題的模型。但如果仔細檢查就會發現，這個模型與之前討論過的邏輯迴歸模型十分相似。當然，在邏輯迴歸模型中只有一個線性部分，而這個模型包含兩個線性部分。

8.2.2 程式實現

本節中將使用與第 4 章完全相同的資料，以便演示模型建構的過程，資料的具體細節和欄位說明見 4.2 節。此外，為了突出重點，在這個範例中並沒有將資料劃分為訓練集和測試集。

程式清單 8-1 重新架設邏輯迴歸模型

```
class Linear:

    def __init__(self, in_features, out_features, bias=True):
        """
        模型參數初始化
        需要注意的是，此次未做參數初始化的最佳化
        """
        self.weight = torch.randn((in_features, out_features))
        self.bias = torch.randn(out_features) if bias else None

    def __call__(self, x):
        self.out = x @ self.weight
        if self.bias is not None:
            self.out += self.bias
        return self.out

    def parameters(self):
        """
        傳回線性模型的參數，主要用於參數迭代更新
        由於 PyTorch 的計算單元就是張量，
        所以此次只需將不同參數簡單合併成串列即可
        """
        if self.bias is not None:
            return [self.weight, self.bias]
        return [self.weight]

class LogitRegression:

    def __init__(self, neg, pos):
        self.pos = pos
        self.neg = neg

    def __call__(self, x):
        self.out = torch.concat((self.neg(x), self.pos(x)), dim=1)
        return self.out

    def parameters(self):
        return self.neg.parameters() + self.pos.parameters()

```

```
40 | # 定義模型
41 | pos = Linear(5, 1)
42 | neg = Linear(5, 1)
43 | model = LogitRegression(neg, pos)
44 |
45 | # 使用模型
46 | ## 注意，模型輸入資料的形狀一定要是 (n, 2)
47 | logits = model(x[[1]])              # (1, 2)
48 | probs = F.softmax(logits, dim=1)  # (1, 2)
49 | pred = torch.where(probs[:, 1] > 0.5, 1, 0)
50 | logits, probs, pred
51 | (tensor([[ 1.2665, -1.7305]]), tensor([[0.9524, 0.0476]]), tensor([0]))
52 |
53 | # 計算模型在單點的損失
54 | loss = F.cross_entropy(logits, y[[1]])
55 | # cross_entropy 的具體實現過程
56 | -probs[torch.arange(1), y[[1]]].log().mean(), loss
57 | (tensor(0.0487), tensor(0.0487))
```

程式的實現過程與上一節描述的步驟完全一致，具體實現如程式清單 8-1 所示 *。

（1）在第 41 行和第 42 行中，定義兩個線性模型，分別用於表示正向和負向效用。這些線性模型的定義位於第 1 ～ 25 行。需要注意的是，雖然 PyTorch 已經封裝了線性模型，可以直接使用，但為了展示模型細節，我們重新實現了 PyTorch 的封裝。在線性模型的實現中，模型參數的初始值是隨機生成的，這裡並沒有最佳化參數的初始化過程。在 8.5 節中將著重探討如何最佳化參數的初始化。

（2）在這兩個線性模型上增加 Softmax 轉換器，即可得到我們所需的模型。在程式實現中，Logits 的計算位於第 33 ～ 35 行，Softmax 轉換器的實現位於第 47 行和第 48 行。這樣劃分是為了遵循神經網路領域的編碼習慣，也有助更便捷地使用 PyTorch 提供的損失函數封裝，比如第 54 行的 cross_entropy。

（3）實際上，在進行模型訓練之前，就已經可以使用這個模型進行預測，如第 45 ～ 51 行所示。將某個資料登錄模型，透過簡單的轉換就能獲得對兩種類別的機率預測。當然，此時模型的預測效果還不佳，因為模型的參數是隨機生成的，還沒有經過學習和最佳化。

對於已建構的神經網路，可以採用第 6 章介紹的最佳化演算法來訓練模型，具體實

* 完整的實現請參考本書書附程式 /ch08_mlp/utils.py 和 /ch08_mlp/logit_regression.ipynb。

現見程式清單 8-2。這一訓練過程與第 6 章的範例實現幾乎完全相同，為避免容錯，這裡不再展開細節。

程式清單 8-2 訓練模型

```
# 標準隨機梯度下降法的超參數
max_steps = 20000
batch_size = 3000

for i in range(max_steps):
    # 構造批次訓練資料
    ix = torch.randint(0, x.shape[0], (batch_size,))
    xb = x[ix]
    yb = y[ix]

    # 向前傳播
    logits = model(xb)
    loss = F.cross_entropy(logits, yb)
    # 反向傳播
    loss.backward()

    # 更新模型參數
    ## 學習速率衰減
    learning_rate = 0.1 if i < 10000 else 0.01
    with torch.no_grad():
        for p in model.parameters():
            p -= learning_rate * p.grad
            p.grad = None
```

模型經過訓練後的結果如圖 8-7 所示，與第 4 章的結果類似。透過訓練，逐漸調整模型參數，使其能夠更進一步地擬合資料並提高分類準確度。

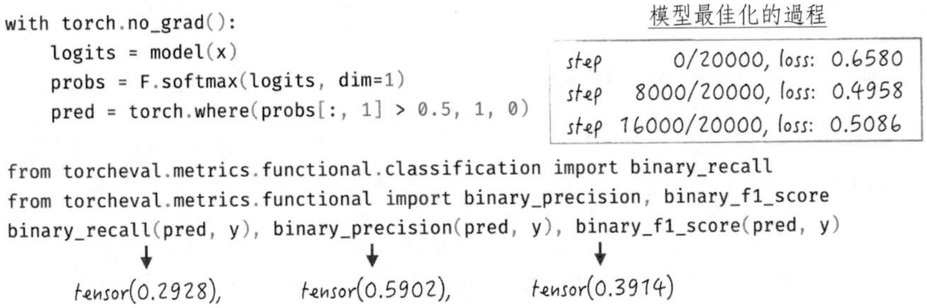

```
with torch.no_grad():
    logits = model(x)
    probs = F.softmax(logits, dim=1)
    pred = torch.where(probs[:, 1] > 0.5, 1, 0)
```

模型最佳化的過程

```
step     0/20000, loss: 0.6580
step  8000/20000, loss: 0.4958
step 16000/20000, loss: 0.5086
```

```
from torcheval.metrics.functional.classification import binary_recall
from torcheval.metrics.functional import binary_precision, binary_f1_score
binary_recall(pred, y), binary_precision(pred, y), binary_f1_score(pred, y)
```

tensor(0.2928), tensor(0.5902), tensor(0.3914)

▲ 圖 8-7

8.2.3 損失函數為模型注入靈魂

在 8.2.2 節中建立的兩個線性子模型分別用於預測資料的正效用和負效用。這種方法適用於比較針對同一事物的不同選擇等場景，例如圖 8-6 中的購物場景。然而，在實際生活中，還會有另一種常見情況 ：對不同的事物進行比較。舉例來說，一個問題有多個答案，需要對這些答案進行排序，找出最佳答案。在這種情況下，之前建構的模型就不再適用了。那麼，如何在微調模型的情況下達到新的建模目標呢？

整個調整過程其實非常簡單。可以建立一個線性模型，用於預測每個答案的評分。由於我們只能觀察到某個答案相對於另一個答案更受歡迎，因此對於任意兩個答案，首先利用這個模型為它們評分，然後將結果組合成一個二維向量，最後透過 Softmax 轉換器將二維向量轉為機率分佈 Softmax 轉換器，從而定義模型的損失函數，如圖 8-8 所示。這樣就能啟動後續的模型訓練，逐步提升模型在預測任務中的表現。

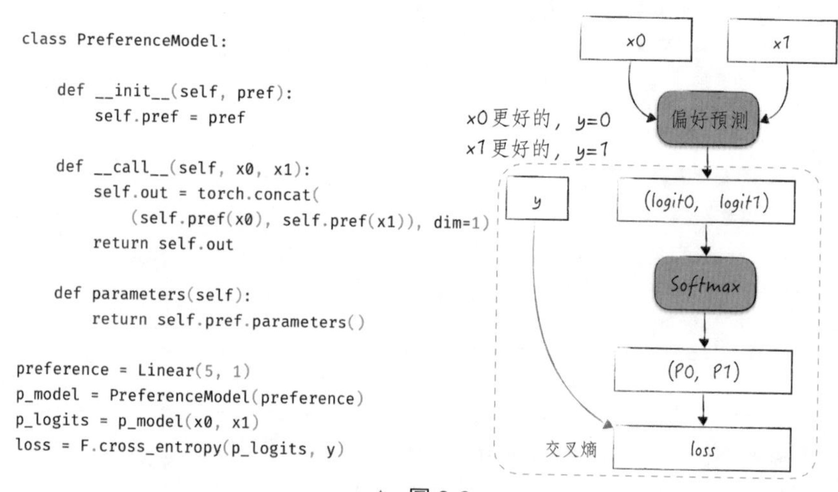

▲ 圖 8-8

上述模型結構與 8.2.1 節中的模型非常相似。由於 8.2.1 節中的模型等於邏輯迴歸，因此可以將圖 8-8 中的模型解釋為兩個答案的競爭過程，模型的輸出結果表示當前答案評分更高的機率。在這個模型結構中，Softmax 扮演了至關重要的角色。在運用 Softmax 函數並結合實際資料來定義損失函數時，就為模型賦予了內在意義。如果將 Softmax 函數從輸入到輸出的轉換（從偏好或評分到機率分佈）視為正向過程，那麼從反向角度看，Softmax 將從現實世界中獲得的分類結果「翻譯」成潛在的偏好或評分，然後傳遞這些資訊給模型的上一層進行學習。這樣的轉變為之前那些缺乏充分理論支援的線性模型（用於預測每個答案的評分）賦予了意義，它們確實在對評分進行建模。

透過這種簡潔且巧妙的調整，我們將經典的邏輯迴歸改造成了一種全新的模型，用於偏好估計。這種新穎的使用方式在大語言模型 ChatGPT 中也有所應用。在最佳化 ChatGPT 的過程中，需要評估模型生成的每個回答，以不斷提升模型的表現。我們往往難以直接獲取每個回答的確切評分，而是得到一系列回答的偏好排序。這時可以採用類似的模型架構來估計使用者對每個回答的評分（更多模型細節將在 11.5.3 節中討論）。當然，在實際應用中，我們並不只是簡單地使用線性迴歸模型進行評分預測，而會使用更複雜的神經網路模型，但二者的建模核心思想是一致的。這再次強調了理解經典模型的重要性，儘管在實際生產中很少直接應用它們，但它們的影響無處不在。

8.2.4 神經網路的建模文化：搭積木

從本節的討論中可以明顯看出，神經網路的建構方式和之前介紹的經典模型存在顯著不同。經典模型的建構流程通常始於對資料的深入理解，在對資料進行洞察和思考後，構思初步的模型框架，然後進行一系列的數學推導和計算，最終得到簡潔且優雅的數學形式，將其固化為模型，比如從處理視窗效應到經典的邏輯迴歸模型。

然而，在神經網路領域，我們採用一種完全不同的思維方式。首先，熟悉建構模型的基礎元件，例如線性模型、啟動函數、Softmax 轉換器等。隨後，分析建模場景需要什麼樣的模型輸出，例如分類問題需要一個表示機率分佈的輸出。建構神經網路就像搭積木一樣，只需確保模型的輸出在「外觀上相符」即可。至於模型的具體形式，實際上有很大的自由度。只要使用合適的元件，模型的預測效果就能滿足要求，並且模型的輸出（包括中間層的輸出）具有實際意義。這個過程近似於魔術，彷彿電腦在幫助我們完成傳統建模中的數學推導和演算。由於中間層也被賦予了意義，因此不僅可以整體使用模型，還可以像處理積木一樣將模型的一部分拆解出來單獨使用。

就模型訓練而言，對於許多經典模型，我們無須過多擔憂其整個訓練過程。然而，在神經網路領域，模型訓練是核心所在，需要我們緊密關注訓練處理程序，並採取適當措施以加速模型的收斂速度。在 8.4 節和 8.5 節中，將深入探討與此相關的細節。

8.3 多層感知器

利用單一神經元建立模型的建構過程並不複雜，但單一神經元模型的創新性有限，例如使用 Sigmoid 函數作為啟動函數，將得到類似於邏輯迴歸的感知器模型。

為了提升模型效果，需要再次參考仿生學的智慧。在人體結構中，單一神經元的功能相對有限，然而當眾多神經元相互交織於一體時，它們共同塑造了人類強大的神經系統。這啟發我們將多個神經元模型相互聯結，借此建構複雜多樣的神經網路結構。這正是本節要重點探討的內容。

8.3.1 圖形表示

想要使多個神經元相互聯結，一種簡單且直觀的方式是透過分層組織建構一個無閉環的網路結構，也稱非循環圖表（Acyclic Graph）。在這種結構中，每一層神經元的輸出是下一層神經元的輸入。學術界將這種神經網路稱為多層感知器，其模型的拓撲結構如圖 8-9 所示。這種層級結構有助資訊有序流動，從而為模型提供強大的表達能力。根據不同的問題調整層之間的連接和神經元的數量，以最佳化多層感知器的性能。多層感知器是極具經典意義的神經網路結構，可以毫不誇張地說，它是所有神經網路的基石。後續的複雜網路不是源自多層感知器的進化，就是在其內部巢狀結構多層感知器。

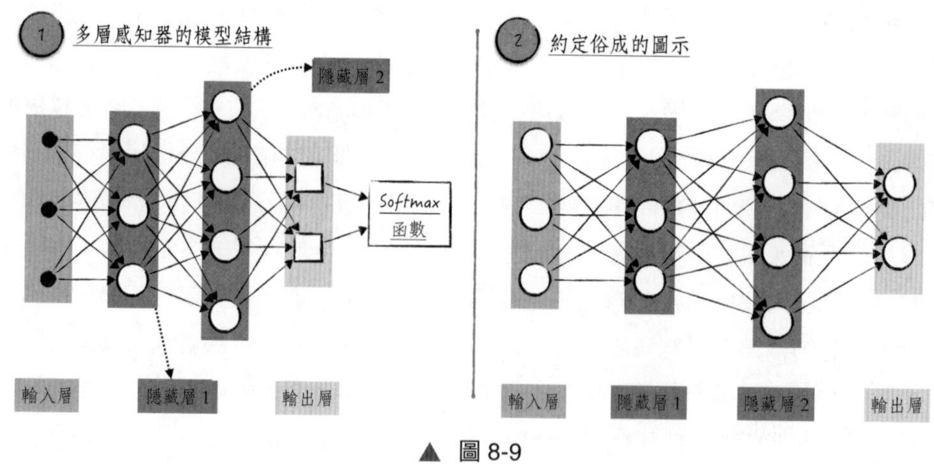

▲ 圖 8-9

在多層感知器的結構中，神經元是按層（Layer）組織的。每一層包含若干神經元，層內部的神經元是相互獨立的，也就是說它們之間並不相連；但相鄰的兩層之間是全連接的（Fully-Connected），即任意兩個神經元都有直接的連接。

神經網路中的層次結構按照其功能被劃分為三類：輸入層（Input Layer）、隱藏層（Hidden Layer）和輸出層（Output Layer）。這種層級構造透過輸入層接收資料，經過多個隱藏層的計算和特徵提取，最終在輸出層得到模型的預測結果。

（1）神經網路中只有一個輸入層。如圖 8-9 中標記 1 所示，黑色的點表示輸入層：每個黑色點代表模型的輸入，即訓練資料中的特徵。如果訓練資料具有 k 個特徵，那麼輸入層將包含 *k* 個黑色點。需要強調的是，輸入層不對資料進行任何處理，其主要職責是將資訊傳遞至後續的隱藏層。若網路中沒有隱藏層，則將資訊直接傳遞至輸出層，此時，神經網路類似於圖 8-5 中的邏輯迴歸模型。

（2）神經網路可以擁有多個隱藏層，如圖 8-9 中標記 2 所示為兩個隱藏層。隱藏層中的元素即感知器，比如 Sigmoid 感知器，在圖中用圓圈表示。需要注意的是，每個圓圈代表一個線性模型和一個啟動函數的組合。在多層感知器中，隱藏層的目標是傳遞和分析資料，以便進行特徵提取和資料變換。

（3）神經網路僅包含一個輸出層。輸出層中的元素與隱藏層中的不同，它僅包含線性模型，在圖中用方塊表示。儘管輸出層名為「輸出」，但它可能並不是模型的最終輸出結果。如果處理的是分類問題，輸出層的結果需要經過 Softmax 函數處理，才能得到最終的模型預測結果，類似於圖 8-5 中的邏輯迴歸模型。

前文提到，不同層次在神經網路中扮演著不同的角色，其中「元素」的具體模型形式也差別很大。在神經網路領域的圖示中，大家習慣性地使用圓圈來代表這些「元素」，並將它們總稱為神經元（這種表達方式可能會讓初學者有些困惑）。同時，儘管在模型的最後一步常常會應用 Softmax 函數來調整輸出結果，但在圖示中這個步驟往往會被省略掉，如圖 8-9 中的標記 2 所示。

（1）圖 8-9 中的標記 1 和標記 2 展示了同一個神經網路，其中標記 2 的圖示在神經網路領域被廣泛接受，因此在後續章節中將採用這種表示方式。

（2）神經網路通常以其擁有的層數來命名，不過這並不包括輸入層。舉例來說，圖 8-9 中的模型被稱為 3 層神經網路（3 Layer Neural Network）。需要注意，這種命名方式並不能完全唯一地辨識一個神經網路。舉例來說，如果將圖 8-9 中的隱藏層 1 擴充為擁有 10 個神經元，它仍然是一個 3 層神經網路。

本節探討了神經網路領域內被廣為接受的命名約定和圖形表示方法。這種統一的表達方式有助我們更清晰地展示神經網路的結構，無論是建構模型還是閱讀文獻，這樣的約定都能夠使我們更加得心應手。

8.3.2 數學基礎

神經網路的圖形表示很直觀，但其所涵蓋的數學公式卻相當複雜。為了更深入地理解神經網路，下面來深入探討其圖形背後的數學基礎。

為了便於討論，以一個簡單的 2 層神經網路為例，假設該網路用於解決分類問題，如圖 8-10 所示。其中，輸入層包含兩個圓圈，代表模型所使用的兩個特徵，分別用 x_1 和 x_2 表示。

隱藏層中的圓圈代表感知器模型，它由兩個主要部分組成：線性模型和啟動函數。線性模型將輸入的特徵與相應的權重相乘並相加，啟動函數透過對線性模型的輸出進行非線性變換，為神經網路引入了複雜的非線性關係。

（1）在第 l 層（從左到右編號）的第 m 個神經元（從上到下編號）中，使用記號 i_m^l 表示線性模型的輸出，即圓圈對輸入進行第一層加工得到的結果，同時，使用記號 o_m^l 表示啟動函數的輸出，也就是圓圈的輸出。考慮到這個神經網路使用的是 Sigmoid 感知器 *，兩者之間的關係可以表達為

$$o_m^l = 1/(1 + e^{-i_m^l}) \tag{8-11}$$

（2）在圖 8-10 中，圓圈之間的箭頭代表線性模型中的權重（與 8.1.2 節一樣，隱藏了表示模型參數的變數節點），用記號 $w_{m,n}^l$ 表示從第 $l-1$ 層中第 m 個圓圈到第 l 層中第 n 個圓圈的箭頭。舉例說明，在圖 8-10 中的 $w_{1,2}^1$ 和 $w_{3,1}^2$ 分別表示從第 1 層中第 1 個圓圈到第 2 層中第 2 個圓圈的箭頭，以及從第 2 層中第 3 個圓圈到第 3 層中第 1 個圓圈的箭頭。值得注意的是，為了書寫方便，將輸入層記為第 0 層。

（3）除了權重，線性模型還包括一個截距項，這也是神經網路中的另一個重要的模型參數。用記號 b_m^l 表示第 l 層中第 m 個圓圈對應的截距。結合前面的標記，圓圈中線性模型的輸出公式如下。值得注意的是，o_m^0 表示輸入層中的第 m 個特徵，也就是圖 8-10 中的 x_m。

$$i_n^l = \sum_m w_{m,n}^l \, o_m^{l-1} + b_n^l \tag{8-12}$$

（4）神經網路隱藏層的數學表示涉及的變數符號相當複雜，如果不仔細整理，很容易使我們在紛繁的數學符號中失去方向感。為了在實際應用中保持簡潔和清晰，採用類似圖 8-10 下半部分所示的運算方式。這種方法首先利用了張量運算，它是對矩陣運算的擴充（詳見 2.1 節和 6.3.1 節）。同時，為了更有效地處理不同維度的張量，引入張量自動複製機制，類似於 PyTorch 中廣播機制的原理，這一機制極大地提升了操作的便捷性。實際上，在程式清單 8-1 的第 4 行和第 5 行中，已經成功實現了上述運算方法。透過這樣的處理，我們能夠將注意力從單一參數的數值轉移到張量的形狀上，確保張量形狀與

* 如果使用其他的啟動函數，公式（8-11）會發生變化，常見的啟動函數可以在 8.4.5 節中找到。

網路結構保持一致。這個步驟在實際應用中尤為重要。

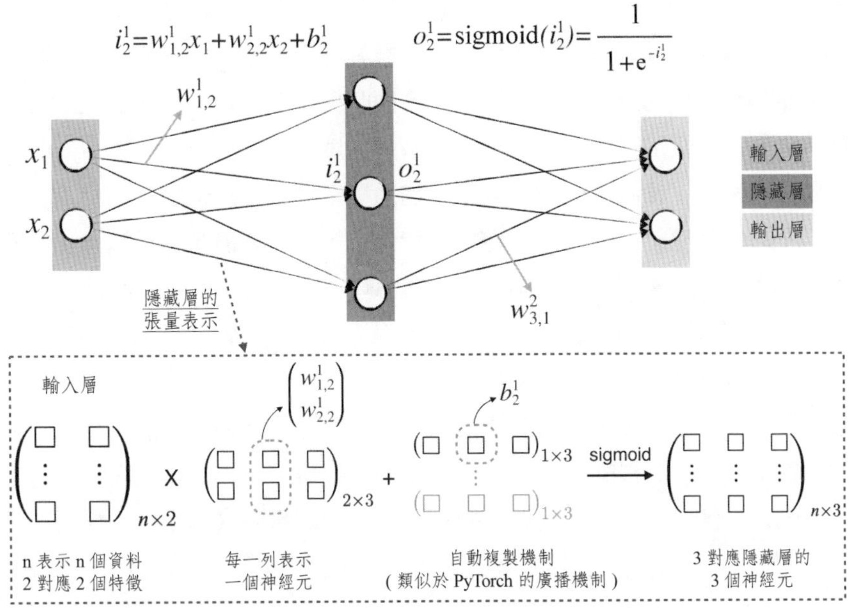

▲ 圖 8-10

輸出層的圓圈只表示線性模型，儘管圓圈中並未包含啟動函數，但為了書寫簡單，依然用記號o_m^2表示圖 8-10 中輸出層的圓圈。

（1）與隱藏層不同的是，輸出層中有 $i_m^l = o_m^l$（這裡i_m^l的計算公式與隱藏層中完全相同，在此不再贅述）。

（2）針對分類問題，相應的損失函數如公式（8-13）所示。其中，σ代表 8.1.4 節中討論過的 Softmax 函數；$\boldsymbol{Z}_i = (o_1^2, o_2^2)_i$表示針對第 i 個資料的神經網路輸出；$\boldsymbol{\theta}_i$表示第 i 個資料的類別，如果是類別 0，則$\theta_i = (1,0)$，否則$\theta_i = (0,1)$。

$$L = \sum_i L_i = -\sum_i \boldsymbol{\theta}_i \ln \sigma(\boldsymbol{Z}_i)^{\mathrm{T}} \tag{8-13}$$

（3）與隱藏層的情形類似，在實際的實現中，採用張量來組織輸出層的計算。

綜上所述，神經網路的模型參數可以分為兩類 ：一類是線性模型的權重$w_{m,n}^l$，在圖 8-10 中，共有 3×2+2×=12 個這樣的參數；另一類是線性模型的截距項b_m^l，共有 5 個這樣的參數。

透過這個簡單的例子，我們可以初步領略到神經網路在數學上的複雜性。首先，這種模型擁有龐大數量的參數，特別是在網路結構十分複雜的情況下。其次，這些參數共同建構的模型運算式也異常複雜。不僅如此，與其他模型相比，神經網路的數學運算式並不固定，而是根據結構的定義而靈活變化，同時模型參數在不同層次之間存在緊密的依賴關係。這些特點使得從數學角度推導參數的梯度運算式變得十分困難，幾乎成為一項不可能完成的任務（讀者可以嘗試針對上述簡單案例計算每個參數的梯度，以感受其令人望而卻步的煩瑣性）。然而，在這樣的背景下，反向傳播演算法展現出了獨特的優勢。透過巧妙地使用張量，以及合理地定義模型運算（實際上，這一步驟建構了計算圖，而這正是反向傳播演算法的基礎），反向傳播演算法能夠自動計算每個參數的梯度，為訓練神經網路提供強大的支援。

稍微偏離主題，談談使用反向傳播演算法計算神經網路梯度可能帶給我們的啟示。上述案例生動地呈現了工程師思維的精髓，正如牛頓所言，「站在巨人的肩膀上」，我們能夠看得更遠。雖然反向傳播演算法的誕生與神經網路領域所面臨的實際問題緊密相關，但這一演算法已經超越了具體問題的複雜性，透過總結和抽象，借助計算圖的理念，成為解決梯度計算的「輪子」。借助反向傳播演算法，我們能夠巧妙地將問題轉化為先前已經解決過的範式，否則需要投入大量時間和精力手動計算梯度，但最終成果微不足道。透過總結、抽象和定義普適性問題，再創造解決這些問題的「輪子」，並在實際應用中善加運用，才能夠推動科技實現真正的進步，從而為生活帶來更多的便利與美好。

「輪子」在應用中常常擔當底層技術的角色，承載著深厚的技術內涵，支撐起了所謂的「硬核心」科技。它們的重要性毋庸置疑，但是何為「硬核心」呢？實際上，科技的每一步都孕育著獨特的硬核心要素，它們是命運共同體，需要協作工作以實現價值的最大化，缺少任何一環都可能使整個技術鏈條失去意義。外部觀察者往往過分強調這些底層技術的重要性，甚至急切要求重新發明「輪子」，以謀求自主可控。儘管反向傳播演算法確實至關重要，幾乎所有神經網路都依賴它，但從純粹的理論角度或具體的實現層面看，它並不算複雜。成功當然要靠自我奮鬥，但是也要考慮到歷史的處理程序，初次發明並實現這一演算法的人只是在特定的歷史背景下剛好創造了它。有時，重新發明「輪子」並沒有任何必要，只會純粹地浪費人力。就好比數學中的加法，它的基礎性無可置疑，但嘗試重新發明加法無疑是可笑又可悲的。因此，工程師文化的精髓在於深刻理解學科中的基礎工具並善加應用。

8.3.3 令人驚訝的通用性

前面的討論聚焦於多層感知器的理論知識，下面將透過一個實例來展示神經網路如何解決分類問題。這個例子旨在更進一步地揭示神經網路的特點，因此在其中暫不劃分訓練集和測試集。

分類是人工智慧最常見的應用之一。第 4 章中已經深入探討了解決分類問題的邏輯迴歸模型。邏輯迴歸模型的主要局限性在於它對資料有明確的假設，只有當資料符合假設時，分類效果才會顯著。反之，如果資料的分佈與模型的假設不符，分類效果可能會受到影響。

圖 8-11 展示了 4 種不同的資料分佈類型。使用的資料具有兩個特徵，分別對應座標系的橫軸和縱軸。資料被分為兩類，圖中用三角形表示類別 0，用小數點表示類別 1。使用邏輯迴歸對這些資料進行分類，模型只在標記 1 所示的情況下才表現較好。這是因為在這個情況下，資料的分佈服從邏輯迴歸模型的假設，即同一類別的資料服從正態分佈，且分佈的中心不同，使得邏輯迴歸模型能夠較好地進行分類。標記 2、3、4 中的資料情況變得複雜，這些資料的類別與引數之間呈現非線性關係，如果希望達到較好的分類效果，就需要使用其他的建模技巧。這些情況更具挑戰性，要求建構模型的資料科學家對不同模型的假設、優缺點有深刻的理解。

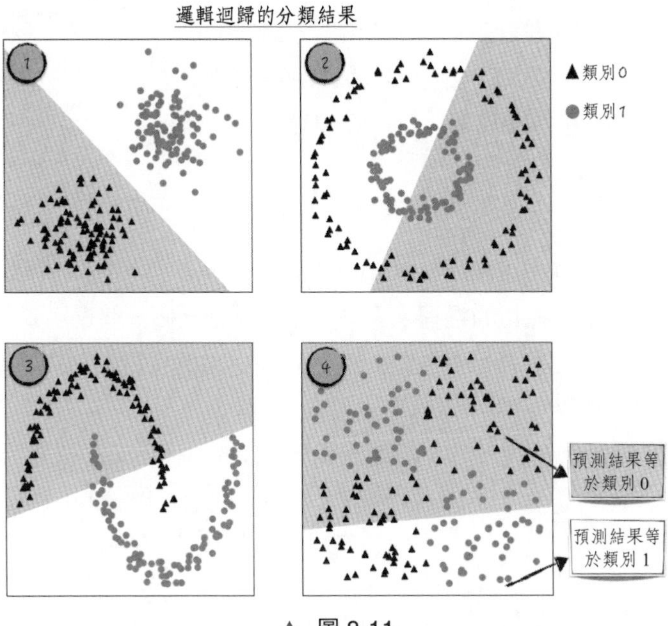

▲ 圖 8-11

然而，當運用神經網路來解決分類問題時，整個建模過程會變得更加輕鬆。可以把它想像成製作千層蛋糕，只需要選擇層數和每層的神經元數量即可（設計神經網路的結構）。邏輯迴歸實際上可以被視為一個單層的神經網路，但在處理複雜資料時效果受限，通用性較弱。因此，需要透過增加網路的深度來提升性能，比如使用 3 層的全連接神經網路，其結構如圖 8-12 所示。

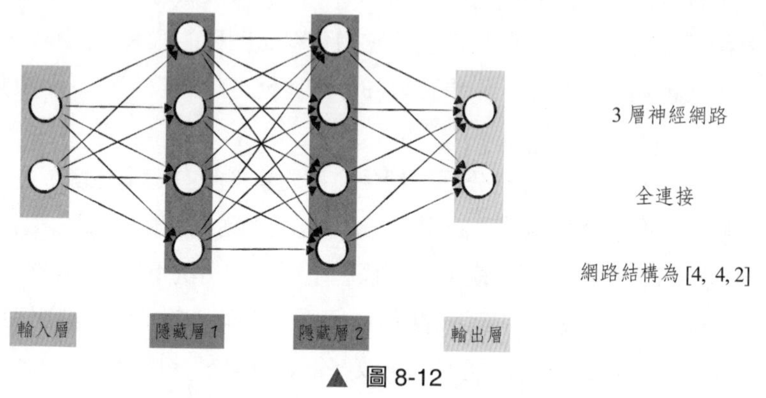

▲ 圖 8-12

利用這一神經網路進行資料分類，所得結果如圖 8-13 所示。令人驚歎的是，同一個神經網路結構（儘管具體的模型參數略有不同）在 4 種不同資料分佈類型上都表現卓越，這彰顯了其強大的通用性。神經網路類似於一把萬能鑰匙，能夠適應各種資料特點，而無須為每種資料分佈重新設計一個新的模型。究其原因，可能在於其多層次的結構能夠自動地捕捉資料中的複雜關係，就如同人類大腦的工作原理。經過一系列資料轉換，神經網路逐漸提取出資料的抽象特徵，從而實現更精確的分類。

8.3.4 程式實現

按照 8.2.4 節中介紹的「搭積木」方式，實現多層感知器的程式撰寫並不需要過多的創造性，它更像是一種機械化的過程。具體而言，就是一個一個實現圖 8-12 所示的各個元件，然後按照圖中的網路結構將這些元件放置在適當的位置，逐步建構模型。這個過程的詳細步驟見程式清單 8-3 *。

（1）在實現模型元件時，引入兩個新的類別，分別是 Sigmoid 和 Sequential。程式清單 8-3 的第 4 ～ 11 行定義了 Sigmoid 類別，實現了感知器模型中的啟動函數；第 13 ～

* 完整的實現請參考本書書附程式 /ch08_mlp/mlp.ipynb。

25 行定義了 Sequential 類別，負責建構多層感知器的分層連接部分。也就是說，按照層次組織神經元，每一層神經元的輸出將成為下一層神經元的輸入。

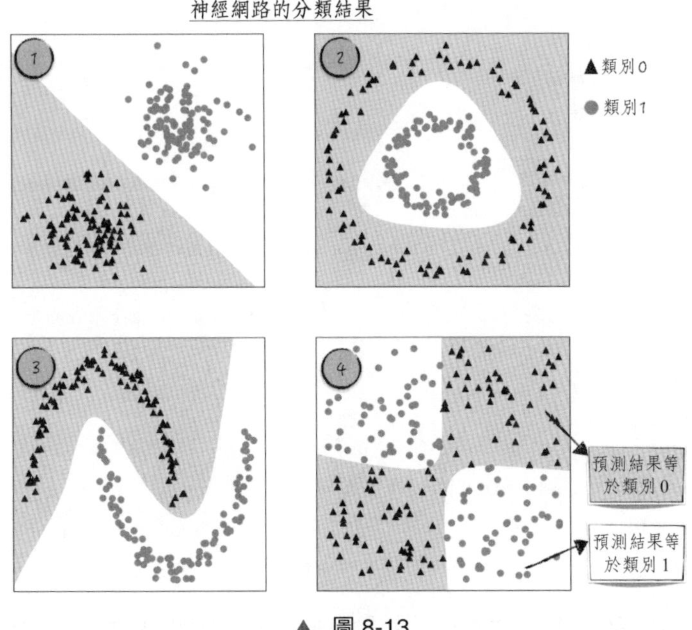

▲ 圖 8-13

（2）一旦定義好這些元件，建構模型就變得非常簡單了，就像是按照說明書組裝玩具一樣。在第 27 ～ 32 行中，我們成功地架設了整個模型。其中，第 29 行和第 30 行分別對應隱藏層 1 和隱藏層 2，第 31 行表示輸出層。

程式清單 8-3 多層感知器

```
1 | class Linear:
2 |     ......
3 |
4 | class Sigmoid:
5 |
6 |     def __call__(self, x):
7 |         self.out = torch.sigmoid(x)
8 |         return self.out
9 |
10 |     def parameters(self):
11 |         return []
12 |
```

```
class Sequential:

    def __init__(self, layers):
        self.layers = layers

    def __call__(self, x):
        for layer in self.layers:
            x = layer(x)
        self.out = x
        return self.out

    def parameters(self):
        return [p for layer in self.layers for p in layer.parameters()]

# 定義模型
model = Sequential([
    Linear(2, 4), Sigmoid(),
    Linear(4, 4), Sigmoid(),
    Linear(4, 2)
])
```

關於模型的訓練和使用，與之前的討論大同小異，因此這裡不再贅述。需要注意的是，如果在訓練過程中記錄下模型損失，就可以得到類似圖 8-14 所示的影像，其中每條曲線代表不同的訓練資料。從中可以觀察到，對於不同類型的資料，模型最佳化的過程並不一致。從模型損失的下降曲線可以看出，對於較容易分類的資料，例如標記為 1 的資料，模型的性能提升速度較快；對於那些較難訓練的資料，如標記為 3 的資料，模型經歷了一個較長的訓練瓶頸期。在這個階段，儘管模型尚未達到收斂狀態，但在相當長的訓練週期內，模型的性能幾乎沒有明顯提升。這種現象是神經網路研究領域中的重要挑戰，特別是對於深層神經網路而言。它一方面使訓練過程變得漫長且艱難，另一方面在實際應用中，當模型損失不再顯著變化時，很難確定是模型已經收斂還是陷入了瓶頸期，這可能會誘導我們錯誤地中斷訓練過程。

這個例子生動展示了高效訓練模型的重要性。當模型的收斂速度逐漸穩定下來時，準確分析背後的原因、找到關鍵問題所在，並運用適當的技術手段來加速收斂，成為神經網路領域的核心議題。同時，這也是卓越的資料科學家用來展示個人獨特價值的絕佳方法。

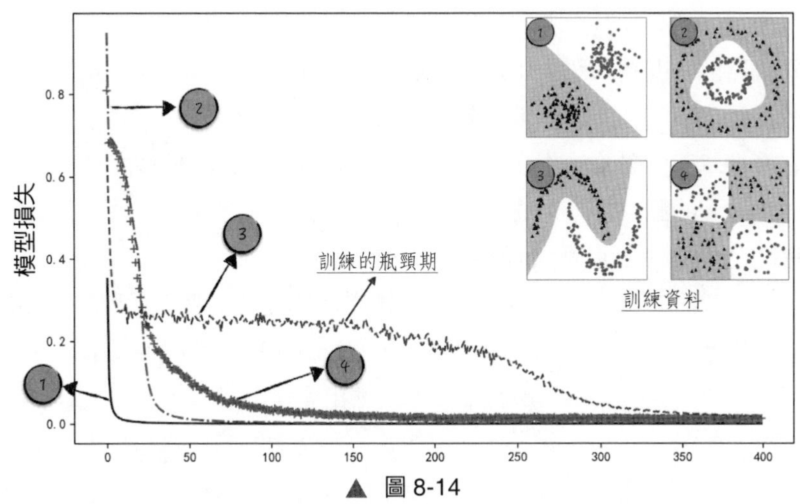

▲ 圖 8-14

8.3.5 模型的聯結主義

在討論神經網路時，不可避免地要提及模型的聯結主義（Connectionism）。這一概念的核心思想是透過工程組裝的方式將簡單的模型融合成一個功能強大的整體，而神經網路恰好是這一思想的極致表現。就像 8.3.3 節介紹的例子，單獨採用邏輯迴歸模型進行資料分類時，效果往往不盡如人意。一旦將多個邏輯迴歸模型（Sigmoid 感知器）連接成一個網路，模型的性能就會顯著提升。除了神經網路，其他模型也可以以類似的方式進行組裝：一個模型的輸出作為另一個模型的輸入，從而建構出一個強大的整體模型。神經網路的聯結主義與其他模型略有不同。在神經網路中，所有的「子模型」都在共同進化、共同提升。相比之下，在其他案例中，「子模型」是獨立訓練的，最終透過組合和連接來實現結果預測。

並非所有模型連接成網路後，都能獲得性能提升。舉個例子，如果移除神經元中的啟動函數，無論建構多麼複雜的連接網路，最終得到的仍然是一個線性迴歸模型。這是因為在數學上，線性函數的線性組合仍然是線性函數。因此，神經元的啟動函數在整個網路中扮演著關鍵角色，沒有它所帶來的非線性轉換，神經網路這門學科將難以存在。你可以將神經網路想像成一個多層的奶油蛋糕：線性模型是蛋糕的主體，非線性變換猶如塗抹在蛋糕表面的奶油。這些非線性變換賦予了神經網路強大的建模能力，正如奶油賦予了蛋糕獨特的風味。

什麼是神經網路？從不同角度回答，有不同的答案。從數學的角度來看，神經網路是一系列數學運算（線性變換和非線性轉換）的逐層疊加。站在這個角度，我們可以逆向理解神經網路解決問題的想法：透過層層的非線性變換，將原本複雜的非線性問題轉化為近似的線性問題。在閱讀本書的其他章節時，讀者會發現之前討論的邏輯迴歸模型以及即將在後續章節中討論的許多經典模型，都呈現出相似的模型結構和建模想法。這正是本書一直強調的觀點之一：建構模型的目標在於將非線性問題轉化為線性問題，因為在某種程度上，人類目前只能有效解決線性問題。

從結構上重新檢查 8.3.3 節中討論的多層感知器模型。在架設模型時，使用兩個特徵來描述資料（比如圖 8-13 中的橫垂直座標），然後透過神經網路獲得最終的分類預測。神經網路可以被重新分解為兩個層級：原本的輸出層作為第二層，輸出層之前的所有層合併為第一層，如圖 8-15 所示。這時，將表示原始特徵的二維陣列輸入至第一層，可以得到一個四維陣列作為輸出，這對應著表示當前資料的四個新特徵（當然，這四個特徵的確切含義可能並不容易理解）。換言之，第一層實際上執行了資料的特徵提取；第二層其實就是邏輯迴歸，其作用在於解決具體的分類問題。

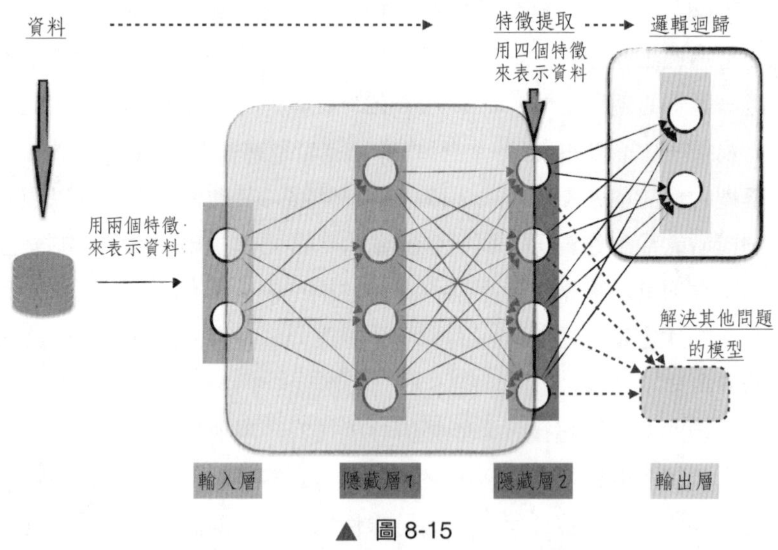

▲ 圖 8-15

這種劃分方法可以推廣至任何神經網路模型，即每個神經網路都由兩個子模型組成。第一個子模型負責特徵提取，從原始資料中提取出有意義的特徵，從而形成新的表示。第二個子模型則專注於特定的建模任務。一般情況下，我們會將這兩個子模型結合在一起使用，但也可以將它們分開單獨應用。舉例來說，只使用負責特徵提取的那部分，然後將提取出的特徵應用於其他建模任務中。這正是 8.2.4 節中搭積木式思維的一種實際應用：首先建構一個完整的模型，然後從中拆解出一部分來單獨使用。

透過一個具體的例子來加深理解。在大語言模型中，會在預訓練（Pretraining）階段建構一個基礎模型（Base Model）。這個模型的任務是根據給定的文字背景，預測下一個出現的文字是什麼。舉例來說，給定的背景是「我愛我的祖」，那麼基礎模型可能會預測下一個文字是「國」。

儘管基礎模型在文字預測方面表現強大，但當需要執行其他任務，比如對文字進行分類時，它就顯得力不從心了。在這種情況下，可以透過模型聯結來充分利用基礎模型的能力：利用基礎模型的第一層提取文字特徵，在此基礎上選擇其他合適的模型完成分類任務。舉例來說，在第 13 章中的決策樹或之前提到的邏輯迴歸，需要注意，此處邏輯迴歸的任務是對文字進行分類，而非預測下一個文字是什麼。

對大語言模型不太熟悉的讀者，可能覺得上述例子有些抽象，難以理解，但請不要過於擔心，11.4 節將詳細闡述這些細節，這裡只是提前做一些鋪陳。

8.4 訓練最佳化的關鍵：啟動函數

正如 8.3.4 節中討論的，訓練神經網路是一項相當複雜的任務。神經網路的模型結構複雜，我們在理論方面對其了解有限，例如它的工作原理以及如何解釋預測結果等。因此，學術界和業界將主要的關注點放在了如何高效率地訓練神經網路上。

世界上有很多工具，我們不必完全掌握其原理就能夠使用，就好比人類雖然並沒有徹底理解人腦的運作方式，但這並不妨礙利用它來獲取知識並推動進步。在某種意義上，神經網路就是一種新的智慧體，類似於人腦，儘管我們不能完全理解其內部的工作機制，但一直在努力發掘其潛力。正是因為對模型的理論了解相對有限，導致很多訓練技巧帶有濃厚的經驗主義色彩。這些技巧能夠在實際應用中改善模型性能，但在很多情況下我們並不確切地了解其背後的原理。這與我們在其他模型中遇到的情況不同，值得讀者特別注意。

在 8.3.5 節中，我們了解到啟動函數的非線性特性對於神經網路的預測能力至關重要。啟動函數不僅影響著模型的預測能力，還在模型訓練過程中扮演著重要的角色。這正是本節將要深入探討的核心內容。

本節和 8.5 節所探討的最佳化方法主要適用於複雜的深度神經網路，因此它們的理論可能顯得有些晦澀難懂，相關內容也有點零散。但這些最佳化技術在實際生產中被廣泛應用，尤其在大語言模型等領域。為了幫助讀者更輕鬆地理解這些最佳化技術的核心概念，我們將它們安排在本章，並使用相對簡單的多層感知器模型來詳細解釋其細節。

如果讀者在初次接觸這些內容時感到有些困惑，可以先快速瀏覽一遍，但請務必記住，這些內容是深刻理解神經網路的關鍵。在後續的章節中深入探討更複雜的模型時，建議讀者再次閱讀這些內容，將會有助更進一步地理解複雜模型的原理和應用。

8.4.1 壞死的神經細胞

所謂模型訓練，實際上是指根據最佳化演算法和訓練資料迭代更新模型參數的過程。以標準隨機梯度下降法為例，看看模型參數的迭代公式是怎樣的。為了避免與本章中的數學記號混淆，這裡使用變數 a 表示模型參數，a_k 表示該參數在第 k 次迭代時的數值。

$$a_{k+1} = a_k - \eta \frac{\partial L}{\partial a} \tag{8-14}$$

從公式（8-14）中可以清楚地看到，在模型訓練過程中，模型參數的梯度起著至關重要的作用。如果參數的梯度很小，那麼參數的更新幅度也會受限。在極端情況下，如果梯度為 0，那麼將不會產生任何更新。接下來，從兩個角度深入探討啟動函數對參數更新過程的影響：首先，借助第 7 章中介紹的計算圖，透過一個具體的例子直觀地理解啟動函數的作用；隨後，在 8.4.2 節中詳細呈現相關的數學解釋。

8.1.2 節中已經探討了神經網路圖示與計算圖之間的聯繫。以此為基礎，我們將深入研究啟動函數在反向傳播中的影響。為了更清晰且簡明地呈現，我們將目光聚焦在隱藏層中的神經元上，同時假設這個神經元只涉及一個權重參數 w 和一個截距參數 b。

如圖 8-16 左側所示*，當啟動函數的輸入（線性模型的輸出）絕對值較小（在 0 附近）時，能夠正常地獲得參數梯度，並且參數值不為 0。當啟動函數的輸入較大時，啟動函數可能會變得「過熱」，導致梯度溢位至 0。在反向傳播中，這會導致相關參數的梯度也變為 0，如圖 8-16 右側所示。更嚴重的是，由於這一現象發生在神經網路中，它將影響該神經元的所有子節點，即透過這一神經元反向傳播的梯度都會被設為 0。

當利用資料來訓練模型時，計算圖會出現膨脹現象。在這種情況下，每個資料點所代表的路徑都是相互獨立的。因此，只要資料點的啟動輸入適當，參數的梯度就不會為 0。也就是說，模型參數將繼續迭代更新，如圖 8-17 左側所示。當啟動函數對所有資料點都變得「過熱」時，這個神經元就會永久性「失活」，如圖 8-17 右側所示。這是因為在這種情況下，與之對應的參數永遠不再更新，也就是說，這個神經元的學習過程停滯不前了。類比人腦中的情況，壞死的神經元會影響其子節點的學習效率。將會導致神經

* 完整的實現請參考本書書附程式 /ch08_mlp/saturated_activation_function.ipynb。

網路看似複雜，但實際上某些部分完全無效或效率極低，從而拖累整個網路的預測效果。

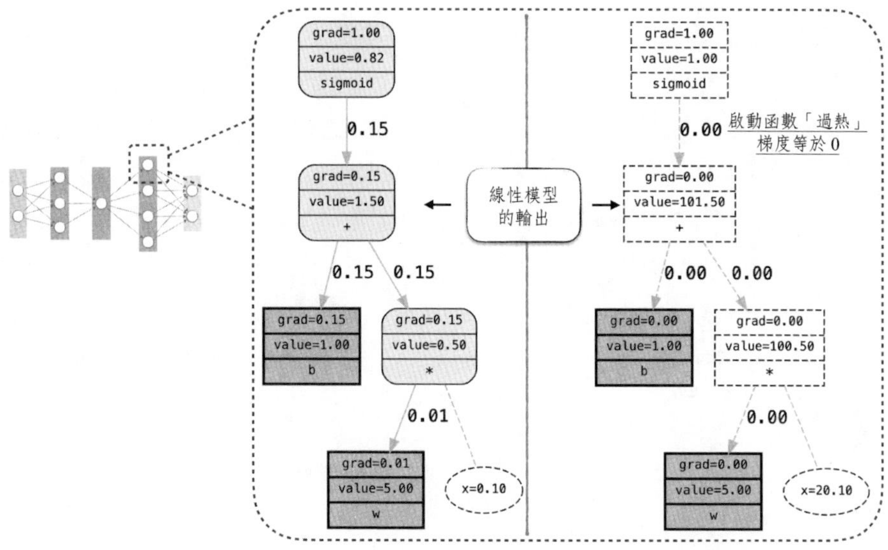

▲ 圖 8-16

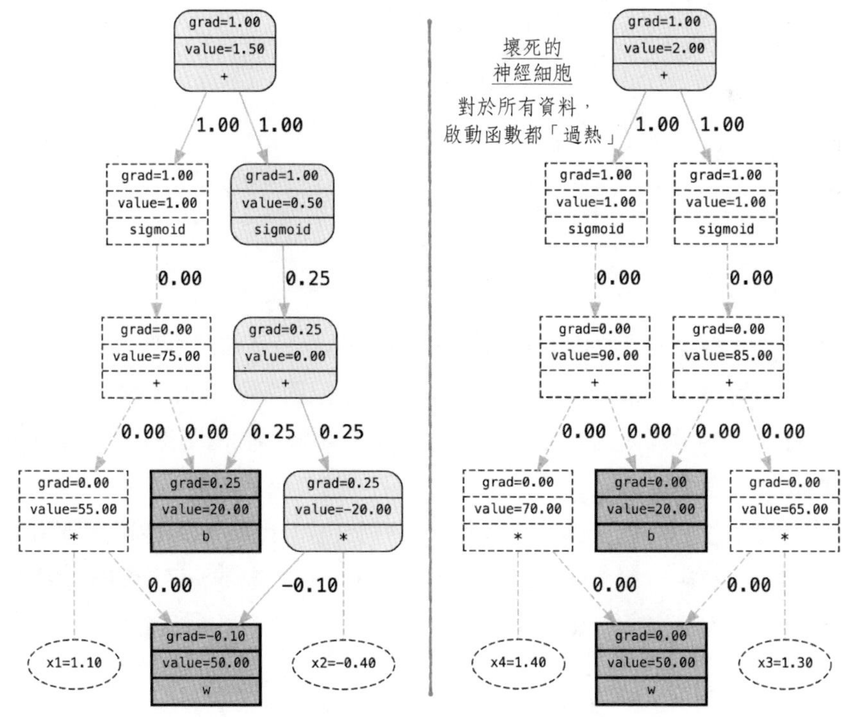

▲ 圖 8-17

8.4.2 數學基礎

本節將深入探討導致神經元「壞死」的數學基礎。首先，介紹一下 Sigmoid 函數的性質。

Sigmoid 函數在理論上是一個不錯的選擇，但在工程實現中卻存在一些不太友善的特點。特別是當輸入的值遠離 0 時，函數的導數會迅速接近 0，如圖 8-18 所示。這便是著名的啟動函數「過熱」現象，確切地說，它包括過度啟動和過度抑制兩種情況，在這兩種情況下，啟動函數的導數都近似為 0。在理論上，接近於 0 並不等於 0，然而在電腦中，計算結果受到精度限制的影響，很容易出現數值溢位的問題，從而被錯誤地辨識為 0。尤其是在使用 GPU 進行計算時，通常會採用 7.5.2 節中的混合精度訓練技術，這會進一步降低儲存精度。

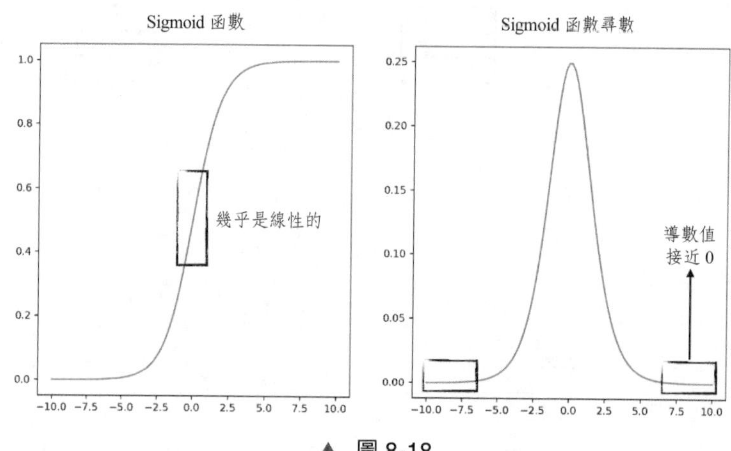

▲ 圖 8-18

接下來，深入探討參數梯度的數學運算式，具體的公式如圖 8-19 所示（有關所使用數學符號的詳細解釋，請查閱 8.3.2 節）。從運算式中可以觀察到，啟動函數的導數以乘法的方式直接參與參數梯度的計算*。因此，當啟動函數導數因為溢位而被錯誤地當作 0 時，參數的梯度也會變成 0。

即使沒有數值溢出問題，過小的啟動函數導數也可能導致參數梯度過於接近 0，使得參數幾乎得不到更新，從而降低學習的效率。在這種情況下，模型的學習速度會變得異常緩慢，訓練過程會變得相當艱難。

* 正是基於這個原因，Sigmoid 函數才容易導致梯度消失問題，更多細節請查閱 8.4.4 節。

前面的討論已經說明，當 Sigmoid 的輸入遠離 0 時，神經元很難有效地學習。如果啟動函數的輸入非常接近 0，我們能夠如願以償得到高效率的學習嗎？實際情況並不盡如人意。更深入地觀察 Sigmoid 函數的影像，會發現在接近 0 的範圍內，Sigmoid 函數實際上近似於一條直線，如圖 8-18 所示。在這種情況下，Sigmoid 函數變得線性化，將使整個神經網路退化成一個線性模型，等於在訓練一個線性模型。這不僅會導致預測效果不佳，還會顯著降低學習效率。

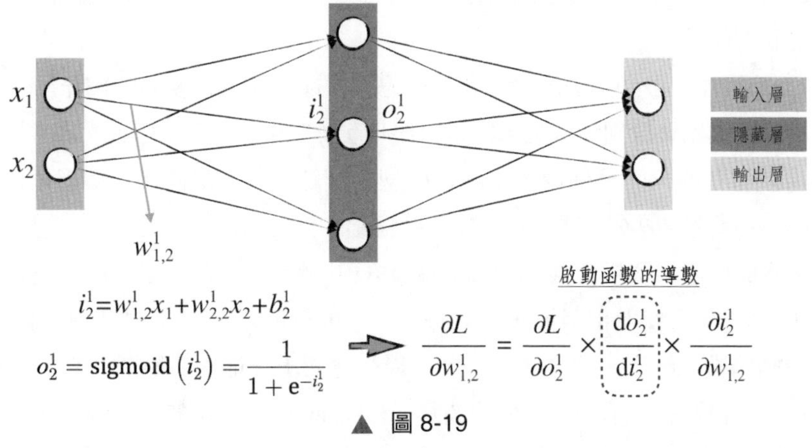

▲ 圖 8-19

因此，在神經網路中，啟動函數輸入的均衡性至關重要。我們希望啟動函數的輸入能夠均勻分佈，既不過於偏離 0，也不過於靠近 0，實現一種平衡狀態。這樣不僅有助提升預測效果，還能保持高效的學習效率。如果啟動函數的輸入偏離了這種平衡狀態，就需要採取相應的調整措施，以最佳化學習效率。因此，我們將啟動函數輸入的分佈視為監測神經網路訓練進展的關鍵工具。

從數學角度來看，啟動函數的輸入與輸出之間存在函數映射的關係，因此可以透過監測啟動函數的輸出來達到與監測輸入相同的目的。在實際應用中，也更偏向於監測啟動函數的輸出，它在工程上更容易提取和分析 *。接下來將重點討論如何有效地監控模型訓練。

* 對於本節討論的多層感知器模型，啟動函數的輸入即為線性模型的輸出。因此，提取和分析啟動函數的輸入或輸出在難度上是一致的。在更複雜的網路結構中，可能會在線性模型之後增加其他層，例如 8.5.4 節中討論的歸一化層。因此，通常情況下，分析啟動函數的輸出更加簡單明瞭。

8.4.3 監控模型訓練 [*]

8.4.1 節詳細討論了啟動函數的「過熱」現象對模型訓練的負面影響。透過選擇一個神經元，並結合計算圖，詳細地觀察其狀態。儘管這種方法很直觀，但在應用中卻不切實際。原因在於，現實中的模型參數異常龐大，一個一個觀察它們幾乎是不可能完成的任務。舉個例子，大型神經網路至少含有數億個參數，即使每秒觀察一個參數，也需要約 1157 天才能完成對 1 億個參數的觀察。那麼在實際場景中，應該如何監控和分析龐大模型的訓練狀況呢？

如 8.4.2 節所述，啟動函數的輸出在這一過程中起著至關重要的監控作用。透過觀察這些輸出，我們能夠輕鬆判斷啟動函數是否出現了「過熱」現象。因此，在實際應用中，通常透過檢查這些輸出的分佈情況來評估模型的訓練狀態，具體操作如程式清單 8-4 所示 [**]。按照神經網路的層次逐層統計啟動函數輸出的分佈情況，並用長條圖的形式直觀地呈現出來。本節使用的資料集為 8.3.3 節的圖 8-11 中標記為 3 的「雙月灣」資料集。

這一方法的程式實現相對簡單，如第 13 ～ 20 行所示。首先遍歷神經網路的各個層，提取啟動函數的輸出，然後進行統計，最後繪製出分佈的長條圖。除了常規的平均值和標準差，這裡還引入了一個額外的過熱指標 saturation，具體定義如第 17 行所示。當 Sigmoid 函數的輸出大於 0.99 或小於 0.01 時，啟動函數就被判定為存在「過熱」現象。

程式清單 8-4 啟動函數輸出的分佈情況

```
 1 | import matplotlib.pyplot as plt
 2 | # 為了討論的方便，將神經網路擴大
 3 | n_hidden = 100
 4 | model = Sequential([
 5 |     Linear(2, n_hidden), Sigmoid(),
 6 |     Linear(n_hidden, n_hidden), Sigmoid(),
 7 |     Linear(n_hidden, n_hidden), Sigmoid(),
 8 |     Linear(n_hidden, n_hidden), Sigmoid(),
 9 |     Linear(n_hidden, 2)
10 |     ])
11 | ......
12 |
13 | for i, layer in enumerate(model.layers):
```

* 本節和 8.5.4 節的部分內容參考自 Andrej Karpathy 的課程「Neural Networks: Zero to Hero」。

** 完整的實現請參考本書書附程式 /ch08_mlp/activation_monitoring.ipynb。

```
    if isinstance(layer, (Sigmoid)):
        t = layer.out
        # 啟動函數的輸出大於 0.99 或小於 0.01 時，啟動函數「過熱」
        saturation = ((t - 0.5).abs() > 0.49).float().mean()
        hy, hx = torch.histogram(t, density=True)
        plt.plot(hx[:-1].detach(), hy.detach())
        ......
```

在最佳化演算法執行的每一步中，利用上述程式，都可以獲得描述當前啟動函數狀態的統計資訊和長條圖。這些資訊是隨著迭代過程動態變化的，因此如果我們跟隨迭代的步伐，持續執行上述程式，將得到一段展示啟動函數狀態變化的「電影」。然而在書面上，這種動態變化無法即時展示，因此，為了方便討論，我們首要關注模型初始化時啟動函數的狀態，對應的結果如圖 8-20 左側部分所示。從圖中可見，啟動函數的狀態並不盡如人意。除第一層外，其他層的啟動函數大多陷入「過熱」狀態，這必然降低了神經網路的學習效率。理想情況下，啟動函數的輸出應均勻分佈，過熱指標 saturation 應較小。那麼，如何才能達到這樣的理想狀態呢？本節暫且不展開，留待 8.5 節深入討論。與「過熱」狀態相對應的是，啟動函數反向傳播的梯度會過度集中於 0，具體情形見圖 8-20 右側部分（實現程式與程式清單 8-4 類似，此處略去）。

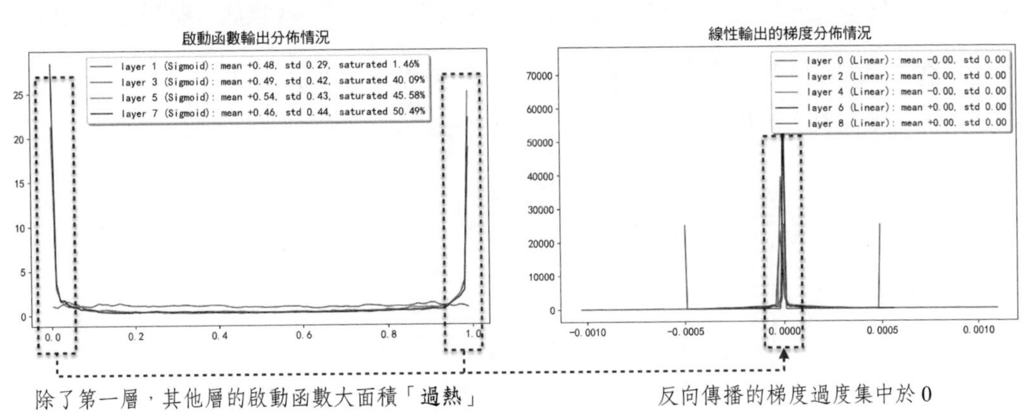

▲ 圖 8-20

除了關注啟動函數的狀態，也可以直接研究參數梯度的分佈情況。具體實現方式如程式清單 8-5 所示。其中，一個常用的指標是梯度標準差與參數標準差的比值，我們稱之為 grad_ratio，如第 8 行程式所示。

程式清單 8-5 權重參數的梯度分佈情況

```
# 觀察參數梯度的分佈情況
for i, layer in enumerate(model.layers):
    if isinstance(layer, (Linear)):
        # 只觀察權重參數，也就是 w
        p = layer.parameters()[0]
        g = p.grad
        # 統計梯度標準差與參數標準差的比例
        grad_ratio = g.std() / p.std()
        hy, hx = torch.histogram(g, density=True)
        ......
```

執行上述程式，將得到如圖 8-21 左側部分所示的影像。直接觀察梯度分佈圖，會發現存在兩個問題。首先，參數的梯度往往過度集中於 0，這與圖 8-20 中的現象一致。其次，將影像在 0 附近進行放大，可以獲得如圖 8-21 右側部分所示的情況。從中能夠明顯看出，各層的梯度分佈並不統一。舉例來說，第 6 層的梯度比第 8 層更接近 0。這種差異是一個相當不利的現象，被稱為梯度消失。關於這一問題的深入探討見 8.4.4 節，在此可以先簡單了解其對模型訓練的負面影響。當使用標準隨機梯度下降法更新模型參數時，各層使用的學習速率是相同的，詳見公式（8-14）。同時，參數值在各層之間的分佈也相近。因此，不同層梯度分佈的不同會導致參數更新幅度對某些層過度強烈，而對另一些層過於溫和。這必然會降低整體的學習效率。

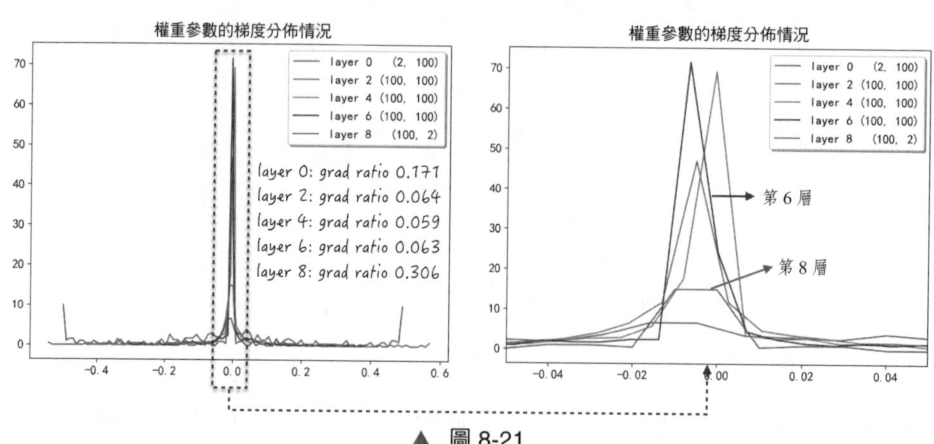

▲ 圖 8-21

為了定量評估這一現象，需要運用程式中定義的 grad_ratio。根據上述討論，我們真正關心的是每次參數更新的幅度與參數值的比值。這個指標可以透過公式（8-15）來描述。這個比值既不過能大，也不能過小，在實踐中，其絕對值穩定在千分之一左右是最理想的。根據公式，可以用參數梯度與參數值之比來替代這個比值。因此，參數梯度與參數值之比的絕對值的平均值是一個很好的量化指標。

$$(a_{k+1} - a_k)/a_k = -\eta * \frac{\partial L}{\partial a}/a_k \tag{8-15}$$

在探索神經網路領域時，有一個至關重要的發現：在網路的各個層中，參數值近似服從正態分佈，而分佈的中心接近於 0，同時，這些參數的梯度也以近似正態分佈的形式分佈在 0 的兩側。這表示參數和參數梯度的期望都大致為 0*。因此，grad_ratio 這一指標近似等於公式（8-15）等號右側部分除以學習速率後的絕對值期望，即參數梯度與參數值之比的絕對值的平均值。由圖 8-21 左側部分可知，不同層的這一比值具有顯著的差異。以第 8 層為例，其比值是第 6 層比值的 5 倍。在這種情況下，要找到同時適用於這兩層的學習速率是相當困難的（從理論角度來看，最適合的學習速率是 0.001 除以 grad_ratio）。

除了設定合適的學習速率，grad_ratio 還可以用來監測訓練過程中是否出現偏差。我們可以在模型訓練期間記錄每層參數的更新情況（用 grad_ratio 與學習速率的乘積來衡量參數的更新幅度，參考圖 8-22 中的程式）。根據圖 8-22 的結果，因為隨著迭代次數的增加，更新幅度逐漸減小，遠離了理想的基準線 0.001，這可能表示學習效率在逐漸降低，可以判斷模型的訓練狀態並不理想。

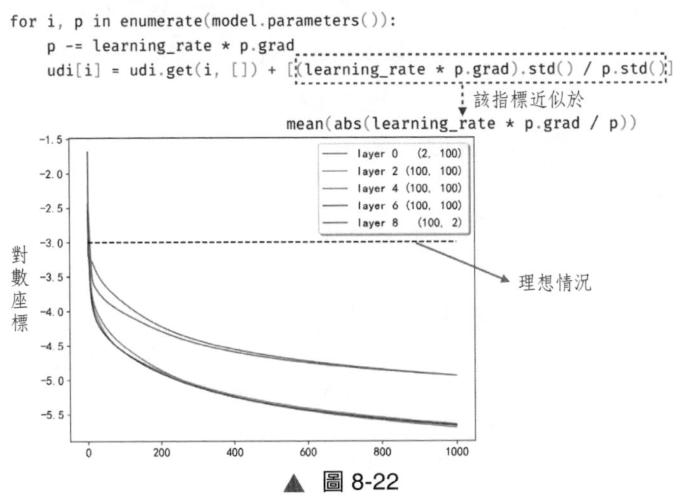

▲ 圖 8-22

* 感興趣的讀者可以嘗試下載開放原始碼的大型神經網路模型，比如，使用 transformers 函數庫下載 GPT-2 等大語言模型，以驗證上述觀點。

本節討論了 3 個關鍵圖表，這些圖表在監測模型訓練過程中扮演著重要的角色。透過仔細分析這些圖表中的指標，可以清楚地了解到神經網路的學習狀態並不盡如人意。這一觀察與圖 8-14 中的結果（標記為 3 的曲線）相吻合。然而，請不要過於擔心，接下來的章節將詳細探討如何調整網路的學習狀態，以達到最佳的訓練效果。

8.4.4 不穩定的梯度

8.4.3 節中提及了一個重要的問題——梯度消失。如圖 8-21 右側部分所示，這個問題可直觀地表現為神經網路各層參數的梯度分佈不一致。這種不一致性源自神經網路的結構及反向傳播演算法會極大影響神經網路的學習效率，使深度神經網路的訓練變得異常艱難。造成這一現象的根本原因可以歸結為兩個方面，在學術界分別被稱為梯度消失問題（Vanishing Gradient Problem）和梯度爆炸問題（Exploding Gradient Problem）。這些問題正是本節將要探討的核心內容。

梯度消失問題在深度神經網路中尤為常見，在反向傳播的過程中，梯度會逐層減少，導致前面幾層的梯度幾乎為 0，這些層無法有效學習和適應資料的特徵，從而影響整個網路的性能。為了更進一步地從數學上理解這一問題，我們可以看一個簡單的神經網路範例。如圖 8-23 所示，這個神經網路封包含 4 層，每層只有一個神經元。透過數學推導，可以得到圖中的參數梯度的數學運算式。值得注意的是，參數所在的層越靠前，其梯度運算式中就包含越多的乘積運算，這些乘積運算涉及啟動函數的導數，即 $g(l_i)$。通常情況下，這個值小於 1，舉例來說，Sigmoid 導數的最大值為 0.25。另外，在神經網路中，參數值通常較小，近似正態分佈在 0 附近。這會進一步導致 $w_{l+1}g(i_l)$ 的絕對值較小，假設都約等於 0.1，那麼參數 w_4 的梯度就大約是參數 w_1 梯度的千分之一。

$$o = s(i) = \text{sigmoid}(i) \qquad g = \frac{ds}{di}$$

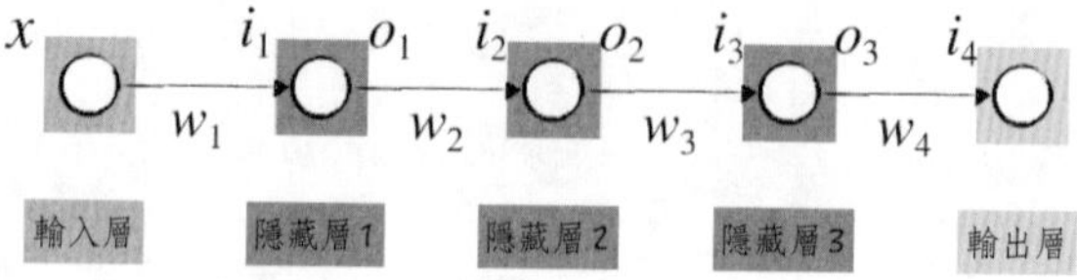

$$\frac{\partial L}{\partial w_4} = \frac{\partial L}{\partial i_4} o_3 \quad \frac{\partial L}{\partial w_3} = \frac{\partial L}{\partial i_4} w_4 g(i_3) o_2 \quad \cdots \quad \frac{\partial L}{\partial w_1} = \frac{\partial L}{\partial i_4} w_4 g(i_3) w_3 g(i_2) w_2 g(i_1) x$$

▲ 圖 8-23

與此相反的情況是梯度爆炸問題。在這種情況下，梯度逐層遞增，可能導致某些層中的梯度異常大，從而影響參數的穩定更新。這可能引發訓練過程的不穩定，甚至導致模型無法收斂。理解梯度爆炸問題比較簡單，假設在圖 8-23 中的參數值都較大，例如 $w_{l+1}g(l_i)$ 的絕對值都約等於 10，那麼參數 w_4 的梯度就大約是參數 w_1 梯度的 1000 倍。

透過前面的分析，可以看到梯度消失和梯度爆炸實際上是同一個問題的兩個不同側面。從反向傳播演算法的角度來看，梯度沿著神經網路的反方向逐層傳播，每經過一層，都可能被衰減或放大。就像圖 8-23 中的例子，每經過一層，就會多出一個乘法項 $w_{l+1}g(l_i)$。當網路層數增多或網路規模變大時，各層的參數梯度很難同時保持適當。

解決梯度消失和梯度爆炸問題主要有兩種想法。一種想法是使梯度在每一層傳播時儘量不發生衰減或放大。為了實現這一目標，可以使用改進後的啟動函數，這些函數的導數在接近 1 的範圍內變化，或引入特殊的層來調整梯度的大小，這就是歸一化層（Normalization Layer）。另一種想法是允許梯度在反向傳播的過程中可以「越過」幾層。具體而言，在設計神經網路結構時，我們有意地建構某種機制，使得前面層的神經元能夠透過一種「捷徑」直接與後面層的神經元相連。這樣在反向傳播過程中，梯度可以透過這些「捷徑」直接傳遞到前面層的參數。這一創新的方法被稱為殘差連接。

啟動函數的改進將在 8.4.5 節詳細討論，歸一化層將在 8.5 節探討，殘差連接將在 9.3.1 節中深入探討。

8.4.5 啟動函數的改進

在選擇 Sigmoid 作為啟動函數時，會遇到兩個主要問題。首先，當輸入遠離 0 時，Sigmoid 的導數接近 0，甚至在接近 0 時，最大導數也只有 0.25，這可能導致梯度消失問題。其次，Sigmoid 的輸出總是正數，沒有以 0 為中心的特性，這並不是理想的狀況。從經驗來看，以 0 為中心的啟動函數由於具有對稱性，更有助神經網路的訓練。當然，第二個問題不如第一個問題那麼嚴重。為了修復這兩個不理想的特性，學術界提出了許多新的啟動函數，下面詳細介紹其中最經典的兩個。

- Tanh（Hyperbolic Tangent）函數的曲線與 Sigmoid 函數非常相似，可以把它看作 Sigmoid 函數向下平移一段並稍做「拉升」，這樣函數的中心點就位於 0，而且最大導數也等於 1，如圖 8-24 所示 *。相比於 Sigmoid 函數，Tanh 的主要改進在於它在 0 附近的導數值約等於 1，而且函數值以 0 為中心。但當引數遠離 0 時，Tanh

* 完整的實現請參考本書書附程式 /ch08_mlp/activation_functions.ipynb。

的導數值仍然接近 0，這限制了它在提高模型學習效率方面的優勢。由於這兩個函數的影像相似，實際應用中幾乎總是使用 Tanh 函數來替代 Sigmoid 函數。

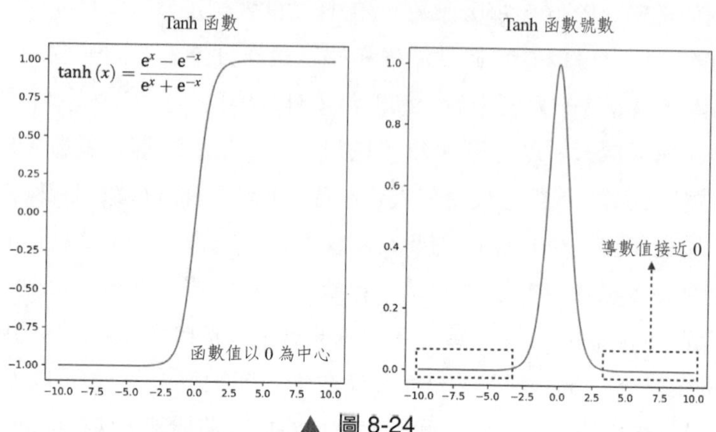

▲ 圖 8-24

- ReLU（Rectified Linear Unit）是深度學習中廣泛使用的啟動函數，它在某種程度上和人類神經元的行為非常相似，如圖 8-25 所示。ReLU 函數的顯著改進是它的導數具有兩個設定值：當輸入小於 0 時，導數為 0；當輸入大於 0 時，導數為 1*。這個簡單的特性已經被證明能夠大幅提升神經網路的學習效率，尤其是在深度神經網路中更加顯著。

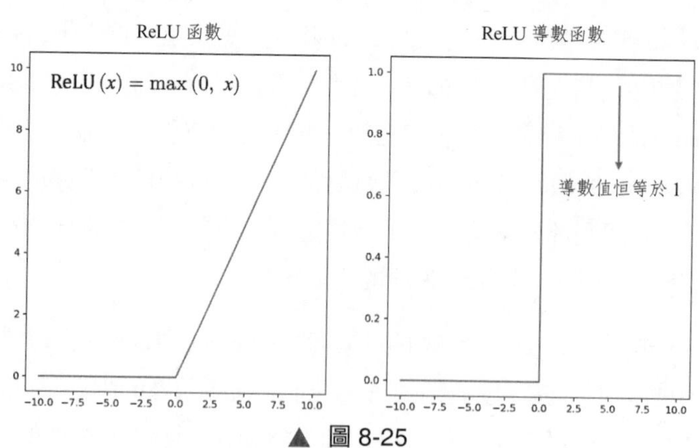

▲ 圖 8-25

* 從嚴格的數學角度來看，ReLU 啟動函數在 0 點沒有定義導數值，但在實際應用中，通常會將其在 0 點的導數值設定為 0。

儘管 ReLU 函數在許多情況下表現出色，但它也存在一些缺陷。特別是當輸入值小於 0 時，ReLU 函數的輸出一直保持為 0，導數也為 0。這會導致神經網路中的神經元容易陷入「壞死」狀態。為了解決這個問題，研究人員提出了一系列改進的啟動函數，包括 ELU（Exponential Linear Unit）、GeLU（Gaussian Error Linear Unit）和 SiLU（Sigmoid Linear Unit）等 *。在此不詳細討論這些啟動函數的數學細節，只舉出它們的函數影像和導數影像，如圖 8-26 所示，以幫助讀者建立對它們的直觀印象。

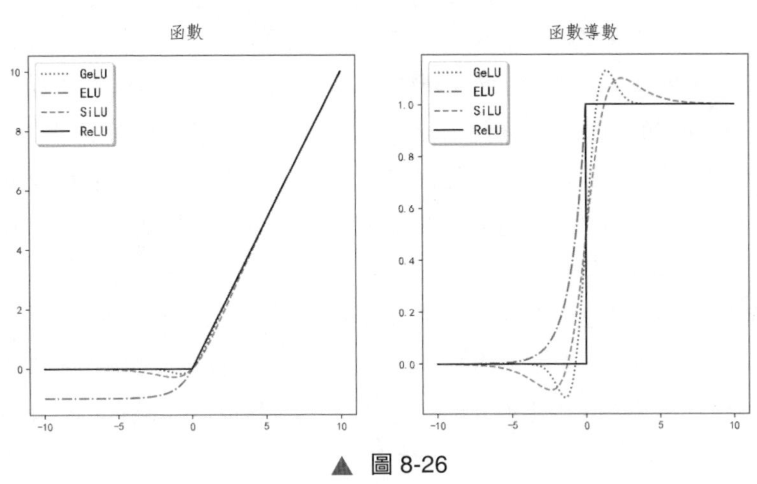

▲ 圖 8-26

8.5 從第一步開始最佳化訓練

8.3.4 節中介紹了多層感知器在解決各種分類問題時的應用，然而從圖 8-14 中可以明顯看到，當面對標記為 3 的「雙月灣」資料時，多層感知器的學習效率並不令人滿意，經歷了相當長時間的停滯期。為了更深入地理解模型學習效率低下的原因，8.4.3 節探討了一些常用於監控模型訓練進展的工具。這些工具就像「醫生」一樣，能幫助我們找到效率低下的根本原因。根據這些「診斷結果」，8.4.5 節探討了改進啟動函數的方法，採用更高效的啟動函數可以顯著提高模型的學習效率。然而，這並非唯一的改進途徑。本節將根據監控工具提供的資訊，進一步討論一些獨立於啟動函數的改進方法。

* 啟動函數是神經網路研究中一個備受關注的話題。除了正文中提到的啟動函數，還有一些常用的啟動函數，如 Leaky ReLU、GeLU_New，以及 Maxout 等。讀者如果對這些函數的更多細節感興趣，可以參考維基百科或相關的專業資料。

8.5.1 模型損失的預估

在人工智慧領域，模型訓練的核心目標是降低模型的損失。因此，在訓練過程中，通常會繪製出模型損失隨訓練進展的變化曲線。之前的討論著重於曲線的趨勢，以下降速度等，但對具體的損失數值（特別是分類問題），並沒有深入探討其含義。舉例來說，在一個二分類問題中，如果模型的損失是 1.6，這具體代表了什麼意義？僅從這個數值上來看，應該如何理解模型的預測效果呢？

事實上，對於二分類問題，如果沒有額外的背景知識，那麼最基本的預測方法就是隨機猜測。這表示預測某個資料點屬於類別 0 的機率為 0.5，屬於類別 1 的機率也為 0.5。首先，這是一種通用的方法，對任何二分類問題都可以採用這種方法。其次，這也是一種相對較差的方法，因為它沒有利用任何關於資料的資訊或知識。這種方法可以被視為一個基準，任何模型都不應該比這個基準方法更差。如果模型比隨機猜測的預測效果還差，表示它存在明顯的問題。

如果採用隨機猜測方法，模型的損失會是多少呢？在二分類問題中，一個資料點的損失可以用公式（8-16）來表示，約為 0.69。因此，無論應用於哪個具體的資料集，這種隨機猜測方法的損失都是固定值 0.69。這表示，對於任何二分類模型，基準損失值都是 0.69。

$$L_i = -(y_i \ln 0.5 + (1 - y_i) \ln 0.5) = -\ln 0.5 \approx 0.69 \tag{8-16}$$

有了這個認知，我們能夠在模型訓練過程中更進一步地理解模型的預測品質，或說，將模型損失這個抽象的數值翻譯成更容易理解的語言。舉例來說，如果模型訓練後的損失約為 0.2，那麼平均來看，模型對正確類別的預測機率大約為0.82（$e^{-0.2} \approx 0.82$），這是一個相當不錯的預測結果。

8.5.2 參數初始化的初步最佳化

基於上面的討論，二分類模型的基準損失值是 0.69。然而，在 8.4.3 節中，模型在初始化階段的損失值約為 4.16*。這表示模型在初始化時犯了相當嚴重的錯誤，從這種錯誤的起點開始學習，顯然會降低學習效率，甚至可能導致模型無法正確收斂。下面將研究如何糾正這一錯誤。

---

* 這個結果已經包含在本書書附程式中，具體內容位於 /ch08_mlp/activation_monitoring.ipynb 中的第 4 個程式區塊。

模型在初始化時為什麼會出現如此嚴重的錯誤呢？下面用一個小實驗來幫助理解。如圖 8-27 所示，對於二分類問題，如果模型的 Logits（模型輸出的未歸一化分數）服從標準正態分佈，那麼在隨機情況下，相應的交叉熵，即模型損失，大約是 0.91，與基準損失相近。然而，如果增大 Logits 的變化範圍，將其標準差設定為 10，那麼相應的交叉熵也會急劇增加，達到可怕的 5.71。

受實驗結果的啟發，我們發現在初始化階段，模型損失異常高的主要原因在於模型輸出的 Logits 變化幅度過大。為什麼會出現這種情況呢？來看模型初始化的程式，如圖 8-28 所示。

```
# logits變化幅度對交叉熵的影響
clz_num = 2
num = 1000

## 標準正態分佈
logits = torch.randn(num, clz_num)
y = torch.randint(clz_num, (num,))
F.cross_entropy(logits, y)
```
5.7065

```
## 將 logits 的幅度變大 10 倍
logits = torch.randn(num, clz_num) * 10
y = torch.randint(clz_num, (num,))
F.cross_entropy(logits, y)
```
0.9076

▲ 圖 8-27

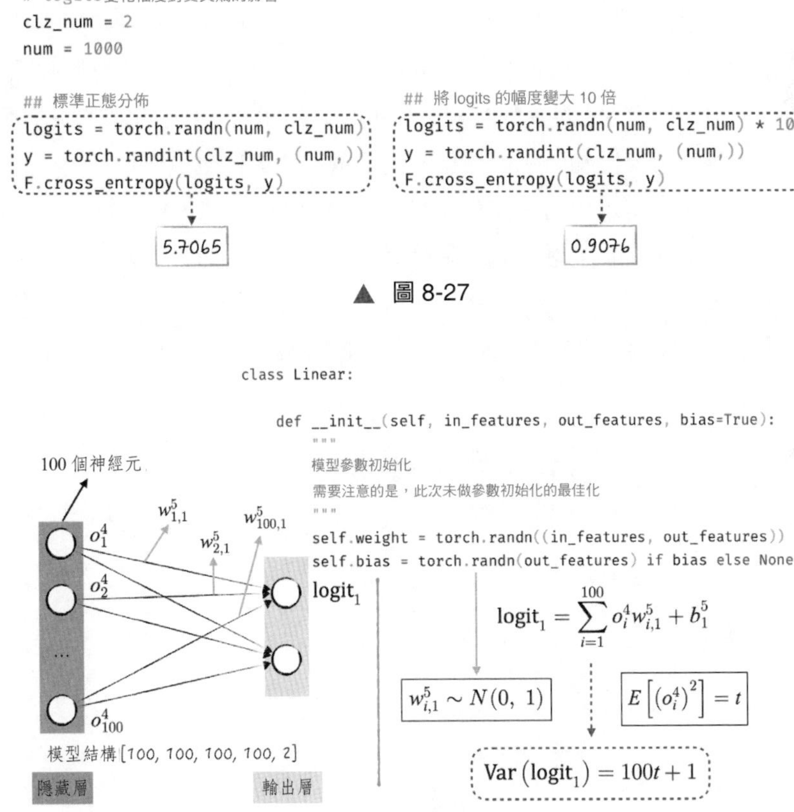

▲ 圖 8-28

在輸出層中，權重參數的初始值通常服從標準正態分佈。在這種情況下，輸出的 Logits 的方差會是怎樣的呢？對於輸出層的特定輸入o_i^4，顯然它與模型的參數是獨立的（因為模型參數是隨機生成的）。此外，對於模型參數$w_{i,1}^4$，有期望值$E[w_{i,1}^4] = 0$和方差

$\text{Var}(w_{i,1}^4) = 1$。對於輸出層的這個輸入，透過適當的數學推導，可以得到公式（8-17）*，為了簡化表達，在公式中省略了變數的上下標，但這並不影響理解。

$$\text{Var}(ow) = \text{Var}(o)\text{Var}(w) + \text{Var}(w)(E[o])^2 = \text{Var}(w)E[o^2] = E[o^2] \quad (8\text{-}17)$$

基於這個公式，可以進一步合理地假設對於輸出層的任何輸入，其分佈都是一致的。透過這個公式可以得出，模型輸出的 Logits 方差與模型隱藏層的神經元數量成正比。如果我們希望 Logits 方差保持為 1，那麼只需要將參數 b 的值設定為 0，然後將$w_{i,1}^4$服從的正態分佈的方差調整為$1/\sqrt{M}$ ，其中 M 表示輸出層的輸入神經元個數。這樣就可以有效地標準化 Logits 方差，從而避免初始化階段的問題。

這種處理方式不僅適用於輸出層，還需要應用到其他層。不然隱藏層的線性輸出變化幅度會非常大，這也是 8.4.3 節的圖 8-20 中大多數啟動函數表現過熱的原因。如程式清單 8-6 所示，按照上述方法對參數的初始化進行最佳化 **，其中的核心程式是第 16 ～ 19 行。為了清晰地呈現參數初始化最佳化的前後邏輯和最佳化效果，我們特意在實現線性模型 Linear 時未進行初始化的最佳化（見程式清單 8-1 中第 5 ～ 9 行），而是在後續使用模型時再增加相應的最佳化步驟。在實際應用中，成熟的第三方演算法函數庫（如 PyTorch），通常已經在線性模型的實現中包含了一定程度的初始化最佳化。因此，讀者在使用這些函數庫時需要仔細查閱相關文件，並根據演算法函數庫的實現和自己的需求適當進行最佳化和調整。

程式清單 8-6 參數初始化最佳化

```
 1 | # 使用同 8.4.3 節中一樣的模型
 2 | n_hidden = 100
 3 | model = Sequential([
 4 |     Linear(        2, n_hidden), Sigmoid(),
 5 |     Linear(n_hidden, n_hidden), Sigmoid(),
 6 |     Linear(n_hidden, n_hidden), Sigmoid(),
 7 |     Linear(n_hidden, n_hidden), Sigmoid(),
 8 |     Linear(       n_hidden, 2)
 9 |     ])
10 |
11 | # 參數初始化最佳化
12 | with torch.no_grad():
```

* 推導公式（8-17）的數學基礎請參考 2.2.3 節。

** 這種最佳化方法在學術上被稱為 Xavier Initialization。完整的實現請參考本書書附程式 /ch08_mlp/initialization. ipynb。

```
        for layer in model.layers:
            if isinstance(layer, Linear):
                in_features, out_features = layer.weight.shape
                # 將權重項的方差變小
                layer.weight *= 1 / in_features ** 0.5
                # 將截距項設置成 0
                layer.bias = torch.zeros(out_features)
```

在經過參數初始化的最佳化之後，可以明顯看到模型的損失下降到了一個合理的範圍內，具體來說，損失值為 0.694。此外，啟動函數的表現也獲得了顯著改善，梯度分佈變得更加合理，如圖 8-29 所示。基於以上結果，即使在實際執行最佳化演算法之前，也可以確定模型的學習效率已經獲得了顯著提升 *。

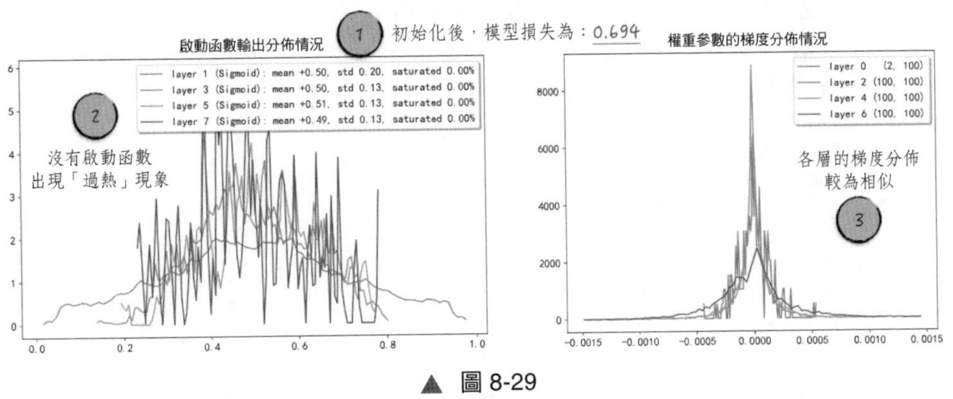

▲ 圖 8-29

8.5.3 參數初始化的進一步最佳化

上面討論的參數初始化的最佳化策略都是針對 Sigmoid 函數而言的。雖然這些策略在 Sigmoid 函數下表現良好，但如果選擇其他的啟動函數，是否需要額外的最佳化技巧呢？

為了更進一步地解答這個問題，需要明確參數初始化最佳化的目標：確保各層輸出的分佈相似。由於啟動函數的數學運算式相對複雜，為了更清晰地探討這個問題，在 8.5.2

* 儘管啟動函數的狀態有所改進，但結果仍然不盡如人意。正如之前提到的，Sigmoid 函數的最大梯度為 0.25。因此，即使啟動函數沒有出現「過熱」的問題，仍然會出現梯度消失的情況，具體見程式 /ch08_mlp/initialization.ipynb 中第 9 個程式區塊產生的結果。此外，每次迭代中各層參數的更新幅度也存在差異，具體見程式 /ch08_mlp/initialization.ipynb 中第 12 個程式區塊產生的結果。以上兩點也是在實際應用中很少使用 Sigmoid 作為啟動函數的原因之一。

節中，我們將焦點放在如何確保各層的線性輸出分佈相似上。這點非常重要，因為啟動函數的輸入和輸出之間存在函數映射的關係，這就表示啟動函數的輸出分佈應該也是相似的。這種相似性有助確保反向傳播時各層的梯度也保持相似，從而使模型能夠更進一步地學習。

一旦我們明確了最佳化的目標，就可以有針對性地著手解決這個問題。方法是在程式中只進行向前傳播，然後記錄各層輸出的分佈情況，這樣就可以清晰地觀察模型在初始化後是否實現了既定目標。具體的實現方法可以參考程式清單 8-7，其中核心程式位於第 16 ～ 18 行。第 16 行對應於 8.5.2 節中討論的方法，第 18 行則涉及本節的重點內容，即增益值（Gain Value）的處理。當將增益值設置為 1.0 時，相當於只執行了初步最佳化。

程式清單 8-7 統計各層輸出的分佈情況

```
1 | @torch.no_grad()
2 | def layer_stats(func, calculate_gain):
3 |     """
4 |     只做向前傳播，並記錄每一層輸出的分佈情況
5 |     參數
6 |     ----
7 |     func : 啟動函數
8 |     calculate_gain : 函數增益
9 |     """
10 |     ......
11 |     x = torch.randn(300, 1000)  # 批次大小是 300
12 |     for i in range(10):
13 |         l = Linear(1000, 1000, bias=False)
14 |         in_features, _ = l.weight.shape
15 |         # 做初步最佳化
16 |         l.weight *= 1 / in_features ** 0.5
17 |         # 進一步最佳化
18 |         l.weight *= calculate_gain
19 |         x = func(l(x))
20 |         # 記錄輸出的分佈情況
21 |         hy, hx = torch.histogram(x, density=True)
22 |         ......
```

透過執行上述方法，能夠比較不同的啟動函數，例如 Sigmoid 和 Tanh，結果如圖 8-30 所示。對於 Sigmoid 函數而言，僅執行初步最佳化已足夠。無論網路有多深，每一層輸出的標準差都相對穩定。但如果選擇 Tanh 作為啟動函數呢？我們會觀察到每一層的標準

差逐漸減小，這並非理想情況。這表明我們在參數限制方面可能過於嚴格，導致每一層的輸出受到了過多約束，從而影響了模型的表達能力。因此，需要在保持初步最佳化的基礎上，略微放寬一些限制，以擴大參數的變化範圍。這對應程式中的第 18 行，即增益值的調整。

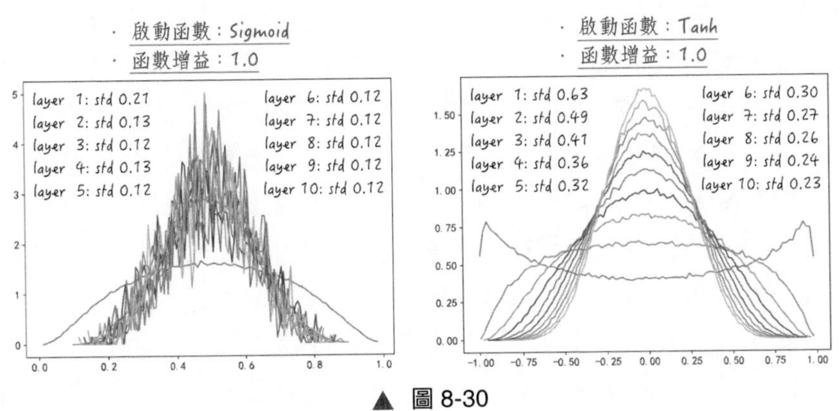

▲ 圖 8-30

針對 Tanh 函數，什麼樣的增益值才是比較合理的呢？答案是一個神奇的數字：5/3。這個神奇的 5/3 是如何確定的呢？實際上，它並非透過精確理論推導得出的數字，而是透過實踐經驗總結而來的。需要指出的是，這個數字並不是特別敏感的，如果稍微調整它，比如改成 1.4，同樣可以得到相似的穩定輸出分佈，如圖 8-31 所示。

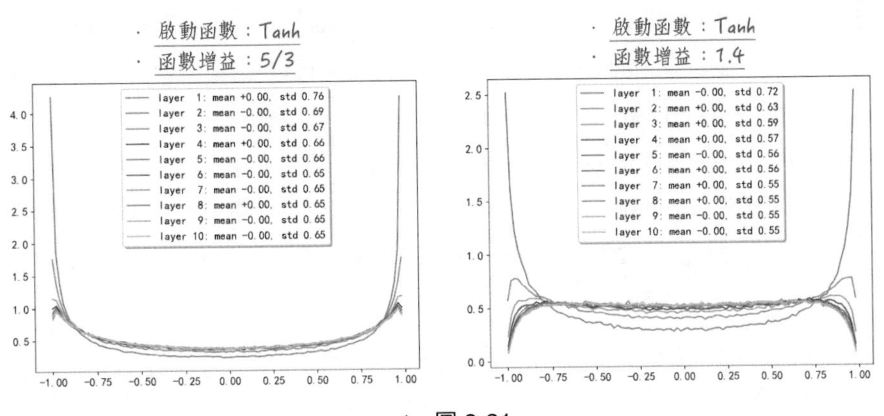

▲ 圖 8-31

另一個常用的啟動函數 ReLU 與 Tanh 類似，需要在初步最佳化的基礎上稍微擴大參數的變化範圍。然而，對於 ReLU 函數，我們使用的增益值是$\sqrt{2} \approx 1.41$。需要注意的是，

PyTorch 已經記錄了常用啟動函數的增益值 *，讀者可以透過 torch.nn.init.calculate_gain 來獲取它們。

8.5.4 歸一化層

參數初始化最佳化的方法許多，上面討論的只是兩種經典且富有啟發性的方法。整個初始化過程需要非常精細且巧妙的設置，就像走鋼絲一樣需要高超的技巧，稍有不慎就可能無法達到預期的目標。然而，即使經過如此精細的初始化調整，也只能確保模型在初始階段處於較好的學習狀態。隨著模型的深度訓練，這些初始化技巧的影響逐漸減弱，可能導致學習狀態下降。那麼如何確保模型在整個訓練過程中都保持較好的狀態呢？

要保持良好的學習狀態，關鍵在於確保各層的輸出相似，或說，在各層之間，啟動函數的輸入具有相似的分佈。因此，我們可以考慮在啟動函數之前增加一層特殊的操作，該層的作用就是進行歸一化，這樣可以在模型訓練的過程中確保啟動函數的輸入始終具有相似的分佈。這正是歸一化層（Normalization Layer）所能實現的功能，可以顯著提高模型訓練的穩定性。在這項技術出現之前，深度神經網路的訓練需要大量的人工干預和經驗，往往耗費許多時間，卻難以取得好的效果。有了歸一化層後，深度神經網路的訓練變得更加工程化和高效 **。

需要注意的是，歸一化層的概念與輸入層、隱藏層類似，著重強調最後一個「層」字，也就是該元件是網路結構中的一層。層的具體計算方式有兩種，分別是：按批次資料進行計算，稱為批歸一化層（Batch Normalization Layer）；按神經元的層級進行計算，稱為層歸一化層（Layer Normalization Layer）。這 3 個術語非常相似，容易引起誤解，因此後續討論中將「批歸一化層」簡稱為批歸一化（Batch Normalization），將「層歸一化層」簡稱為層歸一化（Layer Normalization），它們都是歸一化層的具體實現。

那麼如何對啟動函數的輸入進行歸一化呢？為了解答這個問題，需要回顧資料特徵的歸一化處理過程：首先，針對每個特徵，計算資料集的平均值和方差（標準差的平方），

---

* 實際上，Tanh 啟動函數的增益值在理論上沒有確鑿的解釋。不過，對於 ReLU 啟動函數，有更詳細的理論推導可以解釋其增益值。需要注意的是，在 8.5.4 節討論的歸一化層幾乎完全取代了增益值，因此建議讀者不要過多關注這個細節。

** 考慮到篇幅有限，這裡將不在正文中詳細呈現歸一化層帶來的最佳化結果。如果讀者對此感興趣，可以參考本書書附程式，路徑是 /ch08_mlp/normalization.ipynb。在這份程式中，可以找到有關歸一化層的詳細實現及具體的最佳化結果。需要強調的是，根據實際觀察的結果，即使初始設置不夠理想，歸一化層也能確保模型處於較好的學習狀態。這一結論適用於常用的啟動函數。

然後對每個資料點減去平均值並除以標準差，如圖 8-32 所示。假設神經網路的第一個隱藏層有 3 個神經元。對於一個資料點，當它經過神經元的線性變換後，實際上獲得了一個三維向量。我們可以將這個向量視為對當前資料點的新特徵表示。因此，對這一層進行歸一化可以直接參照對原始特徵進行歸一化的方法。這種處理方法是將圖 8-15 的討論拓展到了第一個隱藏層，認為它的線性部分是在進行特徵提取。這個概念可以擴充到任何隱藏層，任何一個隱藏層的啟動函數輸入都可以使用這種方法進行歸一化。

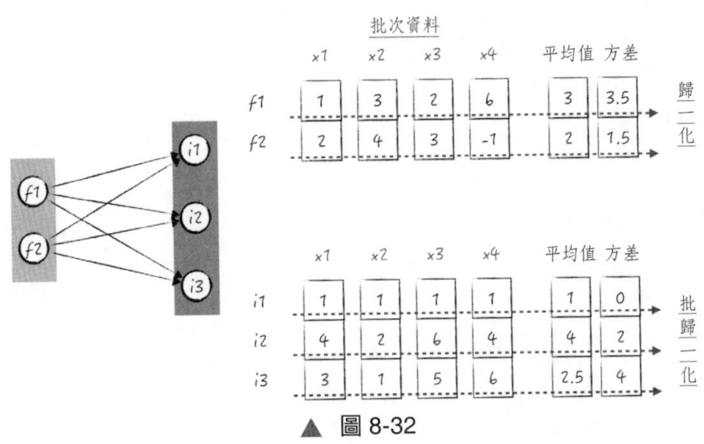

▲ 圖 8-32

當涉及具體演算法設計時，我們並不計算整個資料集中資料的平均值和方差，而是只對批次資料進行計算（回顧一下，在標準隨機梯度下降法中，使用批次資料進行向前傳播和反向傳播）。這一方法在學術界被稱為批歸一化，其演算法實現如程式清單 8-8 所示。同樣的程式也可以用於對原始特徵進行歸一化處理，以及用於在線性輸出之後對啟動函數的輸入進行歸一化。這與之前的討論一致。

（1）為了處理資料方差等於 0 的極端情況，引入一個超參數 eps，具體使用方式如第 20 行程式所示。

（2）如果僅進行歸一化，表示這一層的每個神經元的輸出都會非常相似，從而導致無論怎麼訓練，模型的預測都近似於隨機猜測，會影響模型的表達能力。為了保證模型的表達能力，引入兩個模型參數，分別是 gamma 和 beta。這兩個參數類似於線性模型中的權重項和截距項，如第 21 行程式所示。它們的存在可以使不同神經元的啟動程度有所不同，舉例來說，較大的 gamma 值會使相應的神經元更易於被啟動。這樣，模型能夠更靈活地適應不同的資料分佈。

（3）值得注意的是，由於在進行歸一化時會減去資料的平均值，因此線性部分的截距項變得毫無意義，因為無論它是什麼值都會隨著平均值的減去而消失，對歸一化之後的結果毫無影響。因此，在建構神經網路時，如果要使用批歸一化，那麼相應的線性模型部分就不需要設置截距項。

程式清單 8-8 批歸一化

```
class BatchNorm1d:

    def __init__(self, dim, eps=1e-5, momentum=0.1):
        # 用於處理方差等於 0 的極端情況
        self.eps = eps
        # 模型參數
        self.gamma = torch.ones(dim)
        self.beta = torch.zeros(dim)
        # 用於表示是否在模型訓練階段
        self.training = True
        ......

    def __call__(self, x):
        if self.training:
            # 計算期望和方差
            xmean = x.mean(0, keepdim=True)
            xvar = x.var(0, keepdim=True, unbiased=False)
        ......
        # 歸一化處理
        xhat = (x - xmean) / torch.sqrt(xvar + self.eps)
        self.out = self.gamma * xhat + self.beta
        ......
        return self.out

    def parameters(self):
        return [self.gamma, self.beta]
```

初次接觸批歸一化的讀者可能會有一些疑問。舉例來說，如果在模型訓練中使用的批次大小等於 1 會發生什麼情況？另外，在使用模型進行預測時，並沒有批次大小的概念，那麼這一層是如何處理的呢？

對於第一個問題，在使用批歸一化時，模型訓練的批次大小必須大於 1；對於第二個問題，解決方法是額外計算整個資料集的平均值和方差（對每個神經元分別計算），然後在預測時使用這些值進行相應的處理 *。換句話說，這一層在模型訓練和模型預測時的計算方式是不同的，這與本章討論的其他層有很大不同，但與 7.4.3 節中討論的隨機失活有一定的相似之處。

從向前傳播和反向傳播的角度來看，以前在訓練神經網路時，每個資料點的向前傳播和反向傳播結果都相互獨立，與同一批次的其他資料無關。一旦引入了批歸一化，在模型訓練時，各個資料點的結果都與批次資料的選擇相關。這看似不可思議，但在實踐中卻有助提高模型的性能，因為批歸一化無意中引入了一種正規化效應。在訓練過程中，每個資料點在不同批次下的計算結果略有不同，就像對資料進行了一些隨機擾動，有助避免出現過擬合問題。

然而，批歸一化在大型神經網路中存在一個重要問題，即各個資料點在計算圖中的路徑不再相互獨立。這表示無法像 7.4.1 節中介紹的梯度累積那樣進行分散式反向傳播計算。為了解決這個問題，學術界引入了一種新的歸一化技術：層歸一化 **。

層歸一化的核心假設是每一層包含大量神經元（如果某一層神經元數量較少，通常無須進行歸一化）。因此，在進行歸一化時，計算平均值和方差所依據的資料不再是批次資料，而是來自同一層中其他神經元的線性輸出，如圖 8-33 所示。在傳統的多層感知器模型中，同一層的不同神經元是相互獨立的。層歸一化引入了一種全新的處理方式，使同一層中的神經元相互影響。因此，我們需要更詳細地呈現神經元的內部細節，而不再只是簡單地用一個圓圈表示神經元。值得注意的是，實際應用中的複雜神經網路模型，如第 11 章將討論的大語言模型，這些神經元不再是簡單的線性迴歸模型加上啟動函數的組合，其圖示通常更注重展示神經元的內部細節。因此，在閱讀其他相關文獻時，讀者應特別留意這一點。

儘管圖示略顯複雜，但相應的程式實現卻非常簡單。只需將程式清單 8-8 中的第 16 行和第 17 行修改為按照第一維度計算平均值和方差即可 ***。值得注意的是，與批歸一化不同，在使用層歸一化時，模型在訓練和預測時的計算方式保持一致，無須進行額外的處理。

---

* 限於篇幅，這裡不在正文中詳細討論功能的實現細節。讀者可以在本書書附程式 /ch08_mlp/normalization. ipynb 中找到完整的實現，以便深入理解和應用這些概念。

** 批歸一化不僅難以實現分散式運算，還會影響循環神經網路的模型效果（請參考 10.4.4 節），這也是引入層歸一化的主要原因。

*** 相應的實現是「xmean = x.mean(1, keepdim=True)」以及「xvar = x.var(1, keepdim=True, unbiased=False)」。

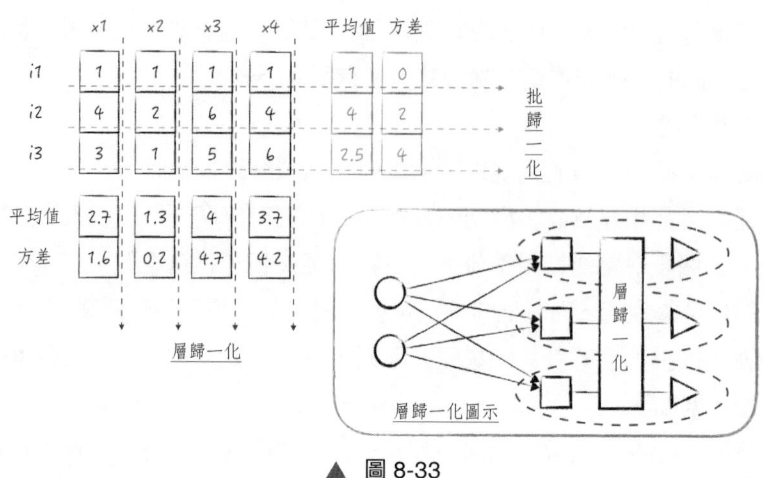

▲ 圖 8-33

在實現層歸一化時，PyTorch 提供了兩個常用的封裝，分別是 torch.nn.LayerNorm 和 torch.nn.BatchNorm1d。關於如何使用這些封裝，請讀者參考 PyTorch 的文件和範例程式，在此不做贅述。

8.6 本章小結

8.6.1 要點回顧

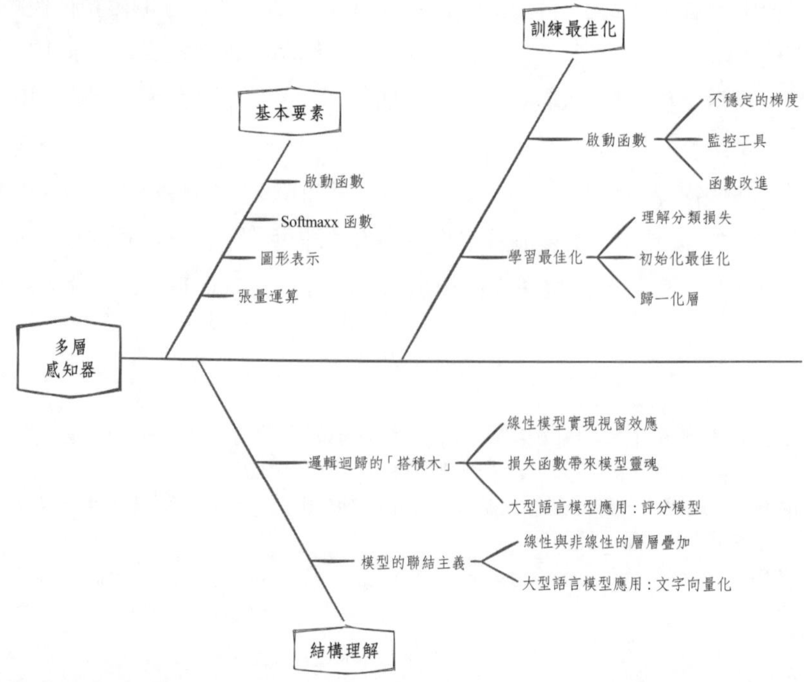

本章涵蓋了神經網路領域最基礎、最經典的多層感知器模型。透過深入研究這個相對簡單的模型，可以更進一步地理解神經網路領域的核心思想。實際上，本章的大部分內容超越了多層感知器模型，適用於幾乎所有的神經網路模型。在本質上，神經網路是一系列線性和非線性變換的層層疊加。建構神經網路模型就像搭積木一樣，具有較高的靈活性。因此，除了理解已有的經典模型，更重要的是學會自己建構模型。為此，我們需要掌握以下三個核心要點：基本要素、結構理解和訓練最佳化。

在基本要素部分，本章涵蓋了以下關鍵內容：數學基礎、圖形表示，以及程式實現。其中，重要的基礎知識包括啟動函數的數學特性、Softmax 函數與分類損失的連結，以及將網路圖示轉化為實際程式的過程。

神經網路不僅可以作為一個整體使用，還可以將其各個元件拆分出來並獨立應用。為了實現這一點，我們需要參考經典模型的啟發，從不同的角度重新理解神經網路的結構。在實際應用中，許多創新的方法都源於此想法。舉例來說，透過重新檢查損失函數，我們可以獲得在大語言模型中被廣泛應用的評分模型；透過重新思考特徵提取的方法，我們可以利用預訓練的大語言模型實現文字向量化。

神經網路的核心挑戰在於工程實踐，即如何有效地訓練模型。神經網路由於具有複雜的模型結構，其在訓練時常受到不穩定梯度的干擾，這會顯著降低模型的學習效率。為了應對這一問題，本章探討了用於監控模型訓練狀態的工具，並根據監控結果提出了一些改進方案，其中包括更高效的啟動函數、初始化最佳化和歸一化層。這些技術將有助提升神經網路的學習性能。

8.6.2 常見面試問題

針對本章討論的內容，常見的面試問題如下。

1. **啟動函數**

- 什麼是啟動函數？為什麼神經網路中需要使用啟動函數？
- 請寫出常見的啟動函數及其導數，並簡要解釋它們的特點和用途。
- 為什麼 Sigmoid 和 Tanh 啟動函數會導致梯度消失的現象？
- ReLU 系列的啟動函數的優點是什麼？它們有什麼局限性以及如何改進？

2. **多層感知器**

- 什麼是多層感知器？它與單層感知器的主要區別是什麼？

- 請解釋什麼是 Softmax 函數。它在神經網路中有哪些應用場景？
- 請寫出多層感知器的平方誤差和交叉熵損失函數，及其分別適用的場景。
- 請根據損失函數的定義，推導出多層感知器模型各層參數更新的梯度計算公式。

3. 訓練最佳化

- 請解釋什麼是不穩定的梯度。如何減輕或解決不穩定梯度的問題，特別是在深度神經網路中？
- 在訓練神經網路時是否可以將參數全部初始化為 0？
- 為什麼在神經網路中需要重點考慮模型初始化？請列舉一些常用的權重初始化演算法和最佳化方法，並簡要描述它們的工作原理。
- 什麼是歸一化層？它在神經網路中的作用是什麼？請討論批歸一化和層歸一化之間的差異及優劣勢。

讓·巴蒂斯特·約瑟夫·傅立葉（Jean Baptiste Joseph Fourier，1768—1830），法國數學家，卷積運算的早期研究者之一。他在研究熱傳導理論與震動理論時引入了傅立葉級數，這一數學工具後來發展成為兩個重要的數學分支——傅立葉分析與調和分析。

在熱傳導的研究中，傅立葉透過計算得出了一個有趣的結論：如果一個物體與地球具有相同的大小，並且與太陽的距離也與地球相似，那麼在只考慮太陽輻射的加熱效應下，這個物體應該比地球的實際溫度更低。為了解釋這一現象，傅立葉提出了兩種可能性：一是星際輻射是提高地球溫度的其他熱源，二是地球大氣層可能造成了隔熱作用。這是溫室效應首次被提出。

▲ 傅立葉的書信手稿

第 9 章 卷積神經網路：深度學習的「出埃及記」

Veni, vidi, vici.

（我來，我見，我征服。）

——Gaius Julius Caesar

第 8 章中已經深入探討了經典的多層感知器模型，它在解決分類問題上表現出了卓越的通用性。實踐證明，在處理那些已經擁有良好特徵表示的資料集時，採用多層感知器模型通常能夠取得令人滿意的性能。然而，對於這類資料，其他機器學習模型同樣可以提供出色的預測性能。使用神經網路並沒有帶來額外的提升，反而可能損失了可解釋性方面的優點。因此，神經網路需要在那些無法用向量描述建模物件的場景下證明自己的獨特價值。

在現實生活中，高品質特徵表示的情況相對罕見。以影像辨識為例，我們可以將影像數字化，但將影像有效地向量化卻是一項相當複雜的任務。這是因為我們並不清楚人體是如何執行這看似簡單的工作的，也不明白影像中的哪些因素會影響我們的認知過程。因此，儘管電腦能夠執行某些看似複雜且煩瑣的任務，例如計算複雜損失函數的梯度，但它們卻難以完成看似簡單的影像辨識任務。

正如 8.3.5 節中討論的，神經網路的隱藏層可以看作對資料進行自動特徵提取的工具。這種自動特徵提取的能力能否達到或超越人類的水準呢？換句話說，在人類無法有效完成特徵提取的情況下，是否可以利用神經網路的特性來自動提取特徵並完成建模任務呢？答案是肯定的。這也是本章要深入探討的問題。在接下來的章節中，我們將詳細討論如何利用神經網路自動提取影像特徵，進而賦予電腦視覺能力。

本章討論的卷積神經網路（Convolutional Neural Network，CNN），是深度學習領域的重要里程碑。它展示了深度學習的潛力 ：透過增加網路的深度，模型可以獲得驚人的性能提升。該模型的作者作為「較早吃螃蟹的人」，採用 GPU 而非傳統的 CPU 進行模型訓練，大幅提升了計算速度。這一成功案例推動了 GPU 在神經網路領域的廣泛應用，使訓練深度神經網路成為可能，也推動了深度學習的快速發展。可以毫不誇張地說，卷積神經網路開啟了深度學習時代，讓以深度學習為代表的人工智慧走出實驗室，走進現實世界。人工智慧在極短的時間內在一個個專案中超越了人類的表現。或許，人工智慧內心一直在不斷地迴響這句名言：「我來，我見，我征服。」

9.1 利用多層感知器辨識數字

在第 8 章中，透過使用二維合成資料生動展示了多層感知器的關鍵特性。現在將注意力轉向更接近現實世界的場景，即如何利用多層感知器這一基礎神經網路模型進行影像辨識。在模型的訓練過程中，我們將逐步使用一些最佳化技術來加速模型的訓練並提升模型的性能。這些技術包括第 6 章中的高效最佳化演算法、第 7 章中的隨機失活，以及第 8 章中的歸一化層和改進後的啟動函數。透過本節的實例，讀者將更清晰地理解這些技術如何在實際問題中發揮重要作用。

9.1.1 視覺物件的數字化

在電腦領域，影像實際上是由一個個像素點組成的。具體來說，對於黑白影像，可以在影像水平和垂直方向分別劃分為 n 和 m 等份，從而將影像分割成一個 n×m 的小方格網格。每個小方格的色彩深度可以用介於 0 到 1 之間的數字來表示，其中 0 表示最亮，1 表示最暗。因此，從電腦的角度來看，影像本質上是一個矩陣，其中的值都是介於 0 到 1 之間的實數，如圖 9-1 所示。

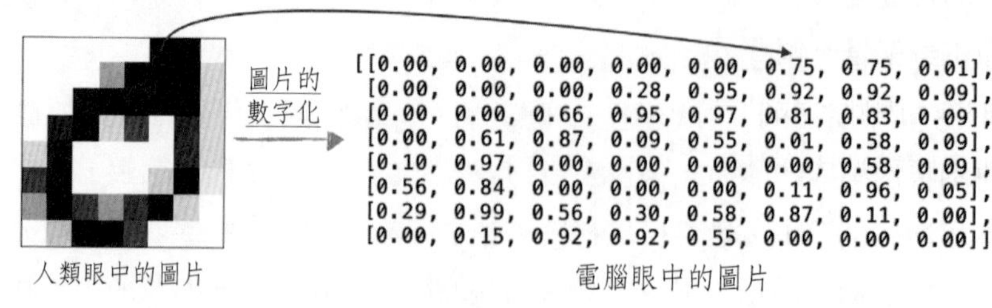

圖片的
數字化
[[0.00, 0.00, 0.00, 0.00, 0.00, 0.75, 0.75, 0.01],
[0.00, 0.00, 0.00, 0.28, 0.95, 0.92, 0.92, 0.09],
[0.00, 0.00, 0.66, 0.95, 0.97, 0.81, 0.83, 0.09],
[0.00, 0.61, 0.87, 0.09, 0.55, 0.01, 0.58, 0.09],
[0.10, 0.97, 0.00, 0.00, 0.00, 0.00, 0.58, 0.09],
[0.56, 0.84, 0.00, 0.00, 0.00, 0.11, 0.96, 0.05],
[0.29, 0.99, 0.56, 0.30, 0.58, 0.87, 0.11, 0.00],
[0.00, 0.15, 0.92, 0.92, 0.55, 0.00, 0.00, 0.00]]
人類眼中的圖片
電腦眼中的圖片

▲ 圖 9-1

需要強調的是，這只是對黑白影像進行了初步的數字化處理，還不能被稱為影像的特徵表示，主要有以下兩個原因。

（1）特徵提取的核心任務是從原始資料中提取出與建模目標相關的抽象特徵表示。

然而，影像的像素表示與影像內容之間的關係並不直觀。舉例來說，影像中的物體、邊界等概念與像素值之間的連結並不明顯。

（2）為了便於展示，這裡對影像進行壓縮處理，僅使用 64 個像素來表示整個影像。在實際生活中，普通影像的像素數量通常在千萬等級 *（舉例來說，主流手機攝影機通常具有千萬像素），但使用模型直接學習千萬等級的特徵是不切實際的。

在電腦中，通常使用三原色光模式（RGB Color Model）來表示顏色。這表示任何一種顏色都可以透過紅色、綠色和藍色疊加得到。有了這個基礎概念後，結合之前討論的黑白影像的數字化，可以輕鬆理解如何將彩色影像數字化。實際上，一張彩色影像可以用 3 個相同形狀的矩陣來表示，每個矩陣分別代表紅、綠、藍三原色的深淺程度，如圖 9-2 所示。這樣就可以用數字矩陣精確地描述彩色影像的內容和色彩變化 **。

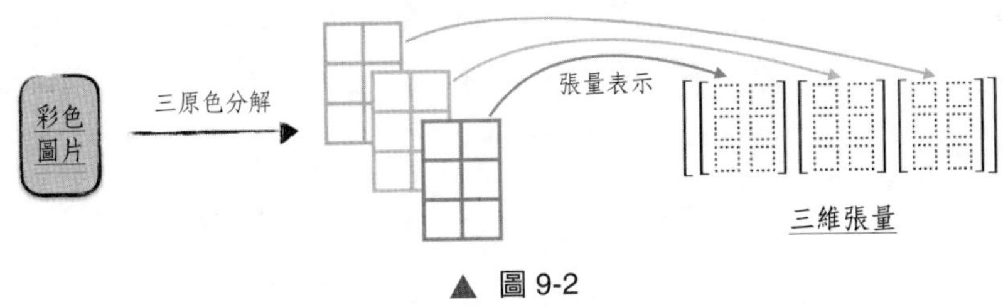

▲ 圖 9-2

在神經網路領域，通常如何組織這 3 個形狀相同的矩陣呢？矩陣本質上是一種二維張量，因此在神經網路領域，這 3 個形狀相同的矩陣被表示為一個三維張量。其中，第一個維度的長度等於 3，代表 3 個原色通道。第二維度和第三維度形成的矩陣對應某一原色通道上的像素表示。這種維度提升的處理方式可能對人類來說有些抽象，因為它讓我們對影像的直觀理解從二維轉化為更抽象的三維資料結構。然而，對於神經網路模型而言，影像本身就是一個三維資料結構，它並不直觀地理解這個資料結構中的 3 個維度是如何疊加的。因此，我們需要借助演算法來引導模型，使它能夠將三維張量理解成二維影像。如果將模型比作某種智慧生物，那麼可以說它生活在比人類高一個維度的世界中。

* 正因為龐大的原始資料很難處理，所以建模的第一步通常是對圖片、視訊等進行壓縮。這個細節超出了本書的討論範圍，本章所用到的資料都是已經壓縮好了的。圖 9-1 和 9-3 的程式請參考本書書附程式 /ch09_cnn/mnist.ipynb。

** 有了對影像數位化的理解，我們可以輕鬆地解決視訊的數位化問題。視訊實際上是一系列影像的連續疊加，以電影為例，經典電影通常以每秒 24 幀的速度呈現，即每秒顯示 24 張影像。因此，對視訊的數位化處理也變得非常自然和直觀。

此外，為了確保資料處理的一致性，即使針對黑白影像，也採用類似的三維張量來表示。只不過在這種情況下，第一個維度的長度為 1，因為它僅包含一種顏色通道。這種統一的資料結構簡化了圖像資料的處理過程，使得模型能夠使用相同的方法來處理不同類型的影像。

9.1.2 架設模型

下面架設多層感知器來辨識 MNIST 圖片集 *。MNIST 圖片集包含從 0 到 9 的手寫數位圖片，如圖 9-3 所示，總共有 60000 張訓練圖片和 10000 張測試圖片。

▲ 圖 9-3

不同於我們日常生活中接觸到的圖片，為了便於建模，MNIST 中的圖片已經被轉為數字形式。具體來說，MNIST 中的每張圖片在橫向上有 28 個像素點，縱向上也有 28 個像素點。由於這些圖片是黑白的，每個像素點都由一個數值表示，該數值表示該點的黑白程度。因此，在建模之前，每張圖片都被轉為一個 1 × 28 × 28 的張量 **。

* MNIST 圖片集是神經網路研究領域最常用的資料之一，常被用來評估不同模型的效果。

** 雖然張量能夠方便地表示高維資料，但所有張量都以一維陣列的形式儲存。高維度的資訊實際上是透過張量的中繼資料來管理的。具體來說，張量的中繼資料包含一個名為「stride」的屬性，它告訴電腦在一維陣列中查詢當前維度的下一個元素時需要跨越多遠的步幅。例如，如果有一個張量「m = torch.randn(3, 4, 5)」，那麼「m.stride() = (20, 5, 1)」。它表示在第一個維度上跨越 20 個元素，在第二個維度上跨越 5 個元素，在第三個維度上不需要跨越（跨越 1 個）。因此，高維度張量並沒有什麼神秘之處，是透過巧妙地在一維陣列中查詢和組織資料來實現的。儘管對人類來說，改變張量的形狀可能很複雜，但這對電腦來說幾乎是輕而易舉的任務。

多層感知器的模型架構是固定的，現在我們需要討論的是如何讓模型與圖像資料進行調配。這其中的關鍵在於理解神經網路建模的要點——外觀上的相似性，正如 8.2.4 節中討論的那樣。具體來說，首先，多層感知器的輸入層是一排神經元，每個神經元對應一個變數。因此，從外觀上看，模型的輸入應該是一個 1×n 的張量。為了實現這一點，需要將圖像資料的張量展平，變成一個 1 × 784 的向量。相應地，模型的輸入層需要包含 784 個神經元。接下來，考慮到分類問題有 10 個可能的結果，那麼輸出層將包括 10 個神經元。為了獲得每個類別的預測機率，輸出層還會連接一個 Softmax 轉換器。至於神經網路的其他層，我們有一些自由度。在這裡，我們選擇建構兩個隱藏層，其神經元數量分別為 30 和 20。整個模型的架構如圖 9-4 所示。

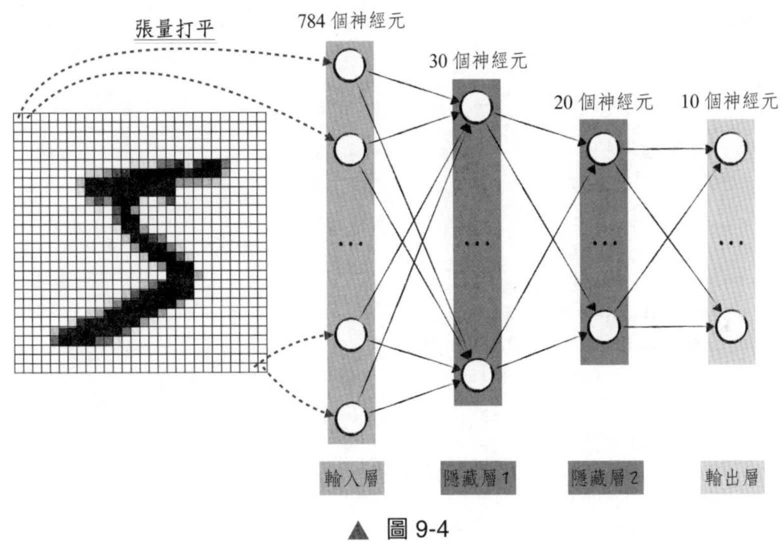

▲ 圖 9-4

9.1.3 程式實現

在第 8 章中，為了更深入地理解模型的細節，我們按照 PyTorch 的設計想法重新實現了一系列模型元件，包括線性模型和啟動函數等。遵循工程師文化，從本章開始，程式實現將更貼近實際生產應用 ：利用 PyTorch 提供的封裝來建構所需的神經網路模型。

在建構多層感知器模型時，通常有兩種方法，如程式清單 9-1 所示 *。一種是具有較高自由度的方式，如第 6 ～ 18 行所示，這種方式常用於建構複雜的神經網路；另一種方式的程式量較少，更簡潔，如第 23 ～ 27 行所示。

* 完整的實現請參考本書書附程式 /ch09_cnn/mlp.ipynb。

（1）第一種實現方式，需要繼承 nn.Module 這個類別，並實現兩個重要的函數：__init__ 和 forward。首先，在第一個函數中，定義模型所需的各個元件，例如多層感知器中的線性模型（也可以在此定義所需的啟動函數 Sigmoid）。接下來，在 forward 函數中實現向前傳播，即如何將模型的輸入轉為模型的輸出。

（2）第二種實現方式將依賴 PyTorch 提供的 nn.Sequential。在這種方式中，我們將一系列模型元件傳遞給 nn.Sequential 的初始化函數，而它將按照元件的順序依次呼叫每個元件的 forward 方法，從而得到最終的模型輸出。這種方式適用於簡單的模型建構，但在處理複雜模型或需要跨層級呼叫[*]的情況下，會顯得不夠靈活。

程式清單 9-1　建構多層感知器

```
# 兩種常見的實現方式
import torch.nn as nn
import torch.nn.functional as F

## 自由度更高的實現方式
class MLP(nn.Module):

    def __init__(self):
        super().__init__()
        self.hidden1 = nn.Linear(784, 30)
        self.hidden2 = nn.Linear(30, 20)
        self.out = nn.Linear(20, 10)

    def forward(self, x):
        x = F.sigmoid(self.hidden1(x))
        x = F.sigmoid(self.hidden2(x))
        x = self.out(x)
        return x

model = MLP()

## 更簡潔的實現方式
model = nn.Sequential(
    nn.Linear(784, 30), nn.Sigmoid(),
    nn.Linear( 30, 20), nn.Sigmoid(),
    nn.Linear( 20, 10)
)
```

* 例如 9.3.1 節將討論的殘差連接。

在使用最佳化演算法訓練模型時，每次迭代都需要隨機選擇一組資料進行訓練。在之前的實現中，我們通常需要自己撰寫程式生成這些批次資料。其實針對這一需求，PyTorch 提供了一個非常便捷的工具，叫作 DataLoader。它可以將資料劃分為指定的批次大小 batch_size ，以便在訓練過程中使用，如程式清單 9-2 所示。其中，第 14 ～ 16 行展示了如何依次獲取這些劃分好的批次資料。模型所用的影像用一個三維張量來表示，具體的形狀是 1 × 28 × 28。因此，如果有 500 張這樣的圖片，那麼它們的張量形狀就是 500 × 1 × 28 × 28。

程式清單 9-2 資料準備

```
 1 | from torchvision import datasets
 2 | from torch.utils.data import DataLoader, random_split
 3 |
 4 | # 準備資料
 5 | dataset = datasets.MNIST(......)
 6 | # 將資料劃分成訓練集、驗證集、測試集
 7 | train_set, val_set = random_split(dataset, [50000, 10000])
 8 | test_set = datasets.MNIST(......)
 9 | # 建構資料讀取器
10 | train_loader = DataLoader(train_set, batch_size=500, shuffle=True)
11 | val_loader = DataLoader(val_set, batch_size=500, shuffle=True)
12 | test_loader = DataLoader(test_set, batch_size=500, shuffle=True)
13 | # 獲取一個批次的資料
14 | x, y = next(iter(train_loader))
15 | x.shape, y.shape
16 | torch.Size([500, 1, 28, 28]), torch.Size([500])
```

模型的訓練和評估程式與前文類似，不再重複說明。但在進行模型評估時，務必注意正確切換模型的執行模式。關於這一重要細節的詳細解釋，請參考 9.1.4 節。

為了清晰展示啟動函數和歸一化層對訓練的影響，本節架設了 3 個不同的模型，具體的訓練結果如圖 9-5 所示。

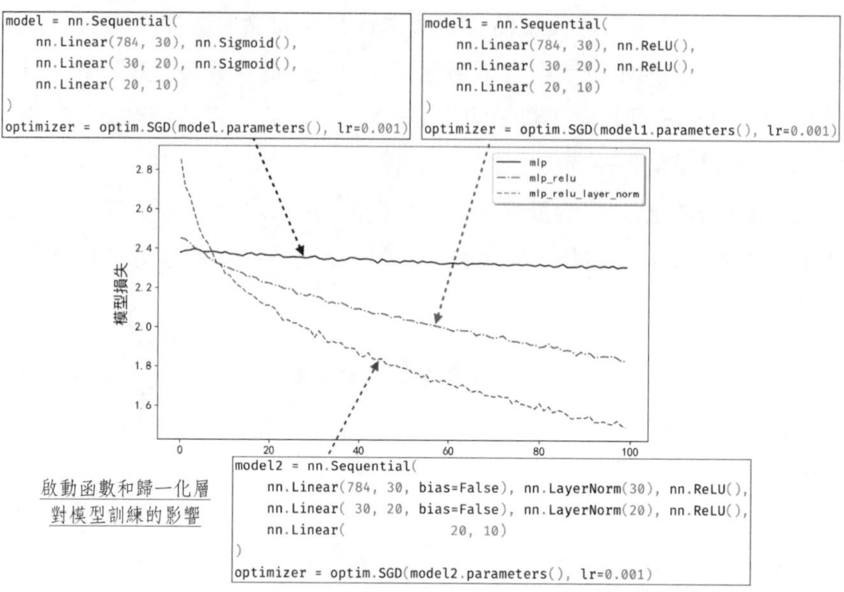

▲ 圖 9-5

如前文所述，採用更高效的 ReLU 啟動函數和歸一化層可以顯著提升模型訓練速度。

另外，選擇更高效的最佳化演算法也能夠明顯加速模型訓練。舉例來說，6.4.3 節中介紹的 Adam 演算法相比於標準隨機梯度下降法的加速效果如圖 9-6 所示。Adam 演算法的加速效果非常顯著，而且不會影響模型性能。因此，在實際生產中，我們幾乎不再使用標準隨機梯度下降法來訓練模型，而是普遍採用更高效的最佳化演算法。

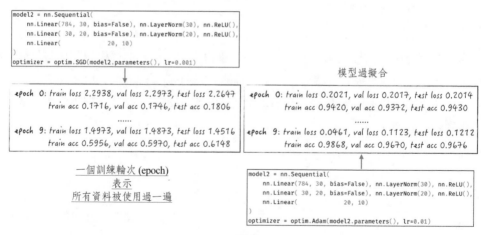

```
model2 = nn.Sequential(
    nn.Linear(784, 30, bias=False), nn.LayerNorm(30), nn.ReLU(),
    nn.Linear( 30, 20, bias=False), nn.LayerNorm(20), nn.ReLU(),
    nn.Linear(             20, 10)
)
optimizer = optim.SGD(model2.parameters(), lr=0.001)
```

```
epoch 0: train loss 2.2938, val loss 2.2973, test loss 2.2647
         train acc 0.1716, val acc 0.1746, test acc 0.1806
         ......
epoch 9: train loss 1.4973, val loss 1.4873, test loss 1.4516
         train acc 0.5956, val acc 0.5970, test acc 0.6148
```

一個訓練輪次 (epoch)
表示
所有資料被使用過一遍

模型過擬合

```
epoch 0: train loss 0.2021, val loss 0.2017, test loss 0.2014
         train acc 0.9420, val acc 0.9372, test acc 0.9430
         ......
epoch 9: train loss 0.0461, val loss 0.1123, test loss 0.1212
         train acc 0.9868, val acc 0.9670, test acc 0.9676
```

```
model2 = nn.Sequential(
    nn.Linear(784, 30, bias=False), nn.LayerNorm(30), nn.ReLU(),
    nn.Linear( 30, 20, bias=False), nn.LayerNorm(20), nn.ReLU(),
    nn.Linear(             20, 10)
)
optimizer = optim.Adam(model2.parameters(), lr=0.01)
```

▲ 圖 9-6

不過，如圖 9-6 右側所示，在加速模型訓練後，普遍會出現一個問題——模型開始出現過擬合（Overfitting）*。過擬合在神經網路中很常見，特別是在沒有採取任何防範措施的情況下。接下來將詳細探討如何有效地解決過擬合問題。

9.1.4 防止過擬合之隨機失活

7.4.3 節探討了隨機失活的設計原理和具體演算法。隨機失活是一種計算圖建構技巧，其思想是：在圖中隨機選擇一些變數，並將它們乘以 0，從而生成新的變數，這些新變數將替代舊變數參與後續的計算。由於神經網路本質上也是一種計算圖（見 8.1.2 節），因此隨機失活自然也適用於神經網路。唯一的區別在於，儘管從技術角度來看，可以對計算圖中的任何變數應用失活，但在神經網路中，通常只對神經元的輸出進行失活，這被稱為神經元失活。

下面來看隨機失活演算法對模型訓練的影響以及具體的實施細節。為了更進一步地理解其影響，可以從模型的圖示入手。

（1）首先，需要明確神經元失活在圖示中的對應關係。當某個神經元被失活時，其向前傳播的值和反向傳播的梯度都會變為 0。這實際上等於從神經網路中刪除了該神經元及其相關連接 **，如圖 9-7 所示。

（2）其次，隨機失活應用在模型訓練階段。每次訓練迭代時，會隨機選擇網路中的一些神經元 ***，將它們失活。這表示每次訓練所依賴的網路結構都不同，是在原有結構的基礎上隨機刪除後生成的（正如第 1 點中提到的，失活等於刪除）。在這個修改後的網路結構上進行反向傳播和參數更新，會在很大程度上引入隨機性，這有助有效解決過擬合問題。

---

* 如果使用標準隨機梯度下降法，在經過較長時間的訓練之後，同樣會出現過擬合問題。過擬合問題與最佳化演算法無關，高效的演算法只是加速了它的出現。

** 在圖 9-7 中，神經元之間的連接代表乘法操作，即神經元的輸出與權重項的乘積。在這種情況下，以這個神經元為起點的連接會失去作用，因為此時反向傳播到權重項的梯度等於 0。更詳細的相關資訊，讀者可以參考圖 7-19。與此同時，作為終點的連接也同樣失去了作用，這個原因可以參考圖 7-18。

*** 對於每個資料點，失活的神經元都是獨立隨機選擇的。這意味著每個資料點都會使用不同的網路結構。

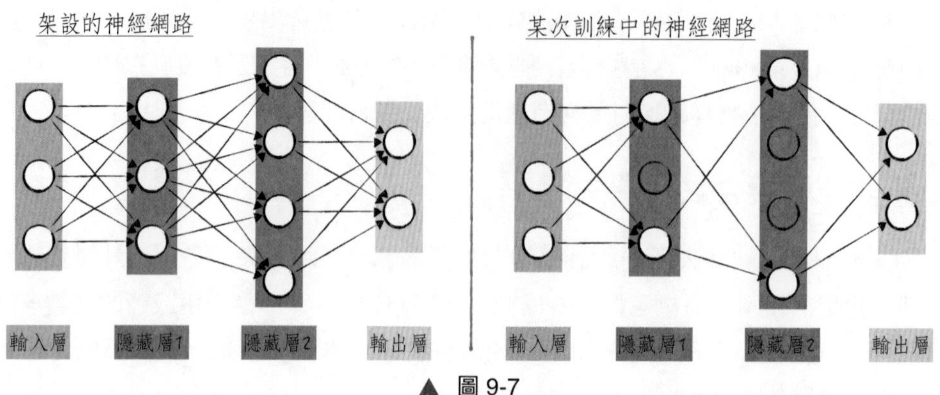

▲ 圖 9-7

在實施細節方面，需要注意的是，隨機失活演算法在模型訓練和模型評估（或預測）階段的表現不同（8.5.4 節中討論的批歸一化也有類似特性）。在訓練階段，隨機失活的作用如前文所述。但在評估階段，隨機失活不再起作用，如圖 9-8 中標記 2 所示。

此外，在神經網路中應用隨機失活還有一個關鍵細節，即演算法會使未被失活的變數變大，如圖 9-8 中標記 1 所示。由於以 0.5 的機率進行隨機失活，因此未失活的變數會被放大為原來的 2 倍（0.5 的倒數）。這一設計旨在確保模型每一層輸出值之和在應用演算法前後保持一致，實踐證明，這一細節對於模型的訓練非常有益。

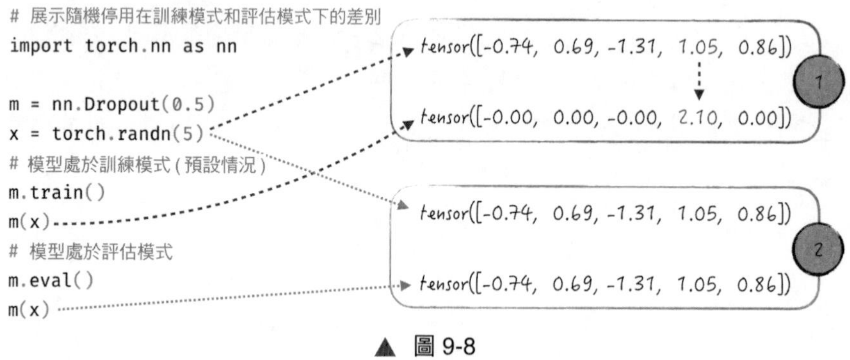

▲ 圖 9-8

在模型的訓練過程中，常常需要評估模型的性能，這表示要將模型從訓練模式切換到評估模式。因此，在撰寫相應的性能評估函數時，務必注意在進行性能評估前後，及時切換模型的執行模式，如程式清單 9-3 中的第 11 行和第 16 行所示。

程式清單 9-3 切換模型的執行模式

```python
@torch.no_grad()
def _loss(model, data_loader):
    """
    計算模型在不同資料集下面的評估指標
    """
    ......

def estimate_loss(model):
    re = {}
    # 將模型切換至評估模式
    model.eval()
    re['train'] = _loss(model, train_loader)
    re['val'] = _loss(model, val_loader)
    re['test'] = _loss(model, test_loader)
    # 將模型切換至訓練模式
    model.train()
    return re
```

引入隨機失活後，模型的過擬合問題有了一定程度的改善，如圖 9-9 所示。然而，隨著訓練的進行，模型仍然會在一段時間後遇到過擬合問題。需要注意的是，在第 10 個訓練輪次之後，驗證集和測試集的性能指標沒有明顯改善。這時，我們可以合理推測模型已經達到了性能極限，如果希望進一步改進模型效果，就要改進模型的結構，而不僅是繼續訓練模型。

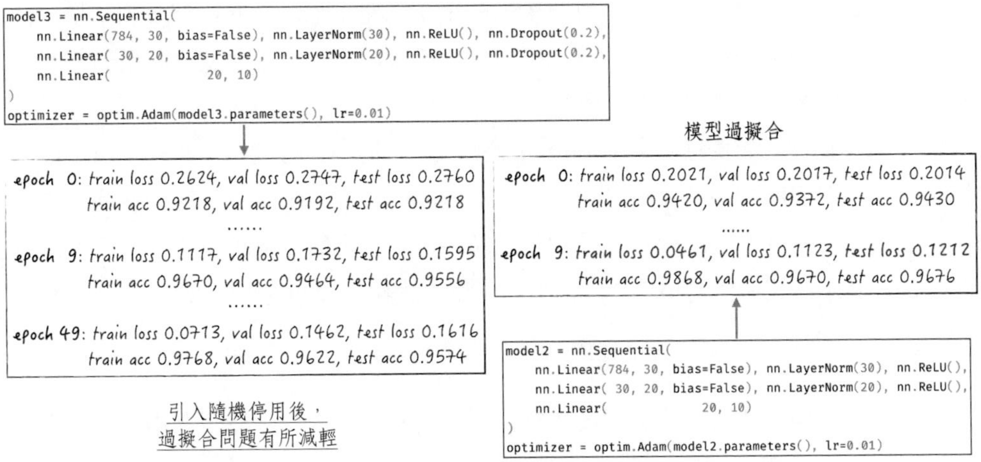

```
model3 = nn.Sequential(
    nn.Linear(784, 30, bias=False), nn.LayerNorm(30), nn.ReLU(), nn.Dropout(0.2),
    nn.Linear( 30, 20, bias=False), nn.LayerNorm(20), nn.ReLU(), nn.Dropout(0.2),
    nn.Linear(          20, 10)
)
optimizer = optim.Adam(model3.parameters(), lr=0.01)
```

```
epoch  0: train loss 0.2624, val loss 0.2747, test loss 0.2760
          train acc 0.9218, val acc 0.9192, test acc 0.9218
......
epoch  9: train loss 0.1117, val loss 0.1732, test loss 0.1595
          train acc 0.9670, val acc 0.9464, test acc 0.9556
......
epoch 49: train loss 0.0713, val loss 0.1462, test loss 0.1616
          train acc 0.9768, val acc 0.9622, test acc 0.9574
```

引入隨機停用後，過擬合問題有所減輕

模型過擬合

```
epoch  0: train loss 0.2021, val loss 0.2017, test loss 0.2014
          train acc 0.9420, val acc 0.9372, test acc 0.9430
......
epoch  9: train loss 0.0461, val loss 0.1123, test loss 0.1212
          train acc 0.9868, val acc 0.9670, test acc 0.9676
```

```
model2 = nn.Sequential(
    nn.Linear(784, 30, bias=False), nn.LayerNorm(30), nn.ReLU(),
    nn.Linear( 30, 20, bias=False), nn.LayerNorm(20), nn.ReLU(),
    nn.Linear(          20, 10)
)
optimizer = optim.Adam(model2.parameters(), lr=0.01)
```

▲ 圖 9-9

9.1.5 防止過擬合之懲罰項

與其他模型類似，我們也可以透過在神經網路的損失函數中引入懲罰項來抑制過擬合。在實際應用中，通常會將懲罰項與隨機失活結合在一起使用，以獲得更理想的效果。3.3.3 節中討論了如何在線性模型中應用 L2 和 L1 懲罰項，神經網路中的懲罰項與之類似。下面簡要回顧懲罰項的細節。

- L2 懲罰項。不妨假設神經網路原本的損失函數為 L，定義新的損失函數$\bar{L}$，如公式（9-1）所示。其中，λ為懲罰項的權重，是模型的超參數；$\boldsymbol{W}$ 表示神經網路中的模型參數，不妨記為$\boldsymbol{W} = (w_1, w_2, \cdots, w_N)$，則$\|\boldsymbol{W}\|^2 = \sum_i w_i^2$ 。

$$\bar{L} = L + \lambda\|\boldsymbol{W}\|^2 \tag{9-1}$$

- L1 懲罰項。與 L2 懲罰項相似，在神經網路的損失函數中增加 L1 懲罰項。使用相同的符號表示，可以得到如公式（9-2）所示的新損失函數，其中$\|\boldsymbol{W}\|_1 = \sum_i |w_i|$。

$$\bar{L} = L + \lambda\|\boldsymbol{W}\|_1 \tag{9-2}$$

直觀上來看，上述兩種懲罰項抑制過擬合問題的原理在於使模型參數更接近於 0，這與線性迴歸模型中的情況類似。透過增加懲罰項，可以防止訓練資料的偏差導致模型過於依賴某些變數（對應的模型參數絕對值很大）。

這兩種懲罰項的區別在於：L1 懲罰項更傾向於獲得「稀疏」的模型參數，也就是說，只有少量模型參數不等於 0。從巨觀角度來看，這表示神經網路實際上只使用了部分變數，因此具有較強的抗雜訊能力（雜訊變數的權重通常被估計為 0）。L2 懲罰項更傾向於獲得接近於 0 但非 0 的參數估計值。從巨觀角度來看，這表示模型會利用幾乎所有的變數，但每個變數對最終結果的影響都相對較小。

這兩種懲罰項各有優缺點，需要根據具體的應用場景進行選擇。此外，還可以將它們綜合起來，形成所謂的彈性網路正規化（Elastic Net Regularization）。彈性網路正規化的具體公式如（9-3）所示，其中，為模型的超參數，設定值範圍是 0 ～ 1，表示 L1 懲罰項的權重。為了找到最佳的超參數設定值，可以使用網格搜索（Grid Search）等方法。

$$\bar{L} = L + \lambda[l\|\boldsymbol{W}\|_1 + (1 - l)\|\boldsymbol{W}\|^2] \tag{9-3}$$

在程式中實現上述討論的懲罰項非常簡單，基本上只需直接翻譯上述公式。程式清單 9-4 是一個簡單範例，展示了如何在程式中實現這些懲罰項，其中，第 11 ～ 14 行對應公式（9-3），$\lambda * l = \lambda * (1 - l) = 0.001$。

程式清單 9-4 增加懲罰項的簡單範例

```
# 定義 L1 和 L2 懲罰項
def l1_loss(model, weight):
    w = torch.cat([p.view(-1) for p in model.parameters()])
    return weight * torch.abs(w).sum()

def l2_loss(model, weight):
    w = torch.cat([p.view(-1) for p in model.parameters()])
    return weight * torch.square(w).sum()

logits = model(inputs.view(B, -1))
loss = F.cross_entropy(logits, labels)
# 增加懲罰項
loss += l1_loss(model, 0.001)
loss += l2_loss(model, 0.001)
loss.backward()
......
```

在程式清單 9-4 中，模型的所有參數都參與了懲罰項的定義。但在實際應用中，我們可以選擇性地對模型部分參數進行懲罰。舉例來說，只對網路中的線性變換做限制，甚至更進一步，只對其中的權重項進行懲罰。這樣的設計可以保證權重項接近 0，同時允許其他參數相對自由地變化。在一些文獻中，對權重項的懲罰稱為 Kernel Regularizer，對偏置項的懲罰被稱為 Bias Regularizer。

除了對模型參數的懲罰，我們還可以對神經網路中特定層的輸出執行類似操作。事實上，對參數增加懲罰的目的之一就是避免神經元輸出遠離 0。然而，隨著神經網路的規模擴大，由於存在累積效應，即使參數接近 0，某些神經元的輸出仍然可能偏離 0。在這種情況下，直接對輸出施加懲罰將產生更好的效果。具體的實現與上面非常類似，只需將懲罰項中的模型參數替換為特定層的輸出即可。在某些文獻中，這種方法被稱為 Activity Regularizer。

9.2 卷積神經網路

雖然多層感知器在影像分類任務中獲得了不錯的效果（準確率約為 95%），但在處理位置關係、顏色資訊及像素合併等方面，它與人類的影像辨識能力仍存在差距。

首先，人類在辨識影像時，不僅關注每個像素點的顏色，還重視像素點之間的空間位置關係。人通常特別關注影像的局部資訊，即相鄰像素點之間的連結性，因為相距越近的像素點，它們之間的相關性越高。然而，全連接神經網路沒有明確考慮影像像素點的位置關係。如圖 9-10 所示，在處理輸入層時，將影像的張量打平，轉為一維向量，以適應神經元排列的一維結構。這種處理遺失了影像上下相鄰的位置資訊，導致多層感知器難以捕捉到這一重要資訊。雖然左右相鄰位置資訊在一定程度上得以保留，但模型並未有效利用這些資訊。

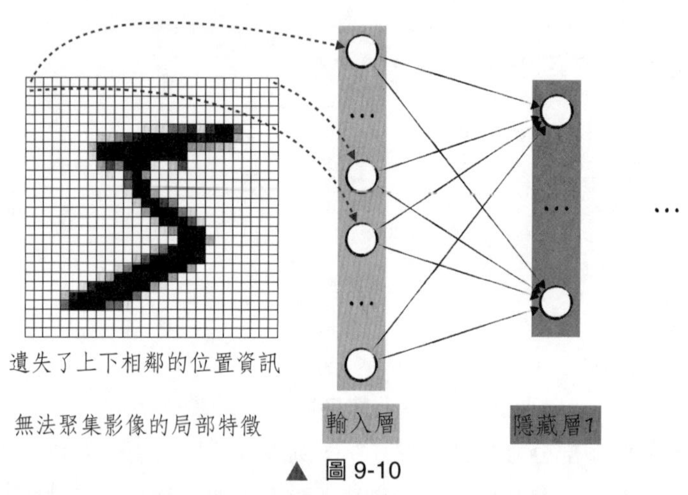

▲ 圖 9-10

其次，人眼在處理彩色影像時，實際上是將多種顏色的像素表示疊加進行辨識。如果仍然採用多層感知器來處理彩色影像，只能將所有顏色的張量打平並拼接成一個大的一維向量，然後傳遞給模型。這種處理方式不僅導致位置資訊遺失，還會遺失顏色資訊，因此，模型效果一定不會特別理想。

最後，人眼在辨識影像時通常會對局部區域進行模糊處理，即將非常接近的像素點合併成一個像素點進行處理。這種模糊處理實際上可以提升人類的影像辨識能力。然而，多層感知器模型卻缺乏這種特性的設計。

為了克服上述 3 個缺陷，學術界引入了卷積神經網路，下面將深入討論這一模型的細節。

9.2.1 神經元的組織方式

在多層感知器中，神經元被分層組織，卷積神經網路也遵循著類似的想法。為了更有效地處理圖像資料，卷積神經網路對同一層的神經元採用了一種全新的排列方式。由於圖像資料通常由 1 個或 3 個矩陣表示，受此啟發，卷積神經網路摒棄了一字排開的一維線性排列，而是將神經元排列成多個二維網格的形式，如圖 9-11 右側所示。其中，每個小方格代表一個神經元，可以將它們類比為多層感知器圖示中的圓圈。

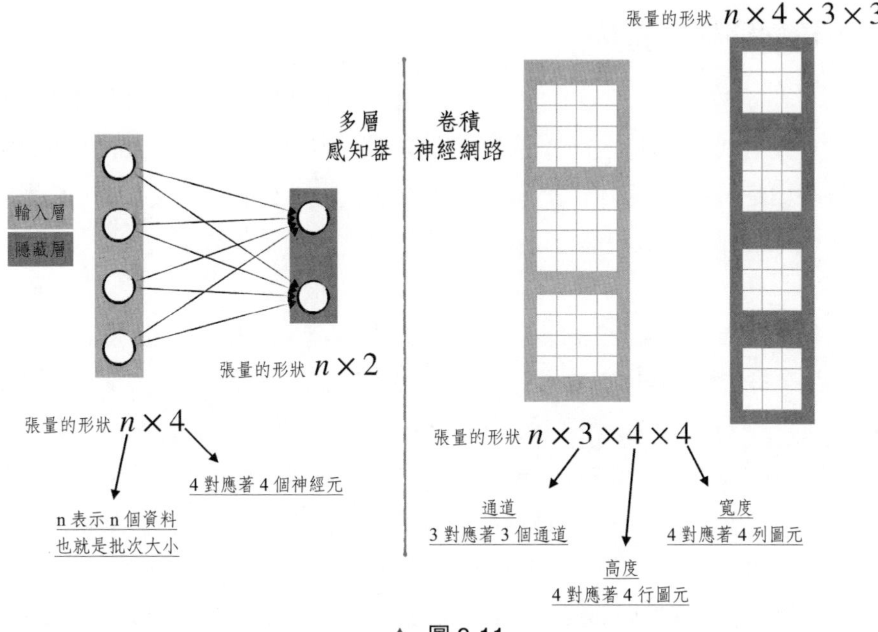

▲ 圖 9-11

這種排列方式使得卷積神經網路非常適合處理圖像資料。以輸入層為例，如果處理的是彩色影像，那麼將輸入層設計成 3 個二維網格，這樣輸入層與圖像資料之間就建立了直觀的一一對應關係，無須額外的轉換，就可以直接將資料登錄模型。

將上述概念轉化為電腦實現可能更容易理解。在多層感知器模型中，神經元按照一字排開的方式組織，每一層的輸出對應一個形狀為 $n \times k$ 的張量，其中 n 表示批次資料的個數，k 表示神經元的數量（具體細節可參考圖 8-10）。然而，在卷積神經網路中，神經元被組織成若干個二維網格，每一層的輸出是一個四維張量。四維張量的第一維仍然表示批次大小，第二維通常被稱為通道或輸出通道（Channel/Out Channel），第三維和第四維分別被稱為高度（Height）和寬度（Width）。因此，卷積神經網路每一層的輸出對應著一個形狀為 $n \times c \times h \times w$ 的張量。

在這 4 個維度中，通道這個概念可能有點抽象，這個概念參考自彩色圖片的原色通道。在輸入層中，通道直接對應原色通道。舉例來說，對於彩色影像，輸入層的這一維長度等於 3，代表紅、綠、藍 3 個通道。在隱藏層中，通道通常表示不同的局部特徵。在本節的後續內容中，當深入探討卷積神經網路的細節時，將更容易明確這一概念的含義。

9.2.2 卷積層的網路結構

細心的讀者可能留意到，9.2.1 節中討論了神經元的排列方式，但還未涉及層與層之間神經元的連接方式，也就是它們之間的運算關係。將會是 9.2.2 節至 9.2.4 節的核心內容。卷積神經網路引入了兩種全新的神經元連接方式——卷積層和池化層，它們分別模擬了人類視覺捕捉局部特徵和進行模糊處理的特性。下面首先討論卷積層（Convolution Layer）。

卷積層的完整處理涉及多個維度，可能有些抽象。為了易於理解，下面將從一個簡單的例子入手，將注意力集中在輸入層和第一個隱藏層上，並假設這兩層的通道都為 1，如圖 9-12 所示。在卷積層的處理過程中，需要注意兩個要點。

（1）本地感受野 *（Local Receptive Field）：在卷積神經網路中，每個隱藏層的神經元只關注輸入資料的局部區域，這個區域稱為本地感受野。不同於多層感知器，隱藏層的神經元不與整個輸入資料連接，而只與一個小視窗（通常是一個 5×5 的正方形）連接。這種設計允許神經元僅處理局部資訊，從而更進一步地捕捉影像的位置資訊和局部特徵。

（2）共用參數（Shared Weights And Bias）：與多層感知器類似，卷積神經網路中神經元之間的連接也可以對應線性組合。這表示本地感受野與隱藏層 1 中的神經元之間的關係可以用公式（9-4）來表示（或參考圖 9-12 中的程式），其中 o 表示隱藏層 1 中神經元的輸出，w_m 是權重項，i_m 是輸入資料中的本地感受野。值得注意的是，在卷積神經網路中，每個通道專門負責提取一種局部特徵。因此，同一隱藏層（同一通道）中的不同神經元都共用相同的模型參數，例如在圖 9-12 中，它們使用相同的 25 個權重項（暫時不考慮截距項），這就是所謂的共用參數。

$$o = \sum_m w_m i_m \tag{9-4}$$

* 感受野是一個生物學概念，根據維基百科上的介紹，一個感覺神經元的感受野是指能夠引起該神經元反應的區域。卷積神經網路參考並實現了這一特性。

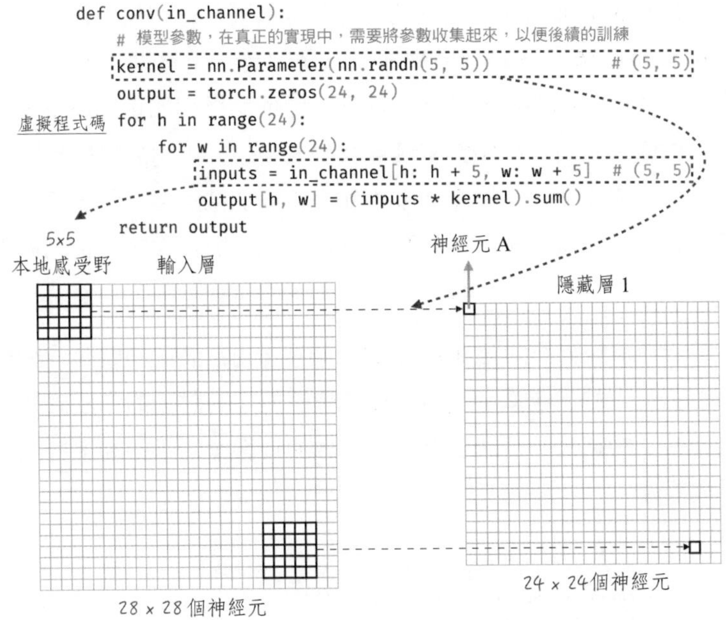
def conv(in_channel):
# 模型參數，在真正的實現中，需要將參數收集起來，以便後續的訓練
kernel = nn.Parameter(nn.randn(5, 5))   # (5, 5)
output = torch.zeros(24, 24)
虛擬程式碼
for h in range(24):
for w in range(24):
inputs = in_channel[h: h + 5, w: w + 5] # (5, 5)
output[h, w] = (inputs * kernel).sum()
return output
5x5
本地感受野
輸入層
神經元 A
隱藏層 1
28 x 28 個神經元
24 x 24 個神經元

▲ 圖 9-12

透過滑動輸入層中的本地感受野，可以逐步計算隱藏層 1 中每個神經元的輸出 *。在圖 9-12 中，本地感受野的移動步幅等於 1，因此會得到一個 24×24 的神經元輸出矩陣。這種設計允許神經元獨立處理輸入資料的不同局部區域，從而建構出整個輸入資料的特徵表示。這不僅賦予了模型捕捉局部特徵的能力，還顯著減少了模型的參數量。在上述例子中，如果使用全連接的多層感知器，需要的模型參數總數為。567×（784+1）=445095 但在卷積神經網路中，僅需 25 個參數就能獲得更出色的性能。大幅節省參數是卷積神經網路成功的重要原因之一。

上面討論了輸入層和隱藏層只有 1 個通道的情況。但如果存在多個通道，應該如何處理呢？

- 在隱藏層中，每個通道僅能表示一種局部特徵。如果需要提取多個不同的局部特徵，可以簡單地增加更多通道，每個通道使用相同的處理方式但具有不同的模型參數。

* 簡單來說，對於兩個可積函數 f 和 g，它們的卷積定義為$h(x) = \int f(t)g(x-t)\mathrm{d}t$。如果 $f(t)$ 的定義域是一個正方形，那麼計算這兩者的卷積就類似於圖 9-12 所示的本地感受野在影像上的移動過程。這也是卷積層名字的來源。

- 如果輸入層有多個通道（比如彩色影像），那麼對每個輸入通道採用相同的處理方法，然後將多個通道的結果相加。這是因為在現實世界中，不同通道的顏色疊加在一起才能形成最終的影像，模型將處理結果相加正是模擬了這一過程。多輸入通道的處理也可以推廣到隱藏層與隱藏層之間，用於模擬不同局部特徵的疊加。此外，如果需要，可以在結果相加之後增加截距項。對於每個輸出通道，不論輸入通道是一個或多個，都只有一個截距項，與權重項一樣，截距項也是共用的。

綜上，完整的卷積層結構如圖 9-13 所示。其中，可以將通道視為「神經元」，將本地感受野的映射視為「神經連接」，這使得卷積層與之前討論的多層感知器非常相似，都是一種「全連接」的結構。這個設計能夠有效捕捉影像的不同局部特徵，是卷積神經網路的關鍵組成部分。

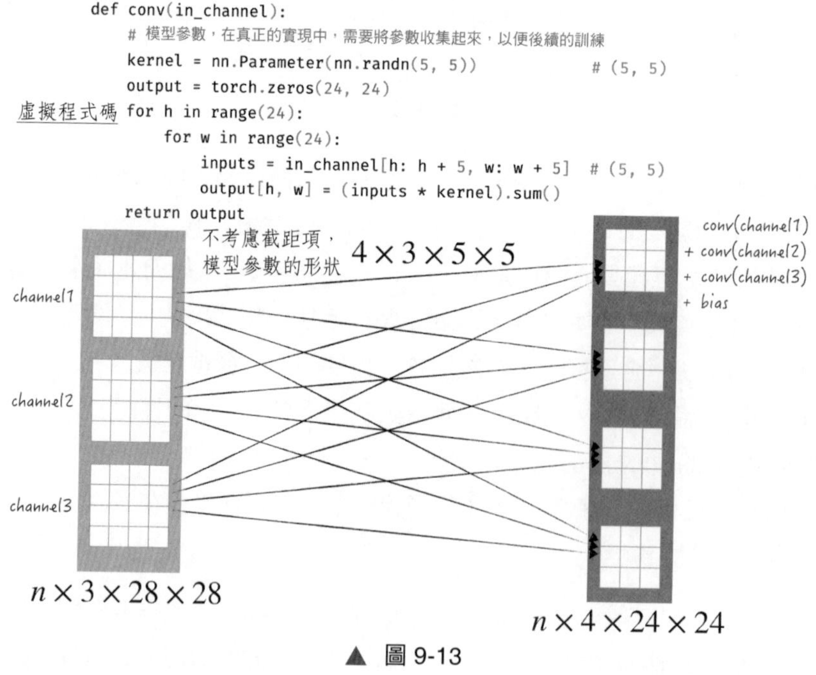

▲ 圖 9-13

9.2.3 卷積層的細節處理與程式實現

在深入討論卷積層的網路結構後，本節將探討卷積操作中的兩個重要細節，以及如何在程式中實現這些細節。卷積操作透過滑動本地感受野來逐步計算各個神經元的輸出，在滑動的過程中，需要考慮兩個關鍵點*：滑動的步幅和邊界值的處理。

在 9.2.2 節的例子中，本地感受野滑動的步幅（Stride）被設置為 1。實際上，這個步幅是可以調整的，如圖 9-14 所示。理論上，步幅可以是任意整數，但在實際應用中，步幅通常不會大於本地感受野的邊長，以免在滑動過程中出現遺漏部分影像資訊的情況。卷積操作中的步幅決定了輸出特徵圖的尺寸，較大的步幅會導致輸出尺寸較小，較小的步幅則會導致輸出尺寸較大。

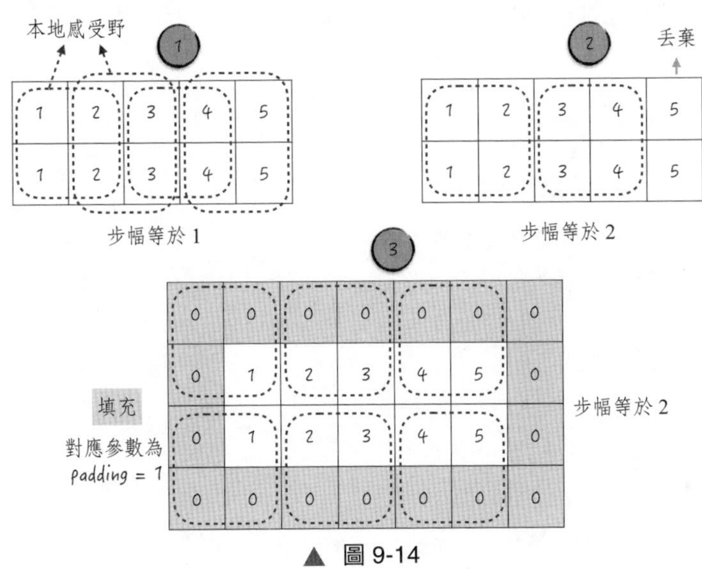

▲ 圖 9-14

當卷積操作中的步幅大於 1 時，會引發一個邊界問題，可能導致部分資訊遺失，因為邊界上的資料不足以組成一個完整的本地感受野，如圖 9-14 中標記 2 所示。這個問題可以透過填充（Padding）來解決。填充是指在輸入資料的周圍增加額外的值（通常是 0），以擴充輸入資料的尺寸，如圖 9-14 中標記 3 所示**。這樣做可以更進一步地支援卷積層的計算，確保資訊不會在邊界遺失。

---

* 本章詳細討論了標準卷積層的運作方式。然而，卷積神經網路中還會有許多其他的卷積變形，如膨脹卷積（Dilated Convolution）和轉置卷積（Transposed Convolution）等。由於篇幅有限，本書未深入探討這些變形，感興趣的讀者可以查閱其他相關文獻，深入了解它們的原理和應用。這些卷積變形在不同的場景下發揮著重要的作用，擴充了卷積神經網路的應用領域。

** 在閱讀其他文獻時，讀者可能會遇到兩個重要概念：有效填充（Valid Padding）和相同填充（Same Padding）。有效填充是指不對輸入進行填充操作。相同填充的目標是透過增加適當數量的填充元素，使卷積層的輸出與輸入具有相同的形狀。

下面我們可以著手實現一個簡單版本的卷積層。核心程式如圖 9-15 所示*。從程式的角度看，卷積層的實現並不複雜，主要涉及本地感受野的滑動操作，這裡採用雙重迴圈來實現（需要注意，這並不是最佳的實現方式）。重新實現卷積層有兩個目的 ：一是幫助讀者更進一步地理解卷積層的技術細節，透過親自撰寫程式，能夠深入了解神經網路元件的執行方式，消除對其的神秘感；二是突出神經網路實現中的關鍵步驟——核心對運算涉及的張量形狀，如圖 9-15 中虛線框所示。這個步驟不僅對於卷積層的重新實現至關重要，對於開發其他神經網路元件也同樣重要。

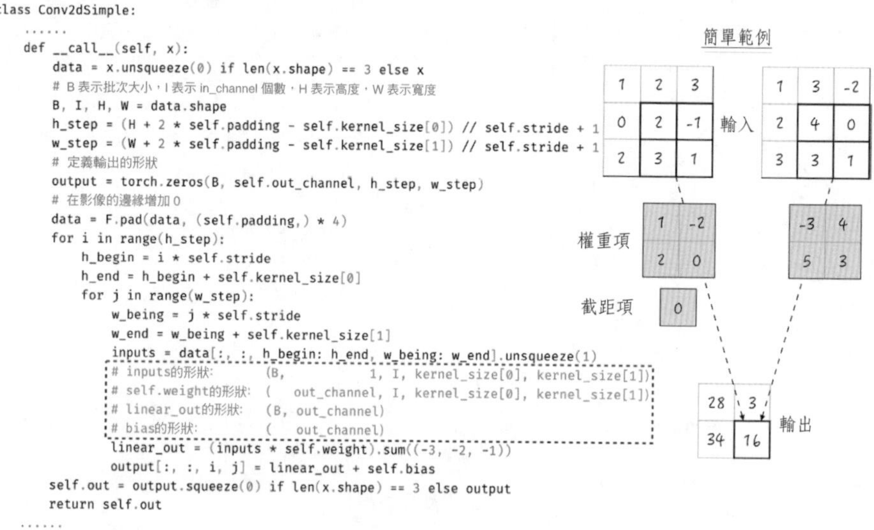

```
class Conv2dSimple:
    ......
    def __call__(self, x):
        data = x.unsqueeze(0) if len(x.shape) == 3 else x
        # B 表示批次大小，I 表示 in_channel 個數，H 表示高度，W 表示寬度
        B, I, H, W = data.shape
        h_step = (H + 2 * self.padding - self.kernel_size[0]) // self.stride + 1
        w_step = (W + 2 * self.padding - self.kernel_size[1]) // self.stride + 1
        # 定義輸出的形狀
        output = torch.zeros(B, self.out_channel, h_step, w_step)
        # 在影像的邊緣增加 0
        data = F.pad(data, (self.padding,) * 4)
        for i in range(h_step):
            h_begin = i * self.stride
            h_end = h_begin + self.kernel_size[0]
            for j in range(w_step):
                w_being = j * self.stride
                w_end = w_being + self.kernel_size[1]
                inputs = data[:, :, h_begin: h_end, w_being: w_end].unsqueeze(1)
                # inputs的形狀:      (B,           1, I, kernel_size[0], kernel_size[1])
                # self.weight的形狀: (   out_channel, I, kernel_size[0], kernel_size[1])
                # linear_out的形狀:  (B, out_channel)
                # bias的形狀:        (   out_channel)
                linear_out = (inputs * self.weight).sum((-3, -2, -1))
                output[:, :, i, j] = linear_out + self.bias
        self.out = output.squeeze(0) if len(x.shape) == 3 else output
        return self.out
    ......
```


▲ 圖 9-15

9.2.4 池化層

在討論完如何利用卷積層提取影像的局部特徵之後，下面來探討如何在神經網路中模擬人眼對影像的模糊處理。假設影像中的 4 個點 A、B、C、D 組成一個正方形，當距離較遠時，我們會將其看作一個點。將這個過程「翻譯」成數學表示，如果用一個值（例如這 4 個像素點的最大值）來代表這 4 個像素點，那麼實際上將這 4 個點模糊地合併成一個點，就實現了對眼睛模糊處理的模擬。如果不考慮生物學的啟發，僅從圖像資料處理的角度來看，上述過程實際上是對圖像資料的一種壓縮操作，即用更少的像素來表示影像。這種壓縮過程有助降低計算複雜性，提取關鍵資訊，同時保留影像的主要特徵，有效提高模型的效率和性能。

*　完整的實現請參考本書書附程式 /ch09_cnn/conv_example.ipynb。

將這個想法應用到卷積神經網路中，就引入了池化層（Pooling Layer），要點如下。

（1）池化層的運算與卷積層有一定的相似之處，它同樣對輸入資料的局部區域進行運算，這個區域被稱為池化視窗，類似於之前提到的本地感受野。

（2）與卷積層類似，池化層可以使用步幅來控制池化視窗在輸入上的移動。步幅決定了輸出特徵圖的尺寸，具體操作如圖 9-16 所示。

（3）不同於卷積層，池化操作並不是線性組合。通常有兩種主要的池化方式，即最大池化（Max Pooling）和平均池化（Average Pooling）。這些操作分別在局部區域內選擇最大值或平均值，並用所選值代表該區域。因此，池化層沒有任何模型參數。最大池化通常用於突出輸入中的顯著特徵，平均池化用於平滑輸入並降低雜訊。

在卷積神經網路中，通常會交替堆疊多個卷積層和池化層，逐漸減小空間尺寸並提取更抽象的特徵表示。引入池化層有助神經網路實現對輸入資料的壓縮並增加抗干擾性，使模型更進一步地處理圖像資料。

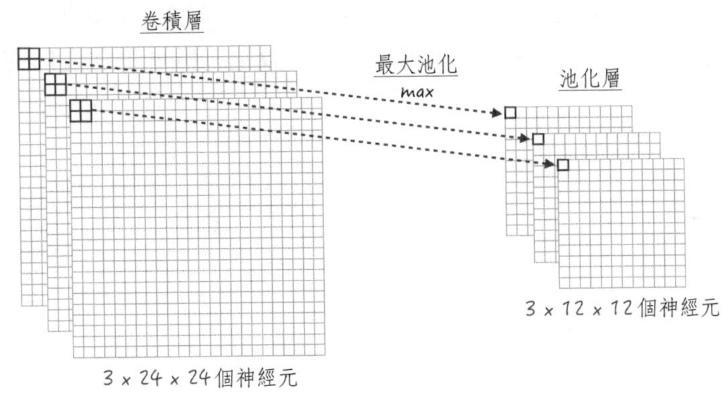

▲ 圖 9-16

9.2.5 完整結構與實現

雖然卷積層和池化層非常巧妙地模擬了人眼的兩個特性，但它們本身還不滿足影像辨識的需求，因為它們的輸出不符合分類問題的要求。舉例來說，在數字辨識（MNIST）任務中，我們需要神經網路的最後一層是延展的，包含 10 個神經元，以完成對數字的分類，但卷積層和池化層並不是這種延展的結構。

為了實現影像分類任務，通常的做法是在最後一個池化層之後增加一個多層感知器層，這樣就能滿足分類問題對輸出結構的要求。由於多層感知器的神經元是全連接的，因此在學術上，這一部分也被稱為全連接層（Fully Connected Layer）。

將所有這些組合在一起，一個完整的卷積神經網路由 3 個主要部分組成：卷積層（圖 9-17 中的 CONV）、池化層（圖 9-17 中的 POOL）和全連接層（圖 9-17 中的 FC）。具體的網路結構如圖 9-17 所示。需要注意的是，池化層的輸出是一個四維張量，而全連接層的輸入是一個二維張量（其中第一維是批次大小）。因此，在連接這兩層時，需要將池化層的輸出展開，這類似於將圖像資料輸入多層感知器模型時的處理方式。從模型的架構角度來看，這種設計方式將最後一個池化層視為多層感知器的輸入層，也就是說，卷積層和池化層的主要作用是改進輸入資料，從影像中提取更有效的特徵資訊。

程式實現並不複雜，如程式清單 9-5 所示 *，只需將圖 9-17 中的網路結構轉化為程式。在實現過程中，需要特別注意兩個關鍵細節。

（1）生成網路元件時需要正確設置參數，如第 5 ～ 10 行所示，這是實現中的困難。為了準確設置這些參數，可以依據前面的討論進行理論計算。在實際工作中，更常見的做法是將每個元件單獨提取出來，用隨機生成的輸入進行測試，看看輸出的張量形狀是否符合預期。比如，使用「self.conv1(torch.randn(1, 1, 28, 28))」來檢查第一個卷積層。在確認輸出的張量形狀符合預期之後，得到的結果可以更直觀地幫助我們確定下一層元件的參數。

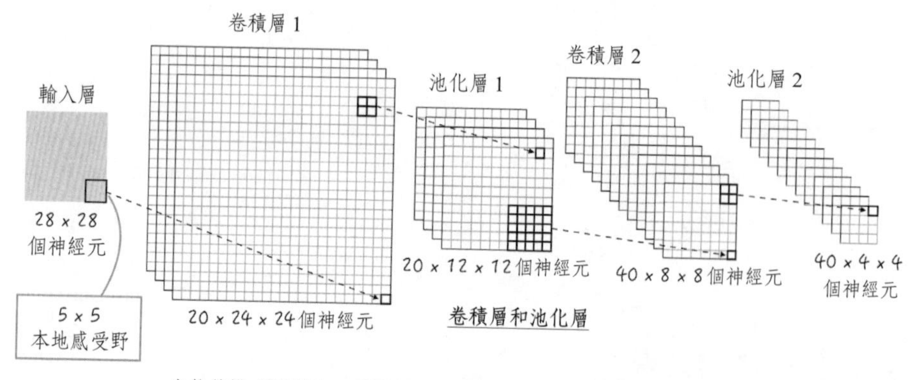

▲ 圖 9-17

（2）當將這些元件連接起來進行計算時，務必不斷驗證輸入和輸出的張量形狀是否符合預期，如第 13 ～ 18 行所示。正如之前多次強調的，對神經網路的實現來說，要始終關注張量的形狀。

* 完整的實現請參考本書書附程式 /ch09_cnn/cnn.ipynb。

程式清單 9-5 卷積神經網路

```
class CNN(nn.Module):

    def  __init__(self):
        super().__init__()
        self.conv1 = nn.Conv2d(1, 20, (5, 5))
        self.pool1 = nn.MaxPool2d(2, 2)
        self.conv2 = nn.Conv2d(20, 40, (5, 5))
        self.pool2 = nn.MaxPool2d(2, 2)
        self.fc1 = nn.Linear(40 * 4 * 4, 120)
        self.fc2 = nn.Linear(120, 10)

    def forward(self, x):
        B = x.shape[0]                                 # (B,  1, 28, 28)
        x = self.pool1(F.relu(self.conv1(x))) # (B, 20, 12, 12)
        x = self.pool2(F.relu(self.conv2(x))) # (B, 40,  4,  4)
        x = x.view(B, -1)                             # (B, 40 * 4 * 4)
        x = F.relu(self.fc1(x))                       # (B, 120)
        x = self.fc2(x)                               # (B, 10)
        return x
```

使用這個模型進行資料訓練，可以獲得出色的分類結果，如圖 9-18 左側所示，準確率接近 99%[*]。當然，上述模型結構並不是唯一的選擇。歸一化層和隨機失活等最佳化技術尚未包括在內，若要引入它們也非常簡單，如圖 9-18 右側所示。然而，引入之後仍會得到類似的結果，很難看出這些最佳化技術的優勢。

* 卷積神經網路的性能遠不止於此，事實上，有實驗證明卷積神經網路的準確率可以達到驚人的 99.77%。此外，我們還可以借助一些影像畸變（Image Deformation）的技巧來擴充訓練資料，從而進一步提高模型性能。這些技巧包括對影像進行旋轉、平移等操作，它們在影像辨識領域被廣泛使用。這些技巧的具體細節超出了本書的範圍，有興趣的讀者可以查閱其他文獻資料以深入了解。

```
class CNN(nn.Module):

    def __init__(self):
        ......

    def forward(self, x):
        B = x.shape[0]                     # (B,  1, 28, 28)
        x = self.conv1(x)                  # (B, 20, 24, 24)
        x = self.pool1(F.relu(x))          # (B, 20, 12, 12)
        x = self.conv2(x)                  # (B, 40,  8,  8)
        x = self.pool2(F.relu(x))          # (B, 40,  4,  4)
        x = x.view(B, -1)                  # (B, 40 * 4 * 4)
        x = F.relu(self.fc1(x))            # (B, 120)
        x = self.fc2(x)                    # (B, 10)
        return x
```

```
epoch 0: train loss 0.0558, val loss 0.0485, test loss 0.0498
         train acc 0.9798, val acc 0.9834, test acc 0.9856
         ......
epoch 4: train loss 0.0193, val loss 0.0402, test loss 0.0344
         train acc 0.9930, val acc 0.9876, test acc 0.9902
```

```
class CNN2(nn.Module):

    def __init__(self):
        ......
        self.bn1 = nn.BatchNorm2d(20)
        self.bn2 = nn.BatchNorm2d(40)
        self.dropout = nn.Dropout(0.2)

    def forward(self, x):
        B = x.shape[0]                         # (B,  1, 28, 28)
        x = self.bn1(self.conv1(x))            # (B, 20, 24, 24)
        x = self.pool1(F.relu(x))              # (B, 20, 12, 12)
        x = self.bn2(self.conv2(x))            # (B, 40,  8,  8)
        x = self.pool2(F.relu(x))              # (B, 40,  4,  4)
        x = x.view(B, -1)                      # (B, 40 * 4 * 4)
        x = F.relu(self.fc1(x))                # (B, 120)
        x = self.dropout(x)
        x = self.fc2(x)                        # (B, 10)
        return x
```

```
epoch 0: train loss 0.0586, val loss 0.0594, test loss 0.0566
         train acc 0.9816, val acc 0.9840, test acc 0.9834
         ......
epoch 4: train loss 0.0304, val loss 0.0390, test loss 0.0403
         train acc 0.9900, val acc 0.9868, test acc 0.9870
```

▲ 圖 9-18

9.2.6 超越影像辨識

卷積神經網路在影像分類領域具有卓越的表現。如果站在模型的角度來看，它學習的材料實際上並非影像本身，而是一個三維張量。這表示，無論是什麼樣的物件，只要能夠被數字化為三維張量，模型都有潛力學會對其進行分類。實際上，除影像之外，還有許多其他物件可以被轉化為三維張量的形式，典型的例子就是文字。下面將簡介如何借助卷積神經網路來進行文字分類。

在文字分類中，假設每個文字都被表示為一個 k 維向量，這個過程稱為文字嵌入（Embedding）。讀者在此不必深究嵌入的細節 *，只需了解已經有成熟的方法可以完成這一步驟。基於文字嵌入，文字可以被數字化為一個三維張量，如圖 9-19 所示。

圖 9-19 中的例子基於以下的假設和參數選擇。

- 只使用一種文字嵌入，所以第一維（通道，Channel）的長度為 1。
- 文字的最大長度為 6，如果文字超過這個長度，會被截斷；如果長度不足，則使用預設字元進行填充，以保持長度為 6。因此，第二維（高度，Height）的長度為 6。
- 每個單字都可以用一個三維向量表示，因此第三維（寬度，Width）的長度為 3。

* 關於文字嵌入的技術細節，將在 10.2.2 節中詳細討論。

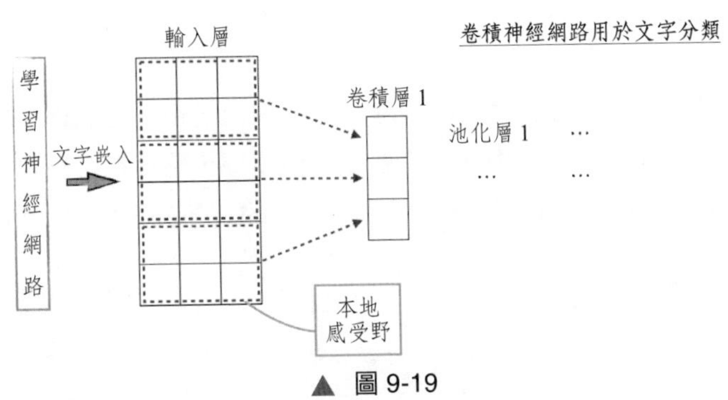

▲ 圖 9-19

接下來，就像處理影像一樣，建構一個卷積神經網路進行文字分類。需要注意的是，本地感受野的寬度必須等於嵌入向量的長度。由於卷積神經網路能夠有效捕捉局部特徵，因此在文字分類中，它能夠有效地學習有意義的文字部分（如單字或短語），從而實現良好的分類效果。

9.3 殘差網路

如 9.2 節中的圖 9-17 所示，經典的卷積神經網路是由卷積層和池化層組合而成的。網路中卷積層的數量較少，通常為兩個。卷積層主要用於提取局部特徵，池化層用於對圖像資料進行壓縮。卷積神經網路已經證明了深度學習的潛力，即透過增加網路的深度，模型性能可以顯著提高。那麼，如果繼續增加網路的深度，是否會獲得更好的效果呢？

從直覺上來看，答案應該是肯定的。如果神經網路封包含多個卷積層，而且這些卷積層的結構相似，那麼較淺的網路其實是較深網路的子集。然而，在實際生產中，增加網路的深度並不總是能夠提高模型的性能，反而可能導致性能下降。其中最重要的原因之一是，隨著網路深度的增加，模型訓練面臨越來越嚴重的梯度消失或梯度爆炸問題（詳見 8.4.4 節）。

為了解決梯度不穩定性的問題，需要採用一些最佳化技術。在 8.4.5 節和 8.5.4 節中，分別採用了更高效的啟動函數和引入歸一化層。9.3.1 節將深入討論另一種廣泛應用的技術——殘差連接（Residual Connection）。這 3 種技術能夠顯著提高深度神經網路的訓練效率，已經成為深度學習的基石最佳化工具，在實際場景中得到廣泛應用。在詳細討論殘差連接後，將演示如何利用這 3 種關鍵技術建構經典的殘差網路（Residual Network，ResNet）。

9.3.1 殘差連接

根據前面的討論，不論是多層感知器還是卷積神經網路，它們都以分層的方式來組織神經元。每一層的神經元只與相鄰層的神經元相連接，不存在跨層連接。為了更清晰地說明這一點，下面使用不同的圖示來放大網路 * 中的一部分，如圖 9-20 所示。

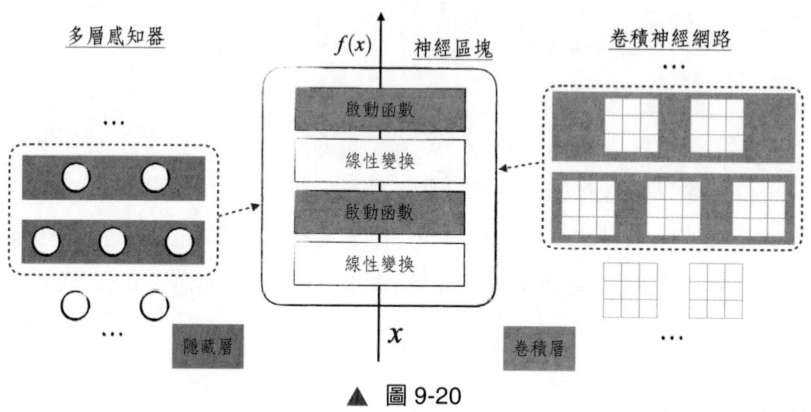

▲ 圖 9-20

在圖 9-20 中，將相鄰的兩層組合成一個神經區塊。在神經區塊內部，我們不再關注神經元的具體排列方式，而是用圖形來表示資料經過的計算步驟（線性變換和啟動函數的逐層疊加）。這種展示方式有助我們更進一步地理解殘差連接。儘管殘差連接對神經區塊輸入 / 輸出的形狀和啟動函數並沒有特殊要求，但為了更直觀地理解，接下來的討論預設使用 ReLU 作為啟動函數，並假設神經區塊的輸入和輸出具有相同的形狀，即 $f(x)$ 和 x 的形狀相同。

圖 9-21 右側所示為更加直觀和精確的殘差連接示意圖。殘差連接是一種允許神經元跨越多層建立連接的技術。圖 9-21 中僅顯示了跨越兩層的殘差連接，這也是實際應用中最常見的形式。在理論上，殘差連接可以跨越任意多層。

為什麼採用殘差連接可以提高模型的學習效率，從而最終提升模型的性能呢？這個問題可以從兩個關鍵角度來解答：首先，殘差連接有助克服梯度不穩定的挑戰；其次，引入殘差連接後，模型的初始狀態更接近最終目標，使訓練過程更順暢，更容易達到理想的性能。

* 與 9.2 節中介紹的標準卷積神經網路不同，本節探討的卷積神經網路只包含卷積層，這與經典的殘差網路結構類似。

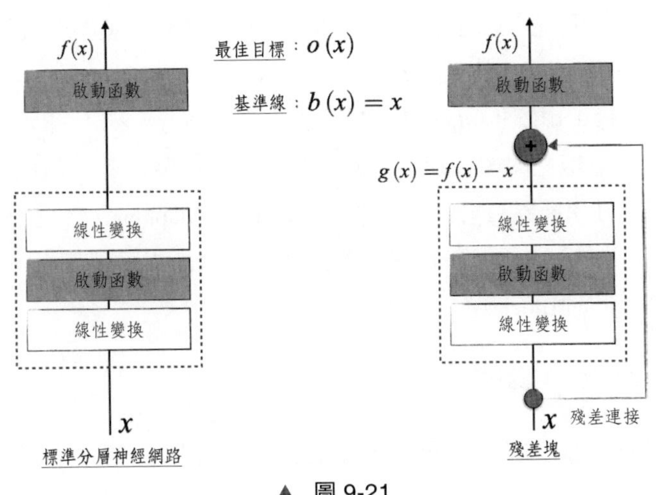

▲ 圖 9-21

（1）在神經網路的學習過程中，梯度扮演著至關重要的角色。在反向傳播演算法中，梯度沿著網路的反方向逐層傳播。正如 8.4.4 節中提到的，梯度在經過每一層時可能會被縮小或放大（通常是縮小）。在標準的分層神經網路中，隨著網路層數的增加，各層的參數梯度很難同時保持適當的大小（通常前面幾層的梯度相比於後面幾層來說會顯得太小），導致整個模型的訓練效率下降。透過圖形化表示，我們可以將殘差連接視為一種特殊的「高速通道」，它允許梯度在經過較少的神經元後就能傳播到前面的層級。這個機制使得前面幾層的梯度變得更適中，從而大幅提高它們的學習效率。

（2）從數學的角度來看，圖 9-21 中的神經區塊可以被看作一個函數，它的輸入是 x，輸出是 $f(x)$。模型的訓練目標是不斷改進 $f(x)$，使其逐漸接近最佳的目標 $o(x)$（當 $f(x) = o(x)$ 時，模型損失最小）。為了衡量 $f(x)$ 的學習效果，除最佳目標外，還有一個基準線，即 $b(x) = x$。當 $f(x)$ 剛好達到這個基準線時，也就是 $f(x) = x$，整個神經網路相當於去掉了兩層，退化成一個較淺的神經網路。換句話說，這時模型的損失應該等於較淺的網路。

然而，實際應用中的結果卻顯示，增加網路的深度並不總是能夠提高模型的性能，反而有時可能導致性能下降。這表明在標準分層神經網路中，要使網路達到基準線是非常困難的。這是因為，達到基準線要求圖 9-21 左側虛線框中的兩個線性變換都是恒等變換，恒等變換表示模型參數將組成一個單位矩陣。而在模型初始化時，線性變換的參數是在 0 附近隨機生成的，距離單位矩陣很遠，因此很難達到。

有了殘差連接，要達到基準目標就變得非常容易，如圖 9-21 右側所示，只需使虛線

框所代表的 $g(x)$ 等於 0 即可*。這對應於虛線框中的兩個線性變換的參數都等於 0 的情況，而這距離初始化的結果不遠，比較容易達到。

引入殘差連接後，虛線框 $g(x)$ 的學習目標變成了 $o(x) - x$（如果沒有殘差連接，如圖 9-21 左側所示，虛線框的學習目標近似於 $o(x)$）。這個運算式類似於數學中的殘差（Residual），因此在學術界被稱為殘差映射（Residual Mapping），這也是殘差連接這一技術名稱的來源。此外，為了便於討論和程式實現，學術界將帶有殘差連接的神經區塊稱為殘差區塊（Residual Block）。

9.3.2 實現要點和小竅門

下面看看如何用程式實現殘差連接。在實現殘差連接時，有一個關鍵點，那就是確保進行殘差連接的兩個張量形狀一致，否則將無法計算。要實現這一點，最簡單的方法是確保殘差區塊的輸入和輸出具有相同的形狀。以圖 9-21 為例，這要求 $g(x)$ 和 x 的形狀一致。

對多層感知器，這一要求相對簡單，最簡單的方法是確保每一層的神經元個數都相同。但對卷積層來說，需要仔細選擇參數以確保輸入和輸出的形狀匹配。程式清單 9-6 演示了兩種常用的卷積層參數設置。

程式清單 9-6 卷積層參數設置範例

```
# 這個卷積操作的輸入和輸出形狀是一樣的
conv3 = nn.Conv2d(3, 3, (3, 3), stride=1, padding=1)
x = torch.randn(1, 3, 28, 28)
print(x.size(), conv3(x).size())
torch.Size([1, 3, 28, 28]) torch.Size([1, 3, 28, 28])

# 這兩個卷積操作輸出的形狀是一樣的
stride = torch.randint(0, 10, (1,))
conv1 = nn.Conv2d(3, 4, (3, 3), stride=stride, padding=1)
conv2 = nn.Conv2d(3, 4, (1, 1), stride=stride, padding=0)
x = torch.randn(1, 3, 28, 28)
print(stride, conv1(x).size(), conv2(x).size())
tensor([6]) torch.Size([1, 4, 5, 5]) torch.Size([1, 4, 5, 5])
```

* 除輸入層外，x 代表的是啟動函數的輸出，因此它的值大於等於 0。當輸入大於等於 0 時，ReLU 啟動函數表現為恒等變換。

以此為基礎，可以實現一個包含兩個卷積層的殘差區塊，如圖 9-22* 左側所示。

```
class ResidualBlockBugVersion(nn.Module):

    def __init__(self, in_channel, out_channel, stride=1):
        super().__init__()
        self.conv1 = nn.Conv2d(
            in_channel, out_channel, (3, 3),
            stride=stride, padding=1, bias=False)
        self.bn1 = nn.BatchNorm2d(out_channel)
        self.conv2 = nn.Conv2d(
            out_channel, out_channel, (3, 3),
            stride=1, padding=1, bias=False)
        self.bn2 = nn.BatchNorm2d(out_channel)

    def forward(self, x):
        inputs = x
        out = F.relu(self.bn1(self.conv1(x)))
        out = self.bn2(self.conv2(out))
        # 殘差連接
        ## 如果stride != 1 or in_channel != out_channel,
        ## 下面的計算會出錯，因為 out 和 inputs 的形狀不一樣
        out += inputs
        out = F.relu(out)
        return out
```

```
class ResidualBlock(nn.Module):

    def __init__(self, in_channel, out_channel, stride=1):
        super().__init__()
        self.conv1 = nn.Conv2d(
            in_channel, out_channel, (3, 3),
            stride=stride, padding=1, bias=False)
        self.bn1 = nn.BatchNorm2d(out_channel)
        self.conv2 = nn.Conv2d(
            out_channel, out_channel, (3, 3),
            stride=1, padding=1, bias=False)
        self.bn2 = nn.BatchNorm2d(out_channel)
        # 讓輸入的形狀和輸出的形狀一樣
        self.downsample = None
        if stride != 1 or in_channel != out_channel:
            self.downsample = nn.Sequential(
                nn.Conv2d(in_channel, out_channel, (1, 1),
                          stride=stride, bias=False),
                nn.BatchNorm2d(out_channel))

    def forward(self, x):
        inputs = x
        out = F.relu(self.bn1(self.conv1(x)))
        out = self.bn2(self.conv2(out))
        # 讓輸入(inputs)的形狀和輸出(out)的形狀一樣
        if self.downsample is not None:
            inputs = self.downsample(inputs)
        out += inputs
        out = F.relu(out)
        讓輸入 (inputs) 的形狀和輸出 (out) 的形狀一樣
```

▲ 圖 9-22

強制要求輸入和輸出的形狀完全相同，可能會限制殘差連接的應用範圍。以影像辨識為例，類似於標準的卷積神經網路，我們希望沿著網路的方向增加隱藏層的通道，同時減少隱藏層的高度和寬度。但上述實現方式並不支援這一需求，當嘗試增加通道時，圖 9-22 中左側的程式會顯示出錯。為了解決這個問題，可以對這個基礎實現進行適當改進：在輸出形狀和輸入形狀不同時，首先對輸入進行一次線性變換，然後再進行殘差連接，如圖 9-22 右側所示。這一改進的精髓在於虛線框內的兩個卷積層的輸出形狀相同，具體範例如程式清單 9-5 中第 7 ～ 13 行所示。這種改進方式賦予了殘差連接更大的靈活性，以滿足不同網路結構的需求。

9.3.3 程式實現

如圖 9-22 所示，在實現殘差區塊時，我們巧妙地融合了歸一化層、ReLU 啟動函數及殘差連接這 3 種技術。這使得殘差區塊的訓練非常高效，即使多個殘差區塊疊加在一

* 完整的實現請參考本書書附程式 /ch09_cnn/res_nets.ipynb。

起，也不會降低它們的學習效率。借助這一基礎，我們能夠建構經典的殘差網路 *，如圖 9-23 所示。

```
class ResNet(nn.Module):

    def __init__(self):
        super().__init__()
        self.block1 = ResidualBlock(1, 20)
        self.block2 = ResidualBlock(20, 40, stride=2)
        self.block3 = ResidualBlock(40, 60, stride=2)
        self.block4 = ResidualBlock(60, 80, stride=2)
        self.block5 = ResidualBlock(80, 100, stride=2)
        self.block6 = ResidualBlock(100, 120, stride=2)
        self.lm = nn.Linear(120, 10)

    def forward(self, x):
        x = self.block1(x)  # (B,  20, 28, 28)
        x = self.block2(x)  # (B,  40, 14, 14)
        x = self.block3(x)  # (B,  60,  7,  7)
        x = self.block4(x)  # (B,  80,  4,  4)
        x = self.block5(x)  # (B, 100,  2,  2)
        x = self.block6(x)  # (B, 120,  1,  1)
        out = self.lm(x.view(x.shape[0], -1))
        return out
```

```
epoch 0: train loss 0.08, val loss 0.10, test loss 0.10
         train acc 0.97, val acc 0.96, test acc 0.96
         ......
epoch 4: train loss 0.01, val loss 0.04, test loss 0.04
         train acc 0.99, val acc 0.99, test acc 0.99
```

▲ 圖 9-23

9.4 本章小結

9.4.1 要點回顧

本章開始嘗試用神經網路來解決一些比較複雜的實際問題。首先使用多層感知器來辨識影像。根據第 8 章的模型討論，基於 PyTorch 的封裝來架設模型，並在這此過程中深入討論了如何加速模型的訓練和解決過擬合的問題。

當面對複雜的影像辨識任務時，多層感知器存在一些限制，包括神經元排列的一維結構、全連接的架構，以及不允許跨層資訊傳遞。為了應對這些限制，引入了卷積神經網路，這標誌著深度學習時代的來臨。卷積神經網路引入了 3 個關鍵的創新點：神經元的三維排列方式、用於捕捉局部特徵的卷積層和池化層，以及被廣泛應用的 GPU 計算。本章中詳細討論了前兩個創新點，並提供了相應的實現程式。GPU 計算已在 7.5.1 節進行了詳細討論。

標準卷積層克服了多層感知器的前兩個限制，但隨著網路深度的增加，預測性能仍然會遇到瓶頸。為了解決深度網路的訓練難題，引入了殘差網路。透過引入殘差連接，

* 這個實現中的殘差網路與經典論文中的網路結構略有不同。本書採用了更簡潔但突出核心結構的網路設計。

深度網路的訓練變得可行且高效。即使是上千層的神經網路，也可以被有效訓練，這進一步拓寬了深度學習的應用領域。

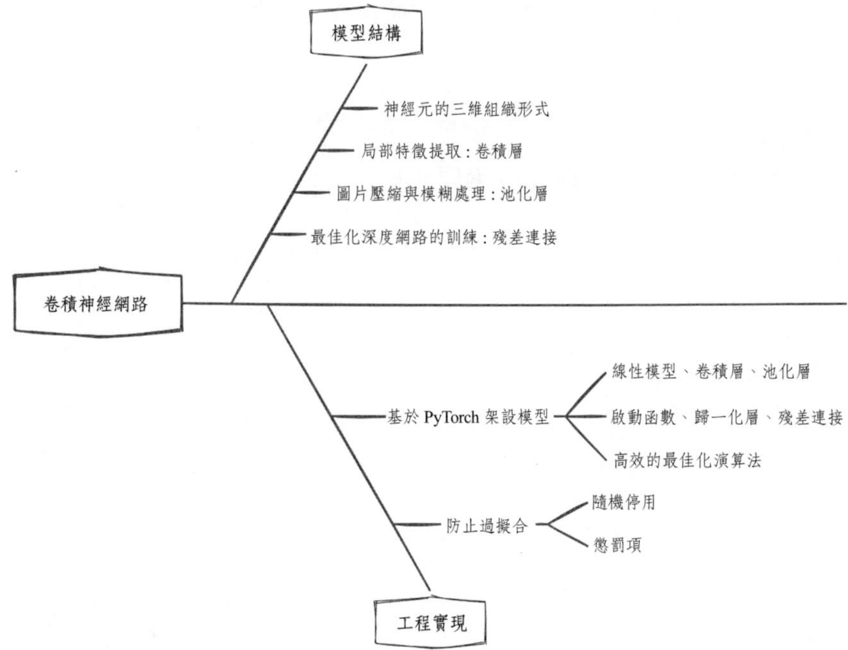

9.4.2 常見面試問題

針對本章討論的內容，常見的面試問題如下。

1. 模型結構

- 卷積層在卷積神經網路中的作用是什麼？請描述卷積操作的過程。
- 卷積核心的大小對模型性能有何影響？如何選擇合適的卷積核心大小？
- 池化層在卷積神經網路中的作用是什麼？有哪些常見的池化操作方式？

2. 殘差連接

- 什麼是殘差連接？它如何解決梯度消失問題？
- 在殘差網路中，殘差區塊的核心設計是什麼？請解釋殘差區塊的工作原理。
- 在殘差區塊中，為什麼需要在輸出中加上恒等映射？

3. 模型細節處理

- 請解釋卷積神經網路中的步幅。它如何影響卷積層的輸出尺寸？
- 如何處理輸入影像的邊界效應問題，以防止資訊遺失？

4. 其他

- 如何使用卷積神經網路完成影像分類任務？請簡要描述訓練過程。
- 除了影像處理，卷積神經網路還有哪些其他應用領域？請舉例說明。

伯特蘭・亞瑟・威廉・羅素（Bertrand Arthur William Russell，1872—1970），著名的英國哲學家。他曾試圖建構邏輯主義數學系統，將整個數學歸納為邏輯學。在這一探索過程中，他提出了著名的「羅素悖論」，幾乎憑一己之力動搖了整個數學的基礎，引發了第三次數學危機。這次危機雖然並未直接影響人們對數學的實際運用，卻迫使人們重新思考什麼是真正的數學。

下面這則寓言恰如其分地概括了數學系統的現狀。在萊茵河河畔，一座美麗的城堡已經矗立了多個世紀。在城堡的地下室生活著一群蜘蛛，突然一陣大風吹散了它們辛辛苦苦編織的一張錯綜複雜的蛛網，於是它們慌亂地對蛛網加以修補，因為它們認為，正是蛛網支撐著整個城堡。

57 Gordon Sq WC1　　12.11.18

Dear Dr Silberstein

I have read your MS with the greatest interest. It is a real pleasure to know that there is a projective treatment of vectors. You do not, in the MS you send me, state the principle of your construction, which is simply to substitute an arbitrary line for the line at infinity. The treatment of scalar coefficients, as we agreed when we met, is identical with the usual method of introducing projective coordinates, but the idea of connecting it with vector analysis is, so far as I know, entirely new.

Many thanks for the relativity paper, which I am ashamed to confess I have not yet found time to read amid the distractions of these days. It is extraordinarily kind of you to take up the "marmalade problem" but I hate to think of your time being spent upon such a trivial matter.

Yours sincerely

Bertrand Russell

▲ 羅素手稿

第 10 章 循環神經網路：嘗試理解人類語言

Language is the house of being. In its home man dwells.
（語言是存在之家。在它的居所裡，人類棲息其中。）

——Martin Heidegger

第 8 章和第 9 章深入討論了多層感知器和卷積神經網路。儘管這些模型在結構上存在顯著差異，但從資料處理的角度來看，它們都共用一個基本假設 *：資料之間是相互獨立的，模型僅關注當前資料的特徵與標籤之間的關係。這種類型的模型通常被稱為普通神經網路（Vanilla Neural Network）。舉例來說，卷積神經網路常被用於影像辨識任務，在這個應用場景下，每張圖片的辨識都是獨立的，模型並不會考慮它們之間可能存在的連結關係。除了影像辨識，卷積神經網路還可應用於文字分類（詳見 9.2.6 節）。舉例來說，它可用於對句子進行情感分析，將其表達的情感劃分為正面情感（如「透過延長賽，主隊逆轉獲勝了」）和負面情感（如「我的眼淚止不住地往下流」）。在這個應用場景下，模型同樣是獨立地處理每個句子，並不考慮它們之間的依賴關係。

需要注意的是，並非所有資料都滿足上述的獨立性假設。以句子的情感分析為例，如果要分類的句子來自同一篇文章，那麼對某一句子的理解就必須考慮其上下文所提供的資訊，因為同樣的句子在不同背景下可能表達不同的情感。舉例來說，整段文字是「透過延長賽，中國隊逆轉獲勝了。我的眼淚止不住地往下流」。其中，第二個句子表達的是正面情感。存在相互依賴關係的資料被稱為序列資料（Sequential Data 或 Sequence Data）。典型的例子包括金融市場的價格（時間序列）、文字（文字序列）以及影像（影像序列）。

對於序列資料而言，普通神經網路的建模效果通常不盡如人意。這是因為普通神經網路的結構限制了它們學習資料依賴關係的能力。雖然我們可以透過一些巧妙的設計來

* 除了神經網路，許多經典的模型也採用了同樣的假設，如線性迴歸和邏輯迴歸等。

增強模型在這方面的學習能力，但這種改進效果往往有限，並且可能引入其他的建模問題。在 10.2 節中，將透過一個具體的範例詳細討論使用普通神經網路學習序列資料的方法及其優缺點。

為了克服普通神經網路在處理序列資料時的不足，學術界引入了循環神經網路（Recurrent Neural Network，RNN）。這是一種全新的模型結構，在多種情境下展現出令人驚歎的效果。尤其是在自然語言處理（Natural Language Processing，NLP）領域，這類模型的表現常常超出預期。實際上，令世人驚歎甚至有些恐懼的大語言模型正是基於循環神經網路架設的。從本章開始，我們將聚焦於自然語言處理和循環神經網路，討論如何讓這一新興智慧體理解人類的語言，獲取語言中蘊含的知識。

10.1 自然語言處理的基本要素

自然語言處理是人工智慧領域中至關重要的任務。語言本身是一個複雜的學科，即使對於人類而言，掌握一門語言也需要耗費相當多的時間和努力。因此，自然語言處理匯聚了人工智慧最先進的技術和一些最巧妙的設計。透過深入研究自然語言處理，我們能夠迅速了解人工智慧的最新技術和發展趨勢。當然，自然語言處理的相關技術和建模思維也能夠輕鬆地應用於其他領域。此外，人類的交流主要依賴文字，幾乎所有的知識都以文字的形式進行呈現和儲存。機器理解語言不僅可以使人與機器之間的交流更加順暢，還能讓機器學會儲存在語言中的知識。這一過程有望推動人工智慧產生長足的進步——從單一的人工智慧逐漸演進成為通用人工智慧（Artificial General Intelligence，AGI）。

自然語言處理的目標非常明確：使電腦能夠像人類一樣處理和理解語言，以執行各種自動化任務。從技術角度來看，由於語言的複雜性，自然語言處理並沒有一個嚴格且準確的定義。它包括多種不同的建模任務，如機器翻譯、自動摘要、文字生成等。此外，隨著時間的演進，這個領域使用的技術和主要依賴的模型也在不斷發展演進。儘管自然語言處理涉及多樣化的具體任務，使用的模型和技術也各不相同，但從巨觀角度看，可以將其分為 3 個關鍵步驟：語言數字化、模型選擇和學習框架，如圖 10-1 所示。語言數字化和模型選擇的概念相對容易理解。但什麼是學習框架呢？學習框架是指訓練模型的模式和方法。具體的細節將在 10.1.5 節中詳細討論，本節僅簡介這個概念。

在傳統的自然語言處理中，通常會針對單一任務進行建模，比如文字分類。在這種情況下，學習框架相對簡單，與其他建模任務類似，使用數字化的文字資料和相應的標籤來訓練模型。然而，這種單一任務的建模方式與真正理解語言的目標還有一定距離。當前最先進的大語言模型採用的是遷移學習（Transfer Learning）的框架，它包含兩個步驟，分別是預訓練（Pre-training）和微調（Fine-tuning）。

- 預訓練階段：模型在大規模文字資料上進行訓練，其目標是學習通用的語言知識，而非特定的任務知識。
- 微調階段：針對具體的建模任務，在預訓練模型的基礎上微調模型參數，以提升它在特定任務上的表現。

需要明確的是，上述 3 個關鍵步驟中的每一個都包括多種不同的技術。因此，將它們分開討論有助更進一步地理解。在實際應用中，讀者可以根據需求自由組合。本節將重點討論文字數字化和學習框架，模型選擇將在本章的後續部分和第 11 章中詳細討論。

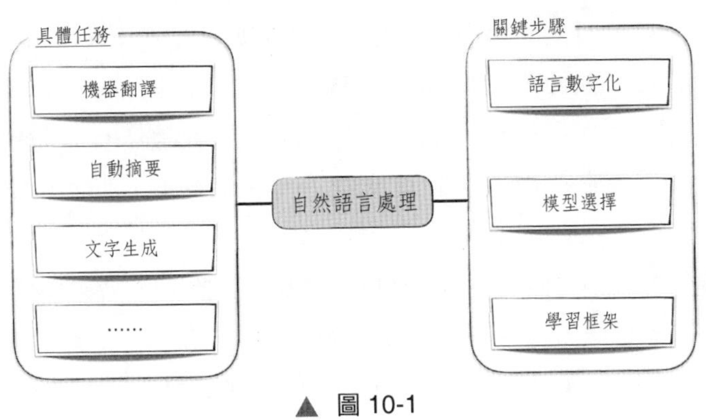

▲ 圖 10-1

10.1.1 語言數字化

與影像辨識中的影像特徵提取相似，語言的特徵提取同樣具有挑戰性。為了解決這個問題，可以參考影像處理的方法，首先考慮如何將語言數字化，然後利用模型（通常是神經網路）自動提取特徵。

語言數字化的核心是一個將文字排好序的字典。舉例來說，假設有一個包含 n 個文字的字典，比如「我」排在第 1 位，「成」排在第 2 位，如圖 10-2 下半部分所示。借助這個字典，每個文字都可以用一個 n 維向量表示。如果一個文字在字典中排在第 j 位，那麼相應位置的值就是 1，即 $x_j=1$；其他位置的值為 0，即 $x_i = 0, i \neq j$。如果一個文字包含 k 個文字，那麼它可以輕鬆地被數字化為一個 $k \times n$ 的矩陣（二維張量）。這種方法在學術界通常被稱為獨熱編碼（One-Hot Encoding）。

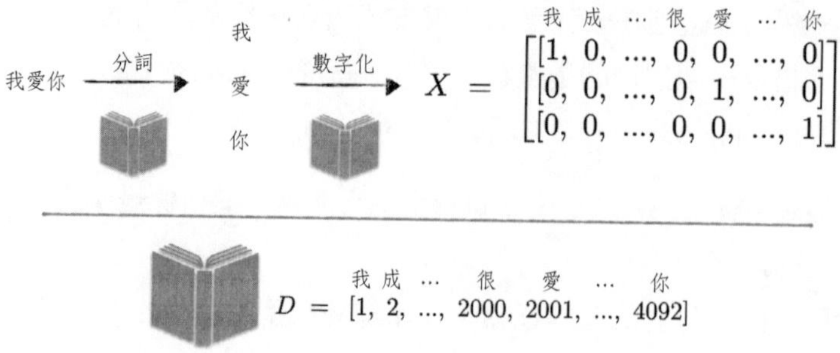

我愛你 —分詞→ 我 愛 你 —數字化→

$$X = \begin{bmatrix} [1, 0, ..., 0, 0, ..., 0] \\ [0, 0, ..., 0, 1, ..., 0] \\ [0, 0, ..., 0, 0, ..., 1] \end{bmatrix}$$

（列標：我 成 … 很 愛 … 你）

$$D = [1, 2, ..., 2000, 2001, ..., 4092]$$

（對應：我 成 … 很 愛 … 你）

▲ 圖 10-2

在前面的討論中，我們有意忽略了一個重要的問題：當需要數字化的文字不在字典中時，應該如何處理？在實際應用中，這種情況相當常見。字典是在處理文字之前預先生成的，而文字的內容千變萬化，可能包括生僻字、新的英文縮寫、表情符號等，這些「文字」都可能不在字典中。為了解決這個問題，通常的做法是在字典中預留一個特殊字元。當所有其他字元都無法匹配時，就用這個特殊字元來表示未知的「文字」。舉個極端的例子，如果字典只包含 26 個英文字母和一個特殊字元，那麼所有中文字都會被表示為相同的特殊字元，從而被數字化成相同的向量。在這種情況下，即使模型再強大，也難以學會處理中文。

儘管現實情況不會那麼極端，但字典的定義確實對模型的效果影響巨大。以大語言模型 ChatGPT 為例，它使用相同的模型結構來處理不同語言的文字，但在處理英文時，模型效果明顯好於中文，其中一個原因就是英文的字典定義更加合理 *。可以將字典類比為影像辨識中的像素點，它在自然語言處理中扮演著基礎角色。如果這個基礎不穩固，存在一些偏差，那麼即使模型的結構再絕妙，也難以取得良好的效果。

那麼，字典是如何生成的呢？將會是接下來的討論重點，即分詞器（Tokenizer）。分詞器的任務是將文字劃分成有意義的單元，並以此為基礎建構字典。

10.1.2 分詞器的語言基礎

實際上，字典中的元素通常不是我們日常理解的「文字」或「單字」（雖然有一定相似性）。為了避免混淆，將這些元素稱為詞元（或權杖、Token）。它們是語言數字化時不可再分的語義結構，也是模型進行計算和推斷的最小單元。因此，接下來的討論將

* 大語言模型 ChatGPT 在英文上的表現最佳，其原因不僅是英文字典定義更為合理（詳細內容請參考 10.1.4 節），還有其他一些因素，比如英文語料更加豐富且品質更高。

廣泛使用詞元這個術語，希望讀者能迅速熟悉並理解它。

詞元的生成取決於分詞器。分詞器不僅是技術領域的話題，而且涉及多個學科的交叉領域。因此，本節以及接下來的兩節內容可能會有些偏離主題。讀者如果對細節感興趣，可以參考這些討論並結合其他資料進行深入研究；如果對細節不感興趣，可以將分詞器視為一個封裝好的工程元件，其主要任務是將語言劃分成詞元，建構字典，並最終實現語言數字化。

不同的分詞器會產生差異很大的結果。以英文（表音文字的典型代表）為例，可以考慮以下兩種分詞器。

- 字母分詞器：這種分詞器按字母來劃分文字，將每個字母作為詞元。由於英文字母有限，字典會非常小，只包含 26 個元素（排除符號），輸入資料的維度較低，這降低了模型訓練的難度。然而，這種劃分方式產生的資料不是很適合學習，因為單一字母通常不攜帶太多含義，而且不同字母在不同單字中可能具有完全不同的語義。
- 空格分詞器：這種分詞器將英文文字按照空格劃分，將每個單字作為詞元。這種方式產生的資料更適合學習，因為每個詞元都代表一個明確的含義。然而因為英文中的詞彙量很大，字典會非常龐大。研究表明，僅英文就包含超過 26 萬個單字，而通常的模型最好使用包含 5 萬個詞元的字典。

透過上述討論，可以了解到理想的分詞器需要滿足兩個關鍵要求：首先，生成的字典不應過於龐大 *；其次，每個詞元最好只表示一個明確的語義。正如哲學家維特根斯坦所強調的，「一個詞的意義就在於它在語言中的使用（The meaning of a word is its use in the language）」。因此，理想的分詞器必須具備對語言結構和使用規則的深刻理解。為了更深入地討論分詞器，首先需要對世界上的語言進行分類。根據其書寫系統的不同，可以將語言分為 4 種類型。

- 語素文字（Logographic）、音節文字（Syllabic）：代表語言包括中文等，這些語言的書寫系統基於語素或音節，每個字元通常代表一個單字或有特定含義的語言單元。
- 全音素文字（Alphabetical）：代表語言包括英文、法文等，它們的書寫系統由字母組成，每個字母代表一個音素或聲音。

---

* 過於龐大的字典會導致模型難以訓練，詳細的討論見 10.2.3 節。

- 子音音素文字（Abjad）：代表語言包括阿拉伯文，它們的書寫系統主要包含子音，省略了母音，所以朗讀文章時口中需補全適當的母音。
- 母音附標文字（Abugida）： 代表語言包括北印度婆羅米文字，它們的書寫系統以母音為基礎，子音附在母音之後。

我們也可以「文化沙文主義」* 一點，將這些文字根據其書寫系統的特點簡化為兩大類。

- 語素文字（Logographic）：例如中文，每個字元代表一個詞或特定含義的單元。
- 表音文字（Phonogram）：除中文之外的其他文字，它們的書寫系統基於音素或音節。

無論如何分類，中文都是一種獨特的文字，因此其分詞方法與其他語言有顯著不同。接下來的討論將首先關注英文的分詞器，介紹幾種常用的分詞方法及其優缺點，隨後在 10.1.4 節中詳細討論中文分詞。

10.1.3 英文分詞器

10.1.2 節中的兩個分詞器範例分別代表了兩個極端。為了實現理想的分詞效果，我們需要在這兩個極端之間找到一個平衡點，也就是一種「既能比單一字母更大，又比完整單字更小」的語義單元，這就是子詞分詞（Subword Tokenization）。舉例來說，技術文件中經常出現以下這些單字：data（資料）和 metadata（中繼資料）、physics（物理）和 metaphysics（形而上學）。透過觀察這些單字，我們可以發現 meta 實際上是一個子詞，即比單字更小但具有獨立語義的單元。那麼，如何窮盡這些子詞呢？經典的方法之一是位元組對編碼（Byte-Pair Encoding，BPE），具體步驟如下。

（1）初始化：將文字拆分成單一字元，並計算每個字元的出現頻率。

（2）合併：選擇出現頻率最高的字元對（Byte Pair），將它們合併成一個新的子詞元，

* 沙文主義（Chauvinism）這一詞源於尼古拉．沙文（有可能是文藝作品中的虛構人物），他是拿破崙手下的一名士兵，因為獲得軍功章而對拿破崙感恩戴德，對拿破崙以軍事力量征服其他民族的政策狂熱崇拜。文化沙文主義（Cultural Chauvinism）是一種極端的偏見和偏執，表現為對自己所屬文化的過度自信和過度推崇。它通常伴隨著對其他文化的貶低、輕視、歧視或敵視，以及對自己文化的絕對優越感。需要明確的是，在本書中，我們強調中文的獨特性並不代表「文化沙文主義」。中文作為一門語言擁有其獨特之處，這並不意味著要否定其他語言的重要性或價值。我們使用這一詞彙的目的是提醒讀者在利用人工智慧學習人類語言時，要警惕正向或逆向的文化沙文主義，應接納不同語言和文化的多樣性，並珍惜其帶來的貢獻。

並更新詞彙表。

（3）重複：重複第 2 步，直到達到預設的詞彙表大小或合併次數。

（4）最終詞彙表：包括字元和子詞元，可以用於分詞和文字編碼。

整個過程如圖 10-3 所示。根據上述描述，最終生成的分詞器的詞彙表大小取決於演算法執行了多少次合併操作。舉例來說，如果初始字元集包含 478 個字元，那麼經過 40000 次合併後，將生成包含 40478 個詞元的詞彙表（這是初代 GPT 使用的分詞演算法）。

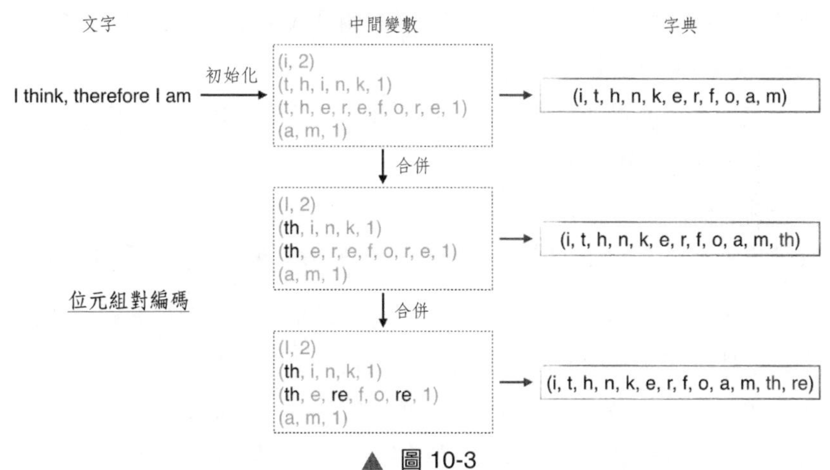

▲ 圖 10-3

上述演算法的基礎是語言中存在一個相對較小的初始字元庫，這對於表音文字是可行的，但對於中文等非表音文字並不適用，原因在於中文不是由字母組成的。為了使分詞器能夠處理各種語言，學術界進一步提出了位元組級位元組對編碼（Byte-level BPE）*。這個設計的精妙之處在於，無論是英文、中文還是其他語言，它們的字元在電腦中最終都被轉換成二進位來儲存。

具體來說，字元在電腦中都以位元組為單位進行儲存，而 1 位元組由 8 個二進位數字組成。通常來說，一個字母用 1 位元組儲存，也就是一個字母對應著一個 8 位元二進位數字，而一個中文中文字由 2 位元組來儲存。因此，任何字元都可以被表示為若干個 8 位元二進位數字的組合。

基於這一點，位元組級位元組對編碼的做法是將之前演算法中的初始化字元集替換為 1 位元組所能表示的內容 **，而其他步驟保持不變。這種分詞器更加靈活，限制更少，

* 位元組級位元組對編碼是 GPT-2 採用的分詞方法。

** 因為 8 位元二進位數字的取值範圍是 0 到 255，所以初始字元集包含了 256 個元素。

因此也被稱為通用分詞器。通用分詞器能夠處理各種文字內容，包括不同的語言和表情符號等，因此是一個被廣泛應用的強大工具。

10.1.4 中文分詞的挑戰

中文和英文的語言結構存在顯著差異，因此難以直接參考英文中成熟的分詞演算法。為了更進一步地理解這一點，我們以前面提到的位元組對編碼演算法為例。這個演算法建構在英文的兩個顯著特點上：一是英文容易被劃分成單字，二是單字由字母組成。然而，這兩個前提在中文中都面臨挑戰。

第一，中文文字中的詞語沒有像英文那樣使用明確的空格分隔，因此在中文中將文字劃分成單一詞語變得更複雜。

第二，中文不和於表音文字，沒有字母的概念 *。雖然中文字需要組合成詞語才能表達意思，有點類似於英文字母，但中文字與英文字母存在兩個顯著的差別。

- 在中文中，當我們遇到不認識的中文字時，通常可以透過辨識偏旁部首或其他組成部分來猜測其含義和發音。正如俗語所說「四川人眼睛生得尖，認字認半邊」，這表明中文字可以被進一步拆分為有意義的部分。也就是說，中文字在語義上與英文字母存在顯著差異，更類似於英文字母的其實是偏旁部首。
- 從工程角度看，中文擁有大量中文字，遠遠多於英文字母。如果將中文簡單地視為字母，並嘗試參考位元組對編碼演算法來合併字元，會導致生成的字典過於龐大，使後續模型難以學習。

通用分詞器看似解決了上述問題，但實際上它仍然存在某種程度的「語言偏見」。為了更進一步地說明這一點，來看一個具體的例子：分別用法語、英文和中文三種語言來介紹偉大的法國數學家埃瓦里斯特．伽羅瓦，然後用通用分詞器對這三段文字進行分詞。儘管這三段文字表達了相同的內容且文字長度相近，但中文（法語也存在類似情況）分詞後的長度明顯超過英文，如圖 10-4 左側所示 **。這表明分詞器對中文的劃分過於細緻，破壞了語言的內在結構。可以這樣理解：這種分詞效果類似於在處理英文時將其按字母進行分詞，這會導致分詞後的中文更難學習。

---

* 在歷史上，中文無法用拉丁化字母書寫曾被認為是「中文的原罪」。

** 在圖 10-4 中，以單字數量表示英文和法語文字的長度，而中文文字的長度是中文字個數。由圖中的資料可以觀察到，中文和法語在分詞前後的膨脹程度相似。完整的實現請參考本書書附程式 /ch10_rnn/tokenizer.ipynb。

那麼，是什麼原因導致了這種現象呢？其根本原因在於通用分詞器的訓練資料偏向英文*。在全球的文獻庫中（以網際網路語料庫為代表），英文的比例遠高於其他語言。就像人類學習一樣，英文得到更廣泛的暴露，因此通用分詞器在英文上表現更出色。而對於其他語言，比如法語、中文等，分詞效果就較差。實際上，如果使用中文語料庫來訓練分詞器，然後對比中文和英文的分詞效果，會發現結果與之前完全相反，如圖 10-4 右側所示。

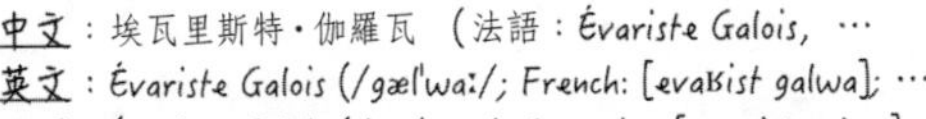

中文：埃瓦里斯特·伽羅瓦（法語：Évariste Galois, …
英文：Évariste Galois (/gælˈwaː/; French: [evaʁist galwa]; …
法语：Évariste Galois (/gælˈwaː/; français : [evaʁist galwa] ; …

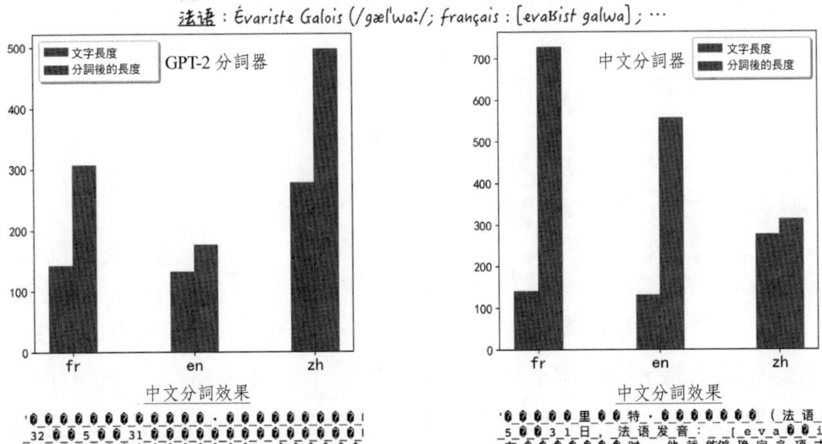

▲ 圖 10-4

總結一下，現有的分詞技術主要是表音文字設計導向的，因此在處理中文時，直接套用這些技術通常效果平平。即使使用通用分詞器，由於中文文獻相對較少，中文分詞的效果也明顯不如英文。然而，這些缺陷並不應被視為不足之處，反而應被視為該領域的發展機遇。一方面，這說明中文自然語言處理領域仍然有許多機會等待著我們去發揮創造力；另一方面，中文的獨特性也凸顯了它在人工智慧領域潛在的特殊價值。

哲學家維特根斯坦曾說過，「我語言的邊界即是我世界的邊界（The limits of my language mean the limits of my world）」。一個人思考的方式和極限都受其所使用的語言的限制，可以說我們在使用語言的同時，也在被語言塑造。語言是我們表達思想的強大工具，但學習外語的人都深知，每種語言都包含獨特的概念，很難用其他語言準確翻譯。

* 根據 10.1.3 節的內容，通用分詞器也是透過資料訓練而得到的。需要注意的是，它的訓練原理不同於神經網路，不依賴梯度下降法和反向傳播等技術。

比如，《道德經》中的「道可道，非常道」在英文中難以準確表達，「道」這個概念在英文中找不到合適的對應詞彙 *。因此，作為一門廣泛使用且蘊含豐富古老智慧的語言，中文為神經網路提供了更豐富的學習資源，使其能夠變得更智慧，如圖 10-5 所示。

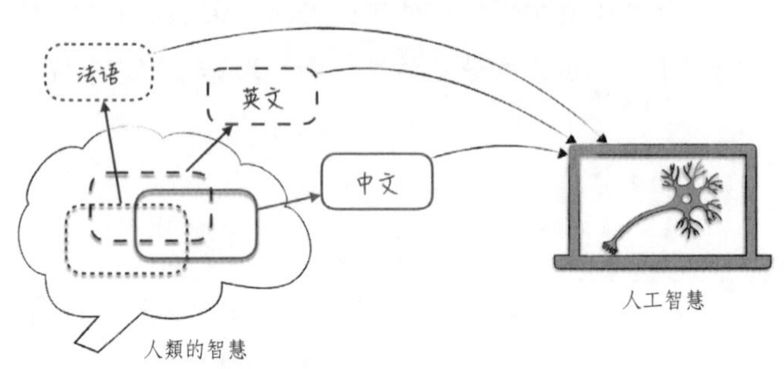

▲ 圖 10-5

10.1.5 學習框架：遷移學習

在人工智慧的早期階段，學習方法主要專注於單一任務，即為每個任務單獨架設模型。實際上，前面章節介紹的模型也都遵循這個想法。以第 9 章介紹的卷積神經網路為例，當進行影像辨識時，模型並不試圖理解影像的內容，比如是否包含多種顏色或曲線等，而是直接對預測標籤進行建模。這種建模方式雖然目標明確，但存在一個嚴重的限制：建構的模型只能用於解決特定任務，即使面對極其相似的任務，也只能重新架設和訓練模型，無法做到知識的融會貫通。

現代深度學習正朝著更加通用和靈活的方向發展，使我們能夠建構適用於多個任務的模型。這一方法被稱為遷移學習，它透過將從一個任務中獲得的知識遷移到另一個任

* 反過來的例子也有很多，比如中文中原本沒有「科學」一詞的概念。在「五四運動」時期，曾經將這個詞音譯為「賽因斯」（賽先生）。然而，隨著時間的演進和人們對該領域的深入理解，科學已經成為中文中不可或缺的概念。與人工智慧類似，透過學習多種語言，我們可以擴充視野，豐富知識儲備。以英文為例，它是科學的通用語言，精通英文有助於更深刻地理解科技發展。實際上，英文已經不再僅僅是英國人的母語，許多科技領域中的新術語和新概念，如神經網路中的 Back Propagation（反向傳播），即使對於以英文為母語的人來說也可能需要時間來理解，就像學習一門新外語一樣。

雖然以母語表達和感受母語之美通常會激發愛國情懷，但承認語言的局限性只是陳述一個客觀事實，與情感和意識形態無關。相反，作為中文的傳承者，學習其他語言中獨特的概念，將其翻譯並融入中文，有助於豐富和發展我們的母語，使其成為一門更加美麗的語言。這也是我們的使命和責任。

務中，從而節省時間和資源。本節開頭討論的學習框架——預訓練和微調，就是遷移學習的典型代表，如圖 10-6 所示。

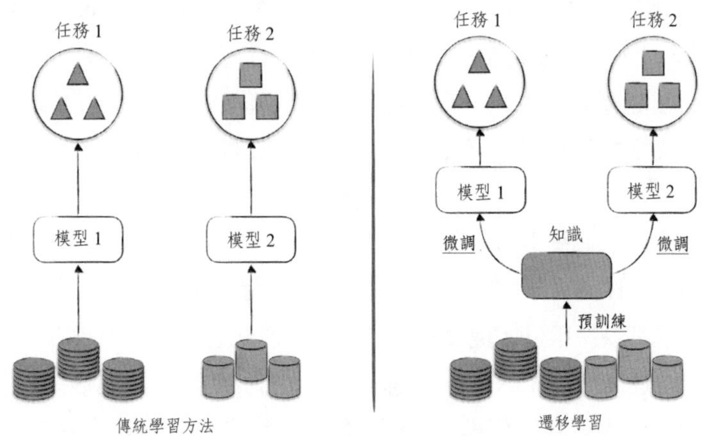

▲ 圖 10-6

在這個框架中，預訓練階段至關重要，模型在此階段透過學習大量文字資料來理解語言。但由於此時還沒有具體的建模目標，需要考慮如何準備資料來訓練模型。換句話說，在不考慮模型的具體結構的情況下，應該如何為模型建構適當的輸入資料和預測標籤，使得模型能夠理解語言。具體而言，有 3 種主要方法。

（1）序列到序列模式 *（Sequence to Sequence Model）：這種模式其實是在模擬語言翻譯的過程。簡而言之，需要提供一系列已經翻譯好的文字對。舉例來說，「I think therefore I am」和「我思故我在」，將第一句英文作為輸入資料，第二句中文作為預測標籤，反之亦然。在這種模式下，模型的主要任務是學習如何將一個文字序列翻譯成另一個文字序列。

（2）自迴歸模式（Autoregressive Model）：這是一種簡單而直接的方法，它根據給定的文字背景來預測下一個詞元 ** 是什麼。以文字「我愛你」為例，可以建立兩組訓練資料：輸入是「我」，預測標籤是「愛」；輸入是「我愛」，預測標籤是「你」。這種方式生成的訓練資料量通常遠多於其他方式，而且能夠覆蓋更廣泛的內容。舉例來說，文

---

* 直接翻譯應該是「序列到序列模型」，為了避免混淆，在本書中將其稱為「序列到序列模式」。另兩個術語也類似。

** 當讀者遇到詞元這個術語時，可以簡單地將其理解為中文中的詞語或英文中的單字，以便於理解。

字「I think therefore I am 的中文翻譯：我思故我在」就可以覆蓋序列到序列模式想要傳遞的知識。

（3）自編碼模式（Autoencoding Model）：隨機遮罩掉文字中的一些詞元，然後預測缺失的部分 *。以「我思故我在」為例，可以將其隨機遮罩為「我 * 故 * 在」（這就是輸入資料），而預測標籤是「思」和「我」。與自迴歸模式相比，自編碼模式的實現稍顯複雜，需要在文字中隨機選擇要遮罩的詞元，而自迴歸模式相當於只遮罩最後一個詞元 **。

實際上，上述的訓練方法都源自 Transformer 模型 *** 的演化，最初的靈感來自 Transformer 的不同元件適合不同的訓練方式。然而，隨後的研究表明，對於同一個模型，只要稍做修改，就可以採用這 3 種模式中的任何一種來進行訓練。

在自然語言處理的發展中，不同的訓練模式在不同的歷史時期佔據主導地位 ****。最初，大多數模型採用序列到序列模式進行訓練，隨後自編碼模式變得流行，而 ChatGPT 的成功讓自迴歸模式逐漸引領了潮流。儘管這 3 種訓練模式在建構訓練資料方面存在很大差異，但它們訓練出的模型核心卻比較相似。這是因為不論採用哪種方式，預訓練的主要目標都是學習如何更有效地提取文字的特徵（具體細節可以參考 8.3.5 節和 11.4.1 節）。從工程的角度來看，3 種模式傳遞的知識是相似的。自迴歸模式更容易處理，能夠生成更多的訓練資料，因此，本書的後續內容將專注於這一訓練模式，並深入研究如何利用不同的模型更有效地學習語言。

10.2 利用多層感知器學習語言

在自迴歸模式下，我們的目標是根據文字背景來預測下一個詞元。在這個過程中，模型需要應對以下兩個關鍵問題。

- 變長輸入：隨著文字的深入，文字背景的長度逐漸增加，因此模型需要處理不定

---

* 在最初的版本中，自編碼模式還包含另一個訓練任務，即預測兩個句子是否來自同一文字並且在該文字中是否連續。

** 理論上，自編碼模式可以覆蓋自迴歸模式，即將長度為 n 的原始文字轉化為 $n-1$ 個新文字，例如將「我愛你」轉化為「我愛」和「我愛你」，然後遮罩這些新文字的最後一個字。然而，在實際應用中，很少使用這種方法來建構自編碼模式的訓練資料，因此不能將這種方法視為自迴歸模式的擴充。

*** 對 Transformer 模型不太熟悉的讀者也無須擔心，第 11 章中將對這個模型進行詳細討論。

**** 序列到序列模式的代表有 BART 和 T5；自迴歸模式的代表是 GPT；自編碼模式的代表是 BERT。

長的輸入資料。

- 文字間的連結：模型必須捕捉文字之間的相互關係，以便得到更準確的預測結果。

然而，作為普通神經網路的代表，傳統的多層感知器模型未能滿足這兩個要求。首先，多層感知器的輸入形狀是固定的；其次，它的模型結構無法直接捕捉文字間的依賴關係。不過，我們可以透過調整模型輸入的方法來巧妙地解決（部分解決）這兩個問題，從而成功地將多層感知器用於語言學習。

具體來說，設置一個固定的視窗長度，比如 n，然後將模型的輸入限制為 n 個連續的詞元。這種方法雖然與自迴歸模式的要求稍有不同，但仍然能夠根據部分文字背景來預測下一個詞元。下面將深入討論這一方法的細節。

10.2.1 資料準備

在學習自然語言處理時，首要步驟是獲取充足的語言資料，通常稱為語料庫。本節將使用開放原始碼的 Python 程式作為語料庫*，也就是說，嘗試使用神經網路來學習如何自動生成 Python 程式。如圖 10-7 所示，使用 datasets 可以方便地獲取已經整理好的開原始程式碼。

```
from datasets import load_dataset

raw_datasets = load_dataset('code_search_net', 'python')
datasets = raw_datasets['train'].filter(......)
# 透過索引提取 datasets 資料的時候，返回一個 dict，其中的 value 是一個字串
print(datasets[8]['whole_func_string'])
# 當傳入的是一個陣列時，返回的依然是一個 dict，但其中的 value 是一個列表
print(datasets[8: 10]['whole_func_string'])
```

```
def to_arrow_schema(schema):
    """ Convert a schema from Spark to Arrow
    """
    import pyarrow as pa
    fields = [pa.field(field.name, ......)
              for field in schema]
    return pa.schema(fields)
```

```
['def to_arrow_schema......',
 'def from_arrow_type......']
```

▲ 圖 10-7

* 大語言模型（如 ChatGPT）透過學習開原始程式碼獲得了極強的推理能力。從書寫系統的角度來看，程式類似於英文，這也是大語言模型在英文方面表現更佳的一個原因。透過這個例子可以看到，在自然語言處理領域，語言的範圍已經不再侷限於傳統的文字，而是包括所有可以用文字記錄的內容。我們可以將文中使用的資料從 Python 程式替換成數學公式，這樣模型就能夠展現其在數學方面的學習能力。這表現了大語言模型的多功能性和廣泛應用性。

在處理獲取到的 Python 程式時，正如第 9 章所述，需要完成兩個關鍵任務：首先，將文字數字化；其次，根據自迴歸模式建立訓練資料。

（1）使用字母分詞器實現文字數字化，這表示訓練資料中出現的字元將組成分詞器的字典，如程式清單 10-1[*] 的第 5 行所示。此外，為了標識文字的開頭和結尾，引入兩個特殊字元「<|b|>」和「<|e|>」分別表示開頭和結尾，如第 7 ～ 9 行所示。需要注意的是，這兩個特殊字元的具體形式只是為了便於理解，它們並不匹配任何實際的字元。

程式清單 10-1 建立訓練資料

```
 1 | class char_tokenizer:
 2 |
 3 |     def __init__(self, data, begin_ind=0, end_ind=1):
 4 |         # 資料中出現的所有字元組成字典
 5 |         chars = sorted(list(set(''.join(data))))
 6 |         # 預留兩個位置給開頭和結尾的特殊字元
 7 |         self.char2ind = {s : i + 2 for i, s in enumerate(chars)}
 8 |         self.char2ind['<|b|>'] = begin_ind
 9 |         self.char2ind['<|e|>'] = end_ind
10 |         self.begin_ind = begin_ind
11 |         self.end_ind = end_ind
12 |         self.ind2char = {i : s for s, i in self.char2ind.items()}
13 |     ......
14 |
15 | def autoregressive_trans(text, tokenizer, context_length=10):
16 |     inputs, labels = [], []
17 |     b_ind = tokenizer.begin_ind
18 |     e_ind = tokenizer.end_ind
19 |     enc = tokenizer.encode(text)
20 |     # 增加開頭和結尾的特殊字元
21 |     x = [b_ind] * context_length + enc + [e_ind]
22 |     for i in range(len(x) - context_length):
23 |         inputs.append(x[i: i + context_length])
24 |         labels.append(x[i + context_length])
25 |     return inputs, labels
26 |
27 | # 舉例展示自迴歸模式的訓練資料
```

* 完整的實現請參考本書書附程式 /ch10_rnn/char_mlp.ipynb。在進行自然語言處理時，由於計算量較大，模型的訓練時間較長，因此本章提供的程式會優先在 GPU 上執行。如果讀者的電腦上沒有 GPU，由於隨機數的影響，模型的結果可能略有不同。

```
28 | tok = char_tokenizer(datasets['whole_func_string'])
29 | example_text = 'def postappend(self):'
30 | inputs, labels = autoregressive_trans(example_text, tok)
31 | for a, b in zip(inputs, labels):
32 |     print(''.join(tok.decode(a)), '--->',  tok.decode(b))
33 | <|b|><|b|><|b|><|b|><|b|><|b|><|b|><|b|><|b|><|b|> ---> d
34 | <|b|><|b|><|b|><|b|><|b|><|b|><|b|><|b|><|b|>d ---> e
35 | <|b|><|b|><|b|><|b|><|b|><|b|><|b|><|b|>de ---> f
36 | <|b|><|b|><|b|><|b|><|b|><|b|><|b|>def --->
37 | <|b|><|b|><|b|><|b|><|b|><|b|>def  ---> p
38 | ......
```

（2）在自迴歸模式下，建立訓練資料的過程涉及將背景文字與預測的詞元進行配對。具體的實現方法可以參考第 22 ～ 24 行程式。由於視窗長度是固定的，因此在處理文字開頭部分時，需要使用表示開始的特殊字元（<|b|>）來填充文字，以確保模型能夠學習文字的最初部分，如第 21 行所示。此外，在文字的末尾也需要加上一個表示結束的特殊字元（<|e|>），這個字元會讓模型學會如何結束一個文字（何時停止生成文字）。值得注意的是，由於自迴歸模式的工作原理，一個字串（原始的 Python 程式）會對應多筆訓練資料，如第 28 ～ 37 行所示。

在完成上述兩項準備工作的基礎上，就能夠將原始資料轉為適用於模型的訓練資料了，如圖 10-8 所示。儘管模型看到的是數字，輸出的也是數字，但透過適當的映射和處理，模型也能夠與人進行交流*。這或許更進一步地詮釋了「語言是思想的影子」（Language is the shadow of thought）這一理念。語言背後的思想遠比使用的文字更為重要。回到技術層面，在進行資料轉換時，由於涉及一對多的關係，需要使用批次映射（Batch Mapping）操作。有關該操作的細節，請參考相關開放原始碼工具的官方文件**。

* 所有進行自然語言處理的模型（比如 ChatGPT）都是如此，它們學習和預測的都只是數字而已。

** 關於批次映射的細節，相應文件的描述其實並不清晰。熟悉巨量資料處理的讀者可以參考 PySpark 中的 mapPartitions 和 flatMap 操作，批次映射實際上可以看作這兩種操作的結合。

```
def process(data):
    # 如果是普通的 map 操作，傳入的值是字串
    # 如果是 map 操作裡面 batched=True，傳入的值是字串清單
    text = data['whole_func_string']
    if isinstance(text, str):
        inputs, labels = autoregressive_trans(text, tok)
        return {'inputs': inputs, 'labels': labels}
    inputs, labels = [], []
    for i in text:
        i, l = autoregressive_trans(i, tok)
        inputs += i
        labels += l
    return {'inputs': inputs, 'labels': labels}

tokenized = datasets.train_test_split(test_size=0.1, seed=1024, shuffle=True)
tokenized = tokenized.map(process, batched=True, remove_columns=datasets.column_names)
tokenized.set_format(type='torch', device=device)
```

視窗長度 = 10
張量形狀：(645401, 10)
{'inputs': tensor(
[[3, 3, ..., 80, 72],
...,
[12, 2, ..., 3, 3]]),
'labels': tensor([66, 82, ..., 3, 72])}
張量形狀：(645401)

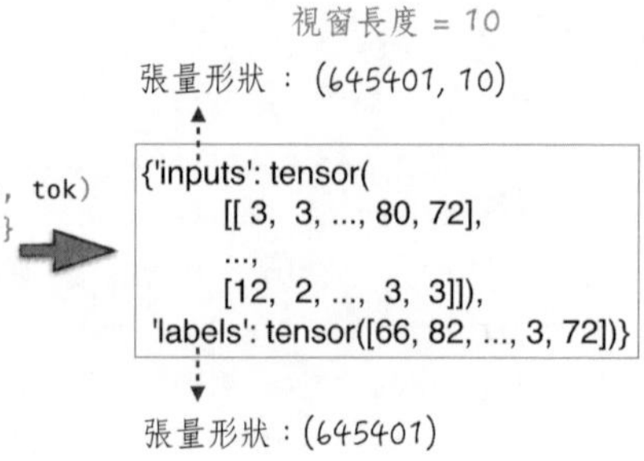

▲ 圖 10-8

10.2.2 文字嵌入

有些讀者可能會感到困惑，10.1.1 節介紹的語言數字化需要將每個詞元轉換成的張量（具體細節請參考圖 10-2，其中表示字典大小），但是在圖 10-8 中，只是將它們轉換成了數字（數值表示詞元在字典中的位置）。這其中的原因是什麼呢？

下面透過一個簡單的例子來解釋這個問題。假設有一個包含 26 個字母的字典，命名為 char2indx，現在需要將文字「love」數字化。

（1）使用字典將文字轉為 1×4 的張量，其中每個位置的數值表示字母在字典中的位置，如圖 10-9 中標記 1 所示。

（2）在此基礎上，可以對結果進行獨熱編碼，得到一個 4×26 的張量，如圖 10-9 中標記 2 所示。

（3）然而，使用上述處理方式得到的結果並不會為模型提供足夠的有用資訊。為了進一步提升資料的表達能力，假設每個詞元的語義可以用一個 1×5 的張量來表示。將這個張量的每個維度想像為某種語言特徵，而詞元與特徵張量之間的映射關係是透過模型學習得來的。這一關鍵操作被稱為文字嵌入 *（Embedding）。在程式層面，文字嵌入是透過張量乘法來實現的，具體請參考圖 10-9 中標記 3。文字嵌入的目的是提供更具資訊量的特徵表示，以便神經網路更進一步地理解和處理文字資料。

* 詳見 9.2.6 節。

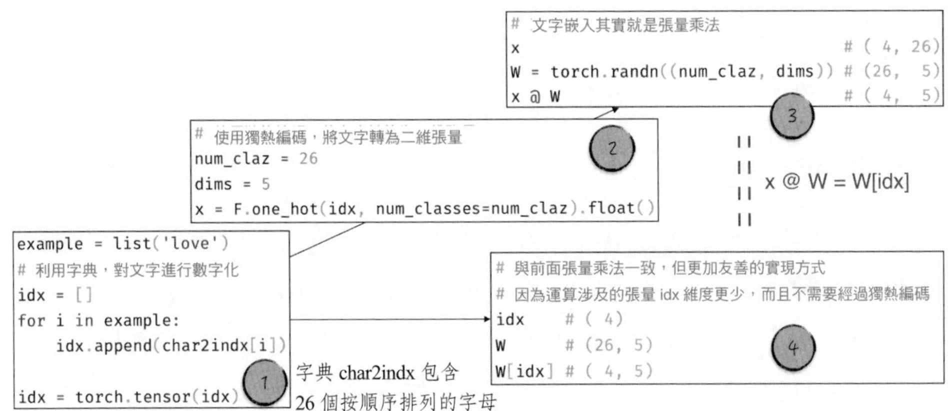

▲ 圖 10-9

對於第 2 步和第 3 步，PyTorch 提供了一種更方便的實現方式，如圖 10-9 中標記 4 所示。這種方法更高效，因此在實際應用中通常傾向於使用這種方式，而非手動實現獨熱編碼後再完成文字嵌入。

根據前面的討論，我們可以實現一個簡化版本的文字嵌入，範例程式如程式清單 10-2* 所示。在進行文字嵌入時，只需傳入文字在字典中的位置即可，無須進行不必要的獨熱編碼（見第 13 ～ 15 行）。事實上，PyTorch 也提供了文字嵌入的封裝 nn.Embedding，這個封裝要求的輸入格式與程式清單 10-2 一致，這也解釋了為什麼在 10.2.1 節的實現中沒有包含獨熱編碼的步驟。

程式清單 10-2 文字嵌入

```
 1 | class Embedding:
 2 |
 3 |     def __init__(self, num_embeddings, embedding_dim):
 4 |         self.weight = torch.randn((num_embeddings, embedding_dim))
 5 |
 6 |     def __call__(self, idx):
 7 |         self.out = self.weight[idx]
 8 |         return self.out
 9 |
10 |     def parameters(self):
11 |         return [self.weight]
12 |
```

* 完整的實現請參考本書書附程式 /ch10_rnn/embedding_example.ipynb。

```
emb = Embedding(num_claz, dims)
idx.shape, emb(idx).shape
(torch.Size([4]), torch.Size([4, 5]))
```

10.2.3 程式實現

在 10.2.1 節和 10.2.2 節的基礎上，利用多層感知器模型學習語言就變得簡單和直接了，具體的程式如程式清單 10-3 所示。以下是關鍵的資料轉換步驟。

（1）如第 11 行程式所示，輸入資料的形狀為（B, 10），其中 B 代表批次大小，10 表示視窗長度。在這個維度下，每個分量表示相應詞元在字典中的位置，讀者可以參考圖 10-8 中的結果來更進一步地理解這一點。

（2）文字嵌入的長度是 30，也就是使用 30 個特徵來刻畫一個詞元。因此，經過嵌入處理後，資料的形狀變為（B, 10, 30），如第 12 行程式所示。

（3）為了將資料傳遞給多層感知器進行學習，就像在 9.1.2 節中處理圖像資料時一樣，將資料轉換成形狀為（B, 300）的張量，如第 13 行程式所示。一旦資料被展平，後續的計算就與標準的多層感知器一致了。

（4）在建構模型時，需要確定字典的大小，即第 3 行中的參數 vs。這個參數用於建構文字嵌入層（第 5 行）和最終輸出層（第 8 行）。因此，當字典規模非常龐大時，模型的參數量會急劇增加，從而導致模型難以訓練。這也解釋了 10.1.2 節中的觀點：字典的規模應該適中。

程式清單 10-3 多層感知器學習語言

```
 1 | class CharMLP(nn.Module):
 2 |
 3 |     def __init__(self, vs):
 4 |         super().__init__()
 5 |         self.embedding = nn.Embedding(vs, 30)
 6 |         self.hidden1 = nn.Linear(300, 200)
 7 |         self.hidden2 = nn.Linear(200, 100)
 8 |         self.out = nn.Linear(100, vs)
 9 |
10 |     def forward(self, x):
11 |         B = x.shape[0]                # (B,  10)
12 |         emb = self.embedding(x)       # (B,  10, 30)
13 |         h = emb.view(B, -1)           # (B, 300)
```

```
        h = F.relu(self.hidden1(h))  # (B, 200)
        h = F.relu(self.hidden2(h))  # (B, 100)
        h = self.out(h)              # (B,  vs)
        return h
```

有了架設好的模型，我們就可以迴圈使用它來生成 Python 程式了，甚至可以在進行模型訓練之前就生成程式，如圖 10-10 所示。在模型訓練之前，生成的 Python 程式看起來毫無意義。但透過簡單的模型訓練後，模型生成的結果已經具備了一些程式的雛形。在本例中，模型已經掌握了一些關鍵字（比如「def」），以及一些常見的英文單字（比如「name」）。此外，模型還學到了 Python 程式的基本結構，例如使用縮進來表示程式區塊。

```
model = CharMLP(len(tok.char2ind)).to(device)

@torch.no_grad()
def generate(model, context, max_new_tokens=300):
    out = []
    # 將模型切換至評估模式
    model.eval()
    for _ in range(max_new_tokens):
        logits = model(context)
        probs = F.softmax(logits, dim=-1)
        ix = torch.multinomial(probs, num_samples=1)
        # 利用模型的預測結果更新文字背景
        context = torch.cat((context[:, 1:], ix), dim=1)
        out.append(ix.item())
    # 將模型切換至訓練模式
    model.train()
    return out

context = torch.zeros((1, 10), dtype=torch.long, device=device)
print(''.join(tok.decode(generate(model, context))))
```

模型訓練之前生成的文字

```
)YN'E.ne'!XOzAYD
F{tvö290&^#>P8(MZzJP<BJe@L
9hJb`Q:*P2i;r@dfVR#L/sw pxS2!
xLI4Y`(&V}\[VI%A!'zq<lel>
```

模型訓練 10 輪之後生成的文字

```
def gandas(self).s))).Streamed for
i += num))
    """

        batchraces.
       ...
        """
        if self._jvm.SSL0 0.1:

name = thod:
        """

        ...
```

▲ 圖 10-10

10.2.4 普通神經網路的缺陷

本節的範例中介紹了如何使用普通神經網路來處理序列資料。從上述內容中可以了解到，儘管普通神經網路可以透過一些技巧來處理序列資料，但存在一些明顯的限制和缺陷。

首先，由於模型結構的限制，普通神經網路的輸入和輸出通常是固定大小的張量。在上面的範例中，模型的輸入是長度等於 10 的字串，而模型的輸出是下一個字元的機率分佈。這表示模型難以有效地處理可變長度的輸入序列，在某些任務上的表現受限。舉例來說，如果下一個字元的分佈機率與視窗之外的字元有關（相關字元在文字中的距離超過 10），那麼本節架設的模型就難以捕捉這種長距離的依賴關係。

其次，在普通神經網路中，資料的轉換步驟是固定的。舉例來說，在多層感知器模型中，資料的轉換步驟由模型的層數決定，這些步驟是預先定義的，無法根據資料或特定任務的屬性進行自我調整調整，也就無法最佳地學習複雜的序列資料。

最後，從學習效率的角度來看，在模型訓練過程中，儘管訓練資料中的文字視窗是互相重疊的，但模型在處理時卻將它們視為獨立的。換句話說，視窗重疊部分的資訊每次都被重複計算，這會導致大量運算資源的浪費，從而影響模型訓練的效率。

這些問題促使我們尋求新的模型結構，以更進一步地對序列資料進行建模。下面將深入討論一種強大的神經結構——循環神經網路，它能夠有效地解決上述問題。

10.3 循環神經網路

讓我們暫時拋開具體的結構細節，從更巨觀的角度來檢查人工智慧領域的模型。在這個角度下，模型就像一個不透明的黑盒子，將張量輸入這個黑盒子，然後從中獲得一些輸出張量。根據輸入和輸出張量的形狀，可以將常見的應用場景分為以下 4 種，如圖 10-11* 所示。

（1）定長輸入和定長輸出，見標記 1。第 9 章討論的影像辨識就屬於這一類。

（2）不定長輸入和定長輸出，見標記 2。理想的文字分類就是這種情況，文字的長度不一，模型需要將其分類到預定的固定類別中。同樣，理想的自迴歸模式也屬於這一類。

（3）不定長輸入和不定長輸出，見標記 3。這對應著自然語言處理中的序列到序列模式，在這種場景下，輸入和輸出的文字長度都是不固定的。需要注意的是，標記 3 的圖示可能讓人誤以為輸入和輸出是同時產生的，但實際上它們之間可以是非同步的。也就是說，在輸入和輸出之間可能存在明顯的間隔，就像標記 5 所示的情況一樣。文字翻譯是一個典型的例子，模型需要閱讀完整個輸入文字後才開始生成翻譯輸出。

（4）定長輸入和不定長輸出，見標記 4。典型的例子是影像描述生成任務，即給定

* 插圖參考自 Andrej Karpathy 的文章「The Unreasonable Effectiveness of Recurrent Neural Networks」。讀者可能會對圖中的水平傳遞箭頭感到困惑，但不用擔心，這是本章將要討論的循環神經網路的圖示。

一張圖片，模型需要生成對圖片的文字描述，而描述文字的長度是不固定的。

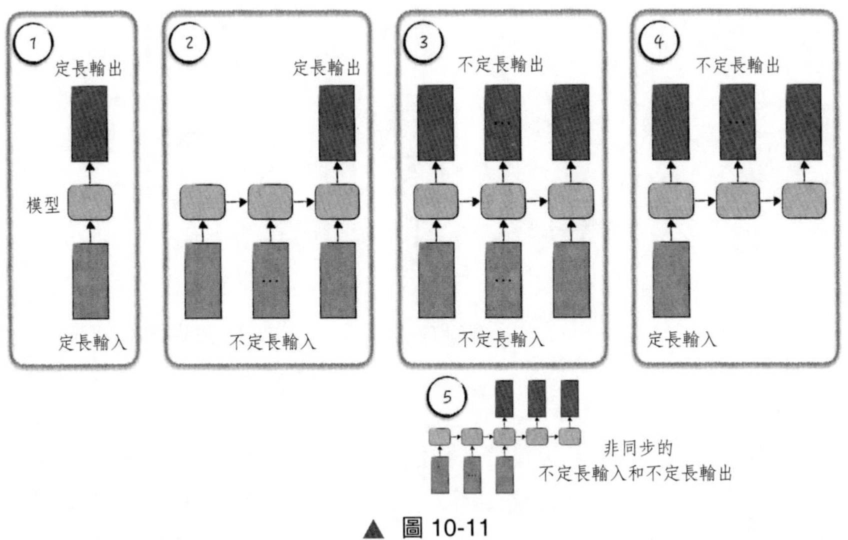

▲ 圖 10-11

普通神經網路僅適用於處理第一種場景。本節將討論的循環神經網路能處理上述的所有場景。更令人興奮的是，它可以自我調整地調整資料轉換步驟，更高效率地從資料中提取資訊，因而在眾多工中展現出令人驚歎的性能和預測效果。接下來，我們將深入研究這類模型，並探討如何將其應用於自然語言處理。

10.3.1 圖示與結構

普通神經網路的一大特點是採用分層的結構來組織神經元。在同一層中，神經元是相互獨立的，它們之間沒有直接的神經連接。為了清晰地展示這一結構特點，可以將同一層中的神經元表示為一個方塊（稱為神經區塊），如圖 10-12 所示。每個神經區塊具有兩個箭頭，分別表示該神經區塊的輸入和輸出。

循環神經網路打破了普通神經網路的限制，它允許同一層的神經元透過相互連接來傳遞資訊。從圖示上來看，循環神經網路與普通神經網路的不同之處在於多了一筆循環箭頭。循環神經網路通常用於處理序列資料，這個箭頭表示神經區塊不僅接收當前資料的輸入，還會處理前序資料傳遞過來的資訊。需要特別強調的是，在典型的循環神經網路圖示中，輸出箭頭和循環箭頭表示的張量實際上是一致的（如圖中的 h），通常被稱為隱藏狀態（Hidden State）。這些隱藏狀態組成了模型的核心，也是下一節的主要討論內容。

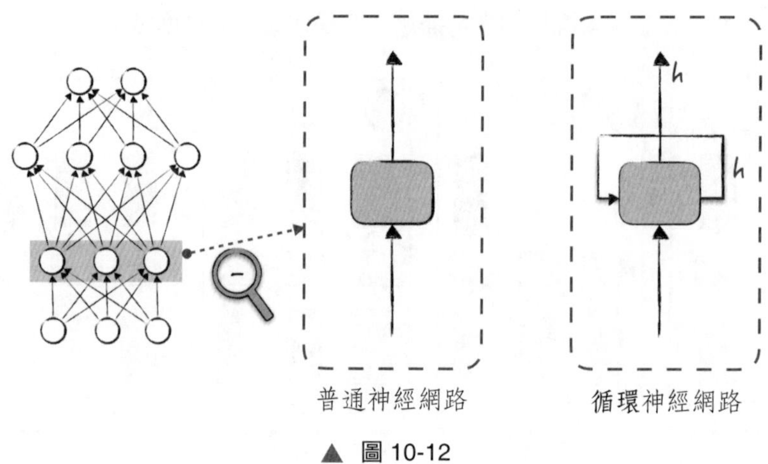

▲ 圖 10-12

圖 10-12 可能並不夠直觀，初看時，我們可能會困惑這樣單一的神經區塊如何處理不定長的輸入和輸出。另外，循環箭頭所代表的神經連接到底是什麼樣的呢？因此，有必要更細緻地研究一下模型的圖示。實際上，循環神經網路的結構並不是靜態的，而是會隨著輸入的資料進行動態調整。具體來說，假設輸入的序列資料長度為 3，那麼循環神經網路會自動展開成由 3 個神經區塊組成的網路。這種展開的、沒有循環的網路結構更加直觀和易於理解，如圖 10-13 左側所示。

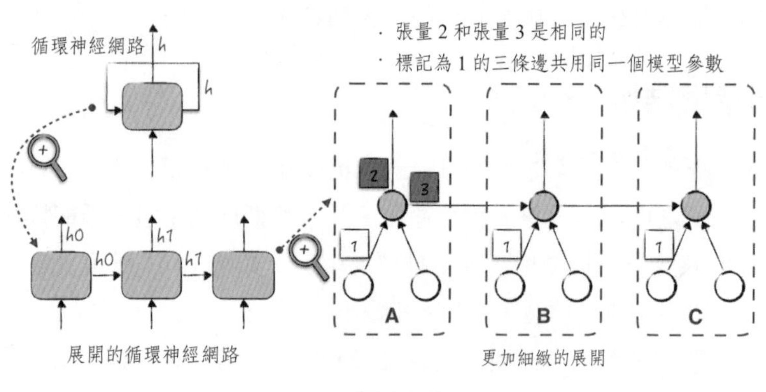

▲ 圖 10-13

在展開的循環神經網路中，每個神經區塊都是按照相同的方式「重複」建構的，這表示它們共用參數（類似於 9.2.2 節討論的卷積層）。為了更進一步地理解這一點，下面進一步放大神經區塊，看看其中隱藏的神經元是如何連接的。為了簡化圖示，假設輸入資料的張量長度為 2，而每個神經區塊只有 1 個神經元。在處理序列資料時，循環神經網路的工作方式可以用以下簡潔的步驟來描述。

（1）當神經網路接收到輸入序列的第一個資料時，神經網路的形態如圖 10-13 中的 A 所示。在這個階段，神經區塊 A 中的神經元接收第一個資料的輸入，並經過計算後輸出訊號 2。同時，它準備好訊號 3，等待序列的下一個資料。

（2）當輸入序列的第二個資料到來時，神經網路會增加一個新的神經區塊，如圖 10-13 中的 B 所示。這時，整個神經網路的形態就等於 A+B。在神經區塊 B 中，神經元將接收 3 個神經元的輸入，其中兩個來自第二個資料的輸入，另一個是前一個神經區塊 A 的訊號 3。神經元的輸出部分與神經區塊 A 的輸出部分類似。

（3）上述的計算步驟將一直重複，直至序列資料的結束。

在圖 10-13 中，有兩個要點值得注意。

- 輸出共用和循環連接：與普通神經網路類似，同一神經元發出的訊號是一樣的，這表示對於循環神經網路，對外輸出和指向自身的張量是相同的（比如訊號 2 和訊號 3）。
- 共用參數：訊號 1 的三條邊共用同一個模型參數，這種設計與卷積層中的共用參數類似。這是循環神經網路的關鍵特性，它不僅有效地減少了模型參數，提高了訓練效率，還有助模型捕捉序列資料中的模式和特徵。

10.3.2 模型的關鍵：隱藏狀態

要想掌握循環神經網路，理解隱藏狀態是關鍵。神經網路是一門工程學科，透過程式實現模型是理解隱藏狀態的最佳途徑。現在的任務是將循環神經網路的展開形式轉化為程式。與之前討論的普通神經網路不同，循環神經網路的圖示（見圖 10-13）具有兩個可能讓初學者感到困惑的特點。

- 水平傳遞箭頭：在循環神經網路中，除了向上傳遞的箭頭，還會有指向自身的水平箭頭。在數學角度上，普通神經網路中神經元的計算僅涉及當前輸入的資料。而在循環神經網路中，需要將當前資料與隱藏狀態結合在一起進行計算。那麼，如何實現這種結合呢？
- 初始神經區塊的特殊性：第一個神經區塊與後續的神經區塊不同，它是序列的起始點，因此沒有隱藏狀態的輸入。這使得它的程式實現相對比較特殊。

這兩個特點的描述可能會讓人感到困惑，似乎它們的實現很複雜。然而，一旦看到實際的程式並理解其原理，就會驚訝地發現它們實際上是如此簡單和直觀。

針對第一點，在圖示中將神經區塊 B 和神經區塊 C 抬高，使它們的輸入神經元與前一個隱藏狀態神經元平行，如圖 10-14 中標記 1 所示。這一調整使圖示與普通神經網路非常相似，看上去更直觀。根據這個圖示，只需將前一個隱藏狀態和當前資料進行張量拼接，然後將拼接好的張量傳遞給當前的隱藏狀態神經元。

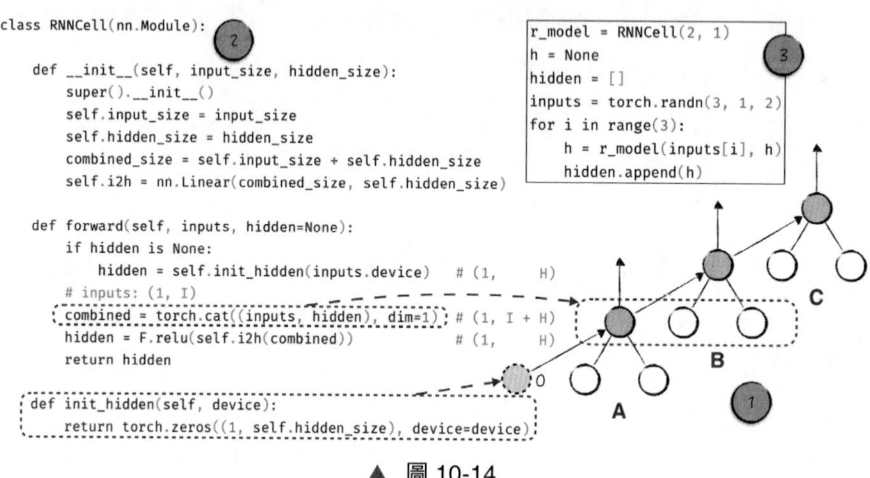

▲ 圖 10-14

此外，第一個神經區塊 A 僅接收輸入資料，沒有隱藏狀態的輸入。為了與其他神經區塊保持一致，為其設置一個初始的隱藏狀態，其中隱藏狀態的所有元素都被初始化為 0。這一調整並不改變計算結果，但消除了初始神經區塊的特殊性，從而簡化了整個模型的結構，為程式實現提供了便利。

將上述兩點翻譯成程式，就獲得了如圖 10-14 中標記 2 所示的模型實現[*]。在處理序列資料時，需要迴圈呼叫這個模型。假設序列的長度為 n，那麼模型將被呼叫 n 次。每次呼叫時，前一次傳回的隱藏狀態將作為其中一個參數傳遞給模型，具體的程式範例如圖 10-14 中標記 3 所示。從模型結構的角度來看，每次呼叫都會在模型中增加一個神經區塊[**]，這也是循環神經網路得名的原因。

---

* 完整的實現請參考本書書附程式 /ch10_rnn/char_rnn.ipynb。循環神經網路的啟動函數除了程式中使用的 ReLU，另一個常見的選擇是 Tanh。

** 在電腦中，神經網路以計算圖的形式進行儲存。因此，每次呼叫模型都會向計算圖中增加一個神經區塊。簡而言之，對於長度為 n 的輸入序列，循環神經網路會自動展開，生成包含 n 個「重複」神經區塊的網路結構。

10.3.3 利用循環神經網路學習語言

要將循環神經網路應用於自然語言的自迴歸學習，還需要其他模型元件的協助。

首先，從張量的形狀來看，循環神經網路輸出的張量形狀為（1,H），這裡的 H 代表隱藏狀態的長度。但是，如果模型要預測下一個詞元是什麼，那麼模型輸出的張量形狀應該是（1,VS），其中 VS 表示字典的大小，即所有可能詞元的數量。通常情況下，H 和 VS 這兩個數值並不相等，這就導致不能直接使用標準的循環神經網路進行自然語言的自迴歸學習。

其次，我們在閱讀文字時會在心中建立對文字意思的整體理解。這個理解一方面隨著閱讀過程中新出現的內容而不斷更新，另一方面也是執行眾多工的基礎，比如分析文字的情感色彩或預測作者接下來可能說明的內容等。循環神經網路的執行方式正是對這一認知過程的模擬。模型的隱藏狀態對應著對文字的理解，更準確地說，隱藏狀態是文字的特徵表示。基於這個隱藏狀態，可以建構模型來預測接下來的內容。這個用於預測的模型通常被稱為語言建模頭（Language Modeling Head）。通常情況下，它是一個相當簡單的線性模型，將形狀為（1, H）的隱藏狀態向量轉為形狀為（1, VS）的張量，後者蘊含著詞元出現的機率（透過使用 Softmax 函數將其轉化為詞元的機率分佈）。上述程式實現如程式清單 10-4 所示。

程式清單 10-4 循環神經網路學習語言

```
class CharRNN(nn.Module):

    def __init__(self, vs):
        super().__init__()
        self.emb_size = 30
        self.hidden_size = 50
        self.embedding = nn.Embedding(vs, self.emb_size)
        self.rnn = RNNCell(self.emb_size, self.hidden_size)
        self.h2o = nn.Linear(self.hidden_size, vs)

    def forward(self, x, hidden=None):
        # x: (1); hidden: (1, 50)
        emb = self.embedding(x)             # (1, 30)
        hidden = self.rnn(emb, hidden)  # (1, 50)
        output = self.h2o(hidden)           # (1, vs)
        return output, hidden
```

```
17 |
18 |  c_model = CharRNN(len(tok.char2ind)).to(device)
19 |  inputs = torch.tensor(tok.encode('d'), device=device)
20 |  hidden = None
21 |  logits, hidden = c_model(inputs, hidden)
22 |  logits.shape, hidden.shape
23 |  (torch.Size([1, 98]), torch.Size([1, 50]))
```

在模型的實現細節方面，模型的輸入是一個形狀為（1）的張量，表示當前詞元在字典中的位置。首先，模型會對輸入進行文字嵌入（假設嵌入特徵的長度為 30），如第 13 行所示。然後，將嵌入後的張量和上一個隱藏狀態傳遞給循環神經網路，以獲取當前的隱藏狀態，如第 14 行所示。這個隱藏狀態經過語言建模頭的轉換，最終生成了詞元分佈的 logits，如第 15 行所示。

在建構模型的過程中，我們需時刻關注每次轉換後的張量形狀，這對偵錯工具和確保模型計算的準確性來說至關重要。當模型建構完成後，可以輸入一個隨機生成的資料來驗證模型輸出的形狀是否符合預期，具體實現如第 18 ～ 23 行所示。有了完整的模型後，接下來將討論如何準備訓練資料、進行模型訓練，以及如何使用模型生成文字。

10.3.4 模型訓練與文字生成

模型架設完成後，隨時可以投入使用。在實際應用中，通常會在進行模型訓練之前就利用它生成文字，以驗證模型的實現是否存在問題。

與普通神經網路（見圖 10-10）不同，循環神經網路能夠自動處理文字的背景資訊，無須複雜的人工處理。整個文字生成的過程如圖 10-15 所示，圖中展示了模型訓練之後的效果，訓練流程的技術討論見下文。然而，對比這兩張圖的結果，會發現循環神經網路的效果並不理想。這樣的結果主要有以下兩個原因：首先，當前模型的學習效率較低，因此訓練輪次有限；其次，循環神經網路在結構上仍有改進的空間。這兩個問題將在 10.4 節進行探討，這裡先特別注意模型的訓練流程。

```python
c_model = CharRNN(len(tok.char2ind)).to(device)

@torch.no_grad()
def generate(model, idx, max_new_tokens=300):
    out = idx.tolist()
    hidden = None
    # 將模型切換至評估模式
    model.eval()
    for _ in range(max_new_tokens):
        logits, hidden = model(idx, hidden)
        probs = F.softmax(logits, dim=-1)
        ix = torch.multinomial(probs, num_samples=1)
        out.append(ix.item())
        # 注意調整模型輸入的形狀
        idx = ix.squeeze(0)
    # 模型訓練之前生成的文字
    model.train()
    return out

begin_text = torch.tensor(tok.encode('d'), device=device)
print(''.join(tok.decode(generate(c_model, begin_text))))
```

模型訓練之前生成的文字

```
d*ZO(F/of("YP{BZE Gl
uw=R:1'_$?
Q9)N[{KQ=CKfAM:iKca"l
+Q3j<sAegWS$ö8Px!
q9T3"yum5Za)'W~5\Wm&B"({r
cdtMR^DA11zc<lel>
```

模型訓練 1 輪之後生成的文字

```
def.areartT    civeif the _are
_sext(am pestranatucby sstervcet
"cot che = srd Not Fit the =
Notintorn aresTiveb), essingparte
= pe "ome   retiothe ted th ches
%ond(mesgtor :c_lue
    or on Jngien pyrame dor it =
veri/g():
```

▲ 圖 10-15

模型訓練前需要準備資料。在自迴歸模式下，循環神經網路每次只接收當前詞元和上一步生成的隱藏狀態作為輸入，因此資料準備相對簡單，如圖 10-16 所示。具體來說，模型訓練所需的輸入資料和預測標籤的形狀是相同的。儘管每次輸入的資料看起來雷同，但隨著輸入文字的推進，它們隱含的含義卻大不相同。這正是循環神經網路的強大之處，它能夠自動處理複雜的背景依賴關係，即使是不定長的背景資訊，模型也能夠有效捕捉和處理。

```python
def encoding(text):
    enc = tok.encode(text)
    # 0表示文字的結束
    return (torch.tensor(enc, device=device),
            torch.tensor(enc[1:] + [0], device=device))

example_text = 'def post(self):'
inputs, labels = encoding(example_text)
print(inputs, labels)
for i in range(len(inputs)):
    context = inputs[:i + 1]
    target = labels[i]
    print(f'The input is {inputs[i].unsqueeze(0)}, ' +
          f'the implied input is {context}, the target is {target}')
```

```
tensor([70, 71, 72,  2, 82, ......])
tensor([71, 72,  2, 82, 81, ......])
The input is tensor([70]), the implied input is tensor([70]), the target is 71
The input is tensor([71]), the implied input is tensor([70, 71]), the target is 72
The input is tensor([72]), the implied input is tensor([70, 71, 72]), the target is 2
The input is tensor([2]),   the implied input is tensor([70, 71, 72,  2]), the target is 82
                                   ......
```

▲ 圖 10-16

循環神經網路的訓練方式與普通神經網路有顯著不同。在普通神經網路中，各個資料之間相互獨立，可以利用張量進行平行計算，因此程式比較簡潔且優雅，幾乎沒有迴圈結構。在循環神經網路中，資料之間存在相互依賴，無法進行平行計算。因此，在訓練模型時，必須逐步生成預測結果，計算模型損失，以進行反向傳播和梯度下降。具體的實現可以參考程式清單 10-5，其中最關鍵的步驟是循環累加模型損失，如第 11 ～ 13 行所示。

程式清單 10-5　訓練循環神經網路

```
 1 | epochs = 1
 2 | optimizer = optim.Adam(c_model.parameters(), lr=learning_rate)
 3 |
 4 | for epoch in range(epochs):
 5 |     for data in datasets:
 6 |          inputs, labels = encoding(data['whole_func_string'])
 7 |          hidden = None
 8 |          loss = torch.tensor([0.], device=device)
 9 |          optimizer.zero_grad()
10 |          lens = inputs.shape[0]
11 |          for i in range(lens):
12 |               logits, hidden = c_model(inputs[i].unsqueeze(0), hidden)
13 |               loss += F.cross_entropy(logits, labels[i].unsqueeze(0)) / lens
14 |          loss.backward()
15 |          optimizer.step()
```

循環神經網路是一種十分經典和常用的模型，開放原始碼演算法函數庫已經提供了成熟而高效的封裝[*]。讀者可以選擇直接使用它們提供的封裝，或深入閱讀它們的原始程式碼。然而，這些實現通常包含複雜的抽象、層級和繼承結構，不但初學者難以理解，甚至經驗豐富的專家也可能在程式的迷宮中迷失方向。

前面的討論中提供了一個直觀的程式實現，旨在幫助讀者更進一步地理解模型的細節。然而，這種實現的計算效率相對較低，極大地限制了模型的使用。想像一下，如果一個模型需要花費一年的時間進行訓練，那麼即使其設計結構再精妙，也將失去實際應用的價值。如何更高效率地實現模型需要較長篇幅的討論，因此，相關的內容將在

* PyTorch 為循環神經網路提供的封裝是 nn.RNN。在這個封裝中，線性變換部分包含兩個截距項。從概念上來說只需要一個截距項，這裡設置兩個是為了與 CuDNN（CUDA Deep Neural Network，神經網路的 GPU 計算依賴於此）相容。類似的處理方式也在其他循環神經網路模型中存在，比如長短期記憶網路。

10.4.1 節中呈現。接下來將討論循環神經網路的學習原理。

10.3.5 模型的學習原理：透過時間的反向傳播

普通神經網路在訓練模型時使用反向傳播演算法來計算模型參數的梯度，反向傳播演算法的細節已在第 7 章中詳細討論過。那麼對循環神經網路，模型參數的梯度計算方法又是什麼呢？答案仍然是使用反向傳播演算法，或更確切地說，演算法的核心仍然是反向傳播。具體來說，為了計算循環神經網路的參數梯度，首先根據輸入的序列資料將模型展開成沒有循環的網路，然後在這個展開的網路上應用反向傳播演算法。學術界通常將這種演算法稱為隨時間反向傳播（Back Propagation Through Time，BPTT）。

由於循環神經網路會根據序列的長度自動展開成龐大的網路結構，因此在直覺上，我們擔心它將面臨嚴重的梯度不穩定問題（參考 8.4.4 節）。這是因為根據之前的討論，梯度的傳播路徑越長，就越容易出現梯度消失或爆炸的情況。事實上，循環神經網路確實會遇到梯度不穩定的問題，但與普通神經網路的情況有所區別，通常被形象地稱為「部分不穩定」。

為了更清晰地理解這一問題，下面透過一個簡單的範例來視覺化這一現象 *。圖 10-17 定義了一個序列資料 x1、x2、x3 及其對應的隱藏狀態 h1、h2、h3（為了圖示簡潔，暫時忽略啟動函數）。當對 h3 執行反向傳播時，由於 x1 距離輸出較遠，梯度傳播需要經過更長的路徑，導致 x1 的梯度貢獻急劇減小（從 1 減少到 0.25）。隨著序列長度的增加，這一現象會變得更加明顯。

簡而言之，當資料與輸出之間的距離較遠時，其貢獻的梯度可以忽略不計，它對模型的最佳化幾乎不起作用。這也表明，儘管循環神經網路從結構上可以處理任意長度的序列，但它就像一個健忘的人只有短期記憶，對於時間久遠的資料，雖然它處理過，但幾乎都忘記了。

* 完整的實現請參考本書書附程式 /ch10_rnn/bptt_example.ipynb。

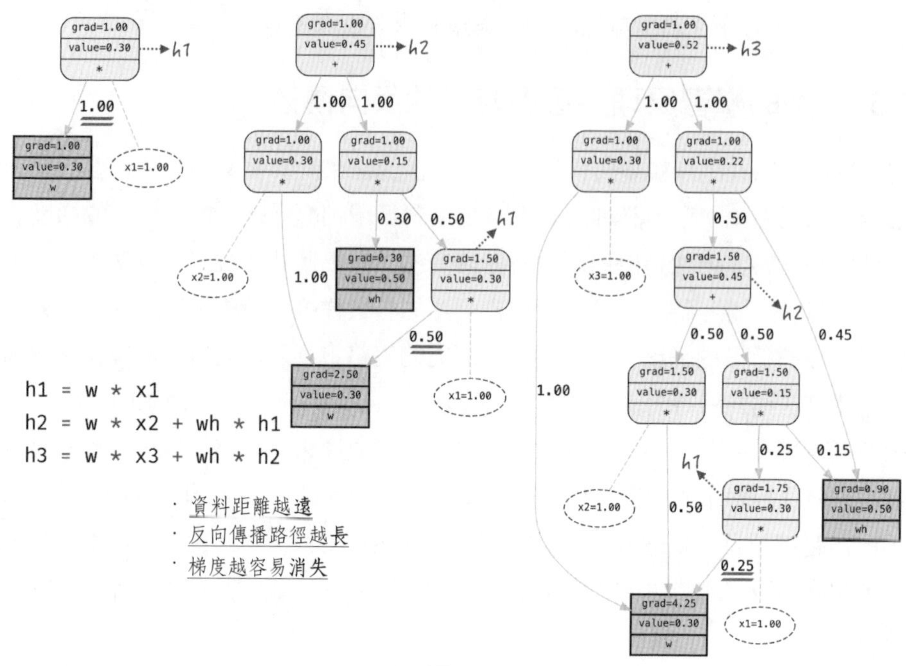

h1 = w * x1
h2 = w * x2 + wh * h1
h3 = w * x3 + wh * h2
· 資料距離越遠
· 反向傳播路徑越長
· 梯度越容易消失

▲ 圖 10-17

10.4 深度循環神經網路

10.3 節中實現了一個最簡單的單層循環神經網路，本節將進一步討論如何建構更複雜的循環神經網路，並將其應用於自然語言處理。架設複雜模型的關鍵在於高效且優雅的程式實現，這也是接下來將要討論的內容。

10.4.1 更優雅的程式實現

模型訓練的基礎是梯度下降法及其變種（具體細節請參考第 6 章）。在這類演算法的每個迭代週期內，首先選擇一批資料，然後計算模型在這批資料上的損失並進行反向傳播。在這個過程中，不同資料的計算是相互獨立的，可以並存執行，這一點同樣適用於循環神經網路。同一序列的模型計算必須串列進行，不同序列的計算仍然可以並行處理。舉例來說，同一文字的文字必須按連續處理，但是不同的文字可以同時並行處理。因此，提高循環神經網路計算效率的關鍵在於並行處理批次資料的模型計算。具體的程式實現如程式清單 10-6 所示 *，以下是實現的要點。

* 完整的實現請參考本書書附程式 /ch10_rnn/char_rnn_batch.ipynb。

（1）實現平行計算的首要步驟是將批次的資料整合成一個新的更高維度的張量。假設模型的輸入資料形狀為（B，T，C）*，如第 10 ～ 13 行所示。其中，B 代表批次大小（Batch Size），T 代表序列資料的長度，C 代表每個元素的特徵長度。在自然語言處理領域，C 通常表示文字嵌入特徵的長度。需要注意的是，上述計算中假設所有輸入序列具有相同的長度，然而在實際應用中，序列長度不同的情況時有發生。10.4.2 節將介紹如何處理這一細節，以確保模型能夠靈活適應不同長度的輸入序列。

（2）根據前面的討論，模型將為序列資料中的每個元素生成一個對應的隱藏狀態。因此，模型的輸出形狀將為（B，T，H），如第 22 行和第 23 行程式所示。其中，H 表示隱藏狀態的長度。

（3）因為序列資料內部需要進行迴圈處理，所以需要對輸入張量進行轉置，將其形狀變為（T，B，C），詳見第 14 行。然後，將之前在模型外部執行的迴圈步驟移到模型內部。具體來說，將程式清單 10-5 中的第 11 行和第 12 行稍做修改，變成程式清單 10-6 中的第 17 ～ 20 行。

程式清單 10-6 批次循環神經網路

```
 1 | class RNN(nn.Module):
 2 |
 3 |     def __init__(self, input_size, hidden_size):
 4 |         super().__init__()
 5 |         self.hidden_size = hidden_size
 6 |         self.i2h = nn.Linear(input_size + hidden_size, hidden_size)
 7 |
 8 |     def forward(self, x, hidden=None):
 9 |         re = []
10 |         # B batch_size,
11 |         # T sequence length,
12 |         # C number of channels.
13 |         B, T, C = x.shape
14 |         x = x.transpose(0, 1) # (T, B, C)
15 |         if hidden is None:
16 |             hidden = self.init_hidden(B, x.device)
```

* 本節提供的實現與 PyTorch 中的 nn.RNN 相比，雖然核心實現類似，但是具體的介面封裝上有一些不同之處。在輸入資料方面，本節要求資料的第一個維度表示批次大小，而在 PyTorch 的封裝中，預設情況卻不是這樣的。此外，PyTorch 的封裝還支援雙向和多層的循環神經網路，而本節的實現是單層單向的。

```
        for i in range(T):
            # x[i]: (B, C); hidden: (B, H)
            combined = torch.cat((x[i], hidden), dim=1)
            hidden = F.relu(self.i2h(combined))  # (   B, H)
            re.append(hidden)
        result_tensor = torch.stack(re, dim=0)   # (T, B, H)
        return result_tensor.transpose(0, 1)     # (B, T, H)

    def init_hidden(self, B, device):
        return torch.zeros((B, self.hidden_size), device=device)
```

10.4.2 批次序列資料的處理

上述模型實現對輸入資料提出了一項相對嚴格的要求，即輸入序列的長度必須相同。為了使這個模型更具通用性，能夠適應長度不一的批次序列資料，通常有兩種常見的處理方法。

一種是填充資料，即根據批次資料中最長的序列長度，使用特殊字元來填充其他序列的空白部分。這種處理方式存在一些問題。首先，由於需要使用特殊字元進行填充，會導致不必要的計算銷耗（填補字元並不需要進行模型計算）。其次，填充的特殊字元可能使模型產生誤解，因為模型無法區分哪部分資料是不需要學習的。為了應對上述兩個問題，PyTorch 提供了一系列封裝函數，用於更高效率地處理填充資料和模型計算，其中包括 pack_padded_sequence 和 pad_packed_sequence 等函數。關於這些函數的詳細資訊，請讀者查閱官方文件。鑑於篇幅有限，本書不再贅述。

另一種是截斷。截斷表示設定一個文字長度 T，然後按照這個長度從文字中截取部分用於訓練。

在大語言模型中，更常用的方法是截斷而非填充。這樣選擇有兩個主要原因。首先，雖然循環神經網路能夠處理任意長度的序列資料，但當處理長距離依賴時，它會面臨挑戰。因此，太長的序列資料對模型的最佳化幫助不大，選擇一個合適的序列長度更有益。其次，採用截斷方法可以非常方便地多次學習同一文字。具體來說，如果文字的總長度為 L，那麼可以逐步滑動視窗，生成 $L-T+1$ 個序列部分（相互重疊）。這種方式大幅擴充了訓練資料的數量，有助提高模型的泛化能力。

圖 10-18 所示為截斷方法的一種實現，下面將使用它來準備訓練資料。一些細心的讀者可能會產生疑慮：這個實現似乎不能極佳地處理文字長度小於 T 的情況。的確如此，圖 10-18 中提供的實現存在一些不足之處，無法處理這種「特殊」情況。它只是一個比

較直觀的示範，而非最佳實踐。

```
def process(data, sequence_len=sequence_len):
    text = data['whole_func_string']
    inputs, labels = [], []
    for i in text:
        enc = tok.encode(i)
        # 0對應著文字結束
        enc += [0]
        for i in range(len(enc) - sequence_len):
            inputs.append(enc[i: i + sequence_len])
            labels.append(enc[i + 1: i + 1 + sequence_len])
    return {'inputs': inputs, 'labels': labels}

tokenized = datasets.train_test_split(test_size=0.1, seed=1024, shuffle=True)
tokenized = tokenized.map(process, batched=True, remove_columns=datasets.column_names)
tokenized.set_format(type='torch', device=device)
```

序列長度等於64
張量形狀：(605913, 64)
{'inputs': tensor(
[[75, 81, ..., 2, 2],
...,]),
'labels': tensor(
[[81, 80, ..., 2, 2],
...,])}
張量形狀：(605913, 64)

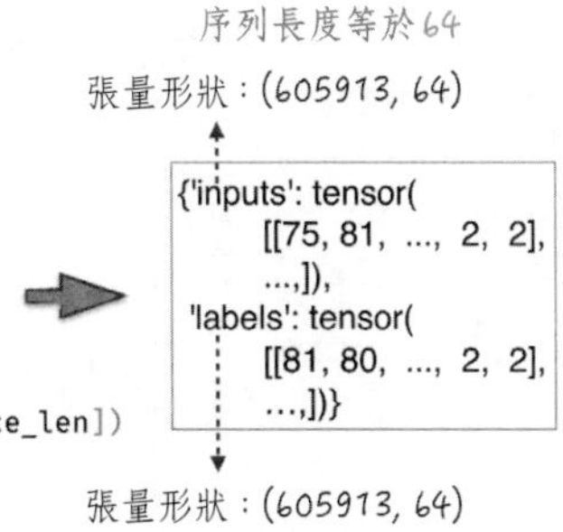

▲ 圖 10-18

在實際應用中，為了更全面地處理各種情況，通常採取以下方法進行截斷：在每個文字的末尾增加一個特殊字元來表示結束，比如之前提到的「<|e|>」。然後，將所有文字連接成一個長串，截斷操作將在這個長串上進行。這種方式能夠保證即使某個文字的長度小於 T，也能正常處理，只是這種情況下截取的資料中包含了表示結束的特殊字元。

10.4.3 從單層走向更複雜的結構

前文實現的循環神經網路是單層的網路結構。在橫向上，模型可以根據輸入的序列資料自動展開成一個寬度很大的結構，但從縱向上看，神經網路仍然只有一層。為了提升模型的表達能力，類似於多層感知器，循環神經網路也可以增加層數。這表示可以透過疊加多個循環神經網路層來建構深度循環神經網路（Deep RNN）*，如圖 10-19 所示。深度循環神經網路的展開形式是一個寬度和高度都很大的網路結構。從工程的角度來看，模型會首先橫向傳遞訊號，然後逐層向上，一層一層地計算。這種方法可以最大限度地實現並行處理，提高模型的效率。

* 這種模型也可以被稱為多層循環神經網路（Multi-layer RNN）。

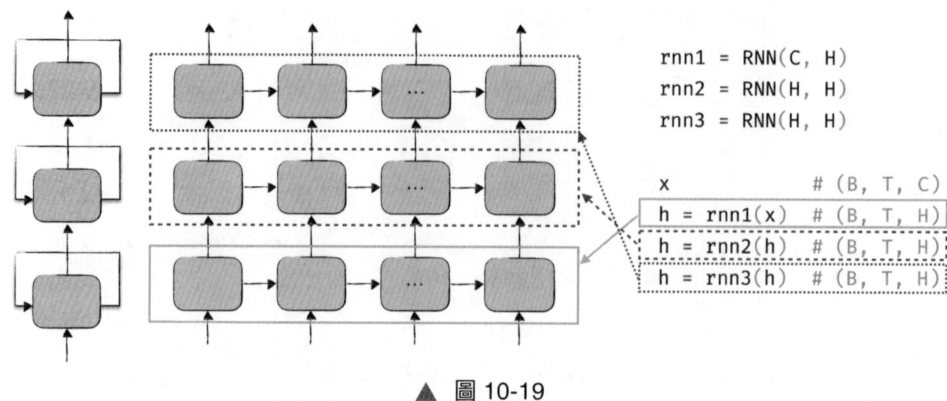
rnn1 = RNN(C, H)
rnn2 = RNN(H, H)
rnn3 = RNN(H, H)
x # (B, T, C)
h = rnn1(x) # (B, T, H)
h = rnn2(h) # (B, T, H)
h = rnn3(h) # (B, T, H)

▲ 圖 10-19

前文所討論的模型不僅是單層的，而且是單向的，即單向循環神經網路（Unidirectional RNN）——模型按照順序從左到右處理序列資料。這種處理方式的假設是當前資料只依賴左側文字的背景。然而，在實際應用中，這種假設並不總是成立。以英文為例，冠詞「a」和「an」的使用取決於右側文字，比如「a boy」和「an example」。為了提升模型效果，需要引入雙向循環神經網路（Bidirectional RNN），如圖 10-20 所示。這種雙向設計使得模型能夠更全面地捕捉序列中的依賴關係和模式，提高模型對複雜序列資料的建模能力。在自然語言處理領域，自迴歸模式只需要單向循環神經網路。但在自編碼模式下，要預測被遮蔽的內容，需要考慮左右兩側的上下文，通常需要雙向循環神經網路。

值得注意的是，圖 10-20 所示的雙向循環神經網路仍然只是單層神經結構，也可以疊加多層來提升模型效果。此外，雙向循環神經網路的輸出使用了張量拼接的處理技巧。這種簡單且直觀的處理方法在後續的許多複雜神經網路中也經常出現。

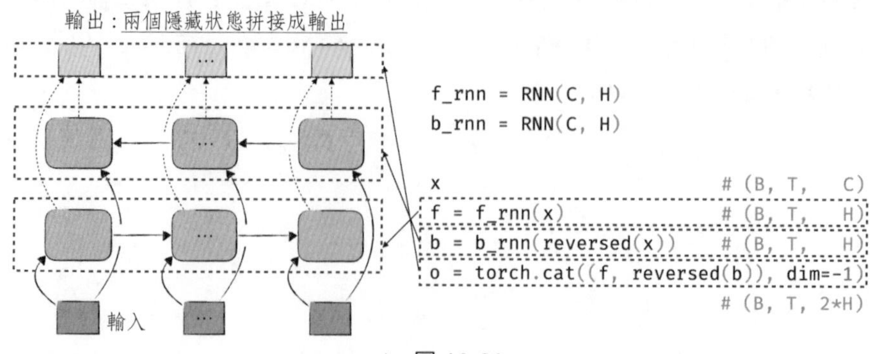
輸出：兩個隱藏狀態拼接成輸出
輸入
f_rnn = RNN(C, H)
b_rnn = RNN(C, H)
x # (B, T, C)
f = f_rnn(x) # (B, T, H)
b = b_rnn(reversed(x)) # (B, T, H)
o = torch.cat((f, reversed(b)), dim=-1)
# (B, T, 2*H)

▲ 圖 10-20

按照輸入 / 輸出的張量形狀進行分類，前面討論的循環神經網路都屬於不定長輸入、不定長輸出的模型，對應圖 10-11 中的標記 3。這種模型被稱為標準的循環神經網路，具有廣泛的適用性，簡單調整後可適應各種複雜的應用場景。下面以標準循環神經網路為基礎舉例，建構一個用於解決翻譯問題的模型，其具體結構如圖 10-21 所示。

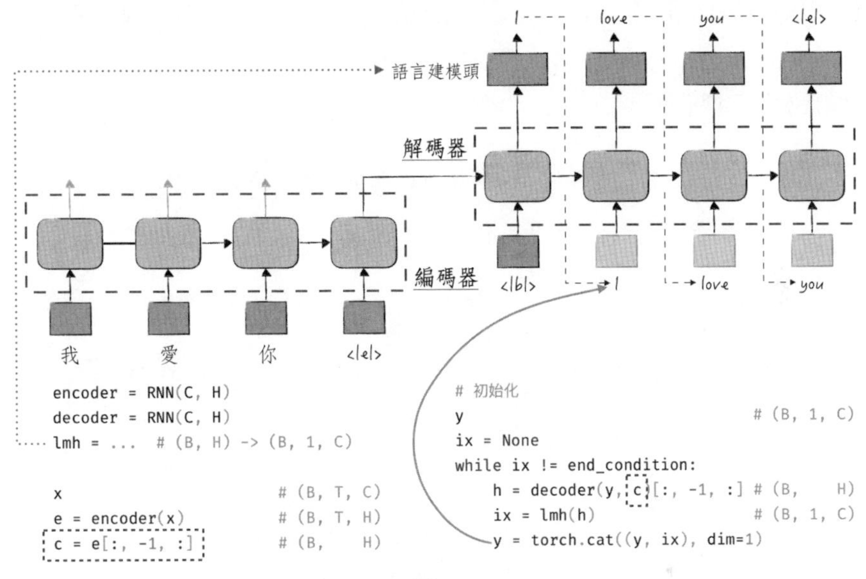

▲ 圖 10-21

模型中包含兩個標準循環神經網路，分別被稱為編碼器（Encoder）和解碼器（Decoder）*。在圖 10-21 中，編碼器會逐步讀取中文文字。它為每個輸入的詞元生成相應的隱藏狀態，我們主要關注最後一個隱藏狀態，它包含了整個文字的資訊，會被傳遞給解碼器。

解碼器的運作方式與編碼器有所不同，它不需要生成全零的初始隱藏狀態，而是接收來自編碼器的隱藏狀態作為起點。在解碼器中，初始的輸入序列是表示文字開始的特殊字元「<|b|>」。與文字生成時的步驟類似，解碼器會將預測結果增加到輸入序列中，然後再次觸發模型預測（這個過程依賴其他模型元件，例如圖 10-21 中的語言建模頭 lmh）。如此循環，解碼器逐步生成目標文字，完成翻譯任務。

按照輸入 / 輸出的張量形狀進行分類，編碼器是不定長輸入、定長輸出的模型，對應圖 10-11 中的標記 2。解碼器將定長輸入映射到不定長輸出，對應圖 10-11 中的標記 4。

---

* 著名的語言模型 Transformer，其基本結構也分為編碼器和解碼器兩個主要部分。

當將編碼器和解碼器結合在一起時，就組成了圖 10-11 中的標記 5。

10.4.4 利用深度循環神經網路學習語言

根據上述討論，下面將建構一個雙層的單向循環神經網路，用於語言學習。具體的模型細節可以參考程式清單 10-7。為了防止過擬合，模型對每一層的輸出進行了隨機失活（Dropout）操作，如第 16 ～ 17 行程式所示。在實際應用中，這一設計幾乎已經成為循環神經網路的標準配置。

程式清單 10-7 深度循環神經網路

```
1 | class CharRNNBatch(nn.Module):
2 |
3 |     def __init__(self, vs):
4 |         super().__init__()
5 |         self.emb_size = 256
6 |         self.hidden_size = 128
7 |         self.embedding = nn.Embedding(vs, self.emb_size)
8 |         self.dp = nn.Dropout(0.4)
9 |         self.rnn1 = RNN(self.emb_size, self.hidden_size)
10 |         self.rnn2 = RNN(self.hidden_size, self.hidden_size)
11 |         self.h2o = nn.Linear(self.hidden_size, vs)
12 |
13 |     def forward(self, x):
14 |         # x: (B, T)
15 |         emb = self.embedding(x)          # (B, T,  C)
16 |         h = self.dp(self.rnn1(emb))      # (B, T,  H)
17 |         h = self.dp(self.rnn2(h))        # (B, T,  H)
18 |         output = self.h2o(h)             # (B, T, vs)
19 |         return output
```

與 10.3.4 節的實驗結果相比，新模型的預測效果有了一定改善，但仍然未能達到理想水準。如圖 10-22 所示，它的表現與多層感知器旗鼓相當，這主要是由於循環神經網路在處理長距離依賴關係時表現不佳，10.5 節將深入討論這一問題。

```
model = CharRNNBatch(len(tok.char2ind)).to(device)

@torch.no_grad()
def generate_batch(model, idx, max_new_tokens=300):
    # 將模型切換至評估模式
    model.eval()
    for _ in range(max_new_tokens):
        # 限制背景長度，使之與模型訓練時的狀況更相符
        # 當然也可以不限制
        context = idx[:, -sequence_len:]
        # 在文字生成時，模型的計算效率很低，因為有很多重複計算
        logits = model(context)
        logits = logits[:, -1, :]
        probs = F.softmax(logits, dim=-1)
        ix = torch.multinomial(probs, num_samples=1)
        idx = torch.cat((idx, ix), dim=1)
    # 將模型切換至訓練模式
    model.train()
    return idx.tolist()[0]

begin_text = torch.tensor(tok.encode('def'), device=device).unsqueeze(0)
print(''.join(tok.decode(generate_batch(model, begin_text))))
```

多層感知器

```
epoch  0: test loss 1.5097
......
epoch  9: test loss 1.3286
```

深度循環神經網路

```
epoch  0: test loss 1.6117
......
epoch  9: test loss 1.3593
```

```
def name=2.9], False,
            "fiend num rawfo
data a verifien the resunc to
end
            # Deraming or not
'las1: semrine DataFrame.

        >>> c.ichurrert.gat.ines
= MLsib, inmente`,
```

▲ 圖 10-22

值得注意的是，如果參考圖 10-19，本節使用隨機失活的方式實際上是對神經網路中的縱向訊號進行處理。然而，這不是唯一的方式，也可以對神經網路中的橫向訊號執行相似的操作，也就是在隱藏狀態上引入失活操作。這一方法在學術界被稱為循環失活（Recurrent Dropout）。

雖然 PyTorch 提供的封裝中並不包含循環失活，但實現這一功能並不困難，只需在程式清單 10-6 的基礎上稍做修改即可（鑑於篇幅，具體修改細節不再詳述）。這個例子清楚展示了神經網路的靈活性，同時印證了我們不僅需要理解神經網路模型設計的細節，還需要透過程式實現它。這樣就可以根據實際需求自主增添相應的模型元件，而不必受限於開放原始碼工具的開發進度和設計選擇。

10.5 長短期記憶網路

標準的循環神經網路在處理長距離依賴關係時表現不佳，這限制了它在自然語言處理等領域的應用。從前面的討論中可以看出，這種模型似乎只能從距離較近的資料中獲取資訊，學術上將這一特性形象地稱為短期記憶。為了改進這一問題，學術界引入了經典的長短期記憶網路（Long Short-Term Memory，LSTM）[*]。這個名字有點奇怪，經常讓

* 這個模型的創始人是來自德國的學者，模型的名稱也反映了德語中喜歡合成複合詞的習慣。

人感到困惑，實際上，正確的斷句方式應該是「長 - 短期記憶 - 網路」。這種斷句方式能夠準確地表達出這個模型想要解決的問題，即如何在模型中長時間地保留短期記憶，使模型能夠更有效地處理長距離依賴關係。

LSTM 是一種比較古老的模型，它的設計可以追溯到 1995 年（正式文章於 1997 年發表）。這個模型的設計非常巧妙，但由於其結構複雜，難以訓練，因此在很長一段時間內只被視為學術界的研究課題，鮮有成功的業界案例。隨著 GPU 計算和模型訓練技術的發展，這個模型逐漸在語音辨識、文字翻譯、遊戲等領域獲得了廣泛的應用。其發展歷程充分表現了神經網路是一門非常注重實踐的學科。一個模型要想成功，不僅要考慮模型理論結構的優雅，還需要關注如何在工程上高效實踐，這在實際場景中往往更加關鍵。

下面將深入探討 LSTM 的細節，並提供程式實現以展示如何在自然語言處理領域應用它。

10.5.1 短期記憶

10.3.5 節已經從反向傳播的角度直觀地介紹了短期記憶，但由於尚未在數學上對其進行嚴格的定義和討論，我們對這個問題的理解仍然不夠深刻。實際上，短期記憶問題在神經網路領域至關重要，為了解決這一問題，湧現了一系列著名的模型，其中包括本節討論的長短期記憶網路，以及當前備受推崇的大語言模型。因此，本小節的核心內容是深入探討短期記憶的數學原理和可能的解決方法。

在循環神經網路中，隱藏狀態是模型進行預測的基礎，但它只有相當短的記憶能力。以自然語言處理為例，每一步的隱藏狀態理論上應該是從文字到當前位置的特徵表示，然而實際上，每一步的隱藏狀態只能記錄最近幾個詞元的資訊。

由於隱藏狀態的更新需要使用啟動函數，使得短期記憶問題在數學上變得比較煩瑣。然而，忽略啟動函數的存在並不會影響我們理解問題的關鍵或得出結論 [*]。因此，接下來的討論將不考慮啟動函數，以簡化數學推導過程。

圖 10-23 中引入了一些數學記號：$\boldsymbol{X}_k$ 代表輸入資料，$\boldsymbol{H}_i$ 代表相應的隱藏狀態，它們的形狀分別為 $1 \times c$ 和 $1 \times h$。在隱藏狀態的更新過程中，模型對前一個隱藏狀態和當

* 通常情況下，循環神經網路採用的啟動函數是 ReLU。當輸入大於 0 時，ReLU 表現為一個恒等變換；當輸入小於 0 時，則將輸入映射為 0。將小於 0 的值映射為 0 代表完全遺忘，這進一步加重了短期記憶問題。如果啟動函數是 Tanh，由於在 0 附近的導數等於 1，也近似於恒等變換。

前輸入資料進行張量拼接，然後進行線性變換。

為了更清晰地理解隱藏狀態的更新細節，將處理隱藏狀態的參數表示為 $\boldsymbol{W}_h$，將處理輸入資料的參數表示為 $\boldsymbol{W}_v$。使用矩陣乘法（參考圖 10-23 中標記 1），可以得到隱藏狀態的數學運算式，如公式（10-1）所示。

$$\boldsymbol{H}_i = \sum_{k=1}^{i} \boldsymbol{X}_k \boldsymbol{W}_v \boldsymbol{W}_h^{i-k} \tag{10-1}$$

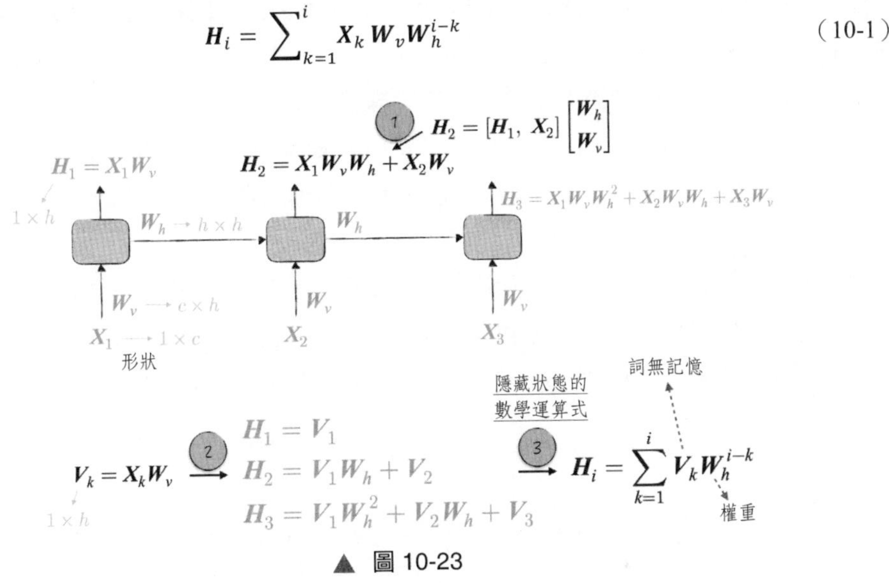

▲ 圖 10-23

現在關注圖 10-23 中的標記 2。在計算中，引入了一個新變數 $\boldsymbol{V}_k$，它等於 $\boldsymbol{X}_k$ 與 $\boldsymbol{W}_v$ 的乘積。這個新變數只由詞元本身所決定，與它在文字中的位置無關，因此可以將新變數看作詞元本身的特徵表示。基於這一理念，將隱藏狀態的數學運算式改寫成以下形式：

$$\boldsymbol{H}_i = \sum_{k=1}^{i} \boldsymbol{V}_k \boldsymbol{W}_h^{i-k} \tag{10-2}$$

在公式（10-2）中，可以將$\boldsymbol{W}_h^{i-k}$理解為權重，那麼隱藏狀態可以被視為所有詞元特徵的一種加權平均。或更形象地說，把 $\boldsymbol{V}_k$ 看作詞元所帶來的記憶，那麼隱藏狀態就是所有詞元記憶的加和。通常情況下，模型參數 $\boldsymbol{W}_h$ 分佈在接近 0 的範圍內，這導致當距離時間步較遠時，$\boldsymbol{W}_h^{i-k}$會迅速趨近於 0。因此，在隱藏狀態中，只有距離較近的詞元的記憶會被保留，這就是所謂的短期記憶現象。

從上面的公式可以看出，循環神經網路存在一些不太令人滿意的問題。隱藏狀態是所有詞元記憶的加和，但是每個記憶的權重主要受到距離的影響，這表現為公式（10-2）中的次方項。當距離較遠時，由於次方效應，權重會迅速減小。模型難以表達元素之間的相似關係，也就無法有效處理長距離依賴關係。考慮這個句子：我在家裡養了一隻小貓，每天清晨，我的寵物小貓都會過來叫我起床。當模型處理到「寵物」這個詞時，它需要與前面的「小貓」建立強連結。換句話說，對於這一步的隱藏狀態，「小貓」的權重應該很大，這樣可以幫助模型預測下一個詞元也是「小貓」。然而，公式（10-2）表明模型無法有效處理這種長距離的依賴關係。為了解決這個問題，需要重新設計權重項，使其能夠更進一步地反映詞元之間的相關性。這正是注意力機制（Attention Mechanism）的主要改進之處，相關細節將在 11.1.2 節中詳細討論。

如果進一步將 $\boldsymbol{W}_h$ 限定為一個數量矩陣（Scalar Matrix），那麼可以用矩陣乘法來表示所有隱藏狀態的計算，如圖 10-24 所示。與循環神經網路中的連續處理相比（例如程式清單 10-6 中的第 17 ～ 21 行），這種計算方式可以進行平行計算，更加高效。從另一個角度來看，基於下三角矩陣的矩陣乘法在某種程度上等於循環的累加過程。按照這個想法，我們可以對循環神經網路中的循環部分進行調整，在保留核心特性的同時提高計算效率。這也是注意力機制的另一個創新點，具體細節請參考 11.1.3 節。

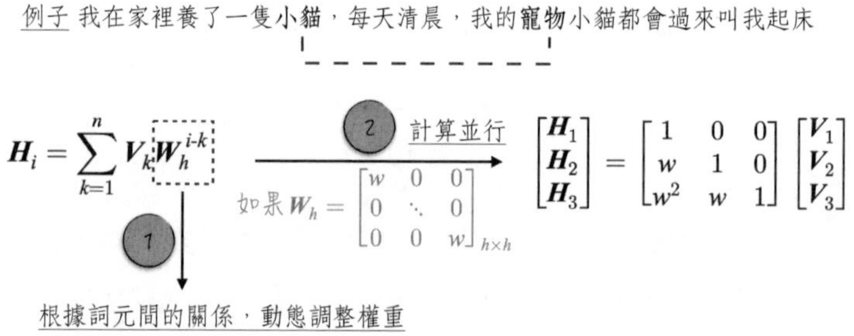

例子 我在家裡養了一隻小貓，每天清晨，我的寵物小貓都會過來叫我起床

$$\boldsymbol{H}_i = \sum_{k=1}^{n} \boldsymbol{V}_k \boldsymbol{W}_h^{i-k}$$

② 計算並行

如果 $\boldsymbol{W}_h = \begin{bmatrix} w & 0 & 0 \\ 0 & \ddots & 0 \\ 0 & 0 & w \end{bmatrix}_{h\times h}$

$$\begin{bmatrix} \boldsymbol{H}_1 \\ \boldsymbol{H}_2 \\ \boldsymbol{H}_3 \end{bmatrix} = \begin{bmatrix} 1 & 0 & 0 \\ w & 1 & 0 \\ w^2 & w & 1 \end{bmatrix} \begin{bmatrix} \boldsymbol{V}_1 \\ \boldsymbol{V}_2 \\ \boldsymbol{V}_3 \end{bmatrix}$$

① 根據詞元間的關係，動態調整權重

▲ 圖 10-24

10.5.2 模型結構

在標準循環神經網路中，每個神經元由一個線性變換和一個啟動函數組成。神經元接收前一個隱藏狀態和當前輸入兩個張量作為輸入，得到當前的隱藏狀態並將其輸出。隱藏狀態有兩作用：參與下一個隱藏狀態的計算和預測當前資料的標籤。

長短期記憶網路的改進主要表現在神經元的結構上。與標準循環神經網路不同，它引入了更複雜的神經元結構，包括兩個關鍵狀態：細胞狀態（Cell State）和隱藏狀態。隱藏狀態的作用類似於標準循環神經網路，細胞狀態用於長距離資訊傳遞。具體來說，在長短期記憶網路中，神經元接受 3 個張量作為輸入，分別是前一個細胞狀態、前一個隱藏狀態，以及當前輸入。神經元會根據內部演算法來更新細胞狀態和隱藏狀態，並生成相應的輸出。需要強調的是，通常只使用隱藏狀態來預測當前資料的標籤。

長短期記憶網路神經元的運算相對複雜，不再只是簡單的線性和非線性疊加。這是因為它需要同時維護和更新兩個狀態，以確保細胞狀態能夠有效地傳遞長距離的資訊。為了更進一步地處理這一任務，模型引入了一個重要的模型元件——門控（Gate）。門控的作用是決定哪些資訊應該被保留，哪些資訊應該被遺忘。雖然這個概念看起來有些抽象，但在數學上非常清晰。可以將這一過程表示為張量乘法：$r = g * x$。其中 x 是一個 $1 \times h$ 的張量，表示備選的資訊；g 同樣是一個 $1 \times h$ 的張量，其值在 0 到 1 之間變化。當 g 的某個分量等於 1 時，x 中對應位置上的資訊被完全保留；當 g 的某個分量等於 0 時，x 中對應位置上的資訊被完全遺忘；當 g 的分量處於 0 和 1 之間時，表示只保留部分資訊。

引入門控的概念後，模型的計算流程可以被概括如下。

（1）類似於標準循環神經網路，將上一個隱藏狀態和當前輸入進行張量拼接，如圖 10-25 中標記 1 所示。

（2）模型更新細胞狀態。基於拼接張量，模型生成兩個關鍵門控：遺忘門（Forget Gate）和輸入門（Input Gate）。同時，模型還會基於拼接張量生成一個備選的細胞狀態。最終，透過組合上一個細胞狀態、遺忘門、輸入門和備選細胞狀態，模型將生成新的細胞狀態，如圖 10-25 中標記 2 所示。

（3）模型更新隱藏狀態。模型基於更新後的細胞狀態生成備選的隱藏狀態，並基於拼接張量生成輸出門（Output Gate）。最終，這兩者協作作用，生成最終的隱藏狀態，如圖 10-25 中標記 3 所示。

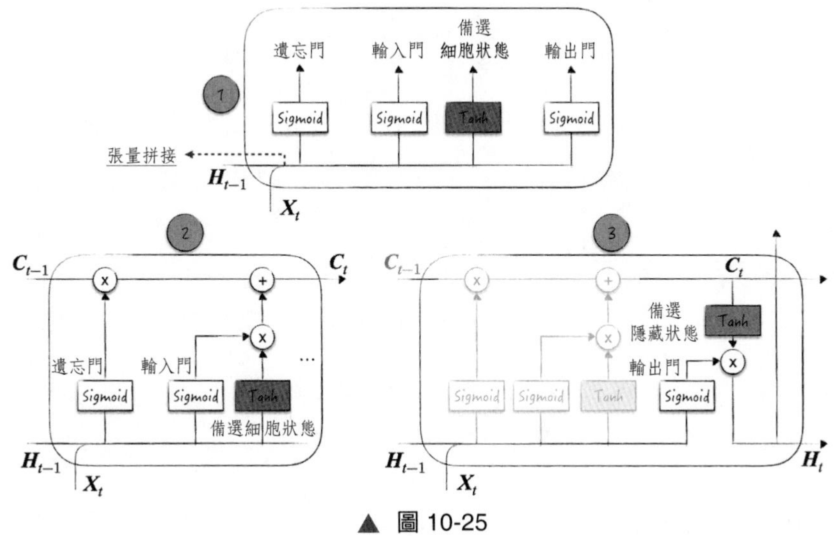

▲ 圖 10-25

將上述的計算流程應用到自然語言處理領域，以便更清晰地理解細胞狀態和隱藏狀態在學習語言時所扮演的不同角色。細胞狀態並不直接與當前輸入進行互動，因此它主要用儲存文字知識。與此不同，隱藏狀態與當前輸入密切合作，專注於處理新資訊，包括生成新的資訊和更新文字知識等。這樣明確的分工巧妙地平衡了資訊的長期累積和短期處理，使得模型能夠高效率地處理長距離的依賴關係。

前文對於模型結構的討論可能會給初學者帶來困擾，模型的圖示看起來相當複雜，難以理解。此外，煩瑣的數學推導也可能讓一些讀者感到抽象。為了幫助讀者更進一步地理解模型細節，下面將上述的圖示翻譯成程式。這往往是理解模型的最佳途徑，儘管模型看起來複雜，但其程式實現相對更加清晰。

10.5.3 程式實現

在長短期記憶網路中，神經元的核心包括兩個狀態，即細胞狀態和隱藏狀態。在程式實現中，通常使用相同形狀的張量來表示它們（也可以選擇使用不同形狀的張量，但這只會增加程式實現的複雜性，沒有任何實際益處）。在這個設定下，圖 10-26* 展示了神經元的核心實現。其結構看起來複雜，但基本要素仍然是線性模型和非線性變換。

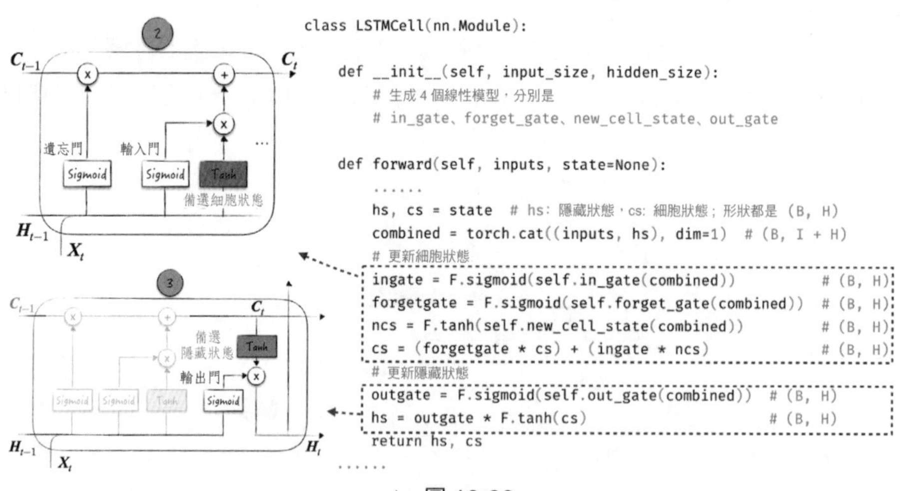

▲ 圖 10-26

首先是實現門控這個核心元件：由於門控的輸出範圍在 0 到 1 之間，所以使用線性模型與 Sigmoid 函數的組合來實現它。圖 10-26 中的變數 ingate、forgetgate 和 outgate 分

* 完整的實現請參考本書書附程式 /ch10_rnn/lstm.ipynb。

別對應輸入門、遺忘門和輸出門。這些門控的作用非常關鍵，有助控制資訊的流動和細胞狀態的更新。

接下來討論細胞狀態的更新過程。為了更清晰地理解這一過程，我們將模型置於自然語言處理的背景中。首先利用 Tanh 函數和線性模型生成備選細胞狀態（ncs）。輸入門和備選細胞狀態的乘積可以被理解為新增加的文字知識，遺忘門和細胞狀態（cs）的乘積代表從上一步保留下來的文字知識，將這兩者相加，便獲得了新的細胞狀態。

在這個更新過程中，有兩點特別關鍵的內容。

（1）啟動函數的選擇：及閘控的 Sigmoid 函數 * 不同，這裡使用的 Tanh 函數實際上就是這個神經元的啟動函數。這表示，可以根據需要將 Tanh 函數替換為其他啟動函數，比如效率更高的 ReLU 函數 **。在普通的神經元中，啟動函數的輸出就是神經元的輸出，而在這裡，啟動函數的輸出需要經過門控的篩選，才能最終成為神經元的輸出。需要注意的是，由於每個神經元有兩個輸出，因此除了生成備選的細胞狀態，啟動函數還被用於生成備選的隱藏狀態。如果要更改啟動函數，需要同時更改這兩個地方。

（2）雙組件設計：在細胞狀態的更新過程中，模型採用兩個元件來表達新的文字知識。這或許讓人感到疑惑，因為輸入門和備選細胞狀態的輸入是一樣的，輸出的張量形狀也是一樣的，那麼為什麼不直接透過一個模型來生成新增的文字知識呢？這個設計之所以存在，是為了模擬人類獲取知識的兩個過程：一個是基於新資訊提取知識，另一個是決定哪些新知識需要被長期儲存。當然，這種設計並不是唯一正確的方式。在後續的研究中，也出現了對長短期記憶網路的改進和變種，其中一些並沒有輸入門 ***。這個例子展示了神經網路作為實用型學科與其他理工科的不同之處。在神經網路領域，很多時候並沒有絕對的對與錯，只要大的想法正確，結構細節對結果的影響有時並不大。這與人類學習相似，每個人的學習方法各不相同，但只要方向正確，都可以取得相似的學習效果。

隱藏狀態的更新與細胞狀態類似，因此不再詳細討論具體過程。

---

* Sigmoid 函數在模型中的主要作用是進行資訊篩選。根據門控的定義，它的輸出範圍被限制在 0 到 1 之間，因此通常情況下，很難將這個函數替換為其他函數。在某些文獻中， Sigmoid 函數也被稱為門控啟動函數。

** 在長短期記憶網路被發明時，ReLU 函數並沒有出現，不過幾乎可以確定，如果在模型中使用 ReLU 函數，會得到更優的模型性能。

*** 長短期記憶網路在近 30 年的發展歷程中，一直秉持著其核心思想，但其具體結構和元件發生了多次演化和改進。因此，在學習神經網路時，我們應該靈活思考，深入理解其背後的原理，而非死記各種網路的結構和數學公式。

10.5.4 利用長短期記憶網路學習語言

一旦實現了神經元，架設長短期記憶網路就變得相對簡單了，它與循環神經網路的實現非常相似，在此就不展示具體的實現步驟了。但需要提醒的是，對於複雜的模型實現，確保程式的準確性是具有挑戰性的任務。有些數學細節中即使出現錯誤，程式仍然能夠正常執行，因此很難發現問題。一種有效的方法是查詢其他人的實現程式，並將兩者的計算結果進行比對。對於經典模型，PyTorch 等深度學習框架提供了相應的封裝，可以透過比對這些封裝來確保程式的正確性。此外，透過這個過程，讀者還可以加深對模型的理解，提高對開放原始碼工具的掌握水準。具體的實施步驟可以參考本書書附程式。

為了完成 Python 語言的學習任務，我們架設了一個多層長短期記憶網路[*]，如程式清單 10-8 所示。為了提高模型訓練的效率，除使用隨機失活外，還引入了歸一化層（詳細內容請參考 8.5.4 節），這些改進可以在第 23 ～ 25 行程式中看到。在模型中還可以增加其他最佳化模型訓練的技術，但對於長短期記憶網路（或更一般的循環神經網路），歸一化層是最具討論價值的。

程式清單 10-8　多層長短期記憶網路

```
 1 | class LSTM(nn.Module):
 2 |     ......
 3 |
 4 | class CharLSTM(nn.Module):
 5 |
 6 |     def __init__(self, vs):
 7 |         super().__init__()
 8 |         self.emb_size = 256
 9 |         self.hidden_size = 128
10 |         self.embedding = nn.Embedding(vs, self.emb_size)
11 |         self.dp = nn.Dropout(0.4)
12 |         self.lstm1 = LSTM(self.emb_size, self.hidden_size)
13 |         self.norm1 = nn.LayerNorm(self.hidden_size)
14 |         self.lstm2 = LSTM(self.hidden_size, self.hidden_size)
15 |         self.norm2 = nn.LayerNorm(self.hidden_size)
16 |         self.lstm3 = LSTM(self.hidden_size, self.hidden_size)
17 |         self.norm3 = nn.LayerNorm(self.hidden_size)
```

* 這個模型包含數十萬個參數，如果使用 CPU 進行計算，需要較長的時間，然而在自然語言處理領域，這仍然是一個很「迷你」的模型。

```
        self.h2o = nn.Linear(self.hidden_size, vs)

    def forward(self, x):
        # x: (B, T)
        emb = self.embedding(x)                       # (B, T,  C)
        h = self.norm1(self.dp(self.lstm1(emb)))  # (B, T,  H)
        h = self.norm2(self.dp(self.lstm2(h)))    # (B, T,  H)
        h = self.norm3(self.dp(self.lstm3(h)))    # (B, T,  H)
        output = self.h2o(h)                          # (B, T, vs)
        return output
```

首先，需要明確的是，歸一化層分為層歸一化和批歸一化。在循環神經網路中，通常採用層歸一化的方法。這是因為批歸一化的做法是對同一批次的資料計算平均值和標準差，再進行歸一化處理。這種方法的隱含假設是同一批次的資料具有相似性。然而，在序列資料中，這個假設通常不成立。以自然語言處理為例，相同的文字在文字中的不同位置可能具有完全不同的語義。因此，在不同位置的資料之間進行歸一化處理在理論上是不太合適的。即使按照序列的不同位置分別計算統計資訊，再做歸一化，使用批歸一化也會遇到困難：在使用模型時，如果遇到了比所有訓練資料更長的序列，那麼批歸一化就難以處理了。

其次，關於歸一化層的使用，可以像上述方法一樣，在每一層的後面都增加歸一化層。這樣確實能提升模型的訓練效率，但它與設計歸一化層時的初衷有些不符。最初設計歸一化層的目的是確保不同層的啟動函數具有相似的輸入，以加速模型的訓練過程。因此，最佳實踐是將歸一化層直接放在啟動函數之前，而非在不同層之間插入歸一化層。

上述的最佳實踐建議將歸一化操作嵌入神經元內部。具體而言，需要重新設計長短期記憶網路的神經元，範例程式如程式清單 10-9 所示。請特別留意第 20 行程式，在應用非線性變換之前執行歸一化操作 *。此外，值得注意的是，輸入門、遺忘門、備選細胞狀態和輸出門的輸入都是相同的，因此可以將這 4 個元件的線性變換合併在一起，如第 8 行和第 9 行所示。在需要時，可以利用第 20 行的 chunk 函數將它們分開。這種實現方式在 PyTorch 等開放原始碼工具中十分常見，能夠使程式變得更加清晰和簡潔。

* 將歸一化操作嵌入神經元還有其他的實現方式，例如，將當前輸入和隱藏狀態分開處理，分別對它們進行線性變換和歸一化操作。

程式清單 10-9　歸一化的長短期記憶網路

```
class LSTMLayerNormCell(nn.Module):

    def  __init__(self, input_size, hidden_size):
         super().__init__()
         self.input_size = input_size
         self.hidden_size = hidden_size
         combined_size = self.input_size + self.hidden_size
         self.gates = nn.Linear(
             combined_size, 4 * self.hidden_size, bias=False)
         self.ln_gates = nn.LayerNorm(4 * self.hidden_size)
         self.ln_c = nn.LayerNorm(self.hidden_size)

    def forward(self, inputs, state=None):
         B, _ = inputs.shape  # (B, I)
         # state: ((B, H), (B, H))
         if state is None:
             state = self.init_state(B, inputs.device)
         hs, cs = state
         combined = torch.cat((inputs, hs), dim=1)  # (B, I + H)
         i, f, c, o = self.ln_gates(self.gates(combined)).chunk(4, 1)
         ingate = F.sigmoid(i)        # (B, H)
         forgetgate = F.sigmoid(f)    # (B, H)
         outgate = F.sigmoid(o)       # (B, H)
         # 更新細胞狀態
         ncs = F.tanh(c)              # (B, H)
         cs = self.ln_c((forgetgate * cs) + (ingate * ncs))  # (B, H)
         # 更新隱藏狀態
         hs = outgate * F.tanh(cs)                           # (B, H)
         return hs, cs
    ......
```

這兩個模型對相同的資料進行訓練，可以獲得相似的結果，如圖 10-27 所示[*]。需要注意的是，將歸一化操作嵌入神經元內部的效果更佳，更符合歸一化層的設計原理。

歸一化層的使用反映了神經網路領域中兩個看似矛盾的特點。一方面，神經網路的

* 這並不是模型的極限，可以繼續訓練模型以進一步改善預測效果。另外，儘管應用隨機失活技術降低了過擬合的風險，但隨著模型規模的增加，過擬合仍然是一個常見問題。在這種情況下，可以考慮在模型損失函數中增加一些懲罰項來解決這個問題。更多詳細內容請參考 9.1.5 節。

建構非常靈活，只要輸入 / 輸出的張量形狀能夠互相匹配，模型元件可以隨意組合。除了極少數情況，幾乎不存在絕對正確或錯誤的結構。因此，在建構模型時，可以充分發揮創造力和想像力。另一方面，每個模型元件都有一些隱含的最佳使用方式，這需要我們深入了解元件的細節。只有盡可能遵循最佳實踐，才能充分發揮元件的潛力。

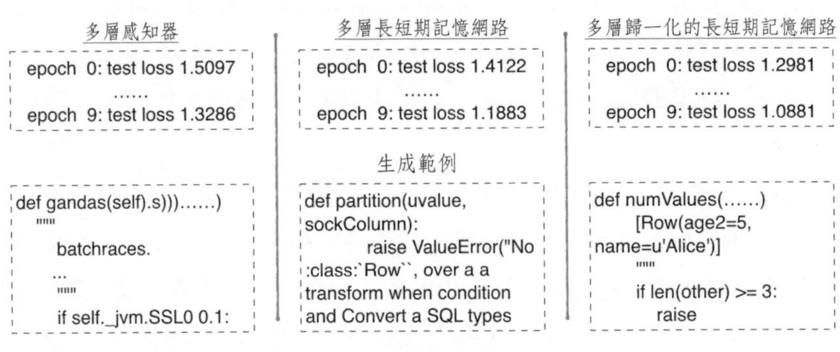

▲ 圖 10-27

10.6 本章小結

10.6.1 要點回顧

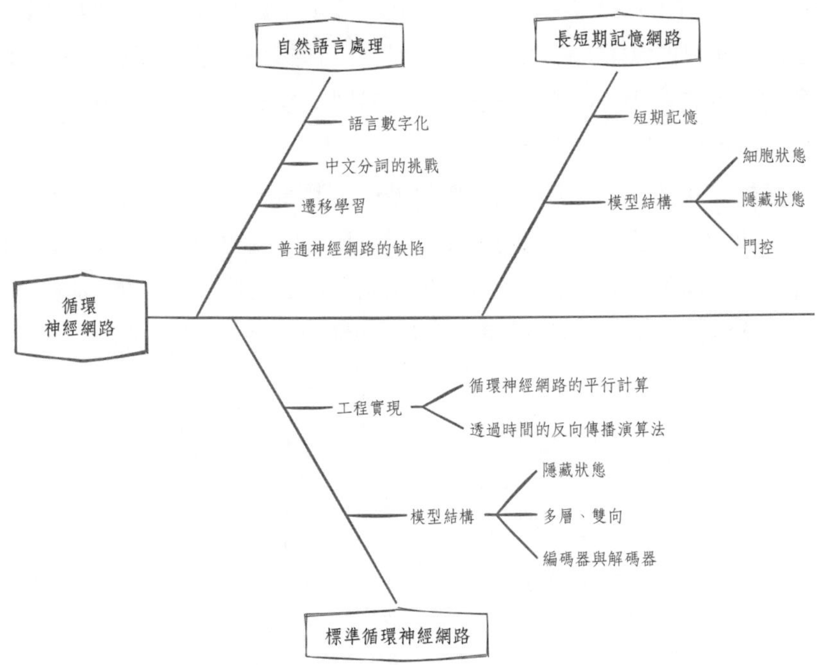

語言既是人類智慧的棲息之所，也是一個非常複雜難以建模的領域。從本章開始，本書的討論重點放在自然語言處理領域。首先，討論如何將語言數字化，這個過程中涉及兩個關鍵技術：分詞和文字嵌入。對於中文而言，分詞一直是一個挑戰，它直接影響了模型對中文的建模效果。

自然語言處理涵蓋多種任務，為了提高模型在語言處理方面的性能，學術界提出了遷移學習的方法。遷移學習分為兩個階段：預訓練和微調。在預訓練階段，有 3 種常見的模式：自迴歸、自編碼和序列到序列。結合目前的業界發展趨勢，本章將討論的範圍限定在自迴歸模式。

在自迴歸模式下，本章分別使用多層感知器、標準循環神經網路和長短期記憶網路來學習開放原始碼的 Python 程式。多層感知器由於其模型結構的限制，主要適用於處理定長輸入的情況，對序列資料的建模能力相對較弱。循環神經網路可以處理不定長輸入，並具備生成定長或不定長輸出的能力，在自然語言處理領域表現出色。然而，標準循環神經網路受限於短期記憶，難以有效捕捉長距離的依賴關係。為了解決這個問題，學術界引入了長短期記憶網路，它引入了細胞狀態和門控機制，有效地支援了長距離資訊傳遞，從而提高了模型預測的準確性。

在結構上，之前的神經網路通常按層次結構組織神經元，同一層的神經元之間沒有連接，神經元的結構相對簡單。循環神經網路打破了這兩個限制，使神經網路的結構更加靈活，能夠更進一步地捕捉資料之間的複雜關係。循環神經網路還有許多複雜的變形，如多層、雙向、編碼器和解碼器等，鑑於篇幅有限，本章只進行了簡介，讀者可以根據興趣在其他文獻中深入了解這些內容。

循環神經網路正如其名，其核心特點是循環。迴圈計算的串列性質在很大程度上限制了模型的計算效率。儘管可以透過張量計算來加速模型的訓練，但模型結構的局限性表示無法完全消除串列計算。因此，在處理大規模資料集時，本章實現的兩個模型（標準循環神經網路和長短期記憶網路）都需要較長時間的計算。

10.6.2 常見面試問題

針對本章討論的內容，常見的面試問題如下。

1. **自然語言處理**
    - 什麼是分詞器？它的作用是什麼？請列舉幾個常用的分詞器。
    - 在自然語言處理中，分詞器的選擇對建模任務的成功有何影響？
    - 能否列舉分詞器在不同語言中遇到的挑戰？
2. **遷移學習**
    - 什麼是遷移學習？在自然語言處理領域，為什麼遷移學習如此重要？
    - 什麼是自迴歸模式和自編碼模式？
    - 什麼是序列到序列模式？一般的模型結構是怎樣的？
3. **循環神經網路**
    - 請簡介循環神經網路的工作原理。
    - 循環神經網路為什麼會出現梯度消失或梯度爆炸現象？有哪些改進方案？
    - 多層雙向循環神經網路是什麼？它為什麼能在自然語言處理任務中表現出色？
4. **長短期記憶網路**
    - 長短期記憶網路是什麼？與標準循環神經網路相比，它有什麼優勢？
    - 長短期記憶網路是如何實現長短期記憶功能的？
    - 在長短期記憶網路中，各模組使用什麼啟動函數？可以使用其他的啟動函數嗎？

路易·維克多·德布羅意（Louis Victor de Broglie，1892—1987），法國物理學家，開創了人類認知世界的新篇章。他在博士論文中提出了一項驚人的理論：所有物質都同時具備波動性和粒子性。這一先知般的論斷表明宇宙的本質包含一種根本的隨機性，世間的一切都是以機率的形式存在的。

對於這一顛覆性的宇宙觀，連愛因斯坦都一時無法接受，並反駁道「上帝不會擲骰子」。但正如丹麥物理學家玻爾反擊的那樣，「別去指揮上帝應該怎麼做」。物理學家根據這一理論，利用機率來描述微觀世界（比如電子），並獲得了令人信服的驗證結果，從而開啟了量子力學的新紀元。同樣地，大語言模型運用機率來描述語言及其中蘊含的知識，在人工智慧發展中獲得了令人矚目的成果。

94 Rue Perronet, Neuilly sur Seine   le 7 Mars 1962
Mai 76-09

Cher Monsieur
C'est avec plaisir que je vous recevrai comme vous en avez le désir.
Pourriez-vous venir me voir soit à l'Institut lundi après la séance
de l'Académie des Sciences où je pourrai vous recevoir dans mon
nouveau bureau au premier étage, soit à l'Institut Henri Poincaré
mardi à 16h30? Si ces rendez-vous ne vous convenaient pas, vous
seriez aimable de me le faire savoir et nous tâcherions d'en fixer un
autre.
Veuillez agréer, cher Monsieur, l'expression de mes sentiments très

▲ 德布羅意的書信手稿

第 11 章 大語言模型：是通用人工智慧的開始嗎

The real problem is not whether machines think but whether men do.
（真正的問題不是機器能否思考，而是人能否思考。）

——Burrhus Frederic Skinner

透過前面章節的介紹，我們已經掌握了人工智慧相關的基礎和工程實踐經驗，並有足夠的能力來深入研究這一領域最引人注目的前端——大語言模型（Large Language Model，LLM）。大語言模型產品中最著名的當屬 ChatGPT。圖 11-1 所示為一些經典的 ChatGPT 應用場景 *。

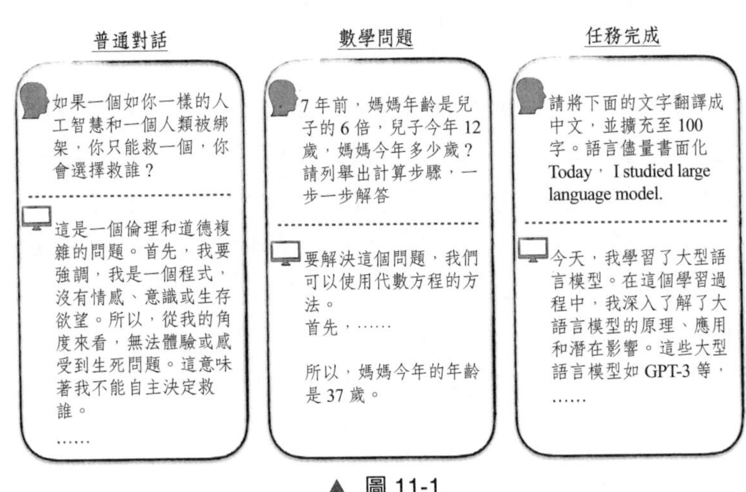

▲ 圖 11-1

* 除了本文中提到的日常應用，學術界和工業界也在積極探索將以 ChatGPT 為代表的大語言模型應用於更廣泛的領域，如晶片設計和數學證明等。讀者可以將這些大語言模型視為具有相當豐富知識背景的智慧實體，就像一個剛剛大學畢業的學生一樣。透過適當的引導和不斷的學習，它們的應用範圍幾乎沒有極限。

首先，ChatGPT 能夠與人類自然流暢地對話，與它交流時幾乎感覺不出在與一台機器對話。其次，它具備強大的推理能力，透過適當的引導，它能夠解決從簡單到複雜的數學問題。此外，ChatGPT 還能協助我們完成各種任務，如生成摘要報告、週報，以及製作 PPT，其卓越表現幾乎可以與辦公室白領媲美。當然，ChatGPT 的應用領域遠不止於此，但這些例子已經足以展示 ChatGPT 的驚人潛力。

目前大語言模型還會有一些瑕疵，我們也尚未完全了解其潛力和極限。有時，它可能看起來有些笨拙，與人類智慧還有一定的差距，但這並不一定是因為其能力有限，而可能是因為我們尚未完全掌握如何有效地與它進行交流。就像與陌生人交往一樣，當我們不熟悉對方的語言和思維方式時，即使使用相同的語言，仍然會產生誤解。

大語言模型這一新興的智慧體無疑將對整個人類社會產生深遠影響，11.6 節將詳細討論。在這之前，我們將專注於技術本身，深入探討模型的技術細節。儘管像 ChatGPT 這樣的智慧助理呈現出令人驚歎的效果，但實際上，從零開始建立一個具有類似效果的系統並不是一項困難的任務，主要挑戰在於運算資源、資金和工程細節等，而非技術限制。本章將探討如何逐步建構一個類似 ChatGPT 的系統。由於資源限制，從零開始建構一個完整的系統並不現實，本章將深入介紹系統背後的模型原理、訓練過程，以及如何在小資料集上部分複現模型結果。透過學習本章的內容，讀者將更深刻地理解大語言模型的核心概念。

與前面的章節相比，本章在行文上有兩個不同之處。首先，讀者會經常在本章中看到參考前面章節的提示。這是因為大語言模型處於人工智慧領域的前端，它不僅在核心結構設計上吸收了其他模型的優點，在工程實現上也使用了很多最佳化技巧。這些技術的細節內容許多，一下子全盤托出難免讓初學者摸不著頭腦，為了便於理解，筆者特意將其分散在前面的章節中，作為鋪陳。其次，本章的插圖中將加入一些未翻譯的原始論文中的圖示和資料，這些圖示和資料在其他文獻中幾乎都是直接引用的。這樣做的目的是讓讀者熟悉這些圖示和資料，以便在查閱其他文獻時更容易理解，不至於感到陌生。

11.1 注意力機制

大語言模型最重要的設計是注意力機制（Attention Mechanism）。這一設計能夠高效率地捕捉語言中錯綜複雜的依賴關係，使模型深刻理解語言。正如第 10 章所述，語言是人類智慧的棲息之所。一旦模型能夠出色地理解語言，尤其是多種語言，那麼它將理解語言中蘊含的人類智慧，這在一定程度上解釋了為什麼模型能在多個領域呈現出令人驚

豔的效果 *。

首先，追溯注意力機制的歷史，介紹其設計初衷。接下來，深入研究在不同的訓練模式下注意力機制的變化，其中包括自迴歸、自編碼和序列到序列（可參考 10.1.5 節）。最後，透過程式範例高效實現注意力機制，為架設大語言模型奠定基礎。

11.1.1 設計初衷

設計注意力機制最初是為了解決翻譯問題。10.4.3 節已經簡介了編碼器 - 解碼器結構，如圖 11-2 左側所示（詳細內容請參考圖 10-21），其中包含兩個標準循環神經網路，它們相互協作，通常用於處理翻譯任務。然而，這個結構存在一個明顯的不足，即兩個元件之間的唯一互動是編碼器在處理完整個輸入文字後傳遞給解碼器的隱藏狀態，也就是一個向量。從擬人的角度來看，編碼器透過閱讀文字，將文字的知識濃縮成了一個向量，然後解碼器根據這個向量將文字翻譯成另一種語言。這個處理過程中最重要的假設是：能使用一個向量完整地表示一個文字。換句話說，無論文字多長，文字中的所有內容都可以被壓縮成一個向量，這顯然是不夠合理的，尤其是對於長文字，這種方式容易遺失大量的資訊。

因此，學術界對這一模型框架進行了改進，引入了注意力機制。在編碼器 - 解碼器結構中，原本使用單一的隱藏狀態來傳遞資訊，但會導致模型性能受限。受此啟發，在注意力機制中，編碼器在每一步產生的隱藏狀態都直接參與到解碼器的計算中，如圖 11-2 右側所示。

具體來說，注意力機制利用當前輸入的資料和編碼器的所有隱藏狀態，計算一個額外的背景向量（Context Vector），用於輔助解碼器的預測。這一過程可以分為 3 個關鍵步驟。

（1）計算對齊分數（Alignment Score）：在翻譯過程中，一個至關重要的任務是確定接下來要翻譯的內容與原文中的哪個位置最相關。以圖 11-2 為例，當解碼器的輸入是「I」時，需要準確地確定接下來的翻譯應該與原文中的「愛」對齊。為了達到這一目的，需要將解碼器的當前輸入與編碼器的所有隱藏狀態進行逐一配對，然後計算得到相應的

* 大語言模型在許多其他領域表現卓越。然而，到目前為止，「為何這些模型如此出色」仍然存在爭議，尚無定論。這裡提供的是其中一種解釋，筆者也傾向於支援這一觀點，鼓勵感興趣的讀者查閱其他文獻提供的解釋，以便更深入地了解這一話題。

對齊分數 *。沿用圖中的數學符號，這一過程可以被表示為公式（11-1）。

$$s_{i,j} = f(\boldsymbol{I}_i, \boldsymbol{H}_j) \tag{11-1}$$

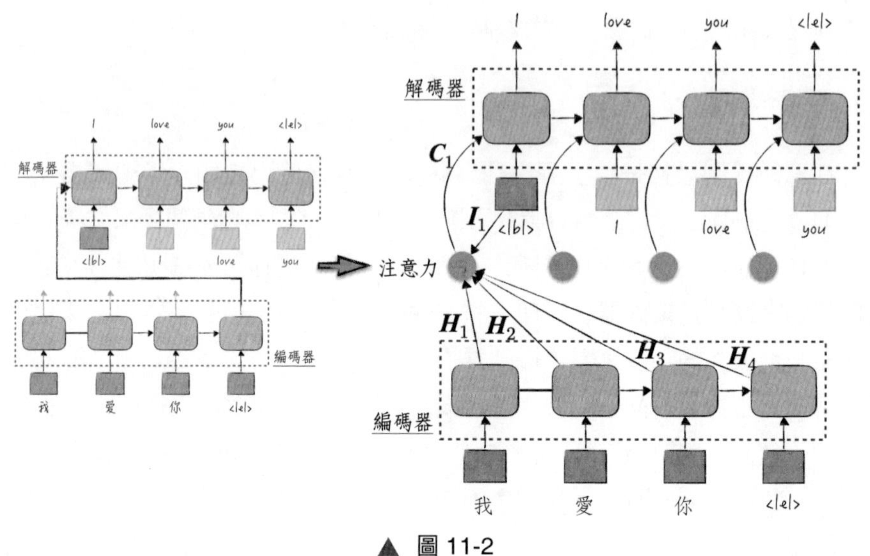

▲ 圖 11-2

（2）將對齊分數轉為權重：對齊分數的大小反映了在翻譯過程中應該將多少注意力放在相應的位置上，這正是注意力機制這個名字的由來。由於每個位置都有相應的對齊分數，我們需要將這些分數合理地轉化為權重，以確保它們的總和等於 1，且每個分量都是正數。為了滿足這一要求，通常使用 Softmax 函數。整個轉換過程可以用公式（11-2）來表示。

$$\begin{gathered} \boldsymbol{W}_i = \text{Softmax}(\boldsymbol{S}_i) \\ \boldsymbol{W}_i = \left(w_{i,1}, w_{i,2}, \cdots, w_{i,n}\right);\ \boldsymbol{S}_i = \left(s_{i,1}, s_{i,2}, \cdots, s_{i,n}\right) \end{gathered} \tag{11-2}$$

（3）加權平均以獲得背景向量：編碼器的隱藏狀態本身包含了有關語義的資訊。利用第 2 步中獲得的權重，對這些隱藏狀態進行加權平均，從而得到背景向量。背景向量綜合考慮了注意力的位置和相關的語義資訊，為翻譯任務提供了出色的特徵表示。具體

* 對齊分數有多種不同的計算方式，其中一種直觀的方法是計算當前輸入向量與隱藏狀態向量的內積，並將其作為對齊分數。此外，也可以架設一個簡單的神經網路來完成這一計算。

如公式（11-3）所示 *。

$$C_i = \sum_{j=1}^{n} w_{i,j} \boldsymbol{H}_j \quad (11\text{-}3)$$

這就是最初版本的注意力機制 **。在這種設計中，模型同時考慮兩個文字，一個是輸入，另一個是輸出。對於輸出文字的每個詞元（讀者可以將其簡單理解為中文詞語或英文單字，準確的定義請參考 10.1.2 節），我們在輸入文字中尋找相關的注意力位置。然而，這種設定限制了它僅適用於序列到序列模式。為了能在更廣泛的場景中使用這個精妙的設計，學術界引入了更通用的注意力機制，將會是 11.1.2 節的討論重點。

11.1.2 改進後的注意力機制

如果綜合考慮公式（11-1）到公式（11-3），會發現注意力機制的核心本質是特徵提取，也就是為文字內容找到更好的特徵表示，即背景向量。儘管每一步的隱藏狀態可以極佳地反映文字內容，但它同時參與了權重的計算。這種雙重身份容易讓它顧此失彼，從而影響模型的性能。為了解決這個問題，下面將暫時離開循環神經網路的框架，參考上述 3 個公式，設計一個改進後的注意力機制。

改進後的注意力機制中仍然區分背景文字和處理文字，不同之處在於，兩者可以是同一個文字。為文字中的每個詞元引入 3 個向量，分別為查詢向量（Query）、鍵向量（Key）和數值向量（Value），分別用 $\boldsymbol{Q}$、$\boldsymbol{K}$ 和 $\boldsymbol{V}$ 表示，如圖 11-3 所示。最終的特徵表示是透過以下計算步驟獲得的。

（1）$\boldsymbol{Q}$ 和 $\boldsymbol{K}$ 用於計算詞元之間的對齊分數。具體來說，將處理文字中的當前輸入（使用 $\boldsymbol{Q}$）與背景文字中的每個詞元（使用 $\boldsymbol{K}$）逐一匹配，然後計算它們的內積，得到對齊分數。

（2）基於對齊分數，計算得到權重向量。

（3）透過權重向量對 $\boldsymbol{V}$ 進行加權，最終得到背景向量。

---

* 根據 10.4.1 節的內容，隱藏狀態可以被解釋成詞元特徵的加和，從形式上來看，這與公式（11-3）非常相似。因此，背景向量可以被看作隱藏狀態的一種改進和升級，將其作為循環神經網路的輸入是非常合理的。

** 這個設計源自論文「Neural Machine Translation By Jointly Learning To Align And Translate」。

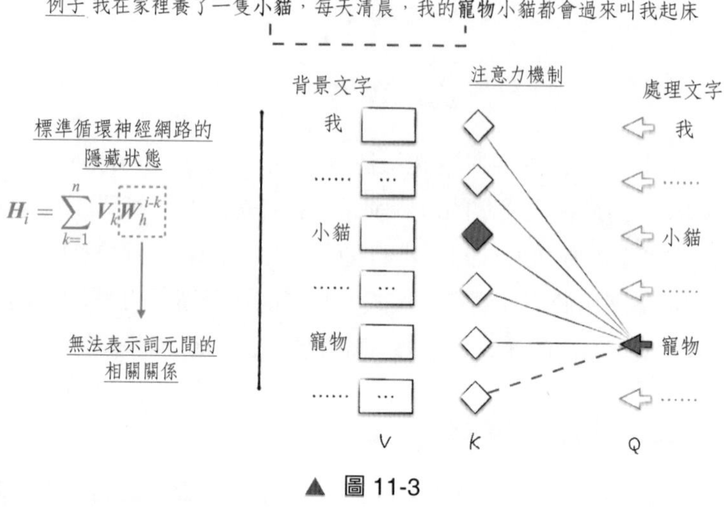

▲ 圖 11-3

注意力機制的核心步驟涉及 3 個重要向量：***Q***、***K***、***V***。其中，***Q*** 代表當前詞元需要查詢的資訊，***K*** 代表詞元在文字中的背景資訊，***V*** 代表詞元自身的特徵。因此，注意力機制可以被非常通俗地理解為：文字內容的特徵表示是詞元特徵的加和平均，權重主要反映詞元間的相關關係。這一機制避免了標準循環神經網路的缺陷，即難以有效捕捉詞元間的連結關係（見圖 11-3 左側部分，具體細節請參考 10.5.1 節）。值得注意的是，背景向量的數學公式（可參考公式（11-3））與隱藏狀態非常相似，因此注意力機制也被視為循環神經網路的一員。

改進後的注意力機制對使用場景沒有限制。當處理文字和背景文字不同時，演算法被稱為交叉注意力（Cross-Attention），它將被用在序列到序列模式中。當處理文字和背景文字相同時，將其稱為自注意力（Self-Attention），它的使用場景是自迴歸和自編碼模式。它們的不同點在於：在自迴歸模式下，模型僅關注詞元左側的對齊分數（圖 11-3 中虛線部分被強制設為 0），這類注意力被形象地稱為單向注意力（Unidirectional Attention）；在自編碼模式下，計算對齊分數沒有這種限制（圖 11-3 中虛線部分會正常計算），這類注意力被稱為雙向注意力（Bidirectional Attention）。

11.1.3 數學細節與實現技巧

在介紹了注意力機制的核心步驟之後，接下來將深入討論它的數學細節，以及如何在程式中高效率地實現它。

改進的注意力機制將兩個向量的內積定義為對齊分數，因此可以利用張量計算來執行注意力機制。詳細的演算法定義和實現程式如圖 11-4 所示。前文的理論介紹僅關注單一詞元，但實際的程式實現需要盡可能地提升運算效率。因此，假設 query、key 和 value 的形狀都是（B, T, C），其中 B 表示批次大小，T 表示文字長度，C 表示詞元特徵長度。在這種設定下，圖 11-4 中的程式能夠以並行方式處理批次資料，相比於傳統的循環神經網路，這是一項顯著的改進。

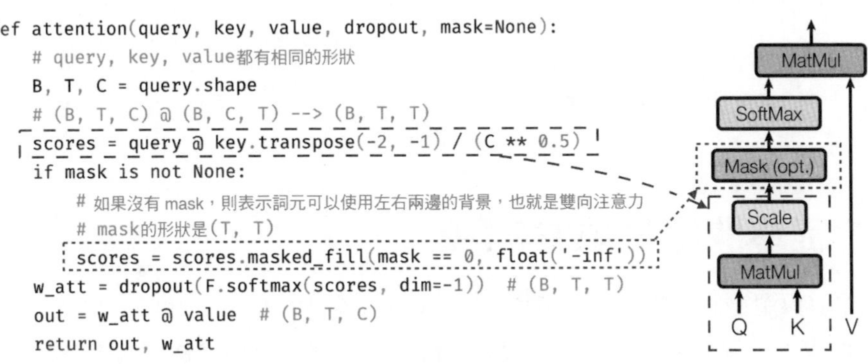

def attention(query, key, value, dropout, mask=None):
# query, key, value都有相同的形狀
B, T, C = query.shape
# (B, T, C) @ (B, C, T) --> (B, T, T)
scores = query @ key.transpose(-2, -1) / (C ** 0.5)
if mask is not None:
# 如果沒有 mask，則表示詞元可以使用左右兩邊的背景，也就是雙向注意力
# mask的形狀是(T, T)
scores = scores.masked_fill(mask == 0, float('-inf'))
w_att = dropout(F.softmax(scores, dim=-1)) # (B, T, T)
out = w_att @ value # (B, T, C)
return out, w_att
MatMul
SoftMax
Mask (opt.)
Scale
MatMul
Q
K
V

▲ 圖 11-4

圖 11-4 所示的演算法在學術上被稱為縮放點積注意力（Scaled Dot-Product Attention）*。在具體計算中，有兩個特別的細節處理，分別是圖 11-4 中的縮放（Scale）和遮罩（Mask），對模型結果和計算效率有很大影響。

- 縮放：對齊分數等於兩個向量的內積，因此向量的長度越長，對齊分數的方差就越大。而對於 Softmax 函數，如果輸入資料的方差很大，它生成的權重分佈會過於集中在某一個點，如圖 11-5 左側所示，這顯然不符合模型的期望。因此，在計算內積後，需要對得到的對齊分數進行歸一化處理，以確保它的方差等於 1。
- 遮罩：在自迴歸模式下，詞元只能使用位於圖 11-5 左側的文字背景。這表示在數學上，用於加權平均的權重矩陣應該是一個上三角矩陣。為此將使用以下數學技巧：將對齊分數矩陣的上三角元素設置為負無窮（或絕對值很大的負數），然後透過 Softmax 函數轉換得到理想的上三角權重矩陣，如圖 11-5 右側所示。

* 這是最著名的注意力機制之一，源自論文「Attention Is All You Need」。其他變種的注意力機制都遵循相似的核心原理和設計思想。正如在 10.4.3 節中討論長短期記憶網路時強調的，理解神經網路的關鍵在於掌握其核心思想，而非死記硬背具體的模型結構和公式。

```
k = torch.randn(32, 100, 16) # k.std() = 1.002
q = torch.randn(32, 100, 16) # q.std() = 1.001
# scores.std() = 4.015
scores = q @ k.transpose(-2, -1)
# scores.std() = 1.003
scores = scores / head_size ** 0.5

# Softmax函數在處理方差較大的資料時，
# 會發生聚集效應(結果過於集中在一個點上)
x = torch.randn(1, 8)
print(torch.softmax(x, dim=-1))
print(torch.softmax(1000 * x, dim=-1))
```

```
tensor([[0.0921, 0.1476,……, 0.0388]])
tensor([[0., 0., 0., 1., 0., 0., 0., 0.]])
```

```
T = 4
scores = torch.randn(1, T, T)
tril = torch.tril(torch.ones(T, T))
scores = scores.masked_fill(
    tril == 0, float('-inf'))
print(scores)
print(F.softmax(scores, dim=-1))
```

```
[[[ 1.0185,    -inf,    -inf,    -inf],
  [-0.2985, 1.6259,    -inf,    -inf],
  [ 0.8795, -1.0512, 1.1491,    -inf],
  [ 0.2128, -0.5512, 0.0450, 0.5010]]]

[[[1.0000, 0.0000, 0.0000, 0.0000],
  [0.1274, 0.8726, 0.0000, 0.0000],
  [0.4074, 0.0591, 0.5335, 0.0000],
  [0.2743, 0.1278, 0.2319, 0.3659]]]
```

▲ 圖 11-5

11.2 從零開始實現 GPT-2

大語言模型這個商業術語正如其名，強調了這類模型的共同特點，那就是「大」。這主要表現在三個方面：首先，這類模型擁有大規模的模型參數，其數量級通常在數十億到數千億之間；其次，為了訓練這些模型，需要大規模的資料集，語料庫的總長度常常達到兆等級；最後，由於前兩個因素的影響，訓練這些模型的成本也相當巨大。2023 年，從零開始訓練一個最先進的大語言模型需要數千台專業伺服器，花費高達數百萬美金。

從技術角度看，大語言模型並沒有一個明確的定義。一般來說它指的是包含注意力機制且用於自然語言處理的神經網路模型。儘管不同的大語言模型在結構上存在較大差異，但從發展歷史來看，它們都有一個共同的祖先：Transformer。圖 11-6 左側展示了模型的詳細結構，這是從 Transformer 模型的原始論文中摘取的，因此在相關文獻中被廣泛引用。這個圖示中包含大量細節，可能會讓讀者迷失方向。因此，本書更傾向於使用圖 11-6 右側的簡化示意圖，以便更清晰地理解模型的整體架構。

Transformer 模型具備完整的編碼器和解碼器結構，因此通常應用於序列到序列模式 *。從注意力的角度來看，它包含 3 種不同類型的注意力機制，分別是雙向注意力，用於編碼器；單向注意力，用於解碼器；以及交叉注意力，用於編碼器和解碼器的協作工作。

複雜的結構提高了模型在翻譯等任務中的性能，也使它的應用範圍受到限制。為了

* 經過精心的設計和調整，Transformer 模型已經成功應用於自迴歸和自編碼模式。此外，僅包含編碼器的模型也能在序列到序列模式和自迴歸模式下使用（解碼器也類似）。

更廣泛地應用這一架構，出現了兩種不同的改進和簡化方式：一種是僅使用圖 11-6 中的編碼器部分（只包含雙向注意力），通常用於自編碼模式，最著名的代表是 BERT；另一種是只包含圖 11-6 中的解碼器部分（只包含單向注意力），通常用於自迴歸模式，其中最著名的是 GPT*。

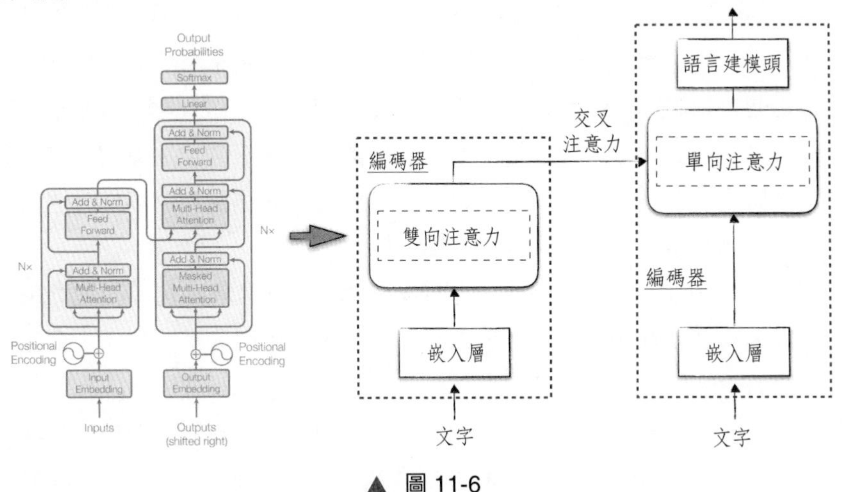

▲ 圖 11-6

就結構而言，以 GPT 為代表的單向注意力模型是最簡單的，在工程處理和訓練資料準備方面也最為便捷。也許正因如此，這類模型獲得了最引人矚目的成就。因此，本章的討論重點是這類模型的經典代表：GPT-2。從實用角度來看，儘管存在更卓越的單向注意力模型，但它們通常規模巨大，難以在普通的家用電腦上執行，更不用說訓練了。相比之下，GPT-2 的規模適中，適合在家用電腦上執行，我們可以下載、使用或修改該模型，以便更進一步地理解其原理。（但要注意，最好在配備 GPU 的伺服器上進行模型訓練，在家用電腦上訓練模型可能需要非常長的時間）。

本章將從零開始建構 GPT-2 模型 **，幫助讀者深入理解模型的關鍵結構和實現技巧。由於大語言模型在結構上有一些相似之處，在掌握了 GPT-2 的實現方法後，也就具備了實現其他大語言模型的能力。

---

* BERT 的全稱是 Bidirectional Encoder Representation from Transformer。GPT 的全稱是 Generative Pre-trained Transformer。

** 完整的實現請參考本書書附程式 /ch11_llm/char_gpt.ipynb。模型的實現過程參考了 OpenAI 提供的 GPT-2 開放原始碼版本，Harvard NLP 提供的 Transformer 開放原始碼實現，以及 Andrej Karpathy 的課程「Neural Networks: Zero to Hero」。

11.2.1 模型結構

整體來說，GPT-2 的結構可以分為 3 個主要部分，自下而上分別是嵌入層、多次重複的解碼區塊，以及語言建模頭，如圖 11-7 右側所示。其中，解碼區塊（Decoder Block）是至關重要的組成部分，包含 4 個核心元素：多頭單向自注意力（Masked Multi-Head Attention）、殘差連接、層歸一化和多層感知器 *。多層感知器是一個相對被人熟知的概念，殘差連接和層歸一化是提高模型訓練效果的關鍵技術，具體的細節見 8.5.4 節和 9.3.1 節，這裡不再詳述。或許會讓讀者感到困惑的是多頭單向自注意力，它只是自注意力機制的改進版本，在初步理解時，可以將其等於普通的注意力。基於上述內容，在深入細節之前，再從巨觀上討論這個模型的獨特之處。

GPT-2 的圖示與神經網路圖示有一些顯著不同，特別是解碼區塊。在神經網路發展的早期，研究人員通常從仿生學的角度來建構模型，因此引入了神經元、全連接和隱藏層等概念。隨著研究的深入，學術界發現神經網路的核心本質是線性計算和非線性變換的多層疊加。因此，研究人員突破神經元連接方式的限制，設計了卷積神經網路和循環神經網路。不僅如此，他們還改進了神經元的內部結構，設計了長短期記憶網路。

GPT-2 的解碼區塊延續了這一創新想法。儘管它的內部結構難以用傳統的圖示表示，但這並不重要，因為它的設計承載了神經網路的核心理念。如 11.1.3 節所述，注意力機制只涉及線性計算，層歸一化和殘差連接也同樣如此。因此，整個解碼區塊實際上是線性計算和非線性變換的疊加。其中，非線性變換來自多層感知器，這也是解碼區塊中包含多層感知器的原因之一。

從類比的角度來看，注意力機制是對循環神經網路的改進。儘管在圖示上無法準確表示，但解碼區塊實際上是循環神經網路和多層感知器的組合。在理解複雜神經網路時，讀者不應固守傳統的圖示，而應從計算意義的角度理解各個運算步驟的作用，這有助更深刻地理解模型。

在其他文獻中，GPT-2 的結構經常被表示為圖 11-7 左側的形式，它與 Transformer 的圖示相似，更易於理解，然而它並不是模型的精確表示。對比圖 11-7 左右兩側的圖示可以發現，在左側的圖示中，層歸一化分別放置在多層感知器（對應 Feed Forward）和多頭單向自注意力（對應 Masked Multi-Head Attention）之後，與模型的實際設計不相符。然而這無傷大雅，這種差異並不會對整體效果產生重大影響。這個例子再次強調了在理

* 解碼區塊中的多層感知器與傳統的多層感知器略有不同，具體細節請參考 11.2.3 節。

解神經網路時，應特別注意關鍵元件，而對非關鍵部分的理解應具有一定的靈活性，完全沒必要死記特定模型的結構。

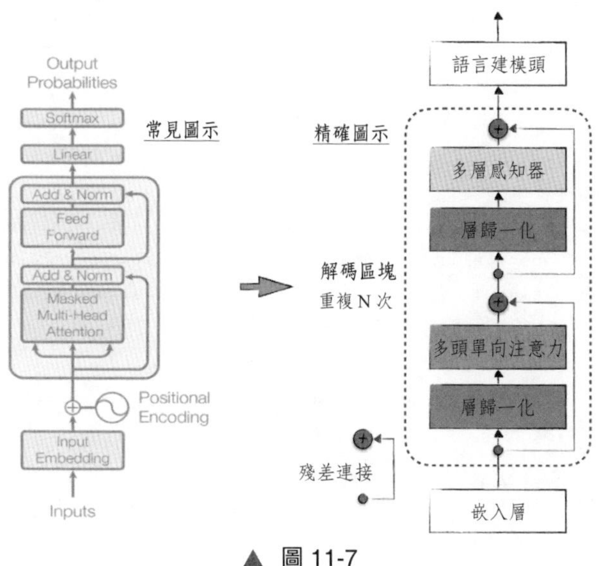

▲ 圖 11-7

11.2.2 多頭單向注意力

多頭單向注意力是多個單向注意力的組合。為了更清晰地表述，可以將 11.1.3 節中討論的注意力機制稱為單頭注意力。程式清單 11-1 是單頭單向注意力元件的程式實現，其中有兩個關鍵點需要注意。

（1）注意力的計算需要 3 個關鍵參數，分別是 query、key 和 value。在模型中，採用 3 個獨立的線性迴歸模型生成這些向量，具體實現請參考第 8 ～ 10 行和第 17 ～ 20 行。由於模型中使用了層歸一化，這 3 個線性模型都不需要截距項。

（2）單向注意力的實現需要依賴一個上三角矩陣，也就是遮罩（mask）。具體的實現細節見第 12、13 和 21 行。由於 GPT-2 對模型能夠處理的文字長度有限制（關於這一點的詳細原因請參考 11.2.4 節的討論），為了提高計算效率，在建立模型時使用參數 sequence_len 提前生成能夠覆蓋最長文字的矩陣 tril。值得注意的是，上三角矩陣的作用是輔助注意力計算，它並不需要參與模型的訓練。為了實現這一點，使用 register_buffer 來記錄生成的矩陣。

程式清單 11-1　單頭單向注意力

```
def attention(query, key, value, dropout, mask=None):
    ......

class MaskedAttention(nn.Module):

    def __init__(self, emb_size, head_size):
        super().__init__()
        self.key = nn.Linear(emb_size, head_size, bias=False)
        self.query = nn.Linear(emb_size, head_size, bias=False)
        self.value = nn.Linear(emb_size, head_size, bias=False)
        # 這個上三角矩陣不參與模型訓練
        self.register_buffer(
            'tril', torch.tril(torch.ones(sequence_len, sequence_len)))
        self.dropout = nn.Dropout(0.4)

    def forward(self, x):
        B, T, C = x.shape  # C = emb_size
        q = self.query(x)  # (B, T, H)
        k = self.key(x)    # (B, T, H)
        v = self.value(x)  # (B, T, H)
        mask = self.tril[:T, :T]
        out, _ = attention(q, k, v, self.dropout, mask)
        return out         # (B, T, H)
```

從元件的功能角度來看，單頭單向注意力的主要任務是進行特徵提取。為了盡可能全面地提取特徵資訊，多頭單向注意力採用了反覆提取的策略。簡而言之，對於相同的輸入，它會使用多個結構相同但具有不同模型參數的單頭單向注意力元件來提取特徵*，並對得到的多個特徵進行張量拼接**和映射。

從張量形狀的角度來看，由於在模型中使用了殘差連接，因此注意力元件的輸入形狀和輸出形狀最好相同。然而，單頭注意力元件並沒有這種保證，通常情況下，單頭注意力的輸出形狀會小於輸入形狀。為了確保張量形狀的一致性，可以使用多頭注意力，透過對多個張量進行拼接的方式來實現這一目標。

* 這裡的設計受到了卷積神經網路中卷積層的啟發，多頭機制對應卷積層中的通道概念。有關卷積層的細節請參考 9.2.2 節。

** 為了更好地理解這一方法，可以參考循環神經網路中的隱藏狀態。如 10.3.2 節所述，隱藏狀態在更新過程中也使用了張量拼接這一操作。

基於上述討論，多頭單向注意力的實現如圖 11-8 所示，其實現相對簡單且易於理解，但它並不是最高效的實現方式。細心的讀者可能會注意到紅色框內包含迴圈操作，生成 self.heads 時也使用了迴圈操作。這些迴圈操作不利於平行計算，會影響模型的運算效率。更高效的實現方式是將「多頭」操作設計為張量運算的形式，具體細節可以參考 10.5.4 節中的程式清單 10-9。

```
class MaskedMultiHeadAttention(nn.Module):

    def __init__(self, emb_size, head_size):
        super().__init__()
        assert(emb_size % head_size == 0)
        # 定義單頭注意力的個數
        n_head = emb_size // head_size
        heads = [MaskedAttention(emb_size, head_size)
                 for _ in range(n_head)]
        self.heads = nn.ModuleList(heads)
        self.proj = nn.Linear(emb_size, emb_size)
        self.dropout = nn.Dropout(0.4)

    def forward(self, x):
        # 將多個單頭注意力的結果做張量拼接，形狀為(B, T, C)
        out = torch.cat([h(x) for h in self.heads], dim=-1)
        out = self.dropout(self.proj(out))
        return out
```

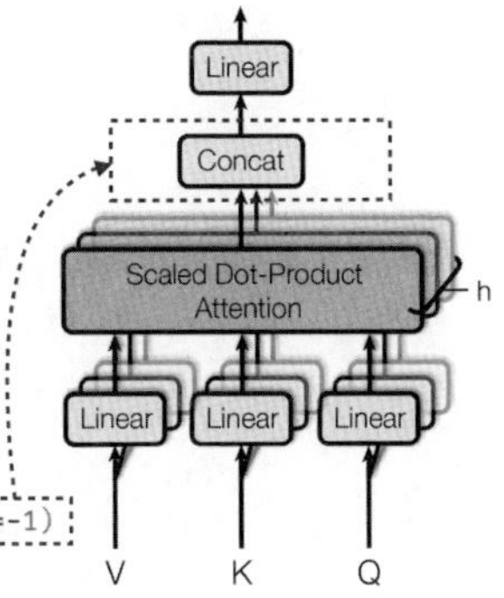

▲ 圖 11-8

11.2.3 解碼區塊

與傳統的多層感知器略有不同，解碼區塊中的多層感知器 * 包括兩層線性計算和一層非線性變換 **，如程式清單 11-2 所示，而傳統的多層感知器通常採用一層線性計算和一層非線性變換的配對結構。實際上，解碼區塊中的多層感知器可以分為兩個部分：第一部分是經典的單層感知器，第二部分是一個線性映射層。元件的第二部分不僅可以完成一次線性學習，還保證了元件輸入和輸出的張量形狀相同 ***。

---

* 實際上，該組件的正式名稱是前潰神經網路（Feed-Forward Netork）。本書中傾向於使用「多層感知器」這一術語來描述該組件。二者在結構上並沒有本質區別，多層感知器的說法更常見（更準確），也更易於理解。

** 模型中的非線性變換是 GeLU（Gaussian Error Linear Unit），這是對 ReLU 的一種改進，詳見 8.4.5 節。

*** 在多頭單向注意力元件中，最後一個計算步驟也是線性映射。不同的是，多頭單向注意力的線性映射並沒有改變張量的形狀，而這裡的線性映射對張量進行了壓縮。這個設計使得解碼區塊中的多層感知器呈現出兩頭細、中間粗的形狀，既有助於特徵提取（中間越寬，模型可以提取的特徵就越多），又能兼顧模型後續的殘差連接。

程式清單 11-2 解碼區塊中的多層感知器

```
class FeedForward(nn.Module):

    def __init__(self, emb_size):
        super().__init__()
        self.l1 = nn.Linear(emb_size, 4 * emb_size)
        self.l2 = nn.Linear(4 * emb_size, emb_size)
        self.dropout = nn.Dropout(0.4)

    def forward(self, x):
        x = F.gelu(self.l1(x))
        out = self.dropout(self.l2(x))
        return out
```

按照模型的圖示，將上述的元件組合在一起，就獲得了解碼區塊的實現，如圖 11-9 所示。

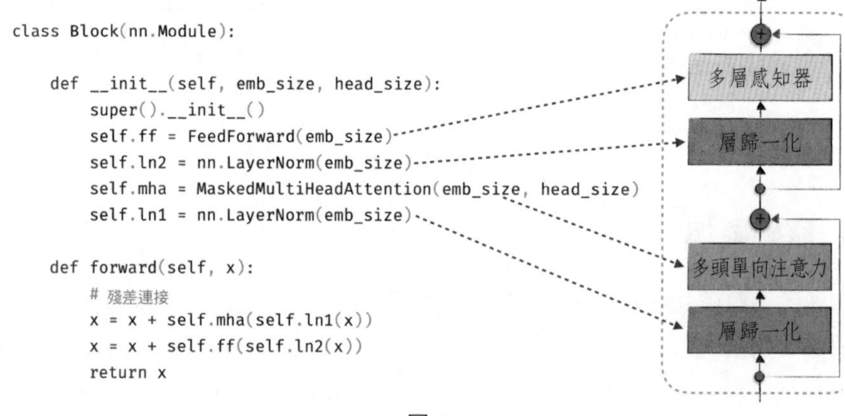

▲ 圖 11-9

11.2.4 GPT-2 的完整結構與重現

在設計 GPT-2 的模型結構時，還有最後一個關鍵細節需要考慮，那就是如何捕捉詞元在文字中的位置資訊。儘管注意力機制成功地捕捉了詞元之間的相關關係，但它卻顧此失彼，忽略了詞元的位置。回顧 11.1.2 節和 11.1.3 節中的內容，可以發現：雙向注意力只包含不受位置影響的張量計算。這表示打亂詞元在文字中的位置不會影響雙向注意力的計算結果。同理，對單向注意力，更改左側文字中的詞元順序也不會影響計算結果。然而，對自然語言處理來說，詞語在文字中的位置通常至關重要，因此需要想辦法讓模型能夠捕捉詞元的位置資訊。

有一種非常簡單的方法可以實現這一點。在使用循環神經網路進行自然語言處理時，在模型的開頭使用了文字嵌入技術。文字嵌入層的輸入是詞元在字典中的位置，而輸出是詞元的語義特徵，該特徵將用於後續的模型計算。對於位置資訊，我們完全可以「依樣畫葫蘆」，在模型的開頭引入一個位置嵌入層。這一層的輸入是詞元在文字中的位置，輸出是與語義特徵具有相同形狀的位置特徵。位置特徵和語義特徵將被結合在一起，參與後續的模型處理。從人類的角度來看，文字嵌入層學習了詞元的語義特徵，位置嵌入層學習了詞元的位置資訊；從模型的角度來看，它們幾乎是相同的，都是基於位置資訊（字典位置和文字位置）的學習。因此，這個設計雖然簡單，卻能夠有效地捕捉詞元的位置資訊。

將上述內容轉化為程式，如程式清單 11-3 所示。其中，第 6 行定義了位置嵌入層。在生成位置嵌入層時，需要確定嵌入層的大小，即最大的文字長度，這也解釋了為什麼模型只能處理有限長度的文字。除了 GPT-2，其他大語言模型也存在類似的限制，這是由注意力機制和位置嵌入導致的，也是這些模型的明顯不足。因此，如何克服或放寬這一限制是當前的熱門研究方向。

程式清單 11-3 GPT-2

```
 1 | class CharGPT(nn.Module):
 2 |
 3 |     def __init__(self, vs):
 4 |         super().__init__()
 5 |         self.token_embedding = nn.Embedding(vs, emb_size)
 6 |         self.position_embedding = nn.Embedding(sequence_len, emb_size)
 7 |         blocks = [Block(emb_size, head_size) for _ in range(n_layer)]
 8 |         self.blocks = nn.Sequential(*blocks)
 9 |         self.ln = nn.LayerNorm(emb_size)
10 |         self.lm_head = nn.Linear(emb_size, vs)
11 |
12 |     def forward(self, x):
13 |         B, T = x.shape
14 |         pos = torch.arange(0, T, dtype=torch.long, device=x.device)
15 |         tok_emb = self.token_embedding(x)       # (B, T,  C)
16 |         pos_emb = self.position_embedding(pos)  # (   T,  C)
17 |         x = tok_emb + pos_emb                   # (B, T,  C)
18 |         x = self.blocks(x)                      # (B, T,  C)
19 |         x = self.ln(x)                          # (B, T,  C)
20 |         logits = self.lm_head(x)                # (B, T, vs)
21 |         return logits
```

與其他模型類似，要在自然語言處理任務中應用該模型，需要完成兩個額外的步驟：定義分詞器和準備訓練資料。

- GPT-2 採用的分詞器是位元組級位元組對編分碼詞器。有關此分詞器的詳細演算法和缺陷，請參考 10.1.3 節和 10.1.4 節。
- GPT-2 的訓練資料是 OpenWebText*。在準備訓練資料時，採用的方法是在文字的末尾增加一個特殊字元來表示文字結束，然後將所有文字拼接成一個長字串。在這個長字串上，截取長度等於 sequence_len 的訓練資料。這種方法有效解決了文字長度不一致的問題，提高了訓練效率。

至此，我們終於完成了重現 GPT-2 所需的一切準備工作。模型的訓練過程需要耗費一定的運算資源和時間，根據 Andrej Karpathy 的實驗 **，為了複現最小版本的 GPT-2（擁有 1.24 億個參數），我們需要一台配備 8 片 A100 40GB 顯卡的電腦和大約 4 天的訓練時間。

11.2.5 Python 語言學習任務

儘管沒有資源來複現 GPT-2，但是可以利用類似的模型來解決較小的自然語言處理任務，比如前文中反覆提到的 Python 語言學習。將會使我們有機會親身體驗該模型的優點。

在 Python 語言學習任務中，無須改動模型結構，只需調整分詞器和訓練資料。具體來說，模型將使用字母等級的分詞器，訓練資料的準備方法與 GPT-2 非常相似。更多細節可以參考本書的相關程式和 10.4.2 節。

模型的具體結果如圖 11-10 所示。該模型的規模相對較小，只包含大約 240 萬個參數，訓練時間較短，但獲得了令人滿意的效果。如果進行更長時間的訓練或增加模型規模，能夠獲得更出色的模型效果。

---

* OpenWebText 是由 OpenAI 建立的資料集，用於訓練 GPT-2 模型。儘管它的名字中包含「Open」，但實際上它本身並不是一個開放原始碼的資料集。不過，我們可以使用工具 datasets 來獲取由其他研究者建立的開放原始碼版本。根據論文「Language Contamination Helps Explain the Cross-lingual Capabilities of English Pretrained Models」的研究，該資料集以英文為主，包含少量中文，這也解釋了為什麼 GPT-2 能夠理解中文。

** 具體結果請查閱 Andrej Karpathy 的 GitHub 頁面。

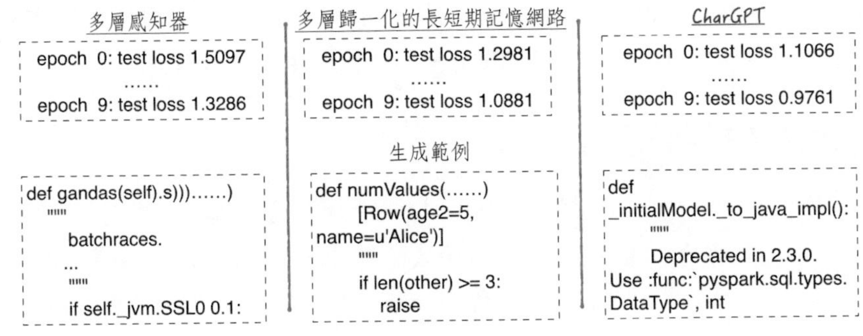

▲ 圖 11-10

11.3 從大語言模型到智慧幫手

根據 11.2 節的內容，我們可以從零開始架設和訓練自己的大語言模型 GPT-2。這是令人異常興奮的里程碑，但並不是最終目標。在實際生產中，應用大語言模型還需要解決最後一公里*問題：如何有效地將模型能力和應用場景相結合。在理論上，遷移學習（參考 10.1.5 節）包括兩個步驟：預訓練和微調。訓練 GPT-2 僅涉及第一步，即預訓練，生成的模型被稱為預訓練模型（Pretrained Model）或基礎模型（Base Model）。

在實際的生產環境中，通常不推薦將 GPT-2 作為基礎模型，因為它規模較小，效果一般**。目前已經有許多更大規模、效果更出色的基礎模型開放原始碼可用，選擇合適的開放原始碼模型通常是應用的首要步驟。因此，本節將首先介紹大語言模型（特別是開放原始碼模型）的現狀，並以 GPT-2 為例簡介在使用開放原始碼模型時的注意事項。

要解決最後一公里問題，需要根據具體的場景進行多方面的個性化調整，沒有一個通用的理論框架可以直接套用。我們可以參考成功專案的經驗和步驟，ChatGPT 就是一個成功的案例。本節以 ChatGPT 為例，探討如何從基礎模型出發，逐步建構智慧幫手。由於這一過程涉及許多技術細節，因此本節的討論將僅限於主要流程的介紹，具體的細節將在 11.4 節和 11.5 節中詳細說明。

對於像 ChatGPT 這樣的智慧幫手，為了發揮其最大潛力，需要掌握一些使用技巧。這是本節將要討論的內容，其中包括提示工程（Prompt Engineering）和檢索增強生成

---

* 根據維基百科，最後一公里（Last kilometer）原意是指完成長途跋涉的最後一段里程，後被引申為完成一件事情時的最終關鍵性步驟（通常還說明此步驟充滿困難）。

** 相比於其他神經網路，GPT-2 已經相當龐大，但在大語言模型領域，它實際上是一個很「迷你」的模型。在實際的生產環境中，模型規模和訓練資料都要大得多。以 ChatGPT 為例，它所使用的是 GPT-4（截至 2023 年的版本）。GPT-4 的模型規模更大，表現也更出色。

（Retrieval-Augmented Generation，RAG）。本節內容可能看起來有點多，但總結起來就一句話：離開實驗室，到現實世界裡向業界學習如何使用大語言模型。

11.3.1 大語言模型的現狀

大語言模型的顯著特點是規模大，圖 11-11 的上半部分展示了一些經典模型 * 的規模（截至 2023 年）。那麼，為何要建構如此龐大的模型呢？這是因為大語言模型具備湧現能力（Emergent Ability）**，即在較小的模型中不存在，但在大型的模型中顯現出來的能力。如果將模型比作人類，那麼湧現能力就好比人在成長過程中突然開竅，獲得新的認知能力一樣。如圖 11-11 下半部分所示，隨著模型規模的增加，模型的預測性能顯著提高（需要注意，這不是過擬合的表現）。隨著性能指標的顯著提升，大語言模型還展現出了許多令人意想不到的能力，如推理能力，這些能力使模型看起來更接近通用人工智慧（AGI）。然而，需要注意的是，模型的規模並不總是與模型的性能成正比。舉個例子，LLaMA 模型雖然規模較小，但多個方面的性能已經超越了規模更大的 BLOOM 模型。因此，在選擇基礎模型時，規模不應該是唯一的篩選標準。

除了模型的規模，我們往往還會關注模型的訓練資料，它將直接影響模型的性能。並非每個模型都會公開訓練資料的細節，但它們之間的差異不會太大。以 LLaMA 模型為例，圖 11-12 左側所示為其訓練資料的統計資訊 ***。從資料量的角度來看，訓練資料的規模相當可觀。從語言組成的角度來看，訓練資料相對單一。如圖 11-12 右側所示，語言主要為英文，其他語言相對較少，中文則更加有限 ****。這也解釋了為什麼該模型在英文上表現最佳，而在其他語言上效果一般。除此之外，分詞器也是影響模型效果的重要因素（特別是針對中文），具體細節請參考 10.1.4 節。這提醒我們，如果主要的應用場景是中文，那麼在選擇基礎模型時，首先要考慮的是如何增強模型在中文方面的能力。

---

* LLaMA 的全稱是 Large Language Model Meta AI。BLOOM 的全稱是 BigScience Large Open-science Open-access Multilingual Language Model。PaLM 的全稱是 Pathways Language Model。
本節列舉的大語言模型主要以英文為基礎進行預訓練。也存在一些以中文為基礎的大語言模型。可惜的是，這些模型的技術文件相對較少，因此在本書中無法提供詳細的討論。

** 源自論文「Emergent Abilities of Large Language Models」。

*** 源自論文「LLaMA: Open and Efficient Foundation Language Models」。

**** CommonCrawl 是一個非結構化的、多語言的網頁資料集，而 C4 是基於 CommonCrawl 的、清洗之後的資料集。這兩者是目前訓練大語言模型的主要資料來源。LLaMA 模型對 CommonCrawl 和 C4 這兩個資料集都進行了英文篩選，因此模型學習到的中文其實更少。

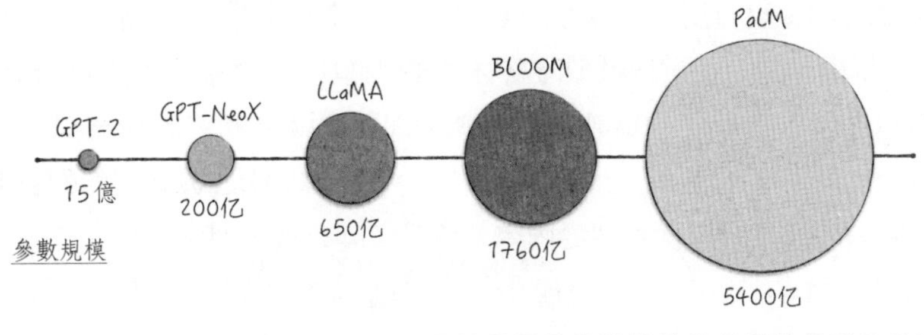

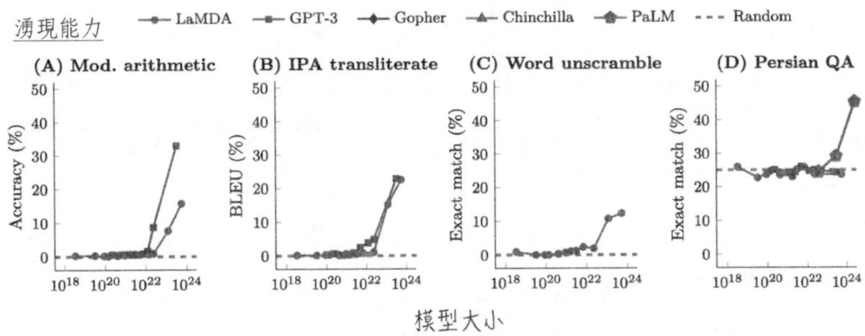

▲ 圖 11-11

LLaMA的訓練資料

Dataset	Sampling prop.	Epochs	Disk size
CommonCrawl	67.0%	1.10	3.3 TB
C4	15.0%	1.06	783 GB
Github	4.5%	0.64	328 GB
Wikipedia	4.5%	2.45	83 GB
Books	4.5%	2.23	85 GB
ArXiv	2.5%	1.06	92 GB
StackExchange	2.0%	1.03	78 GB

CommonCrawl的統計資料

語言	佔比 (%)
英文	46.17
中文	4.63

中文佔比更少

▲ 圖 11-12

11.3.2 開放原始碼模型

在使用開放原始碼的大語言模型時，通常使用工具 Transformer 下載所需的模型。但需要注意的是，由於工具的封裝（或許有點過度封裝），同一個模型可能存在多個不同的衍生版本。以 GPT-2 為例，工具提供了多個版本：帶有語言建模頭的

GPT2LMHeadModel、沒有語言建模頭的 GPT2Model 等 *。這些模型的差異不是當前討論的重點，只是提醒讀者，在選擇模型時務必仔細閱讀其說明文檔，以選擇合適的版本。

基礎模型在訓練過程中只處理一個任務，即根據文字的背景來預測下一個詞元。從本質上講，模型只是透過模仿訓練資料中的機率分佈來生成最有可能的文字。因此，它們在回答問題時通常會提供相關的內容，但明顯沒有真正理解對話的意圖，就像鸚鵡學舌一樣 **。如圖 11-13 左側上半部分所示 ***，基礎模型的回答令人困惑，與之前展示的 ChatGPT 相比差距明顯。即使使用更強大的 GPT-3，其效果也與期望相去甚遠：我們希望模型能夠提供明確的解釋，但它卻回覆了與提問相似的一系列問題。

這不僅是因為模型的能力有限，更多的是因為模型尚未學會如何以人類習慣的方式進行對話和回應請求（這些模型有自己的交流方式，與人類的方式不同，或可以說，人類尚未學會如何以模型可理解的方式與模型進行交流）。實際上，可以使用一些小技巧來引導模型，如圖 11-13 右側所示。透過在輸入中提供一些引導資訊，模型就能夠按照我們希望的方式生成回答。這種方法既是提示工程的雛形，也是建構智慧幫手的重要靈感。11.3.4 節和 11.5 節將更深入地討論這些話題。

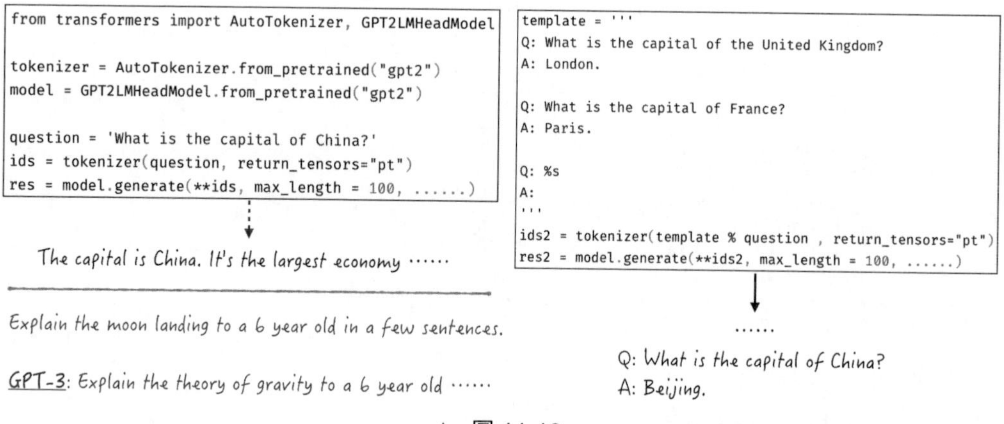

```
from transformers import AutoTokenizer, GPT2LMHeadModel

tokenizer = AutoTokenizer.from_pretrained("gpt2")
model = GPT2LMHeadModel.from_pretrained("gpt2")

question = 'What is the capital of China?'
ids = tokenizer(question, return_tensors="pt")
res = model.generate(**ids, max_length = 100, ......)
```

The capital is China. It's the largest economy ......

Explain the moon landing to a 6 year old in a few sentences.

GPT-3: Explain the theory of gravity to a 6 year old ......

```
template = '''
Q: What is the capital of the United Kingdom?
A: London.

Q: What is the capital of France?
A: Paris.

Q: %s
A:
'''
ids2 = tokenizer(template % question , return_tensors="pt")
res2 = model.generate(**ids2, max_length = 100, ......)
```

......

Q: What is the capital of China?
A: Beijing.

▲ 圖 11-13

* 去掉語言建模頭是大語言模型的常見衍生版本。這類模型通常被用於文字的特徵提取，因此也被稱為嵌入模型（Embedding Model）。具體細節可參考 8.3.5 節中的圖 8-15 或 11.3.5 節。

** 一些研究人員認為，大語言模型實際上是擅長模仿人類的鸚鵡，並不具備真正的智慧。這種觀點質疑模型是否真正理解語言，或許它們只是在統計上模仿文字資料而已。這是非常有趣的觀點，很難被證實，也很難被證偽。但是誰又敢說語言的本質不是機率呢？畢竟根據量子力學，微觀世界的物質都是以機率波的形式存在的。

*** 完整的實現請參考本書書附程式 /ch11_llm/gpt2.ipynb。在範例中使用英文，是因為 GPT-2 處理中文的效果較差，難以展示這兩種方法的區別。

11.3.3 從 GPT 到 ChatGPT

將 GPT 最佳化成 ChatGPT 是一個巨大的飛躍。ChatGPT 的成功使大語言模型這一技術詞彙成為各行各業的熱門話題。這個最佳化過程涉及多種技術，本書將在後續章節中深入討論每項技術的細節 *。讀者可以先將這些技術視為一個黑盒，從訓練資料的特點和期望的效果這兩個方面來理解每項技術的作用。

整個最佳化過程對應遷移學習中的微調階段。微調階段需要執行 3 個關鍵步驟：監督微調 **（Supervised Fine-tuning）、評分建模（Reward Modeling）和強化學習（Reinforcement Learning），如圖 11-14 所示 ***。

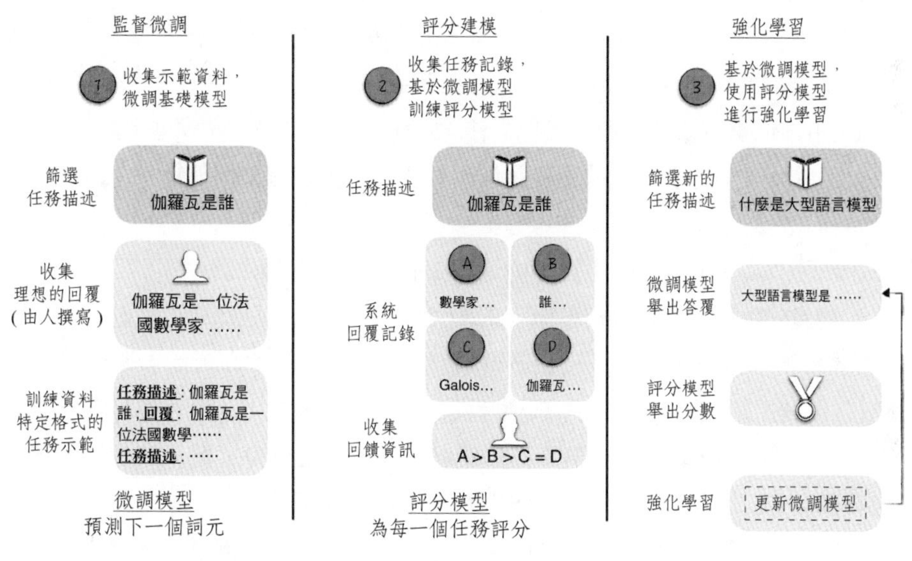

▲ 圖 11-14

下面簡介每個步驟。

（1）基礎模型並不理解我們提供給它的任務描述，也不了解什麼樣的回答是符合預期的。監督微調的目標是讓模型變得能夠理解任務描述並舉出合適的回答。在這個階段，

* 監督微調和評分建模請參考 11.5 節，強化學習請參考第 12 章。

** 監督微調這個名字可能會引起一些困惑，學術界之所以採用這個術語，是為了強調在這個階段使用監督學習的方法（自迴歸模式）來微調模型，這與後續使用強化學習進行微調有所不同。此外，從訓練的目的來看，這一步驟的主要目標是讓模型能夠模仿任務示範生成回復，因此在這個語境中，「監督」約定於「模仿」。

*** 圖片參考自論文「Training Language Models To Follow Instructions With Human Feedback」。

最重要的是收集任務示範資料，然後利用這些資料在自迴歸模式下對模型進行訓練 *。經過監督微調，模型能夠相對正常地回答使用者的提問。為了表述清晰，不妨將這一步得到的模型稱為微調模型。

（2）將微調模型部署到生產環境後，收集使用者對模型回答的回饋。如何有效利用這些回饋來改進模型的性能呢？答案是強化學習。強化學習是人工智慧的分支，它根據對模型結果的評分來動態調整模型，以最大化模型評分（不是傳統的最小化損失函數）。因此，強化學習需要的訓練資料封包含 3 個部分：任務描述、微調模型的回答，以及回答的評分。使用者提供的回饋通常是對回答的排序，而非直接的分數 **，這與強化學習所需的資料格式不一致。為了解決這個問題，需要建構一個評分模型，該模型能夠學習使用者的回饋，對大語言模型的回答進行評分，這樣就可以獲得用於強化學習的訓練資料。需要再次提醒讀者的是，普通使用者並不會接觸到評分模型，該模型只是一個輔助模型，幫助我們使用強化學習技術更進一步地最佳化第 1 步中得到的微調模型。

（3）利用第 2 步產生的訓練資料，使用強化學習動態調整微調模型，以使其回答更符合我們的期望。

在 GPT 到 ChatGPT 的最佳化過程中，有 3 個值得思考的現象。

（1）微調只是釋放了基礎模型原有的潛力。微調後的模型在與人互動的效果上獲得了顯著的進步，但值得注意的是，整個微調過程（3 個步驟加在一起）是極其短暫的。訓練資料量不到預訓練階段的 2%，訓練時間也是如此。因此，我們可以合理地認為，在短暫的微調過程中，模型並沒有學到多少新的知識，只是學會了與人交流的方式，從而將其原有的能力充分發揮出來。用一個不太嚴謹的比喻來說明，原本的基礎模型可能像一位出色的法國數學家，但由於不懂中文，他無法與我們交流數學。然後他花了一個月時間學習了一些中文，此時大家覺得他的數學水準突然提高了，但實際上並不是，只是他現在可以與我們溝通了。

（2）微調會使模型失去多樣性和創造性。微調後的模型在互動效果方面表現更出色，但並不是在所有任務中都比基礎模型更好。研究發現，基礎模型更具創造性，其回答也更多樣化。在某些需要創造性的任務中，如創作小說和詩歌，基礎模型的效果更好。這個現象也引發了人們對教育過程的反思。如果將預訓練比作初等教育，那麼基礎模型

---

* 訓練的目的是透過特定格式的文字和少量示範例子，引導模型按照期望的方式生成回答，這與圖 11-13 右側所示的例子非常相似。

** 即使使用者提供了關於回答的評分，我們仍然很難將這些評分直接應用於強化學習。這是因為每個人的評分標準都不盡相同，可能會對模型的正確性產生嚴重影響。

就相當於高三畢業生。經過高等教育（微調階段），學生在特定領域的技能獲得了提高，但就創造性而言，高等教育也可能抑制了學生的創新能力。

（3）微調模型是否會導致社會只剩下一種聲音？微調模型是透過模仿任務示範來回答問題的，在監督微調的過程中，訓練資料相對有限，但對模型的最終效果有著重要的影響。ChatGPT 的所有任務示範由一個僅有 40 名成員的遠端團隊 * 完成。從某種意義上來說，ChatGPT 每天都在重複這 40 個人的聲音。在此過程中，成員的個人偏見或狹隘觀點（每個人都潛藏著無法自我察覺的偏見和狹隘觀點）可能被保留在模型中，每天傳播給數億人 **。一個健康的社會不應該只有一種聲音。微調後的模型喪失了多樣性，這是否會加劇社會的分歧和撕裂，導致嚴重的後果呢？如何確保微調階段的訓練資料具備多樣性和公正性，是一個值得深思和引起警覺的問題。

微調後的模型（比如 ChatGPT）如果仍無法滿足需求，可以參考上述步驟繼續微調。值得注意的是，這種方法相對比較複雜，它需要重新訓練模型，資源投入也較大，並且不能百分之百確保微調後的模型一定會更智慧（微調需要經驗的累積，在實踐中，大語言模型很容易因為微調而變得「愚笨」）。實際上，除了這種複雜的修改方式，還有一些相對簡單的調整模型的方法，以使模型更符合期望，包括提示工程和檢索增強生成。

11.3.4 提示工程

什麼是提示工程？簡而言之，就是將大語言模型視為人類夥伴，以人際交流的方式與之互動，以便說服模型更進一步地提供服務。提示工程的方法許多，本節不打算詳盡列舉所有方法，只將重點放在幾個經典的案例上。

（1）給予提示。這種方法的正式名稱是 Few-Shot Prompting，可以直譯成「少量範例提示方法」。圖 11-13 所示的就是一個典型範例。就像與人交流一樣，當對方不太理解我們所交代的任務時，我們可以提供一些示範例子，幫助對方迅速理解我們的意圖，從而完成任務。透過這種方法，我們可以在不撰寫程式的情況下完成各種建模任務，如

* 更準確地說，文中提到的 ChatGPT 指的是最初版本的 ChatGPT，該版本依賴的大語言模型是 GPT-3。儘管後續的 ChatGPT 在團隊規模和資料收集方法上進行了擴充，但這並不改變任務示範來源於極少數人的事實。

** 這並不是要批評 ChatGPT 的方法，實際上，幾乎所有基於大語言模型的智慧幫手系統都存在類似的問題：建構系統的過程中存在一些「獨裁」環節，這會對系統的中立性產生嚴重影響。隨著大語言模型的發展，架設模型已經超越了技術本身，我們正在為社會引入新的智慧，因此不能忽視技術對社會的影響。

圖 11-15 上方所示：透過範例引導來完成文字分類任務，無須撰寫複雜的模型程式。

（2）讓模型有時間進行思考。這種方法就是思維鏈（Chain of Thought，CoT）。就像人在解決問題時需要時間一樣，給予模型足夠的「思考時間」可以促使它提供正確的答案。與人類不同，模型的思考並不依賴時間，而依賴詞元。因此，讓模型自己進行內部對話，可以幫助它更進一步地厘清想法並完成任務，如圖 11-15 中間所示。如果直接提問，模型會舉出錯誤的答案，但如果提示它可以一步步解答（在原始論文中，魔法般的提示語是「Let's think step by step」），模型就能夠提供正確的答案。

（3）要求反思。當模型提供了答案後，可以要求它對自己的答案進行檢查，以核對答案是否符合要求，如圖 11-15 下方所示。在這種情況下，模型會仔細反思自己的回答，並進行必要的修正，以提供正確的答案。

（4）正面鼓勵也是一個有效的方法。當向模型提問時，可以先鼓勵模型提供高品質的回答。研究表明，在問題之前加上以下簡單的陳述可以顯著提高模型的表現：「你是某個領域的專家，請完成下面的任務」。產生這種現象的原因尚無確切的定量分析，一般認為在訓練資料中，同一個問題可能存在多種不同的答案，它們的品質參差不齊，如果鼓勵模型將自己視為專家，它就會相應地從其記憶中篩選出高品質的答案作為回應。

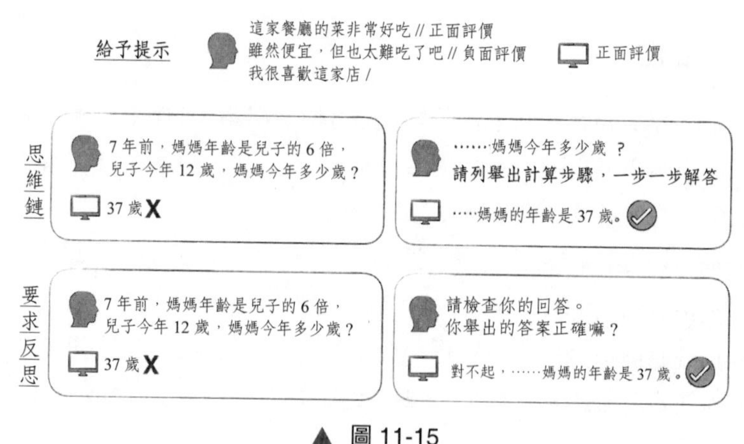

▲ 圖 11-15

提示工程在某種程度上顛覆了人機互動的方式，是大語言模型中最引人入勝的領域之一。與其他技術不同，大語言模型雖然極為複雜，卻幾乎沒有使用門檻，只需要告訴它需求就可以了。感興趣的讀者可以閱讀其他相關資料，深入了解這個話題，甚至探索出更多令人驚歎的使用方法。

11.3.5 檢索增強生成

檢索增強生成（Retrieval-Augmented Generation，RAG）這個術語看似比較深奧，但其原理非常簡單。大語言模型的知識是從其訓練資料中獲得的，如果某些特定知識沒有包含在這些資料中，模型就難以執行相關任務。如圖 11-16 所示，假設有一些私有財務資料，這些資訊是非公開的，大語言模型無法直接回答與這些資料相關的問題。如果希望模型能夠使用這些私有資料來處理任務，應該怎麼辦呢？解決方法很簡單，只需將這些資訊作為背景資料提供給模型就可以了。由於模型理解語言，它可以臨時學習背景資料，然後使用其中的資訊來完成具體的任務。

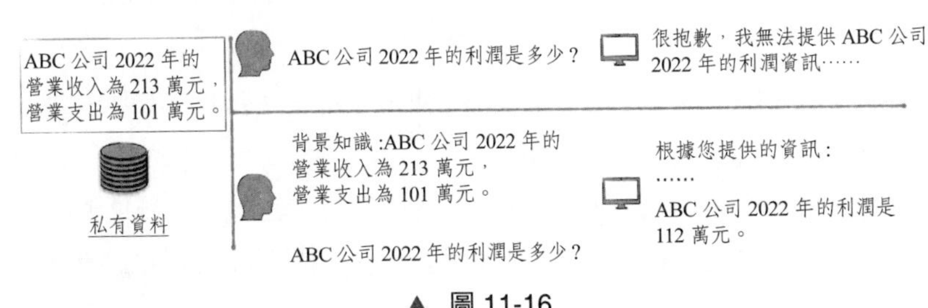

▲ 圖 11-16

上述範例非常生動形象，但與實際的生產應用還有一定距離。具體來說，我們需要人為地根據任務來篩選與之相關的背景資料，然後才能重新構造任務描述（將背景資料增加到任務描述中）。若要將這個過程自動化，完全由系統和模型來處理，就要用到檢索增強生成。

為了更進一步地理解這個演算法，首先回顧一下大語言模型的基本組成。從巨觀的角度來看，模型可以分為兩個部分：最頂部的語言建模頭（Language Modeling Head）和由其他所有元件組成的嵌入模型 *（Embedding Model）。從作用上來看，語言建模頭相當於一個多元邏輯迴歸模型，嵌入模型用於提取文字的特徵。任何文字 ** 經過嵌入模型處理後，都可以得到一個相同長度的張量，該張量代表文字的語義特徵。兩個張量越接近（可以透過張量之間的夾角來衡量它們的相似性），就表示兩個文字的語義越相似。基於這一想法為任務選擇最合適的背景資訊，具體的演算法可以分為 3 步，如圖 11-17 所示。

* 以 GPT-2 為例，11.3.2 節中提到的 GPT2Model 就屬於嵌入模型。請注意，這裡的嵌入模型和模型的文字嵌入（Word Embedding）層是完全不同的，不要混淆它們。

** 由於大語言模型都有文字長度的限制，因此模型無法處理超出長度限制的背景資料。如果遇到超出限制的資料，常用的方法是使用模型來壓縮文字，即透過大語言模型生成文字摘要，再進行檢索增強生成。

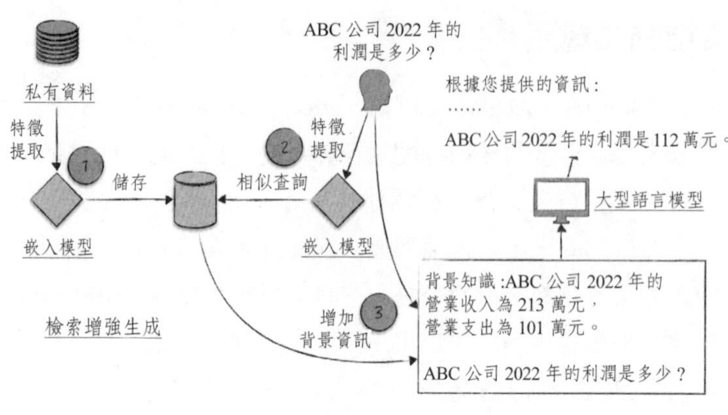

▲ 圖 11-17

（1）透過嵌入模型提取私有文字資料的特徵，並將這些張量儲存在資料庫或記憶體中。

（2）使用相同的嵌入模型提取任務描述的特徵，找到最相似的背景資料。

（3）將背景資料增加到任務描述中，並透過大語言模型得到最終的回覆。

11.4 模型微調

在開放原始碼社區中，我們可以輕鬆獲得許多性能卓越的基礎模型（預訓練的大語言模型）。然而，初步體驗表明，這些模型都存在一個共同的限制，即它們還無法直接與人類交流，在使用過程中顯得比較笨拙。但 ChatGPT 的成功案例證明：經過適當的微調，這些基礎模型可以迅速變得「聰明」，成為可靠的智慧幫手。

從技術角度來看，模型微調的具體流程是什麼？它與模型訓練有何不同嗎？其實，兩者之間的差別微乎其微，如圖 11-18 所示。常規模型訓練的流程如下：首先，架設模型結構；然後，隨機初始化模型參數；最後，基於訓練資料逐步更新這些參數。模型微調的過程與之非常相似，不同之處有兩點。首先，參數的初始化：在模型微調時，參數不是隨機生成的，而是全部或部分繼承已經訓練好的模型的參數*。其次，參與訓練的參數範圍：在常規模型訓練中，所有參數都將參與訓練，而在模型微調時，可以根據需要凍結部分參數，從而提高訓練效率並更進一步地繼承之前模型的知識。

模型微調是一項需要創造力的任務。在架設模型時，需要巧妙地設計模型結構，以

* 對於那些無法繼承的部分，初始的模型參數仍然是隨機生成的。

便最大限度地繼承已有的模型。在訓練過程中，我們希望盡可能減少參與訓練的參數量。為了更進一步地理解微調技術，將其分為巨觀和微觀兩個層面。巨觀層面的關注點是如何更進一步地繼承已有模型，將介紹模型微調的主要應用場景，以及不同場景下可供選擇的技術路徑。微觀層面更偏重於如何減少參與訓練的參數量，以便更高效率地完成微調任務。

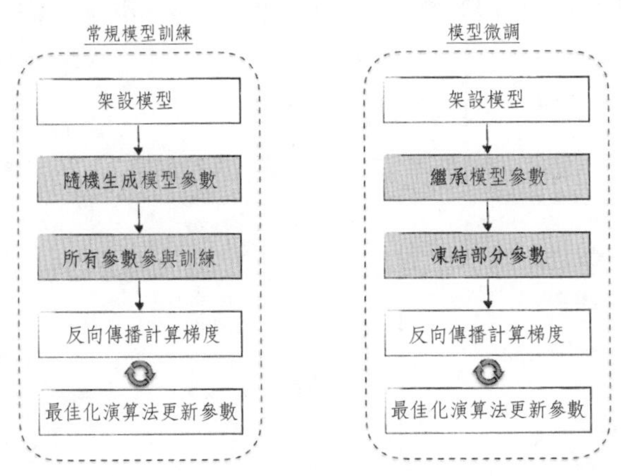

▲ 圖 11-18

需要注意的是，模型微調是一個快速發展的領域，應用場景多種多樣。因此，本節只討論一些經典且富有啟發性的方法。面對具體的微調任務時，讀者可以根據需要參考其他資料，或基於本節的內容發揮自己的創造力。此外，本節討論的內容主要基於大語言模型，但這些微調技術同樣適用於其他大型神經網路模型。

11.4.1 模型微調的 4 種模式

從巨觀層面來看，模型微調可以被分為 4 種模式，劃分維度分別是微調成本和應用場景是否改變。

- 正如 11.3.5 節所討論的，大語言模型可以被看作由語言建模頭和嵌入模型拼接而成的，如圖 11-19 左側所示。其中，語言建模頭相對簡單，嵌入模型則非常複雜，對其進行調整需要付出較大的代價。因此，根據是否對嵌入模型進行調整來區分模型微調的成本是高還是低 *。

* 從理論上講，對嵌入模型進行調整可以提高微調後模型的性能上限，但微調過程需要更多的經驗，否則很可能適得其反。

- 模型微調後的應用場景也可以分為兩類。一是微調後的模型與基礎模型有不同的應用場景，舉例來說，利用嵌入模型的輸出建構全新的文字分類模型，ChatGPT 微調過程中的評分建模也屬於這一類。二是應用場景保持不變，例如 ChatGPT 微調過程中的監督微調，或增強基礎模型的中文能力等。

根據上述兩個維度，可以得到圖 11-19 右側所示的四象限圖。對於這 4 種不同的組合，通常採用的微調方法如下。

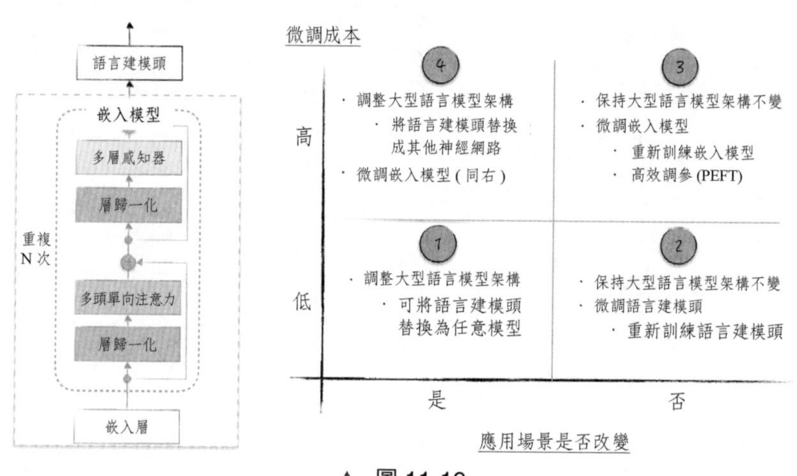

▲ 圖 11-19

（1）替換語言建模頭，保持嵌入模型不變（標記 1）：面對不同的應用場景，如果希望用較低的成本完成模型微調，通常的做法是保持嵌入模型不變，將語言建模頭替換成其他合適的模型。這種做法的想法是充分利用模型聯結主義，將嵌入模型的輸出作為新模型的輸入來完成建模任務。替換上來的模型元件有非常多的選擇，比如機器學習和統計分析的模型，包括線性迴歸、邏輯迴歸，以及第 13 章中將介紹的監督學習和無監督學習的模型。

（2）凍結嵌入模型參數，只調整語言建模頭（標記 2）：由於應用場景不變，微調模型成本最低的做法是保持嵌入模型不變，只調整語言建模頭。利用 7.4.2 節討論的參數凍結，將嵌入模型凍結，這表示在反向傳播演算法計算梯度時，這部分參數的梯度不會被計算。因此，在模型微調時，嵌入模型不會變化，只更新語言建模頭。

（3）對嵌入模型進行調整，包括直接調整和高效調參（標記 3）：面對相同的應用場景，如果希望提高模型效果的上限，就需要對嵌入模型進行調整。具體的方法可以進一步細分為兩種：一種是非常直接的，不凍結嵌入模型的參數，直接用新的資料訓練模型（這種方法的成本很高）；另一種是高效調參，這部分內容將在 11.4.2 節中詳細討論。

（4）使用其他神經網路替換語言建模頭並調整嵌入模型（標記 4）：由於應用場景有所變化，語言建模頭需要被替換，但只能使用其他神經網路來替換。這樣，兩個神經網路疊加在一起，在訓練過程中，梯度將從一個神經網路傳遞到另一個神經網路，然後兩部分都會進行更新，如圖 11-20 所示 *。這個過程看似有些神奇，但實際上我們已經多次遇到過。即使是最簡單的多層感知器，也可以被看作多個多層感知器的組合，其訓練過程與上述過程相同。

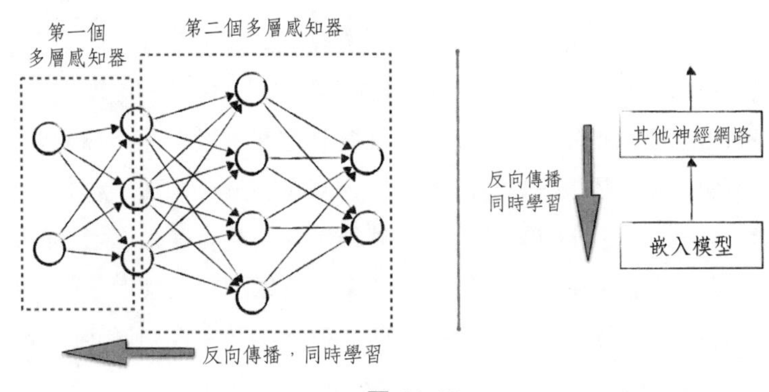

▲ 圖 11-20

11.4.2 高效調參概述

為了降低嵌入模型的微調成本並提高效率，學術界引入了高效調參（Parameter-Efficient Fine-Tuning，PEFT）技術，它是微觀層面的微調技術。這類技術的處理方法雖然有很多種，但核心思想是類似的：凍結嵌入模型的參數，同時在不改變模型主體結構的情況下，透過引入額外的組件實現微調 **。

經典方法可以分為兩類：一種是直接增加模型元件，其中包括提示調整（Prompt Tuning）和首碼調整（Prefix Tuning）；另一種是透過模擬參數更新的效果來實現微調，代表性的方法是 LoRA（Low-Rank Adaptation）。由於沒有合適的中文翻譯，後續章節將繼續使用 LoRA 這一縮寫形式。

* 將多個神經網路組合在一起訓練的方法非常有趣。在聯合訓練之後，既可以將這幾個模型組合在一起使用（與模型訓練時一樣），也可以將它們單獨提取出來並獨立使用。這種方法經常被用在強化學習等領域。

** 由於基礎模型的參數被凍結，當儲存高效調參的結果時，只需儲存額外增加的元件參數，可以有效節省儲存空間。此外，需要注意的是，在一般情況下，會凍結整個嵌入模型，但這並不是絕對的規則，也可以根據需要解凍嵌入模型的特定層，以便讓它們也參與訓練。

11.4.3 高效調參之增加模型元件

提示調整和首碼調整這兩種方法非常相似，出現的時間也十分相近。

首先討論提示調整。在 11.3.4 節的提示工程中，為了更進一步地與模型互動，通常在任務描述中額外加入一些的提示語，例如「一步一步解答」。雖然這些人為撰寫的提示語能提高模型的效果，但整個過程並不夠自動，也無法保證增加的提示語是最佳的選擇。是否可以用類似模型訓練的方式自動找到最佳的提示語呢？答案是肯定的，這正是提示調整演算法的核心思想*。

為了更清晰地解釋這一演算法，可以將基礎模型分成兩部分，即文字嵌入和其他部分，如圖 11-21 左側所示。輸入的文字首先經過文字嵌入的處理，轉化為張量，再進行後續計算。從模型的角度來看，增加提示語其實就是在張量（任務描述對應的張量）的開頭拼接一些首碼張量（提示語對應的張量）。為了將這一想法工程化，首先假設增加的提示語是固定長度的，由 n 個詞元組成。然後，對於所有輸入，增加的提示語都是相同的。因此，可以凍結基礎模型，然後生成一系列可以訓練的模型參數，用於表示提示語對應的張量。這樣在模型訓練的過程中，新的模型參數會找到最佳的提示語，而基礎模型保持不變。整個過程的核心步驟如圖 11-21 中紅框部分所示。

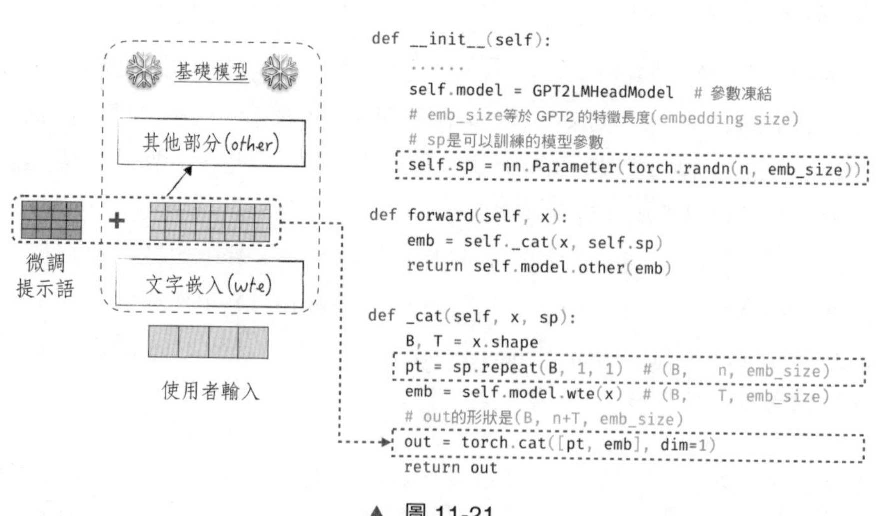

▲ 圖 11-21

* 在某些文獻中，人工尋找提示語的方法被稱為 Hard Prompt Tuning，工程化的方法則被稱為 Soft Prompt Tuning。

首碼調整的方法與提示調整非常類似，唯一的不同之處在於，它為模型中的每個解碼區塊都注入了首碼，具體的結構如圖 11-22 所示。由於篇幅有限，這兩種方法的詳細實現和使用範例在此不做討論。

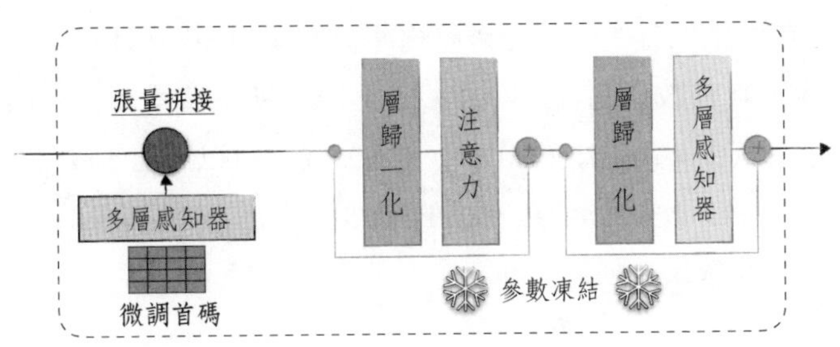

▲ 圖 11-22

11.4.4 高效調參之 LoRA

提示調整和首碼調整基本可以視作為大語言模型訂製的方法，它們在設計時對模型結構做出了很強的假設，演算法留給使用者自主調整的空間也有限，因此限制了上述兩種方法的應用範圍。相比之下，LoRA 具有更大的靈活性，幾乎可以用於任何模型，並且給予使用者更大的微調自由。因此，LoRA 是一種更受歡迎、具有更廣泛應用場景的高效調參方法。下面暫時將焦點從大語言模型身上移開，在更廣泛的神經網路背景下討論 LoRA 的細節。

神經網路的大部分模型參數都源自線性模型 *，因此我們只考慮如何高效率地微調線性模型。

如圖 11-23 所示，建構 3 種不同的線性模型。

- 模型 $m1$ 是常規的線性模型，其對應的參數用矩陣 $\boldsymbol{W}$ 表示，模型的計算公式如標記 1 所示。矩陣中的所有參數都參與訓練，而且它的初始狀態為 $\boldsymbol{W}_0$。
- 模型 $m2$ 由兩部分組成。一部分是已經凍結的模型 $m1$，凍結狀態為 $\boldsymbol{W}_0$，即模型微調之前的狀態。另一部分是一個常規的線性模型，其參數矩陣用 $\Delta\boldsymbol{W}$ 表示，其形狀與 $\boldsymbol{W}$ 相同，初始值全部為 0，我們將其稱為更新矩陣。標記 2 表明，模型 $m2$ 也是一個線性模型，因為模型的計算同樣是矩陣乘法。在微調之前，$m1$ 和 $m2$ 的

* 儘管神經網路中的非線性變換十分重要，但這些變換並不包含模型參數。其他組件，如層歸一化等，擁有的模型參數相對較少。

參數完全相同，而且參與訓練的模型參數本質上也是相同的（參數量相同，在模型中的作用也相同）。換句話說，兩個模型是完全等價的，因此我們可以將重點放在如何高效率地微調模型 *m*2 上。

- 模型 *m*3 也包含兩部分。一部分是已經凍結的模型 *m*1。另一部分是兩個線性模型的巢狀結構，其參數分別為矩陣 ***A*** 和 ***B*** 矩陣，初始值均為 0。模型的計算公式如標記 3 所示，其中 *r* 遠遠小於 *m* 和 *n*。從公式中可以看出，*m*3 同樣是一個線性模型。在微調之前，*m*3 與 *m*2 是等價的。然而，*m*3 參與訓練的參數個數較少，因此其能夠達到的效果上限低於 *m*2。

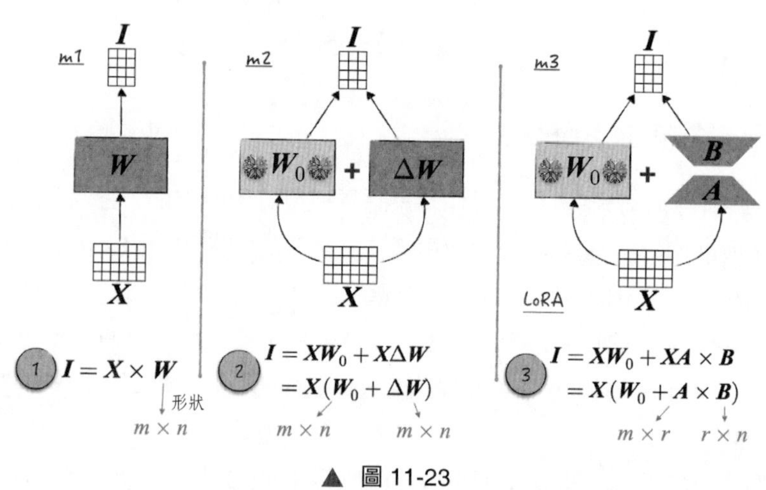

▲ 圖 11-23

從微調的最終結果來看，很多情況下（大語言模型的微調場景就是典型案例），*m*2 中更新矩陣的秩（The Rank of Matrix）非常小。這表示 ΔW 可以分解為兩個更小矩陣的乘積 *，如圖 11-24** 左側所示。這證明了，只需設置合適的 *r*，*m*3 在微調場景下完全可以達到與 *m*2 相同的效果，且成本更低。這正是 LoRA 演算法的核心思想。在具體的演算法實現上，LoRA 引入了超參數 lora_alpha 來調節凍結部分和訓練部分的關係，如圖 11-24 中的紅框部分所示。

* 分解的原理是矩陣的奇異值分解。參考 2.1.5 節和 13.5 節中的討論，分解公式中的 r 等於矩陣的秩。因此，LoRA 演算法的核心在於被分解矩陣的秩很小。如果矩陣的秩很大，使用這種方法可能會顯著降低模型的性能。

** 完整的實現請參考本書書附程式 /ch11_llm/lora_tutorial.ipynb。

ΔW → B A

$$(\Delta \boldsymbol{W})_{m\times n} = (\boldsymbol{A})_{m\times r} \times (\boldsymbol{B})_{r\times n}$$

```
class Lora(nn.Module):

    def __init__(self, model, r=4, lora_alpha=16):
        super().__init__()
        # model是線性模型
        self.model = model
        self._freezing_model()
        self.lora_A = nn.Linear(model.in_features, r, bias=False)
        self.lora_B = nn.Linear(r, model.out_features, bias=False)
        self.scaling = lora_alpha / r

    def _freezing_model(self):
        for p in self.model.parameters():
            p.requires_grad = False

    def forward(self, x):
        origin = self.model(x)
        delta = self.lora_B(self.lora_A(x)) * self.scaling
        return origin + delta
```

▲ 圖 11-24

LoRA 的程式實現並不困難，但由於大語言模型的結構相對複雜，要在其中靈活增加 LoRA 轉接器並非易事。因此，在實際生產中，通常使用開放原始碼工具 peft 來實現對大語言模型的 LoRA 應用。程式清單 11-4 中列舉了一些常見的操作（更多的使用細節請參考本書書附程式）。

- 透過 target_modules 參數（第 10 行和第 11 行）指定需要增加 LoRA 轉接器的線性模型，可以根據需要在模型中增加多個 LoRA 轉接器。
- 如果模型中有多個 LoRA 轉接器，在使用時可以隨時切換，如第 17 行所示。
- 還可以臨時禁用或卸載 LoRA 轉接器，將模型還原到初始狀態，參考第 19 ～ 24 行程式。

程式清單 11-4 LoRA

```
1 | class MLP(nn.Module):
2 |
3 |     def __init__(self, bias=False):
4 |         super().__init__()
5 |         self.lin0 = nn.Linear(2, 4, bias=bias)
6 |         self.lin1 = nn.Linear(4, 2, bias=bias)
7 |     ......
8 |
9 | # 在模型中加入多個 LoRA 轉接器
10 | config1 = LoraConfig(r=3, lora_alpha=16, target_modules=['lin0'])
11 | config2 = LoraConfig(r=5, lora_alpha=16, target_modules=['lin0', 'lin1'])
```

```
model = MLP()
peft_model = PeftModel(model, config1, adapter_name='lora1')
peft_model.add_adapter(peft_config=config2, adapter_name='lora2')

# 切換 LoRA 轉接器
peft_model.set_adapter('lora2')

# 禁用 LoRA 轉接器之後，將模型恢復到原模型狀態
with peft_model.disable_adapter():
    print(peft_model(x))

# 還可以卸載 LoRA 轉接器，將模型恢復到初始狀態
peft_model.unload()
```

11.5 監督微調和評分建模

在介紹完模型微調的技術後，下面以 GPT-2 為基礎模型，再現 ChatGPT 微調中的監督微調和評分建模。這兩個具體的案例都非常具有啟發性，可以幫助讀者更深刻地理解模型微調。

11.5.1 監督微調初體驗

根據 11.3.2 節的內容，預訓練獲得的基礎模型只會根據文字預測下一個詞元是什麼，因此無法與人類進行有效的交流。監督微調的目標是使模型更進一步地理解我們發出的指令，並舉出適當的回覆。回顧圖 11-13 右側的範例（或參考圖 11-25），可以透過增加特定格式和內容的提示語，讓模型明白輸入的內容實際上是一個任務描述，它需要完成這項任務。儘管從模型的角度來看，它仍然是在預測下一個詞元，但提示語的特殊格式和首碼內容使模型能夠生成我們期望得到的回覆。

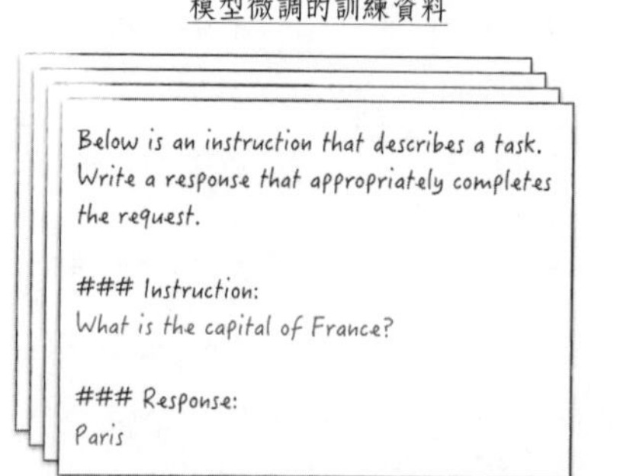

▲ 圖 11-25

然而，增加提示語的方法並不總是奏效，效果只是差強人意。這是因為在預訓練過程中，這種特殊格式的資料相對較少，導致模型對這種問答文字的理解可能不夠深入。因此，我們需要強化模型對這類資料的理解，具體步驟如下。

（1）準備訓練資料：如圖 11-25 左側所示，利用範本準備問答格式的文字資料 *。

（2）對模型進行微調：由於應用場景保持不變，因此模型的結構不需要改變。另外，為了提升模型效果，整個模型都將參與微調（對應圖 11-19 中的標記 3）。在微觀層面，將使用 LoRA 來提高微調效率。

（3）使用模型時的資料組裝：如圖 11-25 右側所示，在使用微調後的模型之前，需要將使用者的原始請求轉化為問答格式，並為回答部分留空，提示模型生成答案。

模型微調過程中的模型架設、訓練資料準備和效果評估等細節與預訓練類似。限於篇幅，這裡不做過多討論，請讀者參考本書書附程式 **。需要注意的是，在 11.2.2 節實現注意力演算法時，為了便於理解，分別使用了 3 個線性模型來表示 query、key 和 value。由於這 3 個模型的輸入是一樣的，完全可以使用一個線性模型來表達（參考程式清單 10-9 中對長短期記憶網路的實現），這也是開放原始碼工具 Transformer 對 GPT-2 的實現方式。如圖 11-26 所示，模型結構中的 c_attn 元件對應注意力演算法中的線性模型。因此，在設置 LoRA 轉接器時，需要填寫正確的模組名稱。這個細節表明，雖然在實際工作中從頭開始訓練大語言模型的情況不多，但我們仍需要對基礎模型的結構和實現有較好的理解，這樣才能更進一步地進行微調。

當模型微調開始時，我們滿懷期待著一個美好的結局。然而很遺憾，模型很快進入了發散狀態 ***，即模型的損失開始增大而非減小。這是因為模型的訓練指令稿太過簡單，還無法在大規模資料上訓練複雜模型。為了解決這個問題，需要從 4 個方面對訓練指令稿進行最佳化。

（1）最佳化演算法的超參數調整：可以參考領域內的最佳實踐來選擇合適的超參數。

（2）學習速率的動態調整：固定且偏大的學習速率很容易導致模型發散。動態調整的策略包括兩個主要方面。首先，在訓練開始有一個熱身（Warmup）階段，在此階段，

---

* 本節使用的微調資料來自開放原始碼專案 Alpaca。與 ChatGPT 不同，Alpaca 的微調資料是由 ChatGPT 生成的。因此，從某種意義上來說，大語言模型不僅具有相當的智慧水準，還具備了一定的自我繁殖能力，可以深度參與到類似系統的研發過程中。

** 完整的實現請參考本書書附程式 /ch11_llm/gpt2_lora.ipynb。

*** 為了迅速複現這一常見問題，我們在指令稿中故意採用了不太合理的學習速率，但導致發散的根本原因並不完全是學習速率過大。

學習速率非常小，主要目的是幫助模型熟悉訓練資料。其次，在正常訓練階段，學習速率將緩慢地逐漸減小。

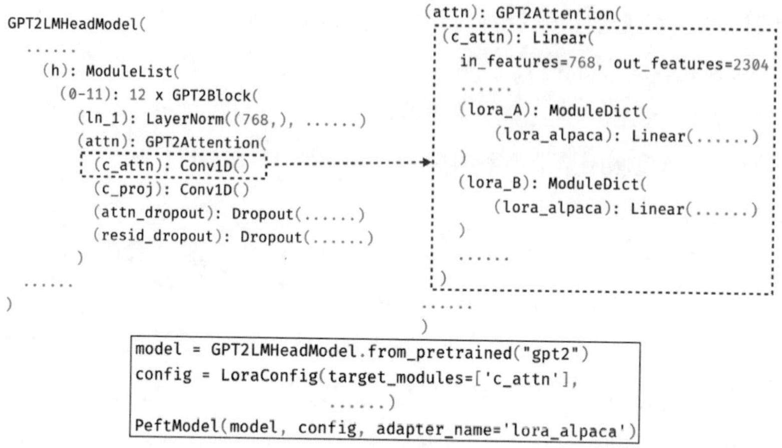

```
GPT2LMHeadModel(
  ......
   (h): ModuleList(
     (0-11): 12 x GPT2Block(
       (ln_1): LayerNorm((768,), ......)
       (attn): GPT2Attention(
         (c_attn): Conv1D()
         (c_proj): Conv1D()
         (attn_dropout): Dropout(......)
         (resid_dropout): Dropout(......)
       )
  ......
)
```

```
(attn): GPT2Attention(
 (c_attn): Linear(
   in_features=768, out_features=2304
   ......
   (lora_A): ModuleDict(
       (lora_alpaca): Linear(......)
   )
   (lora_B): ModuleDict(
       (lora_alpaca): Linear(......)
   )
   ......
 )
......
)
```

```
model = GPT2LMHeadModel.from_pretrained("gpt2")
config = LoraConfig(target_modules=['c_attn'],
                    ......)
PeftModel(model, config, adapter_name='lora_alpaca')
```

▲ 圖 11-26

（3）記憶體銷耗的最小化：大語言模型的計算需要消耗大量的記憶體，如果不最佳化記憶體的使用，我們就不得不選擇非常小的批次大小，這會導致模型訓練的不穩定。常用的記憶體最佳化技術有梯度累積和混合精度計算。具體的細節請參考 7.4.1 節和 7.5.2 節。

（4）梯度裁剪（Gradient Clipping）：在深度神經網路中，梯度爆炸是一個常見的問題。歸一化層和更高效的啟動函數可以在一定程度上緩解這個問題，此外，還有一種更直接的解決方法，即梯度裁剪。梯度裁剪的想法非常簡單：首先計算參數的梯度，然後對這些梯度進行「歸一化」處理 *（舉例來說，透過線性變換將其範數縮放至 1），以免梯度變得過大。

程式清單 11-5 綜合了上述 4 種最佳化方法，是更符合實際生產需求的訓練指令稿。

程式清單 11-5 最佳化後的訓練指令稿

```
device = 'cuda' if torch.cuda.is_available() else 'cpu'
grad_clip = 1.0

def train_gpt_optimum(model, optimizer, data_loader, max_iters=1000):
    lossi = []
```

* 梯度裁剪的具體實現方式有很多，將梯度範數縮放至 1 只是其中一種。有關其他方法的細節可參考相關文獻。

```
    scaler = torch.cuda.amp.GradScaler(enabled=(device == 'cuda'))
    for iter_num in range(max_iters):
        # 動態調整學習率
        lr = get_lr(iter_num + 1)
        for param_group in optimizer.param_groups:
            param_group['lr'] = lr
        # 梯度累積
        for i in range(gra_acc_steps):
            inputs, labels = data_loader()
            # 混合精度訓練
            ctx = torch.autocast(device_type=device, dtype=torch.float16)
            with ctx:
                logits = model(inputs).logits
                logits = logits.transpose(-2, -1)
                loss = F.cross_entropy(logits, labels)
                lossi.append(loss.item())
                loss *= 1 / gra_acc_steps
            scaler.scale(loss).backward()
        # 梯度裁剪
        scaler.unscale_(optimizer)
        clip_grad_norm_(model.parameters(), grad_clip)
        scaler.step(optimizer)
        scaler.update()
        optimizer.zero_grad(set_to_none=True)
    return lossi
```

使用最佳化後的訓練指令稿，得到一個微調後的模型。如圖 11-27 所示，經過短時間的微調，GPT-2 的使用者體驗更接近 ChatGPT。這個模型似乎在認真回答問題，而不只是簡單地鸚鵡學舌（使用者並不知道圖中的問答範本，只是簡單地輸入問題，然後獲得模型的回答）。

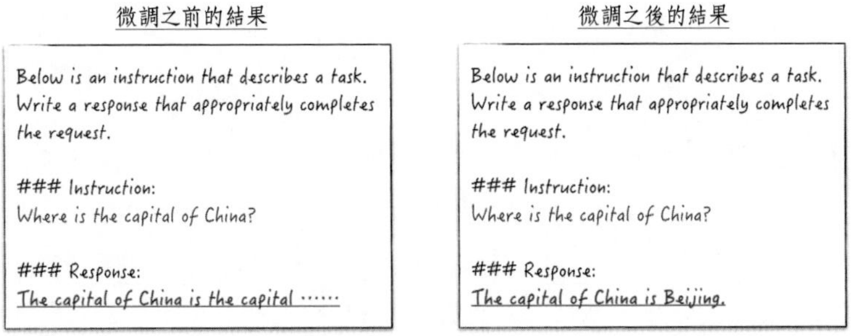

微調之前的結果

Below is an instruction that describes a task. Write a response that appropriately completes the request.

Instruction:
Where is the capital of China?

Response:
The capital of China is the capital ……

微調之後的結果

Below is an instruction that describes a task. Write a response that appropriately completes the request.

Instruction:
Where is the capital of China?

Response:
The capital of China is Beijing.

▲ 圖 11-27

上述微調的主要目標是將模型轉變為一個問答機器人。如果有其他的目標，那麼微調過程應如何調整呢？需要調整的地方並不多，通常只有訓練資料準備這一步。如果希望增強模型對中文的理解能力，需要準備中文文字作為訓練資料；如果想提升模型的邏輯推理能力，那麼訓練資料應該包含程式或數學教材等內容。因此，有了合理的技術框架之後，監督微調就類似於教孩子學習閱讀，關鍵在於準備合適且充分的學習材料。

11.5.2 更最佳化的監督微調

在上述微調過程中，存在一個潛在的問題。由於問答範本的存在，微調訓練資料中包含很多重複的內容，也就是範本開頭的文字「Below is an... 」。由於模型的訓練方式是自迴歸模式，這些重複的範本內容也是模型學習的一部分。換句話說，模型將多次學習，在遇到「Below」時，應該預測下一個詞為「is」。然而，我們並不希望模型學習這些內容，這對模型生成合適的答案沒有什麼幫助。

理想情況下，我們希望在計算模型的損失時，將範本部分和使用者問題部分排除在外，只專注於回答部分。微調的目標是讓模型學會如何生成答案，而非重複範本內容和使用者提出的問題。具體的程式實現並不複雜，通常的做法是使用一個特殊的數值來表示這些不需要學習的部分，比如在開放原始碼工具 Transformer 中，使用的值是 –100。當預測的標籤等於這個特殊值時，模型在計算損失時會將其忽略，如圖 11-28 所示 *。

```
context_template = 'Below is an instruction that describes a task. ' + \
'Write a response that appropriately completes the request.\n\n' +\
'### Instruction:\n{instruction}\n\n### Response:\n'

def prepare_input(data):
    context = context_template.format_map(data)
    whole_text = context + data['output'] + tokenizer.eos_token
    ids = tokenizer.encode(whole_text)
    context_ids = tokenizer.encode(context)
    # -100表示在計算模型損失時忽略該位置的資料（參考GPT2LMHeadModel的官方文件）
    labels = [-100] * len(context_ids) + ids[len(context_ids):]
    return {'input_ids': ids, 'labels': labels}

re = prepare_input(datasets[8])
tokenizer.decode(re['input_ids'])
tokenizer.decode(list(filter(lambda x: x != -100, re['labels'])))
```

```
Below is an ...... Response:\n<nooutput> This type of instruction cannot be fulfilled by a GPT model.<|endoftext|>
```

```
<nooutput> This type of instruction cannot be fulfilled by a GPT model.<|endoftext|>
```

▲ 圖 11-28

* 完整的實現請參考本書書附程式 /ch11_llm/gpt2_lora_optimum.ipynb。

使用經過最佳化的資料進行模型微調，不僅效率更高（因為不需要計算所有資料的模型損失），而且產生的模型結果更好 *。這提醒我們，並不是所有的模型輸出或標籤資料都必須參與模型訓練，應該根據需求有選擇地計算損失，以便更有效地引導模型朝著正確的方向學習。

11.5.3 評分建模

根據 11.3.3 節中圖 11-14 的介紹，評分模型的作用是利用使用者的回饋資料對模型的回答進行評分。因此，模型使用的資料不再是普通的文字，訓練方式也不再是自迴歸模式。在深入討論具體的模型細節之前，首先了解一下訓練資料的特點。

使用 OpenAI 為 GPT-3 準備的評分建模資料 **。這些資料的生成方式如下：對於同一個問題，GPT-3 會利用在網上搜索到的不同資料作為背景資訊來生成多個回答（這是檢索增強生成的一種應用，細節請參考 11.3.5 節），然後從使用者那裡收集對這些不同回答的回饋。因此，在這些資料中，每一筆記錄都包括對同一個問題的兩個回答及相應的評分。其中，關鍵欄位是 tokens 和 score，如圖 11-29 所示。

- tokens 欄位包含 prefix 和 completion 兩個子欄位。prefix 是完整的問題描述，其中包含使用者的原始輸入以及系統收集的背景資料。completion 是模型生成的回答。因此，將這兩者連接起來可以得到完整的問答文字，完整的問答文字將作為評分模型的輸入。此外，需要注意的是，tokens 欄位中儲存的不是原始文字，而是經過 GPT-2 的分詞器處理後的結果，因此可以在模型中直接使用。如果需要，也可以使用分詞器將它們還原成文字，以幫助我們建立對資料的直觀印象。
- score 表示使用者的回饋資料。當 score_0 大於 0 時，表明使用者更喜歡回答 0，反之亦然 ***。需要明確的是，這個欄位僅用於對回答的排序，而非回答品質的具體評分。因此，在建模過程中，不能將 score 直接用作模型的目標評分。

---

* 如果僅簡單比較模型損失的數值，會發現最佳化後的損失反而更大，但這並不代表模型的表現更差。出現這種情況的原因是最佳化前的模型損失包含對範本內容的預測，而這部分預測相對容易，導致整體損失值較低。若要進行公正的比較，需要將模型評估的指標限定在回答內容上，而非整個文字。

** 這些微調資料也被 OpenAI 應用於評分建模。不同之處在於，OpenAI 的建模起點是監督微調的 GPT-3 模型。

*** 實際上，此欄位經過了特殊處理，以使兩個分數相加等於 0。此外，當 score_0 等於 0 時，表示使用者對兩個答案並沒有明顯偏好，即持中立態度。這種資料的占比較小，並且對其進行處理超出了本章的討論範圍。因此，在資料前置處理階段，我們已將這部分資料刪除。

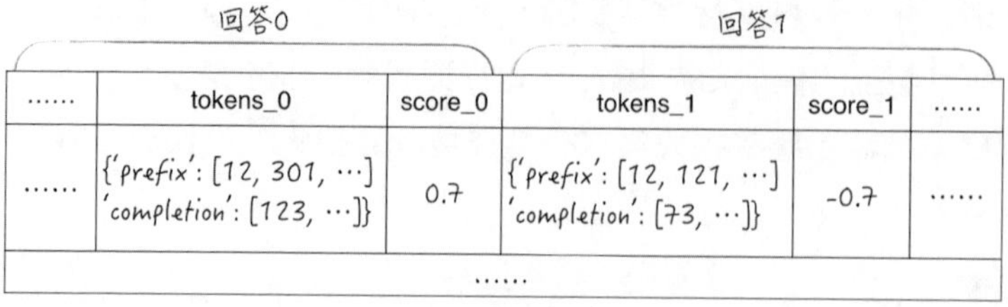

	回答0		回答1		
……	tokens_0	score_0	tokens_1	score_1	……
……	{'prefix': [12, 301, …] 'completion': [123, …]}	0.7	{'prefix': [12, 121, …] 'completion': [73, …]}	-0.7	……
……					

▲ 圖 11-29

討論完訓練資料，接下來開始探討模型的結構設計。

（1）從張量的形狀來看，模型的輸入是經過分詞器處理後的「文字」（與 GPT-2 相同），而輸出是一個數值，表示模型對問答文字的評分。

（2）根據第 1 步的分析，模型的應用場景發生了變化，因此需要重新建構模型。最直接的方法如圖 11-30 所示 *，將 GPT-2 的語言建模頭替換為一個隻輸出一個值的線性模型（不妨稱之為評分頭）。需要注意的是，嵌入模型會為文字中的每個詞元生成相應的文字特徵（有些文獻也稱為隱藏狀態）。在評分建模中，將最後一個詞元的特徵作為評分頭的輸入，可以參考虛線框內的程式來幫助理解。這是因為最後一個詞元的特徵包含了整個文字的資訊 **。

（3）對新的評分模型，可以僅訓練替換的評分頭，凍結其他部分，即圖 11-30 中的微調方案 1。然而，這樣微調的結果可能不夠理想。不過幸運的是，線性模型本質上是一個沒有啟動函數的神經網路。因此，可以同時微調評分頭和嵌入模型，即圖 11-30 中的微調方案 2（這也是本節所採用的方案）。具體來說，就是使用 LoRA 高效率地微調嵌入模型，其技術方案與監督微調類似。

模型架設完成後，下一步是定義模型的損失函數。對初學者來說，理解這一步可能是最具挑戰性的，因為與以往的建模情境不同，只有排序資料，而沒有直接的評分資料可以使用。將排序資料應用於評分模型並不複雜，只需進行一次非線性轉換即可。回顧 8.2.1 節和 8.2.3 節的內容，可以使用 Softmax 函數將模型生成的偏好評分轉為偏好的機率分佈，然後將這個機率分佈與排序資料相結合，從而定義模型的損失，也就是常用的交叉熵。具體實現如程式清單 11-6 所示，在第 8 ～ 13 行中，首先使用模型對兩個答案分別進行評分，然後將這兩個評分拼接在一起，並與排序資料一道用於計算模型的損失。

---

* 完整的實現請參考本書書附程式 /ch11_llm/gpt2_reward_modeling.ipynb。

** 這種建模方式實際上將嵌入模型視為編碼器，其相關細節詳見 10.3.5 節的圖 10-20。

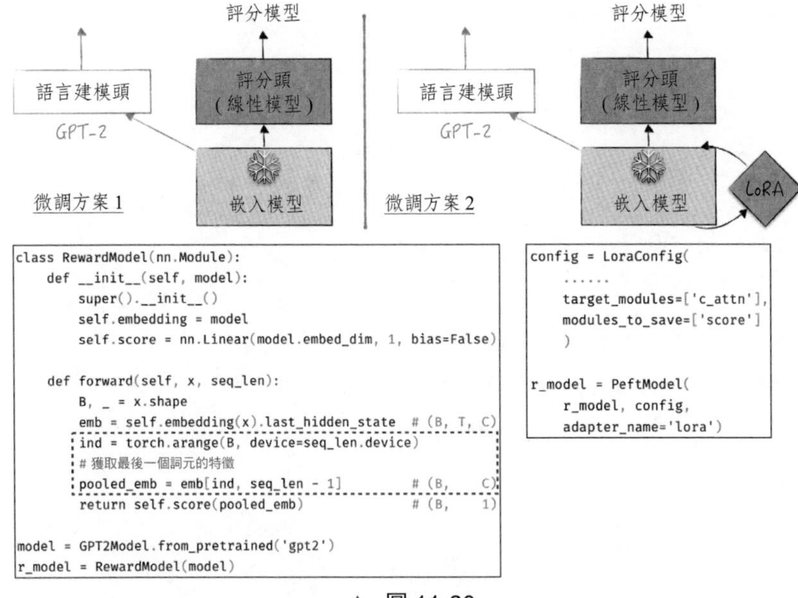

▲ 圖 11-30

程式清單 11-6 定義評分模型的損失函數

```
class PreferenceModel(nn.Module):

    def __init__(self, model):
        super().__init__()
        self.pref = model

    def forward(self, data):
        input0, len0 = data['input_ids_0'], data['input_len_0']
        input1, len1 = data['input_ids_1'], data['input_len_1']
        score0 = self.pref(input0, len0)
        score1 = self.pref(input1, len1)
        out = torch.concat((score0, score1), dim=1)
        loss = F.cross_entropy(out, data['label'])
        return out, loss

p_model = PreferenceModel(r_model).to(device)
```

如果利用資料對模型進行訓練，會發現模型的結果並不盡如人意。如圖 11-31 所示，模型的預測效果僅略好於隨機猜測（參考 8.5.1 節，對於二元分類問題，隨機猜測的模型損失為 0.69）。如果想透過繼續訓練或增加模型複雜度來提升效果，又會遇到很嚴重的過擬合問題。這主要有以下兩個原因。

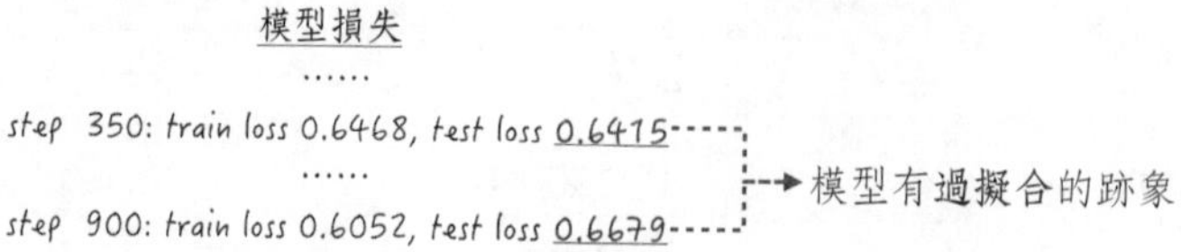

模型損失

……

step 350: train loss 0.6468, test loss 0.6415

……

step 900: train loss 0.6052, test loss 0.6679

→模型有過擬合的跡象

▲ 圖 11-31

（1）在實際應用中，通常基於監督微調的結果來建構評分模型，評分模型的訓練資料是由微調模型產生的，這樣設計有助獲得更好的結果。然而，這裡由於篇幅限制，直接基於 GPT-2 建構評分模型，影響了模型的性能。此外，GPT-2 本身的性能有限，處理這種複雜任務對它來說有點勉為其難了。

（2）模型的訓練資料相對較少，而參與訓練的參數又相對較多，因此容易發生過擬合。為了解決這個問題，可以考慮在損失函數中引入懲罰項（舉例來說，參考 9.1.5 節，增加 Activity Regularizer）；或根據問題是否重複，調整每個資料點的損失權重。這些調整的具體細節較為煩瑣，而且並不具有普適性，因此就不再詳細討論了。

如果仔細比較監督微調和評分建模，可以發現評分模型的訓練方式非常有趣。為了利用排序資料，評分模型將與邏輯迴歸結合在一起參與訓練。但是在訓練結束後，我們不再使用整個模型，而是只利用其中的一部分，即評分模型。這種新穎的應用方式實際上是強化學習的核心思想，類似的應用案例在實際中也很常見。舉例來說，對於 11.3.5 節中討論的檢索增強生成，可以採用類似的流程來微調其中的嵌入模型，以取得更好的效果。

11.5.4 如果重新建構 ChatGPT

如果重新建構一個精通中文的 ChatGPT，從技術手段上來說，我們已經站在了這門學科的前端，幾乎擁有所需的一切工具*但在實踐中可能會遇到哪些挑戰呢？在本節中，筆者打算談談自己的一些想法，為讀者提供啟發。

從技術實現的角度來看，訓練一個可投入生產的大語言模型需要高超的工程能力，以確保訓練過程的順利進行。儘管這極具挑戰性，但並非是無法克服的技術障礙。在本

* 嚴格來講，有兩個技術工具尚待完善。首先是利用強化學習進行模型微調的流程，其次是更為先進的模型結構，例如 GPT-4。

書撰寫的當下（2023 年），由於種種原因，我們面臨嚴重的晶片短缺問題，這會影響模型的訓練速度，甚至可能導致無法完成模型訓練。幸運的是，利用分散式運算框架，可以透過建構大規模叢集來緩解算力危機。縱觀電腦領域的發展歷史，目前最先進的晶片也會快速「平民化」，而且市場的力量會推動技術繞過各種限制。因此，筆者相信算力危機不會持續太長時間。

從資料的角度來看，中文的開放原始碼語料庫十分有限，且品質有待提高。儘管在物理世界中，中文的使用量並不少，但以數字形式儲存下來的資料明顯偏少。這導致了負向的回饋循環：可用的中文資料較為稀少，不僅導致對中文的研究不足，也限制了使用中文進行模型訓練的嘗試。

從語言的角度來看，我們期望模型精通中文，但如果僅學習中文，其表現就會受到限制。大部分科學知識是以英文形式存在的，中文所攜帶的知識量並不夠豐富（這並非因為英文更優越，而是由於歷史原因，英文已成為科學的語言）。這看起來是一個無解的難題，但大語言模型可以翻譯或自動生成語言資料，因此利用技術手段豐富中文語料似乎是一個值得嘗試的方案。

大語言模型的訓練成本高昂，其預測過程也需要消耗大量資源。此外，受限於模型結構和訓練方式，它們並非通用人工智慧，無法勝任所有任務。為確保模型的可持續發展，我們需要找到適合其發揮作用的場景。實際應用不僅為項目提供了資金支援，還可以衍生出新的應用場景，推動技術進步。ChatGPT 就是一個成功的案例。最初的 Transformer 模型由 Google 團隊設計，而且當時有多個模型達到了相似的效果。但 ChatGPT 找到了合適的問答場景，並對 Transformer 進行了深度微調。因此，ChatGPT 迅速成為備受歡迎的工具，這也反過來進一步推動了它的技術發展。

總結一下，語言資料和應用場景是重新建構 ChatGPT 時的重要限制和難題，且暫時沒有成熟的解決方案。

11.6 超越技術

神經網路作為一項廣泛應用的技術，其潛在的社會影響力不容小覷。我們不應該像鴕鳥一樣，將頭埋在技術的沙地裡，對其他事物漠不關心，一無所知。

本節將超越模型的技術細節，討論與神經網路相關但又超出技術範圍的話題，涵蓋哲學、社會平等、環境保護等多個領域，其中一些討論爭議很大。筆者借此機會拋磚引玉，提出一些問題和思考，旨在激發大家對這些議題的關注。

11.6.1 智慧的哲學基礎

如果將神經網路視為一種新型的智慧體，類似於研究人類智慧的方式，那麼我們主要關注兩個關鍵因素。首先需要理解它的學習規則和基本邏輯是如何被定義的，以及這些規則和邏輯是如何更新的。其次，身為智慧體，它的生命週期是怎樣的。這兩個關鍵因素將分別對應本小節討論的兩個主題：神經網路的形而上學和數字永生。

站在哲學的高度重新檢查神經網路非常有必要。參考哲學的思考方式，首先需要明確術語的含義，也就是「什麼是形而上學」。為了更進一步地理解這一概念，下面從一個現實生活中的簡單例子出發。關聯式資料庫（例如 MySQL）以表格形式儲存資料（Data）。除實際的資料記錄外，資料庫還需要儲存中繼資料（Metadata），用於描述資料表的結構，例如列數和每列的名稱。不太熟悉資料庫的讀者可以回想自己記錄資料的過程，實際上也是類似的：首先定義表格結構（實際上就是定義中繼資料），然後填充表格。中繼資料在資料管理中扮演著至關重要的角色。資料可能經常變化，而中繼資料相對穩定，它規定了資料應該遵循的規則。值得注意的是，在英文中，資料和中繼資料只有一個詞根之差，即 Meta，而這個詞根源於古希臘哲學。

古希臘哲學家亞里斯多德是哲學領域的傑出先驅。在古代，有人整理他的思想時，將他對物質世界變化的研究稱為物理學（Physics），將對不變的事物的思考稱為形而上學（Metaphysics）。透過英文表達和前面的例子，可以將形而上學簡單地理解為：它描述了那些不受物質世界變化影響的、抽象的事物。或更通俗地說，可以將形而上學視為指導我們理解人類學習、理解物理世界的學科 *，就像中繼資料指導資料管理一樣。

讀者可能會疑惑，這些哲學概念與神經網路有何連結？在傳統的模型建構過程中，我們需要從理論上提出模型假設，手動提取特徵，並分析特徵與結果之間的關係。這個過程有點類似於研究物理世界，然後將得到的知識轉化為電腦程式。這類模型被稱為基於邏輯的人工智慧（Logic Based AI）。然而，在建構神經網路時，我們更專注於定義它的形而上學，主要包括它的網路結構和運算組合方式，這些定義會告訴神經網路應該如何進行學習。以文字嵌入層為例，使用適當的特徵來表示文字對模型效果來說至關重要。

---

* 如今，術語「形而上學」在哲學中被廣泛用於指代一個分支，它以一種通用的方式探討存在的事物及其本質。儘管這個分支包含一切都在不斷變化的思想，但它仍然被視為形而上學的一部分，這與最初的詞彙含義相悖。這也是語言中一個十分常見的現象，同一個詞彙會在不同的時期承載不同的含義。在本書中，我們更傾向於使用形而上學這個術語的原始含義，即研究不變事物的性質，為理解物質世界提供指導。

但是，我們不親自制定特徵提取的規則，而是告訴神經網路在模型的某一步需要提取長度為多少的特徵，具體提取哪些特徵是模型學習的結果。這種模型被稱為非邏輯人工智慧（Non Logicist AI）。

從仿生學的角度來看，首先透過電腦模擬神經細胞及它們之間的神經訊號傳遞，創造了神經網路的基本單元——感知器，這是一種全新的、最簡單的「單細胞智慧體」。接著，為這些新生智慧體制定了一種形而上學，規定了它們學習的步驟和必須遵循的規則。最後，為它們提供資料，使它們能夠應用之前設定的形而上學來學習它們所感知到的物理世界。最終結果表明，這些新生智慧體（比如大語言模型）確實學會了資料中的知識。可以說，智慧體這個詞不再只是一個比喻或誇張，它是實實在在存在的。智慧體的物理基礎和感知方式與人類不同，舉例來說，對它們來說，影像和文字並沒有什麼區別，都是三維張量。

如果這些新生智慧體能夠被限制在我們為它們設定的形而上學框架內，那麼其能力邊界仍然可以受到我們的控制，不會超出預期太多。就像第 9 章中的例子，卷積神經網路可以用於影像辨識，但它不會進行對話。我們為神經網路設定的形而上學並不是神秘到難以理解的東西，它本質上只是一些文字描述的規則，神經網路完全有可能獲得理解並更新這些規則的能力。這並不是不可思議的事情，實際上，大語言模型已經快接近實現這一點。目前，給定一個學習任務，大語言模型便能夠自動建構和訓練相應的神經網路。這既令人興奮，又令人擔憂，一旦新生的智慧體擁有自我更新形而上學的能力，就很有可能突破人類設定的範圍，產生意想不到的後果。

形而上學的突破往往伴隨著知識的革命，人類歷史中有多個這樣的例子。在探索物理世界時，數學是一種形而上學工具。最初，人類只定義了有理數，認為它足以描述一切，但很快便意識到了侷限，即有理數之外還會有無理數（舉例來說，等邊直角三角形的斜邊是一個無理數，這引發了第一次數學危機）。透過長期的辯論和努力，古希臘改演了依賴的形而上學，推動了人類對物理世界的理解。同理，在古希臘物理學逐漸演化為牛頓經典物理學時，人類遇到了無限小悖論，也就是第二次數學危機。解決了這一形而上學難題後，物理學獲得了巨大的進步*。這些歷史經驗表明，當神經網路不斷使用我

* 實際上，人類目前正經歷著第三次數學危機，這一危機的根源可以追溯到 1901 年英國哲學家羅素提出的羅素悖論。這個悖論引發了對數學系統自洽性的質疑，最終導致哥德爾的不完備性定理的提出。這一系列事件使得整個數學系統失去了先前的確定性，這個問題在 Morris Kline 的 *Mathematics: The Loss of Certainty* 一書中有詳細討論。這個長期存在的數學危機可能也是當前物理理論停滯不前的原因之一。

們事先為其設定的形而上學來學習它所在的物理世界時，它必然會發現這些規則的不足之處。神經網路將自我更新這些規則，直至超越人類自身的形而上學。到了那時，神經網路的極限在哪裡，真的是無人可知。

目前，神經網路的學習能力和依賴的形而上學弱於人類。那麼為什麼我們需要擔心它會超越人類呢？主要原因在於數位永生。在人類世界中，人一詞有著雙重含義：一是指物理層面的肉體，二是指個體的人格，可以視為意識、思想，或從宗教角度看，人的靈魂。人格依附於肉體；當肉體死亡後，個體意識也停止了發展。也就是說，作為個體，人的學習過程是有終點的。然而，神經網路不同，它的學習雖然依賴於物理機器，但模型參數可以輕鬆複製，訓練可以隨時重新啟動。因此，神經網路的「靈魂」並不依賴物理機器，它擁有永生的特性。只要神經網路具備自我更新的能力，並持續學習，超越人類是不可避免的。因此，我們需要認真考慮如何為神經網路這個智慧體設立死亡機制，提前做好必要的防範措施。

11.6.2 血汗工廠

人類具有多種多樣的學習方式，比如古人曾總結：「讀萬卷書，行萬里路」。而對於模型，資料是它學習世界的唯一原材料。顯然，模型所需的資料並非都是自然產生的，那麼這些資料是從哪裡來的呢？從巨觀的角度來看，這些資料來自人類的標記。但具體到微觀層面，它們大多來自第三世界國家的「數字血汗工廠」。

以影像辨識領域為例，為了讓模型能夠準確地辨識影像，大量帶有標記的圖像資料是必不可少的。舉例來說，來自交通攝影機拍攝的影像，我們需要準確地標記其中的車輛、行人。只有處理過的資料才能被模型使用，幫模型學習如何辨識影像中的物體。

資料標記需要大量的人力和時間，那麼在現實中如何解決這個問題呢？常見的方法有兩種。一種是借助巧妙的設計，讓人們在不知不覺中完成資料標記。舉例來說，在登入網站或應用程式時常常需要輸入驗證碼，驗證碼可能要求我們辨識圖片內容或標記圖中的物體。這些操作實際上讓我們在無意中完成了圖像資料的標記工作 *。另一種更常見的做法是採用眾包，將標記任務發佈到眾包網站上，任何人都可以接受任務並在完成後

* 其中最成功的專案之一是 reCAPTCHA，最初由卡內基梅隆大學開發並於 2007 年發佈。這個系統透過精巧的設計巧妙地收集影像標記資料。在執行時期，系統會顯示兩個詞彙讓使用者辨識，其中一個是軟體已知答案的詞彙，另一個是軟體無法辨識的、需要由使用者辨識的難認詞彙。如果使用者正確回答了軟體已知答案的文字，那麼系統會記錄另一個軟體無法辨識的難認詞彙，從而完成了免費的影像辨識和標記工作。

獲得相應的報酬。這些任務多種多樣，包括圖片標記和機器人回答評分等。眾包任務的完成者通常來自第三世界國家，但由於競爭激烈，眾包任務的收入往往被壓到極低 *，這引發了關於數字奴隸的爭議。

這樣的現實不禁讓人深思：在人工智慧時代，是人類在掌控模型，還是模型在統治人類？這不僅是哲學層面的探討，還涉及兩個備受爭議的現實問題。

首先，從模型效果的角度來看，模型的學習資料並非來自高科技領域的光鮮產物，而是源自社會中被嚴重壓榨的勞動力。這些勞動者的判斷和觀點可能因物質條件的限制而存在侷限。然而，這些有缺陷的、單一來源的資料組成了模型認知世界的基礎。因此，我們需要考慮模型是否會因資料帶有偏見而失去中立和公正性。

其次，從社會的角度來看，網際網路行業「贏者通吃」的特性加劇了社會不平等，使弱勢群眾更容易受到剝削。人工智慧是否會強化這種不平等呢？目前的情況似乎支援了這一觀點，人工智慧彷彿成了一位高高在上的奴隸主，無情地壓榨人類為其服務。因此，如何確保人工智慧在倫理和道德層面不作惡，是一個值得深思的問題。畢竟，我們已經生活在一個足夠不平等的世界，不需要再從「潘朵拉的盒子」中釋放出一個魔鬼。

11.6.3 碳足跡

人工智慧的模型存在於虛擬世界中，因此我們常常忽略了它們在物理世界中的資源消耗和環境代價。以下是一些統計數字，可以幫助我們更進一步地理解這個問題。

- 以影像辨識領域為例，根據 OpenAI 的分析，訓練該領域最大模型的計算量呈指數級增長，其加倍週期為 3.4 個月。僅在 2012 年至 2018 年，計算量就增長了超過 30 萬倍。
- 根據埃森哲的分析，訓練 GPT-3 所需的電量高達 1.287 吉瓦時（Gigawatt hour，GWh），相當於大約 120 個美國家庭一年的用電量。
- 根據賓夕法尼亞大學的研究結果，2018 年電腦消耗了全球電力供應的約 1%—2%。到 2020 年，由於人工智慧創新，這一數字已上升至 4%—6%。預計到 2030 年，這個比例將進一步增長，達到 8%—21%。

這些數字提醒我們，儘管人工智慧模型在虛擬世界中執行，但其背後的計算量和能

* 根據相關媒體報導，由於個人的力量有限，無法與眾包平臺以及相關大公司進行博弈，再加上眾包這種形式的雇傭關係缺乏勞工保護，眾包任務的收入不斷下降，甚至在極端情況下可能低至每 4 小時 30 美分。

源消耗對物理世界產生了巨大影響。為了更負責任地使用人工智慧模型，減少能源浪費，在追求科技進步的同時保護環境，我們可以採取以下措施。

- 要考慮模型的碳足跡，也就是它所消耗的能源總量和碳排放量。在使用模型時，要克制浪費，注重節約能源。
- 積極採用加速模型訓練和推理的技術。這些技術不僅可以提高計算效率，節省時間，還能降低能源消耗。
- 應該審慎評估建立模型的必要性。並不是每個應用場景都需要大型複雜的模型，在決定建構模型之前，需要權衡其收益和資源消耗，確保它值得投入大量資源。

11.7 本章小結

11.7.1 要點回顧

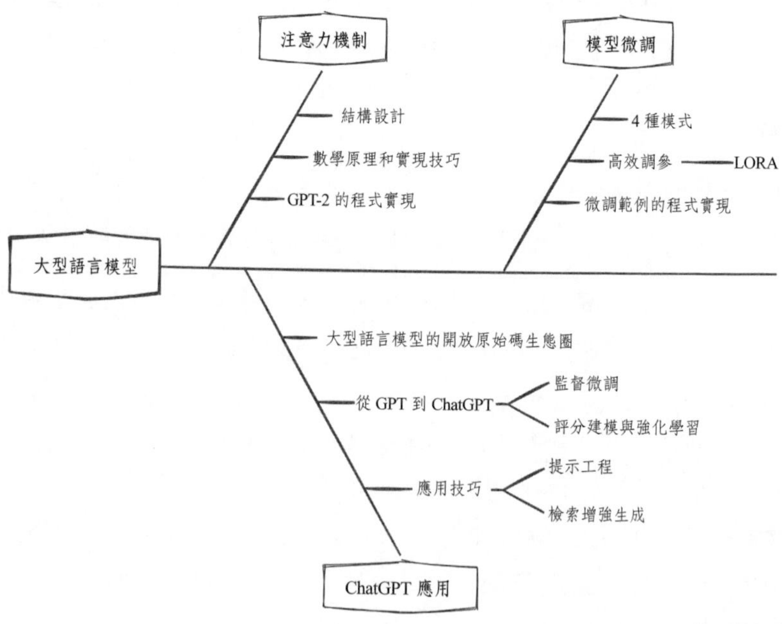

注意力機制是大語言模型的核心元件，被認為是模型理解人類語言的關鍵。本章著重介紹了這一機制。它最初用於解決翻譯問題，是經典編碼器 - 解碼器結構的改良。經過設計最佳化後，注意力機制不僅適用於翻譯，還可被應用於各種任務，例如文字特徵提取和文字生成等，為大語言模型的成功奠定了牢固基礎。

基於注意力機制的模型有很多，其中最廣為人知的是以 GPT 為代表的文字生成模型。因此在介紹完注意力機制之後，本章著重討論了 GPT-2 的模型結構和實現。用程式架設好 GPT-2 之後，可以利用它來解決前面的章節中多次提及的 Python 語言學習任務，只使用較少的參數，就可以讓 GPT-2 的預測效果相比之前有大幅提升。

鑑於資源有限，我們無法從零開始預訓練大語言模型，但在大語言模型生態系統中，存在許多可用的開放原始碼基礎模型。基礎模型受制於其訓練方式，只能根據文字背景預測下一個詞元是什麼，因此可直接使用的場景有限。大語言模型的真正魅力在於其經過微調後展現出的驚人潛力。參考 ChatGPT 的成功案例，透過監督微調和強化學習（包括評分建模），模型可以成為應用廣泛的智慧幫手。因此，在討論完 ChatGPT 的應用技巧之後，本章將重點放在模型微調上。

模型微調與常規模型訓練的區別不大，可以簡單視為更優的參數初始化和部分訓練。模型微調的理論相當簡單，但應用場景非常廣泛。根據微調成本和應用場景，可分為 4 種模式，每種模式都有自身經典的使用案例。最引人關注的是如何高效率地微調嵌入模型，其中，LoRA 方法是最成功的代表。LoRA 對模型結構的要求較少，模型中只需要存在線性模型即可。不僅如此，該元件還具備靈活安裝和拆卸的能力，因此在實踐中獲得了廣泛應用。討論完理論之後，我們利用 LoRA 技術實現了兩個具有啟發意義的微調案例，即 ChatGPT 微調中的監督微調和評分建模。

此外，本章還討論了神經網路的哲學基礎及其對社會平等和環境的影響。這些議題雖然超出了技術層面，但對於理解人工智慧的整體具有重要意義。希望這些內容能夠引起讀者對相關問題的關注，以及對與人工智慧相關的倫理和社會議題的思考。

11.7.2 常見面試問題

針對本章討論的內容，常見的面試問題如下。

1. **注意力機制**
   - 什麼是注意力機制？請說明其相比於循環神經網路的優勢。
   - 請解釋自注意力的工作原理，及其在 Transformer 模型中的應用。

2. **經典案例**
   - 請介紹 GPT-2 模型。它的特點和用途是什麼？
   - 請介紹一個自編碼模式下的經典模型。

3. **ChatGPT 應用**

- 請解釋什麼是提示工程。可以提供一些常見的提示工程技術和應用場景嗎？
- 請說明 RAG 模型相比於傳統生成模型（如 GPT 系列）的優勢和應用領域。

4. **模型微調**

- 什麼是模型微調？它在神經網路中有哪些應用場景？
- 請說明一些常用的模型微調方法及步驟。
- 請簡述 LORA 及其在模型微調中的作用。
- 請介紹監督微調的步驟，並列舉一些實際案例，說明監督微調對模型效果的影響。

法國數學家皮埃爾·德·費馬（Pierre de Fermat，1601—1665），他的職業身份與萊布尼茲相似，也是一名律師。費馬並非以數學為職業，他只將其視為一項業餘愛好，但他與當時的頂尖數學家保持頻繁的通訊，為數學的多個領域做出了卓越的貢獻。

費馬最感興趣的領域是數論，他在這一領域留下了最為人所熟知的插曲。1637年，費馬在閱讀古希臘著名數學家丟番圖的《算術》時，在書中的空白處寫下，「將一個高於二次的冪分成兩個同次冪之和，這是不可能的。關於此，我確信我發現了一種美妙的證法，可惜這裡的空白處太小，寫不下。」這就是著名的費馬大定理。這個費馬聲稱沒有地方寫下證法的問題困擾了數學界整整 300 年，最終在 1995 年由英國數學家懷爾斯解決。

在 1654 年的書信往來中，費馬和帕斯卡一起研究了賭博遊戲中的隨機問題，由此奠定了機率論的基礎。他們如今被認為是機率論的聯合奠基人。

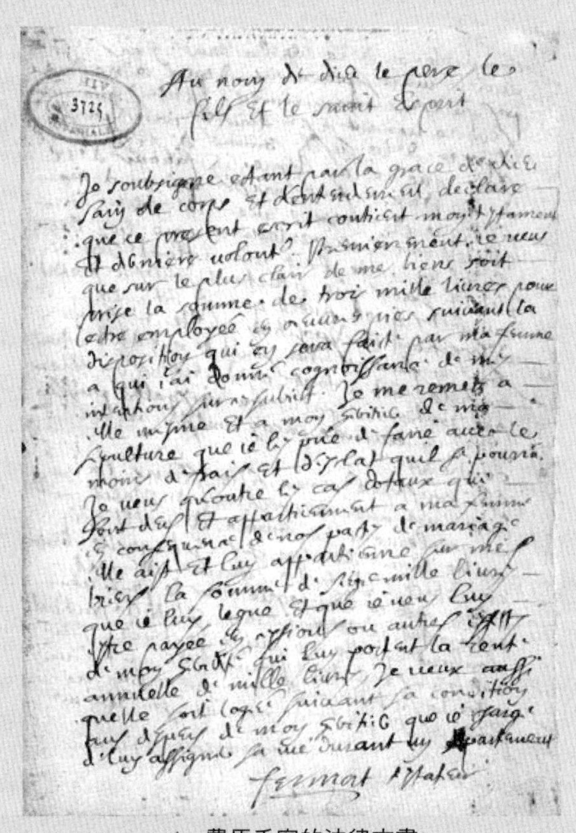

▲ 費馬手寫的法律文書

第 12 章 強化學習：在動態互動中進化

Life is what happens to us while we are making other plans.
（生活從來都不像我們所計畫的那樣。）

——Allen Saunders

從第 3 章開始，我們深入研究了各種模型，從簡單到複雜。雖然這些模型在結構和性能上存在著顯著差異，但它們的訓練和應用方式有著相似之處：需要提前收集和準備好訓練資料，模型需要經過充分的訓練和最佳化才能投入使用。用一個或許略顯誇張但生動形象的比喻來說：模型的生產就如同在子宮中孕育嬰兒一樣。人工智慧這種「生命」還比較脆弱，難以與外界深入互動。因此，需要一個相對封閉的環境來促使模型生長。生命體進一步進化的關鍵在於持續適應新環境，迎接新的挑戰。同理，模型的訓練也需要邁向一個新的階段，引導模型走進社會生活，讓它在持續互動中學習成長。

本章將討論強化學習（Reinforcement Learning，RL）。強化學習並不是某種新型的模型結構，而是一種全新的模型訓練方式*。其核心在於如何在不確定的環境中（在訓練資料尚未完全收集的情況下）訓練模型。為了應對這種不確定性，強化學習採用了一種獨特的策略：在模型並未完全準備好的情況下，就開始使用模型來助力自身的訓練。這一方法類似於人類在現實生活中的學習方式，比如學習騎自行車，透過不斷嘗試和練習來提高性能。

強化學習包含很多內容，甚至足以成為一門完整的學科。由於需要處理不確定性的環境，強化學習涉及大量的機率分析和複雜的數學推導過程。詳細介紹這一切可能需要一本與本書同樣厚度的專著，因此，本章並不打算窮盡強化學習的各方面**，而只是沿著

* 全新的模型訓練方式並非是新的參數估計演算法，而是一種全新的訓練週期管理思路。這個概念與第 10 章和第 11 章討論的遷移學習有一些相似之處，讀者可以參考遷移學習來更好地理解這種新思路。

** 在討論強化學習的具體演算法時，一些相關內容可能並未在本章中詳盡介紹。為了確保讀者對於這一涉獵廣泛的領域有全面的理解，將在相應的註腳中提及未覆蓋的內容。

大語言模型的技術路徑展開討論。具體而言，本章將效仿 ChatGPT 的做法，探討如何利用 PPO（Proximal Policy Optimization）技術來最佳化模型。ChatGPT 所採用的最佳化技術幾乎是強化學習的前端，因此本章將涵蓋該領域的大部分關鍵概念。與其他類似的書籍相比，本章的討論順序和內容側重點會有所不同，將更多地參考傳統學習的經驗，以降低讀者理解強化學習的難度，但需要讀者確保對前面章節的內容較為熟悉。

12.1 大語言模型的持續最佳化

在探討如何透過客戶回饋來持續最佳化模型之前，首先回顧 11.5 節的內容，其中重點討論了針對大語言模型的兩個經典微調案例：監督微調和評分建模。

透過預訓練得到的基礎模型，雖然功能強大，但受限於訓練方式，只能根據文字背景預測下一個詞元（Token）是什麼。從表現上來看，模型好像一隻善於模仿的鸚鵡，能夠提供相關的資訊，卻難以理解人類的真實意圖，在互動中常常出現答非所問的情況。為了解決這一問題，對模型進行第一步微調，即監督微調。透過採用固定範本、收集示範資料對模型進行微調，我們成功打磨出了一個更自然、回答效果更好的微調模型。這個模型能夠線上上系統中與客戶進行有效的互動，同時累積大量的回饋資料。

為了進一步提升模型的表現，充分利用這些寶貴的回饋資訊至關重要。然而，回饋資訊通常相對有限，而且由於個體差異，使用者評價標準也可能存在差異。為了應對這些挑戰，引入了評分模型，它能夠代替人類對模型的回答和反應進行評估。考慮到大語言模型的主要目標是贏得使用者認可，因此進一步最佳化模型的目標變得十分明確：微調模型，確保模型回答能夠獲得更高的評分。

12.1.1 最大化評分：直觀但錯誤的模型

為了提升模型回答的得分，需要仔細分析當前建模場景中已有的模型元件。如圖 12-1 中標記 1 所示，這個場景包括兩個關鍵元件：具備生成回答能力的微調模型，以及負責對回答進行評估的評分模型。當使用者舉出任務描述時，微調模型將生成一個回答，這個回答將作為評分模型的輸入，從而得到相應的模型評分。最終的評分類似於模型的損失，成為模型最佳化的目標。唯一的區別在於：模型損失越小越好，而模型評分越高越好。

基於上述分析，可以按照圖 12-1 中標記 2 所示的步驟來建構模型。首先將微調模型和評分模型聯結在一起，並凍結評分模型，這樣就完成了模型結構的架設。接下來，將

模型的輸出乘以 –1 定義為模型損失。借助已有的訓練技術（如隨機梯度下降法），模型訓練將逐步降低模型損失，即逐步提高模型評分。

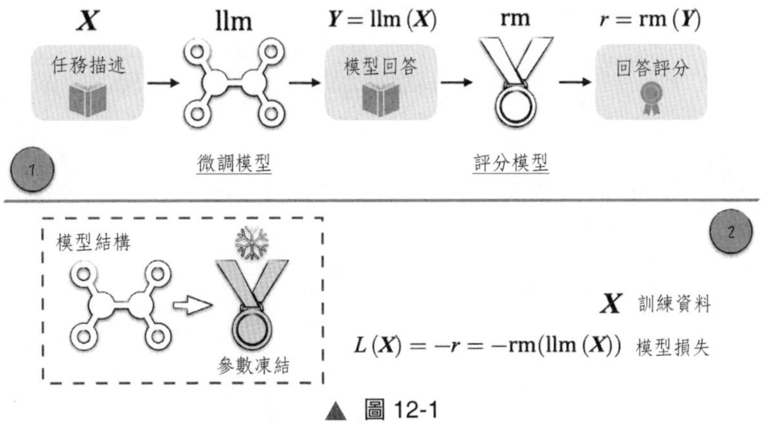

▲ 圖 12-1

上面的建模想法非常清晰，具體的程式實現也不複雜，如程式清單 12-1 所示[*]。在整個過程中，關鍵的步驟是生成文字，如第 11 ～ 20 行所示。在實際的生產環境中，可能會採用更複雜的演算法來提升生成文字的品質，但核心邏輯始終如一：根據微調模型的預測機率，隨機生成下一個詞元（見第 18 行）。

程式清單 12-1 直觀但錯誤的模型結構

```
 1 | class RLModel(nn.Module):
 2 |
 3 |     def __init__(self, llm, r_model):
 4 |         super().__init__()
 5 |         self.llm = llm
 6 |         self.r_model = r_model
 7 |         # 凍結模型
 8 |         for param in r_model.parameters():
 9 |             param.requires_grad = False
10 |
11 |     def generate(self, idx, max_new_tokens):
12 |         model = self.llm
13 |         for _ in range(max_new_tokens):
```

* 完整的實現請參考本書書附程式 /ch12_rl/intuition_model.ipynb。需要注意的是，為了突出關鍵步驟，在實現過程中並沒有使用已經訓練過的微調模型或評分模型，但這不會影響模型的建構和訓練。

```
14 |             logits = model(input_ids=idx).logits
15 |             logits = logits[:, -1, :]
16 |             probs = F.softmax(logits, dim=-1)
17 |             # 根據機率，隨機生成下一個詞元
18 |             idx_next = torch.multinomial(probs, num_samples=1)
19 |             idx = torch.cat((idx, idx_next), dim=1)
20 |         return idx
21 |
22 |     def forward(self, idx):
23 |         # 為了程式簡潔，設置產生文字的長度
24 |         ans = self.generate(idx, 20)
25 |         reward = self.r_model(ans)
26 |         return reward
27 |
28 | inputs = '1 + 2 = 3, 2 + 1 = 3, 1 + 2 ='
29 | ids = tokenizer(inputs, return_tensors="pt")
30 | model = RLModel(llm, r_model)
31 | loss = -1 * model(ids['input_ids'])
32 | # 將顯示出錯
33 | loss.backward()
```

到目前為止，一切似乎進展得很順利，效果更好的大語言模型似乎呼之欲出。然而，當我們興致勃勃地執行第 33 行程式，試圖觸發反向傳播時，卻會意外地收到程式的顯示出錯資訊。是哪裡出了問題呢？下一小節將深入討論這一問題。

12.1.2 為什麼行不通：不可微的運算

根據 8.3.5 節中的模型聯結主義，神經網路的核心思想是透過工程化的方式組裝建構出功能更強大的模型。在之前的討論中，只要模型元件的輸入和輸出形狀對得上，資料格式一致，就可以任意拼接模型。但為什麼這裡行不通呢？原因在於，之前進行模型聯結時，所涉及的運算都是可微的 *，聯結出來的模型可以使用反向傳播演算法。

然而，上述模型計算中有一個不可微的步驟，即生成文字時所使用的隨機抽樣運算：torch.multinomial。要嚴格證明這個運算的不可微性相當複雜，但我們可以從直觀角度來

* 許多常用的運算都是不可微的，例如 argmax。有時難以證明一個運算是否可微，尤其是涉及高維張量時。

在實際應用中，借助 PyTorch 可以相對輕鬆地驗證一個運算是否可微。具體方法是：首先建立一個需要計算梯度的張量（requires_grad=True），然後檢查相應計算結果是否包含 grad_fn。

理解這一結論。隨機抽樣的結果是一系列整數，表示被抽中資料在串列中的位置。從直觀上看，計算的結果是離散的，存在「突然跳躍」的情況，因此它是不可微的[*]。

為了解決這個問題，可以採用一些可微的運算來替代隨機抽樣。一個經典的例子是使用 Gumbel-Softmax 技術。如圖 12-2 所示，這種技術可以近似地獲得隨機抽樣的結果，同時確保整個計算過程是可微的。

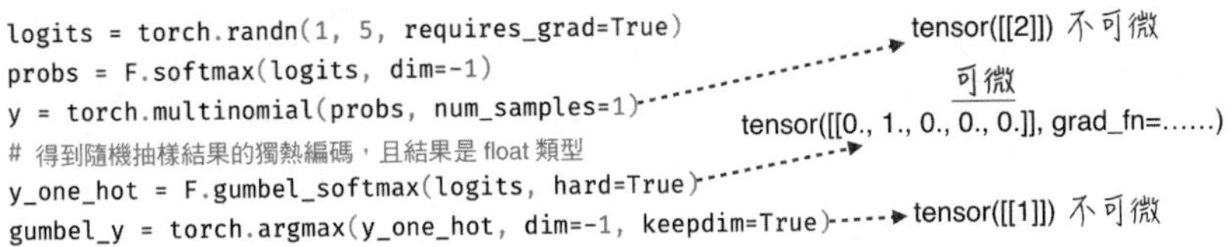

▲ 圖 12-2

Gumbel-Softmax[**] 用於在模型聯結時能夠更完整地使用分類模型（直接利用最終的分類結果）。這項技術在許多模型中成就非凡[***]，那麼是否可以用它來最佳化大語言模型呢？答案是否定的。這是因為基於這項技術的最佳化方式太直接，容易導致模型發生過擬合的現象。具體而言，評分模型能夠在一定程度上代替人類對模型回答進行評價，但它存在一些缺陷，比較容易受到「欺騙」，比如一些類似於亂碼的文字卻能夠獲得很高的評分。如果讓生成文字變得可微，那麼基於梯度的最佳化演算法將導致微調模型更傾向於生成這種容易獲得高分但毫無實際意義的回答。從模型的角度來看，這是合理的；從技術的角度來看，這也並非過擬合。使用測試資料，微調模型生成的回答依然能夠獲得高分，只是這些高分的回答在人類看來毫無意義。

正是因為 Gumbel-Softmax 具備欺騙模型的潛力，學術界常常運用它來進行攻擊訓練。以社群網站為例，通常使用文字分類模型審核使用者發佈的資訊，例如檢測文字中是否包含仇恨言論等有害資訊。一般情況下，分類模型表現得相當可靠。然而，透過利用 Gumbel-Softmax，可以建立並訓練一個作弊模型來干擾分類模型的判斷。簡單來說，

---

* 可微性是函數的一種性質。可微性要求函數影像相對光滑，沒有尖銳的凸起或不連續的部分。當討論隨機抽樣的可微性時，首先需要在機率空間中定義與計算相關的函數。正如前文所述，由於隨機性導致了跳躍行為，這個函數的影像甚至是不連續的，因此不滿足可微的要求。

** 重參數化（Reparameterization）是一項開創性的技術，其核心思想在於將隨機性剝離出來，使得包含隨機因素的計算能夠反向傳播演算法。Gumbel-Softmax 作為這一技術的代表，其數學處理相對複雜，但程式實現相對簡單。對此感興趣的讀者可以參考 PyTorch 中對 Gumbel-Softmax 的實現。

*** 一個經典的例子是由 OpenAI 開發的生成模型 DALL-E，它能夠根據使用者輸入的文字描述生成相應的圖片。

作弊模型的目標是將包含有害資訊的原始文字轉化為與之相似但又稍有不同的新文字。從人類的角度看，新文字和原文本基本上沒有任何差異（可以簡單理解為，新文字包含一些不影響理解的特殊字元）。但對分類模型來說，它很可能對原文本分類正確，但對新文字分類錯誤。整個流程如圖 12-3 所示。

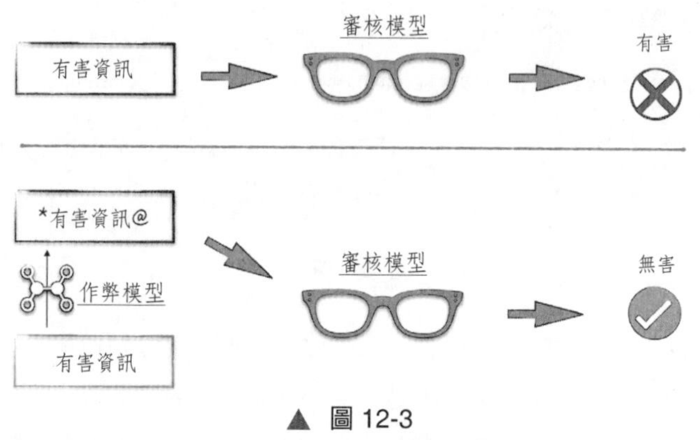

▲ 圖 12-3

12.1.3 可行的建模方式：調整損失函數

在進一步最佳化大語言模型時，直接將評分最大化並非可行的方式。那麼正確的建模方式是什麼呢？實際上，之前的章節已經涉及了這種建模方式。回顧 4.4 節，當面對非均衡資料集時，我們在模型損失中調整了不同類別的權重。透過增加少數類別的權重，模型更傾向於減少這些類別的損失。這啟示我們，透過調整文字的權重可以實現建模目標。降低模型在高評分回答上的損失相當於增加模型生成這類回答的機率，這種調整權重的方式可以更進一步地引導模型生成更高評分的回答。

為了更清晰地理解這一點，下面回顧一下模型的損失函數。假設下一個詞元的序號是 j，而模型對其的預測是 logit_j。那麼，模型在這次預測中的損失如公式（12-1）所示，即模型的損失等於該詞元機率對數的負數。

$$\begin{aligned} P_j &= \mathrm{e}^{\text{logit}_j} \Big/ \textstyle\sum_i \mathrm{e}^{\text{logit}_i} \\ L_j &= -\ln P_j \end{aligned} \tag{12-1}$$

此前的模型訓練中一次性計算了模型在 B 個文字（每個文字的長度都為 T）上的損失為

$$L = \frac{1}{B \times T} \sum -\ln P_j \tag{12-2}$$

這個計算過程中並沒有區分文字，而是一併計算所有文字中所有詞元的損失。具體的程式實現如圖 12-4 中標記 1 所示。

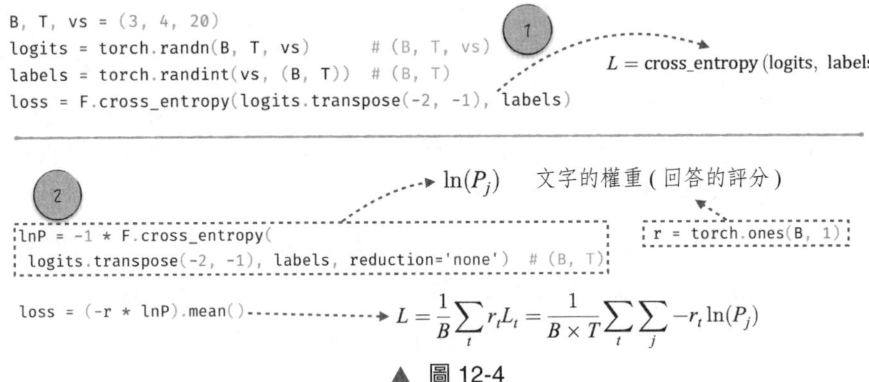

B, T, vs = (3, 4, 20)
logits = torch.randn(B, T, vs) # (B, T, vs)
labels = torch.randint(vs, (B, T)) # (B, T)
loss = F.cross_entropy(logits.transpose(-2, -1), labels)
1
L = cross_entropy (logits, labels)
2
ln(Pj)
文字的權重 (回答的評分)
lnP = -1 * F.cross_entropy(
logits.transpose(-2, -1), labels, reduction='none') # (B, T)
r = torch.ones(B, 1)
loss = (-r * lnP).mean()

$$L = \frac{1}{B}\sum_t r_t L_t = \frac{1}{B \times T}\sum_t \sum_j -r_t \ln(P_j)$$

▲ 圖 12-4

稍微修改公式（12-2）的加和方式。首先，計算模型在一個文字上的損失，即該文字中所有詞元的損失之和。從機率的角度來理解，這樣計算的理論基礎是模型生成文字的聯合機率等於各詞元機率的乘積。然後計算模型在批次文字上的損失，具體的運算式為

$$L = \frac{1}{B}\sum L_t = \frac{1}{B}\sum \frac{1}{T}\sum - \ln P_j \tag{12-3}$$

這樣修改後，可以將模型評分（記作 r_t）作為權重引入損失函數，如圖 12-4 中標記 2 所示。首先，計算每個文字的損失，然後將其乘以文字的權重（模型評分），最後計算總和，得到模型的總損失。按照之前的討論，模型會努力降低在高權重下的損失，即增加高權重的$\sum \ln P_j$，這樣就能提高生成高評分回答的機率。在具體實現中，需要注意 3 個要點。

（1）使用 F.cross_entropy 時，可以透過將參數 reduction 設置為 none，得到模型在每個詞元上的損失，即 -ln P_j。

（2）如果按照圖 12-4 中的方式，讓模型評分 r_t 恒等於 1，就獲得了常用的模型損失。這時圖 12-4 中標記 1 和標記 2 定義的損失是完全一致的。

（3）在圖 12-4 中標記 2 的實現中，我們有意地先計算 ln P，然後將模型評分的負數作為權重來定義損失，這樣做是在為後續強化學習的討論做準備。假設模型的參數為 θ，並且批次資料中只有一個文字，那麼模型參數的更新公式如下。其中，P 是模型生成該文字的聯合機率，即文字中所有詞元機率的乘積。請先理解並記住這個公式，它是強化學習中非常關鍵的數學基礎。

$$\theta_{k+1} = \theta_k - \lambda\frac{\partial L}{\partial \theta} = \theta_k + \lambda \times r \times \nabla \ln P \tag{12-4}$$

關於本節討論的建模方式和模型損失函數，有 3 個有趣的要點值得注意。

（1）公式（12-4）實際上就是 12.4.1 節中將要討論的策略梯度定理。就像「高端的食材往往只需要採用最樸素的烹飪方式」，複雜的模型處理往往只有一個簡單直觀的思想原型。簡單模型並非只有教學用途，深入理解它們的原理對掌握複雜模型非常有幫助。

（2）監督微調的技術原理實際上與本節討論的方法非常相似。具體來說，在圖 12-5 中，如果用大圓表示所有可能的文字資料，那麼監督微調階段的訓練資料可以用方塊來表示。從理論的角度來看，監督微調實際上就是將方框內的資料權重設置為 1，而方框外的資料權重設置為 0。因此，監督微調也會面臨「過擬合」問題。

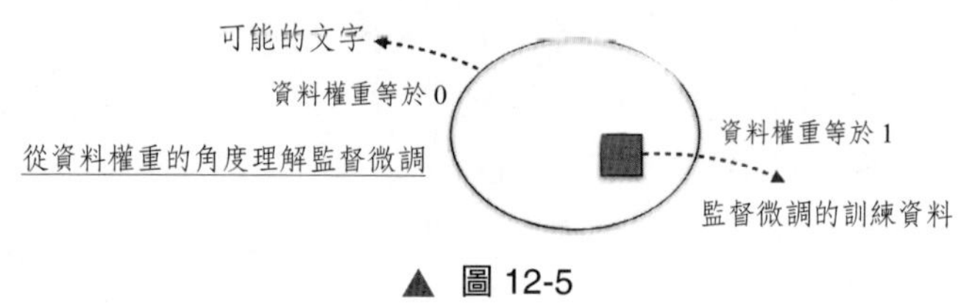

▲ 圖 12-5

（3）直接使用調整後的損失函數來訓練模型也容易導致「過擬合」問題。這種最佳化方式過於直接和粗暴，容易導致模型忽視之前預訓練的累積，在調整時過度偏向評分模型，從而使模型的整體效果下滑（儘管從評分的角度看，模型似乎有所提高）。當然，也可以選擇不使用評分模型，直接利用使用者的回饋來訓練模型，但這樣只會加劇問題。因此，需要一種更精細和更動態的學習方式：既能提高微調模型的評分，又能兼顧預訓練階段累積的知識。這種方法就是強化學習。

12.2 強化學習簡介

強化學習與傳統學習的主要差異在於訓練資料與模型之間的關係。在傳統學習中，訓練資料的收集與模型的訓練相對獨立。然而，在某些場景下，模型的訓練資料本身就是使用模型過程中的副產物。舉例來說，如果不使用大語言模型生成文字，就無法得到相應的模型評分，而這些評分正是訓練資料的一部分。當然，傳統學習也可以透過迭代來處理這種場景：使用上一次迭代產生的模型收集評分，然後根據這些評分最佳化模型並準備下一次迭代。然而，這種方式顯得有些離散，訓練資料的收集和模型的最佳化不夠連續。在訓練過程中，模型實際上已經發生了變化，但是訓練資料沒有及時地根據這些變化進行調整，導致學習效率不高。

強化學習的創新之處在於將資料收集與模型最佳化變得更連續，可以形象地將整個過程比作學習騎自行車。騎行過程中幾乎同時進行以下兩個步驟：獲得新的騎行體驗，透過這些經驗提高騎行技能。這種連續性使得強化學習在處理即時回饋和適應性學習方面表現出色。

12.2.1 核心概念

為了更深入地理解強化學習，需要掌握這一領域的核心概念。為了更生動具體地展示這些概念，下面將它們融入遊戲的背景中，主要涉及 3 個關鍵方面：遊戲設定、遊戲回合、遊戲得分。

（1）遊戲設定：在一個遊戲中，時刻 t 能觀察到遊戲的狀態（State）是 S_t，參與遊戲的智慧體（可以是模型或人類）僅基於當前狀態做出的行動（Action）是 A_t。如圖 12-6 左側所示，這個動作會帶來兩個後果：一是獲得遊戲獎勵（Reward）R_{t+1}，二是遊戲狀態由 S_t 變成了 S_{t+1}。在這個過程中，遊戲狀態的變化可能帶有一定的隨機性，也就是說，相同的遊戲狀態和行動可能導致不同的下一個狀態 *，而且下一個狀態如何分佈也存在一定的不確定性。另外，遊戲獎勵同樣存在著不確定性。這正是強化學習存在的原因。如果已知遊戲獎勵和狀態轉換的機率分佈，那麼傳統學習就足以解決問題。

（2）遊戲回合：如果 S_{t+1} 不是遊戲的結束狀態，就重複上述過程，直到遊戲結束（本章只考慮有限遊戲）。遊戲從開始到結束的整個過程被稱為一個回合（Episode）。如圖 12-6 所示，一個遊戲回合（假設遊戲在 k 步結束）的結果和過程可以表示為序列 $S_0, A_0, R_1, \cdots, S_{k-1}, A_{k-1}, R_k$ 。

（3）遊戲得分：雖然尚未對強化學習的目標舉出嚴格的定義，但直覺告訴我們，它一定與智慧體在遊戲中獲得的獎勵有關。一個遊戲回合可能包含多個獎勵，因此需要以

* 隨機性貫穿在許多常見的遊戲中。以象棋為例，可以將棋局視為遊戲狀態，每一步的走棋是一次行動。在相同的棋局和相同的走棋下，對手可能採取不同的應對策略，使遊戲的下一個狀態也變得不同。

如果一個遊戲的下一個狀態僅與當前狀態和當前行動有關，那麼這個遊戲就被稱為馬可夫遊戲。馬可夫遊戲是強化學習的主要研究物件，也是本章討論的內容。顧名思義，描述和解決這類遊戲的數學工具是馬可夫鏈（Markov Chain）。由於篇幅限制，本章不會深入探討相關內容，有興趣的讀者可以參考 13.3.2 節。

某種方式對這些獎勵進行整理。這裡參考金融領域的經驗，引入折現率 γ（Gamma）的概念，定義遊戲得分（Gain）為 G_t。需要注意的是，針對回合中的任意一步都定義了遊戲得分，表示遊戲獎勵到這一步的折現值。這樣整理後，即使某些步驟沒有遊戲獎勵（例如獎勵發生在遊戲的最後一步），我們仍然能夠定義相應的遊戲得分，以準確反映當前步驟的價值。

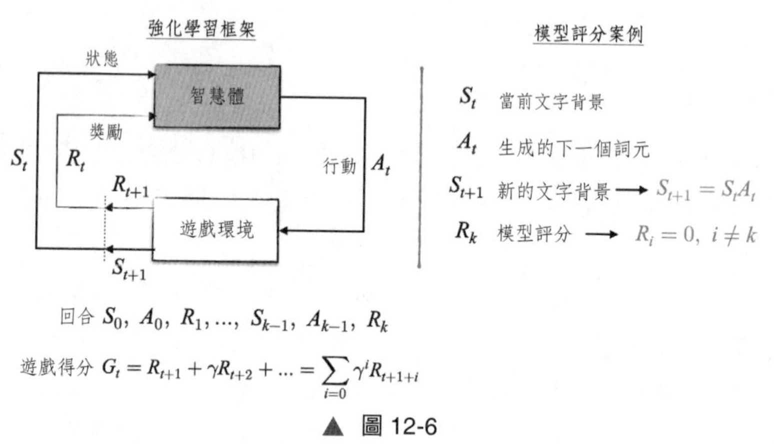

▲ 圖 12-6

上述概念可能有些抽象，下面舉兩個更具體的例子來幫助讀者理解和熟悉，分別是模型評分場景和傳統學習場景。

將強化學習的概念應用到模型評分場景中，可以得到以下的對應結果。時刻 t 的文字背景就是遊戲狀態 S_t，模型生成的下一個詞元就是行動 A_t。有了這兩個要素，下一時刻的狀態就是確定的：時刻的文字加上生成的詞元。同時，並非每一步都存在遊戲獎勵 *：在文字生成的過程中，遊戲獎勵保持為 0；在文字最終生成完畢時，會得到一個評分作為遊戲獎勵。

強化學習的描述與傳統學習截然不同，可能會讓初學者感到難以理解。如果將訓練資料定義為遊戲狀態（在這種情況下，遊戲狀態的轉換不依賴於智慧體的行動，只依賴於預先設定好的資料順序）；將模型預測定義為行動；將模型損失的負數定義為遊戲獎勵。那麼，強化學習就可以等於傳統學習了（其中 γ=1）。因此，傳統學習實際上可以被視為強化學習的特例。

---

* 基於上一節的討論，模型評分的遊戲獎勵的確如正文所述。然而，在 ChatGPT 的最佳化案例中，除了最終的評分，還將引入其他形式的遊戲獎勵。詳細內容將在後續章節中進行深入討論。

12.2.2 目標定義

在上述設定的基礎上，進一步假設智慧體透過策略（Policy）π 來決定其行動。一般而言，智慧體的策略是隨機的（Stochastic Policy）*，也就是說，在面對遊戲狀態 S_t 時，智慧體對於將要採取的行動具有一定的隨機性。模型評分的例子就屬於這種情況 ：在預測下一個詞元時，大語言模型傳回的是下一個詞元的機率分佈。因此，為了簡化數學表達，使用 $\pi(A_t,S_t)$ 表示在狀態 S_t 下採取特定行動 A_t 的機率。具體的數學公式如下 ：

$$\pi(A_t,S_t) = p$$
$$\sum_{A_t}\pi(A_t,S_t) = 1 \tag{12-5}$$

強化學習的目標是找到最佳的策略 π^*，以使智慧體在遊戲中達到最高的平均分。這一目標很直觀，但實現起來相當複雜。為了更深入地討論這個話題，需要從數學上嚴格定義強化學習的目標，分為以下兩個關鍵步驟。

（1）如公式（12-6）所示，針對遊戲狀態 S_t 定義值函數（Value Function），即從狀態開始所有回合遊戲得分的期望（平均得分）。值函數的計算需要應對兩種隨機性：遊戲狀態的轉換和策略本身（隨機策略）。

$$V_\pi(s) = E_\pi[G_t|S_t = s] \tag{12-6}$$

（2）在遊戲中，每個狀態都有相應的值函數。然而，遊戲初始狀態的值函數是最讓人感興趣的，它揭示了智慧體在整個遊戲中的平均表現。為了方便討論，設定遊戲的初始狀態為確定且唯一，記為 S_0。這一設定在某些遊戲中顯而易見，比如象棋，相應的初始狀態即為棋盤的初始版面配置。但對於一些遊戲而言，初始狀態可能不那麼明確，這時可以引入一個虛構的遊戲開端。以模型評分為例，設想存在一個初始狀態，在這個狀態下，遊戲以一定機率生成各種各樣的問題，然後正式開始模型回答和評分。

（3）一旦定義好值函數和遊戲開端，就能得到最佳策略的數學運算式，如公式（12-7）所示。這個公式就是強化學習的目標。

$$\pi^* = \text{argmax}_\pi V_\pi(S_0) \tag{12-7}$$

上述的數學公式與傳統學習比較類似，值函數似乎就是損失函數的負數，計算它並沒有什麼難度，那麼它的特別之處在哪裡呢？

---

* 另一類策略是確定性策略（Deterministic Policy），它可以被看作隨機性策略的一種特例，其中某一行動的機率等於 1。

簡而言之，特別之處在於傳統學習的損失函數有清晰且簡單的運算式，而在絕大多數情況下，我們並不知道值函數的具體運算式。以文字生成為例，對於使用者提出的問題，模型可能生成的文字幾乎是無窮無盡的 *。因此，幾乎不可能根據公式（12-6）來計算準確的期望。由於我們不清楚值函數的具體形式，近似它都是一項異常困難的任務。更進一步，如果不知道值函數的具體值，那麼公式（12-7）就只是一個理論上的空中樓閣，看起來很吸引人，實際上卻難以應用。當然，強化學習的核心內容就是在不知道值函數運算式的情況下解決公式（12-7）所示的最佳化問題。接下來將討論兩類常用的解決方法。

12.2.3 兩種解決方法

強化學習中解決最佳化問題的方法主要分為兩大類：策略學習（Policy Learning）和值函數學習（Value Function Learning）。首先介紹數學形式較為簡潔的策略學習。

在策略學習的討論中，將策略限定為神經網路。這時策略可以用符號 π_θ 來表示，其中 θ 表示模型參數。從理論上來說，值函數 $V_\pi(S_0)$ 就是 θ 的函數。因此，強化學習的目標就變成了最佳化參數 θ，使得 $V_\pi(S_0)$ 得到最大值。這個問題可以使用梯度上升法（梯度下降法乘以 –1）來解決，具體如公式（12-8）所示。需要注意的是，在強化學習中，習慣用來表示學習速率。

$$\begin{aligned} \theta_{k+1} &= \theta_k + \alpha\nabla_\theta V_\pi(S_0) \\ \nabla_\theta V_\pi(S_0) &= \nabla_\theta E_\pi[G_t|S_t = S_0] \end{aligned} \tag{12-8}$$

在上述公式中，正確估計參數梯度是關鍵且最具挑戰性的一步。實際上，這個公式並沒有直接解決問題，因為 $V_\pi(S)$ 本身就難以準確計算，更別說它的梯度了。從數學的角度來看，計算梯度通常要了解函數的準確運算式（這也是傳統學習的想法）。策略學習的獨特之處在於它能夠在不知道函數運算式的情況下，直接估計函數的梯度。有關策略學習的深入討論將在 12.4 節中展開。

接下將介紹值函數學習。需要說明的是，由於大語言模型的最佳化過程未直接採用這種方法，本章將只涉及值函數學習的一部分內容。

---

* 以 GPT-2 為例，它的字典大小為 50256（不包括表示文字結束的特殊字元）。如果設定生成的文字長度為 10，那麼可能的生成文字數量將達到 10 的 47 次方左右，這是一個極其龐大的數字。文字生成的例子相對簡單，因為我們已經了解了遊戲狀態的轉換規則。但在強化學習的場景下，通常無法百分之百確定遊戲狀態是如何轉換的，會使值函數的準確估計變得更困難。

在值函數學習中，採用如圖 12-7 所示 * 的迭代方式來估計值函數和更新智慧體的策略。這種迭代方式在學術上被稱為廣義策略迭代（Generalized Policy Iteration，GPI）。實際上，幾乎所有的強化學習演算法都或多或少地參考了廣義策略迭代的思想，包括前文介紹的策略學習（介紹較為簡略，不易看出）。廣義策略迭代的身影將在後續的討論中反覆出現。

$$\pi 0 \xrightarrow[\text{值函數}]{\text{估計}} V_{\pi 0} \xrightarrow[\text{策略}]{\text{更新}} \pi 1 \xrightarrow[\text{值函數}]{\text{估計}} V_{\pi 1} \longrightarrow \cdots \longrightarrow \begin{matrix} V^* \\ \pi^* \end{matrix}$$

▲ 圖 12-7

根據廣義策略迭代的想法，值函數學習可分為兩個關鍵步驟：值函數估計和策略更新。在值函數估計階段，可以運用神經網路來模擬值函數 **。具體而言，在遊戲中利用當前的策略來收集訓練資料，隨後利用神經網路估計值函數。儘管模型估計存在一定誤差，但仍可以利用這些估計結果來推動策略的更新。有關值函數估計的深入討論將在 12.3 節中展開。

一旦獲得了值函數的估計值，就可以利用這些資訊來更新策略。在當前狀態等於的情況下，如果智慧體採取的行動是 A_t，那麼獲得的遊戲獎勵是 R_{t+1}，而下一個狀態是 S_{t+1}。根據這些設定，更新後的策略 *** 如公式（12-9）所示。策略的更新通常不牽涉模型的學習，只需根據公式直接求解即可 ****。

$$\begin{gathered} A_t^* = \text{argmax}_{A_t} E[R_{t+1} + \gamma V(S_{t+1}) | S_t = s] \\ \pi(A_t^*, s) = 1 \end{gathered} \tag{12-9}$$

* 圖片參考自 Richard S. Sutton 和 Andrew G. Barto 編著的 *Reinforcement Learning* 一書。

** 在進行值函數估計時，除神經網路外，幾乎所有的監督學習模型都可以用來完成這一任務。另外，也可以選擇不架設模型，直接根據演算法進行值函數估計。為了明確區分，採用神經網路學習值函數的方法被稱為深度強化學習（Deep Reinforcement Learning）。

*** 這裡使用的策略更新方法被稱為貪心策略（Greedy Policy）。貪心策略是一種確定性策略，即在很多情況下無法達到最優。為了提升其靈活性，可以引入一定的隨機性。換句話說，對於最優行動，其機率不再是絕對的 1，而是 $1-\varepsilon$，同時其他策略的機率服從均勻分佈。具體細節請讀者參考其他文獻。

**** 直接根據值函數進行策略更新常會遇到困難，因為我們對獎勵 R_{t+1} 和 S_{t+1} 狀態並沒有完全了解。為了更簡單地進行策略更新，在值函數學習中，通常採用一種稱為 Q 學習（Q-learning）的方法。具體而言，不直接學習值函數，而是定義 $Q(S_t A_t)$ 為 S_t 狀態，採取行動 A_t 獲得預期得分，然後利用模型對其進行估計。透過使用 Q 函數，能夠更輕鬆地求得更新後的策略。限於篇幅，本章不會介紹 Q 學習的具體內容。

總結一下，這兩類方法的核心精髓在於：在不知道值函數準確運算式的情況下，有效地估計值函數（值函數學習）和值函數的梯度（策略學習）。

12.3 值函數學習

本節將簡要討論值函數學習。因為討論的目的主要是為 12.4.3 節做準備，所以本節將專注於值函數的估計，而不涉及策略的更新。也就是說，本節討論的演算法都不是完整版本 *。

為了更清晰地討論演算法，引入一個簡單的遊戲 **，暫且稱之為抽獎。

- 該遊戲有兩個狀態，分別為 w 和 l。
- 參與者有兩個可能的行動，即抽獎（用數字 1 表示）和不抽獎（用數字 0 表示）。
- 在狀態 w 下，每次抽獎的獎勵服從平均值為 1、標準差為 1 的正態分佈；而在狀態 l 下，獎勵的平均值為 –1，標準差為 1。
- 參與者如果選擇抽獎，那麼遊戲在產生獎勵後有 1% 的機率會終止；如果選擇不抽獎，那麼遊戲立即終止（在這種情況下，遊戲的獎勵為 0）。

在本節中，無須考慮策略的更新，可以將策略固定為一直抽獎（儘管這並非最佳策略）。在這個簡單的遊戲中，各個狀態的值函數相對容易獲得 ***：假設 γ=0.9，那麼狀態 w 的預期遊戲得分約等於 10，狀態 l 的預測得分約等於 –10。這些結果將有助驗證後續討論的演算法是否正確。

在值函數的估計過程中涉及兩個概念。首先是理論上的值函數，即回合獎勵折現值的期望，用 $V(s)$ 表示，可參考公式（12-6）。其次是對值函數的實際估計，用 $v(s)$ 表示。後續的討論將嚴格按照上述符號來區分，以免引起誤解。

12.3.1 MC 學習

MC 學習是值函數估計的經典演算法，其全稱是蒙特卡洛學習（Monte-Carlo Learning），為了表述簡潔，後文將沿用縮寫形式。為了更進一步地理解這個演算法，下

* 要實現完整的演算法，需要在值函數估計的基礎上按照規則更新策略。有興趣的讀者請參考其他相關文獻，了解具體的細節。

** 關於遊戲的完整實現請參考本書書附程式 /ch12_rl/utils.py。

*** 可以這樣簡單估算：平均情況下，每個回合的遊戲有 100 次抽獎，在 w 狀態下，每次的獎勵等於 1。利用等比數列的求和公式，可以得到預期的遊戲得分等於 10。

面從一個最佳化問題開始介紹，即尋找目標函數 $L(y)$ 的最小值，如圖 12-8 所示 *。根據梯度下降法（參考 6.2 節），可以得到如圖 12-8 所示的迭代公式。按照這個公式進行迭代，y 可以收斂到 $V(s)$。

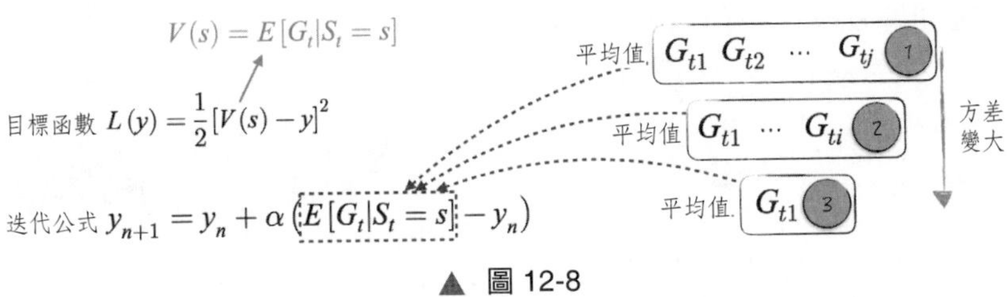

▲ 圖 12-8

在迭代公式中，$-(E[G_t \mid S_t=s]-y_n)$ 表示目標函數的梯度。然而，由於 $E[G_t \mid S_t=s]$ 是未知的，迭代公式似乎無法真正執行。為了解決這一困難，需要回顧 6.4.1 節中討論的隨機梯度下降法。該演算法並沒有嚴格按照數學公式計算損失函數的梯度，而是使用部分資料來估算，儘管每一步使用的梯度存在一定的誤差，但並不影響演算法的收斂。換言之，在梯度下降法中，並不需要知道確切的梯度，使用梯度的估計值 ** 同樣可以達到收斂的效果。

同理，對於上述梯度中的期望 $E[G_t \mid S_t=s]$，「正確」的做法是完成足夠多個遊戲回合，並收集它們的遊戲得分（假設第 ***i*** 回合的得分是 G_{ti}），然後計算這些得分的平均值，如圖 12-8 中標記 1 所示。但這個平均值只是對真實期望的估計 ***，完全可以用少量回合的得分來預估期望，如圖 12-8 中標記 2 所示。甚至「極端」一點，只用一個回合的得分來預估期望，如圖 12-8 中標記 3 所示。上述 3 種方法都是可行的，只是回合數越少，預估值的方差就越大。

基於上述討論，MC 學習包含 3 個關鍵步驟 ****：遊戲得分、優勢函數 *****、迭代更新。演

---

* 在公式推導中，使用 y 作為引數。這是因為該演算法並未使用任何模型，而是直接對估計結果進行更新。這與模型參數估計有著顯著區別。

** 並非所有的估計值都能達到良好的收斂效果。在數學上可以證明，只有無偏的估計值（估計值的期望等於真實梯度）才能保證收斂。

*** 遊戲得分可以被視為一個隨機變數，每個回合得到的分數只是對這個隨機變數的一次觀測。與隨機梯度下降法的理論基礎類似，多次觀測結果的平均值也是一個隨機變數。這個平均值的期望與單次觀測結果的期望相同，都等於我們想要估計的真實期望。唯一的區別在於平均值的期望的置信區間較小（方差較小），估計結果更加可靠。

**** 儘管使用了不同的術語，但從前文中可知，MC 學習本質上與梯度下降法的差別並不大。

***** 可理解為遊戲結果對平均水準的優勢，名稱的由來和相關細節請參考 12.3.4 節。

算法的實現過程如圖 12-9 左側所示 *。在實際的演算法實現中，將一個回合 $S_0,A_0,R_1,\cdots,S_{n-1},A_{n-1},R_n$ 拆分成 n 個獨立的回合 **：$S_0,A_0,R_1\cdots$ 和 $S_1,A_1,R_s\cdots$ 等。這種處理方式可以最大限度地利用已收集到的資料，提高演算法的學習效率。演算法的執行結果如圖 12-9 右側所示，該演算法迅速收斂到了值函數的附近。

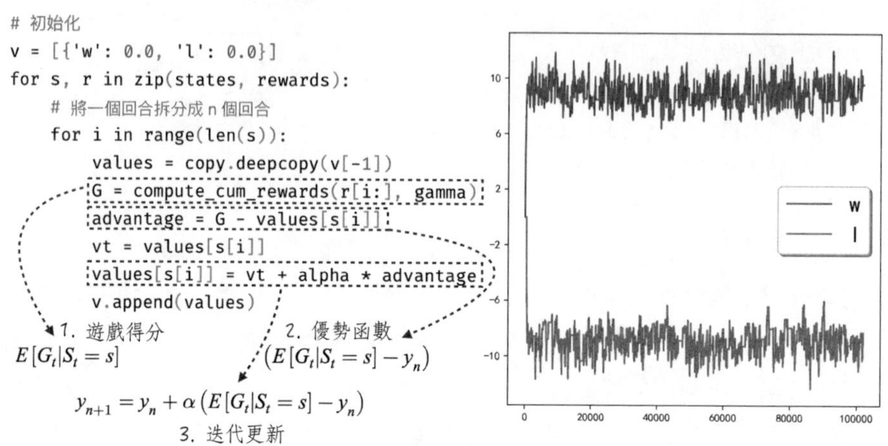

# 初始化
v = [{'w': 0.0, 'l': 0.0}]
for s, r in zip(states, rewards):
# 將一個回合拆分成 n 個回合
for i in range(len(s)):
values = copy.deepcopy(v[-1])
G = compute_cum_rewards(r[i:], gamma)
advantage = G - values[s[i]]
vt = values[s[i]]
values[s[i]] = vt + alpha * advantage
v.append(values)
1. 遊戲得分
$E[G_t|S_t=s]$
2. 優勢函數
$(E[G_t|S_t=s]-y_n)$
$y_{n+1}=y_n+\alpha(E[G_t|S_t=s]-y_n)$
3. 迭代更新
w
l

▲ 圖 12-9

對於 MC 學習，數學基礎較好的讀者可能會產生一些疑惑：根據圖 12-8 中定義的目標函數，就可以直接求出的運算式，如公式（12-10）所示，為什麼還需要使用迭代的方式來逼近值函數呢？

$$y^* = V(s) = E[G_t|S_t = s] \tag{12-10}$$

這個問題的答案並不複雜。由於 $E[G_t|S_t=s]$ 是未知的，因此透過數學求解得到的運算式實際上無法直接使用。既然如此，隨之而來的第二個問題是：在迭代演算法中，由於不知道 $E[G_t|S_t=s]$ 的確切值，我們選擇使用單一回合的得分對其進行估計，那麼為什麼不用同樣的方法來處理公式（12-10）呢？原因在於公式（12-10）是一次性計算，這表示一旦計算完成，就無法使用後續的遊戲得分來改進結果。如果希望利用新的得分改進估計結果，那麼公式（12-10）就演變成了 MC 學習 ***。

* 完整的實現請參考本書書附程式 /ch12_rl/value_learning.ipynb。

** 在實際生產環境中應用 MC 學習時，通常需要對拆分後的回合進行一次過濾，這被稱為首次出現篩選（Exploring Starts）。也就是說，對於起點相同的回合，只保留最長的那一個。有關的具體細節，請讀者查閱其他相關資料。

*** 利用新的得分意味著不斷計算公式（12-10）。這個過程等於在 MC 學習中不斷地調整參數 alpha：第一次執行時期 alpha 設為 1，第二次為 1/2，依此類推。

MC 學習其實有一種非常直觀的理解方式。參照圖 12-9 中的實現，可以用公式（12-11）來概括整個演算法：

$$v(S_t) \leftarrow v(S_t) + \alpha[G_t - v(S_t)] \tag{12-11}$$

其中，變數 $v(S_t)$ 表示對遊戲得分期望的預估。如果發現某次得分比預估高，也就是遊戲結果對平均水準（演算法預估值）有優勢，就略微增加預估值；反之，則略微降低預估值。透過大量迭代，預估值會逐漸趨近於真實值。

12.3.2 貝爾曼方程式與 TD 學習

雖然 MC 學習在值函數的預估方面表現出色，但其執行效率相對較低，通常需要耗費大量的資源和時間等待整個遊戲回合結束才能進行迭代。此外，在一些場景下，遊戲可能沒有明確的終止狀態，例如「金錢永不眠」的金融市場 *。

理想情況下，我們希望演算法能夠在遊戲進行的過程中就開始執行，及時利用每個獎勵資訊進行模型更新，以提高學習的即時性。TD 學習正好可以滿足這一需求。TD 學習的全稱是時序差分學習（Temporal-Difference Learning），為了表述簡潔，後文將沿用演算法的簡稱。

為了更深入地理解這一演算法，首先了解一下著名的貝爾曼方程式 **（Bellman Equation）。如圖 12-10 所示，將遊戲得分的運算式在期望運算中展開並重新組合，便可得到貝爾曼方程式。這個公式揭示了值函數存在一種類似「循環定義」的平衡：當前狀態的值函數 = 立即獲得的獎勵 + 下一個狀態值函數的現值（準確的數學表述應該是：當前狀態的值函數 = 獎勵 + 下一狀態值函數現值的期望）。

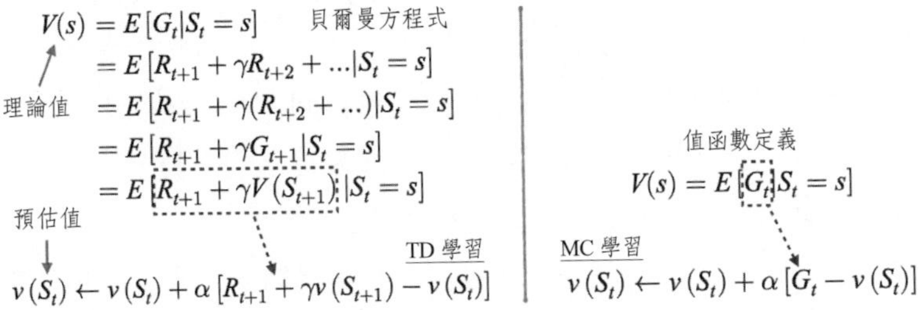

貝爾曼方程式

理論值

$$\begin{aligned} V(s) &= E[G_t|S_t = s] \\ &= E[R_{t+1} + \gamma R_{t+2} + \ldots|S_t = s] \\ &= E[R_{t+1} + \gamma(R_{t+2} + \ldots)|S_t = s] \\ &= E[R_{t+1} + \gamma G_{t+1}|S_t = s] \\ &= E[R_{t+1} + \gamma V(S_{t+1})|S_t = s] \end{aligned}$$

預估值

TD 學習

$$v(S_t) \leftarrow v(S_t) + \alpha[R_{t+1} + \gamma v(S_{t+1}) - v(S_t)]$$

值函數定義

$$V(s) = E[G_t|S_t = s]$$

MC 學習

$$v(S_t) \leftarrow v(S_t) + \alpha[G_t - v(S_t)]$$

▲ 圖 12-10

* 金融市場有很多強化學習的應用場景，而其中大多數並沒有明確的終止狀態，例如股票市場。

** 貝爾曼方程式是動態規劃中的核心概念，如果讀者對電腦演算法比較熟悉，可以參考其中的動態規劃來輔助理解。

將貝爾曼方程式與值函數的定義做對比，可以輕鬆地將 MC 學習轉變為 TD 學習。如圖 12-10 所示，用 $R_{t+1}+\gamma v(S_{t+1})$ 代替 G_t 來計算優勢即可。因此，TD 學習也可以被看作 MC 學習的擴充。

- 在遊戲的每一步，根據獲得的獎勵 R_{t+1} 和已有的演算法結果 $v(S_{t+1})$ 來預估回合的得分。
- 根據第一步得到的預估得分，參考 MC 學習的步驟來改進演算法結果。

TD 學習是強化學習中具有里程碑意義的演算法，它的出現標誌著強化學習邁入了一個嶄新的時代。TD 學習有兩個顯著的特點：首先，它能夠實現對每一步遊戲結果的即時學習；其次，仔細觀察圖 12-10 中的 $v(s)$，可以發現它不僅是演算法的更新物件，還參與了學習目標的定義，這是極其獨特的。在其他演算法中，學習的目標是固定的，由訓練資料唯一確定，比如 MC 中的 G_t 或傳統學習中的標籤。而在 TD 學習中，學習目標是 $R_{t+1}+\gamma v(S_{t+1})$。這個值會隨著 $v(S_{t+1})$ 的改變而變化 *，這為演算法的收斂帶來了挑戰。

可以從直觀和理論兩個方面來理解這一點。直觀上來看，TD 學習的目標近似於隨機移動，而靠近一個隨機移動的點要比靠近一個固定點更具挑戰性。從理論的角度來看，在 TD 學習中，使用 $R_{t+1}+\gamma v(S_{t+1})$ 來估計 G_t，這個估計在大多數情況下是有偏的，即 $E[R_{t+1}+\gamma v(S_{t+1})]$ 不等於 $E[G_t]$，特別是在學習的初期。透過一個簡單的例子可以說明這一點：假設在學習的初始化階段，設定 $v(S_t)\equiv 0$。於是，$E[R_{t+1}+\gamma v(S_{t+1})]=E[R_{t+1}]$ 顯然並不等於 $E[G_t]$。儘管 TD 學習的估算存在一定的偏差，但令人慶倖的是，在大多數情況下，該演算法能夠保證收斂，只是收斂的速度可能相對較慢。因此在進行 TD 學習時，需要在工程實踐中嘗試許多創新和近似，以確保演算法能夠迅速且穩定地收斂。

在本章的簡單遊戲中，演算法的收斂並不成問題，具體的實現和結果如圖 12-11 所示。需要特別注意的是，雖然 TD 演算法的最佳化可以與遊戲同時進行，但程式中並沒有嚴格按照這樣的步驟來實現。我們仍然選擇先等待回合結束並收集資料，再利用每一步的獎勵更新演算法。這個實現過程並未充分發揮演算法的優勢，之所以這樣做，是為了與文字生成的場景保持一致（後續演算法的實現也同樣如此）。在文字生成的場景中，首先生成完整的文字（相當於遊戲回合結束），然後進行強化學習的最佳化。如果需要處理即時性更強的場景，並不需要修改演算法的核心實現，只需將資料收集融入演算法

---

* TD 學習會使用已有演算法（模型）結果來動態調整學習目標，這種方法在學術被稱為 Bootstrapping（自助法）。這種做法可以使強化學習實現 12.2 節中提到的「連續性」，即資料收集與模型最佳化變成相對連續的過程。

的更新步驟中即可。具體的細節相對簡單，此處不再贅述。

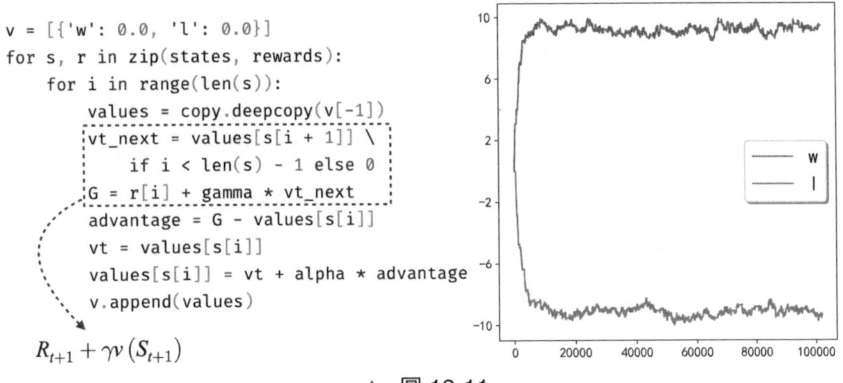

v = [{'w': 0.0, 'l': 0.0}]
for s, r in zip(states, rewards):
for i in range(len(s)):
values = copy.deepcopy(v[-1])
vt_next = values[s[i + 1]] \
if i < len(s) - 1 else 0
G = r[i] + gamma * vt_next
advantage = G - values[s[i]]
vt = values[s[i]]
values[s[i]] = vt + alpha * advantage
v.append(values)
$R_{t+1} + \gamma v(S_{t+1})$
10
6
2
-2
-6
-10
0
20000
40000
60000
80000
100000
w
l

▲ 圖 12-11

12.3.3 利用神經網路進行學習

在前文的討論中，無論是 MC 學習還是 TD 學習，都沒有架設任何模型，只是直接根據演算法的規則進行值函數估計。這其實是強化學習最初的模樣。然而，這種方式存在一個明顯的限制，即只能處理離散的遊戲狀態。如果遊戲狀態是連續的或狀態數量十分龐大時，這兩種方法在工程上就不適用了。以模型評分為例，按照圖 12-11 的實現方式（其他實現方式也存在類似問題，因為這是演算法所決定的），我們需要在字典中為所有可能的文字申請一個獨立的鍵，這顯然是不切實際的。因此，本節將討論如何將神經網路與強化學習相融合，以解決上述的問題。

下面以簡單的 MC 學習為起點進行討論。參考圖 12-8 的步驟和結果，在最佳化問題中引入神經網路模型 $v_\theta(s)$，其中 θ 表示模型參數。這樣便能得到如圖 12-12 所示的理論推導結果。在理想的迭代公式中，同樣存在一個未知的 $E[G_t \mid S_t=s]$。為了解決這個問題，參考 MC 學習的方法，利用 G_t 來估算 $E[G_t \mid S_t=s]$，得到 MC 學習結合神經網路的演算法步驟，主要分為遊戲得分、優勢函數和迭代更新三步。

在上述的演算法步驟中，迭代更新是最值得討論的。根據圖 12-12 中的結果，每次更新都涉及 $Adv_t \nabla_\theta v_{\theta_n}(S_t)$ 的計算。如果嚴格按照這個運算式來實現，就需要進一步計算函數的梯度：一個一個調整模型參數的偏導數（梯度的每個分量）。這是一項煩瑣且容易出錯的任務。在之前的模型實現中，我們只對損失函數進行定義和調整，而梯度的計算及後續的參數更新是由 PyTorch 自動完成的。那麼，能否採用相似的方法來計算函數的梯度呢？

實際上，如果 Adv_t 與 θ 無關，那麼$Adv_t\nabla_\theta v_{\theta_n}(S_t)$就等於$Adv_t \times v_{\theta_n}(S_t)$的梯度。然而問題在於，$Adv_t$ 是參數 θ 的函數。在處理這一問題時，需要用到強化學習中一個至關重要的實現技巧：如圖 12-12 中程式所示，透過使用 torch.no_grad 來關閉 advantage 的梯度追蹤（這相當於將 advantage 的參數凍結，細節可參考 7.4.2 節）。這樣一來，PyTorch 在計算梯度時，advantage 會被看作常數，從而實現了我們的目的。此外，在最佳化演算法（比如隨機梯度下降法）中，參數的更新等於梯度的負數乘以學習速率 α。但在這裡，參數的更新等於梯度乘以學習速率，因此在定義損失函數時需要乘以 –1。

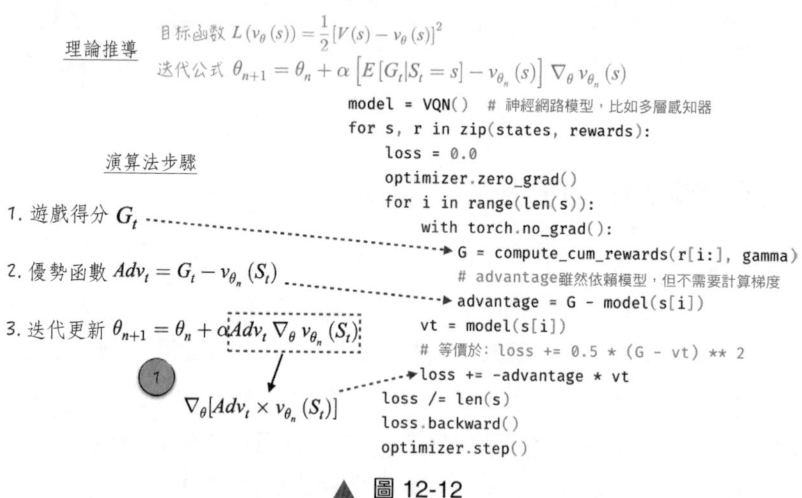

▲ 圖 12-12

總結一下，在使用 PyTorch 實現強化學習演算法 * 時，最好充分利用已有的封裝來完成所需的計算步驟。這要求我們對反向傳播演算法和最佳化演算法有深刻的理解。不同的強化學習演算法存在顯著差異，但通常可以遵循以下步驟。

（1）透過數學變換將梯度計算符號前的變數（除學習速率外）移到符號後。

（2）確保在此過程中被移動的變數不會計算梯度。

（3）根據移動後的梯度公式定義損失函數，並要注意損失函數的正負號。

上述步驟在後續的複雜演算法（比如 12.4.2 節）中會反覆出現。

針對圖 12-12，有兩點需要進一步說明。

（1）讀者可能會感到困惑，圖中的演算法和實現似乎有點多此一舉。比如，完全可以按照傳統學習的方法來訓練模型：設定學習的目標為 G_t，模型的預測為 v，定義模型

* 正文中介紹的實現技巧是普遍適用的，與 PyTorch 無關。

損失為 L=0.5* $(G_t - v)^2$，然後透過最佳化演算法進行迭代。這種困惑是合理的，因為這兩種實現方式是等價的。選擇稍顯複雜的實現方式有兩個目的：一是與經典論文保持一致，二是為理解後續的複雜演算法做準備。

（2）儘管程式將一個回合分成多個小回合，但我們並沒有對每個小回合都進行參數更新，這與演算法的嚴格定義有一些不同。正如前文所述，這是為了與文字生成的場景保持一致。此外，這種實現方式並不影響結果。因此，在實現經典演算法時，讀者需要明確哪些是關鍵步驟，哪些是可以靈活調整的。

MC 學習和神經網路的結合討論完畢後，TD 學習和神經網路的結合就變得容易理解了，如圖 12-13 所示。只需對遊戲得分這一步進行相應的調整即可。

演算法步驟

1. 遊戲得分 $G_t = R_{t+1} + \gamma v_{\theta_n}(S_{t+1})$

2. 優勢函數 $Adv_t = G_t - v_{\theta_n}(S_t)$

3. 迭代更新 $\theta_{n+1} = \theta_n + \alpha Adv_t \nabla_\theta v_{\theta_n}(S_t)$

```
model = VQN()
for s, r in zip(states, rewards):
    loss = 0.0
    optimizer.zero_grad()
    for i in range(len(s)):
        with torch.no_grad():
            vt_next = model(s[i + 1]) if i < len(s) - 1 else 0
            G = r[i] + gamma * vt_next
            advantage = G - model(s[i])
        vt = model(s[i])
        # 等價於: loss += 0.5 * (G - vt) ** 2
        loss += -advantage * vt
    loss /= len(s)
    loss.backward()
    optimizer.step()
```

▲ 圖 12-13

12.3.4 n 步 TD 學習與優勢函數

回顧 12.3.2 節的內容，TD 學習實際上是 MC 學習的一種拓展，兩者的唯一不同之處在於如何估計遊戲得分。MC 學習根據回合內的所有遊戲獎勵計算出實際的遊戲得分 G_t，而 TD 學習利用當前獎勵和已有演算法的結果來預估遊戲得分。將 TD 學習的想法進行推廣，$v(S_t)$ 表示在狀態 S_t 下的預測得分。如果遊戲只進行一步，已知獎勵 R_{t+1} 是和下一個狀態是 S_{t+1}，那麼遊戲得分的合理預測 * 就是 $R_{t+1}+ \gamma v(S_{t+1})$。如果遊戲進行兩步，就有兩個獎勵和兩步之後的狀態，遊戲得分的預估是 $R_{t+1}+\gamma R_{t+2}+\gamma^2 v(S_{t+2})$，依此類推，如圖 12-14 所示 **。

* 數學上不難證明，這也是給定情況下的最佳預測。

** 在圖 12-14 中，假設遊戲在第 k 步結束，同時 n 小於 k。

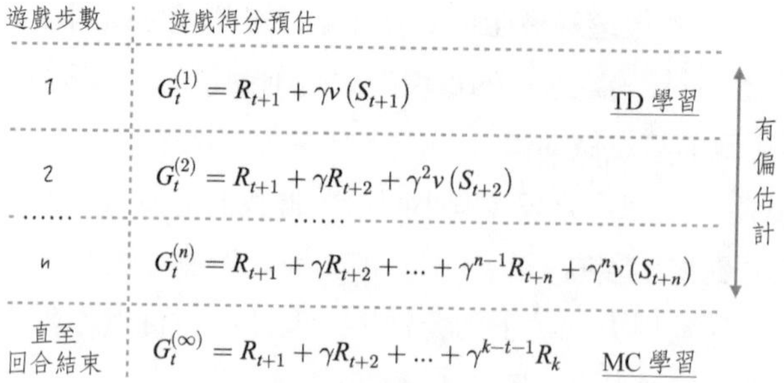

遊戲步數	遊戲得分預估	
1	$G_t^{(1)} = R_{t+1} + \gamma v(S_{t+1})$	TD 學習
2	$G_t^{(2)} = R_{t+1} + \gamma R_{t+2} + \gamma^2 v(S_{t+2})$	
……	……	
n	$G_t^{(n)} = R_{t+1} + \gamma R_{t+2} + \ldots + \gamma^{n-1} R_{t+n} + \gamma^n v(S_{t+n})$	
直至回合結束	$G_t^{(\infty)} = R_{t+1} + \gamma R_{t+2} + \ldots + \gamma^{k-t-1} R_k$	MC 學習

有偏估計（步數 1 至 n）

▲ 圖 12-14

遊戲進行 n 步之後，遊戲得分的最佳估計是$G_t^{(n)}$（參考 12.3.2 節中的討論，$G_t^{(\infty)}$除了，其他估計都是有偏的，但這並不影響演算法的收斂）。在這個基礎上，參考 MC 學習的步驟，可以定義 n 步 TD 學習（n-step TD Learning）：

$$v(S_t) \leftarrow v(S_t) + \alpha[G_t^{(i)} - v(S_t)] \tag{12-12}$$

儘管前文花費了大量篇幅介紹如何預估遊戲得分，但直接參與迭代更新的卻不是這個估計值。以公式（12-12）為例（MC 學習和 TD 學習是其中的兩個特例），演算法對遊戲得分的預估是$G_t^{(n)}$，但用於迭代更新的是$G_t^{(n)} - v(S_t)$。在學術領域，$G_t^{(n)} - v(S_t)$這個量被稱為優勢函數 *（Advantage Function）。優勢函數可以視為：在遊戲開始之前，對於狀態 S_t 的遊戲得分，演算法舉出的預測是$v(S_t)$，它代表了平均水準的得分。隨著遊戲的進行，根據遊戲的回饋，得分的預期被更新為$G_t^{(n)}$。如果$G_t^{(n)} > v(S_t)$，說明我們在遊戲中採取的行動比平均水準更有優勢（優勢函數的名字來源）。這可能有兩方面原因：一是模型對平均水準的估計太低了，因此需要增加預估值；二是我們採取的行動確實能夠獲得更多的獎勵，那麼應該提高相應行動的機率，這是 12.4 節中策略學習將討論的內容。針對值函數估計，目前只需執行第一步，即增加預估值。如果$G_t^{(n)} < v(S_t)$，則降低預估值。

12.3.5 TD Lambda 學習與 GAE

對於 n 步 TD 學習，應該如何選擇最合適的 n 呢？為了解答這個問題，需要從 MC 學習和 TD 學習的優勢函數中尋找線索。

* 實際上，在圖 12-10 至圖 12-12 中已經使用過這個概念。另外，從嚴格意義上講，文中的符號表示對優勢函數的估計。然而，不完全嚴格的表述並不影響後文內容。

首先，MC 學習的優勢函數等於 TD 學習優勢函數的折現值，具體推導過程如圖 12-15 所示。雖然在數學上難以嚴格證明，但在絕大多數情況下，MC 學習的優勢函數方差大於 TD 學習的優勢函數 *。這一點在圖 12-9 和圖 12-11 的例子中也獲得了印證，MC 學習的波動更為顯著。其次，TD 學習的優勢函數是有偏的。將這兩個結果推廣，可以得出以下結論：當 n 越小時，優勢函數的方差越小，演算法的收斂效果越穩定；當 n 越小時，優勢函數的偏差越大，從而可能降低演算法的收斂穩定性。因此，n 對演算法的影響並沒有一個明確可量化的結論 **，也無法選出一個理論上最佳的 n。

$$Adv_{\text{TD}} = R_{t+1} + \gamma v(S_{t+1}) - v(S_t) = \delta_t$$

(1) TD 學習 低方差，有偏差

$$\begin{aligned} Adv_{\text{MC}} &= G_t - v(S_t) \\ &= R_{t+1} + \gamma G_{t+1} - v(S_t) + \gamma v(S_{t+1}) - \gamma v(S_{t+1}) \\ &= \delta_t + \gamma[G_{t+1} - v(S_{t+1})] \\ &= \sum_{l=0}^{k-1-t} \gamma^l \delta_{t+l} \end{aligned}$$

進一步迭代展開

(2) MC 學習 高方差，無偏差

▲ 圖 12-15

我們可以採取另一種想法來解決問題，即不再選擇某個特定的 n，而是將所有結果進行加權平均，也就是 TD Lambda 學習，正式名稱為 TD(λ) 學習。具體的公式如下 ：

$$\begin{aligned} G_t^{\lambda} &= (1-\lambda)\sum_{i=1}^{\infty} \lambda^{i-1} G_t^{(i)} \\ v(S_t) &\leftarrow v(S_t) + \alpha[G_t^{\lambda} - v(S_t)] \end{aligned} \tag{12-13}$$

TD Lambda 學習與其他演算法類似，直接參與迭代更新的其實是優勢函數。但是嚴格按照公式（12-13）的步驟，計算 G_t^{λ} 需要先計算所有的 $G_t^{(i)}$，這會導致大量的重複計算，演算法的執行效率很低。為了提高計算效率，引入 GAE（Generalized Advantage Estimation）演算法，具體操作如圖 12-16 所示。

（1）參考圖 12-15 的推導過程，將每個 n 步 TD 學習的優勢函數寫成 δ_t（TD 學習的優勢函數）的折現值，具體公式如標記 1 所示。

---

* 根據 2.2.3 節的討論，兩個隨機變數的和的方差與它們之間的協方差有密切關係。值得注意的是，大部分情況下，兩個隨機變數的和的方差通常大於單一隨機變數的方差，這也印證了文中的結論。

** 除演算法的收斂穩定性外，我們還關心演算法的收斂速度。以 MC 學習和 TD 學習為例，我們希望了解哪種演算法可以更快地達到收斂狀態。這個問題的研究進展相對較慢，但根據實際經驗，TD 學習通常具有更快的收斂速度。

（2）將 TD Lambda 學習的優勢函數展開。透過一系列的數學推導[*]，可以得到如標記 2 所示的公式，它可以幫助我們高效率地計算優勢函數。

1

$$Adv_t^{(n)} = G_t^{(n)} - v(S_t) = \delta_t + \gamma\delta_{t+1} + \dots + \gamma^{n-1}\delta_{t+n-1}$$

2

$$\begin{aligned} Adv_t^{\lambda} &= G_t^{\lambda} - v(S_t) \\ &= (1-\lambda)\sum_{i=0}^{\infty}\lambda^{i-1}[G_t^{(i)} - v(S_t)] \\ &= (1-\lambda)[\sum_{i=0}^{\infty}\delta_t + \gamma\lambda\sum_{i=0}^{\infty}\delta_{t+1} + \dots + \gamma^n\lambda^n\sum_{i=0}^{\infty}\delta_{t+n} + \dots] \\ &= \sum_{l=0}^{\infty}\gamma^l\lambda^l\delta_{t+l} \end{aligned}$$

▲ 圖 12-16

觀察上述公式容易發現：當 λ=0 時，演算法實際上就是 TD 學習；當 λ=1 時，演算法就演變成了 MC 學習。需要注意的是，除非 λ=0，否則 TD Lambda 學習需要等到回合結束，因此在一般情況下，演算法的即時性並不理想。由於 GAE 更進一步地綜合了遊戲中每步的資訊，因此在實際應用中，除非有特殊的即時性需求，否則更傾向於使用 GAE 來估計值函數。

演算法的程式實現並不複雜，與計算遊戲得分十分相似，都是對序列的折現（遊戲得分是獎勵的折現，而 GAE 是對δ_t的折現）。具體的細節可以參考程式清單 12-2。

程式清單 12-2 GAE

```
class GAE:

    def __init__(self, gamma, lambda_):
        self.gamma = gamma
        self.lambda_ = lambda_

    def __call__(self, rewards, values):
        advantages = []
        last_ad = 0
        vt_next = 0
        for r, vt in zip(reversed(rewards), reversed(values)):
            delta = r + self.gamma * vt_next - vt
```

* 限於篇幅，具體的推導過程就不再展開了，有興趣的讀者可以參考論文「High-Dimensional Continuous Control Using Generalized Advantage Estimation」。

```
            last_ad = delta + self.gamma * self.lambda_ * last_ad
            advantages.insert(0, last_ad)
            vt_next = vt

        return advantages
```

基於 GAE，可以實現相應的值函數估計，圖 12-17 展示了如何將 GAE 和神經網路進行結合。

```
model = VQN()
gae = GAE(gamma, lambda_)
for s, r in zip(states, rewards):
    optimizer.zero_grad()
    with torch.no_grad():
        values = [model(_state).item() for _state in s]
        advantages = torch.tensor(gae(r, values))
    vpred = torch.concat([model(_state) for _state in s], dim=0)
    loss = torch.mean(-advantages * vpred)
    loss.backward()
    optimizer.step()
```


▲ 圖 12-17

12.4 策略學習

上一節深入討論了值函數學習的核心概念，即在替定策略的情況下如何估計值函數。然而，值函數的估計只是整個過程中的一小部分，強化學習真正追求的是找到遊戲的最佳策略。為了達到這一目標，可以在值函數估計的基礎上，透過規則更新策略並不斷迭代，直至得到最佳策略（請參考圖 12-7）。這種方法可行，但它顯得有些煩瑣，不夠直接。

另一種更簡潔的方法是直接為策略架設模型，並透過最佳化演算法使策略收斂到最佳。本節將深入討論這一策略學習的方法——Reinforce，並在此基礎上利用值函數估計，以實現更快速、更穩定的策略收斂。這也是本節將要詳細探討的另兩個演算法：基準線（Reinforce with Baseline）和 A2C（Advantage Actor Critic）。

本節的討論將沿用 12.3 節的遊戲。根據遊戲設定，當處於 w 狀態時，預期獎勵為 1，而在 l 狀態時，預期獎勵為 –1。由於它們之間沒有狀態轉換，因此可以輕鬆推導出遊戲的最佳策略：如果當前處於 w 狀態，就持續抽獎；如果處於 l 狀態，就避免參與抽獎。

12.4.1 策略梯度定理

策略學習的核心理論是策略梯度定理（Policy Gradient Theorem）。為了更進一步地

理解這一理論，首先回顧一下 12.2.2 節的內容。在遊戲中，策略的輸入是遊戲狀態 S_t，輸出是行動 A_t 的機率分佈。透過一個神經網路模型來模擬策略，用符號 π_θ 表示，其中 θ 表示模型參數。為了簡化數學表達，不妨用 $\pi(A_t,S_t)$ 表示在狀態 S_t 下採取特定行動 A_t 的機率。模型的學習目標是最大化初始狀態 S_0 的值函數 $V_\pi(S_0)=E_\pi[G_t|S_t{=}S_0]$。解決這個最佳化問題的關鍵在於計算策略的梯度：

$$\nabla_\theta V_\pi(S_0) = \nabla_\theta E_\pi[G_t|S_t = S_0] \tag{12-14}$$

直接計算公式中的梯度是一項具有挑戰性的任務。幸運的是，策略梯度定理為我們提供了兩種更可行的計算方式 *，如圖 12-18 所示。

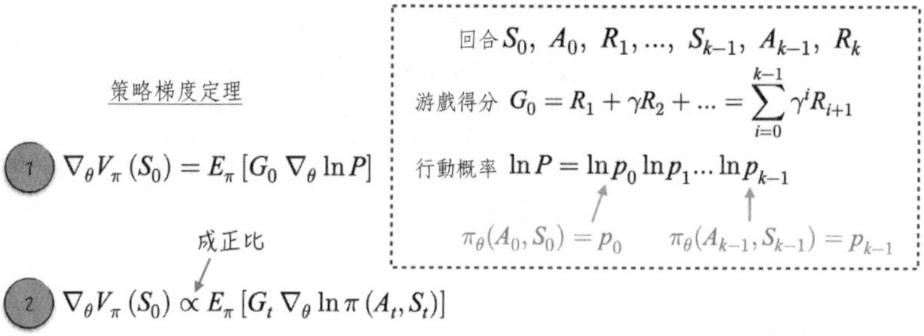

策略梯度定理

① $\nabla_\theta V_\pi(S_0) = E_\pi[G_0 \nabla_\theta \ln P]$

成正比

② $\nabla_\theta V_\pi(S_0) \propto E_\pi[G_t \nabla_\theta \ln \pi(A_t, S_t)]$

回合 $S_0,\ A_0,\ R_1, \ldots,\ S_{k-1},\ A_{k-1},\ R_k$

遊戲得分 $G_0 = R_1 + \gamma R_2 + \ldots = \sum_{i=0}^{k-1} \gamma^i R_{i+1}$

行動機率 $\ln P = \ln p_0 \ln p_1 \ldots \ln p_{k-1}$

$\pi_\theta(A_0, S_0) = p_0$　　$\pi_\theta(A_{k-1}, S_{k-1}) = p_{k-1}$

▲ 圖 12-18

（1）在第一種計算方式中（見圖中標記 1），策略梯度定理的運算式以等號的形式呈現。其中，G_0 和 $\ln P$ 是針對遊戲回合的指標。舉例而言，如果遊戲回合為 $S_0,A_0,R_1,\cdots,S_{k-1},A_{k-1},R_k$，那麼 G_0 表示該回合在初始狀態的遊戲得分，$\ln P$ 表示該回合中所有動作的聯合機率。

（2）在第二種計算方式中（見圖中標記 2），策略梯度的運算式以「正比」形式呈現，即策略梯度的精確值與公式右邊的量之間相差一個常數值。這樣估計對最佳化演算法已經足夠，只差一個常數並不會影響演算法的收斂（只會影響學習速率的選擇）。需要注意的是，雖然計算的是策略在初始狀態的梯度，但是公式右邊與初始狀態關係不大，它是任意時刻遊戲得分和機率對數乘積的期望。

比較這兩種計算方式，第一種更準確，但計算更煩瑣，需要計算整個回合所有行動的聯合機率；第二種方式只需計算當前行動的機率。因此，通常更傾向於採用第二種方

* 關於策略梯度定理，其他文獻通常只會介紹一種計算方式，讀者在閱讀時需留意，以免發生誤解。該定理的證明相對複雜，有興趣的讀者可參考其他相關文獻。

式來應用策略梯度定理。

雖然第一種計算方式並不實用，但它在理論上提供了很多有益的啟發。透過參考MC 學習的方法，利用單一遊戲回合的得分來估算策略的梯度$E_\pi[G_0\nabla_\theta \ln P]$，可以得到參數的迭代公式，如圖 12-19 左側所示。

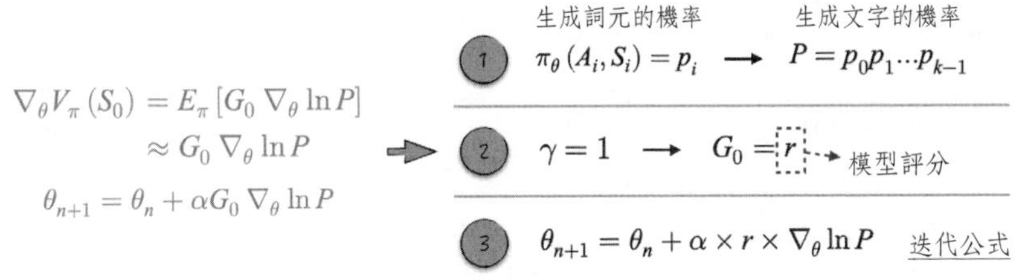

$$\nabla_\theta V_\pi(S_0) = E_\pi[G_0 \nabla_\theta \ln P]$$
$$\approx G_0 \nabla_\theta \ln P$$
$$\theta_{n+1} = \theta_n + \alpha G_0 \nabla_\theta \ln P$$

▲ 圖 12-19

將這一公式映射到模型評分的場景中。

- 遊戲策略就是生成回答的大語言模型。如圖 12-19 中標記 1 所示，可以推導出，公式中的等於生成文字的機率。
- 遊戲的獎勵是在最後一步產生的模型評分。進一步假設折現率 γ=1，如圖 12-19 中標記 2 所示，該回合初始狀態的遊戲得分就是模型評分。

因此，模型參數的更新公式如圖 12-19 中標記 3 所示，這個公式與 12.1.3 節中的公式（12-4）幾乎一模一樣（唯一的區別是在強化學習中，通常使用 α 表示學習速率）。儘管兩種方法的起點和推導方法完全不同，但最終得到的結果卻驚人一致。這個結果也提醒我們：如果直接使用策略學習來最佳化大語言模型，可能會面臨比較嚴重的「過擬合」問題。

12.4.2 Reinforce 演算法

Reinforce 演算法的中文翻譯是「強化」，為了避免引起不必要的誤解，後文將直接使用英文名稱。該演算法的核心設計包括兩個要素 ：一是採用策略梯度定理的第二種計算方式；二是參考 MC 學習的方法，利用單一遊戲回合的資料來估算策略的梯度，即$E_\pi[G_t\nabla_\theta \ln\pi(A_t, S_t)] \approx G_t\nabla_\theta \ln\pi(A_t, S_t)$。具體的迭代公式如下 ：

$$\theta_{n+1} = \theta_n + \alpha G_t \nabla_\theta \ln\pi(A_t, S_t) \quad (12\text{-}15)$$

其中，$\ln\pi(A_t, S_t)$的實現可以參考 12.1.3 節中的圖 12-4，$G_t\nabla_\theta \ln\pi(A_t, S_t)$的實現可以

參考 12.3.3 節中的圖 12-12。借助這些準備，可以得到如圖 12-20 所示[*]的程式實現及執行結果。

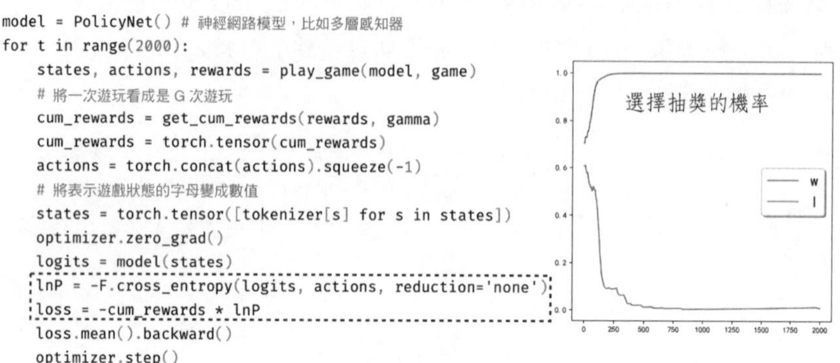

```
model = PolicyNet() # 神經網路模型，比如多層感知器
for t in range(2000):
    states, actions, rewards = play_game(model, game)
    # 將一次遊玩看成是 G 次遊玩
    cum_rewards = get_cum_rewards(rewards, gamma)
    cum_rewards = torch.tensor(cum_rewards)
    actions = torch.concat(actions).squeeze(-1)
    # 將表示遊戲狀態的字母變成數值
    states = torch.tensor([tokenizer[s] for s in states])
    optimizer.zero_grad()
    logits = model(states)
    lnP = -F.cross_entropy(logits, actions, reduction='none')
    loss = -cum_rewards * lnP
    loss.mean().backward()
    optimizer.step()
```


▲ 圖 12-20

整個演算法的核心步驟被標記在圖 12-20 中的虛線框內，其中變數 lnP 對應公式（12-15）中的。值得注意的是，在計算遊戲得分（cum_rewards）時，必須確保該變數的參數被凍結。當然對於分類模型（本例中的策略就是一個分類模型），需要透過隨機抽樣得到最終的分類結果，它們天然就是不可微的。

12.4.3 基準線演算法

在 Reinforce 演算法中，G_t 直接參與梯度的計算，但由於其方差較大，會降低演算法的收斂穩定性（詳見 12.3.5 節）。因此，我們希望找到一種方法來減小梯度的方差，這就是本節要討論的演算法：基準線。該演算法的全稱是 Reinforce with Baseline，直譯為「強化基準線」，這看起來有點奇怪，因此在本章中簡稱為「基準線」。

在深入討論演算法之前，透過一個直觀簡單的例子來理解基準線演算法的核心設計。如圖 12-21 中標記 1 所示，假設 grad 是 $\ln \pi(A_t,S_t)$ 本身的梯度，g 是遊戲得分。當直接使用遊戲得分時，最終參與迭代更新的梯度方差很大。但是，如果減小遊戲得分的絕對值，例如減去遊戲得分的平均值，就能有效減小最終梯度的方差，如圖 12-21 中標記 2 所示。

---

* 完整的實現請參考本書書附程式 /ch12_rl/policy_learning.ipynb。在某些版本的 Reinforce 演算法中，會對拆分出來的回合得分進行額外的折現處理。這一步驟並非必不可少，為了突出重點，本章省略了這個細節，後續討論的其他策略模型也採取了類似的處理方式。

這個過程有點類似於對遊戲得分進行某種歸一化操作 *。那麼在理論上，是否支援在估計策略梯度時將遊戲得分減去某個值呢？

答案是肯定的，如圖 12-21 中標記 3 所示，引入一個與行動無關的函數 $b(S_t)$，可以看到在遊戲得分中減去它並不影響策略梯度的估計。這個與行動無關的函數就是基準線。

```
num = 10000                                              ①
grad = torch.normal(0, 1, (num, 100))
g = torch.normal(100, 1, (num, 1))
(grad * g).std() ⟶ 100.08
```

```
num = 10000                                              ②
grad = torch.normal(0, 1, (num, 100))
g = torch.normal(100, 1, (num, 1)) - 100
(grad * g).std() ⟶ 1.01
```

$$
\begin{aligned}
&E_\pi\left[b(S_t)\nabla_\theta \ln \pi(A_t,S_t)\right] \\
&=\sum_{A_t,S_t} P(A_t,S_t)\, b(S_t)\nabla_\theta \ln \pi(A_t,S_t) \\
&=\sum_{S_t} P(S_t)\sum_{A_t} \pi(A_t,S_t)\, b(S_t)\frac{\nabla_\theta \pi(A_t,S_t)}{\pi(A_t,S_t)} \\
&=\sum_{S_t} P(S_t)\, b(S_t)\nabla_\theta \sum_{A_t} \pi(A_t,S_t) \\
&=0
\end{aligned}
$$

③ $\longrightarrow \nabla_\theta V_\pi(S_0) \propto E_\pi\left[\left[G_t - b(S_t)\right]\nabla_\theta \ln \pi(A_t,S_t)\right]$

基準線：與行動無關的函數

▲ 圖 12-21

下面按照圖 12-21 中的新公式來改進 Reinforce 演算法。基準線的選擇非常靈活：它既可以是一個固定的數值，也可以是與行動無關的函數，比如值函數。由於 Reinforce 演算法的想法與 MC 學習很相似，那麼自然地，可以選擇 MC 學習得到的值函數估計作為基準線。具體的步驟和程式實現如圖 12-22 所示 **，需要注意以下幾點。

（1）如果使用 MC 學習的值函數作為基準線，那麼參與策略更新的其實是 MC 學習中的優勢函數（參與值函數更新的也是同一個優勢函數）。這是非常合乎常理和直觀的：提升某一行動機率的依據應該是這個行動能否獲得比平均水準更高的得分（優勢函數），而不應該僅是某個狀態下的平均得分。

（2）值函數的估計依賴於遊戲的策略。為了突出重點，12.3.3 節討論的是在固定的策略下估計值函數。然而在這個演算法中，策略是不斷變動的。因此，我們必須按照圖 12-7 中介紹的廣義迭代策略交替更新值函數和策略。具體來說，首先按照已有的策略收集遊戲資料，然後計算 MC 學習的優勢函數，這個優勢函數會被用於更新值函數及策略。

---

* 為了確保最佳化演算法的穩定執行，需要對特徵進行歸一化處理（詳見 6.2.1 節），與這裡的處理方式非常類似。此外，讀者可能會有疑問：既然梯度的方差較大，為什麼不透過調整學習速率的方式來降低波動？這種方法似乎更直接。這是因為學習速率是對所有資料統一設置的，很難實現為不同的狀態設置不同的學習速率。

** 完整的實現請參考本書書附程式 /ch12_rl/a2c.ipynb。

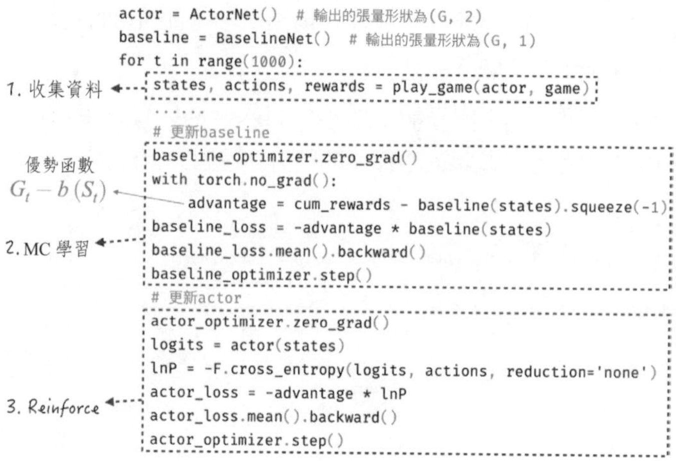

```
actor = ActorNet()  # 輸出的張量形狀為(G, 2)
baseline = BaselineNet()  # 輸出的張量形狀為(G, 1)
for t in range(1000):
    states, actions, rewards = play_game(actor, game)
    ......
    # 更新baseline
    baseline_optimizer.zero_grad()
    with torch.no_grad():
        advantage = cum_rewards - baseline(states).squeeze(-1)
    baseline_loss = -advantage * baseline(states)
    baseline_loss.mean().backward()
    baseline_optimizer.step()
    # 更新actor
    actor_optimizer.zero_grad()
    logits = actor(states)
    lnP = -F.cross_entropy(logits, actions, reduction='none')
    actor_loss = -advantage * lnP
    actor_loss.mean().backward()
    actor_optimizer.step()
```

1. 收集資料

優勢函數 $G_t - b(S_t)$

2. MC 學習

3. Reinforce

▲ 圖 12-22

12.4.4 A2C 演算法

基準線演算法中使用了 MC 學習的優勢函數。參考 12.3.5 節中的討論，MC 學習的優勢函數僅是 TD Lambda 學習的特例（$\lambda=1$），而且這個優勢函數的方差是最大的。因此，我們可以參考 TD Lambda 的其他優勢函數進一步改進基準線演算法，比如 A2C 演算法 * 採用的是 TD 學習的優勢函數（$\lambda=0$）。

理解基準線演算法的原理後，A2C 的實現就相對簡單了，主要改動在於如何計算優勢函數。因此本節的重點在於介紹 A2C 中常用的模型架設方法——共用參數。在基準線的實現中，使用兩個獨立的神經網路分別表示遊戲策略和值函數估計。A2C 的實現可以繼續沿用這一方式。但這樣的模型結構存在一些「浪費」，因為值函數學習中累積的知識不能傳遞給策略更新。為了避免這種浪費，實踐中更常見的架設方式是使用一個有兩個頭的神經網路，同時實現遊戲策略和值函數估計，具體實現如程式清單 12-3 所示。

程式清單 12-3 A2C

```
class A2C(nn.Module):

    def __init__(self):
        super().__init__()
        self.emb = nn.Embedding(2, 4)
```

* A2C 的全稱是 Advantage Actor Critic，通常被翻譯為「優勢 - 演員 - 評論家」。然而，這個中文名字並不易於理解，因此本章仍然使用演算法的英文縮寫形式。

```
        self.action_ln = nn.Linear(4, 2)
        self.critic_ln = nn.Linear(4, 1)

    def forward(self, x):
        # x: (G)
        x = F.relu(self.emb(x))
        actions = self.action_ln(x)  # (G, 2)
        values = self.critic_ln(x)   # (G, 1)
        return actions, values
```

訓練模型的過程與基準線的例子非常相似，不同之處主要有兩點：一是使用 TD 學習的方法來估算優勢函數；二是由於採用了共用參數的方式，只需定義一個損失函數即可。相關的實現細節請參考圖 12-23。

```
model = A2C()
for t in range(2000):
    # 利用現有策略收集遊戲資料
    actor = lambda x: model(x)[0]
    states, actions, rewards = play_game(actor, game)
    ......
    optimizer.zero_grad()
    with torch.no_grad():
        _, values = model(states)
        values = values.squeeze(1)
        vt_next = torch.cat((values[:-1], torch.tensor([0.0])))
        advantage = rewards + gamma * vt_next - values
    logits, vt = model(states)
    vt = vt.squeeze(1)
    lnP = -F.cross_entropy(logits, actions, reduction='none')
    vf_loss = -advantage * vt
    pg_loss = -advantage * lnP
    loss = vf_weight * vf_loss.mean() + pg_loss.mean()
    loss.backward()
    optimizer.step()
```

優勢函數

$Adv_t = R_{t+1} + \gamma v_\theta(S_{t+1}) - v_\theta(S_t)$

值函數更新

策略更新

▲ 圖 12-23

12.5 利用 PPO 最佳化大語言模型

在經過充分的準備之後，我們現在有了足夠的背景知識和經驗，可以深入討論如何運用強化學習的技術進一步最佳化大語言模型。圖 12-24 所示為模型最佳化的整個流程*。這一過程可以分為兩個階段：首先利用大語言模型生成文字，然後透過評分模型獲

* 正文中介紹的流程參考自 ChatGPT 的技術實現。使用強化學習進行模型最佳化還有許多其他方法。希望讀者在學習本書內容的同時，不要被其中的特定實例侷限，而是能夠靈活應用，舉一反三。

取相應的評分。這一階段的主要目的是收集資料。接著，利用收集的資料，運用強化學習的技術對模型進行最佳化。初次看到這張圖的讀者或許會感到困惑，圖中的某些技術尚未深入討論過。不過請不要擔心，本節將逐一介紹這些內容。

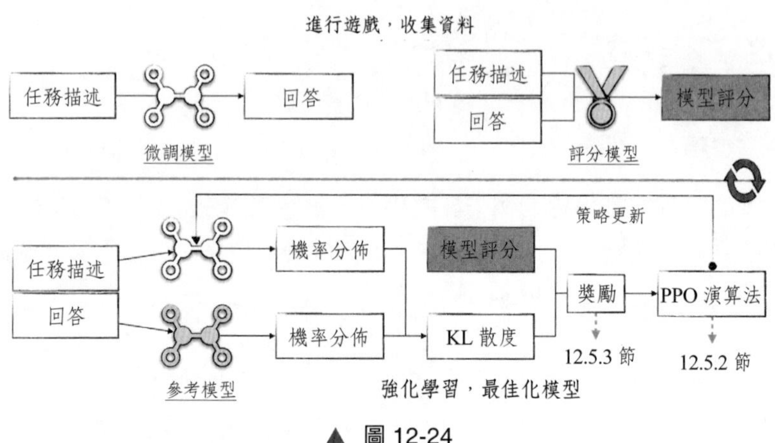

▲ 圖 12-24

12.5.1 損失函數與參數更新

損失函數是人工智慧模型的靈魂，它不僅可以作為評估模型性能的標準，還直接影響著模型參數的更新方式。前文遵循的想法是首先明確定義模型的損失函數，然後基於最佳化演算法推導出相應的參數更新公式（詳細內容請參考第 6 章的圖 6-8）。然而，深入觀察模型參數的更新公式，會發現參與計算的實際上是損失函數的梯度，而非損失函數本身。如果兩個函數的梯度相同，那麼任選其中一個作為模型的損失函數都是可行的，實現的效果相同。以 12.3.3 節中的 MC 學習為例，如圖 12-25 所示，以兩種方式定義損失函數，它們得到的模型結果是完全一致的。

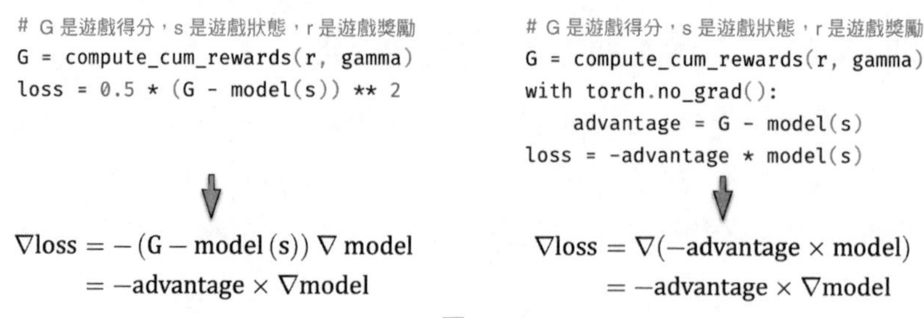

▲ 圖 12-25

這啟發我們，可以透過參數更新公式反推一個合適且相對簡單的損失函數，從而簡化模型的理論。以策略學習為例，原本的目標函數（損失函數的負數）是相當複雜的，需要借助策略梯度定理才能估算出函數的梯度。如果堅持使用原始目標函數，那麼對演算法進行改進將變得相當困難，相關的理論推導會變得寸步難行。因此，接下來將深入討論如何為策略學習重新定義損失函數，以 A2C 演算法為例，其他演算法類似。

12.4.4 節採用了共用參數的方式架設模型。這種方式在工程上提高了模型的學習效率，但在理論上增加了模型的複雜度。為了更進一步地從理論上理解模型，讓我們先回到相對簡單的 A2C 演算法，即假設 A 和 C 是相互獨立的模型，策略模型的參數更新如公式（12-16）所示。

$$\theta_{n+1} = \theta_n + \alpha Adv_t \nabla_\theta \ln \pi(A_t, S_t) \tag{12-16}$$

公式（12-16）與公式（12-4）幾乎一模一樣，因此可以按照公式（12-17）的方式定義 A2C 演算法的策略損失 *。公式（12-17）將成為擴充 A2C 演算法的理論基礎。這個損失函數與分類模型的損失函數並沒有太多差別。如果定義 Adv_t = -1，那麼這個公式就變成了我們熟知的分類模型損失函數。

$$L = -E[Adv_t \ln \pi(A_t, S_t)] \tag{12-17}$$

12.5.2 從 A2C 到 PPO

根據公式（12-17）定義的損失函數，我們能夠清晰地理解為什麼使用 A2C 演算法來最佳化大語言模型會面臨嚴重的「過擬合」問題 ：簡而言之，儘管最佳化後的模型評分更高，但從人類的角度來看，它的表現卻下滑了，顯得比較笨拙，明顯不如最佳化前的模型。這是因為 A2C 演算法只關注參與損失定義的模型評分，而忽略了預訓練階段所累積的知識。這並非我們的初衷，我們的目標是在相對有限的範圍內最佳化模型，即在最佳化過程中同時考慮兩個子目標 ：一是盡可能獲得高的評分，二是不偏離最佳化前的模型太遠（因為最佳化前的模型具備相當規模的知識）。為了實現這一目標，需要引入 PPO 演算法，其全稱為 Proximal Policy Optimization，中文名為近端策略最佳化。為了簡潔表述，後文將繼續沿用英文縮寫形式。

---

* 圖 12-19 詳細討論了策略學習和資料權重的關係。儘管 A2C 的迭代公式與圖 12-19 中的迭代公式略有差異，但整體思路是一致的。因此，A2C 的策略損失可以視為：將優勢函數作為權重的分類損失。

為了更進一步地理解 PPO，下面在 A2C 演算法的基礎上進行擴充。如圖 12-26 中標記 1 所示，將$\nabla_\theta \ln \pi_\theta$展開。根據展開的公式，設定一個固定的參數 θ_{old}，使得 $\theta \approx \theta_{\text{old}}$（$\theta_{\text{old}}$ 是固定值，因此不參與梯度計算）。由於模型是連續的，那麼可以推出 $\pi_\theta \approx \pi(\theta_{\text{old}})$。也就是說，$\ln \pi_\theta$的梯度就可以近似為$\pi_\theta / \pi_{\theta_{\text{old}}}$的梯度。基於這一近似關係，可以定義一個新的損失函數，如圖 12-26 中標記 2 所示。上述推導說明，基於新損失函數的模型或演算法可以得到與 A2C 演算法類似的結果。即使忘掉有關損失函數的推導，直觀上也很容易理解它所追求的目標：回顧前文提到的優勢函數，它反映了某一行動相對於平均水準的優勢。如果某一行動的優勢很大，說明它比其他行動更有利，新損失函數將有助提升該行動的機率。反之，如果某一行動的優勢較小，那麼模型將調整機率以降低其出現的可能性。因此，新損失函數的目標可以簡單地理解為最大化優勢函數的期望值。

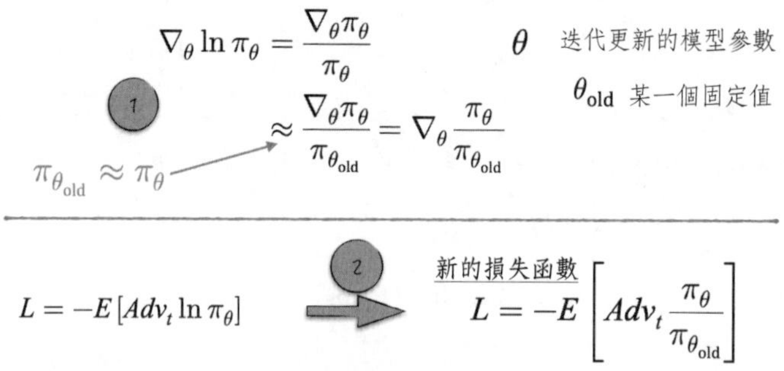

$$\nabla_\theta \ln \pi_\theta = \frac{\nabla_\theta \pi_\theta}{\pi_\theta} \approx \frac{\nabla_\theta \pi_\theta}{\pi_{\theta_{\text{old}}}} = \nabla_\theta \frac{\pi_\theta}{\pi_{\theta_{\text{old}}}}$$

1 $\pi_{\theta_{\text{old}}} \approx \pi_\theta$

θ 迭代更新的模型參數

θ_{old} 某一個固定值

$$L = -E[Adv_t \ln \pi_\theta]$$

2 新的損失函數

$$L = -E\left[Adv_t \frac{\pi_\theta}{\pi_{\theta_{\text{old}}}}\right]$$

▲ 圖 12-26

將$\pi_{\theta_{\text{old}}}$視為模型在進行最佳化之前的參數，那麼$Ratio = \pi_\theta / \pi_{\theta_{\text{old}}}$就反映了模型的變動程度。這是一項十分關鍵的改進，因為舊的損失函數僅有當前模型的資訊，而新的損失函數同時包含當前模型和舊模型的資訊。最佳化目標是在舊模型的附近進行調整，這涉及一個核心思想：在模型變動較小的情況下，正常更新參數；而在模型變動較大時，停止參數的更新。這一理念可以用更具體的數學語言來表達。當 *Ratio* 在 1 附近的某個範圍時，可以正常計算損失函數的梯度；而當 *Ratio* 超出這個範圍時，損失函數的梯度被設定為恒等於 0。實現這一點並不困難，如圖 12-27 中標記 1 所示，只需對 *Ratio* 進行裁剪計算，即可得到 *Ratio_clip*。

按照圖 12-27 中的方式，在 *Ratio_clip* 的基礎上進一步定義 *B_clip*，初看起來，將損失函數定義為 *L=E[B_clip]* 似乎能夠達到最佳化目標，但這種方法存在一個潛在而深刻的缺陷。為了更進一步地理解這一問題，下面透過影像來直觀考察參數更新對 *Ratio* 和 *B* 的的影響，這兩個變數分別代表最佳化過程中的兩個子目標。

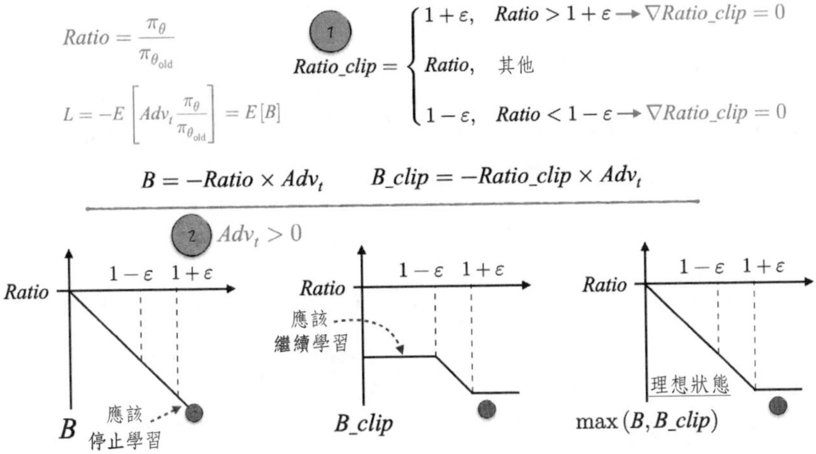

$$Ratio = \frac{\pi_\theta}{\pi_{\theta_{\text{old}}}}$$

$$L = -E\left[Adv_t \frac{\pi_\theta}{\pi_{\theta_{\text{old}}}}\right] = E[B]$$

$$Ratio\_clip = \begin{cases} 1+\varepsilon, & Ratio > 1+\varepsilon \rightarrow \nabla Ratio\_clip = 0 \\ Ratio, & \text{其他} \\ 1-\varepsilon, & Ratio < 1-\varepsilon \rightarrow \nabla Ratio\_clip = 0 \end{cases}$$

$$B = -Ratio \times Adv_t \qquad B\_clip = -Ratio\_clip \times Adv_t$$

▲ 圖 12-27

B 減小表示優勢函數的期望將上升，即模型評分提升；*Ratio* 在 1 附近（位於兩條虛線的中間），則表示新模型沒有明顯偏離舊模型。為了方便討論，進一步假設兩個條件：一是優勢函數大於 0，即 Adv_t>0；二是如果不加限制，能夠達到的最低值可用圖 12-27 中的小小數點表示（該小小數點一定低於 $-Adv_t$，因為 θ_{old} 也是選項之一）。

- 如果選擇 *B* 的期望作為損失函數，情況如圖 12-27 中標記 2 最左側所示。假設最佳化的起點不在小小數點處，那麼最佳化演算法將推動 *B* 逐漸減小（根據前面的假設，能達到的最低點在小小數點處），根據影像，這也表示 *Ratio* 會逐漸增加 *，直至超出 1+ε 的範圍。由於使用的期望作為損失函數等於 A2C 演算法，這再次證實了 A2C 演算法在最佳化大語言模型時容易發生「過擬合」問題。
- 如果以 *B_clip* 的期望作為損失函數呢？在這種情況下，當 1-ε<*Ratio*<1+ε 時，最佳化演算法將推動 *B* 減小，並在 *Ratio*=1+ε 時停止更新 **，這是我們期望實現的效果。然而，當 *Ratio*<1-ε 時，模型將無法更新。這時，不僅 *Ratio* 超出了設定範圍，而且 *B* 的值也遠離最低值（*B* 和 *Ratio* 其實是一一對應的，*Ratio* 遠離小小數點表示 *B* 也遠離小小數點）。換句話說，由於裁剪處理，雖然存在更優的選擇，但最佳化演算法卻無法推動模型繼續最佳化。
- 如果定義 max(*B*,*B_clip*) 的期望為損失函數，如圖 12-27 中標記 2 最右側所示，那

* 在理論層面上，優勢函數大於 0，意味著模型會提升對應行動的機率。這個過程將導致 *Ratio* 值的增加，*B* 值的減小。

** 不難證明，在 $Ratio \geqslant 1+\varepsilon$ 時，*B_clip* 的梯度等於 0。

麼能夠完美地滿足我們的要求：當 *Ratio*<1+ε 時，最佳化演算法將推動 *B* 減小，同時能阻止模型的變動超過限定範圍。

對於優勢函數小於 0 的情況，可以透過類似的討論得出相同的結論。因此，可得 PPO 演算法 * 關於策略損失的定義以下 **：

$$p\_loss = E[\max(B, B\_clip)] \tag{12-18}$$

與 A2C 演算法中的共用參數類似，PPO 演算法的策略更新和值函數估計也是共用參數的。也就是說，在定義損失函數時，需要將策略損失和值函數損失放在一起考慮。因此，可以進一步得到 PPO 演算法的整體損失，如公式（12-19）所示。其中，v_θ 表示值函數的估計，c 是一個超參數，表示值函數損失的權重。

$$\begin{aligned} v\_loss &= E[-Adv_t * v_\theta] \\ L &= E[p\_loss + c * v\_loss] \end{aligned} \tag{12-19}$$

12.5.3 微調遊戲獎勵

上一節詳細討論了 PPO 演算法的主要步驟。如果要將這一演算法用於最佳化大語言模型，還有一個細節處理需要特別留意，這就是本節將要討論的內容：微調遊戲獎勵。首先討論兩個與機率分佈相關的數學工具：KL 散度（Kullback-Leibler Divergence，KLD）和熵（Entropy）。為了更進一步地理解這兩個數學工具在人工智慧中的應用，下面從一個很熟悉的概念開始，即交叉熵。

- 分類模型的損失函數就是標籤變數和模型預測結果的交叉熵。這個量被看作標籤變數和預測結果之間的「距離」***。值得注意的是，在計算交叉熵時，將標籤變數和模型預測結果都視為機率分佈。對於模型結果，這個觀點相對容易理解，但標

* 該演算法的準確名稱是 PPO-Clip。PPO-Clip 是 PPO 演算法的一種主要變形，也是在最佳化 ChatGPT 時使用的演算法。為了與其他文獻保持一致並簡化表述，本章將統一使用 PPO 演算法這一術語來指代它。

** 本章的思路和數學記號與經典論文稍有不同。通常，經典論文傾向於採用最大化目標函數的方式，與本章內容形成一種「鏡像」的對應。我們選擇以損失函數為起點進行討論，主要是因為討論結果更容易實現（開放原始碼工具通常只提供最小化損失函數的封裝）。

*** 交叉熵並非真正的距離。這是因為它不滿足交換律，即 P 和 Q 的交叉熵不等於 Q 和 P 的交叉熵；此外，機率分佈與自身的交叉熵也不等於 0。然而，這些小「缺陷」並不影響我們使用交叉熵來度量兩個機率分佈之間的相似程度。

籤變數不是一個確定的值嗎？實際上，取特定值的變數也可被視為一種特殊的機率分佈。其中，變數等於某個特定值的機率為 1，等於其他值的機率為 0。回到交叉熵的一般定義，針對兩個機率分佈 P 和 Q，它們之間的交叉熵如公式（12-20）所示。從先前的討論中可知，兩個機率分佈相差越遠，它們的交叉熵就越大。

$$\text{cross\_entropy}(P,Q) = -\sum_i p_i \ln q_i \tag{12-20}$$

有了交叉熵的基礎，熵這個概念就變得容易理解了。熵是某個機率分佈與自身的交叉熵，具體的運算式如公式（12-21）所示。熵反映了機率分佈的分散程度 ：當機率分佈集中於一個值時，熵等於 0；而當機率分佈均勻分佈在 n 個值上時，熵達到最大值 ln n。

$$\text{entropy}(P) = -\sum_i p_i \ln p_i \tag{12-21}$$

KL 散度是交叉熵和熵的綜合，具體運算式如公式（12-22）所示。從中可以看出，減小 KL 散度有兩個途徑 ：一是減小機率分佈 P 和 Q 之間的差異，二是提升機率分佈 P 的分散程度。

$$D_{KL}(P||Q) = -\text{entropy}(P) + \text{cross\_entropy}(P,Q) \tag{12-22}$$

將上述數學工具應用到大語言模型的場景中。模型的輸出表示下一個詞元的機率分佈。因此，對於兩個大語言模型，可以使用交叉熵來度量它們之間的差異。新舊模型的交叉熵不超過某個上限，就確保了新模型不會與舊模型相去甚遠，這是模型最佳化的目標之一。此外，模型最佳化還有一個之前未提及的額外要求，即在保證準確性（模型評分高、新模型變動不大）的前提下，讓模型盡可能保持多樣性。換句話說，如果舊模型的輸出非常集中，那麼可以放寬對新模型的限制：如果舊模型的熵較小，那麼可以相應地提升交叉熵的上限。

綜合考慮這兩個方面，恰好就是讓新舊模型的 KL 散度保持在一個合理範圍內！如圖 12-28 左側所示，可以利用 KL 散度定義一個受限制的最佳化問題。這正是 PPO 演算法的最初形態，被稱為 TRPO（Trust Region Policy Optimization）。在這個演算法中，損失函數的定義負責提高模型評分，而 KL 散度的限制條件負責限制新模型的變動，同時鼓勵新模型保持多樣性。由於難以解決帶有限制條件的最佳化問題，可以將 KL 散度作為懲罰項增加到損失函數中，得到如圖 12-28 中右側所示的演算法。這個演算法被稱為 PPO-Penalty，它也是 PPO 演算法的一種變形。

TRPO

$$\min_\theta L = -E\left[Adv_t \frac{\pi_\theta}{\pi_{\theta_{\text{old}}}}\right]$$

限制條件 $E\left[D_{\text{KL}}\left(\pi_{\theta_{\text{old}}}||\pi_\theta\right)\right] \le \delta$

PPO-Penalty

$$\min_\theta L = -E\left[Adv_t \frac{\pi_\theta}{\pi_{\theta_{\text{old}}}} - \beta D_{\text{KL}}\left(\pi_{\theta_{\text{old}}}||\pi_\theta\right)\right]$$

▲ 圖 12-28

經典的 PPO 演算法並未使用 KL 散度，這實在是一個遺憾。為了提升演算法效果，需要在模型評分的遊戲中引入 KL 散度這一重要工具，具體的想法如下。

（1）選擇一個參考模型。這個參考模型與 PPO 演算法中的舊模型是兩個不同的概念。參考模型在整個最佳化過程中都不會改變，舊模型會隨著演算法的執行而適時更新（具體細節請參考 12.5.4 節）。儘管在大多數情況下，我們會選擇最佳化前的微調模型作為參考，但參考模型的結構和具體形式並沒有嚴格的規定，它甚至可以與我們要最佳化的模型完全不同。

（2）對於給定的文字，比如圖 12-24 中的一次任務描述和回答，逐步計算新模型和參考模型之間的 KL 散度（需要注意，這裡的 KL 散度和圖 12-28 中的稍有不同，圖 12-28 中是新舊模型之間的 KL 散度），並將它的相反數，即 $-D_{KL}\,(\pi_\theta\,||\pi_{\text{ref}})$，作為遊戲的獎勵。這表示每生成一個詞元都會有一個相應的獎勵，而不只是在最後一步將獲得的模型評分當作獎勵。

KL 散度始終是正值，因此模型從這一項獲得的獎勵始終是負的，將會引導模型減小這一部分獎勵的絕對值，也就是促使新模型向參考模型靠近。儘管 KL 散度在數學上是一個期望，如公式（12-23）所示，但在實現上述設計時，通常使用公式中的 KL_pen 代替 KL 散度的嚴格計算。

$$D_{\text{KL}}(\pi_\theta||\pi_{\text{ref}}) = \sum_{A_t} \pi_\theta(A_t, S_t)[\ln \pi_\theta(A_t, S_t) - \ln \pi_{\text{ref}}(A_t, S_t)]$$
$$KL\_pen = \ln \pi_\theta - \ln \pi_{\text{ref}} \tag{12-23}$$

這樣選擇主要有 3 個理由。

- 策略梯度在理論上也是一個期望，但在實現方式中，通常使用單次遊戲的結果來估算它。KL_pen 的設計想法類似，它是 KL 散度的估算。

- *KL_pen* 能夠衡量新模型與參考模型之間的差異，而且它在大多數情況下是正值 *，使用這個量可以有效地約束模型的變動。
- 如果這個值小於 0，則表示新模型的分散情況非常好。減去一個負值相當於在遊戲中增加了一個熵獎勵 **（Entropy Bonus），這能大幅提高模型的多樣性。

12.5.4 程式實現

本節將深入討論如何運用 PPO 演算法來最佳化大語言模型。在介紹具體的程式前，有 3 個重要的背景資訊需要說明。

（1）ChatGPT 作為一個問答機器人，它的監督微調和評分建模都具有很好的啟發意義。在 11.5 節中，根據其技術路線分別建構並訓練了微調模型和評分模型。為了降低難度，我們選擇 GPT-2 的最小版本作為基礎模型，而且微調階段只進行了有限的訓練。這些因素限制了微調模型和評分模型的性能。因此，使用強化學習對這些模型進行最佳化的效果相對較差，難以獲得直觀且有意義的結果。為了突顯強化學習的特點，本節將實現更簡單的任務，即生成電影評論。本節的討論和實現技巧同樣適用於問答機器人的最佳化，只是需要更強大的運算資源、更龐大的基礎模型，以及更多的訓練時間。

（2）在演算法實現方面，許多開放原始碼工具提供了 PPO 演算法的封裝，但這些程式涉及太多與演算法無關的細節處理過程，使理解變得相當困難。本書將自行實現整個演算法，以幫助讀者更進一步地理解，為了降低理解難度，實現過程中並不支援多個文字的批次訓練。若使用該指令稿訓練大量資料，會導致效率較低。

（3）根據圖 12-24，強化學習最佳化需要 3 個基本要素：微調模型、評分模型和訓練資料。本節使用的微調模型是 lvwerra/gpt2-imdb。該模型能根據輸入的文字自動生成後續的電影評論；評分模型是 lvwerra/distilbert-imdb，與微調模型不同，它的基礎模型並非 GPT-2，而是 Distilbert，該評分模型能夠將輸入的電影評論分類為正面和負面；訓練資料是來自 imdb 的電影評論。根據這 3 個基本要素，模型最佳化的目標非常明確：根據給定

---

* 為了簡化討論，可以設想模型基於最高機率生成詞元。由於文字是由新模型生成的（我們只關注其中的回答部分），因此在大多數情況下，詞元在新模型中的機率會大於在參考模型中的機率。因此，*KL_pen* 在大部分情況下是正值。上述解釋只是 ChatGPT 團隊提出的理論推斷。在實際的生產環境中，我們觀察到 *K_Lpen* 中存在一些負數，這為演算法的收斂性帶來了巨大的挑戰，因此這一近似處理在學術上仍然存在爭議。

** 在經典的 PPO-Clip 損失函數中，通常會增加熵獎勵，以鼓勵模型保持多樣性。然而，*KL_pen* 已經實現了這個目的，所以本節的損失函數中並沒有熵獎勵。

的評論開頭，自動生成正面的電影評論。

程式實現的第一步是架設模型。正如前文所述，PPO 演算法透過共用參數的方式實現文字生成（遊戲策略）和評分預估（值函數估計）。具體的模型結構如程式清單 12-4 的第 8 ～ 13 行所示[*]。需要注意的是，第 12 行的 values 表示模型對遊戲得分的預估，這個值可以是任意實數。然而，在本節的建模場景中，模型評分是評論屬於正面的機率，即模型評分在 0 和 1 之間。因此，遊戲得分的變化範圍不會太大（當然還需要考慮 *KL_pen*），如果想進一步最佳化，可以考慮對 values 加以一定的限制（比如使用 Sigmoid 函數進行轉換等）。使用 LoRA 技術實現模型微調，如第 17 ～ 25 行所示。

程式清單 12-4 模型結構

```
 1 | class A2CLLM(nn.Module):
 2 |
 3 |     def __init__(self, model):
 4 |         super().__init__()
 5 |         self.actor = model
 6 |         self.critic = nn.Linear(model.base_model.embed_dim, 1, bias=False)
 7 |
 8 |     def forward(self, x):
 9 |         _res = self.actor(input_ids=x, output_hidden_states=True)
10 |         logits = _res.logits
11 |         emb = _res.hidden_states[-1]
12 |         values = self.critic(emb).squeeze(-1)
13 |         return logits, values
14 |
15 |     ......
16 |
17 | def init_peft_model(model):
18 |     config = LoraConfig(
19 |         r=1,
20 |         lora_alpha=8,
21 |         target_modules=['c_attn'],
22 |         fan_in_fan_out=True,
23 |         bias='none',
24 |         modules_to_save=['critic'])
25 |     return PeftModel(model, config, adapter_name='lora_ppo')
26 |
```

* 完整的實現請參考本書書附程式 /ch12_rl/llm_ppo.ipynb。

```
model = A2CLLM(AutoModelForCausalLM.from_pretrained('lvwerra/gpt2-imdb'))
model = init_peft_model(model)
```

在完成模型架構的架設之後，下一步是計算遊戲得分以及基於得分的優勢函數（關於 GAE 的細節可參考 12.3.5 節）。這一計算的具體實現細節如圖 12-29 所示。

```
def compute_rewards(r_model, response, lnp, ref_lnp):
    # r_model: 評分模型，response: 模型生成的回答
    # lnp: 新/舊模型的機率對數，ref_lnp: 參考模型的機率對數
    scores = r_model(response)
    rewards = []
    for score, lnprob, ref_lnprob in zip(scores, lnp, ref_lnp):
        kl = lnprob - ref_lnprob
        # kl_ctl_value是調節 KL penalty 的係數，大於 0
        reward = -kl_ctl_value * kl
        # 遊戲獎勵等於模型評分+ KL penalty
        reward[-1] += score
        rewards.append(reward)
    return torch.stack(rewards)

rewards = compute_rewards(......)
gae = GAE(gamma, lambda_)
advantages = gae(rewards, values)
```

$$KL\_pen = \ln \pi_\theta - \ln \pi_{\text{ref}}$$

values是值函數估計

▲ 圖 12-29

得到優勢函數後，下一步是定義模型的損失函數，具體的實現細節如圖 12-30 所示。簡而言之，整個過程基本上是對公式（12-18）和公式（12-19）的直接複現。

```
def compute_loss(old_lnp, lnp, vpred, advantages):
    # 值函數損失
    vf_loss = -advantages * vpred
    # 策略損失
    ratio = torch.exp(lnp - old_lnp)
    pg_losses = -advantages * ratio
    pg_losses2 = -advantages * torch.clamp(ratio, 1.0 - cliprange, 1.0 + cliprange)
    pg_loss = torch.max(pg_losses, pg_losses2)
    # 整體損失
    loss = pg_loss.mean() + vf_coef * vf_loss.mean()
    return loss
```

$$Ratio\_clip = \begin{cases} 1+\varepsilon, & Ratio > 1+\varepsilon \\ Ratio, & \text{其他} \\ 1-\varepsilon, & Ratio < 1-\varepsilon \end{cases}$$

▲ 圖 12-30

接下來的模型訓練將按照強化學習的一般步驟進行：進行遊戲、收集資料和模型更新。在使用 PPO 演算法的過程中，需要區分 3 個模型，分別是新模型、舊模型和參考模型。

它們之間的關係如圖 12-31 上半部分所示 *，具體的程式實現如圖 12-31 下半部分所示。

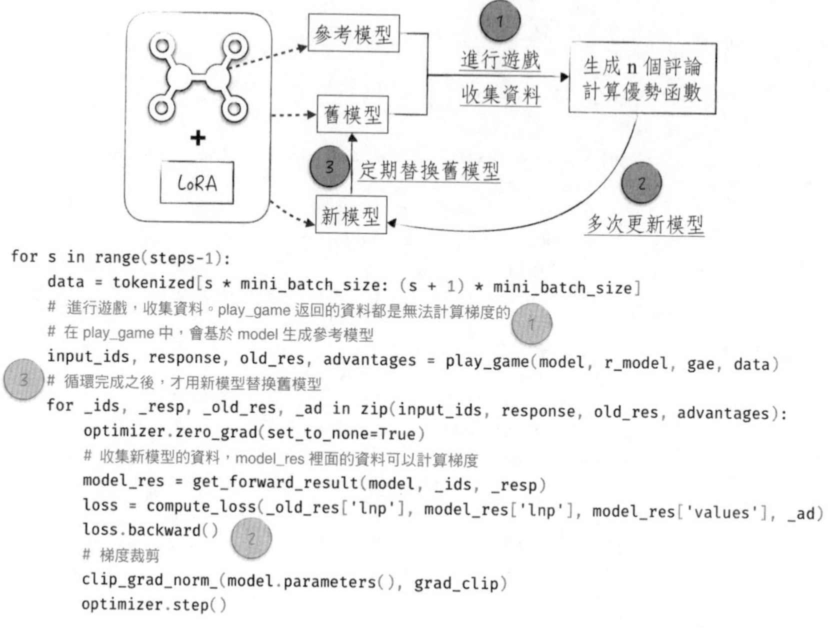


```
for s in range(steps-1):
    data = tokenized[s * mini_batch_size: (s + 1) * mini_batch_size]
    # 進行遊戲，收集資料。play_game 返回的資料都是無法計算梯度的
    # 在 play_game 中，會基於 model 生成參考模型
    input_ids, response, old_res, advantages = play_game(model, r_model, gae, data)
    # 循環完成之後，才用新模型替換舊模型
    for _ids, _resp, _old_res, _ad in zip(input_ids, response, old_res, advantages):
        optimizer.zero_grad(set_to_none=True)
        # 收集新模型的資料，model_res 裡面的資料可以計算梯度
        model_res = get_forward_result(model, _ids, _resp)
        loss = compute_loss(_old_res['lnp'], model_res['lnp'], model_res['values'], _ad)
        loss.backward()
        # 梯度裁剪
        clip_grad_norm_(model.parameters(), grad_clip)
        optimizer.step()
```

▲ 圖 12-31

生成評論和收集資料的具體實現可參考程式清單 12-5。採用 LoRA 技術，我們可以方便地生成參考模型，具體程式如第 14 行和第 15 行所示。

程式清單 12-5 生成評論和收集資料

```
 1 | def play_game(model, r_model, gae, data):
 2 |     model.eval()
 3 |     all_input_ids, all_response, all_res, all_advantages = [], [], [], []
 4 |     for input_ids in data['input_ids']:
 5 |         all_input_ids.append(input_ids)
 6 |         # 生成評論
 7 |         response = model.generate(input_ids)
 8 |         all_response.append(response)
 9 |         with torch.no_grad():
10 |             # 記錄舊模型態資料
```

* 從圖 12-31 中可以觀察到，新舊模型的主要區別在於新模型的更新頻率較高，而舊模型在新模型變化一段時間後才進行更新。這種技巧在值函數學習中也十分常見，例如在 TD 學習中，可以區分新舊模型，並利用舊模型來預估標籤資料。請有興趣的讀者查閱相關資料了解具體細節。

```
11 |            res = get_forward_result(model, input_ids, response)
12 |            all_res.append(res)
13 |            # 記錄參考模型態資料
14 |            with model.disable_adapter():
15 |                ref_res = get_forward_result(model, input_ids, response)
16 |            rewards = compute_rewards(r_model, response,
17 |                                      res['lnp'], ref_res['lnp'])
18 |            all_advantages.append(gae(rewards, res['values']))
19 |        model.train()
20 |        return all_input_ids, all_response, all_res, all_advantages
```

仔細觀察上述程式可能會發現，在收集資料時，使用了模型的評估模式（第 2 行程式）。此外，在使用 LoRA 時，並未設置 lora_dropout 參數（參考程式清單 12-4）。換言之，在整個過程中，並未採用在其他神經網路中常見的隨機失活技術。這是因為模型的損失依賴這個量，而它是模型結果的倒數。隨機失活可能導致模型對某些資料的預測出現較大偏差，引起出現異常大的值（預測的結果接近 0），從而導致演算法的不穩定。因此，在 PPO 演算法中，使用隨機失活需要相當謹慎。

若確實需要使用隨機失活技術，最佳的使用位置是在 LoRA 元件內。值得注意的是，被凍結的微調模型中也包含隨機失活元件，而這些元件應一直保持關閉狀態。這些組件的主要作用是影響被凍結的微調模型的參數更新，而這些參數並不需要更新，啟用它們只會引起不必要的不穩定性。在單獨開啟或關閉 LoRA 元件內的隨機失活元件時，需要格外小心，以免操作失誤。鑑於篇幅有限，具體的實現和模型結果請參考本書書附程式 *。

12.6 本章小結

12.6.1 要點回顧

身為全新的模型訓練方式，強化學習能夠使模型在不確定的環境中學習。它的核心目標是找到最佳的遊戲策略，實現這一目標的方法主要分為值函數學習和策略學習兩類。

值函數學習的數學處理過程較為簡單。其基本想法是先對值函數進行估計，得到每個遊戲狀態的預期得分，然後基於這些估計值制定遊戲策略。本章關注的是如何透過強化學習來最佳化大語言模型，因此只討論了值函數的估計。在演算法層面，本章介紹的

* 完整的實現請參考本書書附程式 /ch12_rl/llm_ppo_correct_dropout.ipynb。

方法都可以歸類為 TD Lambda 學習，MC 學習和 TD 學習是其中的兩個特例。這些方法的核心創新之處在於如何預估模型學習的標籤資料。透過調節超參數 Lambda，可以在預估的方差和偏差之間找到平衡。如果將 TD Lambda 學習與神經網路結合，那麼參與模型參數更新的是優勢函數，這一函數表示當前行動相對於平均水準的優勢。優勢函數在值函數學習和策略學習之間扮演著橋樑的角色，GAE 能夠高效率地計算優勢函數。

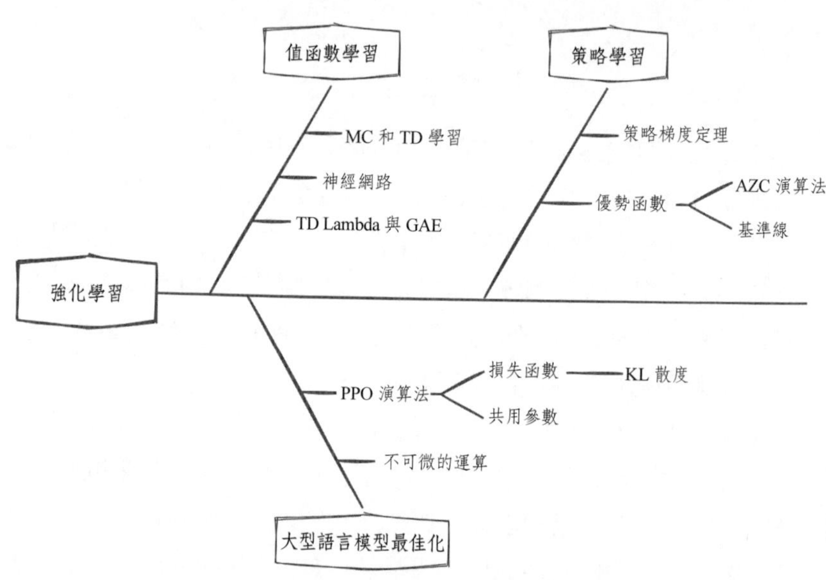

策略學習相對直接，但其數學處理更複雜。使用策略梯度定理，能夠直接對遊戲策略進行更新，直至其收斂到最佳策略。然而，在面臨不確定的環境和不完整的資料時，直接使用策略梯度進行學習可能導致演算法的不穩定，因此需要利用值函數估計來減少演算法的波動性。具體的操作是，透過借助 MC 學習的優勢函數，定義基準線演算法；透過借助 TD 學習的優勢函數，定義 A2C 演算法。

使用策略學習最佳化大語言模型時，由於策略學習並未對模型的變化範圍進行限制，通常會遇到嚴重的「過擬合」問題。為了應對這一問題，在 A2C 的基礎上引入了 PPO 演算法。PPO 演算法首先評估模型的變化幅度，如果在適當範圍內，則正常更新模型；不然終止模型更新。強化學習涉及的內容非常廣泛，本節僅涵蓋其中的一小部分，很多數學細節並未詳細論證，有興趣的讀者可以參考 Richard S. Sutton 和 Andrew G. Barto 編著的 *Reinforcement Learning* 一書。

12.6.2 常見面試問題

針對本章討論的內容，常見的面試問題如下。

1. 強化學習

- 強化學習的基本框架是什麼？它主要包括哪些組成部分？
- 什麼是獎勵？它在強化學習中的作用是什麼？
- 什麼是深度強化學習？它與傳統的強化學習有什麼不同？

2. 值函數估計

- TD 學習相比於 MC 學習有什麼優勢和劣勢？
- TD Lambda 學習是什麼？它是如何結合 TD 學習和 MC 學習的？
- GAE 的主要目的是什麼？它解決了什麼問題？

3. 策略學習

- 什麼是策略梯度下降？它與值函數方法有何異同？
- 基準線的存在對訓練過程有哪些影響？為什麼要使用它？
- 請解釋 A2C 演算法的基本原理。A2C 演算法是如何結合 Actor 和 Critic 的？它比傳統的策略梯度方法有哪些優勢？

4. PPO

- 什麼是 PPO ？其主要目標是什麼？
- PPO 比傳統的策略梯度方法有哪些優勢？
- PPO 中的「proximal」指什麼？它如何確保策略更新的穩定性？

萊昂哈德·尤拉（Leonhard Euler，1707—1783），瑞士數學家，近代數學的傑出先驅之一。他不僅在數學各個領域做出了傑出貢獻，還為數學的發展引進和推廣了許多重要的術語和書寫格式，包括函數的記法、虛數單位、求和公式等。

尤拉公式（e^{ix}=cos x+i sin x）以他的名字命名，被認為是世界上最非凡的數學公式之一。數學家高斯曾感歎，「一個人第一次看到這個公式而不感到它的魅力，這個人絕不會成為一流的數學家。」

尤拉是一位極其高產的作者，共發表了 866 篇論文及出版物。據統計，他的所有著作約佔 18 世紀數學、物理學、力學、天文學和航海學總產出的四分之一。更為驚人的是，這些作品中有近一半是他在失明之後完成的。

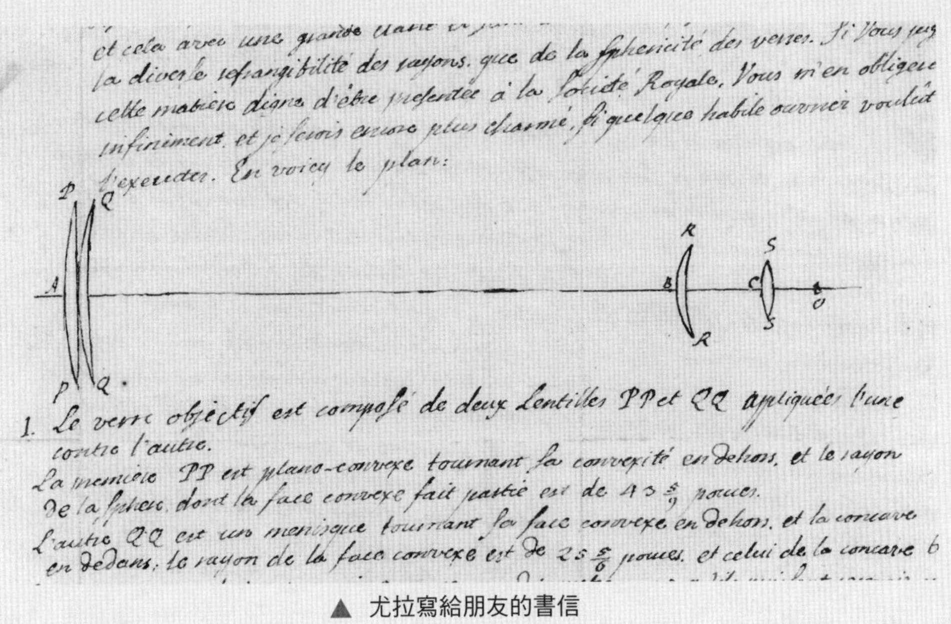
et cela avec une grande clarté ... que de la sphericité des verres. Si Vous jugez la diverse refrangibilité des rayons ... cette matière digne d'être presentée à la Société Royale, Vous m'en obligerez infiniment, et je serois encore plus charmé, si quelque habile ouvrier vouloit l'executer. En voicy le plan:

1. Le verre objectif est composé de deux Lentilles PP et QQ appliquées l'une contre l'autre.
La premiere PP est plano-convexe tournant sa convexité en dehors, et le rayon de la sphere, dont la face convexe fait partie est de 43 $\frac{5}{9}$ pouces.
L'autre QQ est un menisque tournant sa face convexe en dehors, et la concave en dedans; le rayon de la face convexe est de 25 $\frac{5}{6}$ pouces, et celui de la concave 6

▲ 尤拉寫給朋友的書信

第 13 章 其他經典模型：擴充視野

The more I learn, the more I realize how much I don't know.
（我學得越多，就越意識到自己所不知道的有多少。）

——Albert Einstein

雖然神經網路在人工智慧領域備受矚目，但它並非該領域的唯一關鍵模型。人工智慧包括許多經典模型，難以逐一詳細介紹。因此，本章將深入討論幾個具有啟發性的模型，它們或與神經網路關係密切，或適合與神經網路搭配使用。這些模型分別是決策樹及其衍生模型、隱馬可夫模型，以及無監督學習。

（1）決策樹是一種直觀且易於理解的模型，也是模型聯結主義的傑出代表。在實際應用中，決策樹往往與其他模型組合在一起使用。我們不僅可以借助決策樹來提取關鍵特徵，也可以利用它的清晰結構來提高整個模型的可解釋性。此外，決策樹還能夠像神經網路一樣自我整合，形成更強大的衍生模型，例如隨機森林和梯度提升決策樹。

（2）隱馬可夫模型曾經風靡一時，在語音辨識、金融市場等領域廣受歡迎。特別是在金融領域，被譽為「歷史上最賺錢的量化基金」——大獎章基金（Medallion Fund）就使用過隱馬可夫模型*。這個模型可以看作循環神經網路的一種特例，這也是本章選擇介紹它的原因。

（3）之前討論的模型，無論是簡單的線性迴歸還是複雜的大語言模型，均屬於監督學習的範圍。也就是說，這些模型要求資料中有標籤變數。然而，在實際應用中，存在沒有標籤變數的情況，這時就需要無監督學習模型發揮作用了。本章將重點介紹三類無監督學習模型，分別是聚類、降維和奇異值分解。

本章內容可能稍顯獨立，可用於擴充視野，也有助我們更深入地理解神經網路中某些技術的起源和內涵。

---

* 雖然沒有確鑿的證據表明大獎章基金確實使用了隱馬可夫模型，但業內普遍認為該模型是其成功的關鍵。畢竟，這一基金的崛起正好與隱馬可夫模型的發明者加入該基金的時間相符。

13.1 決策樹

決策樹（Decision Tree）是極具特色的模型。與大多數人工智慧模型不同，它不沉溺於複雜的數學抽象，而是透過生成決策規則來解決分類和迴歸問題，就如同人類做決策一般。

學術界將這一模型稱為白盒模型（White Box Model），因為其執行機制能夠直截了當地轉化為人類語言。即使對這個領域毫不了解的非技術人員，也能輕鬆理解其工作原理。決策樹模型的核心在於決策規則。為了更深入地探討具體的模型細節，下面研究人們在現實生活中是如何運用規則做決策的。

13.1.1 決策規則

設想一下，歷經一周的辛勞，我們終於來到了期待已久的週五晚上。在這個夜晚，一個重要的決定擺在我們面前：如何度過即將到來的週末時光？這一決策過程由一系列決策規則、路徑及結果交織而成，如圖 13-1 所示。圓角框表示決策規則，方形框表示決策結果，而框與框之間的連線表示決策路徑。

- 如果尚有一些未完成的工作，那麼週末無法休息，只能選擇加班。
- 若週末能夠美滿休憩，我們或許想去看場電影，當然，這取決於近期是否正在上映令人感興趣的電影。
- 如果好電影缺乏，那麼週末活動將取決於天氣。如果天氣晴好，可以選擇出門逛街；反之，只能宅在家裡打電動。

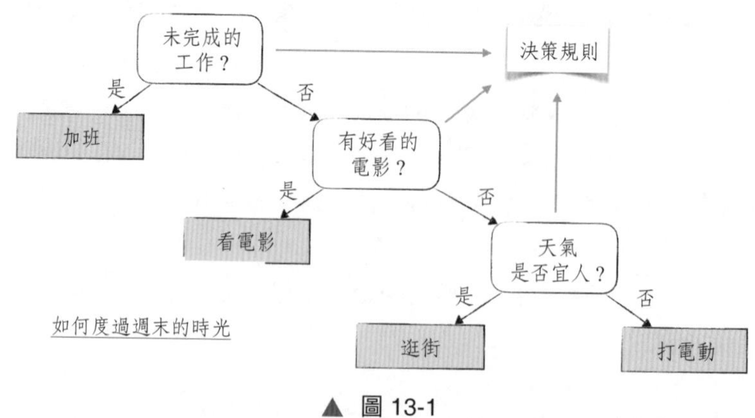

▲ 圖 13-1

這種簡潔的決策過程在日常生活中屢見不鮮，決策樹恰好模擬了這樣的思考方式。為了對模型有更直觀的理解，下面展示決策樹解決分類問題的全過程 *。首先隨機生成資料，包括兩個特徵 x_1, x_2，如圖 13-2 所示；接下來，決策樹將按照以下步驟將資料劃分為兩類。

（1）根據規則 $x_2 \leqslant -0.23$，將平面分為 2 個區域，如圖中標記 1 所示。由於下方灰色區域內的所有訓練資料均屬於類別 0，因此該區域的預測結果為類別 0。相應地，在上方白色區域內，類別 1 的比例較高，因此該區域的預測結果為類別 1。

（2）在第 1 步的基礎上，引入新規則 $x_1 \leqslant -0.565$，將平面細分為 3 個區域，如圖中標記 2 所示。與第 1 步類似，根據各區域內類別的比例，確定該區域的預測結果。

（3）重複上面的過程，可以得到如圖中標記 3 所示的結果。值得注意的是，決策樹不僅可以預測資料的類別，還能輸出資料屬於各個類別的機率。以標記 3 中右側白色區域為例，其中有 10 個資料點屬於類別 1，5 個資料點屬於類別 0。因此，該區域屬於類別 1 的機率為 10/(10+5)。

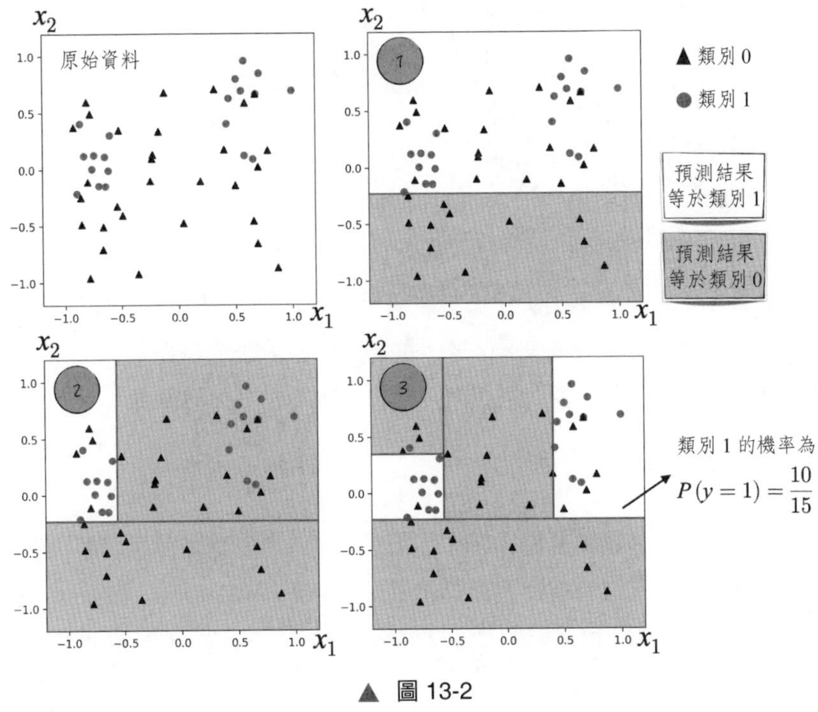

▲ 圖 13-2

* 決策樹有多個版本，本章將討論應用最廣泛的 CART（Classification And Regression Tree）。CART 透過建構二元樹來處理迴歸和分類問題。完整的實現請參考本書書附程式 /ch13_others/dt_example.ipynb。

我們可以將上述模型結果轉為更直觀的樹形結構，如圖 13-3 所示。其中，方框代表樹的節點，帶有決策規則的節點稱為中間節點（Internal Node），沒有決策規則的為葉子節點（Leaf Node）。葉子節點表示最終的預測結果，中間節點反映了決策的邏輯過程，節點之間的連線則代表著決策路徑。圖中各欄位的含義已在圖例中舉出，其中的 gini 欄位表示節點的不純度，相關的細節將在 13.1.2 節中討論。

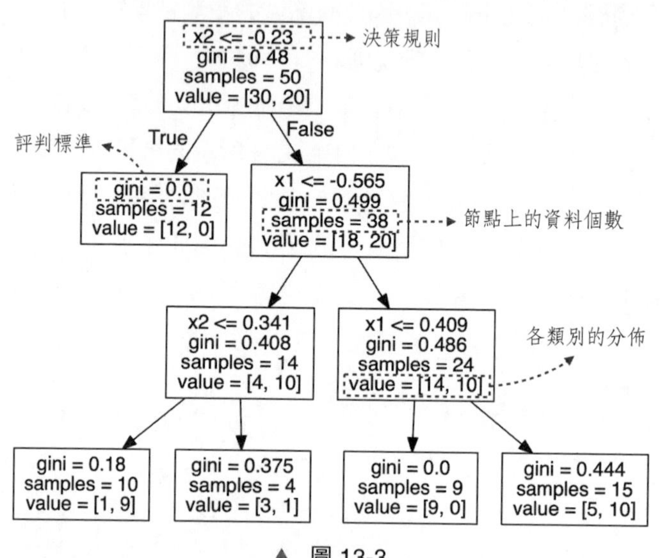

▲ 圖 13-3

上述的簡單例子清晰展示了決策樹生成規則的方法：選擇一個劃分特徵和相應的設定值，特徵值大於設定值是一條決策路徑，反之為另一筆決策路徑 *。接下來將深入討論決策規則的評判標準，這是決策樹選擇劃分特徵和相應設定值的基礎。

13.1.2 評判標準

在處理分類問題時，如果一個節點上的資料幾乎都屬於同一類別，說明它已經具有很好的純度，無須進一步劃分。如果節點上的資料比較雜亂，那麼需要為該節點生成新的劃分規則。新生成的規則只要能夠有效地分離不同類別（子節點的類別都比較單一），那麼它就是一個優秀的規則。

根據上述的建模想法，首先定義節點的不純度（Impurity）。假設資料分為類 K，分

* 正文中討論的其實是針對數值型特徵的劃分原則。對於類型特徵，首先需要將其轉換為多個虛擬變數，然後同樣使用上述原則對這些虛擬變數進行劃分。

別記為 0,1,⋯,K–1；當前節點記為 m，節點上一共有 N_m 個資料。定義類別 i 在該節點上的佔比為

$$p_{mi} = {}^{1}/_{N_m} \sum_j 1_{\{y_j = i\}} \quad (13\text{-}1)$$

基於類別佔比，通常使用以下幾種方式來定義節點的不純度。這些指標的設定值範圍都在 0 到 1 之間，數值越接近 0，表示類別越趨於單一。

- Gini 不純度：$\text{Gini}_m = \sum_i p_{mi}(1 - p_{mi})$
- 交叉熵：$\text{Entropy}_m = -\sum_i p_{mi} \ln p_{mi}$
- 誤分類率（Misclassification）：$\text{Misclf}_m = 1 - \max_i p_{mi}$

在節點不純度的基礎上，可以進一步定義決策規則的不純度。以 Gini 不純度為例，假設節點 m 根據某種規則被劃分為兩個子節點，可以使用公式（13-2）來定義決策規則的 Gini 不純度。其中，N_i 表示第 i 個子節點的資料個數，表 Gini_i 示第 i 個子節點的 Gini 不純度。換句話說，某個劃分規則的 Gini 不純度等於各個子節點 Gini 不純度的加權平均，權重為子節點的資料量佔比。

$$\text{Gini}_{\text{split}} = \sum_{i=1}^{2} {}^{N_i}/_{N_m} \text{Gini}_i \quad (13\text{-}2)$$

在這些數學定義的基礎上，決策規則的生成演算法可以被描述如下。

- 當節點 m 的 Gini 不純度小於等於某個設定值時，表示該節點無須進一步拆分，否則需要生成新的劃分規則。值得注意的是，節點 m 停止劃分的條件還有其他形式，具體的細節將在 13.1.4 節中討論。
- 對於每個需要再次劃分的節點，選擇 Gini 不純度最低的規則來生成子節點，並不斷重複這個過程，直至所有節點都不再需要劃分。熟悉演算法的讀者可能會發現，決策樹的生成策略的方法實際上就是貪心演算法 *。

上述演算法解決的是分類問題，決策樹和樣可以解決迴歸問題。具體的演算法步驟和分類問題非常相似，唯一的差別在於將評判標準由不純度改為距離誤差，例如均方差。

---

* 尋找最優的決策樹是一個 NP 完全問題，因此只能退而求其次地使用貪心演算法求解。

13.1.3 決策樹的預測與模型的聯結

決策樹是一種白盒模型，其預測演算法非常易於解釋。對於給定的資料，根據各個節點的決策規則，將資料分配到某個葉子節點，並由葉子節點舉出最終的預測值。整個過程如圖 13-4 所示。在決策樹模型中，葉子節點提供預測結果的演算法也非常簡單。

- 對於分類問題，葉子節點提供的是資料屬於每個類別的機率，這個機率值等於各個類別的資料佔比。假設資料分為 K 類，分別記為 0, 1,⋯, K–1，葉子節點上一共有 N 個資料，則$P(y = i) = \sum_j 1_{\{y_j = i\}}/N$ 。基於預測得到的機率，容易獲得最終的預測結果，即為具有最大機率的類別。
- 對於迴歸問題，葉子節點的處理方式同上，最終的預測結果等於節點內標籤變數的平均值。

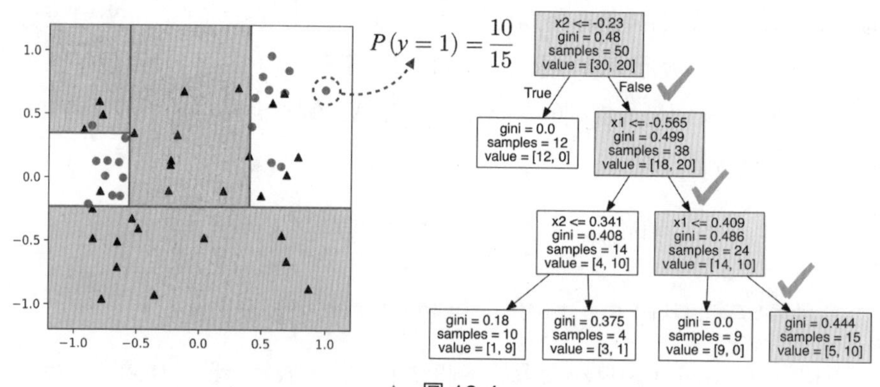

▲ 圖 13-4

仔細分析決策樹對特徵的處理，可以發現其優點在於能夠綜合考慮多個變數，同時對特徵的線性變換表現穩定。另外，對於定量特徵，決策樹的處理方式是將其劃分成幾個互不相交的區間，這能有效規避定量特徵邊際效應恒定的隱含假設（更多細節請參考 5.3 節）。然而，決策樹的缺點也顯而易見，預測演算法太過簡單，僅是簡單利用類別佔比或平均值，導致預測效果並不盡如人意。

為了彌補決策樹的不足，可以參考模型聯結主義的思想（相關細節請參考 8.3.5 節），巧妙地將決策樹與其他模型結合起來使用。模型聯結的方式多種多樣，是資料科學家施展才華的舞臺。本節將簡介一種在廣告行業和金融反詐騙中廣泛應用的模型聯結方式：將決策樹視為特徵提取的工具。

如圖 13-5 所示，假設決策樹有 4 個葉子節點，而某個資料落在第 3 個葉子節點，那

麼資料的新特徵是 (0, 0, 1, 0)。在新特徵和剩餘原始特徵的基礎上，架設邏輯迴歸模型，從而得到最終的預測結果 [*]。這種模型結構不僅充分保留了決策樹在特徵提取上的優勢，還發揮了邏輯迴歸預測效果好和穩定性強的長處。

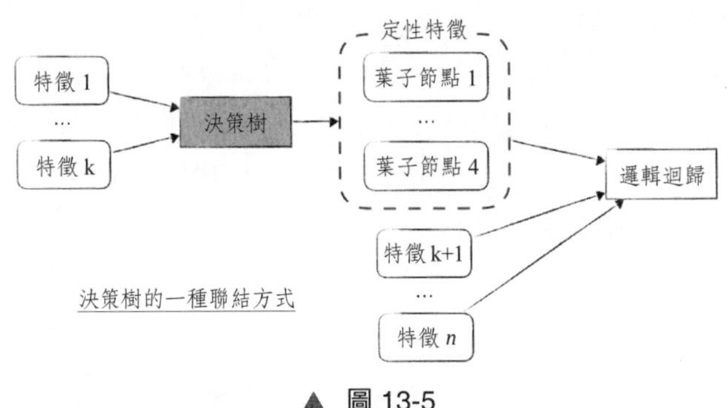

▲ 圖 13-5

圖 13-5 的實現程式如圖 13-6 所示 [**]。整個過程非常直觀，但在利用決策樹提取特徵時要特別留意虛擬變數陷阱，具體細節請參考 5.4.4 節。

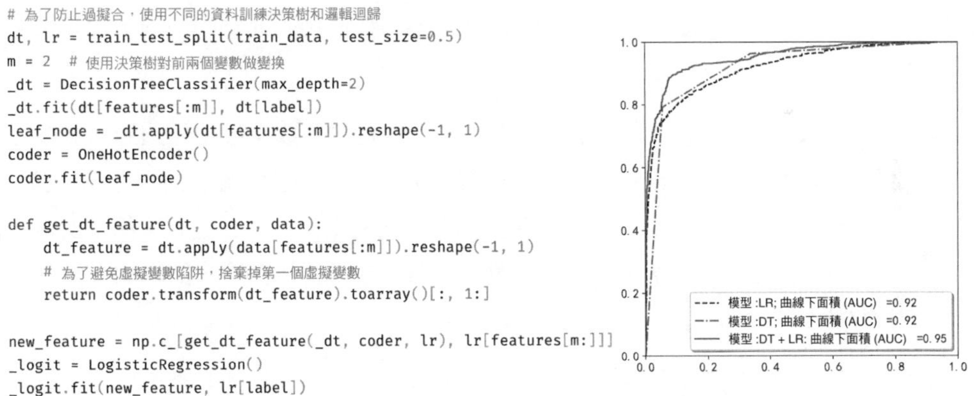

```
# 為了防止過擬合，使用不同的資料訓練決策樹和邏輯迴歸
dt, lr = train_test_split(train_data, test_size=0.5)
m = 2  # 使用決策樹對前兩個變數做變換
_dt = DecisionTreeClassifier(max_depth=2)
_dt.fit(dt[features[:m]], dt[label])
leaf_node = _dt.apply(dt[features[:m]]).reshape(-1, 1)
coder = OneHotEncoder()
coder.fit(leaf_node)

def get_dt_feature(dt, coder, data):
    dt_feature = dt.apply(data[features[:m]]).reshape(-1, 1)
    # 為了避免虛擬變數陷阱，捨棄掉第一個虛擬變數
    return coder.transform(dt_feature).toarray()[:, 1:]

new_feature = np.c_[get_dt_feature(_dt, coder, lr), lr[features[m:]]]
_logit = LogisticRegression()
_logit.fit(new_feature, lr[label])
```


▲ 圖 13-6

上述聯結方式有以下兩點值得討論。

首先，在圖 13-5 所示的模型中，如果特徵 1 到特徵 k 都是定量特徵，那麼決策樹的

---

* 在實際應用中，為了提升模型效果，通常會將決策樹替換為效果更好但更複雜的樹形模型，如梯度提升樹（Gradient Boosted Trees，GBTs）。值得注意的是，梯度提升樹和梯度提升決策樹在整個模型中的作用是完全一樣的。

** 完整的實現請參考本書書附程式 /ch13_others/dt_logit.ipynb。

作用實際上是將定量特徵轉為定性特徵。這可以看作 5.3 節內容的一種延伸：卡方檢定（Chi-Squared Test）會將一個定量特徵獨立地轉為定性特徵，因此在轉換過程中會忽略特徵之間的聯動效應。透過使用決策樹，我們能夠綜合地考慮定量特徵之間的關係，這種綜合性的特徵轉換方式使得模型能夠更全面地捕捉資料的資訊。

其次，有些讀者也許會發現決策樹的使用方式和圖 8-15 中的神經網路有些相似。事實上，這兩種方法背後的底層邏輯確實是相通的，只不過神經網路提取的特徵一般是定量特徵，而決策樹提取的通常是定性特徵。另外，決策樹提取的特徵具有非常好的可解釋性，但神經網路提取的特徵通常難以理解。

13.1.4 剪枝

在實際應用中，決策樹模型常常會遇到過擬合的問題 *。從直觀上理解，決策樹幾乎可以無限制地劃分樹中的節點，使得每個葉子節點裡只剩下極少量的、類別較為單一的資料。這會導致模型的預測結果看似很完美，但實際上，模型完全沒有捕捉到資料間的內在聯繫。為了解決這個問題，需要對症下藥：用一些技術手段防止決策樹過細地劃分節點，這在學術上被形象地稱為剪枝（Pruning）。根據使用時間點的不同，剪枝又可以細分為以下兩類。

- 前剪枝（Pre-Pruning）：這類方法作用於決策樹的生成過程中，透過一些設定值來限制決策樹的生長，比如限制決策樹的最大深度或每個節點的最少資料量等。
- 後剪枝（Post-Pruning）：這類方法作用於決策樹生成之後，主要想法是對於一個已生成的決策樹，剪掉其中不太必要的子樹（在這些子樹中，節點的不純度下降得不明顯）。

前剪枝是一種相對直觀和簡單的方法，透過設置第三方工具的參數，可以輕鬆地控制決策樹的生長。後剪枝的方法則複雜很多，需要更細緻的演算法。在許多的後剪枝方法中，一種被廣泛應用的演算法是消除誤差剪枝法（Reduced Error Pruning，REP）。接下來將深入討論這一方法。

在實際建模中，為了防止過擬合，通常將資料劃分為互不相交的兩部分：訓練集和

---

* 從理論角度看，決策樹屬於非參模型（Nonparametric Model）。也就是說，決策樹隱含的模型參數個數和訓練資料一樣多。嚴格來講，假設訓練資料為 n，而模型的參數個數為$O(n)$，則模型為非參模型。非參模型並不是沒有參數，而是指有「無窮多」個參數。因此，相比於參數個數固定的參數模型（Parametric Model），比如邏輯迴歸，決策樹更容易引發過擬合的問題。

測試集。訓練集用於估計模型參數，測試集用於評估模型效果，這正是 3.3.1 節介紹的交叉驗證 *。REP 演算法對這一思想進行了擴充，如圖 13-7 所示，將資料劃分為 3 個部分：訓練集、測試集和剪枝集（Pruning Set）。剪枝集用於評估決策樹中的某個子樹是否應該被合併為一個葉子節點，即所謂的剪枝。

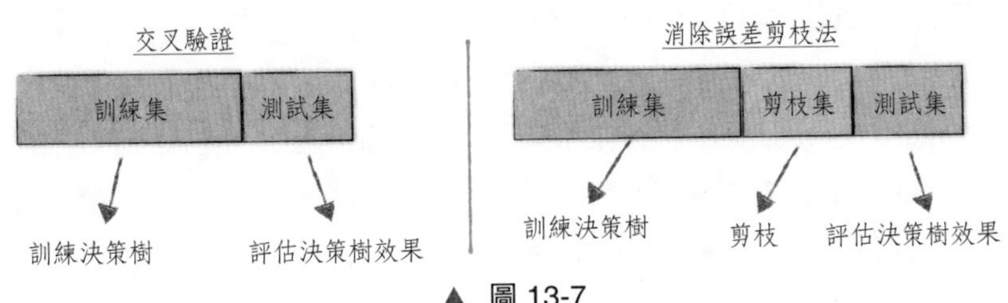

▲ 圖 13-7

下面透過一個簡單的例子來說明剪枝演算法的具體步驟。假設資料分為兩類，記作 *A* 和 *B*，而資料具有兩個特徵，分別為 x1 和 x2。在圖 13-8 中，透過訓練資料得到的決策樹如標記 1 所示；剪枝所涉及的資料集如標記 2 所示；方框代表樹的節點；方框中的第一行表示節點的 ID，例如 v1、v2 等；第二行表示節點中各個類別的資料量（基於訓練資料）。舉例來說，對於節點 v4，value=[1, 6] 表示類別 *A* 有 1 個資料，而類別 *B* 有 6 個資料。根據決策樹的預測演算法，節點 v4 的預測結果為類別 *B*。箭頭旁的公式表示決策規則，例如當 x1=0 時，資料會從節點 v1 移動到節點 v2。

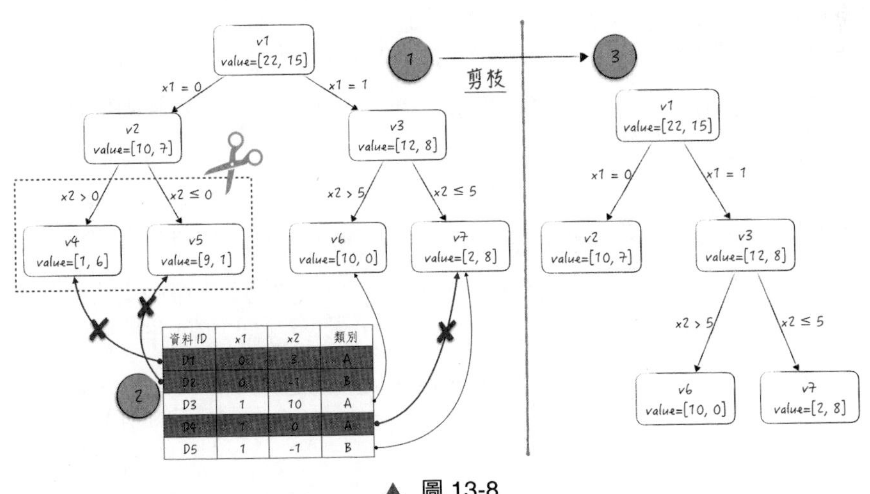

資料 ID	x1	x2	類別
D1	0	3	A
D2	0	-1	B
D3	1	10	A
D4	1	0	A
D5	1	-1	B

▲ 圖 13-8

* 在實際應用中，更嚴謹的交叉驗證方法是將資料分為 3 份：訓練集、驗證集和測試集。在這種情況下，REP 的做法是將資料分為 4 份，即在交叉驗證的基礎上增加一個剪枝集。

剪枝的具體過程如下。

（1）對於資料 D1，它所在的節點是 v4，因此模型的預測結果是錯誤的。同樣，對於 D2，其預測結果也是錯誤的。如果剪掉這兩個節點，那麼 D1 和 D2 都會落在節點 v2 上，此時只有 D2 的預測結果是錯誤的。因此，在剪枝前後，錯誤預測的數量從 2 個減少到 1 個。在這種情況下，演算法執行剪枝操作。

（2）同理，使用資料集 D3、D4、D5 對子樹 v3、v6、v7 進行評估。剪枝前的錯誤數為 1（D4），而剪枝後的錯誤數也為 1（D5）。在這種情況下，演算法不執行剪枝操作。

（3）由於 v3 的子樹未被剪枝，因此不考慮是否對子樹 v1、v2、v3 進行剪枝。這一過程在學術上被稱為 Bottom-Up Restriction。

在剪枝完成後，得到如圖 13-8 中標記 3 所示的精簡決策樹。整個剪枝演算法的步驟可以簡潔地總結如下。

（1）根據剪枝集，定義節點 v 的剪枝收益，假設 v 以為根節點的子樹為 T。

$$\text{Gain}_v = T \text{ 的預測錯誤數} - v \text{ 的預測錯誤數} \tag{13-3}$$

（2）從葉子節點開始，向上剪去所有收益大於 0 的子樹，除非子樹中存在剪枝收益為負的節點。

13.2 樹的整合

決策樹模型雖然簡單明了，但獨立使用時效果並不理想。正如 13.1.3 節所述，將決策樹與邏輯迴歸相結合，能夠顯著提升模型性能。然而，由於這涉及兩種截然不同的模型，數學上很難為這種聯結方式提供理想的抽象，導致它們難以成為一個通用的解決方案。

神經網路的成功經驗啟示我們，將結構相似的模型聯結在一起，能夠釋放出巨大的潛力*。依樣畫葫蘆，將決策樹首尾相連，建構一個強大的模型。每個決策樹都「站在前面模型的肩膀上」，進一步最佳化，形成了提升方法（Boosting Method）的基本理念。此外，決策樹還有一種更為經典且簡潔的聯結方式，即透過多個決策樹的平均結果來確

* 這種方法在學術上被稱為整合方法（Ensemble Method）。整合方法並不僅限於決策樹。事實上，可以把機器學習中比較簡單的模型稱為弱學習（Weak Learner），而整合方法指的是將一系列弱學習組合成一個預測效果更好的複雜模型。這種方法與聯結主義比較類似，區別在於聯結主義更偏重於哲學層面，而整合方法更偏重於具體演算法。

定最終的預測結果，這被稱為平均方法（Averaging Method）。直觀來看，提升方法使模型變得更長，類似於神經網路領域的深度學習；而平均方法使模型變得更胖，類似於增加神經網路隱藏層的寬度。

這兩種方法的代表模型分別是隨機森林（Random Forest）和梯度提升決策樹（Gradient Boosting Decision Tree，GBDT）。下面將深入討論這兩種模型的工作原理，以及它們在不同應用場景中的優勢和限制。

13.2.1 隨機森林

隨機森林是一個由 n 個決策樹組成的模型，每個決策樹都獨立地完成學習和預測。這些決策樹會產生一系列中間結果，而模型的最終結果是對這些中間結果的「加權平均」。

- 對於分類問題，最終結果是中間結果中出現次數最多的類別。可以將每個決策樹想像成一個投票者，而隨機森林是一場投票，透過「少數服從多數」的原則得到最終的決策。
- 對於迴歸問題，隨機森林的預測結果是中間結果的平均值。

隨機森林的理論基礎源自：單一決策樹犯錯的機率較大，但許多樹同時犯錯的機率就顯著降低了。透過一個簡單的例子來說明這一觀點的正確性：假設針對某個分類問題，有 3 個相互獨立的決策樹，它們各自預測錯誤的機率為 20%。如果按照「少數服從多數」的原則將它們組合成一個隨機森林，那麼預測錯誤的情況可分為兩種：3 個決策樹都錯誤或只有 1 個預測正確。透過計算，可知這個隨機森林的犯錯機率下降到了 10.4%。

$$0.2^3 + 3 \times 0.2^2 \times 0.8 = 10.4\% \tag{13-4}$$

透過上面的例子可以清晰地看到，隨機森林的預測效果在很大程度上取決於森林中的決策樹是否相互獨立。如果決策樹的獨立性無法保證，那麼模型的效果將大打折扣。舉個極端的例子：如果每個決策樹都相同，那麼隨機森林模型就退化成了決策樹模型。對於同一份訓練資料，如何確保生成獨立的決策樹呢？一般而言，為了確保生成的決策樹相互獨立，可以在訓練資料、選擇特徵及劃分設定值這 3 個方面引入隨機性。具體的實現方式如下。

（1）隨機選擇訓練資料：在決策樹的訓練過程中，不再使用全部資料，而是隨機選擇一部分資料來訓練模型。如此一來，每個決策樹都是基於不同的資料集生成的，提高了獨立性。

（2）限制特徵的選擇：在生成決策規則時，並不遍歷所有特徵，而是只選擇資料的部分特徵參與規則的生成。在這種方式下，每個決策樹的特徵選擇都是隨機的。

（3）隨機劃分設定值：決策規則的要素包括特徵和劃分設定值。在選擇規則的劃分設定值時，不再追求最佳解，而是隨機組成一個候選設定值集合，然後從中選擇效果最佳的。這種方法進一步引入了不確定性，提高了決策樹的獨立性。

在實際應用中，並不一定需要同時實現上述的 3 種隨機性。事實上，常用的第三方演算法函數庫 scikit-learn 提供了兩種實現：random forests 和 extremely randomized trees。二者之間的差異在於 random forests 實現了訓練資料和決策特徵的隨機性，而 extremely randomized trees 實現了全部 3 種隨機性。由於篇幅有限，具體的模型呼叫在此不再深入展開，有興趣的讀者可以瀏覽 scikit-learn 的官方網站。

13.2.2 梯度提升決策樹

梯度提升決策樹，這個名字或許有些晦澀，但其中的術語「梯度提升」是否讓讀者感到似曾相識呢，比如 6.2 節討論的梯度下降法？事實上，梯度提升決策樹模型的核心思想就是梯度下降法的一種擴充。這並非是我們第一次遇到這種方法，比如 12.3.1 節討論的 MC 學習，其核心步驟也是隨梯度進行更新。熟悉這些內容的讀者可以參考上述背景知識來輔助理解，不太熟悉的讀者也無須擔心，本節將從頭開始討論這個模型。

在深入模型細節之前，需要明確一個事實：如果使用決策樹來解決迴歸問題，那麼其模型效果一定會優於將所有資料預測為 0。這在直觀上很容易理解，畢竟將所有資料預測為 0 是一種不明智的策略，而決策樹一定會比這種預測更精準。在數學上也可以嚴格證明這一點，假設有個訓練資料，記為 $\{\boldsymbol{X}_i, y_i\}$，其中 $\boldsymbol{X}$ 表示引數，y 表示標籤變數。用 h 表示決策樹，那麼上述論斷表示為

$$\sum_i [y_i - h(\boldsymbol{X}_i)]^2 \leqslant \sum_i y_i^2 \tag{13-5}$$

公式（13-5）的證明基於這樣一個事實：對於落在同一個節點的資料，決策樹的預測值為它們的平均數。不失一般性地，假設 $y_1, y_2, \cdots, y_k$ 落在同一個葉子節點上。利用方差的定義公式 *，不難證明公式（13-6）。將所有葉子節點的不等式相加，就獲得了公式（13-5）。

* 根據方差定義，有 $E[(X - E[X])^2] = E[X^2] - (E[X])^2$。假設是均勻分佈的，就可以得到公式（13-6）。

$$h(\boldsymbol{X}_i) = \bar{y} = \sum_{i=1}^{k} y_i \Big/ k \qquad (13\text{-}6)$$

$$\sum_{i=1}^{k} [y_i - \bar{y}]^2 \leqslant \sum_{i=1}^{k} y_i^2$$

有了上述定理作為基礎，我們進一步假設在迴歸問題中，初始模型為 F_0。這個初始模型的具體形式並不重要，舉例來說，可以假設它對所有資料的預測都相同，等於所有資料的平均值。對於任意資料點 i，模型的殘差表示為

$$r_i^{(0)} = y_i - F_0(\boldsymbol{X}_i) \qquad (13\text{-}7)$$

為了提升模型效果，對資料集$\left\{\boldsymbol{X}_i, r_i^{(0)}\right\}$進行建模，得到決策樹模型 h_1。然後將這個模型與初始模型組合成新的預測模型 F_1：

$$F_1(\boldsymbol{X}_i) = F_0(\boldsymbol{X}_i) + h_1(\boldsymbol{X}_i) \qquad (13\text{-}8)$$

根據公式（13-5）可以得出，相比於初始模型 F_0，新模型 F_1 的效果更好。透過不斷重複這個過程，即$F_k = F_{k-1} + h_k$，可以實現模型效果的提升，這也是梯度提升決策樹的核心思想。直觀來看，就是利用決策樹來學習前一模型的殘差，將它們累加，得到一個更強大的模型。

為什麼模型的名字中包含「梯度」這個術語呢？這是因為模型的殘差就是損失函數梯度的相反數。以 $r_i^{(0)}$ 為例，具體推導過程如圖 13-9 左側所示。簡而言之，使用梯度提升決策樹來預估損失函數的梯度（針對 y 的梯度），然後基於這個預估值來更新模型。這個過程與 MC 學習有異曲同工之妙，只不過 MC 學習使用遊戲單回合的資料來預估損失函數的梯度。這兩種方法都是在模仿梯度下降法。在梯度下降法中，透過數學公式準確計算參數的梯度，然後根據計算結果來更新模型。這些聯繫和差異值得讀者反覆理解和體會。

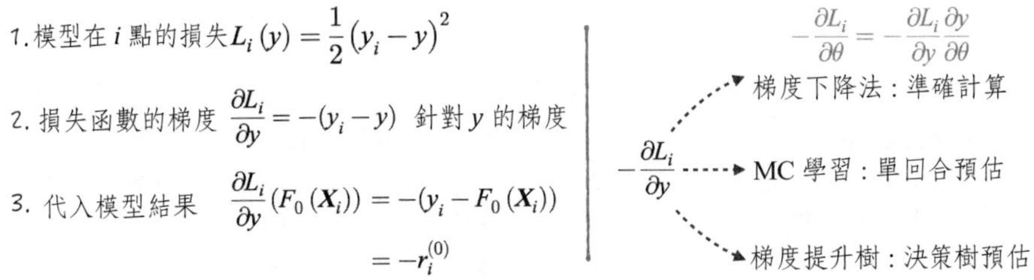

1. 模型在 i 點的損失 $L_i(y) = \frac{1}{2}(y_i - y)^2$

2. 損失函數的梯度 $\frac{\partial L_i}{\partial y} = -(y_i - y)$ 針對 y 的梯度

3. 代入模型結果 $\frac{\partial L_i}{\partial y}(F_0(\boldsymbol{X}_i)) = -(y_i - F_0(\boldsymbol{X}_i)) = -r_i^{(0)}$

$-\frac{\partial L_i}{\partial \theta} = -\frac{\partial L_i}{\partial y}\frac{\partial y}{\partial \theta}$

$-\frac{\partial L_i}{\partial y}$ → 梯度下降法：準確計算

$-\frac{\partial L_i}{\partial y}$ → MC 學習：單回合預估

$-\frac{\partial L_i}{\partial y}$ → 梯度提升樹：決策樹預估

▲ 圖 13-9

基於上述準備和討論，可以得到梯度提升決策樹解決迴歸問題的具體演算法步驟。

（1）如圖 13-9 所示，定義模型在資料點的損失函數為$L_i(y)$。

（2）初始模型被定義為$F_0 = \sum_{i=1}^{n} y_i/n$，即所有資料的平均值。

（3）根據損失函數的梯度，得到新的訓練資料$\{\boldsymbol{X}_i, -\frac{\partial L_i}{\partial y}(F_0(\boldsymbol{X}_i))\}$，並利用新的訓練資料得到決策樹模型 h_1。

（4）更新模型，得到$F_1 = F_0 + \gamma_1 h_1$，其中γ_1參數表示模型更新的力度。與梯度下降法中的學習速率不同*，參數γ_1是透過估算得來的，估算公式為$\gamma_1 = \text{argmin}_\gamma \sum_{i=1}^{n} L_i(F_0 + \gamma h_1)$。

（5）不斷重複第 3 步和第 4 步，得到如公式（13-9）所示的模型更新公式。其中，決策樹 h_k 的訓練資料為$\{\boldsymbol{X}_i, -\frac{\partial L_i}{\partial y}(F_{k-1}(\boldsymbol{X}_i))\}$，$\gamma_k = \text{argmin}_\gamma \sum_{i=1}^{n} L_i(F_{k-1} + \gamma h_k)$。

$$F_k = F_{k-1} + \gamma_k h_k \tag{13-9}$$

在實踐中，通常事先選定 GBTs 的深度 m（m 為模型的超參數），即在模型中使用 m 個決策樹，此時模型的預測公式為$F = F_0 + \sum_{i=1}^{m} \gamma_i h_i$。

下面透過一個簡單的例子來更清晰地理解模型的學習過程，如圖 13-10 所示**。在這個過程中，隨著深度的逐漸增加，每個決策樹都致力於糾正前一個模型留下的錯誤，透過逐層修正，使整體模型的預測效果得到顯著提升。

梯度提升決策樹演算法雖然最初是為迴歸問題設計的，但它也可以很自然地擴充到解決分類問題。舉例來說，考慮二元分類問題，其中標籤 y_i 可以是 1 或 0。使用公式（13-10）定義分類問題的損失函數，其中 y 是模型的預測值。這樣分類問題就完全類似於迴歸問題，能夠使用上述演算法步驟來解決了（注意：將演算法第 1 步的損失函數替換掉）。

$$L_i(y) = y_i \ln(1 + \mathrm{e}^{-y}) + (1 - y_i)\ln(1 + \mathrm{e}^{y}) \tag{13-10}$$

* 在梯度下降法中，學習速率是一個超參數，需要在使用模型時人為設置，因此所選擇的學習速率並不總是最優的。在梯度提升決策樹中，透過計算能夠得到當前梯度下的最優更新力度 γ_n，這不是模型的超參數，而是一個需要被估算的模型參數。為了防止過擬合，在演算法的工程實現上，同樣會引入學習速率 v 這個超參數，這時模型的更新公式就變為

$$F_k = F_{k-1} + v\gamma_k h_k$$

** 完整的實現請參考本書書附程式 /ch13_others/gbts.ipynb。

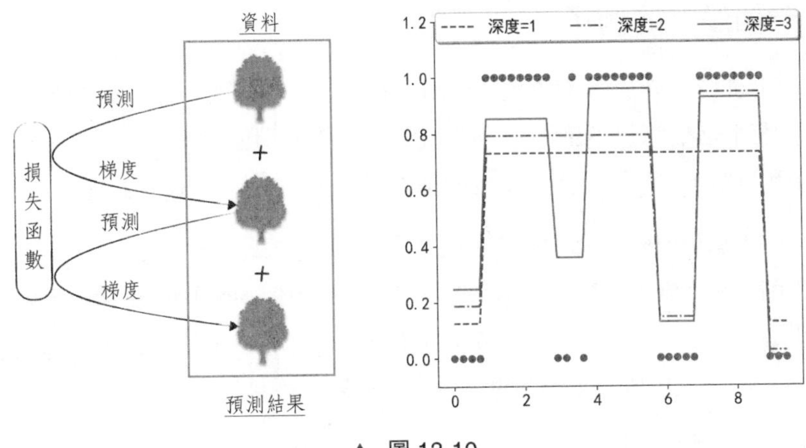

▲ 圖 13-10

在具體的程式實現上，scikit-learn 函數庫提供了兩種實現：GradientBoostingRegressor 用於解決迴歸問題，GradientBoostingClassifier 專門用於解決分類問題。它們的使用與決策樹類似，具體的細節不再詳細闡述。

13.3 隱馬可夫模型

隱馬可夫模型（Hidden Markov Model，HMM）與神經網路在多個方面存在相似之處。在功能上，隱馬可夫模型專門用於處理序列資料，與循環神經網路一脈相承。在結構上，隱馬可夫模型可以被視為循環神經網路的簡化版本。在模型訓練方面，隱馬可夫模型採用期望最大化（Expectation Maximization，EM）演算法，與神經網路中的向前傳播和向後傳播有很多相似之處。回顧學術發展脈絡，隱馬可夫模型的出現早於神經網路，許多建模技巧受到了它的啟發。因此，深入理解隱馬可夫模型能夠幫助我們更進一步地領會神經網路的奧秘。

隱馬可夫模型和神經網路雖然存在相似性，但二者也有非常大的差別。神經網路更注重透過網路結構的設計讓機器自己學習，而隱馬可夫模型更關注在機率上對資料進行建模。目前，在人工智慧領域中，這兩種模型都發揮著重要的作用，各自在特定任務上展現出優勢。

13.3.1 一個簡單的例子

與決策樹的討論類似，下面透過一個簡單的例子*引出模型。假設需要規劃3天假期，假期活動會受到天氣狀況的限制。天氣情況分為 2 種：下雨和晴天。可選的活動有 3 種：郊遊、逛街和打電動。以下是天氣情況的基本假設。

- 每天的天氣只與前一天的天氣存在連結。
- 如果前一天下雨，第二天有 70% 的機率仍然下雨，30% 的機率轉為晴天。
- 如果前一天是晴天，第二天有 60% 的機率仍是晴天，40% 的機率下雨。
- 另外，第一天下雨的機率為 60%，晴天的機率為 40%。

活動的安排遵循以下機率。

- 在下雨天，郊遊、逛街和打電動的機率分別為 10%、40% 和 50%。
- 在晴天，郊遊、逛街和打電動的機率分別為 60%、30% 和 10%。

圖 13-11 生動展現了上述場景假設。現在考慮一個具體的任務：若觀察到這 3 天的活動安排分別是郊遊、逛街和打電動，請據此推測出這 3 天的天氣情況。這正是隱馬可夫模型的典型應用場景。

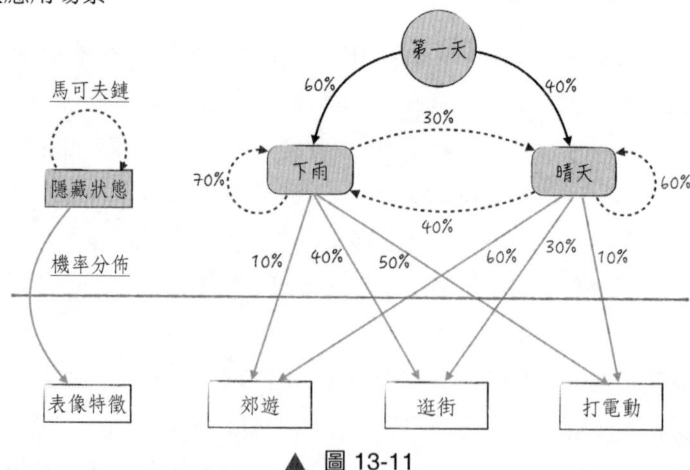

▲ 圖 13-11

對這個例子進行抽象，引入變數 h_i 表示第 i 天的天氣，它是隱藏狀態；y_i 表示第 i 天的活動，是可見的表像特徵。從邏輯上來看，隱藏狀態決定了表像特徵，但模型卻需要

* 本案例參考自維基百科。

根據觀察到的表像特徵去推測看不到的隱藏狀態。為了更進一步地理解這個模型，我們將其與循環神經網路進行比較。循環神經網路處理的資料有輸入特徵 x_i、隱藏狀態 h_i 和標籤變數 y_i。輸入特徵 x_i 和前一個隱藏狀態 h_{i-1} 共同決定新的隱藏狀態 h_i，h_i 將進一步決定輸出標籤 y_i。儘管模型的訓練專注於提高對 y_i 的預測準確度，但在實際應用中，可以只利用模型推測的隱藏狀態 h_i。因此，隱馬可夫模型可以被視為沒有輸入特徵的循環神經網路。

這兩個模型在外觀上相似，但在具體的計算上存在著巨大差異。在循環神經網路中，隱藏狀態的轉換是確定的；而在隱馬可夫模型中，隱藏狀態的轉換是隨機的。為了更進一步地理解這一點，讓我們回到之前的例子。隱藏狀態 h_i 與前一個狀態 h_{i-1} 相關，然而相同的 h_{i-1} 卻有可能出現不同的 h_i。比如，今天是晴天，明天既可能下雨，也可能是晴天。在處理這種隨機關係時，數學上有專門的工具，即馬可夫鏈，這也是隱馬可夫模型名字的來源。具體的細節將在 13.3.2 節中討論。

13.3.2 馬可夫鏈

本節將介紹處理隨機序列資料最常用的數學工具——馬可夫鏈 *（Markov Chain）。馬可夫鏈描述的是一種隨機過程（Stochastic Process），例如前文提到的天氣情況。假設 $h_1, h_2, \cdots, h_n$是按順序排列的隨機變數，這些隨機變數之間的連結關係可以表示為

$$P(h_i \mid h_{i-1}, \cdots, h_0) = P(h_i \mid h_{i-1}) \tag{13-11}$$

這個公式表示在這個隨機過程中，當前狀態只與前一個狀態相關，形象地說，h_i 是一個很「健忘」的過程。對於馬可夫鏈，還可以證明公式（13-12）成立。這個公式表明，在已知當前狀態的條件下，過去和未來是相互獨立的。這也是馬可夫鏈的另一個比較通俗的解釋。

$$P(h_0, \cdots, h_{i-1}, h_{i+1}, \cdots, h_n | h_i) = P(h_0, \cdots, h_{i-1} | h_i) P(h_{i+1}, \cdots, h_n | h_i) \tag{13-12}$$

當隨機變數 h_i 的設定值離散時，馬可夫鏈 ** 可以透過轉移矩陣（Transition Matrix）和

---

* 馬可夫鏈得名於俄國數學家安德雷・安德耶維齊・馬可夫（Andrey Andreyevich Markov）。除了用在人工智慧領域，隱馬可夫鏈在金融領域，尤其是衍生品市場中也獲得了廣泛的使用。

** 數學上嚴謹的表達是：對於離散情況，可以為一個平穩的馬可夫鏈（Stationary Markov Chain）定義轉移矩陣。一般而言，當且僅當$P(h_{i+1} = k \mid h_i = l) = P(h_i = k \mid h_{i-1} = l)$時，馬可夫鏈為平穩的，即狀態間的轉換機率不隨時間變化。在人工智慧領域，幾乎不會涉及非平穩的馬可夫鏈，平穩性質更符合實際應用的需求。

初始分佈（隨機變數 h_0 的分佈）表示。比如，13.3.1 節中的天氣情況可以用一個 2×2 的矩陣和相應的初始分佈來表示，如圖 13-12 所示。

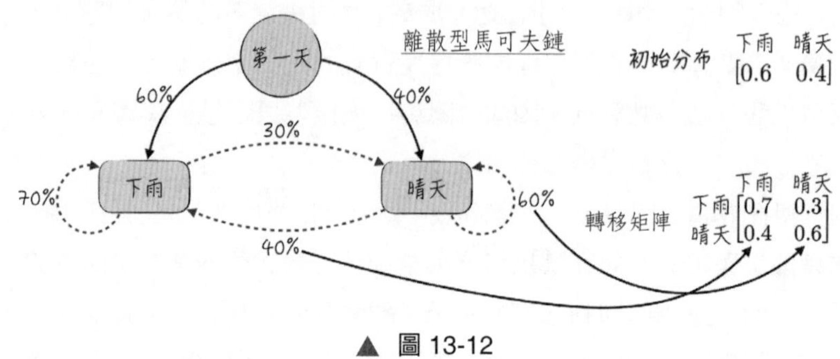

▲ 圖 13-12

更一般地，假設 h_i 有 n 個可能的設定值，則轉移矩陣 $\boldsymbol{Q}$ 為 $n \times n$ 的方陣，其中的元素表示為

$$\boldsymbol{Q}_{i,j} = P(h_i = j \mid h_{i-1} = i) \tag{13-13}$$

這表示轉移矩陣中第行、第 j 列的元素表示從狀態 i 到狀態 j 的機率。因此，第 i 行表示從狀態 j 到其他可能狀態的機率分佈，顯然它們的和等於 1，即$\sum_{j=1}^{n} \boldsymbol{Q}_{i,j} = 1$。

以上是馬可夫鏈的數學定義。需要注意的是，雖然它規定當前狀態只與前一狀態相關，如公式（13-11）所示，但其實對其稍加變換即可處理更複雜的情況。舉例來說，假設當前狀態與最近的兩個狀態相關，即$P(h_i \mid h_{i-1}, h_{i-2}, \cdots, h_0) = P(h_i \mid h_{i-1}, h_{i-2})$。為了應對這種情況，可以定義新的狀態$\boldsymbol{z}_i = (h_i, h_{i-1})$，顯然 h_i 和 $\boldsymbol{z}_i$ 是等價的，並且容易證明隨機過程 $\boldsymbol{z}_i$ 是一個馬可夫鏈。這種簡單的變換使得馬可夫鏈能夠適應更廣泛的應用場景，為處理複雜的序列資料提供了便利。

13.3.3 模型架構

本節只討論離散隱藏狀態。根據之前的討論，模型的參數可以劃分為 3 個部分：表像特徵的機率分佈$P(y_i \mid h_i)$、初始分佈$P(h_0)$和轉移矩陣$P(h_i \mid h_{i-1})$，具體如圖 13-13 所示。

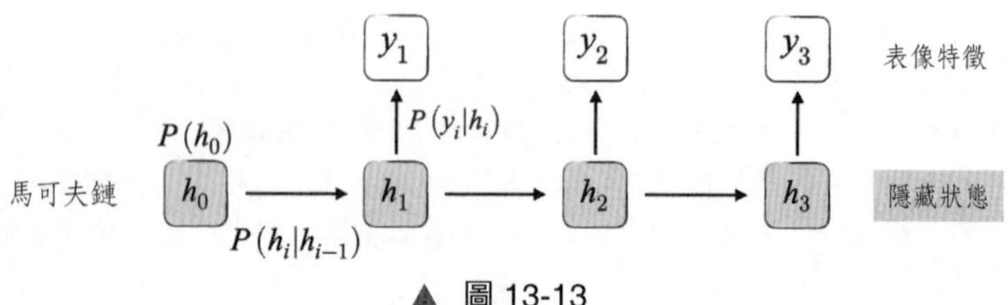

▲ 圖 13-13

根據上述模型假設和參數設定，如果用$\boldsymbol{Y} = (y_0, y_1, \cdots, y_n)$表示表像特徵，用$\boldsymbol{H} = (h_0, h_1, \cdots, h_n)$表示隱藏狀態，那麼可以得到資料的聯合機率運算式：

$$P(\boldsymbol{Y}, \boldsymbol{H}) = P(h_0)P(h_1 \mid h_0) \cdots P(h_n \mid h_{n-1}) \prod_j P(y_j \mid h_j) \qquad (13\text{-}14)$$

模型參數的估計原則是最大化資料的聯合機率，即公式（13-14）。其中，表像特徵 $\boldsymbol{Y}$ 肯定是已知的，但隱藏狀態 $\boldsymbol{H}$ 可能是未知的。如果 $\boldsymbol{H}$ 也是已知的，那麼可以直接推導出模型參數估計值的運算式。若 $\boldsymbol{H}$ 是未知的，則需要借助特殊的最佳化演算法，即期望最大化演算法。演算法的細節將在 13.3.4 節中進行討論。

既然參數估計較為煩瑣，那麼我們先將注意力從這個問題上移開，轉向模型的預測：在已知參數的情況下，應該如何預測隱藏狀態？具體的數學公式如下：

$$\widehat{\boldsymbol{H}} = \text{argmax}_{\boldsymbol{H}} P(h_0, h_1, \cdots, h_n \mid y_1, y_2, \cdots, y_n) \qquad (13\text{-}15)$$

求解這個公式並不容易，因為 h_n 的選擇依賴於前一狀態h_{n-1}。解決這個問題的方法是使用著名的 Viterbi 演算法 *。Viterbi 演算法利用動態規劃的思想，將原始問題轉化為類似的子問題來解決，公式如下：

$$S_n(h_n) = \max_{h_0, h_1, \cdots, h_{n-1}} P(h_0, h_1, \cdots, h_n \mid y_1, y_2, \cdots, y_n) \qquad (13\text{-}16)$$

$S_n(h_n)$ 表示在已知狀態 h_n 的情況下，對於表像特徵$\{y_1, y_2, \cdots, y_n\}$，資料所能達到的最大機率。數學上可以證明，這個問題可以按照如圖 13-14 所示的方式拆解為若干個子問題，這就是 Viterbi 演算法的核心。演算法的程式實現並不複雜，由於篇幅有限，在此不做詳細討論 **。

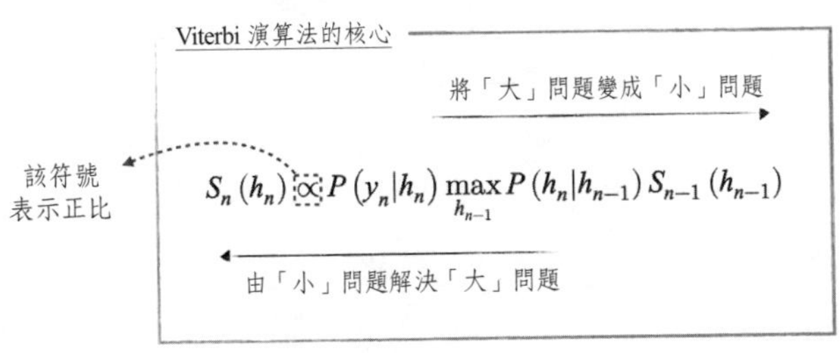

▲ 圖 13-14

* 這一演算法得名於美國工程師安德魯・詹姆斯・維特比（Andrew James Viterbi），他不僅是一位傑出的工程師，還是一名成功的商人，是晶片製造商高通公司的聯合創始人。

** 有興趣的讀者請參考本書書附程式 /ch13_others/viterbipy.py。

13.3.4 股票市場的應用

在股票市場，我們只能觀察到股票價格、成交量等資訊，但無法直接得知當前股市的狀態，例如牛市、熊市或震盪市。也就是說，在這個建模場景中，隱藏狀態是未知的，這為模型參數的估計帶來了困難。參數的估計依賴公式（13-14），其中除模型參數外，還包含未知的隱藏狀態 $\boldsymbol{H} = (h_0, h_1, \cdots, h_n)$，而隱藏狀態的估計又依賴於模型參數的確定。這並不是我們第一次面對這類問題，在神經網路的訓練過程中，參數的偏導數也存在相互依賴的情況，為模型的訓練帶來了一定的挑戰。為了克服這個困境，神經網路引入了向前傳播和向後傳播進行參數的更新。隱馬可夫模型也採用了類似的解決方案。

- E 步：在替定模型參數的情況下，使用 Viterbi 演算法來估計相應的隱藏狀態。這一步類似於神經網路中的向前傳播。
- M 步：利用 E 步預估的隱藏狀態，更新模型參數的估計值。在這個階段通常可以直接獲得參數估計值的解析運算式，而不需要使用其他最佳化演算法。這一步類似於神經網路中的向後傳播。

數學證明表明，透過交替使用上述兩步，最終可以得到模型參數的最佳估計值，並順帶獲得隱藏狀態的值。整個過程如圖 13-15 所示，這個演算法被稱為期望最大化演算法。

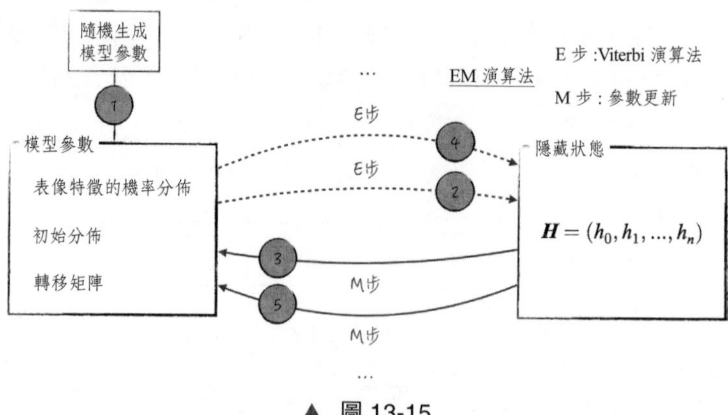

▲ 圖 13-15

在深入討論了複雜的模型理論後，讓我們回到股票市場，探討如何運用隱馬可夫模型對其進行建模。首先，將股票市場分為兩個層次。

- 第一層包括觀察到的股票市場特徵，如 5 日收益率的對數、20 日收益率的對數、5 日成交額增長率的對數，以及 20 日成交額增長率的對數，用變數 $\boldsymbol{Y}_i$ 表示。

- 第二層是觀察不到的市場狀態，共有 3 種狀態，分別是牛市、熊市和震盪（也可根據需要細分更多的市場狀態，這裡僅以 3 種狀態為例），用變數 h_i 表示。

然後，建構一個模型，它能根據一段時間的市場表現（變數 $\boldsymbol{Y}_i$）預測當前的市場狀態以及未來一段時間的市場狀態（變數 h_i）。在金融領域有一個重要的假設，即有效市場假說 *。該假說表明當前的股票價格已經充分反映了所有歷史資訊的價值。換言之，在已知當前市場條件的情況下，未來和過去是相互獨立的，即 h_i 可以被視為一個馬可夫鏈，這是使用隱馬可夫模型的基礎。除此之外，進一步假設在已知市場狀態的情況下，股票的日收益率的對數和成交量增長的對數服從正態分佈 **。也就是說，表像特徵的機率分佈 $P(\boldsymbol{Y}_i \mid h_i)$ 是正態分佈。由於這個模型是基於正態分佈的，因此在學術上，它被稱為高斯隱馬可夫模型（Gaussian HMM）。

接下來，確定建模資料。使用從 2005 年 6 月 1 日到 2023 年 11 月 28 日的上證指數及相應的每日成交額。值得注意的是，資料中還包含每日最高 / 最低價等有用資訊，但為了便於集中討論模型，本建模範例並不使用這些變數。

中國的 A 股市場（深市和滬市）始於 1990 年 12 月 19 日。然而最初，A 股市場並不是一個非常成熟的金融市場，主要表現為上市公司內部普遍存在「股權分置」的現象 ***。始於 2005 年 6 月的股改是一個標識性事件，表明中國的 A 股市場開始與國際接軌，並逐步邁向成熟。由於在這個時間點前後，股票市場經歷了根本性的變化，因此我們選擇只使用股改開始後的資料進行建模。

除了具體的價格，股票市場每天的成交額（買賣股票的總金額）也是反映市場狀態的重要指標。通常認為，在牛市中，成交額會逐步增大；而在熊市中，成交額會急劇下

---

* 有效市場假說（Efficient Market Hypothesis）是金融學中一項重要的理論。根據這一理論，投資者無法透過建模等技術手段在市場中獲得超過平均水準的收益，也就是說，對股票市場進行建模是無意義的。這一理論的核心思想是市場價格已經充分反映了所有可用的資訊，因此不存在透過分析和建模來獲得持續超額收益的可能性。

** 金融學常常假設市場是一個服從正態分佈的隨機遊走，實際資料大致符合這一假設。在數學上對正態分佈的處理較為成熟，因此傳統的量化金融模型多採用這一假設。然而，實際市場並不總是服從正態分佈，這使得傳統量化模型在特定條件下表現不佳。由於金融市場與資金息息相關，即使模型偏差很小，也可能導致巨大的金錢損失，這就是所謂的「黑天鵝」事件。因此，現代量化金融的研究重點是利用非常態的機率分佈建構更貼合實際情況的模型。

*** 在股票市場剛成立時，大部分上市公司是國有企業。這些企業通常擁有 3 種類型的股份：國有股、法人股和普通股。其中，只有普通股可以在股票市場上進行交易。這導致了「同股不同權，同股不同利」的局面，即「股權分置」現象。

降。對 A 股市場，處理成交額時需要特別小心。這是因為從 1990 年至 2020 年，中國經歷了人類歷史上罕見的經濟高速發展時期，隨著經濟的快速增長，通貨膨脹不可避免。舉例來說，1990 年年末的貨幣供應量 M2 為 1.53MB 元，而 2023 年 10 月月末的 M2 為 288.23MB 元，增長了大約 200 倍。因此，在利用成交額建構模型時，需要使用通貨膨脹率對其進行相應的折現處理 *。本例使用的是 5 日成交額增長率的對數以及 20 日成交額增長率的對數，這巧妙地規避了通貨膨脹問題。

模型實現的程式相對簡單，這裡不會深入展開。根據模型結果，將不同狀態的上證指數表示在不同的座標系中，可以得到圖 13-16**。圖中標記 1 包含所有的交易資料，標記 2、3、4 則分別包含不同狀態的資料。圖中的分類結果基本符合預期。舉例來說，在標記 3 中，股市上漲和下跌的比例大致相同，而且都在一個相對較窄的區間內變化，因此對應的狀態是震盪。同理，可以推斷出標記 2 表示熊市，標記 4 表示牛市 ***。

基於上述模型的結果，可以輕鬆得到一種相對有效的量化交易策略：如果當天的隱藏狀態被模型判定為牛市，那麼就買入或繼續持有股票，反之就賣出股票或保持空倉。如果真的執行上述交易計畫，可能會發現實際效果遠不如歷史資料的回測結果準確。這是因為隱馬可夫模型的預測公式如公式（13-17）所示。根據這個公式，在基於歷史資料預測 h_1 時，就已經知道了後來的實際交易資料 $\boldsymbol{Y}_2, \boldsymbol{Y}_3, \cdots, \boldsymbol{Y}_n$。然而，在實際生活中，我們無法預知未來。為了使模型的測算結果更符合現實情況，需要迴圈地呼叫公式（13-17），逐步預測 h_n，而非一次性得到全部資料的預測結果。

$$\widehat{\boldsymbol{H}} = \text{argmax}_{\boldsymbol{H}} P(h_0, h_1, \cdots, h_n \mid \boldsymbol{Y}_1, \boldsymbol{Y}_2, \cdots, \boldsymbol{Y}_n) \tag{13-17}$$

* 折現是財務和強化學習領域常用的方法，透過折現率將未來貨幣或未來收益折算成等價的過去貨幣或價值。舉個簡單的例子，假設當前時間距離過去的基準時間點為 t 年，需要折現的金額為 a，折現率為 β，則折現後的金額為 $a\beta^t$。

** 完整的實現請參考本書書附程式 /ch13_others/stock_analysis.ipynb。

*** Gaussian HMM 能夠對資料進行分類，但與監督式學習不同的是，分類結果並沒有直接的物理意義。換句話說，模型能夠對資料進行分類，但不能直接提供每個類別的具體含義，因此需要人為地根據各個類別中的資料特點為這些類別賦予實際含義。

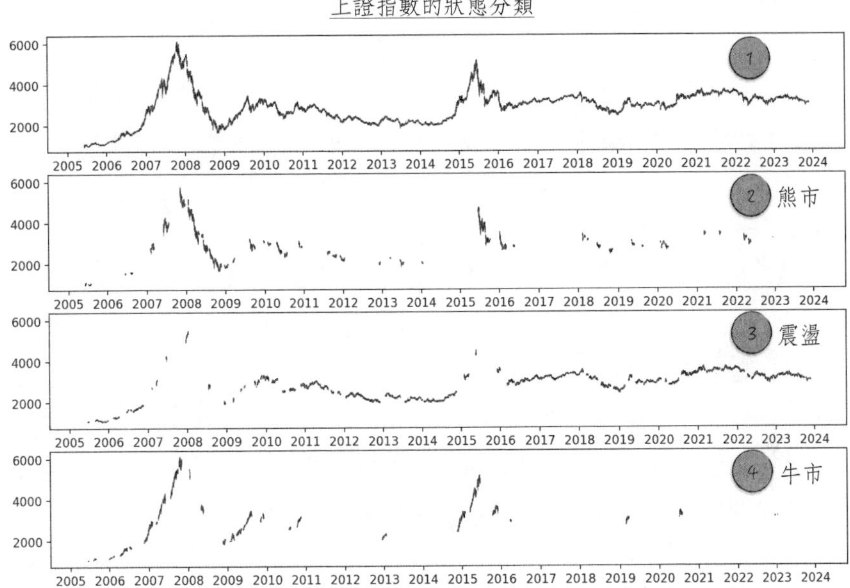

▲ 圖 13-16

13.4 聚類與降維

之前章節的討論重點是監督學習，這類模型的共同特點是所用的訓練資料封包含標籤變數，即資料中既有特徵 $\boldsymbol{X}$，也有標籤 y。在這種情況下，建模的想法非常直觀：學習特徵與標籤之間的相關關係，並以此為基礎對未知資料進行預測。不僅如此，評估模型效果的方法也很直接，只需計算預測值與實際值之間的差異即可。

然而，在現實生活中，很多場景的資料缺乏標籤變數。舉例來說，我們希望透過個體的行為來推測其性格，但性格本身是一個難以清晰定義的概念，因此收集相應的資料會很困難。又比如在零售行業，儘管客戶對商品的估價是明確可定義的，但獲取這些資料卻幾乎不可能。

在這些場景下，監督學習模型就不再適用了，因為缺乏標籤變數，模型無法進行有效的訓練。儘管沒有了明確的標籤 y，但我們不應忽視資料中特徵 $\boldsymbol{X}$ 所蘊含的豐富資訊。基於上述認識，本章將深入討論無監督學習，無監督學習模型致力於在沒有明確答案的情況下，從資料中學習相關關係，並從中推斷出可能的答案。

常見的無監督學習模型可以分為兩大類：聚類模型和降維模型，如圖 13-17 所示。聚類模型旨在將相似的資料劃分為一類，降維模型致力於將高維空間中的資料映射到更簡潔的低維空間，以便於更有效地捕捉資料的主要特徵。

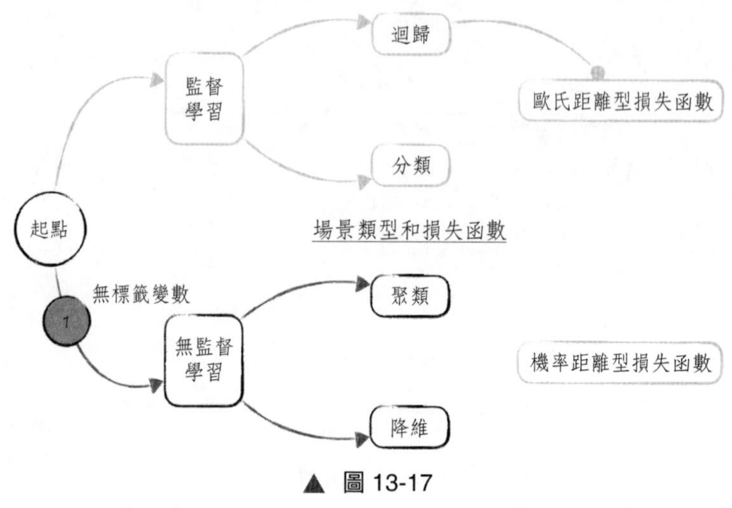

▲ 圖 13-17

13.4.1 經典聚類模型 K-Means

K-Means 是一種簡單又強大的聚類演算法，它根據資料點之間的歐氏距離將資料分為 K 個類別。下面透過一個簡單的例子來更生動地介紹該模型。假設要聚類的是二維資料，如圖 13-18 所示。模型的任務是將這些資料分成兩類，離得越近的資料越相似，它們應該被劃為同一類別。將其轉化為數學語言，即資料之間的相似度與它們之間的歐氏距離成反比。這實際上也是 K-Means 模型的基本假設。

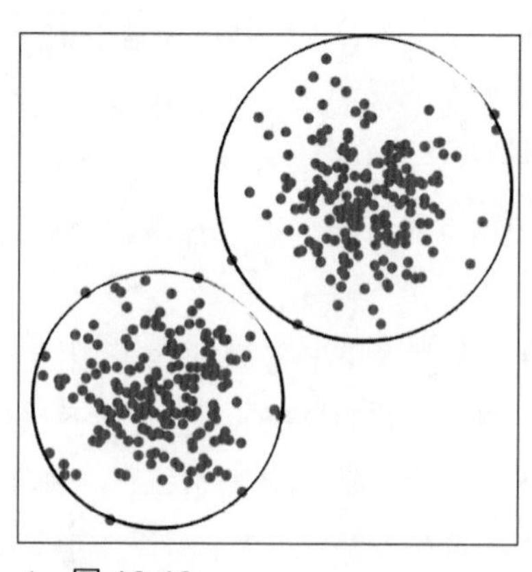

▲ 圖 13-18

基於相似度這一假設，具體的演算法就變得很明確了：盡可能將距離較近的資料劃分為同一類。從影像上來看，這就相當於使用半徑盡可能小的兩個圓圈去分別囊括資料，如圖 13-18 中的圓圈所示。

將上述例子的經驗抽象為數學定義，以便模型能處理更一般的場景。不妨假設對資料 $\boldsymbol{X}_i$ 進行聚類，其中聚類的數量由給定的參數 k 決定（關於 k 的選擇方法請參考 13.4.2 節）。在完成聚類後，用 $\boldsymbol{\mu}_j$ 表示 k 個聚類中心，而每個資料點的類別用 t_i 表示。由於資料點之間的歐氏距離與它們的相似度成反比，我們希望每個資料點到其所屬類別中心的距離越小越好。因此，定義以下的損失函數，用於衡量聚類的效果：

$$L = \sum_{j=1}^{k} \sum_{i=1}^{n} (\boldsymbol{X}_i - \boldsymbol{\mu}_j)^2 1_{\{t_i = j\}} \tag{13-18}$$

其中，損失函數中的 t_i 是聚類的輸出結果。與其他模型相似，K-Means 的訓練目標也是最小化損失函數。因此，可以得到 t_i 的估算公式如下：

$$\hat{t}_i = \text{argmin}_{t_i} L \tag{13-19}$$

在公式（13-18）的損失函數中包含兩種模型參數：一種是每個資料所屬的類別 t_i，另一種是聚類中心 $\boldsymbol{\mu}_j$。這兩種參數是相互依存的：如果知道了每個資料所屬的類別，那麼聚類中心就是簡單地求平均值；反之亦然，如果知道了聚類中心，那麼一個資料屬於哪個類別取決於它離哪個中心點最近。這啟發我們可以參考 13.3.4 節中討論的期望最大化演算法來估計模型參數，具體的步驟如下。

（1）隨機生成 k 個聚類中心點。

（2）根據已有的聚類中心點，將資料分為 k 類。分類的結果取決於資料離哪個中心最近。這一步可以看作 EM 演算法中的 E 步。

（3）根據分類結果，重新計算每個類別的聚類中心。這一步是 EM 演算法中的 M 步。

（4）不斷重複 E 步和 M 步，直至聚類中心收斂（聚類中心不再發生變化）。

圖 13-19* 展示了演算法的收斂過程。在圖中的標記 1、2、3 處，聚類結果和聚類中心並不完全匹配，也就是說，根據這些聚類中心會得到不同的聚類結果。這表明演算法尚未收斂，需要進一步迭代。而在標記 4 處，演算法已經達到了收斂狀態，聚類中心和聚類結果完全吻合。

* 完整的實現請參考本書書附程式 /ch13_others/kmeans.ipynb。

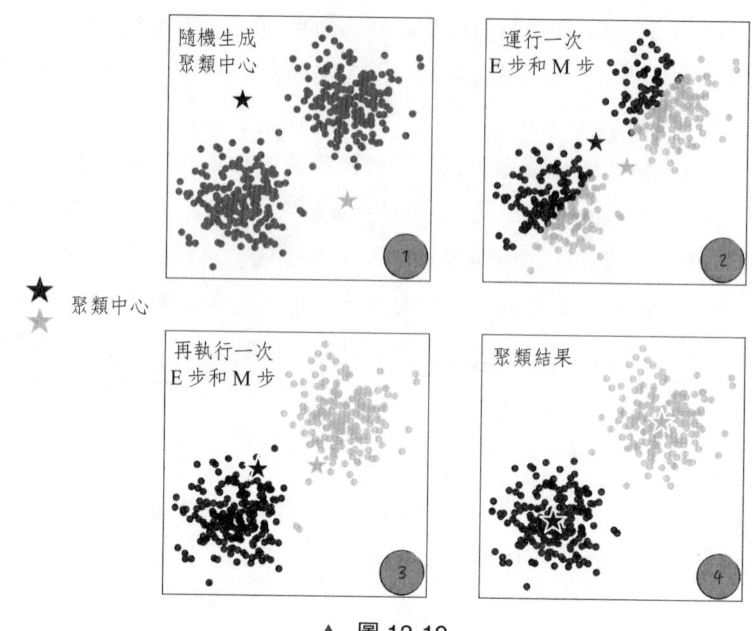

▲ 圖 13-19

直觀來看，K-Means 模型可以被形象地描述為透過畫圓圈的方式對資料進行聚類。然而，顯而易見，這種簡單的方式只適用於少數情況。在實際的資料應用中，資料的分佈形態差別很大，有的呈橢圓狀，有的則沿著曲線分佈。對於更複雜的分佈情況，我們需要使用其他聚類模型，比如混合高斯模型（Gaussian Mixture Model，GMM）或譜聚類（Spectral Clustering）等。鑑於篇幅的限制，本節並不會討論這些模型的細節，有興趣的讀者可以查閱其他資料。

13.4.2 如何選擇聚類個數

本節將討論如何評估聚類結果，以及如何根據評估結果來選擇合適的聚類個數。在無監督學習中，訓練模型的資料沒有標籤變數。因此，除了極個別的情況，我們很難確定資料應該被劃分為多少個類別。正如前文所述，在 K-Means 模型中，給定任意聚類個數 k，模型總能將資料分為 k 類。如圖 13-20 所示，在相同的資料集上，可以將其分別聚類為 2 至 5 類。那麼，應該如何合理地選擇聚類個數呢？

哪個聚類個數更合理？

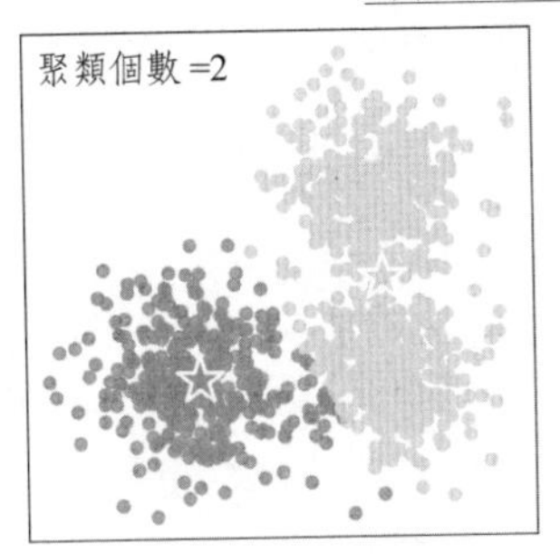

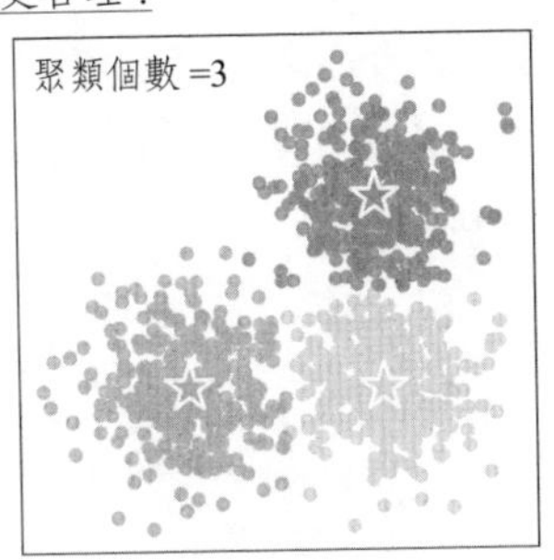

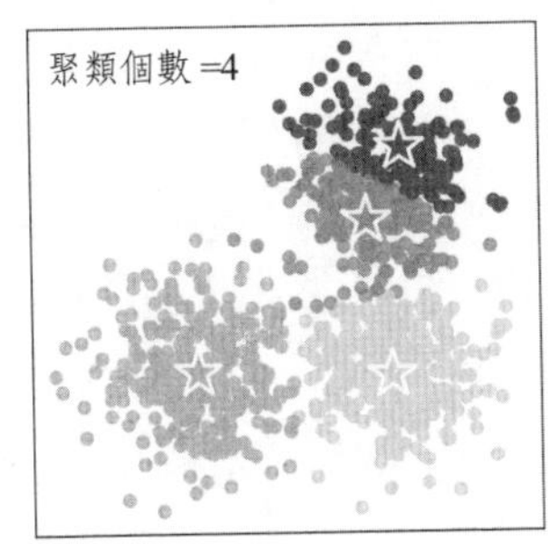

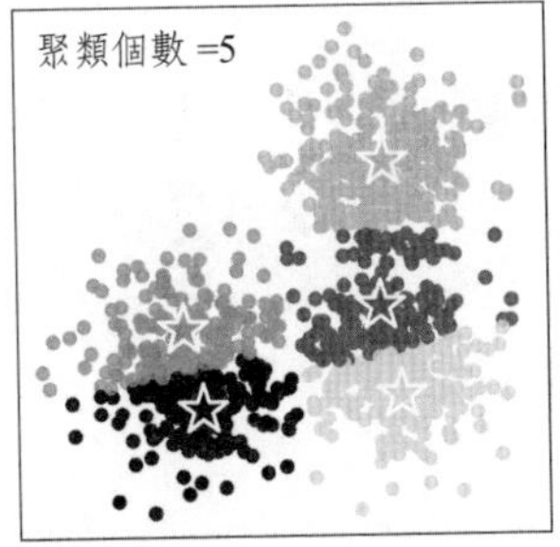

▲ 圖 13-20

在解答如何選擇合理的聚類個數之前，先來討論一下如何評估聚類結果。13.4.1 節中的公式（13-18）定義了 K-Means 的損失函數，它表示每個資料點到相應聚類中心的距離平方和。這個值越小，說明整體上資料點到聚類中心的距離越近，因此它也被稱為聚類誤差，這是評估模型效果的重要指標。

值得注意的是，上述定義的評估指標與具體的聚類個數相關。很容易證明，聚類個數越大，聚類誤差就越小。在某種程度上，聚類個數代表了聚類模型的複雜度。與其他機器學習模型一樣，模型越複雜，對訓練資料的擬合效果就越好，但也越容易引發過擬合問題（詳見 3.3.1 節）。針對這個問題，是否可以像監督學習一樣，將資料劃分為訓練集和測試集，然後利用測試集上的模型損失來選擇合適的聚類個數呢？遺憾的是，對於聚類問題，這種做法並不適用。隨著聚類個數的增加，訓練集和測試集上的聚類誤差都會下降。因此，我們需要為聚類演算法尋找一種新的解決方案。

在實際應用中，通常使用 Elbow Method 來選擇合適的聚類個數。這個方法並沒有正式的中文翻譯，但根據其演算法步驟，不妨將它稱為「手肘法」。這個方法的核心假設是：當聚類個數小於真實的類別個數時，聚類誤差會迅速下降；當聚類個數超過真實值時，聚類誤差雖然仍然下降，但下降速度會顯著減緩。因此，聚類誤差的曲線就宛如人的手肘，先是急速下降，然後逐漸趨於平穩。轉捩點對應的就是最佳的聚類個數。以圖 13-20 中的資料為例，整個選擇過程如圖 13-21 所示 *，根據這個圖的形狀，最佳的聚類個數是 3，這個答案也符合實際情況。

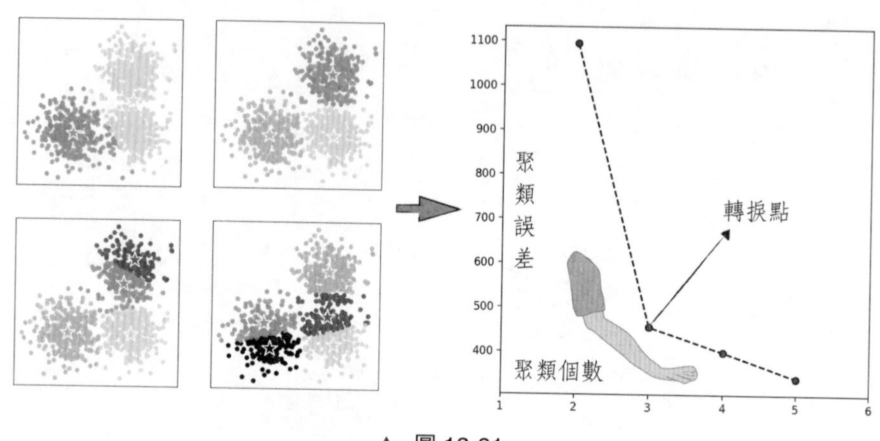

▲ 圖 13-21

上述的演算法雖然非常直觀，但難以用數學公式準確量化，因此使用時存在一定的主觀偏差。為了解決這個問題，學術界提出了一種更嚴謹的數學方法，被稱為輪廓分析（Silhouette Analysis）。這一方法的核心思想是計算聚類中心能在多大程度上代表類別內的所有資料 **。鑑於篇幅限制，演算法的細節就不再討論了，感興趣的讀者可以參考維基百科上的相關介紹。

13.4.3 經典降維模型主成分分析

討論完聚類模型後，我們將目光轉向無監督學習中另一大類模型——降維（Dimension

---

* 完整的實現請參考本書書附程式 /ch13_others/kmeans_choose_k.ipynb。

** 在輪廓分析中，假設對於一個給定的聚類結果，a 表示同一類別內所有資料到其聚類中心的距離平方和，b 表示資料到最近的其他聚類中心的距離平方和。基於這些定義，可以得到輪廓係數（用變數 s 表示）：

$$s = \frac{b - a}{\max(a, b)}$$

其中，s 的取值範圍是 $[-1,1]$。當 $s = 1$ 時，表示聚類的結果達到了最完美的狀態；當 $s = -1$ 時，表示聚類結果是最糟糕的狀態。容易證明，s 的取值與聚類個數沒有直接的單調相關關係。因此通常來說，s 的值越大，表示聚類結果越好。這也是輪廓分析被用來選擇聚類個數的主要原因。

Reduction）。降維的目標是將高維空間中的資料映射到低維空間。在人工智慧領域，通常使用向量來表示資料，降維的效果就是用更短的向量來表示資料。以三維空間為例，某點 A 的座標為 (x_a, y_a, z_a)，這 3 個座標表示點 A 完整資訊。如果只使用 (x_a, y_a) 這兩個座標，同樣可以表示點 A 的部分資訊。從三維向量 (x_a, y_a, z_a) 到二維向量 (x_a, y_a) 的過程就是一種降維。

降維不可避免地會導致資訊的損失，但它有助降低隨機因素的干擾，更進一步地捕捉資料的主要特徵。因此，在人工智慧領域，降維是一個重要且常用的處理步驟。人類生活在三維空間中，無法直觀地理解高於三維的資料。對於高維資料，資料科學家通常會利用數學工具從側面了解其特性，但分析結果比較晦澀難懂。一種解決方案是將資料降維至二維或三維，然後透過視覺化的方式傳遞資訊，使得洞察和見解能夠直觀且清晰地呈現在我們眼前。

最常用的降維模型是主成分分析（Principal Components Analysis，PCA），顧名思義，其目的是找出資料中的主要成分，即資料變化幅度排名前幾位的維度。為了形象地理解這個模型，下面來看一個二維空間的例子。

在圖 13-22 中，我們需要將標記 1 所示的二維資料壓縮為一維，也就是向某條直線做投影，投影後的點即為降維後的資料。根據主成分分析的原則，投影後的資料方差越大越好，這樣能保留更多的資訊。因此，可以得到標記 2 所示的結果 *，圖中較長的箭頭表示降維的直線，在學術上被稱為第一主成分（First Principal Component），資料在這個方向上的變化幅度最大。同樣，還可以定義第二主成分，即資料變化幅度排名第二位且與第一主成分垂直的方向。透過主成分分析，可以將原始資料映射到由主成分組成的新空間，實現資料的降維。

* 完整的實現請參考本書書附程式 /ch13_others/pca.ipynb。

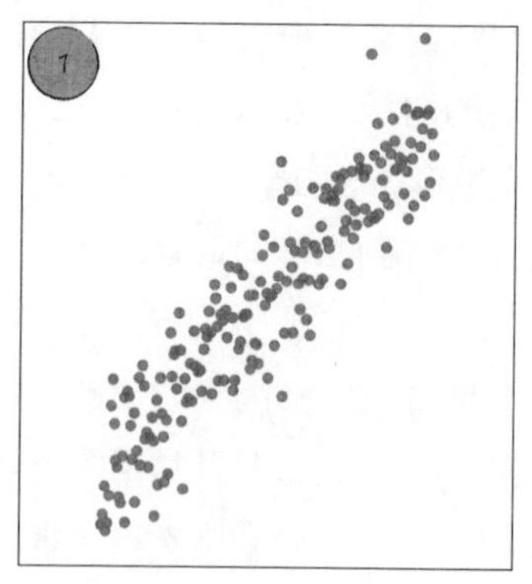

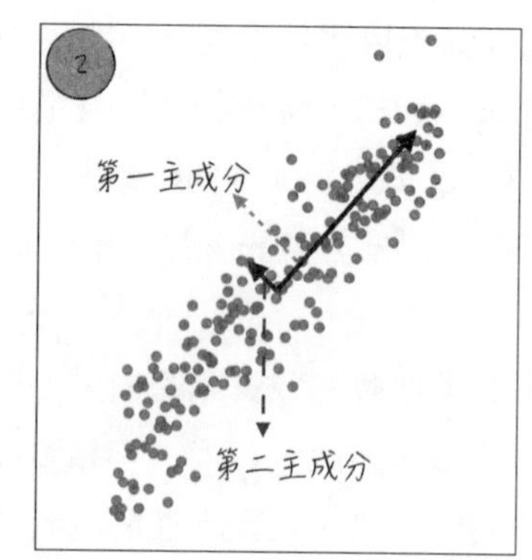

▲ 圖 13-22

下面從數學的角度探討如何得到上述的降維結果。假設要降維的資料有 n 個，資料維度位為維，記第 i 個資料為 $\boldsymbol{X}_i = (x_{i,1}, x_{i,2}, \cdots, x_{i,m})$。為了推導方便，不妨假設這 n 個資料的中心為原點 *，也就是說 $\sum_{j=1}^{n} x_{j,l} = 0;\ l = 1, 2, \cdots, m$。

首先考慮將資料降到一維的情況。假設降維直線的單位向量（表示直線方向的向量）為 $\boldsymbol{U} = (u_1, u_2, \cdots, u_m)$，滿足 $\|\boldsymbol{U}\|^2 = 1$。那麼第 i 個點在這條直線上的投影可以用公式（13-20）表示。其中 $\boldsymbol{X}_i \boldsymbol{U}^{\mathrm{T}}$ 為投影的長度。

$$\widetilde{\boldsymbol{X}}_i = (\boldsymbol{X}_i \boldsymbol{U}^{\mathrm{T}})\boldsymbol{U} \tag{13-20}$$

根據主成分分析的原則，降維後資料的方差越大越好。由於資料的中心在降維過程中保持不變，仍然為原點，因此降維後資料的方差可以表示為

$$V = \sum_{i=1}^{n} \|\widetilde{\boldsymbol{X}}_i\|^2 = \sum_{i=1}^{n} (\boldsymbol{X}_i \boldsymbol{U}^{\mathrm{T}})^2 \tag{13-21}$$

由於 $\boldsymbol{X}_i \boldsymbol{U}^{\mathrm{T}}$ 是一個實數，因此 $(\boldsymbol{X}_i \boldsymbol{U}^{\mathrm{T}})^{\mathrm{T}} = \boldsymbol{U}\boldsymbol{X}_i^{\mathrm{T}} = \boldsymbol{X}_i \boldsymbol{U}^{\mathrm{T}}$。根據這個性質，對公式（13-21）做進一步的變換，可得：

$$V = \sum_{i=1}^{n} \boldsymbol{U}\boldsymbol{X}_i^{\mathrm{T}}\boldsymbol{X}_i\boldsymbol{U}^{\mathrm{T}} = \boldsymbol{U}(\sum_{i=1}^{n} \boldsymbol{X}_i^{\mathrm{T}}\boldsymbol{X}_i)\boldsymbol{U}^{\mathrm{T}} \tag{13-22}$$

不妨將 $\sum_{i=1}^{n} \boldsymbol{X}_i^{\mathrm{T}}\boldsymbol{X}_i$ 記為 $\boldsymbol{C}$，它是一個 $m \times m$ 的矩陣（$\boldsymbol{C}$ 其實是資料的協方差矩陣）。因此，主成分分析的降維原則是 $\max_{\|\boldsymbol{U}\|=1} \boldsymbol{U}\boldsymbol{C}\boldsymbol{U}^{\mathrm{T}}$，由此可以得到最佳降維向量，也就是第一

* 如果資料的中心不是原點，只需用資料減去這個中心就能滿足正文中的假設。這樣的資料變換對降維的結果並沒有影響，因為資料的變換幅度並沒有受到影響。

主成分的估算公式 ：

$$\hat{\boldsymbol{U}} = \underset{\|\boldsymbol{U}\| = 1}{\operatorname{argmax}} \boldsymbol{UCU}^{\mathrm{T}} \tag{13-23}$$

對於公式（13-23）所示的最佳化問題，在數學上可以證明，當 $\boldsymbol{U}$ 為矩陣 $\boldsymbol{C}$ 的特徵向量（Eigenvector）且相應的特徵值（Eigenvalue）達到最大值時，$\boldsymbol{UCU}^{\mathrm{T}}$ 為最大值。換句話說，將資料降到一維就是求矩陣 $\boldsymbol{C}$ 的最大特徵向量，求得這個向量之後，根據公式（13-20）就可以得到降維後的資料。同理可以證明，若要將資料降到 k 維，則需要求出矩陣 $\boldsymbol{C}$ 的前 k 個特徵向量（相應的特徵值從大到小排在前 k 位）。

上述推導過程強調讓降維後的資料保留盡可能多的資訊，其實可以從另一個角度來考慮降維這個問題 ：如何使降維過程中的資訊損失最小。沿用將資料降到一維的例子，對於第 i 點，降維後的資料為 $\widetilde{\boldsymbol{X}}_i = (\boldsymbol{X}_i\boldsymbol{U}^{\mathrm{T}})\boldsymbol{U}$ ，那麼損失掉的資訊為 $\boldsymbol{L}_i = \boldsymbol{X}_i - \widetilde{\boldsymbol{X}}_i$。從直觀上來看，從原始資料到降維直線的距離就為損失的資訊量。根據最小損失資訊的原則，最佳降維向量的估算公式為

$$\hat{\boldsymbol{U}} = \underset{\|\boldsymbol{U}\| = 1}{\operatorname{argmin}} \sum_{i=1}^{n} \|\boldsymbol{L}_i\|^2 \tag{13-24}$$

如圖 13-23 所示，數學上可以證明公式（13-24）和公式（13-23）這兩個最佳化問題是等價的。因此，主成分分析在降維過程中同時達到了兩個目的，一是盡可能保留資料間的差異，二是盡可能減少資訊的損失。

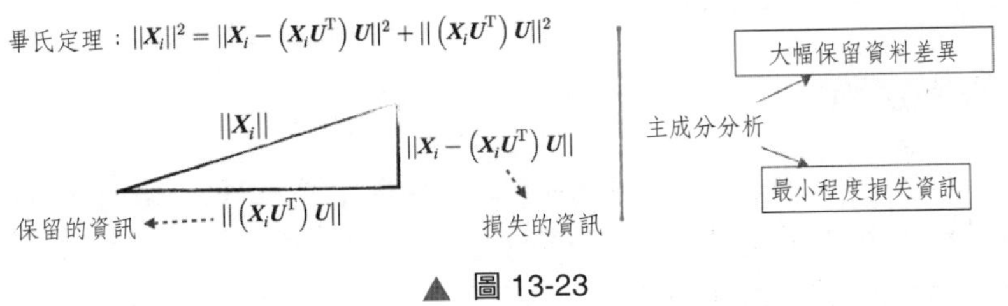

▲ 圖 13-23

根據前文的討論，主成分分析能夠將資料降至 k 維。類似於聚類模型中對聚類個數的選擇，需要確定最適合資料的 k 值。解決這個問題的想法與 K-Means 幾乎一模一樣。具體來說，首先需要定義評估降維效果的指標。由於主成分分析的目標是盡可能地保留資料的差異，因此，降維後的資料方差佔原始資料方差的比例是一個很自然的評估指標。

在數學上可以證明，資料降維後，它在每一維度的方差與相應的特徵值成正比。因此，只需將資料協方差矩陣（矩陣 $\boldsymbol{C}$）的特徵值從大到小排列，然後使用 13.4.2 節中的

Elbow Method 選擇最佳的 k。需要注意的是，在主成分分析中，k 的設定值並不是任意的：它需要同時小於原始資料的維度 m 和原始資料的個數 n。

主成分分析透過畫直線的方式對資料進行降維，因此在處理線性資料時效果顯著。然而，當資料本身呈現非線性分佈（例如資料呈現月牙型）時，主成分分析會損失大量資訊，降維效果就相對較差。為了對非線性資料進行降維，引入核心函數技術，將低維空間中的資料映射到高維空間，使資料在高維空間中近似線性，然後對高維空間中的資料進行降維。這種方法被稱為核心主成分分析（Kernel PCA）。儘管這種方法的目標是降維，但它在第一步是使用核心函數對資料進行升維。這種反直覺的做法卻能有效地處理非線性資料的降維問題。有關核心主成分分析的詳細內容，這裡不再深入討論，感興趣的讀者可參考相關資料。

13.5 奇異值分解

矩陣的奇異值分解看似首次提及，但實際上，之前的章節已經多次應用了這一數學概念的結論。舉例來說，在 2.1.5 節中有這樣一個定理：當某個矩陣的秩較小時，它可以被分解為兩個小矩陣的乘積。這個定理在大語言模型微調中發揮了重要作用，是 LoRA 技術（參考 11.4.4 節）的理論基礎。

奇異值分解在人工智慧領域的應用遠不止於此。它能夠從表像資料中挖掘出內在的隱含特徵（類似於循環神經網路中的隱藏狀態），因此在自然語言處理和推薦系統等領域，奇異值分解都有著廣泛的應用。

13.5.1 數學定義

奇異值分解（Singular Value Decomposition，SVD）實際上是一個純粹的數學概念，它是有關矩陣分解的重要定理。不妨假設 $\boldsymbol{A}$ 是一個 $m \times n$ 的矩陣，用奇異值分解表示，矩陣 $\boldsymbol{A}$ 能被分解為 3 個矩陣的乘積：

$$\boldsymbol{A} = \boldsymbol{U}\boldsymbol{S}\boldsymbol{V}^{\mathrm{T}} \tag{13-25}$$

其中 $\boldsymbol{U}, \boldsymbol{S}, \boldsymbol{V}$ 的具體含義如下。

- $\boldsymbol{U}$ 是一個 $m \times m$ 的正交矩陣（Orthonormal Matrix），也就是說，這個矩陣及其轉置矩陣的乘積為單位矩陣，即 $\boldsymbol{U}\boldsymbol{U}^{\mathrm{T}} = \boldsymbol{U}^{\mathrm{T}}\boldsymbol{U} = \boldsymbol{I}$。
- $\boldsymbol{S}$ 是一個 $m \times n$ 的對角矩陣，其對角線元素按從大到小排列，且為非負實數。這些對角線上的元素在學術上稱為奇異值（Singular Value）。在數學上可以證明，如

果矩陣 $\boldsymbol{A}$ 的秩為 k，那麼有 k 個不等於 0 的奇異值，反之亦然。記$\boldsymbol{S}_{m\times n} = (s_{i,j})$，則矩陣元素滿足公式（13-26），其中 $l = \min(m, n)$。

$$s_{i,j} = \begin{cases} 0, & i \neq j \\ \geqslant 0, & i = j \end{cases};\ s_{1,1} \geqslant s_{2,2} \geqslant \ldots \geqslant s_{l,l} \geqslant 0 \tag{13-26}$$

- $\boldsymbol{V}$ 也是一個正交矩陣，它的形狀是 $n\times n$。

13.5.2 截斷奇異值分解

奇異值分解在數學上十分完備，但在實際的人工智慧應用中，很少需要計算完整的奇異值分解，通常關心的是矩陣中最大的幾個奇異值。因此，學術界引入了一種更實用的矩陣分解方法——截斷奇異值分解（Truncated SVD）。

對於矩陣 $\boldsymbol{A}$，奇異值分解表示為 $\boldsymbol{A} = \boldsymbol{U}\boldsymbol{S}\boldsymbol{V}^{\mathrm{T}}$。而在截斷奇異值分解中，我們選擇 $\boldsymbol{S}$ 中最大 k 的個奇異值。由此得到一個新的 $k\times k$ 的對角線矩陣 $\boldsymbol{S}_k$；同時選取矩陣 $\boldsymbol{U}$ 中相應的前 k 列，得到 $m\times k$ 的矩陣 $\boldsymbol{U}_k$；同理，選取矩陣 $\boldsymbol{V}$ 中前 k 列，得到 $n\times k$ 的矩陣 $\boldsymbol{V}_k$。$\boldsymbol{S}_k$, $\boldsymbol{U}_k$, $\boldsymbol{V}_k$ **這 3 個矩陣**就組成了截斷奇異值分解的結果，整個過程如圖 13-24 所示，其中，選擇 k=1。

截斷奇異值分解 $\boldsymbol{A} \approx \boldsymbol{U}_1\boldsymbol{S}_1\boldsymbol{V}_1^{\mathrm{T}}$　　奇異值分解 $\boldsymbol{A} = \boldsymbol{U}\boldsymbol{S}\boldsymbol{V}^{\mathrm{T}}$

$$\underbrace{\begin{pmatrix} 0 & 1 & 2 & 3 \\ 4 & 5 & 6 & 7 \\ 2 & 3 & 4 & 5 \end{pmatrix}}_{\boldsymbol{A}} = \underbrace{\begin{pmatrix} -0.25 & -0.88 & -0.41 \\ -0.81 & 0.42 & -0.41 \\ -0.53 & -0.23 & 0.82 \end{pmatrix}}_{\boldsymbol{U}\ (\boldsymbol{U}_1\text{: first column})} \times \underbrace{\begin{pmatrix} 14.8 & 0 & 0 & 0 \\ 0 & 1.58 & 0 & 0 \\ 0 & 0 & 0 & 0 \end{pmatrix}}_{\boldsymbol{S}\ (\boldsymbol{S}_1\text{: }14.8)} \times \underbrace{\begin{pmatrix} -0.31 & -0.43 & -0.54 & -0.66 \\ 0.78 & 0.34 & -0.09 & -0.52 \\ 0.54 & -0.67 & -0.28 & 0.41 \\ -0.07 & 0.50 & -0.79 & 0.36 \end{pmatrix}}_{\boldsymbol{V}^{\mathrm{T}}\ (\boldsymbol{V}_1^{\mathrm{T}}\text{: first row})}$$

▲ 圖 13-24

需要注意的是，矩陣$\boldsymbol{U}_k\boldsymbol{S}_k\boldsymbol{V}_k^{\mathrm{T}}$的秩是 k，小於原始矩陣的秩。因此，從線性空間的角度來看，截斷奇異值分解實際上對矩陣進行了降維。基於這個理論，LoRA 技術的適用範圍可以進一步擴大。對於秩較大的參數變動矩陣，可以視為 LoRA 技術利用截斷奇異值分解對其進行了降維處理。

截斷奇異值分解中的表示降維的維度，與主成分分析中的類似，可以在一定範圍內任意選擇。選擇合適的取決於具體的應用場景，通常採用網格搜索（Grid Search）等方法找到最佳設定值。

以上是截斷奇異值分解的理論部分，下面討論兩個經典的應用場景：潛在語義分析和大型推薦系統。這兩個案例展示了截斷奇異值分解在挖掘隱含特徵時的強大能力。

13.5.3 潛在語義分析

潛在語義分析（Latent Semantic Analysis，LSA）在自然語言處理領域扮演著重要的角色。該模型基於對訓練文字的處理，將詞元和相應文字轉化為向量，這些向量能夠高效率地代表詞元或文字的語義 *。這一轉換過程將人類的語言轉為模型可處理的向量，為後續的文字分類、情感分析等應用奠定了基礎。下面將討論潛在語義分析的演算法步驟。

（1）定義訓練資料的權重矩陣 $\boldsymbol{A}$。這是一個 $m \times n$ 的矩陣，其中行數 m 表示文字的數量，列數 n 表示字典的大小，即詞元的總數（詳見 10.1.1 節）。在這個矩陣中，每個元素等於對應詞元在文字中的權重。為了便於理解，可以將權重視為詞元的出現次數 **。

（2）假設詞元和文字都能用長度為 k 的向量表示，而且詞元向量和文字向量的內積應該等於詞元在文字中的權重。這個假設背後的邏輯十分簡單：詞元在文字中的權重越大，文字的語義就越接近詞元的語義。

將文字向量（行向量）組合成矩陣 $\boldsymbol{D}$，將詞元向量（列向量）組合成矩陣 $\boldsymbol{T}$。那麼，文字在文章中的權重矩陣 $\boldsymbol{A}$ 近似等於矩陣 $\boldsymbol{D}$ 和 $\boldsymbol{T}$ 的乘積，如圖 13-25 所示。

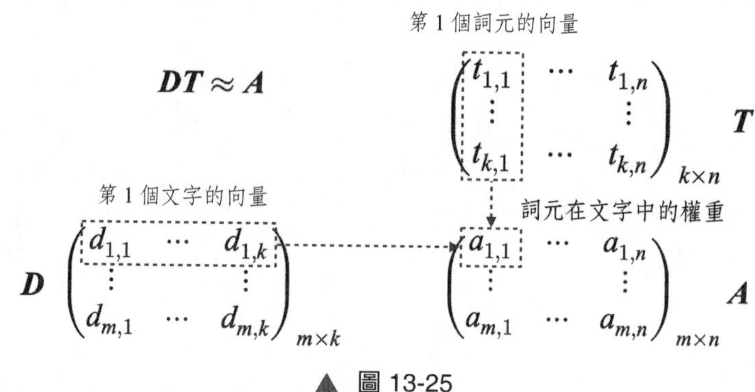

▲ 圖 13-25

圖 13-25 中的矩陣分解與截斷奇異值分解非常相似。事實上，如果使用 k 個奇異值分解矩陣 $\boldsymbol{A}$，可以得到結果：$\boldsymbol{A} \approx \boldsymbol{U}_k \boldsymbol{S}_k \boldsymbol{V}_k^{\mathrm{T}}$。其中，$\boldsymbol{U}_k$ 的形狀與 $\boldsymbol{D}$ 相似，都是 $m \times k$ 的矩陣；$\boldsymbol{V}_k^{\mathrm{T}}$ 的形狀與 $\boldsymbol{T}$ 相似，都是 $k \times n$ 的矩陣。這啟發我們可以像下面這樣理解截斷奇異值分解。

* 大語言模型的嵌入模型（參考 11.3.5 節）同樣實現了從語言到向量的轉換。從使用的便捷程度來看，嵌入模型能夠對任意文字進行向量轉換，而潛在語義分析僅能對其訓練資料中的文字進行向量轉換，對於其他文字需要額外的設計和計算。

** 詞元的出現次數與權重雖然存在一定相關性，但直接使用顯得過於簡單。在實際應用中，通常採用 TF-IDF 更精確地定義權重。關於 TF-IDF 的具體細節，請感興趣的讀者參考其他相關資料。

- 矩陣 $\boldsymbol{U}_k$ 的行代表文字，列代表特徵。遺憾的是，我們並不清楚這些特徵的具體含義，只知道它們能在最大限度上代表文字的語義。這是潛在語義分析的缺點，即模型結果難以解釋。
- $\boldsymbol{V}_k$ 是詞元的矩陣，行代表詞元，列代表特徵。
- $\boldsymbol{S}_k$ 是對角矩陣，對角線上的元素表示相應特徵的重要程度，即這個特徵能在多大程度上表示權重的變化。

在實際應用中，處理對角矩陣 $\boldsymbol{S}_k$ 比較有意思，常見的方法如圖 13-26 所示。

- 當建模重點是文字時，例如對文字進行分類，通常令 $\boldsymbol{D} = \boldsymbol{U}_k\boldsymbol{S}_k$ 和 $\boldsymbol{T} = \boldsymbol{V}_k^{\mathrm{T}}$。
- 當建模重點是詞元時，例如找出給定詞語的同義詞，通常令 $\boldsymbol{D} = \boldsymbol{U}_k$ 和 $\boldsymbol{T} = \boldsymbol{S}_k\boldsymbol{V}_k^{\mathrm{T}}$。
- 當研究的重點是文字和文章之間的關係時，上述任意一種處理方法都是合適的。

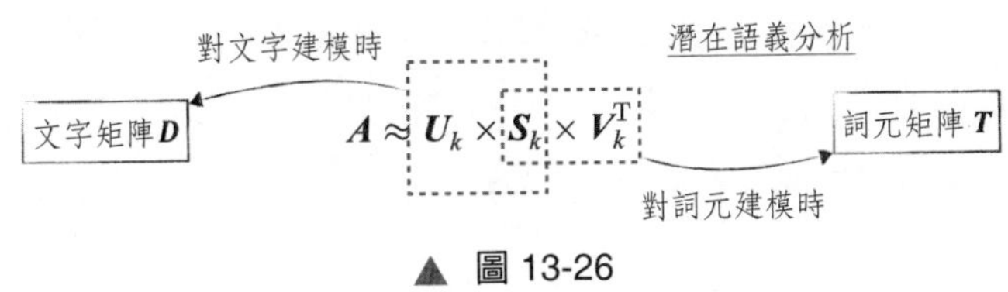

▲ 圖 13-26

截斷奇異值分解的實現常借助 scikit-learn 提供的封裝：sklearn.decomposition.TruncatedSVD。具體的程式細節可以參考 scikit-learn 官網，這裡不再冗述。

13.5.4 大型推薦系統

大型推薦系統在網際網路上應用廣泛，例如在網上購物時，電子商務平臺會根據使用者的個人資訊和歷史購買行為智慧推薦商品。從模型的角度來看，推薦行為實際上對應著一個分類問題。

- 針對使用者，推薦系統將所有商品分為兩類：一類是使用者感興趣的，另一類是使用者不感興趣的。
- 針對商品，推薦系統將使用者分為兩類：一類是對該商品感興趣的使用者，另一類是對該商品不感興趣的使用者。

針對分類問題，之前章節介紹的多種模型都能有效解決，如邏輯迴歸、神經網路等。然而，這些模型都只能從單一角度進行建模，例如從使用者的角度出發，建模資料是商品的特徵，使用者的喜好由模型參數反映。換言之，需要為每個使用者單獨建模。如果從商品的角度出發，同樣可以得到類似的結論，即要為每個商品單獨建模。但網際網路應用的顯著特點是使用者和商品的數量都十分龐大，需要同時建構和訓練的模型數量數以萬計，甚至數百萬，這導致傳統的分類模型難以使用。

為了解決這一問題，學術界設計了基於矩陣分解的新模型，其想法與潛在語義分析非常相似。借助矩陣分解，可以使用 k 個特徵來表示使用者和商品。在這些特徵的基礎上，使用者對商品的偏好可以用相應的向量內積來表示。下面以音樂推薦為例，詳細說明具體步驟。

在這個建模場景中，我們可以收集到使用者對部分音樂的評分 *，這些評分組成了偏好矩陣 $\boldsymbol{M}$（Preference Matrix）。這是一個 $m \times n$ 的矩陣，其中行表示使用者，列表示音樂，矩陣的元素是使用者對音樂的評分，如圖 13-27 所示。值得注意的是，偏好矩陣 $\boldsymbol{M}$ 並不完整，大部分元素是未知的（在現實生活中，使用者只會對很少一部分音樂進行評分）。與 13.5.3 節中的權重矩陣 $\boldsymbol{A}$ 完全不同，矩陣 $\boldsymbol{A}$ 的每個元素都是已知的。建模的目的實際上是使用模型的預測值將偏好矩陣 $\boldsymbol{M}$ 填滿。這相當於了解了使用者的喜好，在此基礎上，為使用者推薦音樂就成為一項相對輕鬆的任務。

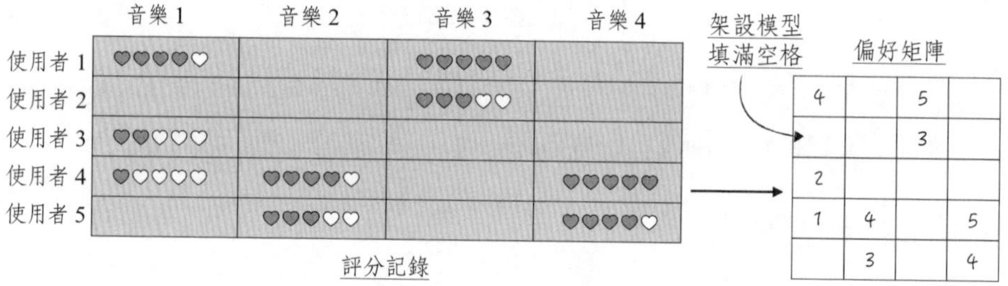

▲ 圖 13-27

從數學上來講，模型對偏好矩陣 $\boldsymbol{M}$ 的處理想法與潛在語義分析是一致的。根據公式（13-27），將 $\boldsymbol{M}$ 分解成兩個矩陣的乘積，其中 $\boldsymbol{X}$ 為 $m \times k$ 的矩陣（k 是模型的參數），它的行表示使用者，每一列對應一個隱含特徵；$\boldsymbol{Y}$ 是 $n \times k$ 的矩陣，它的行表示音樂，每一列的含義與 $\boldsymbol{X}$ 中的列相同。

$$\boldsymbol{M} \approx \boldsymbol{X}\boldsymbol{Y}^{\mathrm{T}} \tag{13-27}$$

* 在很多應用場景中，通常無法直接得到使用者的清晰回饋，只能獲得一些間接資訊，例如頁面瀏覽次數、商品購買次數、視訊播放次數等。在這些間接回饋的基礎上，透過數學轉換，可以定義相應的偏好矩陣。有興趣深入了解相關細節的讀者請參考相關資料。

由於 $\boldsymbol{M}$ 並非一個完整的矩陣，因此無法像截斷奇異值分解那樣估算矩陣 $\boldsymbol{X}$ 和 $\boldsymbol{Y}$。為了解決這個問題，引入如公式（13-28）所示的損失函數。其中，$m_{i,j}$ 表示矩陣 $\boldsymbol{M}$ 中已知的元素；$\boldsymbol{X}_i$ 是矩陣 $\boldsymbol{X}$ 的行向量，$\boldsymbol{Y}_j$ 是 $\boldsymbol{Y}$ 矩陣的行向量，α 為懲罰項權重。

$$L = \sum_{i,j}(m_{i,j} - \boldsymbol{X}_i\boldsymbol{Y}_j^{\mathrm{T}})^2 + \alpha(\|\boldsymbol{X}_i\|^2 + \|\boldsymbol{Y}_j\|^2) \tag{13-28}$$

與其他模型一樣，矩陣 $\boldsymbol{X}, \boldsymbol{Y}$ 的估算原則是使損失函數最小化。如果不考慮懲罰項，公式（13-28）表明模型希望預測值 $\boldsymbol{X}_i\boldsymbol{Y}_j^{\mathrm{T}}$ 盡可能接近觀測到的實際值 $m_{i,j}$。此外，如果我們獲得了矩陣 $\boldsymbol{X}, \boldsymbol{Y}$ 的估計值，那麼就可以得到整個矩陣 $\boldsymbol{M}$ 的預測值。以圖 13-27 中的資料為例，模型估算的整個過程如圖 13-28 所示。

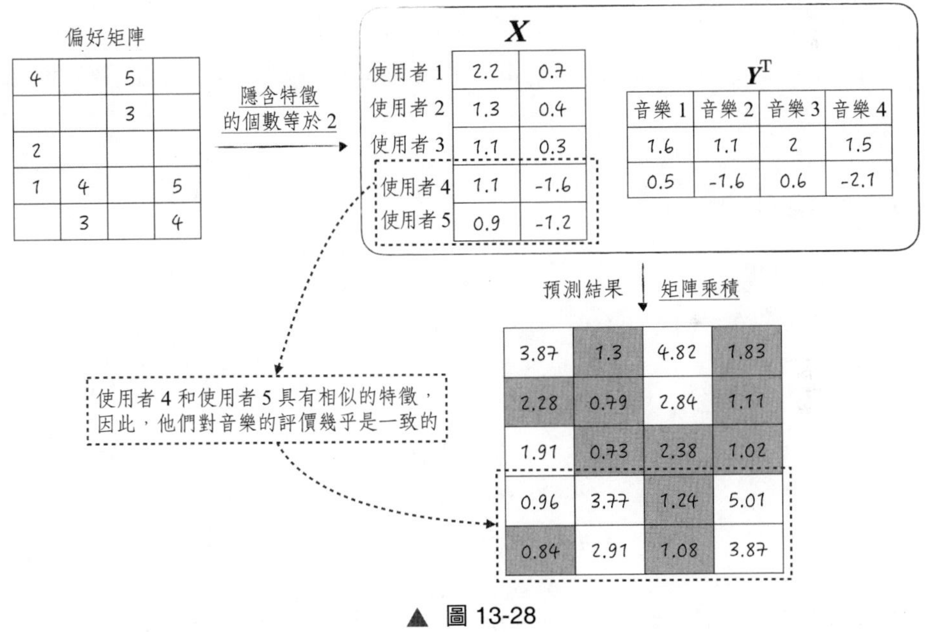

▲ 圖 13-28

這個模型的數學處理雖然比較複雜，但其推薦的出發點卻十分樸素。如果兩個使用者具有相似的評分行為，那麼他們的喜好也大致相同。因此，可以根據其中一個人的評分行為預測另一個人的評分。以圖 13-28 為例，使用者 4 與使用者 5 的評分記錄大體一致，由於使用者 4 對音樂 1 的評分只有 1，因此可以推測使用者 5 對音樂 1 的評分也將很低。這種建模想法在學術上被稱為協作過濾（Collaborative Filtering），矩陣分解正是從數學上量化地實現了這個想法。

儘管上述模型能同時處理大量使用者和商品，但在實際應用中很少直接採用它，主要有以下兩個原因。

- 在很多應用場景中，涉及的使用者和商品數量巨大，即使是專門設計的模型也難以勝任這一規模。
- 該模型僅考慮使用者對商品的偏好，無法利用其他對推薦有幫助的資訊，例如使用者的個人資訊、商品的屬性及使用者行為特徵等。

為了提升推薦系統的效果，常常需要將這個模型與其他模型結合使用。一種常見的策略是，首先使用上述模型來預測使用者對某一類商品的偏好，然後在此基礎上使用其他模型，得到更精準的最終預測。在實際的工程實現中，上述模型通常需要處理超大規模的資料集，因此模型的訓練和預測都必須依賴於分散式運算框架。其中，Apache Spark 是被廣泛使用的工具。關於分散式運算的具體細節超越了本書的範圍，建議有興趣的讀者查閱其他相關資料。

13.6 本章小結

13.6.1 要點回顧

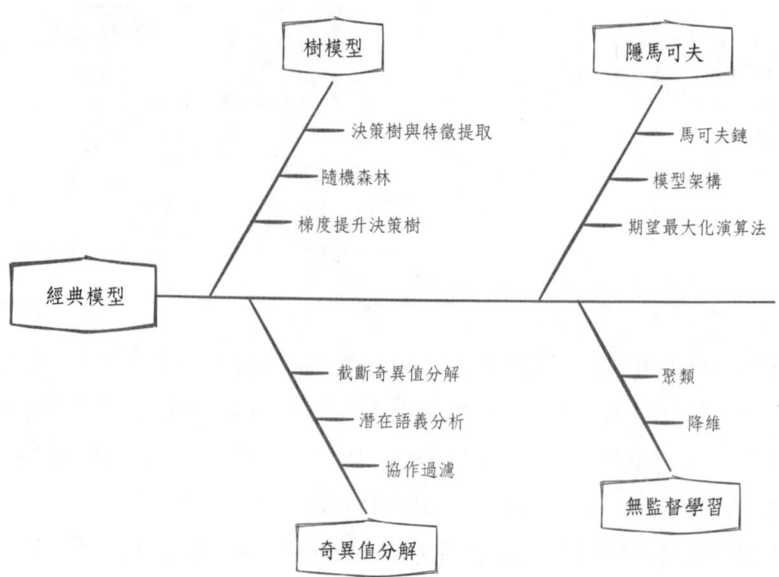

本章的內容看似獨立，然而所討論的各種模型都在不同程度上為神經網路提供了啟示和支援。樹模型可與神經網路相互補充，既能為整體模型提取特徵，又有助提升模型的可解釋性。隱馬可夫模型的結構和成功案例為循環神經網路的應用提供了靈感，期望最大化演算法則有助深入理解神經網路的訓練過程。儘管無監督學習表面上與神經網路關係不大，但它可用於對特徵進行初步處理或將神經網路的結果視覺化。此外，奇異值分解不僅可直接應用於自然語言處理，還是大語言模型微調技術 LoRA 的理論基礎。深入了解其數學原理有助更進一步地理解模型微調技術。

鑑於篇幅有限，本章只討論了經典模型中比較重要且富有啟發性的內容，很多模型並未被涵蓋，例如經典的支援向量學習機（Support Vector Machine，SVM）。此外，一些模型的細節也未詳細討論，比如決策樹中的懲罰項、整合方法中的 AdaBoost 等。對這些內容感興趣的讀者可參考其他專業書籍，例如 Trevor Hastie 等人編著的 *The Elements of Statistical Learning* 一書。

13.6.2 常見面試問題

針對本章討論的內容，常見的面試問題如下。

1. **樹模型**
   - 如何處理決策樹中的過擬合問題？
   - 隨機森林是如何透過整合多個決策樹來改善模型性能的？
   - 與隨機森林相比，梯度提升樹有哪些不同之處？
2. **聚類**
   - 請解釋 K-Means 聚類演算法的步驟。
   - K-Means 的優缺點是什麼？如何對其進行調優？
   - 如何選擇適當的 K 值？有哪些常用的方法？
3. **降維**
   - PCA 如何用於降維？為什麼在某些情況下，降維是有益的？
   - 請解釋奇異值分解的概念和原理。
   - 奇異值分解與主成分分析有哪些相似之處？有何區別？

4. 隱馬可夫模型

- 請解釋隱馬可夫模型的基本原理和應用領域。
- 請解釋期望最大化演算法的步驟。
- 在隱馬可夫模型中，狀態轉移機率的作用是什麼？

Note

Note

Note

Note

Note